职业教育工学结合一体化规划教材
土建类专业职业教育“融媒体”立体化新形态教材

建筑施工技术

主　编　姚永仲　邹超英
副主编　李　华　谭　慧　李　静
主　审　董诗茂

本书立体化资源

黄 河 水 利 出 版 社
·郑 州·

内 容 提 要

本书内容按现行国家标准、规范编写，并参考了相关工程验收标准和方法；包含一些较新的施工技术内容，如配筋砌体、填充墙砌体等施工内容，以及建筑节能热门技术——墙体外保温工程施工常用工法等。全书分绪论和10个教学项目，主要内容包括：土方工程施工、地基与基础工程施工、砌筑工程施工、混凝土结构工程施工、预应力混凝土工程施工、结构安装工程施工、屋面及防水工程施工、装饰装修工程施工、墙体保温工程施工和绿色施工。

本书可作为高职高专教育土建类专业教材，也可作为相关人员岗位培训教材，或作为相关工程技术人员参考书。

图书在版编目(CIP)数据

建筑施工技术/姚永仲，邹超英主编. —郑州：黄河水利出版社，2024. 2

ISBN 978-7-5509-3579-2

Ⅰ.①建… Ⅱ.①姚… ②邹… Ⅲ.①建筑工程-工程施工-施工技术-高等职业教育-教材 Ⅳ.①TU74

中国国家版本馆CIP数据核字(2023)第094841号

策划编辑：陶金志　电话：0371-66025273　E-mail：838739632@qq.com

责任编辑　陈彦霞　　责任校对　鲁　宁

封面设计　张心怡　　责任监制　常红昕

出版发行　黄河水利出版社

地址：河南省郑州市顺河路49号　邮政编码：450003

网址：www.yrcp.com　E-mail：hhslcbs@126.com

发行部电话：0371-66020550

承印单位　河南承创印务有限公司

开　　本　787 mm×1 092 mm　1/16

印　　张　27

字　　数　624千字

版次印次　2024年2月第1版　　2024年2月第1次印刷

定　　价　65.00元

前 言

为响应中国共产党第二十次全国代表大会精神，适应我国规模教育体系，教育普及水平实现历史性跨越，解决教育方面面临的难题，建成文化强国、教育强国、人才强国、体育强国，全面提高人才自主培养质量，办好人民满意的教育，增强自我教育，优化职业教育类型定位，适应建筑业高质量跨越式发展的战略机遇，我国高职教育已进入全面提升质量、加强内涵建设的重要阶段。另外，新型建筑的出现也对施工技术的提升提出了新要求。

建筑施工技术是高职高专院校建筑工程类专业主干课之一，主要研究建筑工程中各工种、工序施工工艺和施工方法，具有普遍适用性。建筑施工技术涉及面广、综合性强、实践性强，且与时代结合紧密、发展快，教学过程须以教带学，以学促教，并紧密结合工程实际，综合运用本专业基础理论和先进建筑与施工技术成果。建筑施工技术重点讲授一些基本和重要的内容，其中操作性和针对性较强内容，须通过生产实践、现场教学、教学参观等模拟或实操环节进行。

本书根据课程教学大纲要求及国家现行设计和施工规范，并在一定程度上反映了施工新技术、新工艺，总体以理论适度、基本够用为度。本书主要内容包括土方工程施工、地基与基础工程施工、砌筑工程施工、混凝土结构工程施工、预应力混凝土工程施工、结构安装工程施工、屋面及防水工程施工、装饰装修工程施工、墙体保温工程施工和绿色施工。

本书力求做到体系完整，内容丰富，通俗易懂。既可作为高职高专院校建筑工程技术专业教材，也可作为土建类其他相关专业选用教材，或专业技术人员自学参考书籍。

本书由昆明冶金高等专科学校姚永仲、邹超英担任主编；昆明冶金高等专科学校李华、谭慧、李静担任副主编；云南省煤田地质局董诗茂担任主审；其他参编人员有云南农业大学陆志炳，云南省有色地质局勘测设计院蔡国引，云南平商工程造价咨询有限公司严旭，云南交通运输职业学院文星，云南海基混凝土有限公司杨建龙。编委会成员具体编写分工如下：姚永仲编写教学项目1，并负责全书统稿工作；邹超英编写教学项目2，并负责核查参考文献；蔡国引编写教学项目3，谭慧编写教学项目4，严旭编写教学项目5；李静编写教学项目6；陆志炳编写教学项目7；李华编写教学项目8；文星编写教学项目9；杨建龙编写教学项目10。

因编者水平有限，书中难免有错漏之处，恳请专家和广大读者提出宝贵意见，以便今后重印或再版时改进和完善。

为对口支持本课程教学，我们向使用本书的教师提供教学课件，有需要者请与出版社联系，邮箱：838739632@ qq. com。

编 者

2023年10月

目　录

绪　论 ……………………………………………………………………………………… (1)
教学项目1　土方工程施工 ………………………………………………………………… (5)
任务1　土的工程分类和性质 ……………………………………………………………… (5)
任务2　土方工程量计算及土方调配 ……………………………………………………… (8)
任务3　施工准备与辅助工作 ……………………………………………………………… (19)
任务4　土方机械化施工 …………………………………………………………………… (43)
任务5　土方填筑与压实 …………………………………………………………………… (56)
任务6　基坑(槽)施工 ……………………………………………………………………… (60)
任务7　土方工程冬期、雨期施工 ………………………………………………………… (64)
任务8　土(石)方工程质量标准与安全 …………………………………………………… (67)
教学项目2　地基与基础工程施工 ……………………………………………………… (72)
任务1　地基处理及加固 …………………………………………………………………… (72)
任务2　浅埋式钢筋混凝土基础施工 ……………………………………………………… (93)
任务3　桩基础施工 ………………………………………………………………………… (99)
任务4　桩基础检测与验收 ………………………………………………………………… (116)
教学项目3　砌筑工程施工 ……………………………………………………………… (121)
任务1　通用要求 …………………………………………………………………………… (121)
任务2　脚手架及垂直输送设施 …………………………………………………………… (125)
任务3　砌体施工准备工作 ………………………………………………………………… (133)
任务4　砌筑工程施工 ……………………………………………………………………… (135)
任务5　砌筑工程冬期、雨期施工 ………………………………………………………… (152)
任务6　砌筑工程的质量、安全与环保 …………………………………………………… (155)
任务7　砌体结构检测、验收、维护与拆除 ……………………………………………… (159)
教学项目4　混凝土结构工程施工 ……………………………………………………… (161)
任务1　模板工程施工 ……………………………………………………………………… (161)
任务2　钢筋工程施工 ……………………………………………………………………… (167)
任务3　混凝土工程施工 …………………………………………………………………… (182)
任务4　混凝土结构工程冬期、雨期施工 ………………………………………………… (193)
任务5　混凝土结构工程施工安全技术 …………………………………………………… (202)
教学项目5　预应力混凝土工程施工 …………………………………………………… (206)
任务1　先张法预应力混凝土工程施工 …………………………………………………… (206)
任务2　后张法预应力混凝土工程施工 …………………………………………………… (216)
任务3　无黏结预应力混凝土工程施工 …………………………………………………… (230)

任务4 预应力混凝土施工质量检验与安全 ……………………………… (234)
教学项目6 结构安装工程施工 …………………………………… (239)
任务1 结构安装工程基本知识 ……………………………………… (239)
任务2 混凝土结构安装施工 ………………………………………… (245)
任务3 钢结构安装施工 ……………………………………………… (273)
任务4 结构安装工程质量要求及安全措施 ………………………… (289)
教学项目7 层面及防水工程施工 ………………………………… (292)
任务1 防水工程基本知识 …………………………………………… (292)
任务2 屋面防水施工 ………………………………………………… (298)
任务3 地下结构主体防水施工 ……………………………………… (311)
任务4 室内其他部位防水施工 ……………………………………… (318)
任务5 屋面防水工程冬期、雨期施工 ……………………………… (325)
任务6 防水工程施工质量要求及安全措施 ………………………… (326)
教学项目8 装饰装修工程施工 …………………………………… (335)
任务1 抹灰施工 ……………………………………………………… (336)
任务2 饰面施工 ……………………………………………………… (341)
任务3 楼地面施工 …………………………………………………… (354)
任务4 吊顶和隔墙施工 ……………………………………………… (362)
任务5 涂料及刷浆工程施工 ………………………………………… (368)
任务6 门窗施工 ……………………………………………………… (374)
任务7 冬期施工 ……………………………………………………… (379)
教学项目9 墙体保温工程施工 …………………………………… (382)
任务1 外墙保温构造及要求 ………………………………………… (382)
任务2 EPS板薄抹灰外墙外保温施工 ……………………………… (386)
任务3 胶粉EPS颗粒保温浆料外墙外保温施工 …………………… (389)
任务4 EPS板现浇混凝土外墙外保温施工 ………………………… (394)
任务5 EPS钢丝网架板现浇混凝土外墙外保温施工 ……………… (397)
任务6 机械固定EPS钢丝网架板外墙外保温施工 ………………… (401)
任务7 外墙保温施工质量要求 ……………………………………… (404)
教学项目10 绿色施工 …………………………………………… (409)
任务1 概 述 ………………………………………………………… (409)
任务2 绿色施工管理 ………………………………………………… (410)
任务3 绿色施工技术要点 …………………………………………… (412)
任务4 绿色施工技术 ………………………………………………… (418)
参考文献 ………………………………………………………… (424)

绪　论

(1)课程定位。

《建筑施工技术》新教材随着建筑数量规模化,建筑工程复杂化,全社会对建筑业新需求、新发展不断应运而生。

本教材适用于高职高专、高职本科及普通高校建筑工程技术系列专业,建筑施工技术是建筑工程技术专业的一门实践性、综合性较强的职业技能核心课程,也是工程监理、工程造价等专业的主干课程,是施工员、预算员、建造师等职业岗位培训、鉴定、考试的核心内容。它主要研究建筑工程施工技术的一般规律,建筑施工各主要工种工序的工法、工艺原理及建筑施工新技术、新工艺的发展方向。通过学习和训练,使学生了解并掌握建筑工程中各主要工种工程的施工技术及工艺原理,突出施工相关技术人员职业岗位能力的培养。对在校学生,可培养其独立分析和解决建筑工程施工中有关施工技术问题的基本理论能力,对现场管理和施工人员则可培养其理论水平,并提高其理论结合实际的能力。

由于建筑施工技术课程实践性强、综合性大、社会性广,工程施工中许多技术问题的解决均涉及相关学科、相应技术的综合运用。因此,要求学生及其他人员拓宽专业面,扩大知识面,以使学完后具备牢固的专业基础理论知识和相关技能概念,方能在工作中自觉地运用。

(2)课程研究对象。

无论是从投资、民生,还是从行业发展角度,建筑业均对国民经济发展起到举足轻重的作用。其发展对其他行业还有重要的促进作用,比如每年消耗大量建筑材料和其他构件、部品部件,同时建筑业产品又为人民生活水平提高和其他国民经济服务,为国民经济各部门扩大再生产创造必要、基本条件。

一个建筑物或一个建筑群的建成,由许多工程单元如工序、分项工程、分部工程组成。每个工程单元施工,均可用不同施工方案、不同施工技术、不同机械设备、不同组织方式来完成。不同施工方案的合理性与可行性正是我们重点关注的内容,其基本点即施工技术,正是本课程的主要内容。

建筑施工技术以建筑工程施工中不同工种(工程单元)施工为研究对象,根据其特点和规模,结合施工地点的地质水文、气候、机械设备和材料供应等客观条件,运用先进技术,研究施工规律,保证工程质量,做到技术和经济统一。

(3)课程任务。

本课程拟帮助培养工程技术人员、工程管理人员、施工员、监理工程师、材料员、测量员、质量员、安全员及现场服务人员,促使其工程知识体系系统化、综合化和融合化,促进施工现场一线人员懂技术、会施工、能管理。

本课程帮助学生或工程技术人员同步上岗考试与学习,促使其学习与规范相结合,理论与实践相结合。

将设计、施工技术和组织管理相融合,有利于培养综合素质高的建筑施工行业人才。

(4)建筑工程划分。

为了加强建筑工程技术管理和统一施工验收标准,由国家建设主管部门批准并颁发了《建筑工程施工质量验收统一标准》(GB 50300—2013),用以指导工程施工质量验收,达到了提高施工技术水平、保证工程质量、节约工程成本的目的。建筑工程施工周期一般较长,从开工到竣工交付使用,要经过若干工序、若干专业工种相互配合,故工程质量合格与否,取决于各工序和各专业工种及其衔接质量。为确保工程质量达到合格标准,就须对建筑工程精细化管理。一般可把一个建筑工程划分为单位工程、分部工程、分项工程管理和控制。

(5)课程内容。

结合建筑工程划分,并考虑传统课程习惯,本教材分绪论和10个教学项目。主要教学内容包括:①绪论,介绍了一般情况与特点;②土方工程施工,重点是土方开挖机械选择、土方量计算、基坑降排水方法、土方的填筑与压实、土方工程的施工安全;③地基与基础工程施工,重点是地基处理方法、浅基础施工方法、预制桩和灌注桩施工方法及施工安全;④砌筑工程施工,重点是砌体工程的施工工艺、脚手架工程的基本知识及施工工艺、砌筑工程施工安全;⑤混凝土结构工程施工,其重点是掌握钢筋下料计算、模板的搭设与拆除、混凝土的浇筑工艺与质量验收、混凝土结构工程施工安全;⑥预应力混凝土工程施工,重点是预应力混凝土工程的常规施工原理及方法,一般建筑预应力混凝土工程施工中容易出现的预应力损失,施工质量、安全问题及质量、安全验收内容;⑦结构安装工程施工,重点内容有起重机械和设备、单层工业厂房安装、多层工业厂房安装、结构安装工程的施工质量验收与安全技术;⑧屋面及防水工程施工,重点内容有屋面防水工程、卷材防水屋面、涂膜防水屋面、刚性防水屋面、地下防水工程、防水方案、结构主体防水施工、结构细部防水构造与施工、渗漏及防治方法、室内其他部位防水工程、卫生间楼地面防水施工;⑨装饰装修工程施工,重点内容有抹灰工程、门窗工程、玻璃工程、吊顶工程、隔墙工程、饰面工程和细部工程;⑩墙体保温工程施工,主要内容有墙体保温分类、墙体保温的发展、外墙保温的分类及特点、外墙外保温类型、外墙外保温施工、外墙外保温验收;⑪绿色施工,主要内容有绿色施工管理内容、绿色施工技术要点。

(6)建筑施工近期技术发展简介。

推陈出新,亦为建筑施工技术的发展规律。好的工程技术,尤其是好的延续了数千年或数百年的工程技术,其本身其实已然成为一种好的艺术系统,这些是需要传承和保护的。通过"禁止或淘汰""限制使用""提倡或推广""鼓励使用"等方式,保留精致的、秀美的、艺术的、优良的、文明的、科学的,淘汰落后的、不环保的、不再适宜的工法、工序、施工工艺、设备和材料,以性能更优异、更耐久、更安全、更环保、更健康地取而代之,从而实现建筑施工技术的新陈代谢。

随着建设事业的发展,建筑施工技术也得到了不断的发展和提高。施工技术方面,具备了大型工业建筑、多层及高层民用建筑与公共建筑施工成套技术,以及部分配套施工设备。

地基处理和基础工程施工中推广了钻孔灌注桩、旋挖桩、旋喷桩、挖孔桩、振冲法、深层搅拌法、强夯法、地下连续墙、土层锚杆、逆作法施工等新技术。

现浇钢筋混凝土推广使用盘扣式定型工具式支架，模板工程中推广应用爬模、滑模、台模、筒子模、隧道模、组合钢模板、大模板、早拆模板体系。

钢材高强化、冷轧扭技术推广使用。粗钢筋连接应用了电渣压力焊、钢筋气压焊、钢筋冷压连接、钢筋螺纹连接等先进连接技术。

混凝土工程采用了泵送混凝土、喷射混凝土，可选用高性能高强混凝土、防水混凝土，混凝土制备、运输和输送机械化、自动化设备。外加剂及掺合料得到广泛、深入研究，性能优越，环境适应性增强，轻骨料混凝土得到广泛使用，品种丰富。砌筑砂浆采用了预制厂生产供应，更有效地保证了原材料质量。

预制构件方面，不断完善了挤压成型、热拌热模、立窑和折线形隧道窑养护等技术。

预应力混凝土方面，采用了无黏结工艺和整体预应力结构，推广了高效预应力混凝土技术，使我国预应力混凝土发展从构件生产阶段进入了预应力结构生产阶段。

钢结构方面，采用了高层钢结构技术、空间钢结构技术、轻钢结构技术、钢混凝土组合结构技术、高强度螺栓连接与焊接技术、网架安装及钢结构防护技术。

大型结构吊装方面，随着大跨度结构与高耸结构的发展，创造了一系列具有区域特色整体吊装技术，如集群千斤顶同步整体提升技术。主体结构施工中应用了大吨位塔吊、高层施工电梯垂直机械化输送等技术。

装饰工程方面，不锈钢及铝板等高档金属型材、薄型石材、复合材料均得到全面发展和使用，其性能及装饰装修效果亦有较大幅度的提高。

墙体改革方面，利用各种工业废料制成了粉煤灰矿渣混凝土大板、膨胀珍珠岩混凝土大板、煤渣混凝土大板、粉煤灰陶粒混凝土大板等各种大型墙板，同时发展了混凝土小型空心砌块建筑体系、框架轻墙建筑体系、外墙保温隔热技术等，使墙体改革有了新突破。

防水材料方面，高聚物改性沥青卷材、合成高分子卷材、涂膜防水技术、卷材与涂膜复合防水技术，在屋面工程防水、地下工程防水、卫生间防水及细部防水和堵漏方面有了长足进步。

机械自动化方面，自动化搅拌站、混凝土输送泵、砂浆搅拌站、砂浆泵、新型塔吊、钢筋连接、装饰装修机具机械化程度大幅提升，测量设备普遍采用了 RTK、无人机等，实现了机械化、电子化、卫星定位化。近年来，现代技术如计算机、激光、自动控制技术在建筑施工导向、对中和测量及液压滑升模板操作平台自动调平装置及 GPS 上得到了广泛应用，使工程施工精度得到提高，同时又保证了工程质量。

另外，电子计算机、工艺理论、装饰材料等方面，也掌握和开发了许多新施工技术，有力地推动了我国建筑施工技术的发展。

但是，我国目前施工技术水平，基础工程、模板工程、混凝土技术、高效钢筋结合预应力技术等多方面仍达不到国际顶级水平，特别是建造人工智能化、建造智慧化、机械自动化控制，以及新产品、新技术、新工艺、新材料“四新”技术的应用研发等方面，教学科研向成果转换困难的“瓶颈”，仍需加倍努力。

需要一提的是，随着社会的发展，施工安全被提到了前所未有的高度，因其关乎巨大的财产及成本，更关乎人的生命，其重要性不言而喻。

(7)关于绿色施工。

绿色施工是实现节能型社会、可持续发展、现代化的得力支撑，它通过加速“双碳”实现，助力建设环保绿色社会。其一方面强调技术与创新，另一方面强调社会竞争力。绿色施工可与建筑抗灾、防灾、减灾能力相辅相成，降低资源耗费，保护生命财产。绿色施工应以电子计算机、互联网、GPS定位、BIM、人工智能、航天、下海、入地及基础学科研究和技术开发为抓手，与其无缝对接，不断发展，得到赋能，在材料、勘察、设计、施工、监理、监测、检测、运维、抢险救灾应急、恢复重建等方面均应体现，既促进减排节能，又增强新建筑及既有建筑的防灾减灾能力，从而提升城市抵御大灾、巨灾的韧性。

(8)本课程学习要求。

因建筑工业化需要传统施工技术结合计算机及网络技术，以实现设计标准化、建筑体系化、管理科学化、施工机械化，并择时择地全面推进预制装配式产业化，故学习过程中，应融合多学科，多交叉，多交流，并积极以BIM技术等为有力抓手，全面掌握基本的、普通的、重要的工法及要求。

建筑施工技术课程综合性强，与建筑材料、房屋建筑构造、工程测量、结构力学、建筑结构、地基与基础、建筑机械、施工组织设计与管理、建筑工程计量与计价等课程密切关系。它们相互关联，相互影响制约，因此相关课程学习及相互融会贯通不可或缺。建筑工程施工应加强技术管理，贯彻工程施工质量验收统一标准与规范，不断提高施工技术水平，加强质量措施，保证工程质量，降低工程成本。

此外，还须认真学习国际建筑与施工先进理念及技术。

本学科实践性强，本质是其来源于对实践的总结，又用于指导实践。学习中须坚持理论联系实际，重视各教学手段相融相通，多查询比对设计、施工及质量验收规范标准，重视并加强现场教学、重组在校学习与生产实习的时间空间节点、加强技能训练等实践性教学环节，并在学习与实践中不断探索、研究与创新。

教学项目 1　土方工程施工

【能力目标】

通过本教学项目的学习,能判断土体状态,能计算土方工程量,能指导现场土方填筑,能进行土方工程施工质量检查,能进行验槽。

勤劳聪明的古人就善于利用土方,并进行土方工程施工,如古代山顶洞人凿洞建家,秦代兵马俑及其他众多考古发现古陵等地下设施工程。

按规范、标准施工,是土方工程最起码的要求。自然人素养、公民行为决定了一个社会的文明程度,其底线是遵纪守法、遵守自然法则。而工程人,遵守规范、标准就是底线,应熟悉相关勘察、设计、施工及验收规范条文。

任务 1　土的工程分类和性质

任务导航

本任务要求掌握土的工程分类、土的基本性质。

建筑土方工程具有工程量大、工期长、施工条件复杂、劳动强度大等特点。建筑场地平整,土方工程量可达几百万立方米,施工面积可达数平方千米,大型基坑开挖,可深逾数十米。土方施工影响因素多,如气候、水文、地质、现场条件等,且多为露天作业,不确定因素多。工程中,不确定性往往意味着风险,因此土方工程施工前,须完善施工组织设计,优化施工方法,核查机械设备组合配套情况,根据合理可行的土方调配方案,依靠科学管理,保证工程质量,以取得良好效益。

1.1.1　土的工程分类

土的分类方法较多,可依据土颗粒级配、塑性指数、沉积年代或工程特点等进行分类。而土的工程性质对土方工程施工方法的选择、劳动量和机械台班消耗及工程费用均有影响。土方施工中,常根据土坚硬程度和开挖方法分为八类(见表 1-1)。

表 1-1　按土坚硬程度和开挖方法分类

土的分类	土的名称	密度/(g/cm³ 或 t/m³)	可松性系数		开挖方法及工具
			K_s	K'_s	
一类土(松软土)	砂,粉土,冲积砂土层,种植土,泥炭(淤泥)	0.60~1.50	1.08~1.17	1.01~1.03	用锹、锄头轻易挖掘

续表 1-1

土的分类	土的名称	密度/(g/cm^3 或 t/m^3)	可松性系数		开挖方法及工具
			K_s	K_s'	
二类土(普通土)	粉质黏土,潮湿黄土,夹碎石、卵石的砂,填筑土及粉土混卵(碎)	1.10~1.60	1.14~1.28	1.02~1.05	一般用锹、条锄挖掘,或用镐翻松(少许)
三类土(坚土)	中等密实黏土,重粉质黏土,粗砾石,干黄土及含碎石、卵石的黄土、粉质黏土,压实填筑土	1.75~1.90	1.24~1.30	1.04~1.07	主要用镐,少许用锹、条锄挖掘
四类土(砂砾坚土)	坚硬密实黏性土及含碎石、卵石的黏土,粗卵石,密实黄土,天然级配砾石,软泥灰岩及蛋白石	1.90	1.26~1.32	1.06~1.09	整个用镐、条锄挖掘,少许用撬棍挖掘
五类土(软石)	硬质黏土,中等密实页岩、泥灰岩、白垩土,胶结不紧的砾岩,软石灰岩	1.10~2.70	1.30~1.45	1.10~1.20	用镐或撬棍、大锤挖掘,部分用爆破方法
六类土(次坚石)	泥岩,砂岩,砾岩,坚实页岩,泥灰岩,密实石灰岩,风化花岗岩,片麻岩	2.20~2.90	1.30~1.45	1.10~1.20	部分用风镐开挖,大多用爆破方法开挖
七类土(坚石)	大理岩,辉绿岩,玢岩,粗、中粒花岗岩,坚实白云岩、砂岩、砾岩、片麻岩、石灰岩、微风化安山岩、玄武岩	2.50~3.10	1.30~1.45	1.10~1.20	基本用爆破方法开挖
八类土(特坚石)	安山岩,玄武岩,花岗片麻岩、坚实细粒花岗岩、闪长岩、石英岩、辉长岩、辉绿岩、玢岩	2.70~3.30	1.45~1.50	1.20~1.30	全部用爆破方法开挖

1.1.2 土的基本性质

码 1-1 土种类及特性

土是相对连续、坚固的岩石风化作用形成的大小悬殊、干湿各异、物理和力学性质迥异的颗粒,经不同搬运方式、各种排列组合,在各差异环境中形成的沉积混合物。漫长地质年代中,因各种内、外力地质作用形成了许多类型的岩和土。岩经风化、剥蚀、搬运、沉积而成土,而土在一定地质营力及相关条件(如温度、压力、熔融化学流体)下,经压密、固结、胶结硬化也可再生成岩(成岩作用)。

1.1.2.1　土的组成

土的物质成分包括土骨架固态矿物颗粒(土的固体颗粒简称土颗粒或土粒)、孔隙中有水及其溶解物,以及气体。因此,土是由固体颗粒、水和气组成的三相体(见图 1-1)。各种土的颗粒大小和矿物成分差别很大,土的三相比例也不同,且土粒与周围的水又有复杂的物理和化学作用。土的性质一定程度上由土的三相组成、土的结构和构造决定。土的三相组成、物质性质、相对含量及土结构构造等各种因素,也必然在土的轻重、松密、干湿、软硬等一系列物理性质和状态上反映。土的物理性质一定程度上决定其力学性质,所以物理性质是土最基本的工程特性。

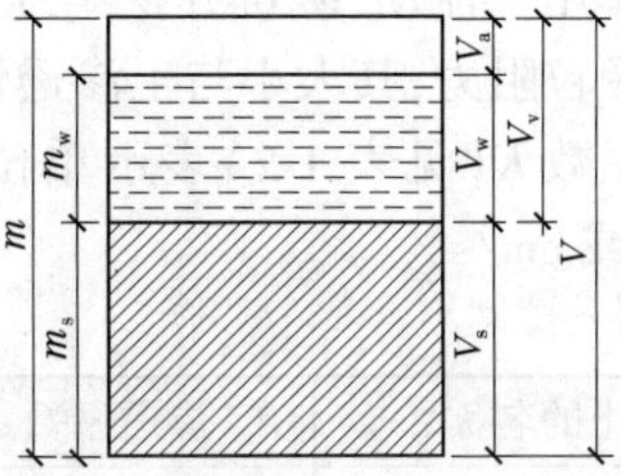

m_s—土粒质量;m_w—土中水质量;
m—土总质量,$m=m_s+m_w$;V_s—土粒体积;
V_w—土中水体积;V_a—土中气体积;
V_v—土中孔隙体积,$V_v=V_w+V_a$;
V—土总体积,$V=V_s+V_v$。

图 1-1　土的三相图

1.1.2.2　土的物理性质

1. 土的密度

土的密度 ρ 即土天然状态下单位体积的质量,单位为 g/cm³(或 t/m³),即

$$\rho = \frac{m}{V} \tag{1-1}$$

土的密度变化范围较大。一般黏性土 $\rho=1.8\sim2.0$ g/cm³,砂土 $\rho=1.6\sim2.0$ g/cm³,腐殖土 $\rho=1.5\sim1.7$ g/cm³。土密度一般用环刀法测定。工程上常用土的容重 $\gamma=\rho g$,单位为 kN/m³,式中,g 为重力加速度(工程中常取 10 m/s²)。

2. 土的含水量

土的含水量 w 指土所含水的质量与土粒质量之比,以百分数计,即

$$w = \frac{m_w}{m_s} \times 100\% \tag{1-2}$$

含水量反映土的干湿程度。天然状态下土的含水量称天然含水量,其变化范围很大,与土种类、埋藏条件及所处自然地理环境等有关。一般干粗砂土,其值接近零,而饱和砂土,含水量可达 40%;坚硬黏性土含水量约小于 30%,而饱和状态软黏土(如淤泥),则可达 60%或更大。通常,同一类土含水量增加则强度降低。土的含水量测定常用烘干法。

3. 土的孔隙比

土的孔隙比 e 指土中孔隙体积与土颗粒体积之比,即

$$e = \frac{V_v}{V_s} \tag{1-3}$$

土天然状态的孔隙比称天然孔隙比,它可用来评价天然土层的密实程度。一般 $e<0.6$ 的土是密实的低压缩性土,$e>1$ 的土是疏松的高压缩性土。

4. 土的渗透性

土的渗透性指土体能被水透过的性质。土体孔隙中的自由水在重力作用下流动，基坑开挖至地下水位以下时，地下水在土中渗透时受土颗粒阻力，其大小与土渗透性及地下水渗流路线长短有关。土的渗透系数 K（见表 1-2）表示单位时间内水穿透土层的能力，单位为 m/d（或 cm/s）。

码 1-2　土的渗透性

表 1-2　土的渗透系数

土的名称	渗透系数 K/（m/d）	土的名称	渗透系数 K/（m/d）
黏土	<0.005	中砂	5.00~20.00
粉质黏土	0.005~0.10	均质中砂	35.00~50.00
粉土	0.10~0.50	粗砂	20.00~50.00
黄土	0.25~0.50	圆砾石	50.00~100.00
粉砂	0.50~1.00	卵石	100.00~500.00
细砂	1.00~5.00		

过大的渗透力会使土颗粒或土体移位，即产生渗透变形，甚至渗透破坏，如边坡破坏、地面隆起、堤坝失稳等。根据渗透系数不同，土可分为透水性土（如砂土）和不透水性土（如黏土）。它影响施工降排水速度。

5. 土的可松性

天然土经开挖后变松散，体积增加，回填时虽经振动夯实，仍不能完全复原，此现象称土的可松性，用可松性系数表示。

码 1-3　土的可松性

土的最初可松性系数：

$$K_s = \frac{V_2}{V_1} \tag{1-4a}$$

土的最终可松性系数：

$$K'_s = \frac{V_3}{V_1} \tag{1-4b}$$

式中　K_s、K'_s——土的最初、最终可松性系数；

V_1——土天然状态体积，m^3；

V_2——土开挖后松散状态体积，m^3；

V_3——土经开挖后又回填压实后体积，m^3。

任务 2　土方工程量计算及土方调配

任务导航

本任务要求掌握基坑基础知识、场地平整土方工程量计算、土方调配原则、土方调配工程表绘制等。

有时土方工程外形很复杂,且不规则,通常方法是将其划分成一定几何形状,用具有一定精度而又与实际情况近似的方法计算。

1.2.1　基坑土方量

基坑土方量可按立体几何中拟柱体体积公式计算(见图 1-2),即

$$V=\frac{H}{6}(A_1+4A_0+A_2) \tag{1-5a}$$

式中　H——基坑深度,m;

A_1、A_2——基坑上、下底面面积,m^2;

A_0——基坑中截面面积,m^2。

基槽和路堤管沟土方量可沿长度方向分段后,再用类似方法计算(见图 1-3),即

$$V_i=\frac{L_i}{6}(A_1+4A_0+A_2) \tag{1-5b}$$

式中　V_i——基坑第 i 段土方量,m^3;

L_i——第 i 段长度,m。

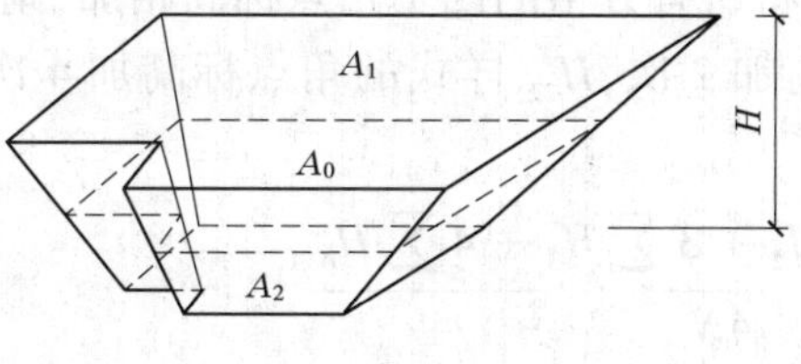

图 1-2　基坑土方量计算

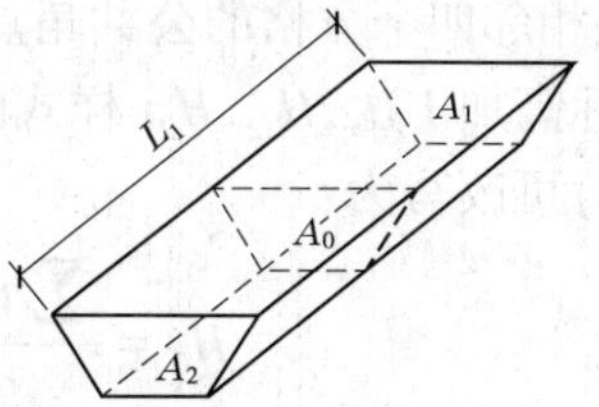

图 1-3　基槽土方量计算

将各段土方量相加即得总土方量:

$$V=\sum V_i \tag{1-6}$$

1.2.2　确定场地设计标高

场地平整是将现场平整成设计要求的平面。首先要确定场地设计标高,以计算挖、填土方工程量,确定土方平衡调配方案。再根据工程规模、施工期限、土的性质及现有机械设备条件,选择土方机械,拟订施工方案,用以指导施工。

确定场地设计标高时应考虑的因素有:①满足建筑规划、生产工艺及运输要求;②尽量利用地形,减少挖、填方量;③场地内挖、填方量力求平衡;④排水坡度满足排水要求。如设计文件对场地设计标高无明确规定和特殊要求,可参照下述步骤和方法确定。

1.2.2.1　初步计算场地设计标高 H_0

根据场地内挖方和填方平衡原则,即挖方总量等于填方总量,如图 1-4 所示,将场地地形图划分为边长 $a=10\sim40$ m 的 N 个方格。每个方格角点标高,当地形平坦时,根据地形图上相邻两条等高线高程,用插入法求得;当地形起伏较大时,实测求得。

按挖填平衡原则,场地设计标高可按式(1-7)计算:

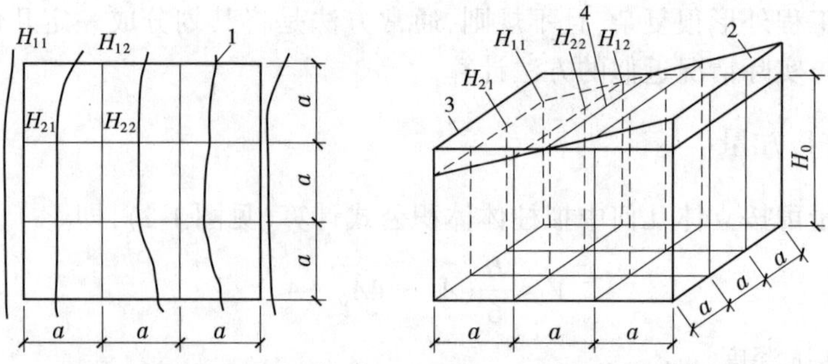

(a)地形图上划分方格　　(b)设计标高示意图

1—等高线;2—自然地面;3—设计标高平面;4—自然地面与设计标高平面交线(零线)。

图 1-4　场地设计标高计算简图

$$H_0Na^2 = \sum\left(a^2\frac{H_{11}+H_{12}+H_{21}+H_{22}}{4}\right) \quad (1\text{-}7a)$$

$$H_0 = \frac{\sum(H_{11}+H_{12}+H_{21}+H_{22})}{4N} \quad (1\text{-}7b)$$

由图 1-4 可见,H_{11} 是一个方格的角点标高;H_{12}、H_{21} 是相邻两个方格公共角点标高;H_{22} 则是相邻四个方格的公共角点标高。欲将所有方格的四个角点标高相加,则 H_{11} 样式的角点标高加 1 次,H_{12}、H_{21} 样式的角点标高加 2 次,H_{22} 样式的角点标高加 4 次。因此,式(1-7b)可改写为:

$$H_0 = \frac{\sum H_1 + 2\sum H_2 + 3\sum H_3 + 4\sum H_4}{4N} \quad (1\text{-}7c)$$

式中　H_1——1 个方格独有角点标高;

H_2——2 个方格共有角点标高;

H_3——3 个方格共有角点标高;

H_4——4 个方格共有角点标高。

1.2.2.2　调整场地设计标高 H_0

按式(1-7)计算的设计标高 H_0 为一理论值,实际还需考虑以下内容:

(1)土具可松性,按 H_0 施工,填土有剩余,必要时可相应提高设计标高。

(2)因设计标高以上填方工程用土量,或设计标高以下挖方工程挖土量的影响,可能使设计标高降低或提高。

(3)因边坡挖填方量不等,或经济技术分析比较后,将部分挖方就近弃于场外、部分填方就近从场外取土,从而引起挖填方量变化,需相应增减设计标高。

1.2.2.3　考虑泄水坡度对角点设计标高的影响

按上述计算并调整后的设计标高平整场地,整个场地将处于同一水平面,但实际上因排水要求,场地表面应有一定的泄水坡度。因此,应根据单向泄水或双向泄水要求,算出各方格角点实际施工设计标高。

(1)单向泄水时,各点设计标高计算。

场地单向泄水时,以上述计算出的设计标高 H_0 作为场地中心线(与排水方向垂直的

中心线)标高(见图1-5),场地内任一点设计标高:

$$H_n = H_0 \pm li \tag{1-8}$$

式中 H_n——场地内任一点设计标高;

l——该点至场地中心线的距离;

i——场地泄水坡度(一般不小于2‰)。

例如:图1-5中 H_{52} 点设计标高:$H_{52}=H_0-li=H_0-1.5ai$。

(2)双向泄水时,各点设计标高计算。

场地用双向泄水时,以计算出的 H_0 作为场地中心点标高(见图1-6),场地内任一点设计标高:

$$H_n = H_0 \pm l_x i_x \pm l_y i_y \tag{1-9}$$

式中 l_x、l_y——该点到场地中心线 $y—y$、$x—x$ 距离;

i_x、i_y——$x—x$、$y—y$ 方向泄水坡度。

例如:图1-6中场地内 H_{42} 点设计标高:$H_{42}=H_0-1.5ai_x-0.5ai_y$。

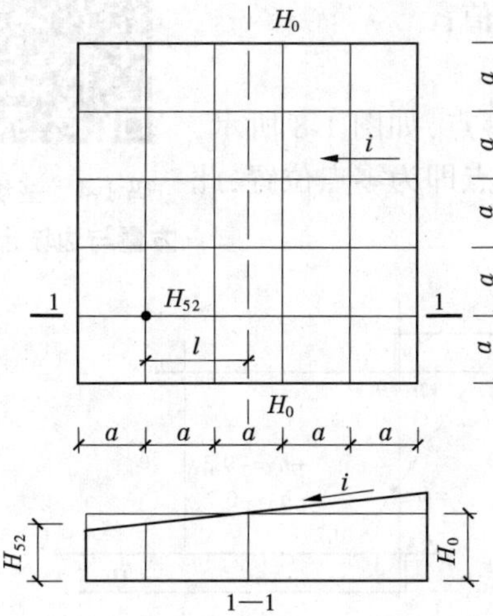

图1-5 单向泄水坡度场地

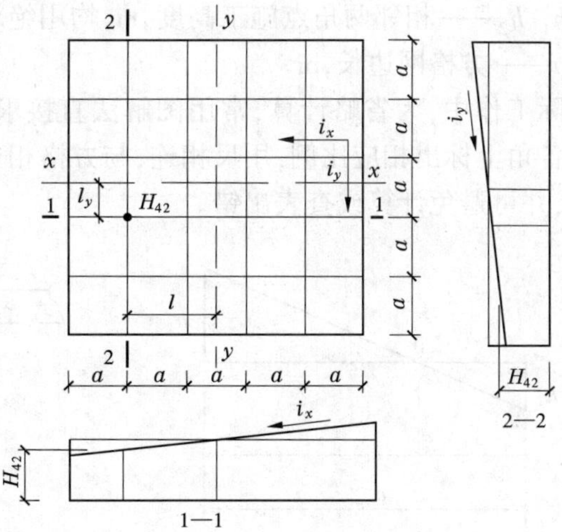

图1-6 双向泄水坡度场地

1.2.3 场地土方量

大面积场地平整的土方量,常用方格网法计算。根据方格网各方格角点自然地面标高和实际采用的设计标高,算出相应角点填挖高度(施工高度 h_n),然后计算每一方格土方量,并算出场地边坡土方量,这样便可求得整个场地填、挖土方总量。

1.2.3.1 场地土方量计算

1.划分方格网并计算各方格角点施工高度

将地形图(一般用1/500地形图)划分成若干个方格网,尽量使方格网与测量纵、横坐标网对应,方格边长 a 宜取10~40 m,将场地平整施工前原地面自然标高(简称自然标高或地面标高)和设计标高分别标注于方格点左下角和右下角。

各方格角点施工高度按式(1-10)计算:

$$h_n = H_n - H \tag{1-10}$$

式中　h_n——角点 n 施工高度，即填挖高度，以“+”为填，“-”为挖；

H_n——角点 n 设计标高（若无泄水坡度，即为场地设计标高）；

H——角点 n 自然标高。

2. 计算零点位置

一个方格网内同时有填方及挖方时，先算出方格网边零点位置，标注于方格网上，连接零点的零线，即填方区与挖方区分界线（见图 1-7）。

零点位置计算：

$$\left.\begin{aligned} x_1 &= \frac{h_1}{h_1+h_2}a \\ x_2 &= \frac{h_2}{h_1+h_2}a \end{aligned}\right\} \tag{1-11}$$

式中　x_1、x_2——角点至零点距离，m；

h_1、h_2——相邻两角点施工高度，m，均用绝对值；

a——方格网边长，m。

实际工作中，为省略计算，常用图解法直接求零点，如图 1-8 所示，用尺在各角上标出相应比例，用尺相连，与方格相交点即为零点位置，此法方便，并可避免计算或查表出错。

码 1-4　基坑土方量与边坡土方量

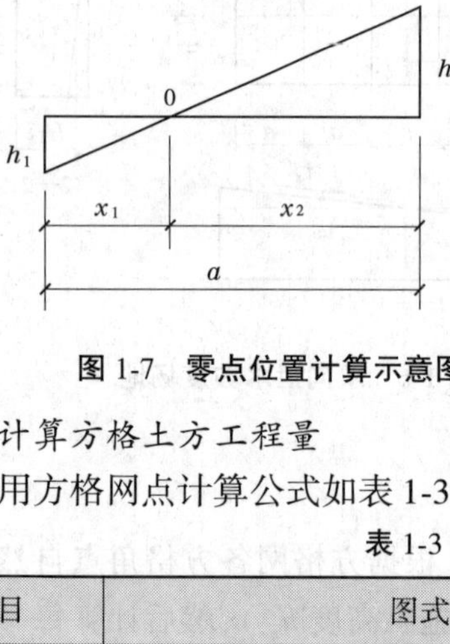

图 1-7　零点位置计算示意图

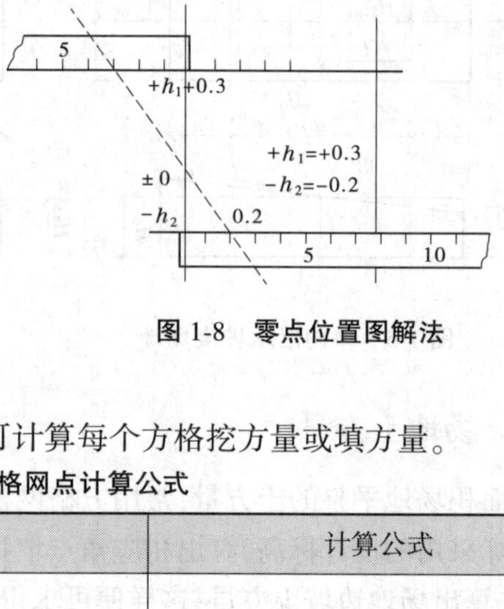

图 1-8　零点位置图解法

3. 计算方格土方工程量

常用方格网点计算公式如表 1-3 所示，可计算每个方格挖方量或填方量。

表 1-3　常用方格网点计算公式

项目	图式	计算公式
一点填或挖方（三角形）	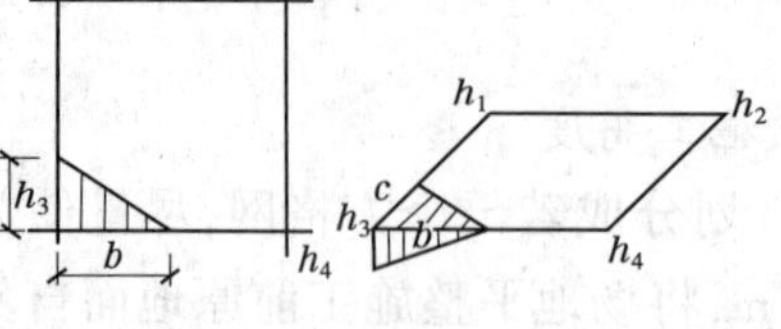	$V = \frac{1}{2}bc\frac{\sum h}{3} = \frac{bch_3}{6}$ 当 $b=c=a$ 时，$V = \frac{a^2h_3}{6}$

续表 1-3

项目	图式	计算公式
二点填或挖方（梯形）	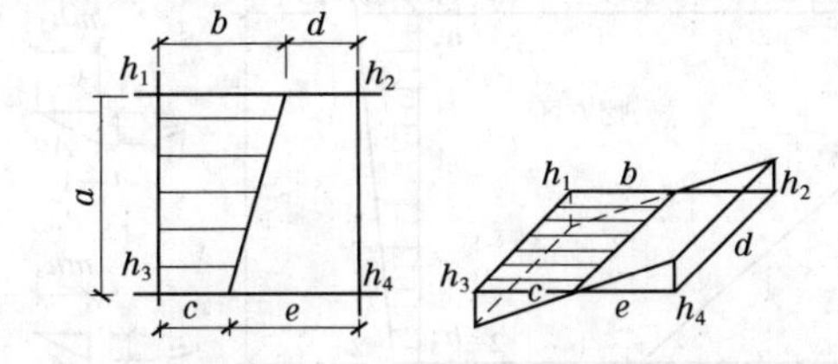	$V_+ = \frac{b+c}{2}a\frac{\sum h}{4} = \frac{a}{8}(b+c)(h_1+h_3)$ $V_- = \frac{d+e}{2}a\frac{\sum h}{4} = \frac{a}{8}(d+e)(h_2+h_4)$
三点填或挖方（五角形）	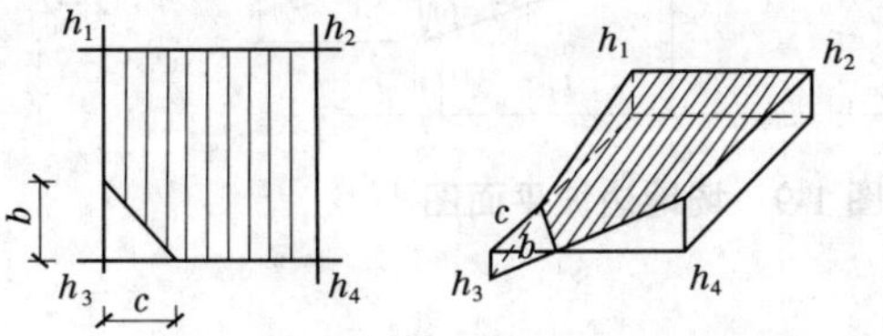	$V = \left(a^2 - \frac{bc}{2}\right)\frac{\sum h}{5}$ $= \left(a^2 - \frac{bc}{2}\right)\frac{h_1+h_2+h_4}{5}$
四点填或挖方（正方形）	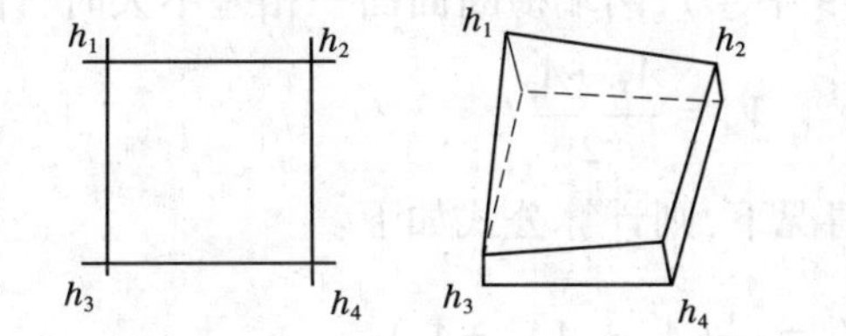	$V = \frac{a^2}{4}\sum h = \frac{a^2}{4}(h_1+h_2+h_3+h_4)$

注：1. a— 方格网边长，m；b、c—零点到角边长，m；h_1、h_2、h_3、h_4— 方格网四角点施工高程，m，以绝对值代入；$\sum h$— 填方或挖方施工高程总和，m，以绝对值代入；V—填方或挖方体积，m^3，计算时与施工高度一致，以“+”为填，“-”为挖。

2. 本表公式按各计算图形底面积乘以平均施工高程得出。

4. 边坡土方量计算

边坡土方量可划分为两种近似几何形体计算：一种为三角棱锥体，另一种为三角棱柱体，其计算公式如下。

(1) 三角棱锥体边坡体积。

三角棱锥体边坡体积(见图 1-9 中①)计算公式如下：

$$V_1 = \frac{1}{3}A_1 l_1 \tag{1-12}$$

式中　l_1——边坡①长度；

A_1——边坡①端横断面面积。

边坡①端横断面面积计算公式如下：

$$A_1 = \frac{h_2(mh_2)}{2} = \frac{mh_2^2}{2} \tag{1-13}$$

式中　h_2——角点挖土高度；

m——边坡坡度系数，$m=\frac{宽}{高}$。

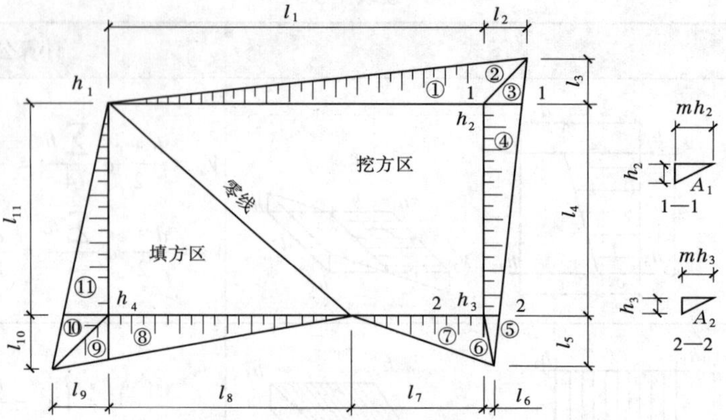

图 1-9　场地边坡平面图

(2)三角棱柱体边坡体积。

三角棱柱体边坡体积(见图 1-9 中④),两端横断面面积相差不大时,计算公式如下:

$$V_4 = \frac{A_1 + A_2}{2} l_4 \tag{1-14a}$$

两端横断面面积相差很大的情况下,则计算公式如下:

$$V_4 = \frac{l_4}{6}(A_1 + 4A_0 + A_2) \tag{1-14b}$$

式中　l_4——边坡④长度;

A_1、A_2、A_0——边坡④两端及中部横断面面积,算法同上(见图 1-9)。

剖面是近似平面,实际上,地表面也并不完全水平。

5. 计算土方总量

将填(挖)方区所有方格土方量和边坡土方量汇总,即得场地平整填(挖)土方量。

1.2.3.2　场地土方量计算例题

某建筑场地地形图和方格网如图 1-10 所示,粉质黏土地基,场地设计泄水坡度 $i_x = 3‰$,$i_y = 2‰$。建筑设计、生产工艺和最高洪水位等方面无特殊要求。试确定场地设计标高(不考虑土可松性影响,如有余土,用以加宽边坡),并计算填、挖土方量(不考虑边坡土方量)。

码 1-5　基坑施工

解:(1)计算各方格角点地面标高。

各方格角点地面标高,可据地形图上所标等高线,设两等高线间地面坡度线性变化,用插入法求得。如角点 4 地面标高(h_4),由图 1-11 得:

$$h_x : 0.5 = x : l$$

则

$$h_x = 0.5x/l;\quad h_4 = 44.00 + h_x$$

为避免烦琐计算,常用图解法(见图 1-12),即用一张透明纸,上面画 6 根等距离平行线(5 份定数等距)。将该透明纸覆盖到方格网地形图,使 6 根平行线最外边 2 根分别对准 A 点和 B 点,此时 6 根等距平行线将 A、B 之间的 0.5 m 高差分成 5 等份,便可直接读得角点 4 地面标高 $h_4=44.34$ m。其余各角点标高均可求出(见图 1-13)。

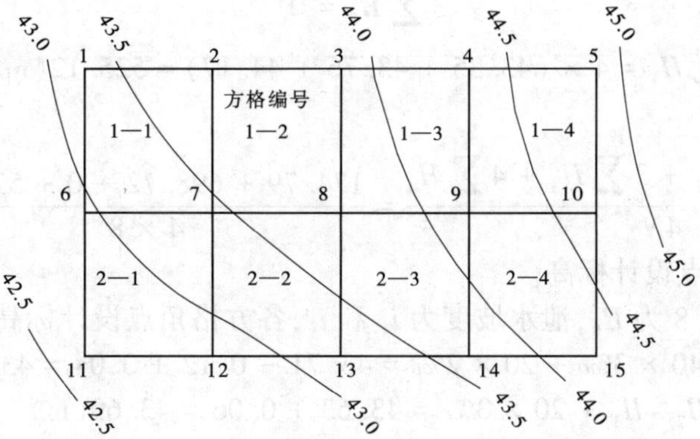

图 1-10　某建筑场地地形图和方格网布置

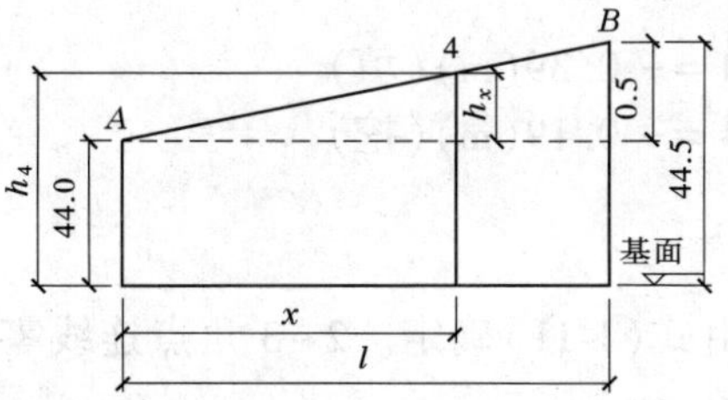

图 1-11　插入法计算简图

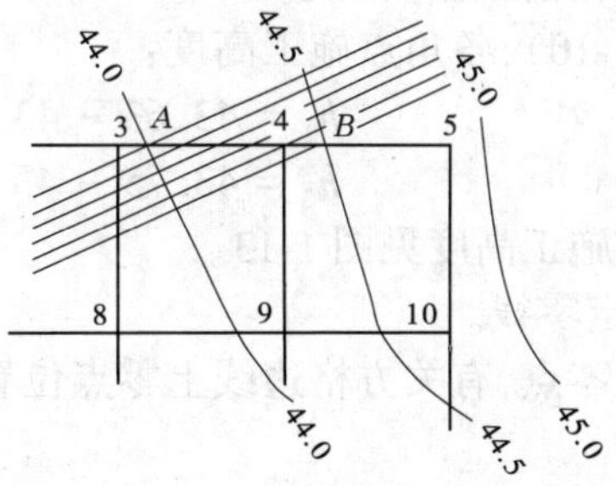

图 1-12　插入法的图解法

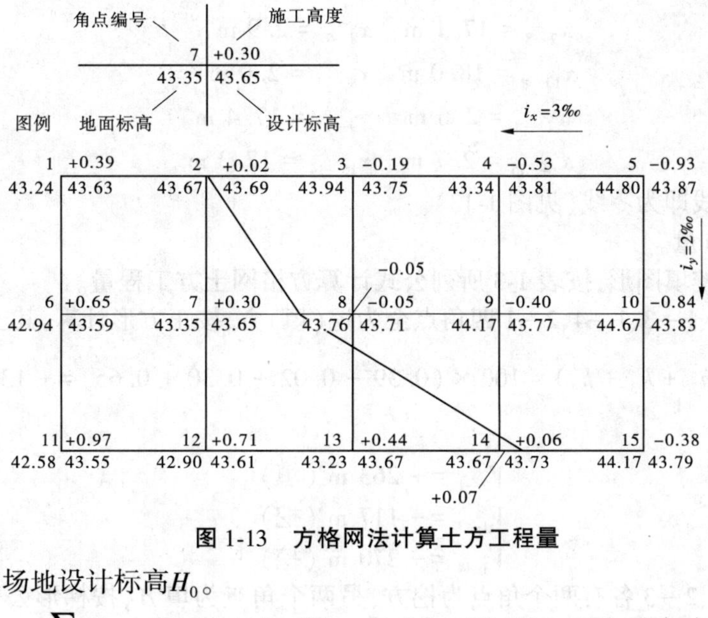

图 1-13　方格网法计算土方工程量

(2)计算场地设计标高H_0。

$$\sum H_1 = 43.24 + 44.80 + 44.17 + 42.58 = 174.79(\text{m})$$

$$2\sum H_2 = 2 \times (43.67 + 43.94 + 44.34 + 44.67 + 43.67 + 43.23 + 42.90 + 42.94) = 698.72(\text{m})$$

$$3\sum H_3 = 0$$

$$4\sum H_4 = 4 \times (43.35 + 43.76 + 44.17) = 525.12(\text{m})$$

由式(1-7c)：

$$H_0 = \frac{\sum H_1 + 2\sum H_2 + 3\sum H_3 + 4\sum H_4}{4N} = \frac{174.79 + 698.72 + 0 + 525.12}{4 \times 8} = 43.71(\text{m})$$

(3)计算方格角点设计标高。

以场地中心角点 8 为 H_0，泄水坡度为 i_x 和 i_y，各方格角点设计标高按式(1-9)计算：

$$H_1 = H_0 - 40 \times 3‰ + 20 \times 2‰ = 43.71 - 0.12 + 0.04 = 43.63(\text{m})$$

$$H_2 = H_1 + 20 \times 3‰ = 43.63 + 0.06 = 43.69(\text{m})$$

$$H_6 = H_0 - 40 \times 3‰ = 43.71 - 0.12 = 43.59(\text{m})$$

其余各角点设计标高算法同上，如图 1-13 所示。

(4)计算角点施工高度。

由式(1-10)，各角点施工高度：

$$h_1 = 43.63 - 43.24 = +0.39(\text{m})(填)$$

$$h_3 = 43.75 - 43.94 = -0.19(\text{m})(挖)$$

其余各角点施工高度见图 1-13。

(5)确定零线。

首先求零点，有关方格边线上零点位置由式(1-11)确定。2~3 角点连线零点距角点 2 距离：

$$x_{2-3} = \frac{0.02 \times 20}{0.02 + 0.19} = 1.9(\text{m})，则 x_{3-2} = 20 - 1.9 = 18.1(\text{m})。$$

同理求得：

$$x_{7-8} = 17.1\ \text{m} \quad x_{8-7} = 2.9\ \text{m}$$

$$x_{13-8} = 18.0\ \text{m} \quad x_{8-13} = 2.0\ \text{m}$$

$$x_{14-9} = 2.6\ \text{m} \quad x_{9-14} = 17.4\ \text{m}$$

$$x_{14-15} = 2.7\ \text{m} \quad x_{15-14} = 17.3\ \text{m}$$

相邻零点连线即为零线(见图 1-13)。

(6)计算土方量。

根据方格网挖填图形，按表 1-3 所列公式计算方格网土方工程量。

方格网 1—1、1—3、1—4、2—1 四角点全为挖(填)方，按正方形计算，其土方量：

$$V_{1-1} = \frac{a^2}{4}(h_1 + h_2 + h_3 + h_4) = 100 \times (0.39 + 0.02 + 0.30 + 0.65) = +136(\text{m}^3)(填)$$

同理可得：

$$V_{2-1} = +263\ \text{m}^3(填)$$

$$V_{1-3} = -117\ \text{m}^3(挖)$$

$$V_{1-4} = -270\ \text{m}^3(挖)$$

方格网 1—2、2—3 各有两个角点为挖方，另两个角点为填方，按梯形公式计算，其土方量：

$$V_{1-2}^{填}=\frac{a}{8}(b+c)(h_1+h_3)=\frac{20}{8}\times(1.9+17.1)\times(0.02+0.3)=+15.2(\mathrm{m}^3)(填)$$

$$V_{1-2}^{挖}=\frac{a}{8}(d+e)(h_2+h_4)=\frac{20}{8}\times(18.1+2.9)\times(0.19+0.05)=-12.6(\mathrm{m}^3)(挖)$$

同理：

$$V_{2-3}^{填}=+25.75\ \mathrm{m}^3(填)\quad V_{2-3}^{挖}=-21.8\ \mathrm{m}^3(挖)$$

方格网2—2、2—4为一个角点填方（或挖方）和三个角点挖方（或填方），分别按三角形和五角形公式计算，其土方量：

$$V_{2-2}^{填}=\left(a^2-\frac{bc}{2}\right)\frac{h_1+h_3+h_4}{5}$$

$$=(20^2-2.9\times2)\times\frac{0.3+0.71+0.44}{5}=+114.32(\mathrm{m}^3)(填)$$

$$V_{2-2}^{挖}=\frac{bch_2}{6}=\frac{2.9\times2\times0.05}{6}=-0.05(\mathrm{m}^3)(挖)$$

同理：

$$V_{2-4}^{填}=+0.07\ \mathrm{m}^3(填)\quad V_{2-4}^{挖}=-128.46\ \mathrm{m}^3(挖)$$

将计算出的土方量填入相应方格中（见图1-13）。

场地填（挖）土方量总计：

填方总计：136+15.2+263+114.32+25.75+0.07=554.34（m^3）（填）；

挖方总计：12.6+117+270+0.05+21.8+128.46=524.71（m^3）（挖）。

1.2.4　土方调配

土方量计算完成后，即可设计土方调配工作：对挖方、堆弃和填土取得三者之间关系，目的是综合协调。考虑环保、绿色施工后，好的土方调配方案，应使土方运输量或费用最小，且方便施工。

码1-6　土方调配与运输

1.2.4.1　土方调配原则

（1）力求达到挖填方基本平衡和就近调配，使挖方量与运距乘积之和尽可能小。

（2）土方调配应考虑近期与远期利用相结合，考虑分区与全场相结合，还应尽可能与大型地下建筑施工相结合，避免重复挖运和场地混乱。

（3）合理布置挖、填方分区线，选择恰当的调配方向、运输线路，使土方机械和运输车辆性能发挥充分。

（4）好土用在回填质量要求高的场区。

（5）土方平衡调配应尽可能与城市规划和农田水利相结合，将余土一次性运到指定弃土场，做到文明施工。文明是时代进化的产物，文明施工有利于保护绿水青山。

总之，土方调配须根据现场具体情况、相关技术资料、工期要求、土方施工方法与运输方法综合考虑，并经计算比较，做到经济合理、技术可行。

1.2.4.2　土方调配图表的编制

场地土方调配，需做成相应土方调配图表，编制方法如下。

1. 划分调配区

（1）调配区划分应与房屋或构筑物位置相协调，满足工程施工顺序和分期分批施工要求，近期施工与远期利用相结合。

(2) 调配区大小应使土方机械和运输车辆效能发挥充分。

(3) 土方运距较远或场区内土方不平衡时，可根据附近地形，考虑就近借土或就近弃土，每一个借土区或弃土区均可作为一个独立调配区。

2. 计算土方量

结合前述计算方法，求得各调配区挖填方量，并标写在图上。

3. 计算调配区之间平均运距

平均运距即挖方区土方重心至填方区土方重心的距离。因此，确定平均运距需先求出各调配区土方重心。

取场地或方格网中纵横两边为坐标轴，分别求出各区土方重心位置：

$$\left.\begin{aligned}\overline{X}&=\frac{\sum V\cdot x}{\sum V}\\\overline{Y}&=\frac{\sum V\cdot y}{\sum V}\end{aligned}\right\}\tag{1-15}$$

式中　$\overline{X}$、$\overline{Y}$——填方或挖方调配区的重心坐标；

V——各方格土方量；

x、y——各方格重心坐标。

4. 确定土方最优调配方案

最优调配方案以线性规划为理论基础，常用“表上作业法”求得。

为简化计算，可用作图法近似求出形心位置来代替重心位置。

重心求出后，标于相应调配区图上，然后用比例尺量出每对调配区之间的平均运距。

5. 绘制土方调配图、调配平衡表

根据表上作业法求得最优调配方案，在场地地形图上绘出土方调配图，图上标出土方调配方向、数量及平均运距(见图 1-14)。

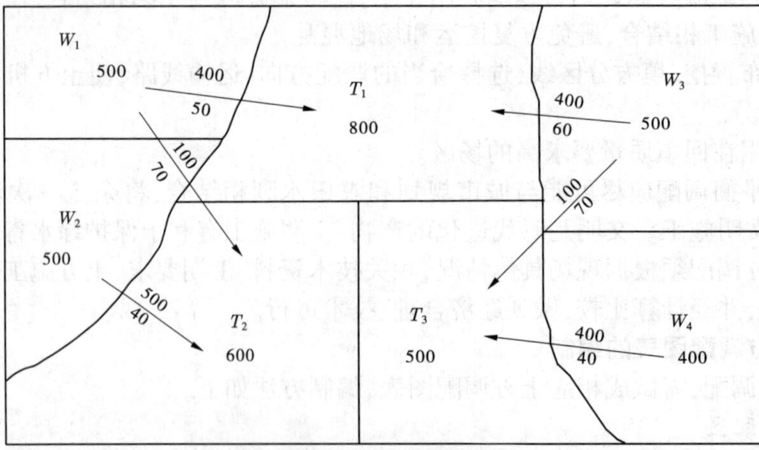

图 1-14　土方调配图

注：箭线上数表示土方调配量，m^3；箭线下数表示平均运距，m；W 为挖方区；T 为填方区。

除土方调配图外,还应列出土方量调配平衡表。表1-4是按图1-14调配方案编制的土方量调配平衡表。

表1-4　土方量调配平衡表

挖方区编号	挖方数量/m^3	各填方区填方数量/m^3			
		T_1	T_2	T_3	合计
		800	600	500	1 900
W_1	500	400（50）	100（70）		
W_2	500		500（40）		
W_3	500	400（60）		100（70）	
W_4	400			400（40）	
合计	1 900				

注:表中土方数量栏右上角小方格内数字为平均运距,或为土方单方运价。

任务3　施工准备与辅助工作

任务导航

本任务要求掌握施工准备工作内容;掌握土方边坡开挖注意事项、土壁支撑;掌握排水与降水主要要求,具体包括地面排水、集水井排水或降水、管涌、流土及其防治,井点降水对周围地面的影响及防治。

1.3.1　施工准备

土方开挖前需做好的主要准备工作如下。

1.3.1.1　场地清理

场地清理包括拆除房屋、古墓,拆迁或改建通信、电力线路、上下水道及其他建筑物,迁移树木,去除耕植土及河塘淤泥等工作。

1.3.1.2　排除地面水

为便于土方施工,应使场地保持干燥,须排除场地洼地淤积水及雨水。

地面水排除一般采取排水沟、截水沟、挡水土坝等措施。尽量利用自然地形设置排水沟,使水直接排至场外,或流向低洼处再用水泵抽走。主排水沟尽量设置在施工区域边缘或道路两旁,其横断面和纵向坡度应根据最大流量确定。一般排水沟横断面面积不小于0.5 m×0.5 m,纵向坡度一般不小于3‰。平坦地区若排水困难,纵向坡度不应小于2‰,沼泽地区可减至1‰。场地平整过程中,应保持排水沟畅通。

山区场地平整施工,应在较高侧山坡开挖截水沟。在低洼地区施工时,除挖排水沟外,必要时还需修筑挡水土坝,阻止雨水流入。

1.3.1.3　修筑临时设施

修筑临时道路、供水、供电、临时停机棚与修理间等临时设施。

1.3.2　土方边坡与土壁支撑

边坡可分为天然边坡和人工边坡,因某些外界不利因素及其组合,边坡可能发生局部土体滑动而失稳,其坍塌常造成严重工程事故,危及财产及人身安全。因此,应验算边坡稳定性并采取适当工程措施。

为防止塌方,保证施工安全,基坑(槽)开挖深度超过一定限度时,土壁应施工成具一定斜率边坡,或临时支撑以保持土壁稳定。

1.3.2.1　土方边坡坡度(坡率)

土方边坡坡度 i 用土方挖方深度 H 与放坡宽度 B 之比表示(见图 1-15),即

$$i=\frac{H}{B}=\frac{1}{B/H}=1:m$$

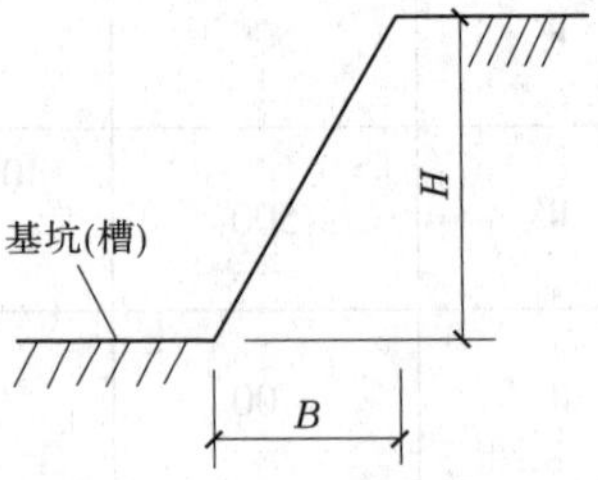

图 1-15　边坡表示方法

式中　m——边坡系数,与坡度成倒数。

土方边坡坡度的大小主要与土质、开挖深度、开挖方法、边坡留置时间长短、边坡附近各种荷载状况及排水情况有关。地质条件良好,土质均匀且地下水位低于基坑(槽)或管沟底面标高以下,土层状态适宜且暴露时间不长时,挖方边坡可设置成直立壁不加支撑,其深度不宜超过以下规定:

码 1-7　边坡休止角

(1)密实、中密砂土和碎石类土(充填物为砂土),不宜超 1.0 m;

(2)硬塑、可塑粉土及粉质黏土,不宜超 1.25 m;

(3)硬塑、可塑黏土和碎石类土(充填物为黏性土),不宜超 1.5 m;

(4)坚硬黏土,不宜超 2 m。

挖方深度超过上述规定时,应考虑放坡,或施工成直立壁加支撑。

地质条件良好,土质均匀且地下水位低于基坑(槽)或管沟底面标高时,挖方深度在 5 m 内不加支撑,边坡最陡坡度应符合表 1-5 的规定。

表 1-5　深度在 5 m 内基坑(槽)、管沟边坡最陡坡度(不加支撑)

土的类别	边坡坡度(高:宽)		
	坡顶无荷载	坡顶有静载	坡顶有动载
中密砂土	1:1.00	1:1.25	1:1.50
中密碎石类土(充填物为砂土)	1:0.75	1:1.00	1:1.25
硬塑粉土	1:0.67	1:0.75	1:1.00

续表 1-5

土的类别	边坡坡度(高:宽)		
	坡顶无荷载	坡顶有静载	坡顶有动载
中密碎石类土(充填物为黏性土)	1:0.50	1:0.67	1:0.75
硬塑粉质黏土、黏土	1:0.33	1:0.50	1:0.67
老黄土	1:0.10	1:0.25	1:0.33
软土(经井点降水后)	1:1.00	—	—

注:1. 静载指堆土或材料等,动载指机械挖土或汽车运输作业等。静载或动载距挖方边缘距离应保证边坡和直立壁稳定,堆土或材料应距挖方边缘 1.0 m 以外,高度不超过 1.5 m。
2. 有成熟施工经验时,可不受本表限制。

1.3.2.2　永久性与临时性挖方边坡

永久性挖方边坡应按设计要求放坡。

临时性挖方边坡值应符合表 1-6 的规定。

表 1-6　临时性挖方工程边坡坡率允许值

土的类别		边坡坡度(高:宽)
砂土(不包括细砂、粉砂)		1:1.25~1:1.50
黏性土	坚硬	1:0.75~1:1.00
	坚硬、可塑	1:1.00~1:1.25
	软	1:1.50 或更缓
碎石类土	充填坚硬、硬塑黏性土	1:0.50~1:1.00
	充填砂土	1:1.00~1:1.50

注:1. 本表适用于无支护措施的临时性挖方工程边坡坡率。
2. 设计有要求时,应符合设计标准。
3. 本表适用于地下水位以上土层。用降水或其他加固措施时,可不受本表限制,但应计算复核。
4. 一次开挖深度,软土不应超过 4 m,硬土不应超过 8 m。

1.3.2.3　边坡开挖质量检验标准

边坡开挖质量检验标准见表 1-7。

表 1-7　边坡开挖质量检验标准

项目	序号	检查项目	允许偏差或允许值		检查方法
			单位	数值	
主控项目	1	坡率	设计值		目测法或用坡度尺检查:每 20 m 抽查 1 处
	2	坡底标高	mm	±100	水准测量

续表 1-7

项目	序号	检查项目		允许偏差或允许值		检查方法
				单位	数值	
一般项目	1	坡面平整度	土坡	mm	±100	3 m 直尺测量:每 20 m 测 1 处
			岩坡	mm	软岩±200 硬岩±350	
	2	平台宽度	土坡	mm	+200 0	用钢尺量
			岩坡	mm	软岩+300 硬岩+500	
	3	坡脚线偏位	土坡	mm	+500 −100	经纬仪测量:每 20 m 测 2 处
			岩坡	mm	软岩+500 −200	
				mm	硬岩+800 −250	

1.3.2.4 土方开挖工程质量检验标准

土方开挖工程质量检验标准应符合表 1-8～表 1-11 的规定。

表 1-8 柱基、基坑、基槽土方开挖工程质量检验标准

项目	序号	检查项目	允许偏差或允许值		检查方法
			单位	数值	
主控项目	1	标高	mm	0 −50	水准测量
	2	长度、宽度(由设计中心线向两边量)	mm	+200 −50	全站仪或用钢尺量
	3	坡率	设计值		目测法或用坡度尺检查
一般项目	1	表面平整度	mm	±20	用 2 m 靠尺
	2	基底土性	设计要求		目测法或土样分析

表 1-9 挖方场地平整土方开挖工程质量检验标准

项目	序号	检查项目	允许偏差或允许值			检查方法
			单位		数值	
主控项目	1	标高	mm	人工	±30	水准测量
				机械	±50	

续表 1-9

项目	序号	检查项目	允许偏差或允许值			检查方法
			单位		数值	
主控项目	2	长度、宽度(由设计中心线向两边量)	mm	人工	+300 −100	全站仪或用钢尺量
				机械	+500 −150	
	3	坡率	设计值			目测法或用坡度尺检查
一般项目	1	坡面平整度	mm	人工	±20	用 2 m 靠尺
				机械	±50	
	2	基底土性	设计要求			目测法或土样分析

表 1-10　管沟土方开挖工程质量检验标准

项目	序号	检查项目	允许偏差或允许值		检查方法
			单位	数值	
主控项目	1	标高	mm	0 −50	水准测量
	2	长度、宽度(由设计中心线向两边量)	mm	+100 0	全站仪或用钢尺量
	3	坡率	设计值		目测法或用坡度尺检查
一般项目	1	表面平整度	mm	±20	用 2 m 靠尺
	2	基底土性	设计要求		目测法或土样分析

表 1-11　地(路)面基层土方开挖工程质量检验标准

项目	序号	检查项目	允许偏差或允许值		检查方法
			单位	数值	
主控项目	1	标高	mm	0 −50	水准测量
	2	长度、宽度(由设计中心线向两边量)	设计值		全站仪或用钢尺量
	3	坡率	设计值		目测法或用坡度尺检查
一般项目	1	表面平整度	mm	±20	用 2 m 靠尺
	2	基底土性	设计要求		目测法或土样分析

注:地(路)面基层偏差只适用于直接在挖、填方上施工地(路)面的基层。

1.3.2.5　土壁支撑

基坑或沟槽开挖时，为缩小施工面，减少土方量或受场地限制不能放坡时，可设置土壁支撑。开挖较窄的沟槽多用横撑式支撑(见图 1-16)。横撑式支撑根据挡土板的不同，分水平挡土板和垂直挡土板两类，前者挡土板布置又分断续式和连续式两种。湿度小的黏性土挖土深度小于 3 m 时，可用断续式水平挡土板支撑；松散、湿度大的土可用连续式水平挡土板支撑，挖土深度可达 5 m；对松散和湿度很大的土，可用垂直挡土板支撑，挖土深度不限。

码 1-8　边坡支护

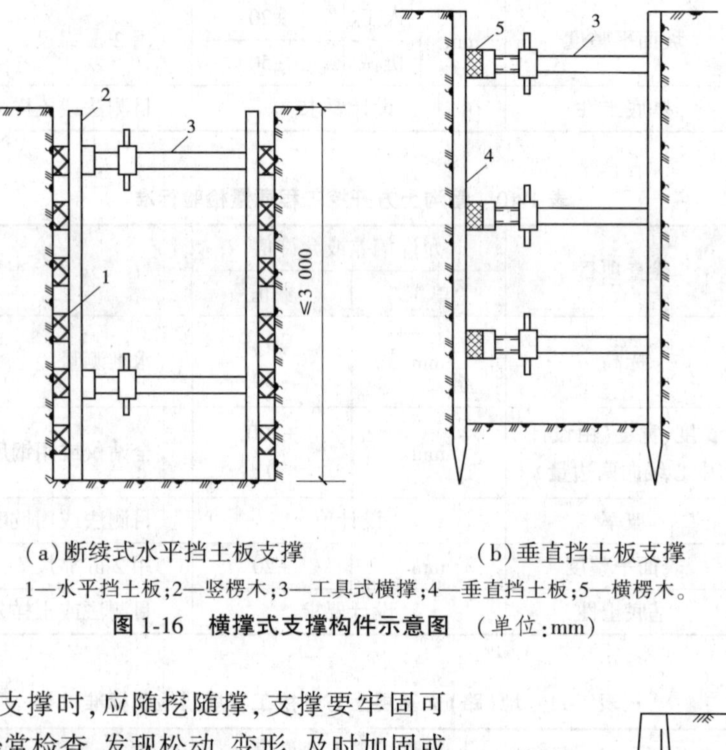

(a)断续式水平挡土板支撑　　(b)垂直挡土板支撑

1—水平挡土板；2—竖楞木；3—工具式横撑；4—垂直挡土板；5—横楞木。

图 1-16　横撑式支撑构件示意图　(单位：mm)

用横撑式支撑时，应随挖随撑，支撑要牢固可靠，施工中应经常检查，发现松动、变形，及时加固或更换。

支撑拆除应按回填顺序依次进行，多层支撑应自下而上逐层拆除，随拆随填。

其他支撑方式还有支护立壁(见图 1-17)等。

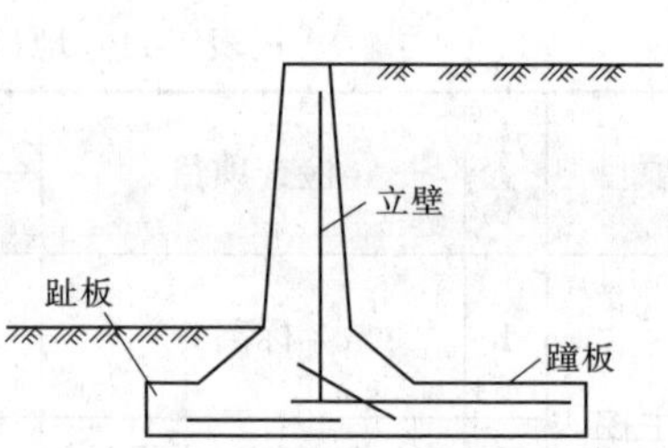

图 1-17　边坡支护立壁

1.3.3　土方工程排水与降低地下水位

地表水及地下水会使土体软化，其本质是有效应力降低。建筑工程中，水会导致基坑、基槽、管沟或其他土方施工困难。下雨或切断地下水时，水体会渗入坑内，雨期施工时，地面水也会流入基坑。为保证施工正常，防止边坡塌方和地基承载力下降，须做好基坑排降水工作。排降水方法分明排水法和人工降低地下水位法两类。

排降水应能满足施工要求，实际运行前，应检验排水系统排水能力。排水系统最大排水能力应不小于工程所需最大排量的1.2倍。基坑开挖前应验收预排降水时间。预排降水时间应根据基坑面积、开挖深度、工程地质与水文地质条件及排降水工艺综合确定。减压预降水时间应根据设计要求或减压降水验证试验结果确定。排降水运行中,应检验基坑排降水效果是否满足设计要求。分层、分块开挖土质基坑,开挖前潜水水位应控制在土层开挖面以下0.5~1.0 m;承压含水层水位应控制在安全水位埋深以下。岩质基坑开挖施工前,地下水位应控制在边坡坡脚或坑中软弱结构面以下。设有截水帷幕的基坑工程,宜通过预降水过程中坑内外水位变化情况检验帷幕止水效果。截水帷幕施工质量验收应根据所选帷幕类型,符合设计及规范要求。

1.3.3.1　明排水法

基坑或沟槽开挖时,常用截、疏、抽等方法排水。集水明排的基坑,应检验排水沟、集水井尺寸。排水时集水井内水位应低于设计要求,水位不小于0.5 m。

1.进场材料

降水井施工前,应检验进场材料质量(见表1-12)。

表1-12　降水施工材料质量检验标准

项目	序号	检查项目	允许偏差或允许值		检查方法
			单位	数值	
主控项目	1	井、滤管材质	设计要求		查产品合格证书或按设计要求现场检测
	2	滤管孔隙率	设计值		测算单位长度滤管孔隙面积或等长标准滤管渗透对比法
	3	滤料粒径	$(6\sim12)d_{50}$		筛析法
	4	滤料不均匀系数	≤3		筛析法
一般项目	1	沉淀管长度	mm	+50 0	用钢尺量
	2	封孔回填土质量	设计要求		现场搓条法检验土性
	3	挡砂网	设计要求		查产品合格证书或现场量测目数

注:d_{50}为土颗粒平均粒径。

2.明沟及集水井排水

沿基坑(槽)底周围或中央开挖排水沟,沟底设集水井,坑内水经排水沟流向集水井,经水泵抽排(见图1-18)。基坑四周排水沟及集水井应设置在基础范围外,地下水流上游,以便排泄。明沟排水纵坡宜控制为0.1%~0.5%或1%~2%;集水井应根据地下水量、基坑平面形状及水泵能力,每隔20~40 m设一个,丰雨季节或区域按需设置。

集水井直径或宽度一般为0.7~0.8 m,深度随挖土加深而加深,要始终低于挖土面0.8~1.0 m。井壁可用竹、木等简易加固。基坑挖至设计标高后,井底应低于坑底1~2 m,并铺设0.3 m厚碎石滤水层,以免抽水时泥沙被抽出,并防止井底土被搅动。明排水法因设备简单、排水方便,较普遍采用。但开挖深度大、地下水位较高、土质又差,明排水

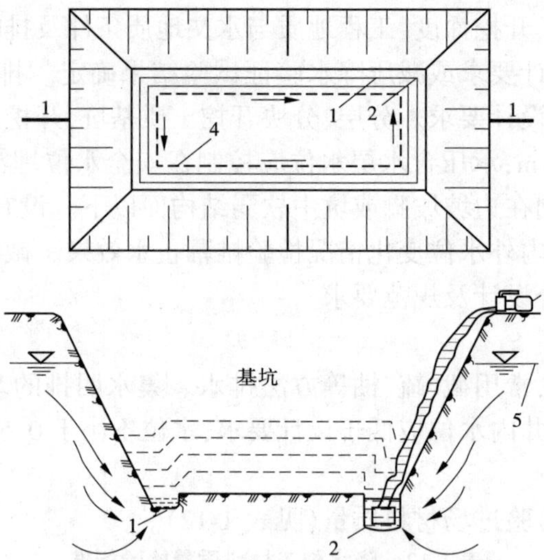

1—1

1—排水沟；2—集水井；3—离心式水泵；4—基础边线；
5—原地下水位线；6—降水后地下水位线。

图 1-18　集水井降水法

法降水挖至地下水位以下时，坑底以下的土会形成流动状态，随地下水向上涌入基坑，称流土（或流沙）。发生流土时，地面喷砂冒水，土完全丧失承载力，施工条件恶化，开挖难达到设计深度，严重时，还会导致边坡塌方、附近建筑物下沉、倾斜甚至倒塌等。

流土产生的原因如图 1-19 所示。因高水位（左端水头为 h_1）与低水位（右端水头为 h_2）之间存在压力差，水经过长度为 l、断面面积为 F 的土体，水由左端向右端渗流［见图 1-19(a)］。

水在土中渗流时，作用在土体上的力有：

(1) 土体左端 a—a 截面处的总水压力（$\rho_w h_1 F$），方向与水流方向一致，ρ_w 为水的密度）；

(2) 土体右端 b—b 截面处总水压力（$\rho_w h_2 F$），方向与水流方向相反；

(3) 水渗流时受土颗粒的总阻力（TlF），即渗透力，T 为单位土体阻力。

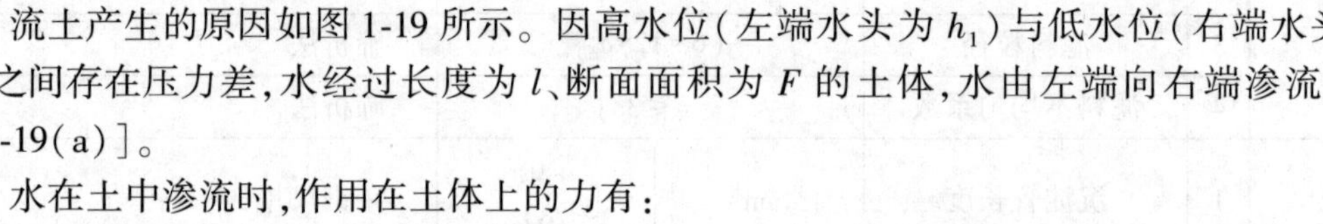

1、2—土粒。

(a) 水在土中渗流时的力学现象　　(b) 动水压力对地基土的影响

图 1-19　动水压力原理

由静力平衡条件（设向右力为正）有：

$$\rho_w h_1 F - \rho_w h_2 F + TlF = 0$$

得：

$$T = -\frac{h_1 - h_2}{l}\rho_w \tag{1-16}$$

式中,“-”表示方向向左;$\frac{h_1 - h_2}{l}$为水头差与渗透路程长度之比,称水力坡度,以 I 表示。

式(1-16)可写成:

$$T = -I\rho_w \tag{1-17}$$

因单位土体阻力与水渗流时对单位土体的压力 G_D 大小相等、方向相反,所以:

$$G_D = -T = I\rho_w \tag{1-18}$$

式中　G_D——动水压力,N/cm。

由式(1-18)可知,动水压力 G_D 大小与水力坡度 I 成正比,即水位 $h_1 - h_2$ 越大,G_D 越大,而渗透路程 l 越长,G_D 越小;动水压力作用方向与水流方向相同,水流在水位差作用下对土颗粒产生向上的压力时,动水压力不但使土粒受到水的浮力,还使土粒受到向上的推力。如动水压力(向上的渗透力)大于或等于土的浮密度 ρ',即 $G_D \geqslant \rho'$,土粒处于悬浮状态,土的抗剪强度为零,土粒能随着渗流水一起流动,即发生流土。

实践表明,下列性质的土,一定动水压力作用下,就可能发生流土现象:①土颗粒组成中,黏粒含量小于10%,粉粒(颗粒粒径0.005~0.05 mm)含量大于75%;②颗粒级配中,土不均匀系数小于5;③土天然孔隙比大于0.75;④土天然含水量大于30%。因此,流土常发生在细砂、粉砂及粉土中。经验还表明:易发生流土处,基坑挖深超过地下水位线0.5 m左右,即可能发生流土。

3. 管涌

基坑坑底为不透水土层,其下为承压蓄水层,坑底不透水层覆盖厚度的重量小于承压水的顶托力时,基坑底部土粒可能移动、流失,称管涌,即

$$H\rho_w > h\rho \tag{1-19}$$

式中　H——压力水头;

ρ_w——水的密度;

h——坑底不透水层厚度;

ρ——土的密度。

此时,土体内部,管涌随时可能开始,并持续发生,施工时应重视。

4. 流土(管涌)防治办法

颗粒细、均匀、松散、饱和非黏性土易发生流土,根本条件是动水压力的大小和方向:一定条件下土转化为流土;另一条件下(如改变动水压力的大小和方向),流土又转变为稳定土。因此,基坑开挖中,防治流土原则是“治流土必治水”。主要途径有消除、减少或平衡动水压力。

码1-9　基坑支护防水

(1)抢挖法。即组织分段抢挖,使挖土速度超过冒砂速度,挖到标高后立即铺竹筏或芦席,并抛大石块以平衡动水压力,压住流沙,此法可解决轻微流砂现象。

(2)打板桩。将板桩打入坑底下面一定深度,增加地下水从坑外流入坑内的渗流长度,以减小水力坡度,从而减小动水压力,防止流土产生。

(3)水下挖土法。不排水施工,使坑内水压力与地下水压力平衡,消除动水压力,从而防止流土产生。此法在沉井施工中常用。

(4)人工降低地下水位。用轻型井点等法降水,使地下水渗流向下,水不致渗流入坑内,又增大了土粒间压力,从而可有效地防止流土产生。此法应用较广且可靠。

(5)地下连续墙法。此法是基础工程在地面上先灌注导墙,然后用挖槽机械沿着深基坑需开挖边线,在泥浆护壁条件下,开挖出一条狭长的深槽,清槽后,在槽内吊放钢筋笼,然后用导管法浇筑水下混凝土,形成一个单元槽段。如此逐段进行,在地下筑成一道连续的钢筋混凝土墙壁。如果不放钢筋笼,则为素混凝土墙壁,作为截水、防渗、承重、挡水结构,并可防止流土产生。

(6)在含大量地下水的土层或沼泽地施工时,还可用土壤冻结法等。或对位于流土场地的基础工程,尽可能用桩基或沉井施工,以节约防治费用。

1.3.3.2　人工降低地下水位

开挖前,预先在基坑四周埋设一定数量的滤水管(井),用抽水设备从中抽水,使地下水位降落到坑底以下,直至施工结束。这样,所挖土保持干燥状态,改善了施工条件。同时动水压力方向向下,从根本上防止了流土现象,并增加了土中有效应力,提高了土强度及密实度。因此,人工降低地下水位不仅是一种施工措施,也是一种地基加固方法。用人工降低地下水位,可适当加陡边坡以减少挖土方量,但降水过程会使基坑周围土体沉降,应重视。

人工降低地下水位的方法有:轻型井点、喷射井点、电渗井点、管井井点及深井泵等,具体视土渗透系数、降低水位深度、工程特点、设备及经济技术比较等具体条件选用(见表1-13),其中轻型井点采用较广。

表1-13　各类井点适用范围

<table>
<tr><th>项次</th><th>井点类别</th><th>土层渗透系数/(m/d)</th><th>最大井距/m</th><th>降低水位深度/m</th><th>主要原理</th></tr>
<tr><td>1</td><td>单层轻型井点</td><td>0.1~0.2</td><td>1.6~2</td><td>3~6</td><td>地上真空泵或喷射嘴真空吸水</td></tr>
<tr><td>2</td><td>多层轻型井点</td><td>0.1~0.2</td><td>1.6~2</td><td>6~12
(由井点层数而定)</td><td>地上真空泵或喷射嘴真空吸水</td></tr>
<tr><td>3</td><td>喷射井点</td><td>0.1~0.2</td><td>2~3</td><td>8~20</td><td>地下喷射嘴真空吸水</td></tr>
<tr><td>4</td><td>电渗井点</td><td><0.1</td><td>极距1</td><td>5~6(宜配合其他形式降水使用)</td><td>钢筋阳极加速渗流</td></tr>
<tr><td>5</td><td>深井井点</td><td>10~200</td><td>25~50</td><td>>10</td><td>单井潜水泵排水</td></tr>
<tr><td>6</td><td>管井井点</td><td>20~200</td><td>20~50</td><td>3~5</td><td>单井</td></tr>
<tr><td>7</td><td>水平辐射井点</td><td colspan="2">用于大面积降水</td><td colspan="2">基坑下打设排水管,引水至大口井排出</td></tr>
<tr><td>8</td><td>引渗井点</td><td colspan="2">用于不透水层下有存水层时</td><td colspan="2">将引渗井打透不透水层,引水至基底以下存水层</td></tr>
</table>

1. 轻型井点降水

1) 轻型井点设备

轻型井点设备由管路系统和抽水设备组成(见图1-20)。

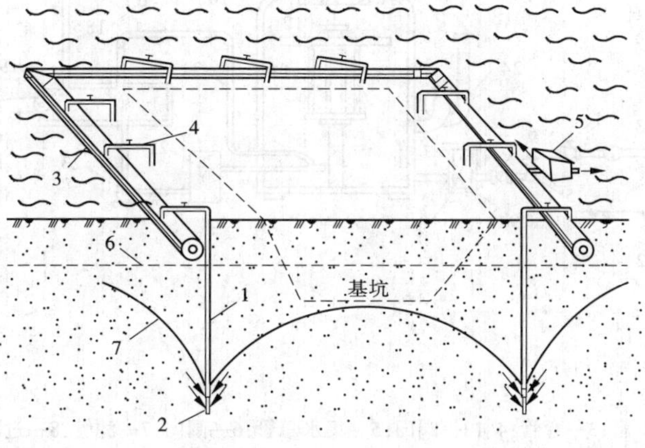

1—井点管;2—滤管;3—总管;4—弯联管;5—水泵房;6—地下水位线;7—降水漏斗。

图1-20　轻型井点法降低地下水位

管路系统包括:滤管、井点管、弯联管及总管等。

滤管(见图1-21)为进水设备,通常用长1.0~1.5 m、直径38 mm或51 mm的无缝钢管,管壁钻有直径为12~19 mm星棋状排列的滤孔,滤孔面积占滤管表面积的20%~25%。骨架管外面包两层孔径不同的铜丝布或塑料布滤网。为使流水畅通,在骨架管与滤网之间用塑料管或梯形钢丝隔开,塑料管沿骨架管螺旋形缠绕。滤网外面再绕一层8号粗钢丝保护网,滤管下端为一锥形铸铁头。滤管上端与井点管连接。

井点管为直径38 mm或51 mm、长5~7 m的钢管,可整根或分节组成。井点管上端用弯联管与总管相连。集水总管用直径100~127 mm的无缝钢管,每段长4 m,其上装短接头与井点管连接,间距常为0.8~1.2 m。

抽水设备由真空泵、离心泵和水气分离器(又称集水箱)等组成。一套抽水设备的负荷长度(集水总管长度),用W5型真空泵时,不大于100 m;用W6型真空泵时,不大于200 m。

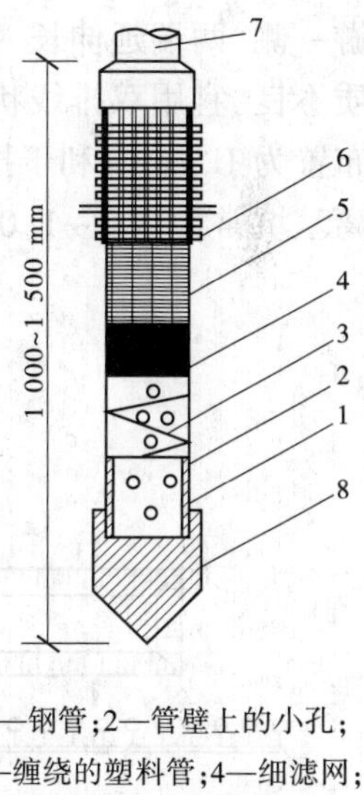

1—钢管;2—管壁上的小孔;3—缠绕的塑料管;4—细滤网;5—粗滤网;6—粗钢丝保护网;7—井点管;8—铸铁头。

图1-21　滤管构造

2) 轻型井点布置

井点系统布置,根据基坑大小与深度、土质、地下水位高低与流向、降水深度要求等确定。轻型井点设备工作原理见图1-22。

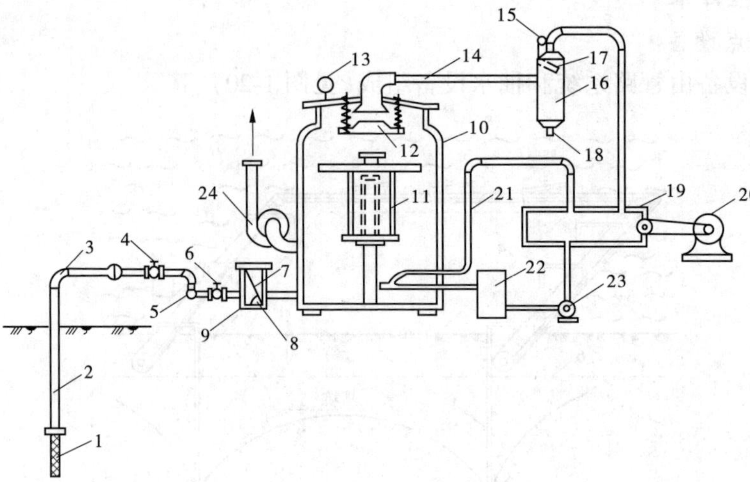

1—滤管；2—井点管；3—弯管；4、12—阀门；5—集水总管；6—闸门；7—滤管；8—过滤箱；9—淘砂孔；10—水气分离器；11—浮筒；13、15—真空计；14—进水管；16—副水气分离器；17—挡水板；18—放水口；19—真空泵；20—电动机；21—冷却水管；22—冷却水箱；23—循环水泵；24—离心水泵。

图 1-22　轻型井点设备工作原理

(1)平面布置。

基坑(槽)宽小于 6 m,水位降低值不大于 5 m 时,可用单排线状井点,布置在地下水流上游一侧,两端延伸长一般不小于沟槽宽度(见图 1-23)。如基坑(槽)宽度大于 6 m,或土质不良,宜用双排线状井点(见图 1-24),面积较大基坑宜用环状井点(见图 1-25),有时也布置为 U 形,以利于挖土机械和运输车辆出入基坑,环状井点四角应适当加密,井点管距离基坑常为 0.7~1.0 m,以防漏气。井点管间距可为 0.8~1.5 m,或计算或经验确定。

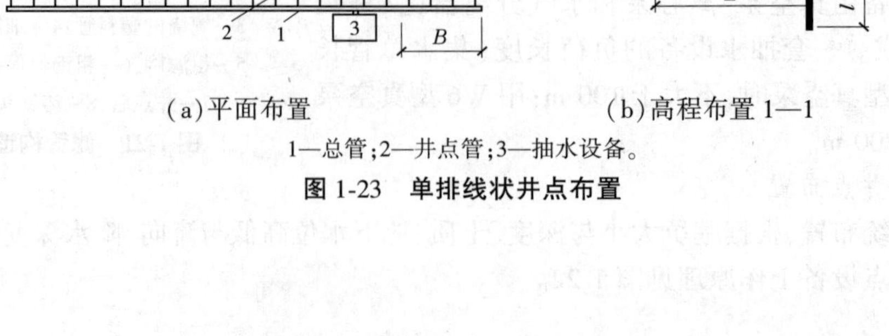

1—总管；2—井点管；3—抽水设备。

图 1-23　单排线状井点布置

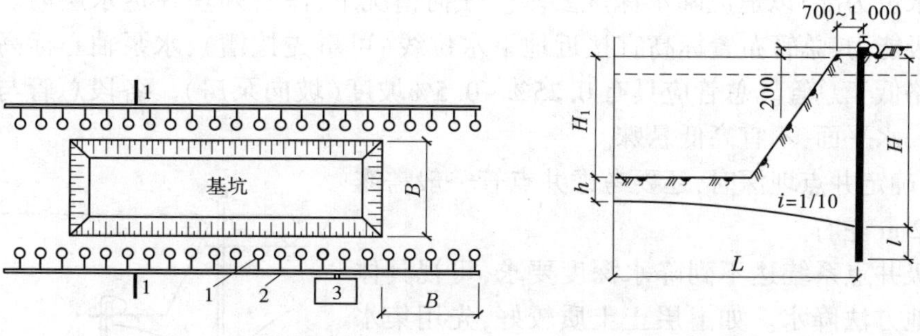

(a)平面布置　　　　(b)高程布置 1—1

1—井点管;2—总管;3—抽水设备。

图 1-24　双排线状井点布置

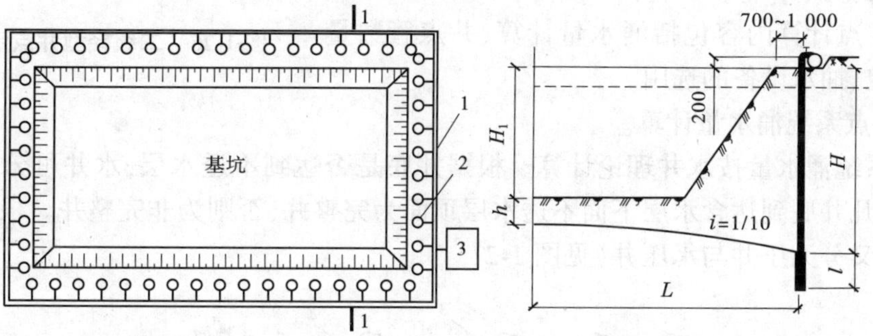

1—总管;2—井点管;3—抽水设备。

(a)平面布置　　　　(b)高程布置 1—1

图 1-25　环状井点布置

用多套抽水设备时,井点系统应分段,各段长度应大致相等。分段地点宜选择基坑转弯处,以减少总管弯头数量,提高水泵抽吸能力。水泵宜设置在各段总管中部,使泵两边水流平衡。分段处应设阀门或将总管断开,以免管内水流紊乱,影响抽水效果。

(2)高程布置。

轻型井点降水深度在考虑设备水头损失后,不超过 6 m。

井点管埋设深度 H(不包括滤管长)按式(1-20)计算(见图 1-23):

$$H \geqslant H_1 + h + IL \tag{1-20}$$

式中　H_1——井管埋设面至基坑底的距离,m;

h——基坑中心处基坑底面(单排井点时,为远离井点一侧坑底边缘)至降低后地下水位距离,一般为 0.5~1.0 m;

I——地下水降落坡度,环状井点为 1/10,单排线状井点为 1/4;

L——井点管至基坑中心水平距离,m,单排井点中,为井点管至基坑。

码 1-10　钻机进行降水井施工

如算出的 H 值大于井点管长度,则应降低井点管埋置面(但以不低于地下水位为准)以适应降水深度要求。任何情况下,滤管须埋在透水层内。为了充分利用抽吸能力,总管布置标高宜接近地下水位线(可事先挖槽),水泵轴心标高宜与总管平行或略低于总管。总管应具有0.25%~0.5%坡度(坡向泵房)。各段总管与滤管尽量设于同一水平面,不宜高低悬殊。

此外,确定井点埋深时,还要考虑井点管一般需露出地面0.2 m左右。

当一级井点系统达不到降水深度要求,可视具体情况用其他方法降水。如上层土土质较好,先用集水井排水法挖去一层土再布置井点系统;也可用二级井点,即先挖去第一级井点所疏干的土,然后在其底部装设第二级井点(见图1-26)。

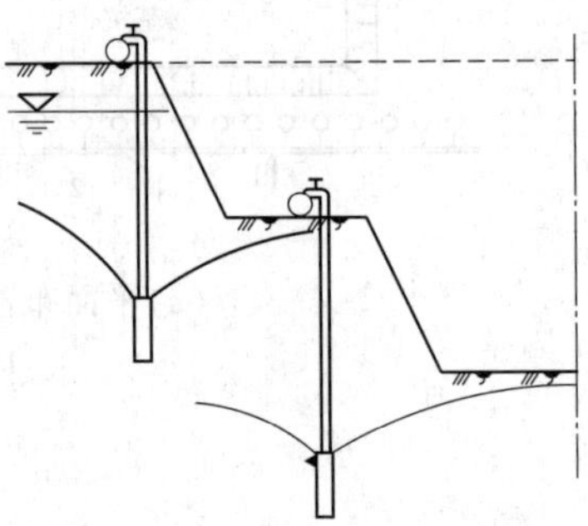

图1-26 二级轻型井点示意图

3)轻型井点计算

轻型井点计算内容包括涌水量计算、井点管数量与井距确定、抽水设备的选用。

(1)井点系统涌水量计算。

井点系统涌水量按水井理论计算。根据井底是否达到不透水层,水井可分完整井与非完整井;凡井底到达含水层下面不透水层顶面为完整井,否则为非完整井。根据地下水有无压力,又分无压井与承压井(见图1-27)。

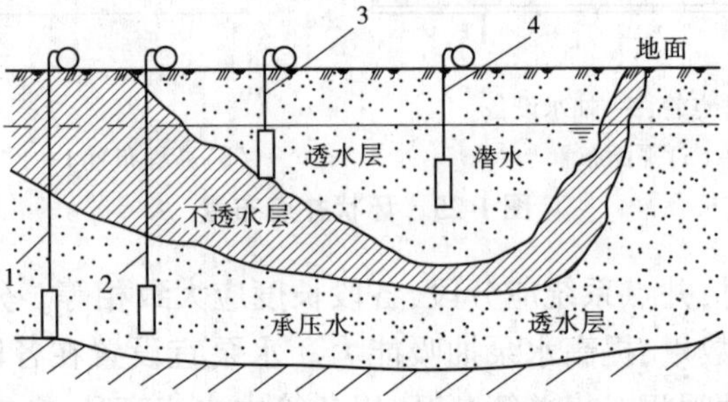

1—承压完整井;2—承压非完整井;3—无压完整井;4—无压非完整井。

图1-27 水井分类

对无压完整井环状井点系统[见图1-28(a)],涌水量计算公式为:

$$Q = 1.366K\frac{(2H - s)s}{\lg R - \lg x_0} \tag{1-21}$$

式中 Q——井点系统涌水量,m/d;

K——土渗透系数,m/d,可由实验室或现场抽水试验确定;

s——水位降低值,m;

R——抽水影响半径,m,常用式(1-22)计算:

$$R = 1.95s\sqrt{HK} \tag{1-22}$$

式中 x_0——环状井点系统假想半径,m,对矩形基坑,其长度与宽度之比不大于5时,可按式(1-23)计算:

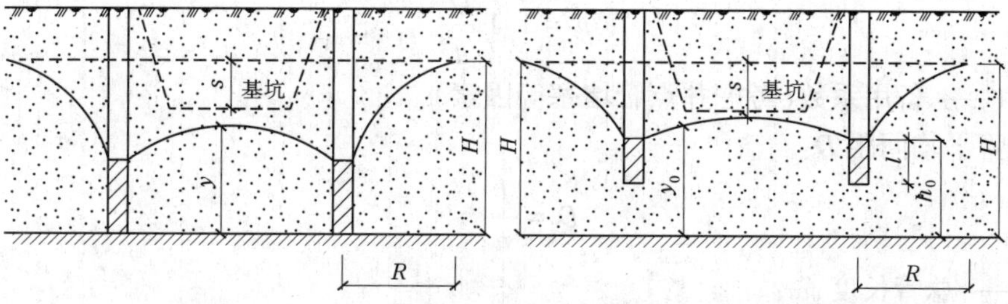

(a)无压完整井　(b)无压非完整井

图 1-28　环状井点涌水量计算简图

$$x_0 = \sqrt{\frac{F}{\pi}} \tag{1-23}$$

式中　F——环状井点系统所包围面积,m^2。

对无压非完整井点系统[见图 1-28(b)],地下潜水不仅从井侧面流入,还从井底部流入,因此涌水量较完整井大。为简化计算,仍用式(1-21),但此时式中 H 应换成有效抽水影响深度H_0,H_0 值可按表 1-14 确定,算得H_0 大于实际含水量厚 H 时,仍取 H 值。

表 1-14　有效抽水影响深度H_0 值

$s'/(s'+l)$	0.2	0.3	0.5	0.8
H	$1.3(s'+l)$	$1.5(s'+l)$	$1.7(s'+l)$	$1.85(s'+l)$

注:s'为井点管中水位降落值,m;l 为滤管长度,m。

对于承压完整井点系统,涌水量计算公式为:

$$Q = 2.73\frac{KMs}{\lg R - \lg x_0} \tag{1-24}$$

式中　M——承压含水层厚度,m;

其他符号意义同前。

用式(1-21)~式(1-24)计算轻型井点系统涌水量,要先确定井点系统布置方式和基坑计算图形面积。如矩形基坑长宽比大于 5 或基坑宽度大于抽水影响半径的 2 倍时,需将基坑分块,使其符合式(1-21)~式(1-24)的适用条件,然后分别计算各块涌水量和总涌水量。

(2)井点管数量与井距的确定。

确定井点管数量需先确定单根井点管抽水能力,单根井点管最大出水量 q(m^3/d)取决于滤管构造、尺寸和土渗透系数,按式(1-25)计算:

$$q = 65\pi dlK^{\frac{1}{3}} \tag{1-25}$$

式中　d——滤管内径,m;

l——滤管长度,m;

K——土渗透系数,m/d。

井点管最少根数,根据井点系统涌水量 Q 和单根井点管最大出水量 q,按式(1-26)确定:

$$n = 1.1\frac{Q}{q} \tag{1-26}$$

式中 1.1——备用系数(考虑井点管堵塞等因素)。

井点管平均间距 D:

$$D = \frac{L}{n} \tag{1-27}$$

式中 L——总管长度,m;

n——井点管根数。

井点管实际施工布置时需注意,井点管间距不能过小,否则彼此干扰大,出水量会显著减少,一般可取管周长的5~10倍,基坑周围四角和靠近地下水方向一边井点管应适当加密;多级井点抽排水时,下一级井点管间距应较上一级小;实际采用井距,还应与总管上短接头间距相适应(可按0.8 m、1.2 m、1.6 m、2.0 m四种间距选用)。

4)抽水设备选择

真空泵主要有W5、W6型,按总管长度选用,总管长度不大于100 m时可用W5型;总长度不大于200 m时可用W6型。

水泵按水量大小选用,要求水泵抽水能力大于井点系统涌水量的10%~20%。通常一套抽水设备配两台离心泵,可轮换备用,又可在地下水量较大时同时使用。

5)井点管安装使用

轻型井点安装程序:先排放总管,再埋设井点管,用弯管将井点管与总管接通,最后安装抽水设备,井点管埋设较关键。

井点管埋设一般用水冲法,分冲孔和埋管两个过程(见图1-29)。冲孔时,先用起重设备将冲管吊起并插在井点位置上,然后开动高压水泵,将土冲松,冲管边冲边沉,冲孔直径一般为300 mm,以保证井管四周有一定厚度的砂滤层;冲孔深宜比滤管底深0.5 m左右,以防冲管拔出时,部分土颗粒沉入底部而掩埋滤管底部,井孔冲成后,立即拔出冲管,插入井点管,并在井点管与孔壁之间迅速填灌砂滤层,以防孔壁塌土。砂滤层填灌质量是保证轻型井点顺利抽水的关键。一般宜选用干净粗砂,填灌均匀,并填至滤管顶上1~1.5 m,以保证水流畅通。井点填砂后,地面以下0.5~1.0 m内须用黏土封口,以防漏气。

井点管埋设完毕,应接通总管与抽水设备试抽,检查漏水漏气、淤塞等,如有异常,应检修至正常。轻型井点使用时,一般应连续抽水(特别是开始阶段),时抽时停滤网易堵塞,土粒流失,出水浑浊,并引起周边建筑物沉降甚至开裂。同时因中途停抽,地下水回升,也可能引起边坡塌方等。抽水过程中,应调节离心泵出水阀控制水量,使抽吸排水均匀,保持细水长流。正常出水规律是"先大后小,先浑后清"。真空泵真空度是判断井点系统工作情况是否良好的尺度,须常观察。真空度不足原因很多,但多为井点系统漏气,应及时检查修正。抽水中,还应检查有无堵孔"死井"(工作正常的井管,触感冬暖夏凉),如死井过多,会严重影响降水效果,应逐个用高压水反冲洗或拔出重埋。为观察地下水位变化,可在影响半径内设观察孔。

井点降水工作结束后,所留井孔须用砂或黏土填实。

轻型井点施工质量检验应符合表1-15的规定。

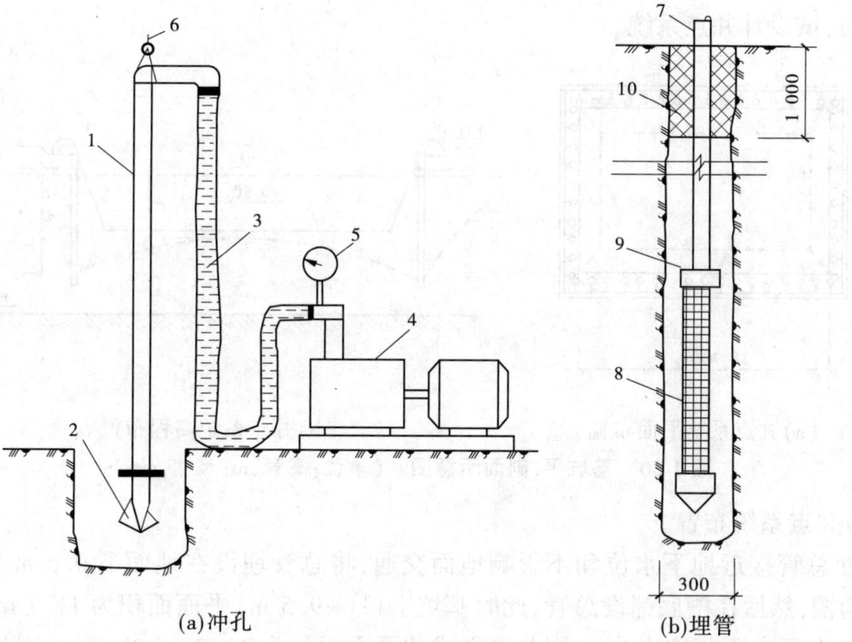

1—冲管；2—冲嘴；3—胶皮管；4—高压水泵；5—压力表；6—起重机吊钩；
7—井点管；8—滤管；9—填砂；10—黏土封口。

图 1-29　井点管的埋设　(单位：mm)

表 1-15　轻型井点施工质量检验标准

项目	序号	检查项目	允许值或允许偏差		检查方法
			单位	数值	
主控项目	1	出水量	不小于设计值		查看流量表
一般项目	1	成孔孔径	mm	±20	用钢尺量
	2	成孔深度	mm	+1 000 −200	测绳测量
	3	滤料回填量	不小于设计计算体积的95%		测算滤料用量且测绳测量回填高度
	4	黏土封孔高度	mm	≥1 000	用钢尺量
	5	井点管间距	m	0.8~1.6	用钢尺量

6) 轻型井点系统降水设计实例

某厂房设备基础施工，基坑底宽 8 m、长 15 m、深 4.2 m；挖土边坡坡度 1∶0.5，基坑平、剖面如图 1-30 所示。天然地面以下为 0.8 m 黏土层，其下有 8 m 厚砂砾层(渗透系数

K=12 m/d)，再下层为不透水黏土层。地下水位在地面以下 1.5 m。现用轻型井点降低地下水位，试设计井点系统。

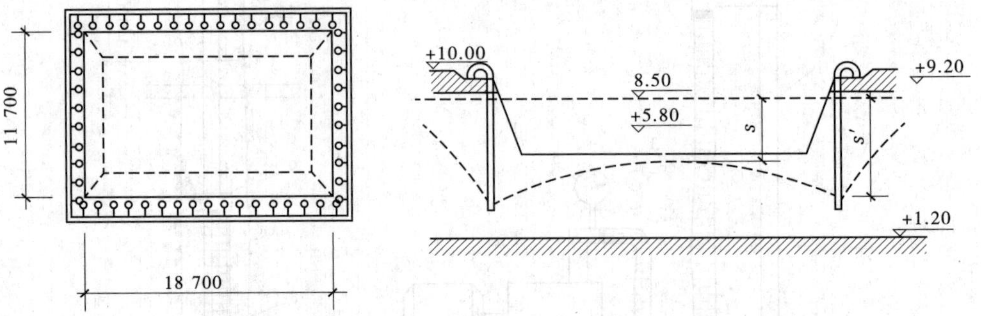

(a)井点系统平面布置　　(b)井点系统高程布置

图 1-30　基坑平、剖面示意图　(单位:高程,m;尺寸,mm)

(1)井点系统布置。

为使总管接近地下水位和不影响地面交通，将总管埋设在地面下 0.5 m 处，即先挖 0.5 m 沟槽，然后在槽底铺设总管，此时基坑上口(+9.5 m)平面面积为 11.7 m×18.7 m，井管初步布置在距基坑边 1 m；则井管围成的平面面积为 13.7 m×20.7 m，周长为 13.7×2+20.7×2=68.8(m)，因其长宽比小于 5，且基坑宽度小于 2 倍抽水影响半径 R，故按环状井点布置。

基坑中心降水深度即水位降低值 s：

$$s = 8.50 - 5.80 + 0.5 = 3.2(\mathrm{m})$$

用一级井点降水，井点管要求埋设深度 H：

$$H \geqslant H_1 + h + IL = 3.7 + 0.5 + \frac{1}{10} \times \frac{13.7}{2} = 4.9\ (\mathrm{m})$$

用长 6 m、直径 38 mm 的井点管，井点管外露 0.2 m，作安装总管用，则井管埋入土中实际深度为 6.0-0.2=5.8(m)，大于要求埋设深度，故高程布置满足要求。

(2)基坑涌水量计算。

取滤水管长度 l=1 m，则井点管及滤管总长为 6+1=7(m)，滤管底部距不透水层为 1.3 m，可按无压非完整井环形井点系统计算，其涌水量用式(1-21)计算。

有效抽水影响深度 H_0 的计算，由表 1-14 有：

$$\frac{s'}{s' + l} = \frac{3.9}{3.9 + 1} = 0.8$$

$$H_0 = 1.85(s' + l) = 9.07(\mathrm{m})$$

因实际含水层厚 H=8.5-1.2=7.3(m)，而 $H_0>H$，故取 $H_0=H$=7.3 m。抽水影响半径 R：

$$R = 1.95s\sqrt{H_0K} = 1.95 \times 3.2 \times \sqrt{7.3 \times 12} = 58.40(\mathrm{m})$$

此基坑长宽比不大于5,基坑假想圆半径x_0:

$$x_0 = \sqrt{\frac{F}{\pi}} = \sqrt{\frac{13.7 \times 20.7}{3.14}} = 9.50(\mathrm{m})$$

涌水量:

$$Q = 1.366 \times 12 \times \frac{(2 \times 7.3 - 3.2) \times 3.2}{\lg 58.4 - \lg 9.5} = 758.19(\mathrm{m^3/d})$$

(3)计算井点管数量及井距。

单根井点管出水量(选井管直径为38 mm):

$$q = 65\pi dlK^{\frac{1}{3}} = 65 \times 3.14 \times 0.038 \times 1 \times 12^{\frac{1}{3}} = 17.76(\mathrm{m^3/d})$$

井点管数量:

$$n = 1.1\frac{Q}{q} = 1.1 \times \frac{758.19}{17.76} = 47(\text{根})$$

井距:

$$D = \frac{L}{n} = \frac{68.8}{47} = 1.46(\mathrm{m})$$

取井距为1.4 m,井点管实际总根数为49根。

基坑施工时,井点系统布置如图1-30所示。

(4)选择抽水设备。

抽水设备所带动总管长度68.8 m(≤100 m),可用W5型干式真空泵。

水泵抽水流量:

$$Q_1 = 1.1Q = 1.1 \times 758.19 = 834.01(\mathrm{m^3/d})$$

水泵吸水扬程要求不小于井点管及滤管长之和:

$$H_s \geqslant 6.0 + 1.0 = 7.0(\mathrm{m})$$

根据Q_1及H_s查相关设备型号资料,选用3B33型离心泵。

2. 喷射井点降水

轻型井点多用于降水较浅的情况,抽水稍深时,如基坑开挖较深或降水深超6 m较多,可使用多级轻型井点,但这样会增大基坑挖土量、延长工期并增加设备数量,不经济和高效。此时,可改用喷射井点(见图1-31、图1-32)。降水深超6 m,土层渗透系数为0.1~2.0 m/d弱透水层时,喷射井点降水更合适,降水深可达20 m。

1)喷射井点主要设备及工作原理

喷射井点根据其工作时所用喷射材料不同,分喷水井点和喷气井点两种。其设备主要由喷射井管、高压水泵(或空气压缩机)和管路系统组成[见图1-31(b)]。高压水泵宜用流量为50~80 $\mathrm{m^3/h}$的多级高压水泵,每套设备可带20~30根井管。

2)喷射井点平面布置

基坑宽小于10 m时,井点可单排布置;基坑宽大于10 m时,可双排布置;基坑面积较大时,宜环形布置[见图1-31(a)],井点间距一般为2~3 m。

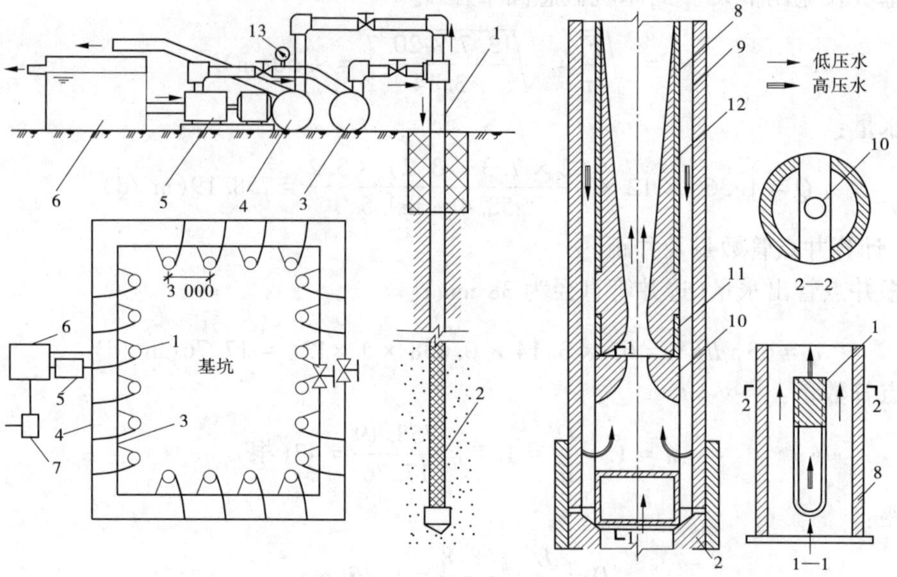

(a)喷射井点平面布置　　(b)喷射井点设备简图　(c)喷射井点管

1—喷射井管;2—滤管;3—进水总管;4—排水总管;5—高压水泵;6—集水池;
7—水泵;8—内管;9—外管;10—喷嘴;11—混合室;12—扩散管;13—压力表。

图 1-31　喷射井点设备及平面布置简图

3)喷射井点设备安装及使用喷射井点施工顺序

(1)安装水泵设备及泵进出水管路→敷设进水总管和回水总管→沉设井点管(包括灌填砂滤料),接通进水总管后及时单根试抽、检验→全部井点管沉设完毕后,接通回水总管,全面试抽,检查整个降水系统的运转状况及降水效果。

(2)进水、回水总管与每根井点管的连接管均需安装阀门,可调节使用并防止停抽时发生倒灌。井点管路接头应安装严密。

(3)喷射井点一般是将内外管和滤管组装在一起后沉设到井孔内。井点管组装时,须保证喷嘴与混合室中心线一致;组装后,每根井点管应在地面做泵水试验和真空度测定,地面测定真空度不宜小于 93.3 kPa。

(4)沉设井点管前,应先挖井点坑和排泥沟,井点坑直径应大于冲孔直径,以便冲孔时孔内土块从孔口随泥浆排出。冲孔直径 400~600 mm,冲孔深度应比滤管底深 1 m 以上。冲孔完毕立即沉设井点管、灌填砂滤料,最后以黏土封口,深度 1~1.5 m。

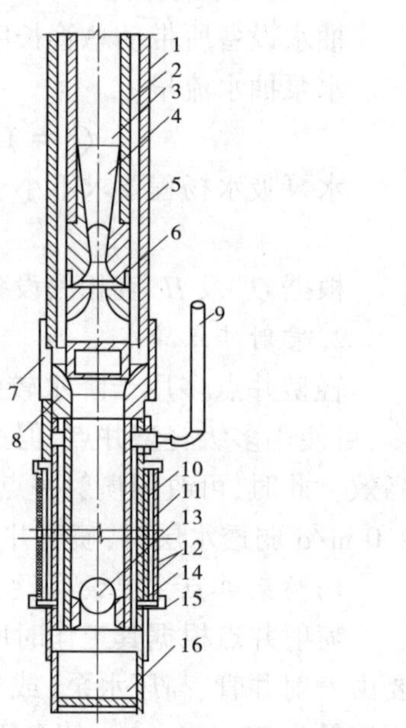

1—外管;2—内管;3—喷射器;4—扩散管;
5—混合管;6—喷嘴;7—伸缩节;8—连接座;
9—真空测定管;10—滤管芯管;
11—滤管有孔套管;12—滤管外缠滤网及保护网;
13—逆止球阀;14—逆止阀座;15—护套;16—沉泥管。

图 1-32　喷射井点管详细构造

(5)喷射井点抽水时,如发现井点管周围有翻砂冒水现象,应立即关闭此井点,及时检查处理。工作用水应保持清洁,井点全面试抽 2 d 后,应更换清水,以后视水质浑浊程度定期更换清水。工作水压要调节适当,能满足降水要求即可,以减轻喷嘴磨耗程度。

(6)常用喷射井点管规格直径:38 mm、50 mm、63 mm、100 mm、150 mm。喷射井点施工质量验收应符合表 1-16 的规定。

表 1-16　喷射井点施工质量检验标准

项目	序号	检查项目	允许值或允许偏差		检查方法
			单位	数值	
主控项目	1	出水量	不小于设计值		查看流量表
一般项目	1	成孔孔径	mm	+50 0	用钢尺量
	2	成孔深度	mm	+1 000 −200	测绳测量
	3	滤料回填量	不小于设计计算体积的95%		测算滤料用量且测绳测量回填高度
	4	井点管间距	m	2~3	用钢尺量

3. 深井井点降水

深井井点降水是将抽水设备放置在深井中抽水来降低地下水位的降水方法,适于抽水量大、降水较深的砂类土层,降水深可达 50 m。

码 1-11　地下水抽排

1)深井井点系统组成及设备

深井井点系统主要由井管和水泵组成(见图 1-33)。

(1)井管用钢管、塑料管或混凝土管制成,管径一般为 300 mm,井管内径一般应大于水泵外径(50 mm)。井管下部过滤部分带孔,外面包裹 10 孔/cm^2 的镀锌钢丝两层、41 孔/cm^2 的镀锌钢丝两层或尼龙网。

(2)水泵:可用 QY-25 型或 QJ-50-52 型油浸式潜水泵或深井泵。

2)深井布置

深井井点系统总涌水量可按无压完整井环形井点系统公式计算。一般沿基坑四周每隔 15~30 m 设一深井井点。

3)深井井点埋设

深井成孔方法可根据土质条件和孔深要求用冲击钻孔、回转钻孔、潜水钻钻孔或水冲法成孔,用泥浆或自造泥浆护壁,孔口设置护筒,一侧设排泥沟、泥浆坑。孔径应较井管直径大 300 mm 以上,钻孔深度根据抽水期内可能沉积高度适当加深。

深井井管沉放前应清孔,一般用压缩空气洗孔或用吊筒反复上下取出洗孔。井管安放力求垂直。井管过滤部分应设置在含水层适当范围内。井管与土壁间填充砂滤料,粒径应大于滤网孔径,周围填砂滤料后,安放水泵前,应按规定清洗滤井,冲除沉渣后,深井内安设潜水泵,潜水泵可用绳吊入水滤层部位,潜水电机、电缆及接头应有可靠绝缘,并配置保护开关控制。设置深井泵时,电动机机座应安放平稳牢固,转向严禁退转(应有阻逆装置),防止转动轴解体。安设完毕应试抽,满足要求后方可转入正常工作。

深井井点施工程序:井位放样→施工井口→安护筒→钻机就位→钻孔→回填井底砂垫层→吊放井管→回填管壁与孔壁间过滤层→安装抽水控制电路→试抽→降水井正常工作。

4. 管井井点降水

管井井点就是沿基坑每隔一定距离设置一个管井,每个管井单独用一台水泵不断抽水来降低地下水位。土层渗透系数大(20~200 m/d)时,宜采用管井井点。管井井点(见图 1-34)设备由管井、吸水管及水泵等组成。管井可用钢管或混凝土管做井管,井管直径根据含水层富水性及水泵性能确定,且外径不宜小于 200 mm,内径宜比水泵外径大 50 mm。水泵可用 2~4 in(1 in=2.54 cm)潜水泵或单级离心泵。管井间距,一般为 10~15 m,管井深度为 8~15 m。井内水位降低可达 6~10 m,两井中间水位则可降低 3~5 m。

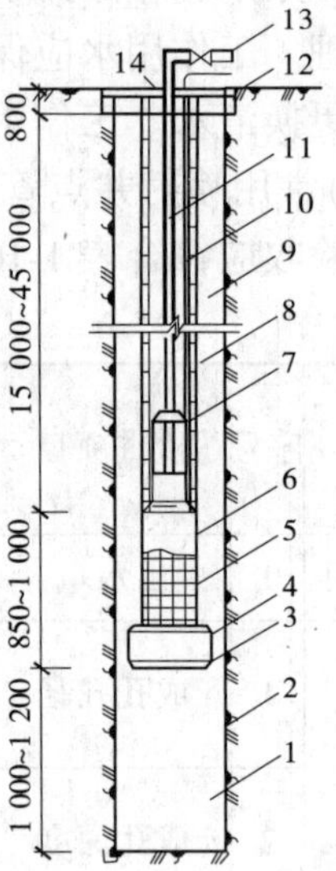

1—中粗砂(沉砂井);2—φ 600 井孔;3—开孔底板(下铺滤网);4—导向段;5—滤网;6—过滤段(内填碎石);7—潜水泵;8—φ 300 井管;9—中粗砂或小砾石;10—电缆;11—φ 50 出水管;12—井口(黏土封口);13—φ 50 出水总管;14—井盖。

图 1-33　深井构造

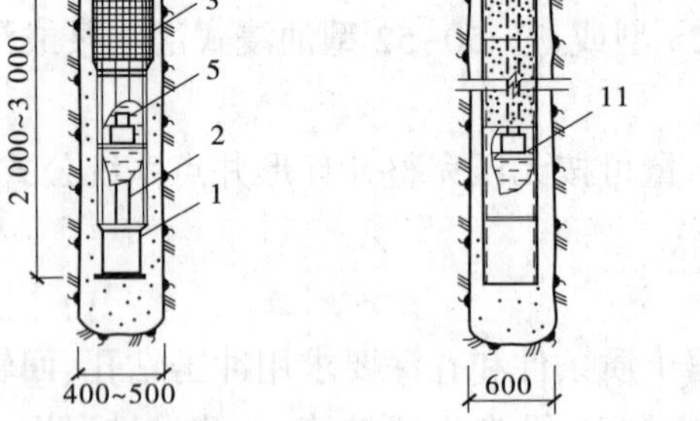

(a) 钢管管井　　(b) 混凝土管管井

1—沉砂管;2—钢筋焊接骨架;3—滤网;4—管身;5—吸水管;6—离心泵;7—小砾石过滤层;8—黏土封口;9—混凝土实管;10—无砂混凝土管;11—潜水泵;12—出水管。

图 1-34　管井井点

管井施工质量检验标准应符合表1-17的规定。

表1-17　管井施工质量检验标准

项目	序号	检查项目	允许值或允许偏差		检查方法
			单位	数值	
主控项目	1	泥浆比重	1.05~1.10		比重计
	2	滤料回填高度	+10% 0		现场搓条法检验土性、测算封填黏土体积、孔口浸水检验密封性
	3	封孔	设计要求		现场检验
	4	出水量	不小于设计值		查看流量表
一般项目	1	成孔孔径	mm	±50	用钢尺量
	2	成孔深度	mm	±20	测绳测量
	3	扶中器	设计要求		测量扶中器高度或厚度、间距，检查数量
	4	活塞洗井　次数	次	≥20	检查施工记录
		活塞洗井　时间	h	≥2	检查施工记录
	5	沉淀物高度	≤5‰井深		测锤测量
	6	含砂量(体积比)	≤1/20 000		现场目测或用含砂量计测量

轻型井点、喷射井点、真空管井降水运行质量检验标准应符合表1-18的规定。

表1-18　轻型井点、喷射井点、真空管井降水运行质量检验标准

项目	序号	检查项目	允许值或允许偏差		检查方法
			单位	数值	
主控项目	1	降水效果	设计要求		量测水位、观测土体固结或沉降情况
一般项目	1	真空负压	MPa	≥0.065	查看真空表
	2	有效井点数	≥90%		现场目测出水情况

减压降水管井运行质量检验标准应符合表1-19的规定。

表1-19　减压降水管井运行质量检验标准

项目	序号	检查项目	允许值或允许偏差		检查方法
			单位	数值	
主控项目	1	观测井水位	+10% 0		量测水位
一般项目	1	安全操作平台	设计及安全要求		现场检查平台连接稳定性、牢固性，安全防护措施到位率

钢管井封井质量检验标准应符合表 1-20 的规定。

表 1-20　钢管井封井质量检验标准

项目	序号	检查项目	允许值或允许偏差		检查方法
			单位	数值	
主控项目	1	注浆量	+10% 0		测算注浆量
	2	混凝土强度	不小于设计值		28 d 试块强度
	3	内止水钢板宽度、厚度	满焊,无缝隙		焊缝外观检测、渗水检验
一般项目	1	止水钢板宽度、厚度、位置	设计要求		现场量测
	2	细石子粒径	mm	5~10	筛析法或目测
	3	细石子回填量	+10% 0		测算滤料用量且测绳测量回填高度
	4	混凝土灌注量	+10% 0		测算混凝土用量
	5	24 h 残存水高度	mm	≤500	量测水位
	6	砂浆封孔	设计要求		外观检验

塑料管井、混凝土管井、钢筋笼滤网井封井时,应检验管内止水材料回填的密实度和止水效果。穿越基坑底板时,尚应按设计要求检验其穿越基坑底板构造的防水效果。

5. 降水对周边建筑的影响及防治措施

弱透水层和压缩性大的黏土层中抽水时,地下水流失会导致地下水位下降、地基自重应力增加和土层压缩,最终导致地面沉降;土层具不均匀性和降水后地下水位呈漏斗形,四周土层自重应力变化不一,此沉降显得极不均匀,周围建筑物基础受影响亦将不均匀下沉,或房屋开裂。因此,在建筑物附近抽排降水,为防止影响或损害周边建筑,须阻止建筑物下水土流失。为达此目的,除可在降水区段和原有建筑物之间土层中设置固体抗渗帷幕外,还可设回灌井点补充地下水,使降水井点和原有建筑物下的地下水位维持不变或相对改变较少。这样,降水就不会使地面产生显著沉降,或减小沉降值。回灌井点是防止井点降水损害周边建筑的一种经济、简便、有效的方法。为确保基坑施工安全和回灌效果,回灌井点与降水井点之间应保持一定距离,一般不宜小于 6 m。回灌井点布置示意见图 1-35。为观测降水和回灌后四周建筑物、管线沉降情况及地下水位变化情况,可设置沉降观测点及水位观测井,并定时测量记录,以便及时调节灌、抽量,使灌、抽基本平衡。

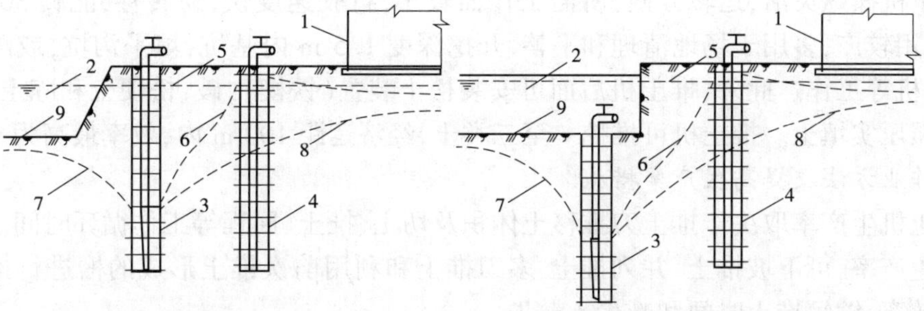

(a)降水与回灌井点　(b)加阻水支护结构的回灌井点

1—原有建筑物;2—开挖基坑;3—降水井点;4—回灌井点;5—原有地下水位线;
6—降、灌井点间水位线;7—降水后水位线;8—不回灌时水位线;9—基坑底。

图1-35　回灌井点布置示意

任务4　土方机械化施工

任务导航

本任务要求掌握土方工程机械化施工,包括常用土方施工机械的施工特点,土方挖运机械选择及配套计算等内容。

土方施工中,人工开挖只适用于小型基坑(槽)、管沟及土方量少的场所,土方量大时应机械化施工。

土方工程施工过程主要包括:土方开挖、运输、填筑与压实。常用施工机械有推土机、铲运机、单斗挖土机、装载机、压实机械等。施工时应正确选用施工机械,加快施工进度。

1.4.1　常用土方施工机械

1.4.1.1　推土机

推土机是土方工程施工的主要机械之一,是在拖拉机上安装推土板等装置而成的(见图1-36)。油压操纵推土机可灵活升调推土板和调整推土板角度。

码1-12　推土机

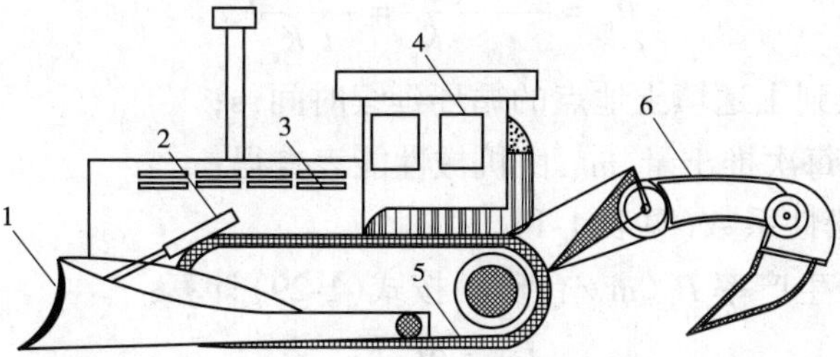

1—推土板;2—液压缸;3—动力装置;4—驾驶室;5—履带;6—松土钩(铁楔)。

图1-36　油压操纵型T-180型推土机外形图

推土机操纵灵活,运转方便,所需工作面较小,行驶速度快,易转移,能爬30°左右的缓坡,应用较广,多用于场地清理和平整、开挖深度1.5 m内基坑,填平沟坑,或配合铲运机、挖土机等工作。此外,推土机后面可安装松土装置(铁楔),破、松硬土和冻土,也可拖挂羊足碾压实填土。推土机可推挖一至三类土,经济运距100 m内,效率最高为60 m。

1.作业方法及提高生产率措施

推土机生产率取决于推土刀推移土体积及切土、推土、回程等工作循环时间。为提高推土机生产率,可下坡推土、并列推土、多刀推土和利用前次推土形成的槽进行推土等方法提高效率,缩短推土时间和减少土散失。

(1)下坡推土。推土机顺斜坡下坡方向切土与推运[见图1-37(a)]可提高生产率,但坡度不宜超过15°,以免后退爬坡困难。下坡推土可与其他推土方法结合使用。

(2)并列推土。用2~3台推土机并列作业[见图1-37(b)],铲刀相距15~30 cm,可减少土散失,提高生产率。两机并列推土可增加推土量15%~30%,三机并列可增加推土量30%~40%,平均运距不宜超过50~75 m,也不宜小于20 m。

(3)多刀推土。硬质土中,切土深度不大,可将土先堆积一起,然后集中推送至卸土区,可缩短运土时间。但堆积距离不宜大于30 m,堆土高度宜在2 m内。

(4)槽形推土。推土机重复在一条作业线上切土和推土,使地面逐渐形成一条浅槽[见图1-37(c)],槽形推土可减少土散失,可增加10%~30%的推运土量。槽深宜1 m左右,土埂宽约50 cm,推出多条槽后,再将土埂推入槽中运出。土层较厚、运距较远时宜用此法。

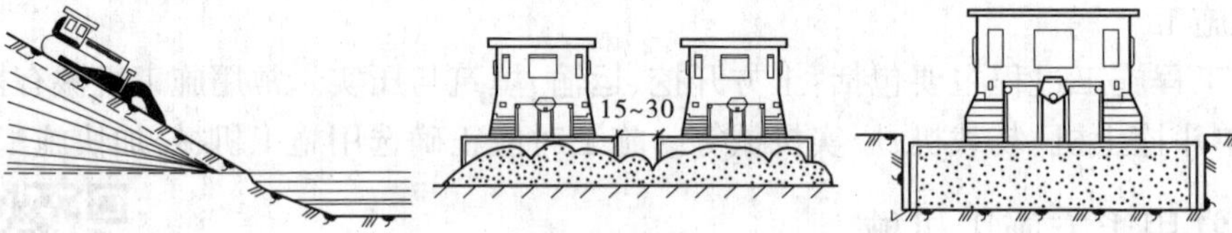

(a)下坡推土　　(b)并列推土　　(c)槽形推土

图1-37　推土机推土方法　(单位:cm)

2.推土机生产率计算

(1)推土机小时生产率 P_h(m^3/h),按式(1-28)计算:

$$P_h = \frac{3\ 600}{t_v}\frac{q}{K_s} = \frac{3\ 600q}{t_vK_s} \tag{1-28}$$

式中　t_v——从推土到土送填土地点的循环延续时间,s;

q——推土机每次推土量,m^3,由机械性能表查得;

K_s——土可松性系数(见表1-1)。

(2)推土机台班生产率 P_d(m^3/台班),按式(1-29)计算:

$$P_d = 8P_hK_B \tag{1-29}$$

式中　K_B——时间利用系数,一般在0.72~0.75。

1.4.1.2　铲运机

铲运机由牵引机械和土斗组成,按行走方式分自行式和拖式两种(见图1-38和

图 1-39)，其操纵机构由液压控制。自行式铲运机靠自身动力行驶和工作；拖式铲运机由拖拉机牵引。

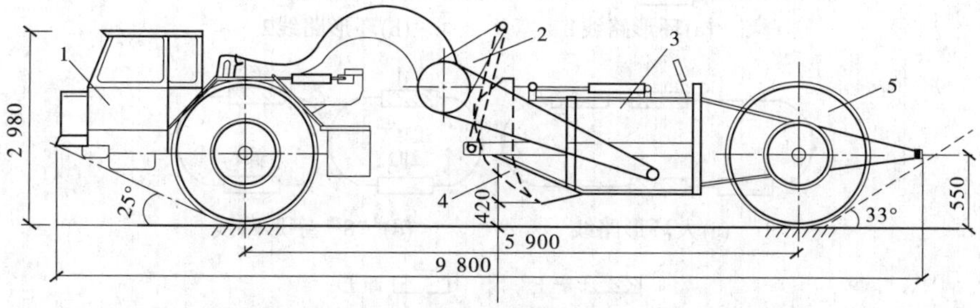

1—牵引车；2—斗操作装置；3—铲斗；4—铲(卸)土口；5—行走装置。

图 1-38　CL7 型自行式铲运机　(单位：mm)

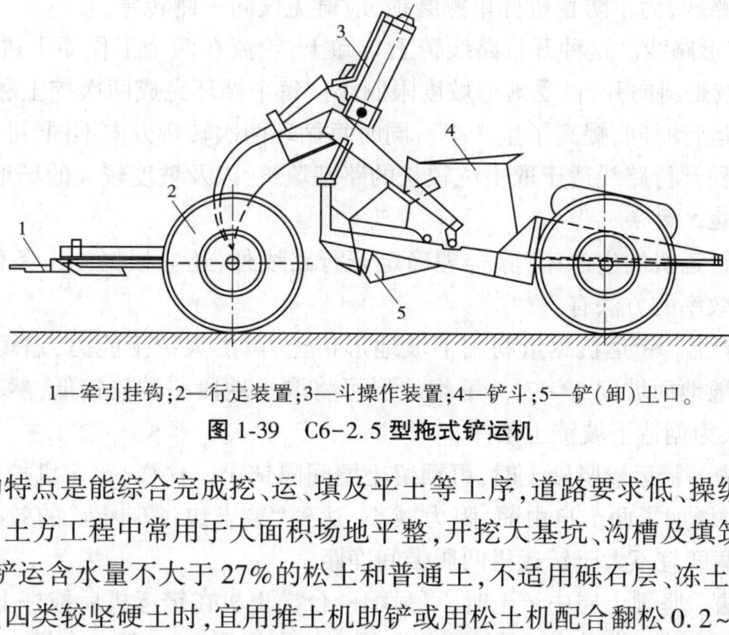

1—牵引挂钩；2—行走装置；3—斗操作装置；4—铲斗；5—铲(卸)土口。

图 1-39　C6-2.5 型拖式铲运机

铲运机的特点是能综合完成挖、运、填及平土等工序，道路要求低、操纵灵活、运转方便、生产率高，土方工程中常用于大面积场地平整，开挖大基坑、沟槽及填筑路基、堤坝等工程，适用于铲运含水量不大于 27%的松土和普通土，不适用砾石层、冻土地带及沼泽区工作，铲运三、四类较坚硬土时，宜用推土机助铲或用松土机配合翻松 0.2~0.4 m，以减少机械磨损，提高生产率。铲运机斗容量多为 1.5~7 m^3，自行式铲运机经济运距宜为 800~1 500 m，拖式铲运机运距宜在 600 m 内，运距为 200~300 m 时效率最高。规划铲运机开行路线时，力求符合经济运距。

选定铲运机斗容量后，其生产效率的高低主要取决于机械开行路线和施工方法。

1. 铲运机开行路线

铲运机开行路线应根据填方、挖方区分布情况并结合现场具体条件合理选择，主要有环形路线和“8”字形路线。

(1)环形路线。这是一种简单而常用的开行路线。根据铲土与卸土相对位置不同可分为如图 1-40(a)与图 1-40(b)两种情况。每一循环只完成一次铲土与卸土。挖填交替而挖填方之间距离又较短时，可用大环形路线[见图 1-40(c)]，其特点是一次循环可完成

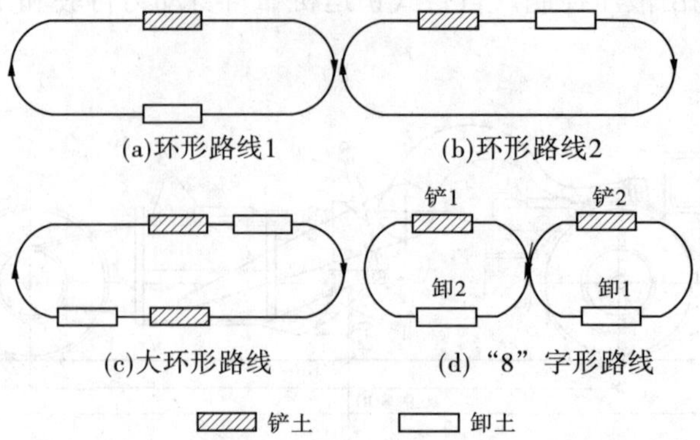

图 1-40　铲运机开行路线

两次铲土与回填作业,减少转弯次数,提高了生产率。

采用环形路线,为了防止机件单侧磨损,应避免仅向一侧转弯。

(2)“8”字形路线。这种开行路线铲土与卸土,轮流在两个工作面上进行[见图 1-40(d)],机械上坡是斜向开行,受地形坡度限制小。每个循环完成两次挖土和卸土作业,比环形路线缩短运行时间,提高了生产率。同时每循环两次转弯方向不同,可避免机械行驶单侧磨损。这种开行路线适于取土坑较长的路基填筑,以及坡度较大的场地平整。

2. 铲运机施工方法

为了提高铲运机的生产率,除合理确定开行路线外,还应根据施工条件选择施工方法。常用提高效率的方法有:

(1)下坡铲土。铲运机尽量利用下坡地形铲土,可加大铲土能力,缩短装土时间,提高生产率。一般地面坡度 5°~7°。平坦地形可将取土地段一端先铲低,然后保持一定坡度向后延伸,人为创造下坡铲土条件。

(2)跨铲法。铲运较坚硬土时,可预留土埂间隔铲土。这样,铲运机挖土槽时可减少散失,挖土埂时增加了两个自由面,阻力减小,达到“装土快,铲斗满”的效果。土埂高度应≤300 mm,宽度宜不大于铲运机两履带间净距。

(3)助铲法。坚硬土层中铲土时,可另配一台推土机在铲运机后拖杆上顶推,协助铲土,以缩短铲土时间。此法关键是铲运机和推土机密切配合,一般一台推土机可配合 3~4 台铲运机工作。推土机助铲空隙可松土或平整场地等。

3. 铲运机生产率计算

(1)铲运机小时生产率 P_h(m^3/h),按式(1-30)计算:

$$P_h = \frac{3\,600 q K_c}{t_c K_s} \tag{1-30}$$

式中　q——铲斗容量,m^3;

K_c——铲斗装土充盈系数,一般砂土为 0.75,其他土为 0.85~1.3;

K_s——土可松性系数(见表 1-1);

t_c——从挖土开始到卸土完毕,每循环延续时间,s,可按式(1-31)计算:

$$t_c = t_1 + \frac{2l}{v_c} + t_2 + t_3 \tag{1-31}$$

式中　t_1——装土时间，一般取60~90 s；

l——平均运距，由开行路线定，m；

v_c——运土与回程平均速度，一般取1~2 m/s；

t_2——卸土时间，一般取15~30 s；

t_3——换挡和调头时间，一般取30 s。

（2）铲运机台班产量 P_d（m^3/台班），按式（1-32）计算：

$$P_d = 8P_h K_B \tag{1-32}$$

式中　K_B——时间利用系数，一般取0.7~0.9。

1.4.1.3　单斗挖土机

单斗挖土机在土方工程中应用广，种类多，按行走装置分履带式和轮胎式两类。单斗挖土机可根据工作需要，更换工作装置；按工作装置分正铲、反铲、拉铲和抓铲，按操纵机械分机械式和液压式两类。液压式单斗挖土机使用较普遍（见图1-41）。

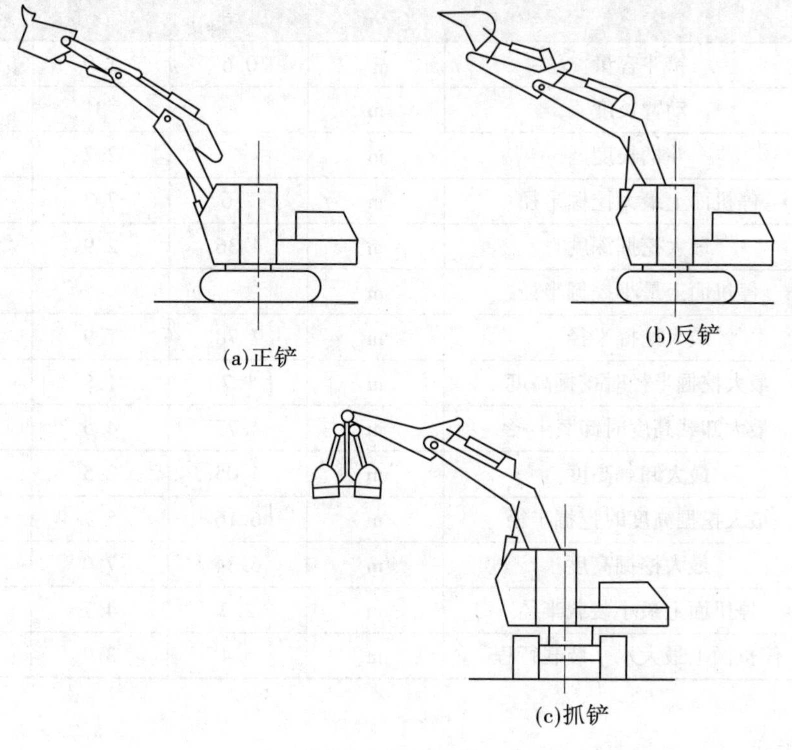

图1-41　液压式单斗挖土机

1. 正铲挖土机

正铲挖土机外形见图1-42。其挖土特点：向前向上，强制切土，挖掘能力大，生产率高，适于开挖停机面以上一至三类土，与运土汽车配合能完成整个挖运任务。正铲挖土机可用于开挖大型干燥基坑及土丘等，技术性能见表1-21。

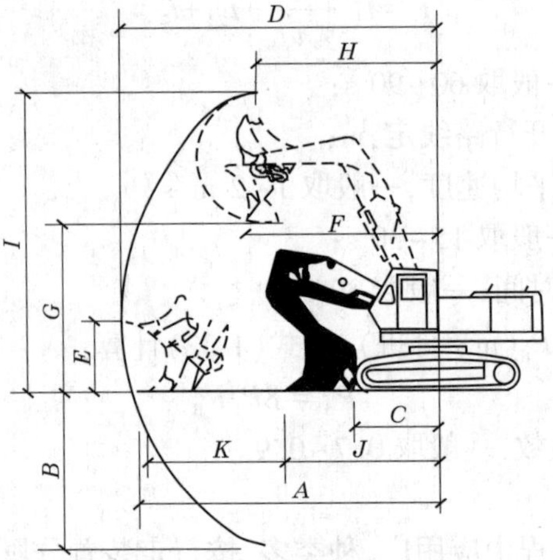

图 1-42　液压式正铲挖土机外形

码 1-13　正铲挖土机

表 1-21　单斗液压式正铲挖土机技术性能

符号	名称	单位	WY60	WY100	WY160
	铲斗容量	m^3	0.6	1.0	1.6
	动臂长度	m		3	
	斗柄长度	m		2.7	2
A	停机面上最大挖掘半径	m	7.6	7.7	7.7
B	最大挖掘深度	m	4.36	2.9	3.2
C	停机面上最小挖掘半径	m			2.3
D	最大挖掘半径	m	7.78	7.9	8.05
E	最大挖掘半径时挖掘高度	m	1.7	1.8	2
F	最大卸载高度时卸载半径	m	4.77	4.5	4.6
G	最大卸载高度	m	4.05	2.5	5.7
H	最大挖掘高度时挖掘半径	m	6.16	5.7	5
I	最大挖掘高度	m	6.34	7.0	8.1
J	停机面上最小装载半径	m	2.2	4.7	4.2
K	停机面上最大水平装载行程	m	5.4	3.0	3.6

1)开挖方式

挖土机根据开挖路线与运输工具相对位置不同,可分正向挖土侧方卸土和正向挖土后方卸土两种。

(1)正向挖土侧方卸土。挖土机沿前进方向挖土,运输工具停在侧面装土[见图 1-43(a)]。此方式挖土机卸土时动臂回转角度小,运输工具行驶方便,生产率高,使用广泛。

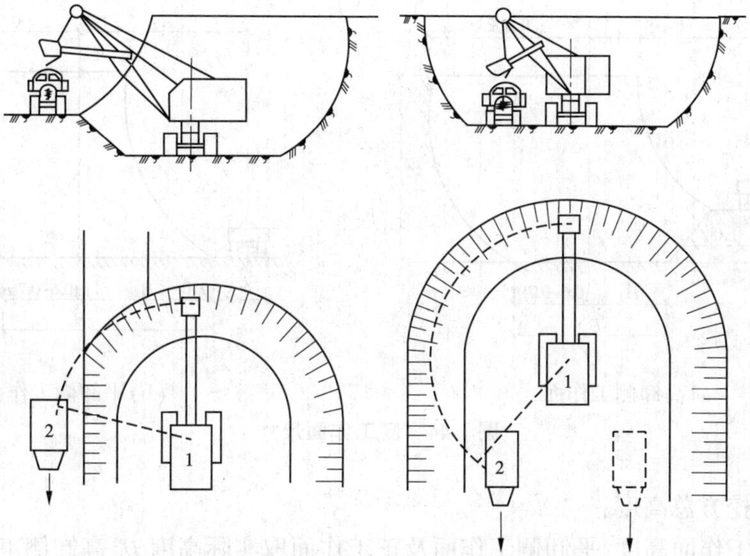

(a)正向挖土侧方卸土　(b)正向挖土后方卸土

1—正铲挖土机;2—自卸汽车。

图 1-43　正铲挖土机开挖方式

(2)正向挖土后方卸土。挖土机沿前进方向挖土,运输工具停挖土机后方装土[见图 1-43(b)]。此方式开挖工作面较大,但挖土机卸土时动臂回转角大,生产率低,运输车辆要倒车开入,适宜开挖工作面狭小且较深的基坑。

2)工作面

工作面指挖土机一次开行中挖土工作范围,也称"掌子"面,其形状和大小由挖土机技术性能与挖土、卸土方式及土壤性质决定。

根据挖土机开挖方式不同,工作面又分侧工作面和正工作面两种。挖土机侧向卸土方式构成侧工作面,挖土机向后卸土方式构成正工作面。

侧工作面根据运输工具与挖土机停放标高是否相同,又可分高卸侧工作面与平卸侧工作面两种(见图 1-44)。

工作面布置原则:保证挖土机生产效率最高,土方欠挖数量最少。

侧工作面右半部尺寸布置底部宽度宜为(0.6~0.7)R_1,此时旋转角度小,生产率较高。高度 H 一般取小于或等于最大挖土半径时的挖土高度,为保证一次挖土即能装满土斗,其最小高度不宜小于 3 倍土斗高。

正工作面形状和尺寸左右对称,其右侧同图 1-44(b),其底面总宽为 $2R_1$。

3)开挖层数和开行次数

根据已确定的挖土机工作面尺寸与基坑横断面尺寸,就可拟定挖土机开行次序,确定开挖层数和每层开行次数。

开挖层数 n 可按式(1-33)计算:

$$n=\frac{D}{E} \tag{1-33}$$

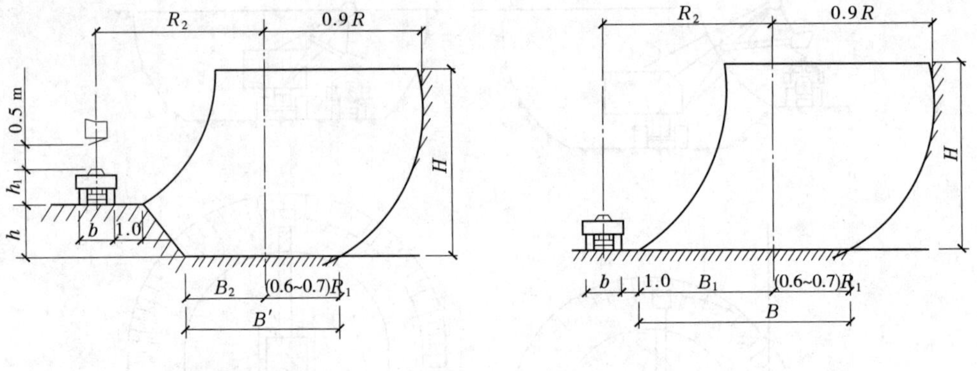

(a)高卸侧工作面　　　　(b)平卸侧工作面

图 1-44　侧工作面尺寸

式中　D——挖方总高度；

E——工作面高度，平卸侧工作面及正工作面取实际高度 H，高卸侧工作面取 h。

每层开行次数 m 可按式(1-34)计算：

$$m=\frac{F}{G} \tag{1-34}$$

式中　F——挖方表面宽度；

G——工作面宽度，取 $G=B$ 或 $G=B'$。

若计算出的层数不是整数，且剩余高度小于 3 倍土斗高度，为提高正铲挖土机生产率，可先开一条高度等于上述剩余高度的土槽，称“先锋槽”。其宽度便于运输工具通行即可，正铲挖土机工作面布置如图 1-45 所示。

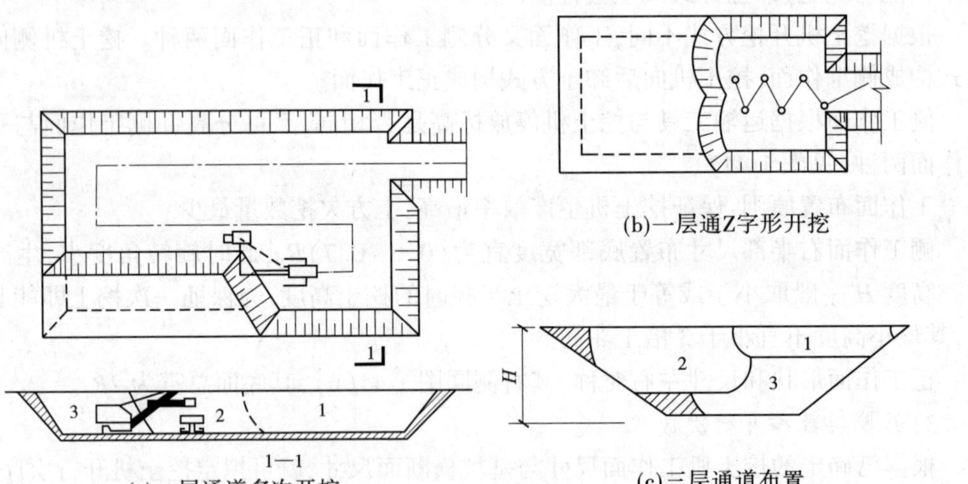

(a)一层通道多次开挖　　(b)一层通Z字形开挖　　(c)三层通道布置

1、2、3—通道断面及开挖顺序。

图 1-45　正铲开挖基坑

2. 反铲挖土机

反铲挖土机(见图 1-46)挖土特点是“后退向下,强制切土”。

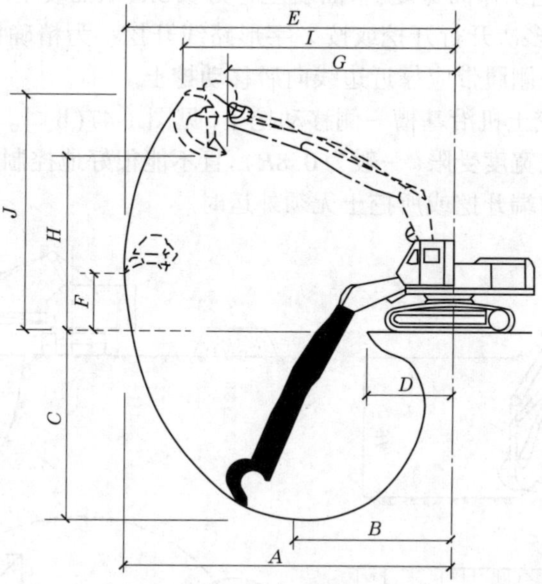

图 1-46　反铲挖土机外形图

码 1-14　反铲挖土机

其挖掘力比正铲挖土机小,能开挖停机面以下一至三类土,适用于挖基坑、基槽、管沟、有地下水的土或泥泞土。一次开挖深度取决于最大挖掘深度和技术参数(见表 1-22)。

表 1-22　单斗液压式挖土机反铲技术性能

符号	名称	单位	WY40	WY60	WY100	WY160
	铲斗容量	m^3	0.4	0.6	1~1.2	1.6
	动臂长度	m			5.3	
	斗柄长度	m			2.0	2.0
A	停机面上最大挖掘半径	m	6.9	8.2	8.7	9.8
B	最大挖掘深度时挖掘半径	m	3.0	4.7	4.0	4.5
C	最大挖掘深度	m	4.0	5.3	5.7	6.1
D	停机面上最小挖掘半径	m		8.2		3.3
E	最大挖掘半径	m	7.18	8.63	9.0	10.6
F	最大挖掘半径时挖掘高度	m	1.97	1.3	1.8	2.0
G	最大卸载高度时卸载半径	m	5.267	5.1	4.7	5.4
H	最大卸载高度	m	3.8	4.48	5.4	5.83
I	最大挖掘高度时挖掘半径	m	6.367	7.35	6.7	7.8
J	最大挖掘高度	m	5.1	6.025	7.6	8.1

反铲挖土机挖土常有沟端开挖和沟侧开挖两种方式(见图 1-47)。

(1)沟端开挖。挖土机停在基坑(槽)端部,后退挖土,汽车停在基槽两侧装土[见图 1-47(a)],沟端开挖工作面宽度:单面装土时为 1.3*R*,双面装土时为 1.7*R*(*R* 为挖掘半径)。基坑较宽时,可多次开行开挖或按 Z 字形路线开挖。为精确控制所挖边坡坡度,或挖直立边坡时,反铲一侧履带应靠近边线向后移动挖土。

(2)沟侧开挖。挖土机沿基槽一侧移动挖土[见图 1-47(b)]。沟侧开挖能将土弃于离基槽较远处,但开挖宽度受限(一般为 0.8*R*),且不能很好地控制边坡,机身停沟边稳定性较差,仅用于无法沟端开挖或所挖土无须外运时。

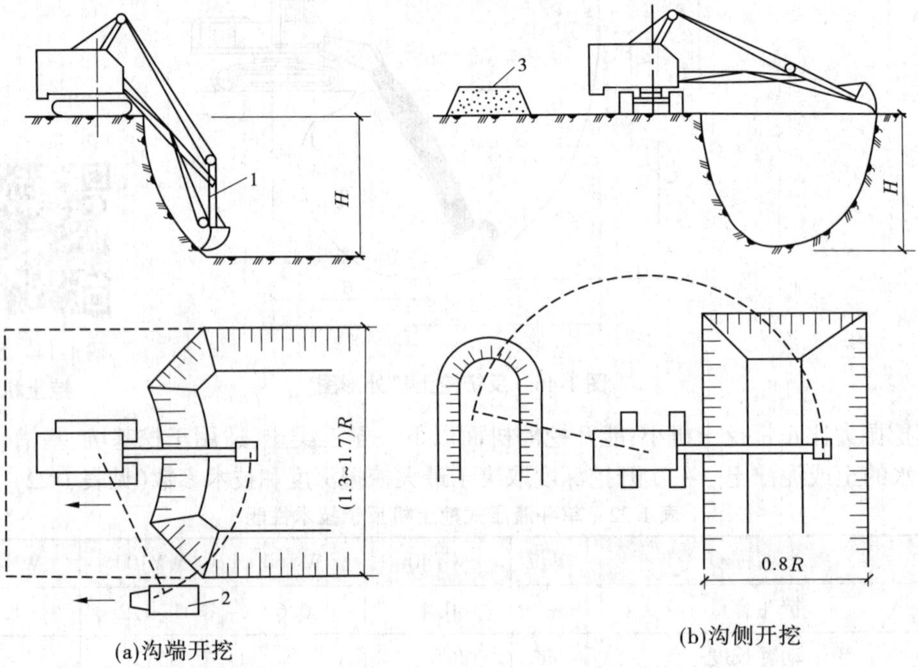

1—反铲挖土机;2—自卸汽车;3—弃土堆。

图 1-47　反铲挖土机开挖方式

3. 拉铲挖土机

拉铲挖土机挖土特点是“后退向下,自重切土”,其挖土半径和挖土深度较大,但不如反铲挖土机灵活,开挖精确性差。适用于挖停机面以下一、二类土。可开挖大而深基坑或水下挖土。拉铲挖土机开挖方式与反铲挖土机相似,可沟侧开挖或沟端开挖(见图 1-48)。

4. 抓铲挖土机

抓铲挖土机[见图 1-41(c)]的挖土特点是“直上直下,自重切土”,挖掘力较小,适用于开挖停机面以下一、二类土,如挖窄而深基坑、疏通旧渠道及挖取水中淤泥等,或用于装卸碎石、矿渣等松散材料。常用于开挖软土地区基坑。

1.4.1.4　装载机

装载机按行走方式分履带式和轮胎式,按工作方式分单斗式、链式和轮斗式。土方工

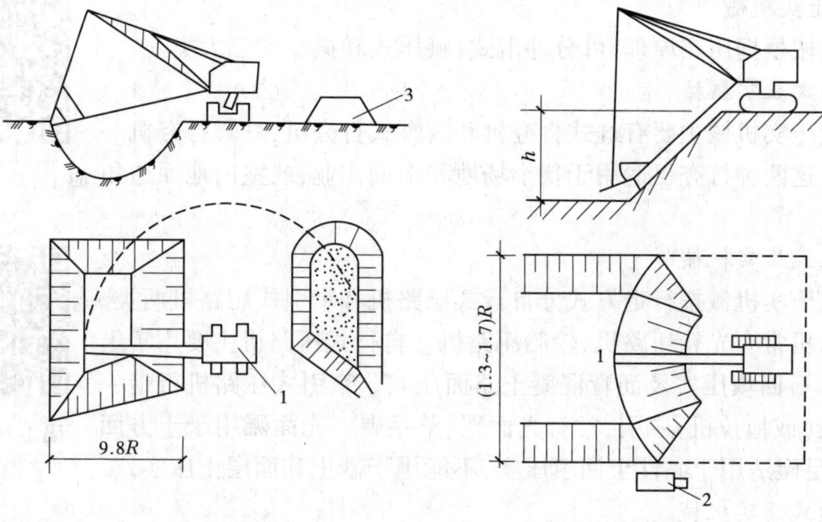

1—拉铲挖土机;2—自卸汽车;3—弃土堆。

图1-48　拉铲挖土方式

程主要使用单斗铰接式轮胎装载机。它操作轻便灵活,转运方便快速,适用于装卸土方和散料,也可用于松软土表层剥离、地面平整和场地清理等工作。常用国产铰接式轮胎装载机主要技术性能及规格见表1-23。

表1-23　常用国产铰接式轮胎装载机主要技术性能及规格

技术参数	编号型号				
	ZL20	ZL30	ZL40	ZL50	ZL50K
铲斗容量/m^3	1.0	1.5	2.0	3.0	2.7
装载量/t	2	3	4	5	5
卸料高度/m	2.6	2.7	2.8	2.85	2.78
发动机功率/kW	60	73.5	100	162	
行走速度/(km/h)	0~30	0~32	0~35	10~35	7.8~55
最大牵引力/t	6.4	7.5	10.5	16	
爬坡能力/(°)	30	25	28~30	30	25
回转半径/m	5.03	5.5	5.9	6.5	6.24
离地间隙/m	0.393	0.4	0.45	0.305	
转向方式	铰接液压缸	铰接液压缸	铰接液压缸	铰接液压缸	铰接液压缸
外形尺寸/(m×m×m)	5.7×2.2×2.8	6×2.4×2.8	6.4×2.5×3.2	6.7×2.8×2.7	7.61×2.94×3.22
总重/t	7.6	9.2	11.5	16.8	17

1.4.1.5 压实机械

压实机械根据压实原理,可分冲击式、碾压式和振动式三大类。

码 1-15 压实机械

1. 冲击式压实机械

冲击式压实机械主要有蛙式打夯机和内燃式打夯机,蛙式打夯机一般为电动。这两种打夯机适用于狭小场地和沟槽作业,或室内地面边角夯实。

2. 碾压式压实机械

码 1-16 压实

碾压式压实机械按行走方式分自行式压路机和牵引式压路机两类。自行式压路机常有光轮压路机、轮胎压路机。自行式压路机主要用于土方、砾石、碎石回填压实及沥青混凝土路面压实。牵引式压路机行走一般用推土机(或拖拉机)牵引,常有光面碾、羊足碾。光面碾用于土方回填压实;羊足碾适用于黏性土回填压实,不能用于砂土和面层土压实。

3. 振动式压实机械

振动式压实机械是利用机械高频振动,把能量传给土,降低土颗粒间摩擦力,压实能量作用下土达到密实。

振动式压实机械按行走方式分手扶平板式振动压实机和振动式压路机两类。手扶平板式振动压实机主要用于小面积地基夯实。振动式压路机按行走方式分自行式和牵引式两类,其生产率高,压实效果好,可压实多种土,适用于大型土石方工程。常用压路机主要技术性能参数见表 1-24。

表 1-24 常用压路机主要技术性能参数

技术参数	振动式压路机				3YZ21 铰接式三轮机械驱动静碾压路机
	YZ14B	YZ16B	YZ16	YZ18	
工作质量/kg	13 600	15 500	15 200	18 000	21 000
发动机功率/kW	73.5	88.2	96.0	138.0	88
静线压力/(N/cm)	320	368	—	557	1 200
理论振幅/mm	1.7/0.82	1.8/1.0	1.8/0.9	1.8/1.0	—
振动频率/Hz	30	28	28/32	30/34	—
激振力/kN	270~135	290~170	294~192	360~210	—
压实宽度/mm	2 130				2 320
行驶速度/(km/h)	0~8.9	0~9.2	0~9.8	0~12	0~19
转弯半径/mm	6 000	6 500	6 000	5 400	5 800
爬坡能力/%	25	25	40	49	25

1.4.2　土方挖运机械选择及配套计算

1.4.2.1　土方机械选择

土方机械选择,通常先根据工程特点和技术条件拟出几种可行方案,然后进行技术经济比较,选择效率高、费用低的方案。

1. 地形条件

地形起伏不大,坡度20°内,挖填平整土方面积较大,土含水量适当,平均运距在1 km内时,用铲运机较合适。如土质坚硬或冬季冻土层厚超过100~150 mm,须由其他机械辅助翻松后铲运。一般土含水量大于25%,或黏土含水量超30%时,铲运机可能陷车,须疏干后再施工。

地形起伏较大的丘陵地带,一般挖土高度3 m以上,运距超过1 km,工程量较大且集中,可用下述三种方式挖运土:①正铲挖土机配合自卸汽车施工,并在弃土区配备推土机平土。选择铲斗容量时,应考虑土质情况、工程量和工作面高度。开挖普通土,集中工程量≤1.5万m^3,可用0.5 m^3铲斗;开挖集中工程量1.5万~5万m^3时,宜选1.0 m^3铲斗,此时,普通土和硬土都可开挖。②推土机将土推入漏斗,自卸汽车在漏斗下承土运走,此法适用于挖土层厚5~6 m以上地段。漏斗上口尺寸3 m左右,由宽3.5 m框架支承。其位置应选在挖土段较低处,并预先挖平。漏斗左右及后侧土壁应予支撑。用73.5 kW推土机2次可装满8 t自卸汽车,效率较高。③推土机推土成堆,装载机装土上汽车运走,效率高。

2. 开挖基坑机械选择原则

(1)土含水量较小时,可结合运距长短、挖掘深浅,分别用推土机、铲运机或正铲挖土机配合自卸汽车施工。深1~2 m短基坑,宜用推土机;深2 m内长基坑,宜用铲运机;基坑较大,宜选正铲挖土机。

(2)地下水位较高又不采取降水措施,或土质松软可能造成正铲挖土机和铲运机陷车时,则用反铲挖土机、拉铲挖土机或抓铲挖土机配合自卸汽车施工。

(3)移挖作填及基坑和管沟回填,运距60~100 m内可用推土机。

1.4.2.2　挖土机与运土车辆配套计算

土方机械配套计算时,应先确定主导施工机械,其他机械按主导机械性能配套选用。用挖土机挖土、自卸汽车运土时,应以挖土机为主导机械。

挖土机数量根据所选挖土机台班生产率、工程量大小和工期要求确定。

(1)挖土机台班产量P_d(m^3/台班)按式(1-35)计算:

$$P_d = \frac{8 \times 3\,600}{t_c} q \frac{K_c}{K_s} K_B \tag{1-35}$$

式中　t_c——挖土机每次作业循环延续时间,s,由机械性能定,如W_{1-100}正铲挖土机为25~40 s,W_{1-100}拉铲挖土机为45~60 s;

q——挖土机铲斗容量,m^3;

K_c——土斗充盈系数,可取0.8~1.1;

K_s——土最初可松性系数;

K_B——时间利用系数,一般取 0.6~0.8。

(2)挖土机数量 N(台)计算:

$$N = \frac{Q}{P_d} \cdot \frac{1}{TCK} \tag{1-36}$$

式中 Q——工程量,m^3;

T——工期,d;

C——每天工作班数;

K——工作时间利用系数,取 0.8~0.9;

P_d——挖土机台班产量,m^3/台班。

(3)运输车辆计算。

为使挖土机充分发挥效能,运输车辆大小和数量应根据挖土机数量配套选用。运输车辆载重量应为挖土机铲斗土重的整倍数,一般为 3~5 倍。运输车辆过多,车辆窝工;运输车辆过少,挖土机窝工。为减少窝工,能正常流水作业,运输车辆数量 N'(台)按式(1-37)计算:

$$N' = \frac{T'}{t'} \tag{1-37}$$

式中 T'——运输车辆每装卸一车土循环作业所需时间,s;

t'——运输车辆装满一车土的时间,s。

任务 5　土方填筑与压实

任务导航

本任务要求掌握土方填筑与压实,包括土料选择与填筑方法,填土压实方法,影响填土压实因素,填土压实质量检验。

1.5.1　填筑要求

(1)土方回填时,应先低处后高处,逐层填筑。

(2)基底上的树墩及主根应拔除,排干水田、水库、鱼塘等的积水,对软土进行处理。

(3)设计标高 500 mm 以内的草皮、垃圾及软土应清除。

(4)草皮土和有机质含量大于 8%的土,不应用于有压实要求的回填区域;淤泥和淤泥质土不宜作为填料;软土或沼泽地区,经过处理且符合压实要求后,可用于回填次要部位或无压实要求的区域。

(5)填料为黏性土时,回填前应检验其含水量是否在控制范围内,当含水量偏高时,可采取翻松晾晒或均匀掺入干土或生石灰等措施;当含水量偏低时,可预先洒水湿润。

(6)填土料应满足设计要求。碎石类土、砂土和爆破石渣,可作表层以下填料,填土料为黏土时,填筑前应检查含水量。碎石类土或爆破石渣作填料时,最大粒径不得超过每层铺土厚的 3/4,铺填时,大块料不应集中,且不得填于分段接头或填方与山坡连接处。含有机质的土,吸水后容易变形,强度降低;含水溶性硫酸盐大于 5%的土,地下水作用下,硫酸盐会逐渐溶解消失,形成孔洞,影响土密实性;此两种土及淤泥、冻土、膨胀土等均不应作填土。

(7)坡度大于1∶5时,应将基底挖成台阶,台阶面内倾,台阶高宽比宜为1∶2,台阶高度不大于1 m;当坡面有渗水时,应设置盲沟将水引出填筑体外。

(8)两种透水性不同的填料分层填筑时,上层宜填透水性较小的填料。

(9)填土应分层,并尽量用同类土填筑。如用不同类土填筑,透水性较大土层应置于透水性较小土层之下,不能将各种土混杂使用,以免填方内形成水囊。

(10)土方回填应填筑压实,且压实系数满足设计要求。当分层回填时,应在下层的压实系数经试验合格后,才能进行上层施工。

1.5.2　填土压实方法

填土压实方法一般有碾压法、夯实法和振动压实法。

1.5.2.1　碾压法

碾压法是利用机械滚轮压力压实土体以达到所需的密实度,多用于大面积填方。碾压机械有光面碾、羊足碾和气胎碾(压路机)。光面碾可用于砂土、黏性土;羊足碾需较大牵引力,且只宜压实黏性土,如用于砂土会使土颗粒受"羊足"小接触面积扰动移位,土结构遭破坏;气胎碾工作时为弹性体,压力均匀,填土质量较好。还有运土机械碾压,此方案较经济。施工时使运土机械行驶路线能大体均布于填土面积,重复一定行驶遍数,以达压实度要求。机械平碾行驶速度≤2 km/h,羊足碾行驶速度≤3 km/h,过快将影响压实效果。

1.5.2.2　夯实法

夯实法是利用夯锤自由下落的冲击力夯实土体,分机械和人工两种。夯实机械有夯锤、内燃夯土机和蛙式打夯机;人工工具有木夯、石夯和飞硪等。夯锤是借助起重机悬挂重锤夯土,适于砂性土、湿陷性黄土、杂填土及含石块填土。

1.5.2.3　振动压实法

振动机械使压实机械振动,在振动及碾压机双重作用下,土颗粒发生相对位移变紧密。此法对非黏性土效果尤好,效率高,适用于大面积填方。

1.5.3　填土压实的影响因素

填土压实影响因素较多,主要有压实功、土含水量及每层铺土厚(松铺厚度)。

1.5.3.1　压实功的影响

填土密实度与压实机械做功有一定关系(见图1-49)。如土含水量一定,开始压实阶段,土密度急剧增加,将接近土最大密度(最大干密度)时,压实功即使增加很多,土密度变化却甚小。实际施工中,对砂土只需碾压或夯击2~3遍,粉土3~4遍,粉质黏土或黏土5~6遍即可。此外,松土如直接用重型碾压机滚压,土层会强烈起伏,效率低,应先轻碾,再重碾。

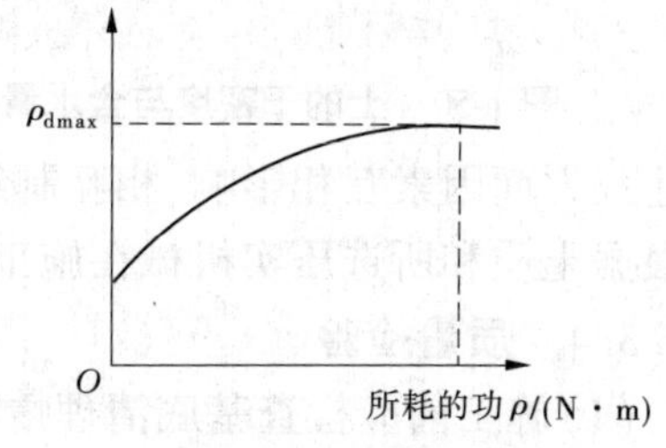

图1-49　土的干密度与压实功关系示意图

1.5.3.2 含水量的影响

相同压实功条件下,填土含水量直接影响压实效果。较干燥土,颗粒间摩阻力较大不易压实,但当含水量超过一定限值时,粒间孔隙由水填充呈饱和,则无法压实。只有含水量适当,水起润滑作用,土颗粒间摩阻力减小,压实效果才好。此含水量称最佳(优)含水量(见表 1-25)。此时,所得干密度最大(见图 1-50),现场简单检验黏性土含水量以“手握成团,落地开花”为宜。压实时,土过湿应翻晾晒干或掺同类干土(或吸水性土料);土过干,则预先洒水润湿。

表 1-25 土的最佳含水量和最大干密度参考

序号	土的种类	变动范围	
		最佳含水量 w_{op}(重量比)/%	最大干密度 ρ_{dmax}/(g/cm^3)
1	砂土	8~12	1.80~1.88
2	黏土	19~23	1.58~1.70
3	粉质黏土	12~15	1.85~1.95
4	粉土	16~22	1.61~1.80

1.5.3.3 铺土厚度的影响

压实功作用下,土中应力随深度增加而渐减(见图 1-51),其影响深度与压实机械、土质和含水量等有关。松散铺土厚度(松铺厚度)应小于机械压实时的作用深度;铺得过厚,需压很多遍才密实,过厚甚至每层下部无法密实;铺得过薄导致层数增加,相应碾压遍数也增加。因此,最优铺土厚度可使土方压实耗机械功最少。铺土厚度和碾压遍数应经试验确定。

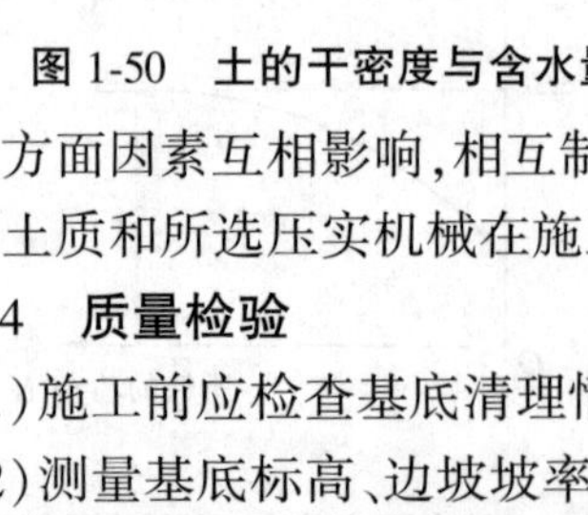

图 1-50 土的干密度与含水量关系

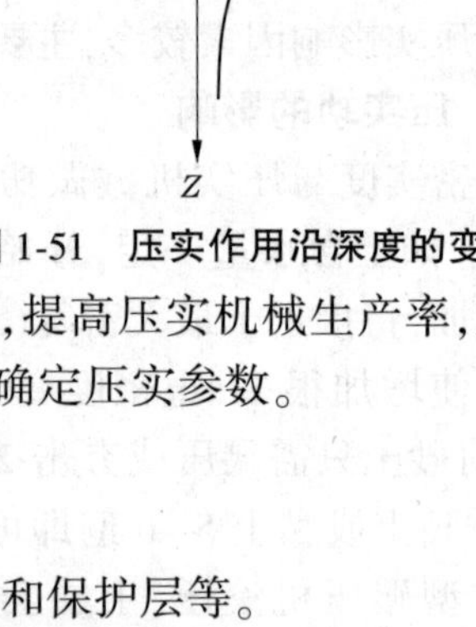

图 1-51 压实作用沿深度的变化

上述三方面因素互相影响,相互制约。为保证压实质量,提高压实机械生产率,重要工程应根据土质和所选压实机械在施工现场进行压实试验,确定压实参数。

1.5.3.4 质量检验

(1)施工前应检查基底清理情况。

(2)测量基底标高、边坡坡率,验收基础外墙防水层和保护层等。

(3)回填料应满足设计要求,并应确定回填料含水量控制范围。

(4)施工中应检查排水系统,碾迹重叠长度、回填土有机质含量、压实系数等。分层回填时,应在下层压实系数试验合格后方填压上层。

(5)填筑厚度及压实遍数应根据土质、压实系数及压实机具确定。无试验依据时,应符合表1-26的规定。

表1-26　填土施工时的分层厚度及压实遍数

压实机具	分层厚度/mm	每层压实遍数
平碾	250~300	6~8
振动压实机	250~350	3~4
柴油打夯	200~250	3~4
人工打夯	<200	3~4

(6)施工结束后,应检验标高及压实系数。

(7)填方工程质量检验标准应符合表1-27、表1-28的规定。

表1-27　填土工程质量检验标准

项目	序号	检查项目	允许值或允许偏差		检查方法
			单位	数值	
主控项目	1	标高	mm	0 −50	水准测量
	2	分层压实系数	不小于设计值		环刀法、灌水法、灌砂法
一般项目	1	回填土料	设计要求		取样检查或直接鉴别
	2	分层厚度	设计值		水准测量及抽样检查
	3	含水量	最优含水量±2%		烘干法
	4	表面平整度	mm	±20	用2 m靠尺
	5	有机质含量	≤5%		灼烧减量法
	6	辗迹重叠长度	mm	500~1 000	用钢尺量

表1-28　场地平整填方工程质量检验标准

项目	序号	检查项目	允许值或允许偏差			检查方法
			单位	数值		
主控项目	1	标高	mm	人工	±30	水准测量
				机械	±50	
	2	分层压实系数	不小于设计值			环刀法、灌水法、灌砂法

续表 1-28

项目	序号	检查项目	允许值或允许偏差		检查方法
			单位	数值	
一般项目	1	回填土料	设计要求		取样检查或直接鉴别
	2	分层厚度	设计值		水准测量及抽样检查
	3	含水量	最优含水量±4%		烘干法
	4	表面平整度	mm	人工 ±20	用 2 m 靠尺
				机械 ±30	
	5	有机质含量	≤5%		灼烧减量法
	6	辗迹重叠长度	mm	500~1 000	用钢尺量

平整后场地表面坡率应满足要求，设计无要求时，排水方向坡率≥2‰，平整后场地表面应逐点检查。土石方工程标高检查每 100 m^2 取 1 处，且不少于 10 处；土石方工程平面几何尺寸（长、宽等）全数检查；土石方工程边坡每 20 m 取 1 处，且每边不少于 1 处。土石方工程表面平整度每 100 m^2 取 1 处，且不少于 10 处。

任务 6　基坑（槽）施工

任务导航

本任务要求掌握基坑（槽）施工放线要求、开挖要求、验槽要求。

1.6.1　放线

基坑（槽）施工，首先应进行房屋定位和标高引测，然后根据基础底面尺寸、埋置深度、土质好坏、地下水位高低及季节性变化、施工需要，确定是否留工作面、放坡、增加排水设施和设置支撑等，从而定出挖土边界并放灰线。

基坑（槽）放线：根据房屋主轴线控制点，首先将外墙轴线交点用木桩测设于地面，桩顶钉铁钉作标志；然后根据建筑平面图，将内部开间所有轴线一一测出；最后根据边坡系数计算出开挖宽度，用石灰在中心轴线两侧地面撒基槽开挖边线，同时在房屋四周设置轴线延长桩，以便基础施工时复核轴线。

柱基放线：基坑开挖前，从设计图查出基础纵横轴线编号和基础施工详图，根据柱纵横轴线，用经纬仪在矩形控制网上测定基础中心线端点，同时在每个柱基中心线上测定基础定位桩，每个基础中心线上设置四个定位木桩，其桩位离基础开挖线 0.5~1.0 m。若基础间距离不大，可每隔 1~2 个或几个基础打一定位桩，但两定位桩间距不宜超 20 m，以便拉线恢复中间柱基中线。桩顶钉铁钉标明中心线位置，然后按施工图柱基尺寸和边坡系数确定挖土边线，放出基坑上口挖土灰线，标出挖土范围。

大基坑开挖，根据房屋控制点用经纬仪放出基坑四周挖土边线。

1.6.2　基坑(槽)开挖

码 1-17　基坑开挖

我国古建筑如故宫等，其墙下都开挖了坑槽，以置换基土，或典型的砌置基础。土石方工程开挖施工前，应完成支护结构、地面排水、地下水控制、基坑及周边环境监测、施工条件和应急预案准备等工作验收，合格后开挖土石方。土石方开挖中，应定期测量和校核设计平面位置、边坡坡率和水平标高。平面控制桩和水准控制点应采取可靠措施保护，并定期检查和复测。土石方不应堆在基坑影响范围内。

土方开挖应遵循"开槽支撑，先撑后挖，分层开挖，严禁超挖"的原则。开挖基坑(槽)应按规定尺寸合理确定开挖顺序，分层开挖，连续施工，尽快完成。

土方开挖要求标高、断面准确，土体应有足够强度和稳定性，开挖中应随时检查。

挖出土除预留回填部分外，不得在场地内任意堆放，多余土应运弃，以免妨碍施工。为保护坑壁，坑顶两边 1.0 m 内不得堆放弃土，此距离外堆土高不得超过 1.5 m；否则，应验算边坡稳定性。桩周、墙基或围墙一侧，不得堆土过高。

坑边有动载机械设备时，应验算稳定性，尽量使机械设备远离坑边。如地质条件不好，应加固。

为防基底土(尤其是软土)受浸水或扰动，结构被破坏，基坑(槽)挖好后，应立即铺设垫层或浇筑基础；否则，基底标高以上应留 150~300 mm 厚土层，待基础施工时再人工挖去。如用机械挖土，基底标高以上留 200~400 mm，待基础施工前人工修整处理。

挖土不得挖至基坑设计标高以下，如个别处超挖，应用与基土相同的土料填补，并夯实至要求密实度。如原土填补不能达到要求密实度，应用碎石类土填补，并仔细夯实。如重要部位被超挖，可用低强度混凝土填补。

软土地区开挖基坑，尚应符合下列规定：

(1)已提前做好地面排水和降低地下水位，地下水位降至基坑底以下 0.5~1.0 m 后，方可开挖。降水工作应持续至回填完毕。

(2)施工机械行驶道路应铺填适当厚度碎石或砾石，必要时铺设工具式路基箱(板)或梢排等。

(3)相邻基坑开挖时，应先深后浅或同时施工，并及时施工基础。

(4)在密集群桩上开挖基坑，打桩完成后应间隔一段时间，再对称挖土。密集群桩附近挖土，应采取措施防止桩位移。

图 1-52 为某深基坑分层开挖实例。基坑正式开挖前，先挖运第①层表土，浇筑锁口圈梁，进行场地平整和基坑降水等准备工作，安设第一道支撑(角撑)，并施加预顶轴力，然后开挖第②层土至-4.50 m。再安设第二道支撑，待双向支撑全面形成并施加轴力后，挖土机和运土车下坑在第二道支撑上部(铺路基箱)开始挖第③层土，并用台阶式"接力"挖土，一直挖到坑底。第三道支撑应随挖随撑，逐步形成。最后用抓斗式挖土机在坑外挖两侧土坡的第④层土。

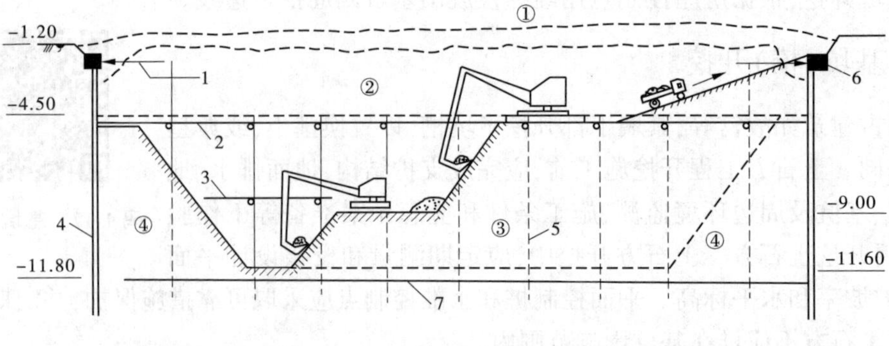

1—第一道支撑;2—第二道支撑;3—第三道支撑;4—支护桩;5—主柱;6—锁口圈梁;7—坑底。

图 1-52　深基坑开挖示意

深基坑开挖中,随着土的挖除,下层土逐渐卸载而可能回弹,尤其是挖至设计标高后,搁置时间愈久,回弹愈明显。如回弹隆起在基坑开挖和基础工程初期发展很快,它将加大建筑物后期沉降。因此,对深基坑开挖后的土体回弹,应适当预估,如勘察阶段土样压缩试验中补充卸荷回弹试验,或采取结构措施如基底设置桩基等,或事先对结构下部土质进行深层地基加固。施工中减少基坑回弹隆起的一个有效方法,是把土体有效应力的改变降到最小,如加速建造主体结构,利用结构加基础重量反补被挖土重。

1.6.3　验槽

1.6.3.1　地基与基础工程验槽一般规定

(1)勘察、设计、监理、施工和建设等各责任主体单位相关(质量、技术和部门)人员应共同参加。

(2)现场应具有岩土工程勘察报告、轻型动力触探记录(可不进行轻型动力触探情况除外)、地基基础设计文件、地基处理或深基础施工质量检测报告等。

(3)设计文件对基坑坑底检验有专门要求时,应满足设计文件要求。

(4)验槽应在基坑开挖至设计标高后进行,留置保护土层厚不超 100 mm;槽底应为无扰动原状土。

(5)遇有下列情况之一时,还应进行专门施工勘察:①工程地质与水文地质条件复杂,出现详细勘察难以查清的问题;②开挖基槽发现土质、地层结构与勘察资料不符;③地基土受严重扰动,天然承载力减弱,需进一步查明性状及工程性质;④开挖后发现需增加地基处理或改变基础形式,已有勘察资料不能满足需求;⑤出现新岩土工程或工程地质问题,据已有勘察资料无法充分判别。

(6)验槽要结合详细勘察和施工勘察成果进行。

(7)验槽完毕,填写验槽记录或检验报告,对存在问题或异常情况提出处理意见。

1.6.3.2　天然地基验槽

(1)天然地基验槽应检验下列内容:①根据勘察、设计文件核对基坑位置、平面尺寸、坑底标高；②根据勘察报告核对坑底、坑边岩土体和地下水情况；③检查空穴、古墓、古井、暗沟、防空掩体及地下埋设物情况，并查明其位置、深度和性状；④检查基坑底土质扰动情况及扰动范围和程度；⑤检查基坑底土质受冰冻、干裂、受水冲刷或浸泡等扰动情况，并查明影响范围和深度。

(2)直接观察时，可辅以钎探、袖珍式贯入仪或其他手段。

(3)天然地基验槽时，基底应普遍进行轻型动力触探，检验数据作验槽依据。应检查：①地基持力层强度及均匀性；②浅埋软弱下卧层或浅埋突出硬层；③会影响地基承载力或基础稳定性的浅埋古井、墓穴和空洞等。轻型动力触探应机械自动化，检验完毕后，触探孔应灌砂填实。基槽轻型动力触探检验深度及间距见表 1-29。

表 1-29　轻型动力触探检验深度及间距

单位：m

排列方式	基坑或基槽宽度	检验深度	检验间距
中心一排	<0.8	1.2	一般 1.0~1.5 m，出现明显异常时，需加密至足够掌握异常边界
两排错开	0.8~2.0	1.5	
梅花形	>2.0	2.1	

注：对设置有抗拔桩或抗拔锚杆的天然地基，轻型动力触探布点间距可根据抗拔桩或抗拔锚杆的布置适当调整；土层分布均匀部位可只在抗拔桩或抗拔锚杆间距中心布点，对土层不太均匀部位以掌握土层不均匀情况为目的，参照表中间距布点。

1.6.3.3　地基处理工程验槽

(1)设计文件明确了地基处理要求的，在地基处理完成、开挖至基底设计标高后验槽。

(2)对换填地基、强夯地基，应现场检查处理后的地基均匀性、密实度等检测资料和承载力检测报告。

(3)对增强体复合地基，应现场检查桩位、桩头、桩间土情况和复核地基施工质量检测报告。

(4)特殊土地基，应现场检查处理后地基的湿陷性、地震液化、冻土保温、膨胀土隔水、盐渍土改良等方面处理效果检测资料。

(5)经地基处理的地基承载力和沉降特性，以处理后检测报告为准。

1.6.3.4　桩基工程验槽

(1)设计计算中考虑桩筏基础、低桩承台等桩间土共同作用时，应开挖清理至设计标高后对桩间土检验。

(2)人工挖孔桩，应在桩孔清理完毕后，对桩端持力层进行检验。对大直径挖孔桩，应逐孔检验孔底岩土情况。

(3)试桩或桩基施工中，应根据岩土工程勘察报告对出现的异常情况、桩端岩土层起伏变化及桩周岩土层的分布判别。

任务7　土方工程冬期、雨期施工

任务导航

本任务要求掌握冻土定义、特性和分类，以及地基土防冻方法；掌握冻土开挖方法；掌握冬期回填施工要求；掌握土方工程雨期施工重点内容。

1.7.1　冻土定义、特性及分类

码 1-18　冬季气象

温度低于 0 ℃，内含水分而冰封冻结的各类土称冻土。冬季土层冻结厚度称冻结深度。结冻后，土的机械强度提高，工效降低，土方施工造价增高。寒冷地区土方工程施工宜入冬前完成。若需冬期施工，施工方法应据当地气候、土质和冻结情况，结合施工条件进行技术经济分析比较后确定。施工前应周密计划，做好准备，做到连续施工。土冻结后，体积比冻前增大的现象称冻胀。土冻胀量 ΔV 反映了土冻结后平均体积增量：

$$\Delta V = V_i - V_0 \tag{1-38}$$

式中　ΔV——冻胀量，cm^3；

V_i——冻后土体积，cm^3；

V_0——冻前土体积，cm^3。

土冻胀率反映土冻胀后体积增大百分率，用 K_a 表示：

$$K_a = \frac{\Delta V}{V_0} \times 100\% = \frac{V_i - V_0}{V_0} \times 100\% \tag{1-39}$$

按季节性冻土地基冻胀量大小及其对建筑物的危害程度，将地基土冻胀性分为以下四类：

Ⅰ类：不冻胀。冻胀率 $K_a \leqslant 1\%$，对敏感基础及浅基础均无危害。

Ⅱ类：弱冻胀。$1\% < K_a \leqslant 3.5\%$，对浅基础建筑物无危害，最不利条件下，可能产生细小裂缝，但不影响建筑物安全。

Ⅲ类：冻胀。$3.5\% < K_a \leqslant 6\%$，浅基础建筑物将产生裂缝。

Ⅳ类：强冻胀。$K_a > 6\%$，浅基础将产生严重破坏。

1.7.2　地基土保温防冻

地基土保温防冻是入冬前土层尚未冻结时，采取措施使地基土层免遭冻结或减少冻结。土方冬期施工，保温防冻法是最经济的方法之一。

1.7.2.1　保温材料覆盖法

面积较小基坑（槽）防冻，直接用保温材料覆盖，表面加盖一层塑料布。常用保温材料有炉渣、锯末、膨胀珍珠岩、草袋、树叶等。在已开挖处覆盖厚保温材料，使土壤不致受冻或仅轻微冻结（见图 1-53）。对未开挖基坑，保温材料铺设宽度为 2 倍土层冻结深度与基坑底宽度之和（见图 1-54）。

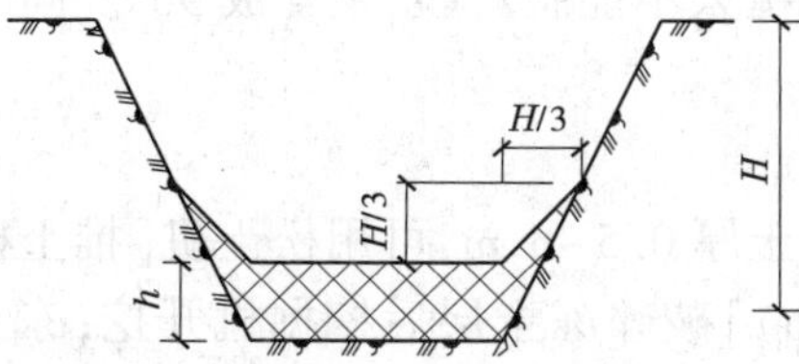

h—覆盖材料厚度；H—最大冻结深度。

图1-53　已挖基坑保温法

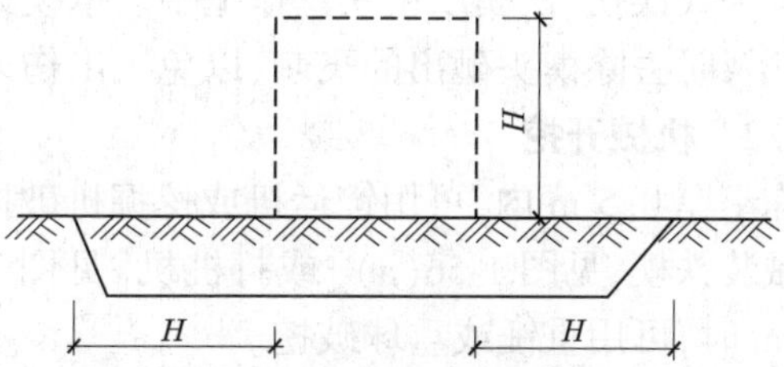

H—最大冻结深度。

图1-54　未挖基坑

用保温材料覆盖土壤保温防冻时，所需保温层厚度，按式(1-40)估算：

$$h=\frac{H}{\beta} \tag{1-40}$$

式中　h——土壤保温防冻所需保温层厚度，mm；

H——不保温时土壤防冻深度，mm；

β——各种材料对土壤冻结影响系数，可按表1-30取值。

表1-30　各种材料对土壤冻结影响系数β

土壤种类	保温材料											
	树叶	刨花	锯末	干炉渣	茅草	膨胀珍珠岩	炉渣	芦苇	草帘	泥炭土	松散土	密实土
砂土	3.3	3.2	2.8	2.0	2.5	3.8	1.6	2.1	2.5	2.8	1.4	1.12
粉土	3.1	3.1	2.7	1.9	2.4	3.6	1.6	2.04	2.4	2.9	1.3	1.08
砂质黏土	2.7	2.6	2.3	1.6	2.0	3.5	1.3	1.7	2.0	2.31	1.2	1.06
黏土	2.1	2.1	1.9	1.3	1.6	3.5	1.1	1.4	1.6	1.9	1.2	1.00

注：1. 表中数值适用于地下水位低于1 m以下。
2. 地下水位较高或为饱和土时，其值可取1。

1.7.2.2　暖棚保温法

挖好的较小基坑，其保温与防冻可用暖棚保温法：在已挖好的基坑上，搭好骨架铺上基层，覆盖保温材料，或搭塑料大棚，棚内供暖。

1.7.3　冻土开挖

冻土挖掘根据冻土层厚度可用人工、机械和爆破等法开挖。

1.7.3.1　人工开挖

人工破碎开挖冻土适用于小面积和场地狭窄、无法机械破碎开挖的场合。开挖时一般用铁锤和铁楔劈冻土(见图1-55)：一人掌楔，2～3人轮流砸铁锤，一个组常用几个铁楔，一个铁楔打入土中而冻土尚未脱离时，再把第二个铁楔从旁边裂缝塞打进去，直至冻土剥离。

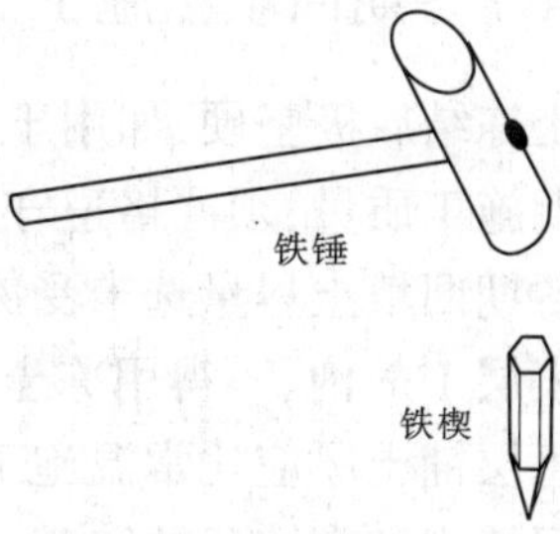

图1-55　人工松冻土的铁锤与铁楔

为防震手或误伤,铁楔以粗铁丝作把手。掌楔人与抡锤人不能脸对脸,须互成 90°。同时要保证及时去除楔头砸出的飞刺,以免飞出伤人。

1.7.3.2　机械开挖

冻土厚 0.5 m 内,可用铲运机或挖掘机破挖。冻土厚 0.5~1 m,可用松土机[推土机等机械装铁楔,见图 1-56(a)]或打桩机[见图 1-56(b)]破碎冻土层后挖掘机开挖;冻土厚>1 m 时,可用重锤或重球破挖。

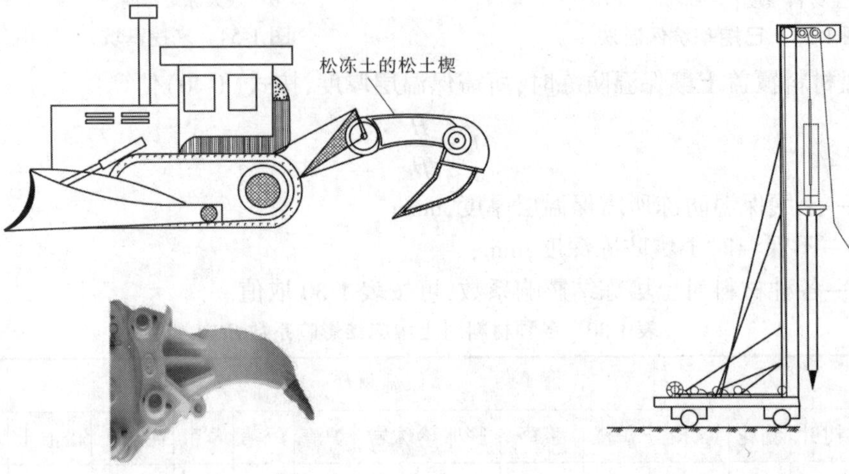

(a)机械装铁楔松土设备——松土楔　(b)松冻土的打桩机

图 1-56　松冻土的机械

1.7.3.3　爆破开挖

爆破法适用于冻土层较厚、面积较大的土方工程:将炸药放入直立或水平爆破孔中爆破,破碎岩土以挖土机挖出,或借助爆破力量向四周崩出,得到所需坑槽。

复杂场合宜采用定向爆破。

冻土爆破须由专业资质的施工队进行。爆破点 50 m 内应无建筑物,200 m 内应无高压线。附近居民或精密设备需避震时,应提前疏散做好保护。

1.7.4　冬期回填土施工

土冻结后极坚硬,如用于回填难压实,且解冻后大量沉降。冻胀土沉降量更大,为确保冬期施工质量,须严格遵守施工及验收规范。

冬期回填土尽量选未受冻、不冻胀土。填土前先清除基础上的冰雪和保温材料;填方边坡表层 1 m 内,不得用冻土填筑;填方应用未冻的、不冻胀或透水性好的土填筑。冬期填方每层铺土厚应比常温施工时减少 20%~25%,预留沉降量应比常温时适当增加。大面积回填土和有路面的路基及其人行道范围场地平整填方,用含冻土块土料回填时,需粒径≤150 mm,冻土块含量不得大于 30%;铺填时冻土块应均匀分布,逐层压实。

冬期施工室外平均气温高于-5 ℃时,填方高度不受限制;平均气温低于-5 ℃时,填方高度由设计单位计算确定。以石块和不含冰块砂土(不含粉砂)、碎石类土填筑时,填方高度不受限制。

室外基坑(槽)或管沟可用含冻土块的土回填,但冻土块体积不得超过总填土体积的15%,且粒径≤150 mm;室内地面垫层下回填土方填料不得含冻土块;管沟底至管顶 0.5 m 范围内回填土不得含冻土块;为防基土或已填土层受冻,回填应连续施工。人工夯实时,层铺土厚不得超 200 mm,夯实厚宜为 100~150 mm。

1.7.5 土方工程雨期施工

码 1-19 雨期施工

雨期施工,应在施工现场上游设截水沟,阻止场外水流入施工现场,并在场地内合理规划排水系统,修筑排水沟,将雨水排至场外。水沟横断面和纵坡度应按施工期最大流量确定。一般水沟横断面不小于 0.5 m×0.5 m,纵坡不小于 3‰,平坦地区不小于 2‰。

大土方量工程开挖和回填应雨期前完成。如需雨期开挖,工作面不宜过大,应逐级逐片分期完成。场地应设排水坡度避免积水。

基坑(槽)或管沟开挖,应注意边坡稳定,必要时适当放缓坡度或设支撑。施工时加强对边坡和支撑的检查。受雨水冲淋边坡,为防垮塌,可于边坡上挂网片,外抹 50 mm 厚细石混凝土。为防雨水对基坑浸泡,坑内设排水沟集水井。挖至基础标高后,及时组织验收,及时浇筑混凝土垫层后,尽快施工基础。

填方工程取土、运土、铺填和压实各工序应连续,雨前应及时压完已填土层,将表面压光并满足排水坡度。

对地下水池和地下室工程,需防止水对建筑浮力大于建筑物自重,造成上浮。基础施工完毕,尽快回填基坑(槽)四周。停止人工降水时,应验算箱形基础抗浮稳定性和地下水对基础的浮力。抗浮稳定系数不宜小于 1.2,以防基础上浮或倾斜重大事故。如抗浮稳定系数不能满足要求,应继续抽水,直至上部结构荷载施加后能满足要求。遇大雨,水泵不能及时有效降低积水高度时,应迅速将积水灌回箱形基础内,增加基础抗浮力。

任务 8 土(石)方工程质量标准与安全

任务导航

本任务要求了解土方工程质量标准,掌握土石方堆放工程质量检验标准,掌握土方施工安全要求。

1.8.1 土(石)方工程标准手册一般要求

规范标准是引导人们工作、生活的准则,人们均应严格遵守社会规则、标准和规范,这既是一种美德,也是维护社会文明和行业健康的需要。

1.8.1.1 土(石)方工程常见相关质量规范标准

(1)《(人工)土方开挖分项工程施工工艺标准》(SGBZ—0101);

(2)《建筑地基基础工程施工规范》(GB 51004—2015);

(3)《建筑地基基础工程施工质量验收标准》(GB 50202—2018);

(4)《建筑与市政地基基础通用规范》(GB 55003—2021)；

(5)《土方与爆破工程施工及验收规范》(GB 50201—2012)；

(6)《土方试验方法标准》(GB/T 50123—2019)；

(7)《建筑边坡工程技术规范》(GB 50330—2013)；

(8)《建筑边坡工程施工质量验收标准》(GB/T 51351—2019)。

1.8.1.2　部分质量标准摘录

(1)柱基、基坑(槽)和管沟基底土质须满足设计要求,严禁扰动。

(2)填方基底处理,须满足设计要求及施工规范规定。

(3)填方柱基、基坑、基槽、管沟回填土料须满足设计和规范要求。

(4)填方和柱基、基坑、基槽、管沟回填,须按规定分层用适当方法压实。取样测定压实后土的干密度,90%以上满足设计要求,其余10%的最低值与设计值差不应大于0.08 g/cm^3,且不应集中。

土实际干密度可用环刀法测定。取样组数:柱基回填不少于柱基总数的10%,且不少于5个;基槽、管沟回填每层按长度20~50 m取样一组;基坑和室内填土每层按100~500 m^{2}取样一组;场地平整填土每层按400~900 m^{2}取样一组,取样部位应在每层压实后下半部。

1.8.2　土(岩)方开挖工程质量检验标准

(1)土(岩)方工程允许偏差和质量检验标准,应符合表1-31~表1-35的规定。

表1-31　挖方场地平整土方开挖工程质量检验标准

<table>
<tr><th rowspan="2">项目</th><th rowspan="2">序号</th><th rowspan="2">检查项目</th><th colspan="3">允许偏差或允许值</th><th rowspan="2">检查方法</th></tr>
<tr><th>单位</th><th colspan="2">数值</th></tr>
<tr><td rowspan="5">主控项目</td><td rowspan="2">1</td><td rowspan="2">标高</td><td rowspan="2">mm</td><td>人工</td><td>±30</td><td rowspan="2">水准测量</td></tr>
<tr><td>机械</td><td>±50</td></tr>
<tr><td rowspan="2">2</td><td rowspan="2">长度、宽度
(由设计中心线向两边量)</td><td rowspan="2">mm</td><td>人工</td><td>+300
−100</td><td rowspan="2">全站仪或用钢尺量</td></tr>
<tr><td>机械</td><td>+500
−150</td></tr>
<tr><td>3</td><td>坡率</td><td colspan="3">设计值</td><td>目测法或用坡度尺检查</td></tr>
<tr><td rowspan="3">一般项目</td><td rowspan="2">1</td><td rowspan="2">表面平整度</td><td rowspan="2">mm</td><td>人工</td><td>±20</td><td rowspan="2">用2 m靠尺和楔形塞尺检查</td></tr>
<tr><td>机械</td><td>±50</td></tr>
<tr><td>2</td><td>基底土性</td><td colspan="3">设计要求</td><td>目测法或土样分析</td></tr>
</table>

表 1-32　管沟土方开挖工程质量检验标准

项目	序号	检查项目	允许偏差或允许值		检查方法
			单位	数值	
主控项目	1	标高	mm	0 −50	水准测量
	2	长度、宽度 (由设计中心线向两边量)	mm	+100 0	全站仪或用钢尺量
	3	坡率	设计值		目测法或用坡度尺检查
一般项目	1	表面平整度	mm	±20	用 2 m 靠尺
	2	基底土性	设计要求		目测法或土样分析

表 1-33　地(路)面基层土方开挖工程质量检验标准

项目	序号	检查项目	允许偏差或允许值		检查方法
			单位	数值	
主控项目	1	标高	mm	0 −50	水准测量
	2	长度、宽度 (由设计中心线向两边量)	设计值		全站仪或用钢尺量
	3	坡率	设计值		目测法或用坡度尺检查
一般项目	1	表面平整度	mm	±20	用 2 m 靠尺和楔形塞尺检查
	2	基底土性	设计要求		目测法或土样分析

(2)柱基、基坑、基槽、管沟岩质基坑开挖工程质量检验标准应符合表 1-34 的规定。

表 1-34　柱基、基坑、基槽、管沟岩质基坑开挖工程质量检验标准

项目	序号	检查项目	允许偏差或允许值		检查方法
			单位	数值	
主控项目	1	标高	mm	0 −200	水准测量
	2	长度、宽度 (由设计中心线向两边量)	mm	+200 0	全站仪或用钢尺量
	3	坡率	设计值		目测法或用坡度尺检查
一般项目	1	表面平整度	mm	±100	用 2 m 靠尺和楔形塞尺检查
	2	基底岩(土)质	设计要求		目测法或岩(土)样分析

(3)挖方场地平整岩土开挖工程质量检验标准应符合表 1-35 的规定。

表 1-35 挖方场地平整岩土开挖工程质量检验标准

项目	序号	检查项目	允许偏差或允许值		检查方法
			单位	数值	
主控项目	1	标高	mm	+100 −300	水准测量
	2	长度、宽度 (由设计中心线向两边量)	mm	+400 −100	全站仪或用钢尺量
	3	坡率	设计值		目测法或用坡度尺检查
一般项目	1	表面平整度	mm	±100	用 2 m 靠尺和楔形塞尺检查
	2	基底岩(土)质	设计要求		目测法或岩(土)样分析

1.8.3 土石方堆放工程质量检验标准

土石方堆放工程质量检验标准应符合表 1-36 的规定。

表 1-36 土石方堆放工程质量检验标准

项目	序号	检查项目	允许偏差或允许值		检查方法
			单位	数值	
主控项目	1	总高度	不大于设计值		水准测量
	2	长度、宽度	设计值		全站仪或用钢尺量
	3	堆放安全距离	设计值		全站仪或用钢尺量
	4	坡率	设计值		目测法或用坡度尺检查
一般项目	1	防扬尘	满足环境保护要求或 施工组织设计要求		目测法

1.8.4 安全技术

(1)基坑开挖时,两人操作间距应大于 2.5 m,多台机械开挖,间距应大于 10 m。挖土应由上而下,逐层进行,严禁掏空坡脚(挖“神仙土”)施工。

(2)基坑开挖应严格放坡。操作时应随时注意土壁变动情况,如发现有裂纹或部分坍塌,及时支撑或放坡,并注意支撑的稳固和土壁变化。

(3)基坑(槽)挖土深度超过 3 m,用吊装设备吊土时,起吊后,坑内操作人员应立即离开吊点垂直下方,起吊设备距坑边应≥1.5 m,坑内人员应戴安全帽。

(4)用手推车运土,应先铺好道路。卸土回填,不得放手让车自动翻转。用翻斗车运土,运输道路坡度、转弯半径应符合相关规定。

(5)深基坑上下应先挖好阶梯或设置靠梯,或开设斜坡道,设防滑措施,禁止踩踏支撑上下。坑四周应设安全栏杆并悬挂危险标志。

(6)基坑(槽)应常检查支撑松动变形等,雨后应加强检查。

(7)坑槽边1 m内不得堆土、堆料和停放机具,1 m以外堆土高不宜超1.5 m。坑(槽)、管沟与附近建筑物距离不得小于1.5 m,危险时须加固。

(8)基坑(槽)、管沟等周边堆土堆载限值和堆载范围应符合基坑围护设计要求,严禁基坑(槽)、管沟、地铁及建构(筑)物周边影响范围内堆土。临时性堆土,应视挖方边坡土质情况、边坡坡率和高度,检查堆放安全距离,确保边坡稳定。在挖方下侧堆土时应将土堆表面整平,其顶面高程应低于相邻挖方场地设计标高,保持排水畅通,堆土边坡坡率不宜大于1:1.5。河岸处堆土,不得影响河堤稳定和排水,不得阻塞污染河道。

(9)除质量、安全,还需重视和研究绿色、节能和环保施工技术。

【课后练习】

请扫描下方二维码,做课后练习。

教学项目1　课后练习

教学项目2 地基与基础工程施工

【能力目标】

通过本教学项目的学习，能根据实际地质条件选择适合的地基处理方法，能编写地基处理施工方案及组织施工，能分辨条形、杯形、筏形、箱形等浅埋式钢筋混凝土基础，能对钢筋混凝土预制桩和灌注桩选择检测方法，能编制桩基施工方案，能进行桩基础验收。

码 2-1 地基与基础工程施工

任务1 地基处理及加固

任务导航

本任务要求掌握地基局部处理方法，常用地基处理方法及施工质量检验标准，复合地基处理方法等内容。

建筑物均建于一定地层上，其全部荷载由下面地层承担。通常把受建筑物荷载影响的那一部分地层称为地基。地基可分为未经处理就可满足要求的天然地基，以及软弱基土或特殊基土须经人工加固处理才能满足要求的人工地基两种。地基处理目的是通过加固或改良，降低土压缩性，提高强度，使承载力达到上层结构要求，保证地基稳定，减少基础沉降。

地基处理是否得当，直接影响建筑物的造价和安全。因此，地基处理要严格过程控制和验收，确保质量。

2.1.1 地基局部处理

2.1.1.1 松土坑的处理

(1)坑范围较小(在基槽范围内)时，可先将坑中松软土挖除，使坑底及四壁均见天然土，然后回填与天然土压缩性相近的材料。天然土为砂土时，可用砂或级配砂石回填；若天然土为较密实黏性土，可用3∶7灰土分层回填夯实；若天然土为中密可塑黏性土或新近沉积黏性土，则可用1∶9或2∶8灰土分层回填夯实，每层厚不大于20 cm。

(2)坑范围较大(超过基槽边沿)，或因条件限制槽壁挖不到天然土层时，则应将该范围内基槽适当加宽，加宽部分宽度可按下述条件确定：用砂土或砂石回填时，基槽每边均应按1∶1坡度放宽；用1∶9或2∶8灰土回填时，按1∶2坡度放宽；用3∶7灰土回填时，如坑长≤2 m，基槽可不放宽，但灰土与槽壁接触处应夯实。

(3)坑在槽内所占范围较大(长度≥5.0 m)，且坑底土质与一般槽底天然土质相同时，可将此部分基础加深，做成1∶2踏步与两端相接，踏步数量根据坑深而定，但每步高≤

0.5 m，长度≥1.0 m。

(4)对较深松土坑(如坑深大于槽宽或大于1.5 m)，槽底处理后，还应适当考虑加强上部结构强度和刚度，以抵抗可能发生的不均匀沉降引起的应力。常用的加强方法是：在灰土基础上1~2皮砖处(或混凝土基础内)、防潮层下1~2皮砖处及首层顶板处各配置3~4根直径为8~12 mm钢筋跨过该松土坑两端各1.0 m。

如地下水位较高，坑内无法夯实，可将坑(槽)中软弱松土挖去，再用砂土、碎石或混凝土代替灰土回填。如坑底在地下水位以下，回填前先用粗砂与碎石(比例为1:3)分层回填夯实；地下水位以上用3:7灰土回填夯实至要求高度。

2.1.1.2　砖井、土井、废矿井的处理

(1)砖井或土井在室外，距基础边缘5.0 m内时，应先用素土分层夯实，回填至室外地坪以下1.5 m处，将井壁四周砖圈拆除或松软部分挖去，然后用素土分层回填并夯实。

(2)井在室内基础附近时，将水位降至最低限度，用中砂、粗砂、块石、卵石或碎砖等回填到地下水位以上0.5 m。砖井应将四周砖圈拆至坑(槽)底以下1.0 m或更深，然后用素土分层回填夯实；如井已回填，但不密实或有软土，可用大块石将下面软土挤紧，再分层回填素土夯实。

(3)井在基础下时，应先用素土分层回填夯实至基础底下2.0 m处，再将井壁四周松软部分挖去，有砖井圈时，将井圈拆至槽底以下1.0~1.5 m。井内有水时，应用中砂、粗砂及块石、卵石或碎砖回填至水位以上0.5 m，然后按上述方法处理；井内已填土，但不密实且挖除困难时，可在部分拆除后的砖石井圈上加钢筋混凝土盖封口，上面用素土或2:8灰土分层回填夯实至槽底。

(4)井在房屋转角处且基础部分或全部压在井上时，除用以上方法回填处理外，还应对基础加强处理。若基础压在井上部分较少，可用从基础中挑梁的办法解决。若基础压在井上部分较多，用挑梁的方法较困难或不经济，则可将基础沿墙长方向延伸出去，使外延部分落在天然土上，并使落在天然土上的基础总面积等于或稍大于井圈范围内原有基础面积，并在墙内配筋或用钢筋混凝土梁加强。

(5)井已淤填，但不密实时，可先用大块石将下面软土挤密，再用上述办法回填。如井内不能夯填密实，上部荷载又较大，可在井内设灰土挤密桩或石灰桩处理；如土井在大体积混凝土基础下，可在井圈上加钢筋混凝土盖板封口，上部再用素土或2:8灰土回填夯实，但要求盖板至基底的高差大于井径。

(6)基础下存在废矿井，且基础部分或全部压在废矿井上时，处理方法一般有瓶井法、过梁法和换填法三种。

2.1.1.3　局部软硬土的处理

(1)基础下局部遇基岩、旧墙基、大孤石、老灰土、大树根或构筑物等，均应尽可能挖除，并用与其他部分压缩性相近的材料分层夯实回填，以防建筑物局部落于坚硬地基上造成不均匀沉降而使上部建筑物开裂；或先将坚硬物凿去0.3~0.5 m深，再回填砂混合物夯实。

(2)基础一部分落于基岩或硬土层上，一部分落于软弱土层上，且基岩表面坡度较大时，应在软土层上用现场钻孔灌注桩至基岩；或在软土部位设置混凝土或砌块石支承墙

(或支墩)至基岩;或将基础以下基岩凿去 0.3~0.5 m 深,填以中粗砂或土砂混合物作柔性褥垫,使之能调整岩土交界部位地基的相对变形,避免应力集中出现裂缝;或加强基础和上部结构刚度,以克服软硬地基不均匀变形。

(3)基础一部分落于原土层上,另一部分落于回填土地基上时,可在填土部位现场钻孔灌注桩或钻孔爆扩桩灌注至原土层,使该部位上部荷载直接传至原土层,避免地基不均匀沉降。

2.1.1.4 其他情况的处理

1. 橡皮土

黏性土含水量趋于饱和时,碾压或夯拍后会使地基土变成踩上去有一种颤动感觉的“橡皮土”。所以,当黏土、亚黏土等地基土含水量趋于饱和时,要避免直接碾压(夯拍),可用晾槽或掺石灰粉来降低土含水量。有地表水时应排水,地下水位较高时应将地下水位降低至基底 0.5 m 以下,然后根据具体情况选择施工方法。如地基土已出现“橡皮土”,则应全部挖除后,填 3:7灰土、砂土或级配砂石,或插片石夯实;也可将“橡皮土”翻松、晾晒、风干至最优含水量范围再夯实。

2. 管道

管道位于基底以下时,最好拆迁或将基础局部降低,再采取防护措施,避免管道被基础压坏。管道穿过基础墙,而基础又不允许切断时,须在基础墙上管道周围,特别是上部留出足够空隙(大于房屋预估沉降量),使建筑物产生沉降后不致引起管道变形或损坏。此外,管道应采取防漏措施,以免漏水浸湿地基造成不均匀沉降。

3. 其他

如遇人防通道,一般不应将拟建建筑物设于人防工程或人防通道上。若须跨越人防通道,基础部分可采取跨越措施;如遇文物、古墓、战争遗弃物等,应及时与有关部门联系,并采取适当保护和处理措施;如地基中发现事先未标明的电缆、管道等,应与主管部门协商解决,不应自行处理。

2.1.2 换土地基

建筑物基础下持力层比较软弱,不能满足上部结构对地基强度和变形的要求,而软弱土层不太厚时,通常用换土法(也称换填垫层法)处理。

换土法是指将基础下一定范围内软弱土层挖除,然后换填密度大、强度高、无侵蚀性材料(如砂、碎石、矿渣、粉煤灰、灰土及素土等),并分层夯实至设计要求密实度,置换后的土层称垫层。这是一种传统浅层地基处理方法,处理深度在 3.0 m 内较经济合理。

根据换填材料的不同,垫层可分为砂垫层、碎石垫层、素土垫层、灰土垫层、粉煤灰垫层、矿渣垫层等。换土法适用于处理淤泥、淤泥质土、湿陷性黄土、膨胀土、冻胀土、素填土、杂填土及暗沟、暗塘、古井、古墓或拆除旧基础后坑穴等浅层地基处理,常用于轻型建筑、地坪、堆料场和道路等地基处理。对承受振动荷载的地基,不应选用此法。

2.1.2.1　砂和砂石地基

砂和砂石地基指先将基础底面下一定范围内软弱土层挖去，再用砂或砂砾石（碎石）混合物，经分层夯实或压实而成的地基。夯实后的砂石混合物作地基持力层，可提高基础下部地基强度，并通过垫层的压力扩散作用，降低地基压应力，减小变形量，同时垫层可起排水作用，地基土中孔隙水可通过垫层快速排出，加速下部土层沉降和固结。该地基施工工艺简单、可缩短工期、降低工程造价、应用范围广泛，适宜处理 3.0 m 内软弱、透水性强的黏性土地基。

1. 材料要求

（1）宜选用颗粒级配良好、质地坚硬的砂石，砂石最大粒径不宜大于 50 mm，含泥量不宜超过 5%；用于排水固结地基时，含泥量不宜超过 3%。

（2）选用细砂或粉砂时，应掺粒径为 20～50 mm 的卵石或碎石，掺量应满足设计要求，且分布均匀。

（3）砂石材料不得含草根、垃圾等，有机物含量不宜超过 5%。

2. 施工要点

（1）铺筑地基前应验槽，先将基底表面浮土、淤泥等杂物清除干净，边坡须稳定，防止塌方。基坑（槽）两侧附近如有低于地基的孔洞、沟、井和墓穴等，应在施工换土地基前加以处理。

（2）砂和砂石地基底面宜铺设于同一标高，如深度不同，基底应挖成踏步或斜坡搭接，搭接处应夯压密实。施工时应先深后浅。分层铺筑时，接头应做成斜坡搭接或阶梯形搭接，每层错开 0.5～1.0 m，搭接处应充分捣实。

（3）人工级配砂、石材料，应先按级配拌和均匀，再铺填捣实。

（4）基底存在软弱土层时，应在与底面接触处先铺一层 150～300 mm 厚的细砂或土工织物。

（5）砂和砂石地基应分层铺筑、分层夯（压）实。夯实方法可用平振法、插振法、水撼法、夯实法、碾压法。每层铺筑厚度及最优含水量应符合表 2-1 及表 1-26、表 1-25 的要求，分层厚度可用样桩控制。施工时，应在下层压实系数检验合格后，方可施工上层。

表 2-1　砂和砂石地基每层铺筑厚度及最优含水量

压实方法	每层铺筑厚度/mm	施工时最优含水量/%	施工说明	说明
平振法	200～250	15～20	1. 用平板式振动器往复振捣，往复次数以简易测定密实度合格为准； 2. 振动器移动时，每行应搭接 1/3，以防振动面不搭接	不宜使用干细砂或含泥量较大的砂铺筑砂垫层

续表 2-1

压实方法	每层铺筑厚度/mm	施工时最优含水量/%	施工说明	说明
插振法	振动器插入深度	饱和	1. 用插入式振动器； 2. 插入点间距可根据机械振幅大小决定； 3. 不应插至下卧黏性土层； 4. 插入振捣完毕后所留孔洞，应用砂填实； 5. 应有控制地注水和排水	不宜使用细砂或含泥量较大的砂铺筑砂垫层
水撼法	250	饱和	1. 注水高度应超过每次铺筑面层； 2. 用钢叉摇撼捣实，插入点间距 100 mm 左右； 3. 有控制地注水和排水； 4. 钢叉分四齿，齿间距为 30 mm，长 300 mm	湿陷性黄土、膨胀土不得使用
夯实法	150~200	8~12	1. 用木夯或机械夯； 2. 木夯重 40 kg，落距 400~500 mm； 3. 一夯压半夯，全面夯实	适用于砂石垫层
碾压法	150~350	8~12	1. 用 6~12 t 压路机往复碾压； 2. 碾压次数以达到要求密实度为准，一般不少于 4 遍	适用于大面积施工的砂石地基，不宜用于地下水位以下的砂垫层

注：地下水位以下地基，其最下层铺筑厚度可比本表增加 50 mm。

(6)当地下水位高于基坑(槽)底面施工时，应排降地下水，使基坑(槽)保持无积水状态。如用插振法或水撼法施工，应有控制性地注水和排水。

(7)冬期施工时，不得用夹冰块砂石作地基，并应采取措施防止砂石内水分冻结。

3. *砂和砂石地基施工质量验收标准*

(1)施工前应检查砂、石等原材料质量和配合比，以及拌和均匀性。

(2)施工中应检查分层厚度、分段施工时搭接部分压实情况、加水量、压实遍数、压实系数等。砂和砂石地基应现场实测干密度。

(3)施工结束后，应检验地基承载力。砂和砂石地基质量检验标准见表 2-2。

表 2-2　砂和砂石地基质量检验标准

项目	序号	检查项目	允许偏差或允许值		检查方法
			单位	数值	
主控项目	1	地基承载力	不小于设计值		静载试验
	2	配合比	设计值		检查拌和时体积比或质量比
	3	压实系数	不小于设计值		灌砂法、灌水法
一般项目	1	砂石料有机质含量	%	≤5	灼烧减量法
	2	砂石料含泥量	%	≤5	水洗法
	3	砂石料粒径	mm	≤50	筛析法
	4	分层厚度（与设计要求比较）	mm	±50	水准测量

2.1.2.2　灰土地基

灰土地基是将基础底面下一定范围内软弱土层挖去，将满足要求体积配合比的石灰和土拌和均匀，在最优含水量条件下，分层回填压实而成。该地基具有一定的强度、水稳定性和抗渗性，施工工艺简单，取材容易，费用较低，适用于处理1~4 m厚的软弱土、湿陷性黄土、杂填土等，还可用作结构的辅助防渗层。

1. 材料要求

(1)土料可用黏土或粉质黏土，有机质含量不应大于5%。使用前土料应过筛，其粒径不得大于15 mm。

(2)石灰应用Ⅲ级以上新鲜消石灰，其粒径不得大于5 mm，且不得夹未熟化生石灰块粒及其他杂质。

(3)灰土配合比常为2∶8或3∶7(体积比)，灰土应搅拌均匀。

2. 施工要点

(1)施工前应先验槽，清除松土，如发现局部有软弱土层或孔洞，应及时挖除后用灰土分层回填夯实。

(2)灰土应拌和均匀，颜色一致，并适当控制其含水量，其施工含水量宜控制在最优含水量±2%范围内。现场检验方法是用手将灰土紧握成团，两指轻捏能碎为宜，或“手握成团，落地开花”。如土料水分过多或不足，应晾干或洒水润湿。灰土拌好后应及时铺好压实，不得隔日。

(3)铺灰应分层分段施工，每层虚铺厚度根据压实机具确定(见表2-3)。每层夯打遍数，根据所要求干密度经现场试验确定。

表 2-3　灰土最大虚铺厚度

序号	夯实机器种类	质量/t	厚度/mm	说明
1	石夯、木夯	0.04~0.08	200~250	人力送夯,落距 400~500 mm,每夯搭接半夯,夯实后 80~100 mm
2	轻型夯实机械	0.12~0.40	200~250	蛙式打夯机或柴油打夯机,夯实后 100~150 mm
3	压路机	6~10	200~300	双轮

(4)分段施工时,不得在墙角、柱基及承重窗间墙下接缝。上下相邻两层灰土接缝距离≥500 mm,接缝处宜增加压实遍数,并做成直槎。

(5)基底洞穴、暗塘等软硬不均部位,按设计要求局部处理。

(6)地下水位以下基坑(槽)施工,应采取排水措施。压实后灰土,3 d 内不得受水浸泡。灰土地基完工后,及时施工基础并回填,否则要临时遮盖,防止日晒雨淋。刚施工完或尚未夯实灰土,如遭受雨淋浸泡,应将积水及松软灰土除去并补填压实,受浸湿灰土,应晾干后再压实。

(7)冬期施工,不得用冻土或夹冻土土料,并有效防冻。

3.灰土地基施工质量验收标准

(1)垫层施工质量检验须分层,每层压实系数满足设计要求后方可铺摊上一层。

(2)压实系数检验方法有环刀法、贯入法、静力触探、轻型动力触探或标准贯入试验等。

(3)施工结束后,应进行地基承载力检验。灰土地基质量检验标准见表 2-4。

表 2-4　灰土地基质量检验标准

项目	序号	检查项目	允许偏差或允许值		检查方法
			单位	数值	
主控项目	1	地基承载力	不小于设计值		静载试验
	2	配合比	设计值		检查拌和时的体积比
	3	压实系数	不小于设计值		环刀法
一般项目	1	石灰粒径	mm	≤5	筛析法
	2	土料有机质含量	%	≤5	灼烧减量法
	3	土颗粒粒径	mm	≤15	筛析法
	4	含水量(与要求的最优含水量比较)	%	±2	烘干法
	5	分层厚度偏差(与设计要求比较)	mm	±50	水准测量

2.1.3 重锤夯实地基

码 2-2 重锤夯实

重锤夯实法是利用起重机械将重锤提升到一定高度,然后自由落锤,利用重锤自由下落的冲击能夯实土层,重复夯打使浅层地基土或分层填土夯实,形成一层比较密实的硬壳,提高地基强度。重锤夯实法适用于处理地下水位以上各种黏性土、砂土、杂填土和分层填土地基,还可消除湿陷性黄土表层湿陷性。夯击振动对邻近建筑物或设备有影响,或地下水位高于有效夯实深度,以及夯实影响范围内有软弱土时,不宜用此法。

2.1.3.1 机具设备

起吊设备可用带摩擦式卷扬机的履带式起重机、龙门式起重机或悬臂式桅杆起重机等。其起重能力要求:直接用钢丝绳悬吊重锤时,起重能力应大于重锤重量的3倍;如采用自动脱钩,起重能力应大于重锤重量的1.5倍。落距一般控制在2.5~4.5 m。

重锤形状宜用圆台形(见图2-1)。可用C20以上钢筋混凝土制作,其底部可填充废铁并设置钢板使重心降低。锤重宜为15~30 kN,底面直径宜为1.0~1.5 m,锤底面静压力宜为15~20 kPa。

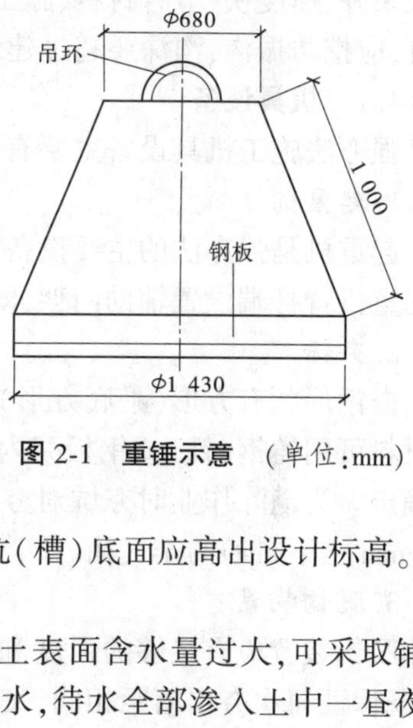

图 2-1 重锤示意 (单位:mm)

2.1.3.2 施工要点

(1)施工前应现场试夯,以确定夯击参数,如重锤重量、锤底直径、落距、每层虚铺厚度、有效夯击深度、夯击次数、最后下沉量、总下沉量等。最后下沉量指最后两击平均下沉量,黏性土和湿陷性黄土取10~20 mm,砂土取5~10 mm,以此作停夯标准。

(2)基坑(槽)夯击范围应大于基础底面,每边应超出基础边缘0.5 m,以便底面边角夯打密实。夯前基坑(槽)底面应高出设计标高。预留土层厚度,一般为试夯时总下沉量加50~100 mm。

(3)夯实时地基土含水量应控制为最优含水量。若土表面含水量过大,可采取铺撒吸水材料、换土或其他有效措施减少含水量;土过干则洒水,待水全部渗入土中一昼夜后方可夯击。

(4)基坑(槽)周边应做好排水措施,防止基坑(槽)灌水。有地下水时应降排水。

(5)基坑(槽)底面标高不同时,应按先深后浅顺序逐层夯击。

(6)条形基槽或大面积基坑内夯击时,第一循环应按一夯挨一夯的顺序进行,第二循环宜在前一循环空隙点夯击,如此反复进行,最后两遍应一夯搭半夯进行;独立柱基基坑内夯击时,应采取先两边后中间或先外后里的顺序夯击。

(7)应注意基坑(槽)边坡稳定性和夯击对邻近建筑物的影响,必要时应采取有效的措施。冬期施工应防冻。

2.1.3.3 施工质量检验标准

重锤夯实后应检查施工记录,除应符合试夯最后下沉量规定,还应符合基坑(槽)表面总下沉量不小于试夯总下沉量的90%,也可在地基上选点夯击,检查最后下沉量。

检查点数:独立基础每个不少于 1 处;基槽每 20 m 不少于 1 处;整片地基每 50 m^2 不少于 1 处。如质量不合格,补夯至合格。

2.1.4 强夯地基

码 2-3 强夯

强夯法是利用起重设备将 8~40 t 重夯锤提升到 10~40 m 高处自由落下,夯锤下落产生巨大冲击能和振动能作用于地基,从而降低土压缩性,提高地基土强度。强夯法属高能夯击,其作用机制是以巨大冲击能(一般为 500~800 kJ),使土体中出现冲击波和很大应力,迫使土中空隙压缩,土颗粒重新排列,土体局部液化,夯点周围产生裂隙形成良好的排水通道,使土中孔隙水和空气顺利排出,土体迅速固结,可大幅降低其压缩性,大幅提高地基强度,其影响深度可达 10 m 以上。

强夯法适用于碎石土、砂土、非饱和黏性土、湿陷性黄土、杂填土等地基深层加固。此法效果好、速度快、节省材料、施工简便;缺点是施工时噪声和振动很大,离建筑物不足 10 m 时,应挖防振沟,沟深要超过建筑物基础深。

2.1.4.1 机具设备

强夯法施工机具设备主要有起重机、夯锤、脱钩装置等。

1. 起重机

起重机是强夯法的主要设备,目前多用自行式、全回转履带式起重机。近年来,普遍在起重机臂杆端设置辅助门架,既可防落锤时机架倾斜,又能提高起重能力。

2. 夯锤

夯锤形状有方形(平底方形)和圆形(锥底圆柱形、平底圆柱形、球底圆台形等)。夯锤材料可用铸钢(铁)或钢板壳内填筑混凝土。夯锤底面积一般根据锤重、土质和加固深度确定。为消除作业时夯坑对夯锤的气垫作用,夯锤应对称均匀布置 4~6 个直径 250~500 mm 上下贯通的排气孔。

3. 脱钩装置

脱钩装置应有足够的强度和耐久性,且施工灵活、易于操作。目前多用自动脱钩装置,既保证每次夯击落距相同,又提高了效率,同时施工人员无须进入夯击区操作,保证了人身安全。

2.1.4.2 施工要点

(1)强夯前应查明场地范围内地下构筑物和各种地下管线的位置及标高等,并采取必要的措施,以免因强夯施工遭破坏。强夯产生的振动对邻近建筑物或设备有影响时,应设置监测点,并应挖隔振沟等以隔、防振。

(2)夯前应平整场地,标出夯点位置和夯位轮廓线,测量夯击前后场地高程,计算每点逐击夯沉量。

(3)正式施工前应进行强夯试验(试夯)。试夯结束待孔隙水压力消散后进行测试,对比分析夯前、夯后试验结果,确定强夯施工参数。

(4)每夯击一遍后,用推土机将夯坑填平,并测量场地高程,计算本遍场地平均夯沉量;停歇规定间歇时间,待土中超静孔隙水压力消散后,再进行下一遍夯击。

(5)完成全部夯击遍数后,再低能量满夯:夯印搭接 1/5~1/3 锤径,将场地表层松土夯实并碾压,测量夯实后场地高程。场地平均下沉量须满足要求。

(6)强夯应分区进行,宜先边区后中部,或由邻近建(构)筑物一侧向远离方向一侧进行。

(7)地下水位较高时,宜采取人工降水使地下水位低于坑底面以下 2 m;或地表铺一定厚度的砂砾石、碎石、矿渣等粗颗粒垫层,目的是使地表形成硬层,支承起重设备,确保机械设备通行和施工,同时还可加大地下水和地表的距离,防止夯击时夯坑积水。

(8)强夯应按设计和试夯参数(夯击次数等)进行。落锤应保持平稳,夯位准确,若因坑底倾斜造成夯锤歪斜,应及时将坑底整平。

(9)强夯过程中应专人负责监测工作,并做好详细的施工记录,如夯击次数、每击夯沉量、夯坑深度、开口大小、填料量、地面隆起与下沉量、孔隙水压力增长与消散、附近建筑物变形等,并注意吊车、夯锤附近人员的安全保护。

(10)雨季施工时,夯坑内积水应及时排除。

(11)冬期施工,应将冻土清除后再强夯;最低气温-15 ℃以上、冻深 800 mm 内时可进行点夯施工,但满夯应解冻后进行;强夯施工完成地基入冬前,应覆盖层保护。

2.1.4.3 施工质量检验标准

强夯前应检查夯锤质量和尺寸、落距控制方法、排水设施及地基土质。施工中应检查夯锤落距、夯点位置、夯击范围、夯击击数、夯击遍数、每击夯沉量、总夯沉量和夯点施工起止时间等。施工结束后应进行地基承载力、地基土强度、变形指标及其他设计要求指标检验。

强夯结束后质量检测间隔时间:砂土地基≥7 d,粉土地基≥14 d,黏性土地基≥28 d。强夯地基施工质量检验标准见表 2-5。

表 2-5 强夯地基施工质量检验标准

项目	序号	检查项目	允许偏差或允许值		检查方法
			单位	数值	
主控项目	1	地基承载力	不小于设计值		静载试验
	2	处理后地基土强度	不小于设计值		原位测试
	3	变形指标	设计值		原位测试
一般项目	1	夯锤落距	mm	±300	用钢尺量,钢索设标志
	2	夯锤质量	kg	±100	称重
	3	夯击遍数	不小于设计值		计数法
	4	夯击顺序	设计要求		检查施工记录
	5	夯击击数	不小于设计值		计数法
	6	夯点位置	mm	±500	用钢尺量
	7	夯击范围(超出基础范围距离)	设计要求		用钢尺量
	8	前后两遍间歇时间	设计值		检查施工记录
	9	最后两击平均夯沉量	设计值		水准测量
	10	场地平整度	mm	±100	水准测量

2.1.5 预压地基

预压法又称排水固结法，是建筑物施工前，天然地基中设置砂井等竖向排水体，再对地基土加荷预压，利用地基排水固结特性，使土体中孔隙水排出，逐渐固结，地基发生沉降，从而提高地基强度。

预压法通常由加压系统和排水系统两部分组成(见图 2-2)。加压系统有堆载预压和真空预压两种；排水系统有普通砂井、袋装砂井和塑料排水带等。

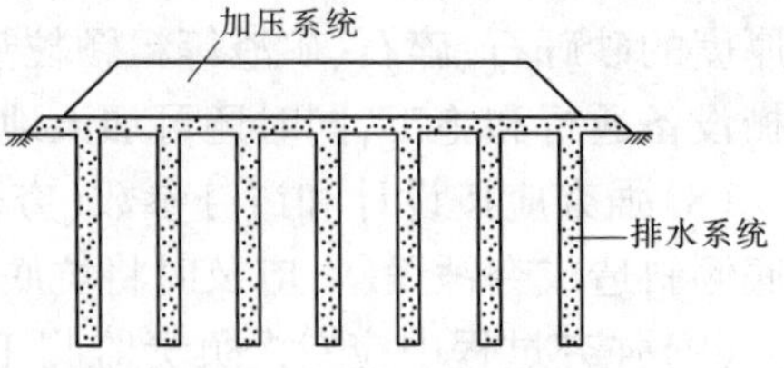

图 2-2 预压法示意

预压法使用材料和机具方法简单直接，施工操作方便，但堆载预压需要一定的时间，对深厚饱和软土，排水固结所需时间很长，同时需要大量堆载材料。预压法适用于淤泥、淤泥质土和冲填土等饱和黏性土地基，较广泛用于冷藏库、油罐、机场跑道、集装箱码头、桥台等沉降要求低的地基。实践证明，利用堆载预压法能取得一定效果，但能否满足工程要求实际效果，则取决于地基土层固结特性、土层厚度、预压荷载大小和预压时间长短等因素，因此使用上受一定的限制。

2.1.5.1 排水系统要求

1. 水平砂垫层要求

砂垫层厚度应大于或等于 500 mm，砂宜用中、粗砂(可有少量粒径小于 50 mm 的砾石)，含泥量应小于 5%，干密度应大于 1.5 g/cm^3，渗透系数宜大于 1×10^{-2} cm/s。铺设时应注意与竖向排水井连接，保证排水固结过程中排水顺畅。

2. 竖向排水体要求

(1)普通砂井砂料应选中砂或粗砂，含泥量应小于 3%；砂井灌砂量应按井孔体积和砂在中密状态时的干密度计算，其实际灌砂量不得小于计算值的 95%。

(2)袋装砂井和塑料排水带采用专用施工设备，砂袋或塑料排水带埋入砂垫层长度不应小于 500 mm，平面井距偏差不应大于井径，垂直度偏差不应大于 1.5%，深度满足设计要求。砂袋宜灌干砂，并灌密实。

(3)拔管后带上砂袋或塑料排水带长度不应大于 500 mm，回带根数不应大于总根数的 5%。

(4)塑料排水带接长时，应采用滤膜内芯板平搭接，搭接长度应大于 200 mm，塑料排水带性能指标须满足设计要求。

2.1.5.2 堆载预压法

堆载预压法指建筑物施工前，先在拟建场地上堆放砂、石等重物堆载预压，直至地基土固结沉降基本完成，通过地基土固结来提高地基承载力。堆载荷载超过计划建造建筑物重量时，称为超载预压。为了防止堆载时压坏地基，需分级加载，即前一级荷载作用下地基基本固结后，再施加下一级荷载，直至达设计荷载。

施工要点如下：

(1)预先勘察查明土层水平和竖直分布、层理变化、透水层位置、地下水类型及水源补给等情况,并应通过土工试验确定土层先期固结压力、孔隙比与固结压力关系、渗透系数、固结系数、三轴试验抗剪强度指标及原位十字板抗剪强度等。重要工程还应现场选择试验区进行预压试验,分析处理效果,指导设计与施工。

(2)预压荷载大小、范围、加载速率、卸载等均应满足设计要求。

(3)施工时应根据设计要求分级逐渐加载。加载过程中应每天进行竖向变形量、边桩水平位移及孔隙水压力等项目监测,并根据监测资料控制加载速率。对竖井地基,最大竖向变形量每天不应超过15 mm;对天然地基,最大竖向变形量每天不应超过10 mm;边桩水平位移每天不应超过5 mm,并应根据上述观测资料综合分析,判断地基稳定性。

2.1.5.3　真空预压法

真空预压法是利用大气压力作预压荷载,即先在需加固软土中设置竖向塑料排水带或砂井,上面铺设一层砂垫层,再覆盖一层不透气塑料薄膜或橡胶布,四周密封,与大气隔绝,然后用真空泵抽气使膜内排水带、砂层等处于真空状态,排出土中水分和空气从而使土体固结。

真空预压法无须大量堆载、无须分期加荷、造价低、工期短、效果好、无噪声、无污染,特别适用于新吹填土、超软黏性土地基加固。

施工要点如下:

(1)真空预压法的实质是利用真空度,关键在于能否形成负压区。因此,真空管路连接点须严格密封,真空管路中应设置止回阀和闸阀,滤水管应设在排水砂垫层中,其上覆盖100~200 mm厚的砂层。

(2)密封膜应用抗老化性能好、韧性好、抗穿刺性能强的不透气材料。密封膜热合黏结时宜用双热合缝平搭接,搭接宽度应大于15 mm,宜铺设3层,膜周边可用挖沟折铺、平铺用黏土压边、围埝沟内覆水及膜上全面覆水等方法密封。

(3)真空预压抽气设备宜用射流真空泵,空抽时须达95 kPa以上真空吸力,其设置应根据预压面积大小和形状、真空泵效率和工程经验确定,但每预压区至少应设2台。

(4)处理区有充足水源补给的透水层或有明显露头透气层时,应用封闭式截水墙形成防水帷幕等方法,隔断透水层或透气层。

(5)施工现场应连续供电,连续5 d实测沉降速率≤2 mm/d或满足设计要求时,可停止抽真空。

(6)采用真空堆载联合预压法时,应先抽真空,真空压力达设计要求并稳定后分级堆载,并根据位移和孔隙水压力变化控制堆载速率。

2.1.5.4　施工质量检验标准

施工前应检查施工监测措施和监测初始数据、排水设施和竖向排水体等。施工中应检查堆载高度、变形速率,真空预压施工时应检查密封膜密封性能、真空表读数等。施工结束后,应进行地基承载力、地基土强度和变形指标检验。预压地基施工质量检验标准应符合表2-6的规定。

表 2-6　预压地基施工质量检验标准

项目	序号	检查项目	允许偏差或允许值		检查方法
			单位	数值	
主控项目	1	地基承载力	不小于设计值		静载试验
	2	处理后地基土强度	不小于设计值		原位测试
	3	变形指标	设计值		原位测试
一般项目	1	预压荷载(真空度)	%	≥-2	高度测量(压力表)
	2	固结度	%	≥-2	原位测试(与设计要求比)
	3	沉降速度	%	±10	水准测量(与控制值比)
	4	水平位移	%	±10	用测斜仪、全站仪测量
	5	竖向排水体位置	mm	≤100	用钢尺量
	6	竖向排水体插入深度	mm	+2 000	经纬仪测量
	7	插入塑料排水带时的回带长度	mm	≤500	用钢尺量
	8	竖向排水体高出砂垫层的距离	mm	≥100	用钢尺量
	9	插入塑料排水带的回带根数	%	<5	统计
	10	砂垫层材料含泥量	%	≤5	水洗法

2.1.6　注浆加固地基

码 2-4　注浆加固地基

注浆法又称灌浆法，是利用气压、液压或电化学原理，通过注浆管将化学溶液或胶结剂等浆液注入到地基土天然裂隙、人为裂隙或孔隙中，浆液以填充、渗透或挤密等方式，把原来松散土粒胶结起来提高地基强度。注浆法可防渗、堵漏、加固、纠正建筑物倾斜、维护边坡稳定等，适用于局部加固新建或已建建(构)筑物基础、稳定边坡及防渗帷幕等，也适用于湿陷性黄土地基，对黏性土、素填土、地下水位以下黄土地基，经试验有效时也可应用，但长期受酸性污水浸蚀地基不宜用。注浆加固能否获得预期效果，主要取决于能否根据具体土质条件，选择合适的化学浆液(溶液和胶结剂)和采用有效施工工艺。

2.1.6.1　注浆材料

注浆工程中所用浆液是由主剂(原材料)、溶剂(水或其他溶剂)及各种外加剂混合而成的。通常所说的注浆材料指注浆液中的主剂。

注浆材料基本上可分两大类：一类是粒状浆液，例如：水泥、黏土和砂等；另一类是化学浆液，例如环氧树脂类、木质素类和甲基丙烯酸酯类等。粒状浆液成本低廉，容易取得，工程上使用广泛。为改善粒状浆液的性质，以适应各种自然条件和不同灌浆目的，还须往浆液中掺各种外加剂。化学浆液初始黏度低，胶凝时间可精确控制，不受颗粒尺寸影响，较粒状浆液有更广泛的应用范围,但造价高,污染环境。

2.1.6.2 **注浆法分类**

注浆法可分渗透注浆、劈裂注浆、压密注浆、电化学注浆四类。

1. *渗透注浆*

注浆压力下,浆液克服阻力渗入土体孔隙(含裂隙),压力越大,扩散距离和吸浆量越大。地层不受扰动和破坏,所用注浆压力相对较小。

2. *劈裂注浆*

较大注浆压力下,浆液克服地层初始应力和抗拉强度,引起岩石或土体结构破坏和扰动,地层中原有裂隙(孔隙)扩张,或形成新裂隙(孔隙),从而使低透水性地层可灌性和浆液扩散距离增大,浆液进入裂隙扩散到较远区域,加固范围明显扩大。

3. *压密注浆*

通过钻孔向土层压入浓浆,随土体压密和浆液挤入,注浆点周围形成灯泡形空间,并因浆液挤压作用而产生辐射状上抬力,从而引起地层局部隆起。许多工程利用这一原理纠正了地面建筑物的不均匀沉降。

4. *电化学注浆*

黏性土中插入金属电极通直流电,在土中引起电渗、电泳和离子交换作用,促使通电区域含水量显著降低,从而土中形成渗浆"通道"。若通电的同时向土中灌注硅酸盐浆液,与土粒胶结,"通道"即形成硅酸盐凝胶,成为具有一定强度的加固体。

2.1.6.3 **施工要点**

(1)施工场地应预先平整,并沿钻孔位置开挖沟槽和集水井。施工时宜用自动流量和压力记录仪,并应及时分析整理资料。

(2)浆液应经搅拌机充分搅拌均匀,方可开始压注,搅拌时间应小于浆液初凝时间,注浆过程中持续缓慢搅拌,泵送前应经筛网过滤。

(3)为防邻孔串浆,应按跳孔间隔顺序注浆,并宜先外后内,以防浆液流失。

(4)注浆孔孔径宜为70~110 mm,孔位偏差不应大于50 mm,钻孔垂直度偏差应小于1%。注浆压力的选用应根据土层性质及其埋深确定。

(5)日平均温度低于5 ℃或最低温度低于-3 ℃时,应采取措施防止浆液冻结。

(6)注浆过程中应采取措施防止地面冒浆,如调整浆液配合比、间歇式注浆、调整浆液凝结时间、上口封闭等。

(7)注浆过程中应做好原材料检验、注浆体强度、注浆孔位、孔深、注浆施工顺序、注浆压力、注浆流量等项目记录和质量控制。

(8)既有建筑注浆加固,应对邻近建筑、地下管线和地面沉降、倾斜、位移和裂缝监测,并采取多孔间隔注浆和缩短浆液凝固时间等措施,减少既有建筑因注浆而产生附加沉降,尤其是劈裂注浆施工。

2.1.6.4 **施工质量检验标准**

施工前应检查注浆点位置、浆液配比、浆液组成材料性能及注浆设备性能。浆液组成材料性能应满足设计要求,注浆设备应确保正常运转。

经常抽查浆液配比及主要性能指标、注浆顺序、注浆压力等。化学注浆加固施工顺序应按设计要求进行，检查时如发现施工顺序与设计要求有异，应及时制止，以确保工程质量。

施工结束后，应进行地基承载力、地基土强度和变形指标检验。土体强度有一个增长过程，故验收工作应在施工结束后间隔一定时间进行。以水泥为主剂的注浆加固检测时间有明确规定：黄土地基，间隔时间宜为 7～10 d；其他地基，间隔时间宜为 28 d。

注浆地基施工质量检验标准应符合表 2-7 的规定。

表 2-7　注浆地基施工质量检验标准

项目	序号	检查项目			允许偏差或允许值（单位）	允许偏差或允许值（数值）	检查方法
主控项目	1	地基承载力			不小于设计值		静载试验
主控项目	2	处理后地基土强度			不小于设计值		原位测试
主控项目	3	变形指标			设计值		原位测试
一般项目	1	原材料检验	注浆用砂	粒径	mm	<2.5	筛析法
一般项目	1	原材料检验	注浆用砂	细度模数	<2.0		筛析法
一般项目	1	原材料检验	注浆用砂	含泥量	%	<3	水洗法
一般项目	1	原材料检验	注浆用砂	有机质含量	%	<3	灼烧减量法
一般项目	1	原材料检验	注浆用黏土	塑性指数	>14		界限含水量试验
一般项目	1	原材料检验	注浆用黏土	黏粒含量	%	>25	密度计法
一般项目	1	原材料检验	注浆用黏土	含砂率	%	<5	洗砂瓶
一般项目	1	原材料检验	注浆用黏土	有机质含量	%	<3	灼烧减量法
一般项目	1	原材料检验	粉煤灰	细度模数	不粗于同时使用的水泥		筛析法
一般项目	1	原材料检验	粉煤灰	烧失量	%	<3	灼烧减量法
一般项目	1	原材料检验	水玻璃	模数	3.0～3.3		实验室试验
一般项目	1	原材料检验	其他化学浆液		设计值		查产品合格证书或抽样送检
一般项目	2	注浆材料称量			%	±3	称重
一般项目	3	注浆孔位			mm	±50	用钢尺量
一般项目	4	注浆孔深			mm	±100	量测注浆管长度
一般项目	5	注浆压力			%	±10	检查压力表读数

2.1.7　复合地基处理方法

复合地基是指在地基处理过程中，置换其中部分土体，或设置加筋材料，使土体强度增强，由天然地基土体和增强体两部分共同承担荷载的人工地基。复合地基可分为砂石桩复合地基、水泥土搅拌桩复合地基、水泥粉煤灰碎石桩（CFG 桩）复合地基、高压喷射注浆复合地基、土和灰土挤密桩复合地基、夯实水泥土桩复合地基等。下面主要介绍前三种复合地基。

2.1.7.1　砂石桩复合地基

砂石桩复合地基是挤密桩地基的一种,常用于软土地基处理。砂桩和砂石桩统称砂石桩。砂石桩法利用冲击或振动方式在软弱地基中成孔后,将砂、砾石、卵石、碎石等材料挤压入土中,形成较大直径密实砂石桩体。砂石桩与桩间土共同形成复合地基。

砂石桩适用于挤密松散砂土、粉土、黏性土、素填土和杂填土等地基,也可处理可液化地基。对砂土地基,砂石桩可通过振动或冲击挤密作用,使地基密实,从而增加地基承载力,降低孔隙比,减少建筑物沉降,提高地基抵抗振动液化的能力;对黏性土地基,砂石桩可起到置换和排水砂井作用,加速土固结,形成置换桩与固结软黏土复合地基,显著提高地基抗剪强度;对饱和软黏土地基,因其渗透性较小,抗剪强度较低,灵敏度又较大,要使砂桩本身挤密并使地基土密实往往较困难,反而破坏了土天然结构,抗剪强度降低,这类工程要慎重。

1. 材料要求

砂石料可用砾砂、粗砂、中砂、圆砾、卵石、碎石等,含泥量不大于 5%,并且不得含粒径大于 50 mm 的颗粒,这些材料可单独使用,也可粗细粒料以一定比例配合使用。

2. 施工方法

砂石桩施工可用振冲法、振动法、冲击法、沉管法等。下面主要介绍振冲法。

振冲法指在振冲器和高压水共同作用下,松砂土层振密;或在软弱土层中成孔,然后回填碎石等粗粒料形成桩柱,并和原地基组成复合地基。前者称振冲挤密,后者称振冲置换。

振冲置换成桩工艺如下:

(1)清理平整场地,布置桩位,并使振冲器对准桩位。

(2)启动水泵和振冲器,将振冲器缓沉入土中,成孔速度宜为 0.5~2.0 m/min,直至设计深度。记录振冲器经各深度的水压、电流和留振时间。

(3)成孔后边提升振冲器边冲水直至孔口,再下沉放至孔底,重复 2~3 次,扫孔扩大孔径并使孔内泥浆变稀,开始填料制桩,每次填料厚度不宜大于 500 mm。

(4)将振冲器沉入填料中进行振密制桩,电流达到规定密实电流值后宜留振 30 s,并将振冲器提升 300~500 mm。

(5)重复以上步骤,自下而上逐段制作桩体直至孔口,记录各段深度填料量、最终电流和留振时间,均应满足设计要求。

(6)关闭振冲器和水泵。

3. 施工质量检验标准

施工前应检查砂石料含泥量及有机质含量等。振冲法施工前应检查振冲器性能,应对电流表、电压表检定或校准。

施工中应检查每根砂石桩桩位、填料量、标高、垂直度等。振冲法施工中还应检查密实电流、供水压力、供水量、留振时间、振冲点位置、振冲器施工参数等。

施工结束后,应进行复合地基承载力、桩体密实度等检验(见表 2-8)。

表 2-8 砂石桩复合注浆地基质量检验标准

项目	序号	检查项目	允许偏差或允许值		检查方法
			单位	数值	
主控项目	1	复合地基承载力	不小于设计值		静载试验
	2	桩体密实度	不小于设计值		重型动力触探
	3	填料量	%	≥-5	实际用料量与计算填料量体积比
	4	孔深	不小于设计值		测钻杆长度或用测绳
一般项目	1	填料含泥量	%	<5	水洗法
	2	填料有机质含量	%	≤5	灼烧减量法
	3	填料粒径	设计要求		筛析法
	4	桩间土强度	不小于设计值		标准贯入试验
	5	桩位	mm	≤0.3D	全站仪或用钢尺量
	6	桩顶标高	不小于设计值		水准测量,将顶部预留的松散桩体挖除后测量
	7	密实电流	设计值		查看电流表
	8	留振时间	设计值		用表计时
	9	褥垫层夯填度	≤0.9		水准测量

注:1. D 为设计桩径,mm。

2. 夯填度指夯实后的褥垫层厚度与虚铺厚度的比值。

2.1.7.2 水泥土搅拌桩复合地基

码 2-5 水泥土搅拌桩复合地基

水泥土搅拌桩复合地基(亦称水泥土搅拌法)用水泥作固化剂,通过特制深层搅拌机械,在地基深处就地将软土和固化剂(浆液或粉体)强制搅拌,固化剂和软土产生一系列物理、化学反应,软土结硬成具有整体性、水稳定性和较高强度的水泥加固土,从而提高地基承载力。

1. 特点

(1)水泥土搅拌法将固化剂直接与原地基软土就地搅拌混合,既最大限度地利用了原土,又无成孔过程,对孔壁无横向挤压,因而对邻近建筑物影响很小。

(2)施工时无振动、无噪声、无污染。

(3)处理后土体重度基本不变,对软弱下卧层不致产生附加沉降。

(4)相比旋喷桩,水泥用量大大减少,造价低,工期短,效果显著。

(5)根据上部结构需要,可灵活采用柱状、壁状、格栅状和块状加固体,这些加固体与天然地基形成复合地基,共同承担建筑物荷载。

(6)水泥土搅拌法适用于处理正常固结淤泥与淤泥质土、黏性土、粉土、饱和黄土、素填土及无流动地下水的饱和松散砂土等地基。

2. 施工方法

根据施工方法的不同,水泥土搅拌法分为浆液深层搅拌法(简称湿法)和粉体喷射搅拌法(简称干法)。湿法是用水泥浆与地基土搅拌,干法是用水泥粉与地基土搅拌。

1)水泥浆搅拌法

水泥浆搅拌法(见图 2-3)是从不断回旋的中空轴端部向周围已被搅松的土中喷出水

泥浆液，经叶片搅拌而形成水泥土桩。具体施工步骤如下：

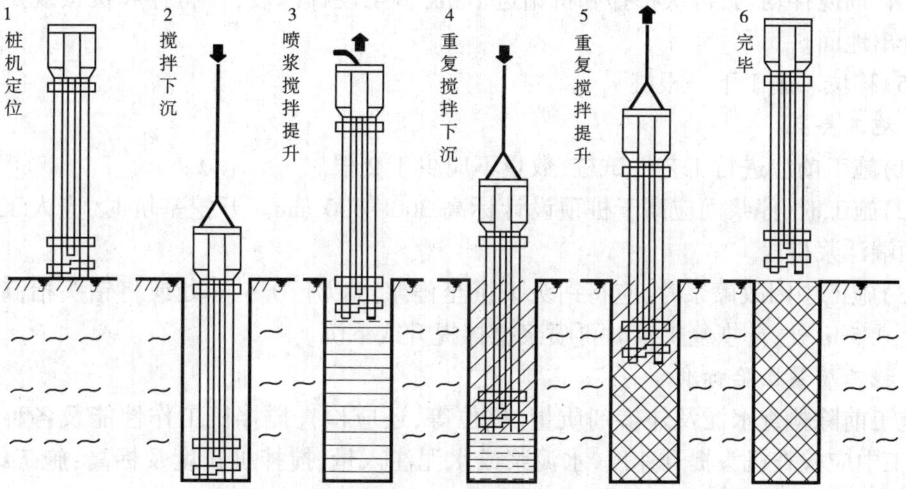

图2-3　水泥浆搅拌法施工工艺流程

(1)桩机定位。利用起重机或绞车将桩机移动到指定桩位。为保证桩位准确，须使用定位卡，桩位偏差不大于50 mm，导向架和搅拌轴应与地面垂直，垂直度偏差不应超过1/150。

(2)搅拌下沉。冷却水循环正常后，启动搅拌机电机，使搅拌机沿导向架切土搅拌下沉，下沉速度由电机电流表监控，同时按预定配比拌制水泥浆，并将其倒入集料斗备喷。

(3)喷浆搅拌提升。搅拌机下沉到设计深度后，开启灰浆泵，使水泥浆连续自动地喷入土中，并保持出口压力为0.4~0.6 MPa，搅拌机边旋转边喷浆边按已确定速度提升，直至设计要求桩顶标高。搅拌头如被软黏土包裹，应及时清除。

(4)重复搅拌下沉。为使土中水泥浆与土充分搅拌均匀，可再次将搅拌机边旋转边沉入土中，直到设计深度。

(5)重复搅拌提升。将搅拌机边旋转边提升，再次至设计要求桩顶标高，并上升至地面，制桩完毕。

(6)清洗。向已排空的集料斗注入适量清水，开启灰浆泵清洗管道，直至基本干净，同时将黏附于搅拌头上的土清洗干净。

(7)移位。进行下根桩施工。

2)粉体喷射搅拌法

粉体喷射搅拌法由压缩空气输送加固材料，通过搅拌叶片旋转产生的空隙部位喷出，并随着搅拌叶片旋转和原位地基土搅拌均匀混合一起，而加固材料分离后的空气，沿着搅拌轴，由轴与土缝隙处排出地面。其具体施工步骤如下：

(1)定位。平整场地将拌和机移到桩位并调平机位、对中。

(2)预搅钻进下沉。启动搅拌机，使钻头正向转动钻进，匀速下沉至设计标高。

(3)喷粉搅拌提升。拌和机沉至设计深度时开启空压机，待气粉混合物到达喷口时按确定提升速度开动钻机反转，边喷灰边提升拌和机。

(4)重复搅拌。拌和机喷灰反转提升至原地面以下 50 cm 时,关闭空压机。为使软土和固化剂搅拌均匀,再次将拌和机钻进下沉,直至设计深度,再将拌和机按规定速度反转提升出地面。

(5)移位。施工下一根桩。

3. 施工要点

(1)施工前应进行工艺性试桩,数量不应少于 2 根。

(2)施工时,停浆面应高于桩顶设计标高 300~500 mm。开挖基坑时,应人工挖除搅拌桩顶端浮浆桩段。

(3)施工中因故停浆时,应将钻头下沉至停浆点以下 0.5 m 处或将钻头抬高至停浆点以上 0.5 m 处,待恢复供浆时再喷浆搅拌提升或下沉。

4. 施工质量检验标准

施工前除检查水泥及外掺剂质量、桩位等,还应检查搅拌机工作性能及各种计量设备;施工中应检查机头提升速度、水泥浆或水泥注入量、搅拌桩长度及标高;施工结束后,应检验桩体强度和直径,以及单桩与复合地基承载力(见表 2-9)。

表 2-9　水泥土搅拌桩复合地基施工质量检验标准

项目	序号	检查项目	允许偏差或允许值		检查方法
			单位	数值	
主控项目	1	复合地基承载力	不小于设计值		静载试验
	2	单桩承载力	不小于设计值		静载试验
	3	水泥用量	不小于设计值		查看流量表
	4	搅拌叶回转直径	mm	±20	用钢尺量
	5	桩长	不小于设计值		测钻杆长度
	6	桩身强度	不小于设计值		28 d 试块强度或钻芯法
一般项目	1	水胶比	设计值		实际用水量与水泥等胶凝材料重量比
	2	提升速度	设计值		测机头上升距离及时间
	3	下沉速度	设计值		测机头下沉距离及时间
	4	桩位	条基边桩沿轴线	≤1/4D	全站仪或用钢尺量
			垂直轴线	≤1/6D	
			其他情况	≤2/5D	
	5	桩顶标高	mm	±200	水准测量,最上部 500 mm 浮浆层及劣质桩体不计入
	6	导向架垂直度	≤1/150		经纬仪测量
	7	褥垫层夯填度	≤0.9		水准测量

注:D 为设计桩径,mm。

2.1.7.3　水泥粉煤灰碎石桩(CFG 桩)复合地基

水泥粉煤灰碎石桩指由碎石、石屑、砂、粉煤灰掺适量水泥加水拌和,用成桩机械在地基中制成具有一定胶结强度桩体,是碎石桩发展而来的软弱地基处理新方法:往碎石桩体中添加以水泥为主的胶结材料,

码 2-6　CFG 桩

同时添加粉煤灰以增加混合料和易性并产生低强度等级水泥作用,添加适量石屑改善级配,使桩体从散体材料桩转化为具一定柔性的黏结强度桩。CFG 桩与桩间土、垫层一起构成复合地基。

CFG 桩适用于处理黏性土、粉土、砂土和已自重固结素填土等地基。对淤泥质土,应按地区经验或通过现场试验确定其适用性。该法适用于条形基础、独立基础、筏形基础和箱形基础等。对一般黏性土、粉土或砂土,桩端具有好持力层,经 CFG 桩处理后可作高层或超高层建筑地基。

1. CFG 桩三种加固机制

1)挤密作用

CFG 桩施工中,沉管振动作用会对桩间土产生扰动和挤密。CFG 桩可用于挤密效果好的土,又可用于挤密效果差的土。用于挤密效果好的土时,承载力提高既有挤密作用,又有置换作用;用于挤密效果差的土时,承载力提高只与置换作用有关。

2)桩体作用

与一般碎石桩相比,碎石桩是散体材料桩,桩本身无黏结强度,主要靠周围土约束形成桩体强度,并和桩间土组成复合地基共同承担上部建筑垂直荷载。土越软,对桩约束作用越差,桩体强度越小,传递垂直荷载能力就越差。CFG 桩不同于碎石桩,它具有一定的黏结强度,外荷载作用下,桩身不会像碎石桩那样出现鼓胀破坏,可全桩长发挥侧摩阻力,桩落在硬土层上具有明显端承力。荷载通过桩周摩阻力和桩端阻力传到深层地基中,复合地基承载力大幅提高。

3)褥垫层作用

褥垫层指桩顶和基础之间的散体材料垫层,是 CFG 桩复合地基的重要组成部分。设置一定厚度的褥垫层,可保证桩和桩间土共同承担荷载,调整桩和桩间土荷载分担比,减小桩顶对基础底面的应力集中。

2. 材料要求

水泥一般用 42.5 级普通硅酸盐水泥,碎石粒径常采用 20~50 mm,石屑粒径常采用 2.5~10 mm。

粉煤灰是燃煤电厂排出的工业废料,因不同电厂原煤种类、燃烧条件、煤粉细度、收灰方式不同,性质有所差异,使用时应控制其化学成分及烧失量。

褥垫层材料宜用中砂、粗砂、级配砂石(限制最大粒径)或碎石等。因卵石咬合力差,施工扰动大,使褥垫层厚度不易均匀,一般不用。

因地域不同,粉煤灰、石屑等材料性能各异,通常并无统一、精确配合比。施工前应按设计要求由实验室进行配合比试验,指导施工配制。

3. 施工要点

(1)CFG 桩施工,应根据现场条件选择施工机械。长螺旋钻孔灌注成桩适用于地下水位以上黏性土、粉土、素填土、中等密实以上砂土;长螺旋钻孔、管内泵压混合料灌注成桩适用于黏性土、粉土、砂土及对噪声或泥浆污染要求严格的场地;振动沉管灌注成桩适用于粉土、黏性土及素填土等地基。

(2)桩机进入现场,要根据设计桩长、沉管入土深度确定机架高度和沉管长度。桩机就位后,调整沉管垂直度,确保垂直度偏差≤1%;满堂布桩基础,桩位偏差≤0.4d(d 为桩径);条形基础,桩位偏差≤0.25d;单排布桩基础,桩位偏差≤60 mm。

(3)长螺旋钻孔、管内泵压混合料成桩施工时,钻至设计深度后,应准确掌握提拔钻杆时间,混合料泵送量应与拔管速度配合,压灌应一次连续完成;沉管灌注桩施工拔管速度应匀速于1.2~1.5 m/min,如遇淤泥或淤泥质土,拔管速度应适当放缓。拔管过程中不允许反插。

(4)混合料坍落度过大,桩顶浮浆过多,均会影响桩体强度。混合料坍落度宜为160~220 mm,振动沉管灌注桩桩顶浮浆厚度宜不大于200 mm。

(5)施工前应按设计要求进行室内配合比试验。混合料按配合比经搅拌机加水拌和,搅拌时间不得少于1 min,如粉煤灰用量较多可适当延长。冬期施工,混合料入孔温度不得低于5 ℃,桩头和桩间土应保护。

(6)成孔时宜先慢后快,并应及时检查、纠正钻杆偏差,成桩过程应连续。施工桩顶标高应考虑保护桩长,宜高于设计桩顶标高0.5 m以上。

(7)施工中应抽样并留置混合料试块,每台机械每天一组(3块),试块边长150 mm,标准养护并测其28 d立方体抗压强度。

(8)CFG桩施工完毕,桩体达一定强度后可开槽,但应注意清土和截桩,不得造成桩顶标高以下桩身断裂或扰动桩间土。

(9)桩头处理后(桩间土和桩头处于同一平面,桩顶表面不可出现斜平面),及时铺设褥垫层。褥垫层厚度宜取150~300 mm。夯填度(夯实后褥垫层厚与松铺厚度比值)不得大于0.9,宜用静力压实法,桩间土含水量较小时,可用动力夯实法。

4. 施工质量检验标准

(1)施工前应检查水泥、粉煤灰、砂及碎石等原材料是否满足设计要求;桩位测量放线是否与施工图一致等。

(2)施工中应检查桩身混合料配合比、坍落度和成孔深度、混合料充盈系数等。

(3)施工结束后,应检验桩体质量、单桩及复合地基承载力。

(4)水泥粉煤灰碎石桩复合地基质量检验标准应符合表2-10的规定。

表2-10 水泥粉煤灰碎石桩复合地基质量检验标准

项目	序号	检查项目	允许偏差或允许值		检查方法
			单位	数值	
主控项目	1	复合地基承载力	不小于设计值		静载试验
	2	单桩承载力	不小于设计值		静载试验
	3	桩长	不小于设计值		测桩管长度或用测绳测孔深
	4	桩径	mm	+50 0	用钢尺量
	5	桩身完整性	—		低应变检测
	6	桩身强度	不小于设计要求		28 d试块强度

续表 2-10

项目	序号	检查项目	允许偏差或允许值		检查方法
			单位	数值	
一般项目	1	桩位	条基边桩沿轴线	≤1/4D	全站仪或用钢尺量
			垂直轴线	≤1/6D	
			其他情况	≤2/5D	
	2	桩顶标高	mm	±200	水准测量,最上部 500 mm 劣质桩体不计入
	3	桩垂直度	≤1/100		经纬仪测桩管
	4	混合料坍落度	mm	160~220	坍落度仪
	5	混合料充盈系数	≥1.0		实际灌注量与理论灌注量之比
	6	褥垫层夯填度	≤0.9		水准测量

注:D 为设计桩径,mm。

任务 2　浅埋式钢筋混凝土基础施工

任务导航

本任务要求掌握条形基础构造要求、施工工艺与施工要点;掌握杯形基础构造要求、施工工艺与施工要点;了解筏形基础构造要求、施工工艺与施工要点;了解箱形基础构造要求、施工工艺与施工要点。

码 2-7　浅埋式钢筋混凝土基础施工

浅基础因埋置浅,施工方便,技术简单,无须复杂施工设备,造价经济,因此在保证建筑物安全和正常使用的前提下,应优先选用。根据材料性能,浅基础可分为刚性基础和柔性基础。刚性基础又称无筋扩展基础,是由砖、石、素混凝土等刚性材料施工而成的,特点是抗压强度高,抗拉、抗弯、抗剪等强度低。柔性基础又称扩展基础,是由既能抗压又能抗拉的材料施工而成的,一般为钢筋混凝土基础。钢筋混凝土基础按构造形式又可分为条形基础、杯形基础、筏形基础和箱形基础等。

2.2.1　条形基础施工

条形基础包括柱下钢筋混凝土条形基础和墙下钢筋混凝土条形基础,其构造分别见图 2-4、图 2-5。这种基础抗弯和抗剪性能良好,可在竖向荷载较大、地基承载力不高的情况下采用。因高度不受刚性角(台阶宽高比)限制,故适宜"宽基浅埋"场合采用,其横断面一般呈倒 T 形。

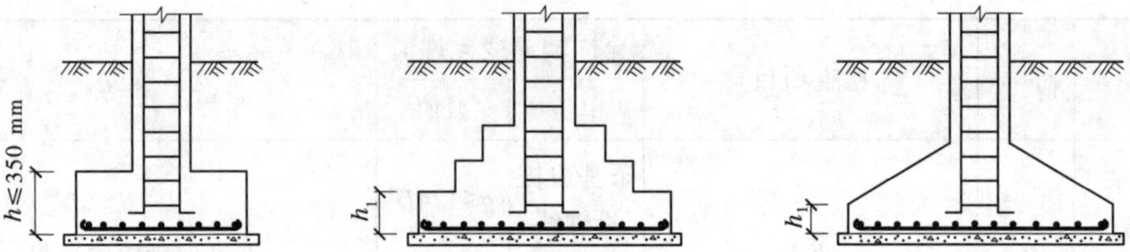

(a)阶梯形1　　(b)阶梯形2　　(c)锥形

图 2-4　柱下钢筋混凝土条形基础

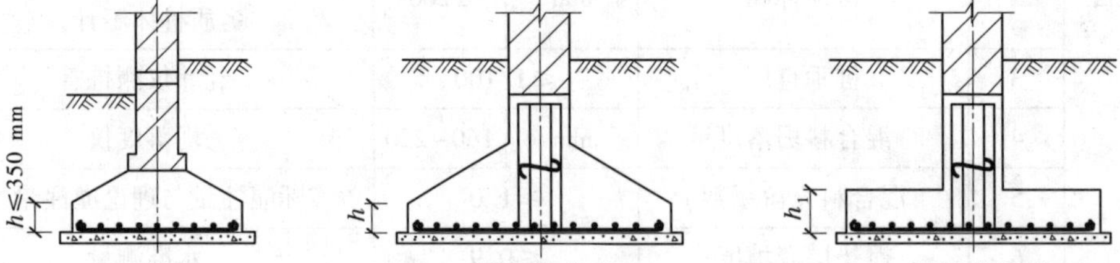

(a)板式　　(b)梁板结合式1　　(c)梁板结合式2

图 2-5　墙下钢筋混凝土条形基础

2.2.1.1　构造要求

(1)垫层厚度一般为 100 mm,混凝土强度等级为 C15。

(2)底板受力钢筋最小直径宜≥8 mm,间距宜≤200 mm。有垫层时钢筋保护层厚度宜≥35 mm。

(3)插筋直径与数目应和柱内纵向受力钢筋相同,且位置对应。

码 2-8　垫层

2.2.1.2　施工工艺流程

验槽→垫层施工→抄平、放线→基础柱梁钢筋绑扎、支模板→相关专业施工(如避雷接地施工)→钢筋、模板质量检查与清理→基础混凝土浇筑→混凝土养护→拆模。

2.2.1.3　施工要点

(1)基坑(槽)应验槽,局部软弱土层应挖去,用灰土或砂砾分层回填夯实至与基底齐平。基坑(槽)内浮土、积水、淤泥、垃圾、杂物等应清除干净,及时浇筑混凝土垫层,以免地基土被扰动。

(2)垫层达一定强度后,在其上弹线、绑扎钢筋、支模。钢筋底部用与混凝土保护层相同的水泥砂浆垫块垫塞,以保证位置正确。

码 2-9　浇捣

(3)基础上有插筋时,要加以固定,保证插筋位置正确,防止浇筑混凝土时移位。混凝土浇筑完毕,外露表面应 12 h 内覆盖并保湿养护。

(4)浇筑混凝土前,清除模板上垃圾、泥土和钢筋上油污等杂物。

(5)基础混凝土宜分层连续浇筑。阶梯形基础应按台阶分层浇筑,每浇筑完一个台阶应稍停 0.5~1.0 h,待其初步沉实后,再浇筑上层。基础上有插筋埋件时,应固定其位置。台阶表面应基本抹平。

(6)锥形基础斜面部分模板应随混凝土浇筑分段支设并牢固,防模板上浮变形,边角混凝土应捣实。严禁斜面不支模而用铁锹等手工拍实。

(7)条形基础混凝土宜分段分层连续浇筑,每层厚宜 300～500 mm,各段各层间应相互衔接,混凝土浇筑应密实。

2.2.1.4　质量检验标准

施工前,检验放线尺寸;施工中应对轴线、模板、混凝土、钢筋等检验;施工结束后,应对混凝土强度、轴线位置、基础顶面标高检验。钢筋混凝土条形基础质量检验标准应符合表 2-11 的规定。

表 2-11　钢筋混凝土条形基础质量检验标准

项目	序号	检查项目	允许偏差或允许值		检查方法
			单位	数值	
主控项目	1	混凝土强度	不小于设计值		28 d 试块强度
	2	轴线位置	mm	≤15	经纬仪或用钢尺量
一般项目	1	L(或 B)≤30	mm	±5	用钢尺量
		30<L(或 B)≤60	mm	±10	
	2	60<L(或 B)≤90	mm	±15	
		L(或 B)>90	mm	±20	
		基础顶面标高	mm	±15	水准测量

注:L 为长度,m;B 为宽度,m。

2.2.2　杯形基础施工

杯形基础又称杯口基础,是独立基础的一种。建筑物上部结构用框架结构或单层排架及门架结构承重时,其基础常用独立基础。独立基础是柱下基础的基本形式,柱用钢筋混凝土预制时,基础提前预制留出凹槽即杯口(见图 2-6),然后施工插入预制柱,柱和基础嵌固于杯口内。

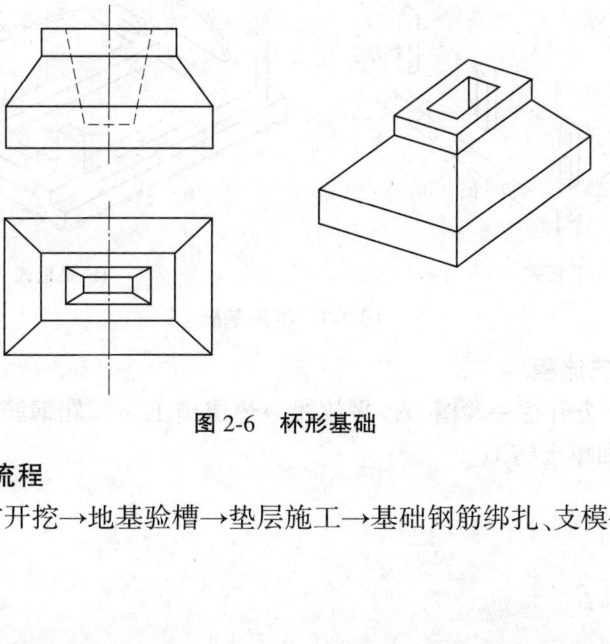

图 2-6　杯形基础

2.2.2.1　施工工艺流程

定位放线→土方开挖→地基验槽→垫层施工→基础钢筋绑扎、支模→支杯基侧模、杯芯模板→混凝土浇筑→混凝土养护→拆模。

2.2.2.2　**施工要点**

码 2-10　基础与底板

杯形基础除参照筏形基础施工要点外,还应注意以下几点:

(1)混凝土应按台阶分层浇筑,高杯口基础高阶部分整段分层浇筑。

(2)杯口模板可加工成二半式定型模板,中间各加一块楔形板,拆模时,先取出楔形板,然后分别将两半杯口模板取出。为便于周转宜加工成工具式,支模时杯口模板要固定牢固并压浆,模板缝用砂浆灌实。

(3)浇筑杯口混凝土时,应注意四侧要对称均匀进行,避免将杯口模板挤向一侧。

(4)施工时应先浇筑杯底混凝土并振实,注意一般杯底有 50 mm 厚细石混凝土找平层,应仔细留出。待杯底混凝土沉实后,再浇筑杯口四周混凝土。基础浇筑完毕,混凝土初凝后终凝前将杯口模板取出,并将杯口内侧表面混凝土凿毛。

(5)高杯口基础施工时,可用后安装杯口模板的方法施工,即混凝土浇筑接近杯口底时,再安装固定杯口模板,继续浇筑杯口四周混凝土。

2.2.3　筏形基础施工

建筑物上部荷载较大、地基承载力又较弱时,常将墙或柱下基础连成一片,使整个建筑物荷载作用于一块整板上,其外形犹如倒置的钢筋混凝土楼盖,似筏子,故称筏形基础,又称满堂基础。筏形基础因扩大了基底面积,加强了基础整体性,能有效调整地基不均匀沉降,适用于地基土软弱又不均匀,有地下水或上部结构荷载很大的场合,在高层建筑和横墙较密集的多层建筑基础中广泛使用。筏形基础一般可分平板式和梁板式两类(见图 2-7)。

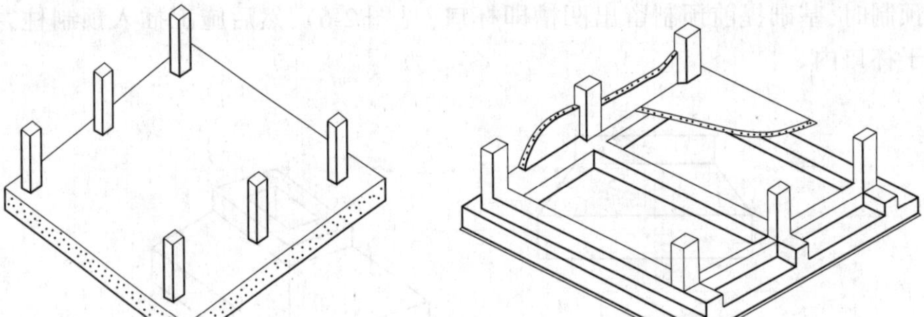

(a)平板式　　(b)梁板式

图 2-7　筏形基础

2.2.3.1　**施工工艺流程**

定位放线→土方开挖→验槽→抄平放线→垫层施工→绑轧钢筋、支模→混凝土浇筑(养护)→拆模→回填土施工。

2.2.3.2 施工要点

(1)施工前,如地下水位较高,应排降水,使地下水位降至基坑底≥500 mm,保证无水状态下开挖基坑和施工基础。

(2)基坑开挖应保持坑底土原状结构,尽量不扰动。机械开挖时,基坑底面设计标高以上200~400 mm厚土层应人工挖除并清理平整。如不能立即施工下道工序,应预留100~200 mm厚土层,下道工序施工前挖除,以防地基土被扰动。基坑验槽后,应立即浇筑混凝土垫层。

(3)施工时,可先在垫层上绑扎底板、梁钢筋和柱锚固插筋,浇筑底板混凝土,达设计强度的25%后,再在底板上支梁模板,继续浇筑梁部分混凝土;也可将底板和梁模板一次同时支好,混凝土一次连续浇筑完成,梁侧模板用支架支承并固定牢靠。

(4)混凝土浇筑时一般不留施工缝,须留设时,应按施工缝要求处理,并设止水带。

(5)基础浇筑完毕,表面应覆盖和洒水养护,并不少于7 d,必要时应采取保温养护措施,并防止地基被水浸泡。待混凝土强度达设计强度的25%以上时,即可拆除梁侧模。

(6)混凝土基础达设计强度的30%时,应进行基坑回填,基坑回填四周同时进行,并按基底排水方向由高到低分层进行。

(7)在基础底板上埋设沉降观测点,并定期观测、分析,做好记录。

2.2.3.3 施工质量验收标准

施工前,检验放线尺寸;施工中应检验轴线、预埋件、预留洞中心线位置、钢筋位置及钢筋保护层厚度;施工结束后,应对混凝土强度、轴线位置、基础顶面标高及平整度进行验收。钢筋混凝土筏形基础质量检验标准应符合表2-12的规定。

表2-12 筏形基础和箱形基础质量检验标准

项目	序号	检查项目	允许偏差或允许值		检查方法
			单位	数值	
主控项目	1	混凝土强度	不小于设计值		28 d试块强度
	2	轴线位置	mm	≤15	经纬仪或用钢尺量
一般项目	1	基础顶面标高	mm	±15	水准测量
	2	平整度	mm	±10	用2 m靠尺
	3	尺寸	mm	+15 −10	用钢尺量
	4	预埋件中心位置	mm	≤10	用钢尺量
	5	预留洞中心线位置	mm	≤15	用钢尺量

2.2.4 箱形基础施工

箱形基础是由钢筋混凝土底板、顶板、外墙及一定数量内墙构成的封闭箱体(见

图 2-8)。根据建筑物高度对地基稳定性要求和使用功能需要,箱形基础高度可为一层或多层,并可利用中空部分做地下室、停车场、地下商场等。该基础整体性好、刚度大、抗振能力强、可调整不均匀沉降,适用于地基软弱和上部结构荷载大的高层建筑。

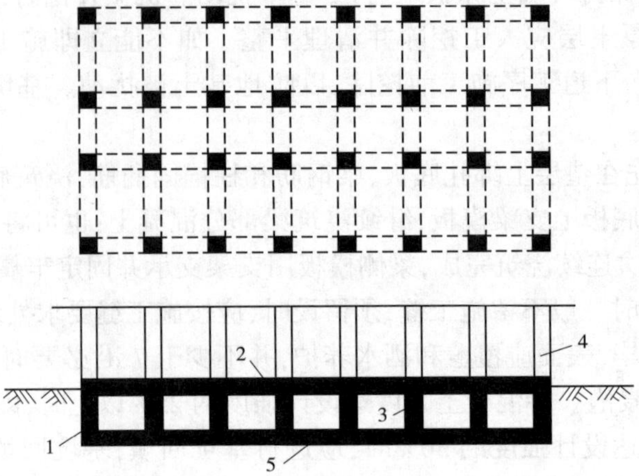

1—外墙;2—顶板;3—内墙;4—上部结构;5—底板。

图 2-8　箱形基础

2.2.4.1　**施工工艺流程**

定位放线→土方开挖→验槽→抄平放线→垫层施工→基础底板混凝土施工→墙体混凝土施工→顶板混凝土施工。

2.2.4.2　**施工要点**

(1)基坑开挖时,地下水位应低于基底至少 500 mm,并尽量减少对基坑底土的扰动。

(2)基坑开挖应验算边坡稳定性,地基为软弱土或基坑邻近有建(构)筑物时,应设临时支护,如钢筋混凝土钻孔灌注桩,桩顶浇筑混凝土连续梁连成整体,支护离箱形基础应≥1.2 m,上部应避免堆载、卸土。

(3)箱形基坑开挖至设计基底标高后应及时验槽。合格后立即浇筑垫层和箱形基础底板,防止地基土被破坏。冬期施工应采取有效措施防止坑底土冻胀。

(4)施工时,基础底板、内外墙和顶板的支模、钢筋绑扎和混凝土浇筑,可采取分块进行,施工缝留设位置和处理应符合钢筋混凝土工程施工及验收规范要求,外墙接缝应设止水带。

(5)基础底板、内外墙和顶板宜连续浇筑。为防止收缩裂缝,可按设计要求设置后浇带。须留设施工缝时,其位置和处理应满足设计要求。

(6)基础施工完毕,应立即回填。停止降水时,应验算基础抗浮稳定性,抗浮稳定系数不宜小于 1.2。如不能满足,应采取有效措施(如继续抽水或在基础内加重物等)防止基础上浮或倾斜。

2.2.4.3　**施工质量验收标准**

钢筋混凝土箱形基础验收内容与筏形基础基本相同(见表 2-12)。

任务 3　桩基础施工

任务导航

本任务要求掌握桩基作用、适用范围及分类，预制桩制作、起吊、运输、堆放及施工方法，人工挖孔灌注桩、泥浆护壁成孔灌注桩、干作业成孔灌注桩、沉管灌注桩等钢筋混凝土灌注桩施工工艺及施工要点等。

建(构)筑物应充分利用地基土层承载能力，尽量用浅基础。但若浅层土质不良，不能满足建筑物对地基变形和强度要求，又不宜地基处理，可利用下部坚硬土层或岩层作基础持力层设计成深基础。随工程建设需要和施工技术发展，深基础应用越来越广。深基础主要有桩基础、沉箱、沉井和地下连续墙等，其中最常用的是桩基础。

2.3.1　桩基础作用和分类

2.3.1.1　桩基础作用

桩基础一般由设置于土中的桩身和承接上部结构的承台两部分组成(见图 2-9)。桩的作用是将上部建筑物荷载通过桩身与桩端传递到深处承载力较大的土层或岩层；或使软弱土层挤压，提高土壤的承载力和密实度，保证建筑物稳定，以及通过降低地基土压缩性减少地基沉降。

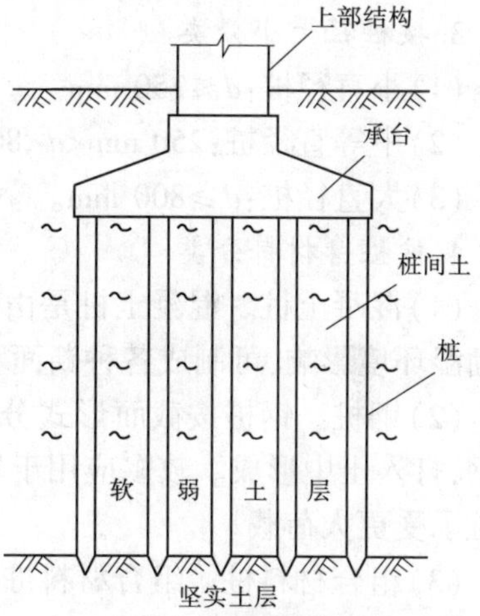

图 2-9　桩基础示意

桩基础是最常见的深基础，承载力高、稳定性好、抗振能力强，广泛用于各类建筑工程，尤适用于软弱地基。

绝大多数桩基础桩数不止一根，而是多根桩在桩顶由承台连成一体。根据承台与地面相对位置，桩基础有低承台桩基础与高承台桩基础两种。前者承台底面位于地面以下，而后者则高出地面。通常，高承台桩基础主要为减少水下施工作业和节省基础材料，常用于桥梁和港口工程中。而低承台桩基础承受荷载能力比高承台桩基础强，特别是水平荷载，承台周围土体可发挥一定作用。一般建筑工程大多使用低承台桩基础。

2.3.1.2　桩基础类型

1. 按承载性状分类

1) 摩擦型桩

摩擦型桩又可分摩擦桩和端承摩擦桩两种。摩擦桩指承载能力极限状态下，桩顶竖向荷载由桩侧阻力承担，桩端阻力太小可忽略；端承摩

码 2-11　摩擦型桩

擦桩指承载能力极限状态下,竖向荷载主要由桩侧阻力承担。

2)端承型桩

端承型桩又可分端承桩和摩擦端承桩。端承桩指承载能力极限状态下,桩顶竖向荷载由桩端阻力承担,桩侧阻力太小可忽略;摩擦端承桩指承载能力极限状态下,竖向荷载主要由桩端阻力承担。

2. 按成桩方法分类

成桩方式对桩基工程性状影响显著,随桩设置方法不同,桩孔处排土量和桩周土所受排挤作用也很不相同。大量工程实践表明,成桩挤土效应对桩承载力、成桩质量控制、环境等影响很大。因此,根据成桩方法和成桩挤土效应不同,桩分为以下三类:

(1)非挤土桩。成桩过程中,与桩同体积的土被挖出,成桩无排挤土效应。如干作业钻(挖)孔灌注桩、泥浆护壁钻(挖)孔灌注桩、套管护壁钻(挖)孔灌注桩。

(2)部分挤土桩。成桩过程中,桩周土仅受轻微扰动,土原状结构和工程性质无明显变化。如冲孔灌注桩、预钻孔打入(静压)预制桩、打入式敞口钢管桩。

(3)挤土桩。成桩过程中,桩周土被挤密或挤排开,因而桩周土受严重扰动,土原状结构被破坏,土工程性质明显变化。如沉管灌注桩、打入预制桩、闭口钢管桩。

3. 按桩径大小分类

(1)小直径桩:$d \leqslant 250$ mm。

(2)中等直径桩:250 mm$<d<$800 mm。

(3)大直径桩:$d \geqslant 800$ mm。

4. 按桩身材料分类

(1)混凝土桩。混凝土桩是由钢筋和混凝土制作成的桩。它坚固耐久,不受地下水和潮湿环境影响,可制成各种断面和长度,能承受较大荷载,应用广泛。

(2)钢桩。钢桩按截面形式分钢管桩和 H 型钢桩两种。H 型钢桩用钢厂产热轧 H 型钢,打入土中形成。较多应用于较软土层,除建筑桩基外,还可用于基坑支护,或拼成组合桩承受更大荷载。

(3)组合材料桩。组合材料桩指由多种材料组成的桩,如钢管桩内充填混凝土,或上部钢管桩下部混凝土等形式。

5. 按桩使用功能分类

根据桩使用状态的抗力性能和工作机制,分为以下几类:

(1)竖向抗压桩。指主要承受竖直向下荷载的桩,需竖向承载力计算。

(2)竖向抗拔桩。指主要承受竖直向上荷载的桩,需桩身强度、抗裂计算和抗拔承载力计算。

(3)水平受荷桩。指主要承受水平荷载的桩,需桩身强度、抗裂计算及水平承载力和位移验算。

(4)复合受荷桩。指承受竖向荷载、水平荷载均较大的桩,按竖向抗压桩和水平受荷桩验算。

码 2-12 预制桩

6. 按桩制作工艺分类

(1)预制桩。钢筋混凝土预制桩最常用,分实心桩和管桩两种。

(2)灌注桩。机械或人工成孔后放钢筋笼、灌注混凝土成桩。按成孔方式分钻孔灌注桩、沉管灌注桩、爆扩成孔灌注桩、人工挖孔灌注桩等。

2.3.2　钢筋混凝土预制桩施工

钢筋混凝土预制桩是先在预制构件厂或施工现场预制好桩体,再用沉桩设备于设计位置沉入土中。特点是桩身质量可靠、能承受较大荷载、坚固耐久、施工机械化程度高、施工进度快、不受地下水或潮湿环境影响,能适应不同土层。施工过程包括制作、起吊、运输、堆放、沉桩等。沉桩常用锤击法、静力压桩法等。

2.3.2.1　钢筋混凝土预制桩制作、起吊、运输、堆放

1. 桩的制作

预制桩可在工厂或施工现场预制。一般较短桩多在预制厂生产,较长桩在现场附近或就地预制,预制场地应平实和无积水。

桩分节制作时,单节长度的确定应满足桩架有效高度、制作场地条件、运输、装卸能力与要求,同时应避免桩尖接近或处于硬持力层,上节桩和下节桩尽量于同一纵轴线上预制,使上下节钢筋和桩身减少偏差。

2. 桩的起吊

预制桩于混凝土达设计强度的70%后方可起吊,如需提前吊运和沉桩,则须采取措施并经强度和抗裂度验算合格后方可进行。桩起吊和搬运时,吊点应满足设计要求。如无吊环,设计又未做规定,吊点数量及位置按桩长定:按起吊弯矩最小原则确定吊点合理位置(见图2-10)。钢丝绳与桩间设衬垫保护棱角。起吊时吊点应同时离地,平稳提升。

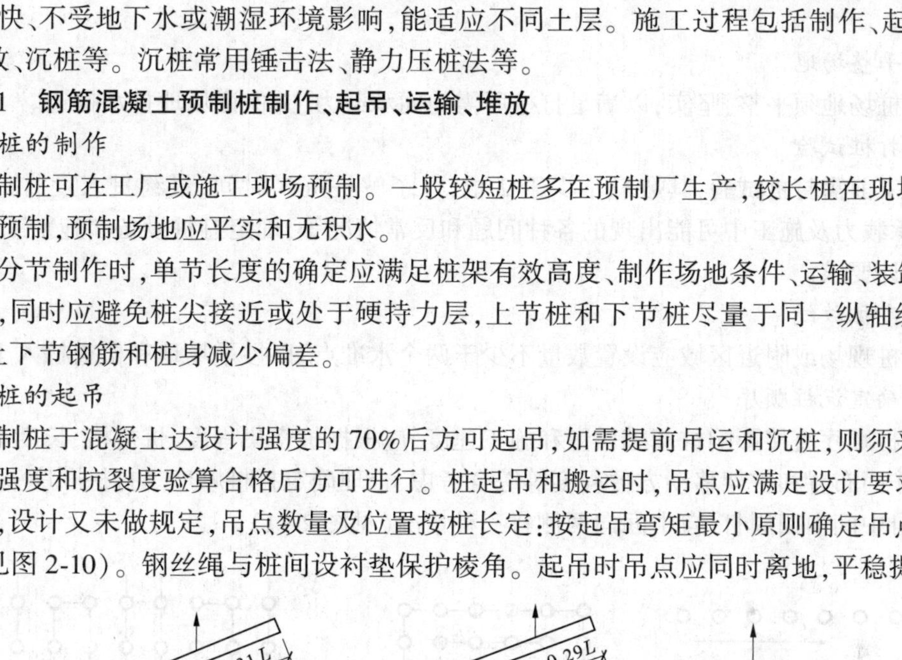

图2-10　吊点合理位置

3. 桩的运输

桩达设计强度的100%后方可运输。短距离搬运,可桩下垫滚筒,用卷扬机拖拉运送;长距离搬运,可用平板拖车或轻轨平板车拖运。施工现场运输吊装过程中,严禁拖拉取桩。

码2-13　预制桩的运输

4. 桩的堆放

桩应按规格、桩号分层叠放于平实地面。支承点应设于吊点处或附

近,上下层垫块应同一垂线,最下层垫木应适当加宽,堆放不宜超过 4 层。

2.3.2.2　沉桩前准备

清除现场障碍物、平整场地、打桩试验、定位放线、铺设水电管网、确定沉桩顺序、机械设备进场与安装等。

1. 清除障碍物

打桩前,应认真处理高空、地上和地下障碍物及高压线路等,同时还须加固邻近危房、桥涵等。

2. 平整场地

打桩场地须平整、坚实,以满足打桩所需地面承载力,并保证场地排水畅通。

3. 打桩试验

施工前需打桩试验,其数量不少于 2 根,以了解桩沉入时间、最终贯入度、持力层强度、桩承载力及施工中可能出现的各种问题和反常情况等,确定打桩设备和施工工艺是否满足设计要求。

4. 定位放线

打桩现场或附近区域应设置数量不少于两个水准点,以抄平场地和检查桩入土深度。

5. 确定沉桩顺序

打桩顺序直接影响桩基础质量和施工速度,应根据桩密集程度、桩规格、长度、设计标高、工作面布置和桩架移动方便程度等综合考虑,合理确定打桩顺序。打桩顺序一般有逐排打、自中间向四周打、自中间向两侧打三种情况(见图 2-11)。

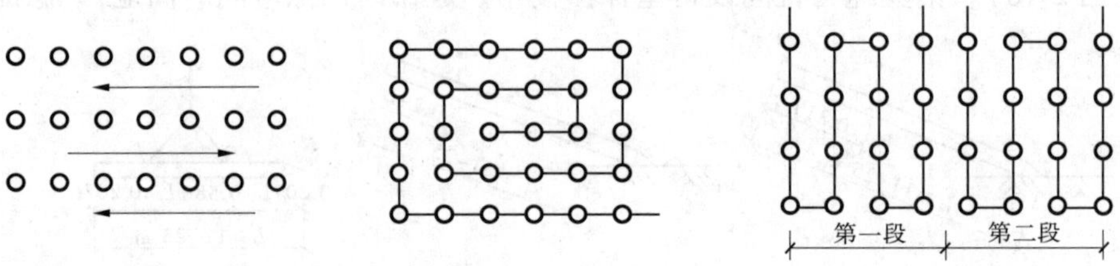

(a)逐排打　(b)自中间向四周打　(c)自中间向两侧打

图 2-11　打桩顺序

为降低挤土效应,打桩顺序原则如下:

(1)密集桩群,自中间向两边或四周对称施打。

(2)一侧毗邻建筑物时,应由毗邻建筑物一侧向另一侧方向施打。

(3)按基础设计标高,先深后浅。

(4)根据桩规格,宜先大后小,先长后短,先密后疏。

(5)除以上准备工作,还需准备桩帽、垫衬和打桩设备等。

2.3.2.3　锤击沉桩施工

锤击沉桩(也称打入桩)是利用桩锤下落产生的冲击能将桩沉入土中。预制桩常用此法,速度快,机械化程度高,适用范围广,但施工有噪声和振动,城区和夜间施工受限。

1. 打桩设备及选用

打桩设备包括桩锤、桩架和动力装置。

桩锤是对桩施加冲击，将桩打入土中的主要机具。桩锤主要有落锤、蒸汽锤、柴油锤和液压锤等，多用柴油锤。锤击沉桩，力求“重锤轻击”，其冲击小，回弹小，桩头不易损坏，大部分能量用于克服桩身与土的摩阻力和桩尖阻力，桩能较快地沉入土中。如轻锤重击，桩顶因接触部位受冲击应力过大易受损破碎，此时，锤击能量很大一部分被桩身吸收，桩不易打入。桩锤应根据地质条件、桩型、桩密集程度、单桩竖向承载力及现有施工条件等选用。

桩架是支持桩身和桩锤，打桩过程中引导桩方向，并保证桩锤冲击方向的打桩设备。桩架选择应根据桩锤种类、桩长度及施工条件等综合确定。桩架种类很多，常用的桩架有多功能桩架和履带式桩架两种。

打桩机械动力装置根据所选桩锤确定。用空气锤时，应配空气压缩机；用蒸汽锤时，则要配蒸汽锅炉和卷扬机。

2. 施工工艺流程

桩机就位→喂桩→桩身对中调直→打桩→接桩→送桩→终止打桩→切割桩头→检查验收→移桩机至下一桩位。

施工要点如下：

（1）桩机就位。就位时桩架应保证垂直稳定，导杆中心线与打桩方向一致，并检查桩位是否正确。

（2）喂桩与桩身对中调直。桩吊起就位后，使桩尖垂直对准桩位中心，缓缓放下插入土中，桩位和垂直度校正后，固定桩帽和桩锤。桩帽与桩接触表面应平整，桩锤、桩帽及送装器应与桩身在同一直线，桩插入时垂直度偏差不得大于 1/200。桩打入前，桩身侧面或桩架上设好标尺，做好记录，以便施工中观测桩入土深度。

（3）打桩。打桩开始时，锤落距不宜太大，待桩入土一定深度且稳定后，检查桩身垂直度及桩尖偏移，满足要求后逐渐增大至规定落距，直至将桩沉到设计深度。打桩原则上“重锤低击”，打桩应连续，入土速度应均匀，应避免因间歇时间过长，致土固结作用而沉桩困难。

（4）接桩。当桩较长，需分段预制、分段打入时，打桩现场需接桩。一根桩接头总数不宜超过 3 个，且接头位置应避开桩尖位于硬土层顶底位置，以及桩身承受较大弯矩位置。接桩常有焊接法、法兰螺栓连接法和硫黄胶泥锚接法（浆锚法）3 种。

（5）送桩。需将桩顶打入土中一定深度时，应用送桩器。送桩施工应保证桩与送桩器纵轴线在同一直线，拔出送桩器后，桩孔应及时回填。

（6）打桩振动大，土体受挤压，可能影响周围建筑物、道路及地下管线安全和正常使用，施工中需专人巡视检查，及时发现和处理相关问题。

3. 桩终止锤击的控制原则

（1）桩端位于一般土层时，以控制桩端设计标高为主，贯入度为辅。

（2）桩端抵达坚硬、硬塑黏性土、中密以上粉土、砂土、碎石类土及风化岩时，以贯入度控制为主，桩端标高为辅。

（3）贯入度已达设计要求而桩端标高未达到时，应继续锤击 3 阵，并按每阵 10 击贯入度不大于设计要求数值确认，必要时，施工控制贯入度应通过试验或与设计单位协商确定。

4. 打桩施工常见问题分析

(1) 桩顶破碎。打桩时，桩顶直接受桩锤冲击产生很高的局部应力，如桩顶强度不够或钢筋网片配置不当、混凝土保护层过厚、桩顶平面与桩中线不垂直及桩顶不平整等制作质量问题都会引起桩顶破碎。沉桩工艺方面，轻锤重击，或桩垫材料选择不当、厚度不足，施打偏心或落距过大等也会引起桩顶破碎。

(2) 桩身断裂。制作时桩身弯曲度过大，局部混凝土强度不足，沉桩时桩尖遇硬土层、孤石等障碍物，增大落距及反复过度冲击，均可能导致桩身断裂。

(3) 桩身位移、扭转或倾斜。桩尖四棱锥（桩靴）制作偏差大，桩尖与桩中线制作不重合，桩架倾斜，桩身与桩帽、桩锤不在同一垂线的施工操作原因，以及桩尖遇孤石等，都会引起桩身位移、扭转或倾斜。

(4) 接桩处拉脱开裂。连接处表面不干净，连接钢件不平整，焊接质量差，接桩上下中心线不在同一直线等，都会引起接桩处拉脱开裂。

打桩如遇上述问题，应立即暂停，待与勘察单位、设计单位共同研究，查明原因，提出明确处理意见，采取相应技术措施后，方可继续。

2.3.2.4 静力压桩施工

静力压桩指利用压桩机静压力将预制桩压入软土地基，提高其承载力。工作原理是通过安置在压桩机上的卷扬机牵引，由钢丝绳、滑轮及压梁，将整个桩机自重（可再附加锚锥反力）压于桩顶，克服桩身与土的摩阻力，迫使预制桩下沉。

静力压桩施工无噪声、无振动、无冲击力、无污染，施工速度快，施工质量高，对周围环境干扰和影响小，特别适用于扩建工程和城市内桩基础施工。随着静力压桩机不断改进和高强度预应力管桩技术不断提高，静力压桩应用越来越广。

1. 压桩机械设备

静力压桩机分机械式和液压式两种。机械式静力压桩机由桩架、卷扬机、加压钢丝绳、轮滑组和活动压梁组成。液压式静力压桩机由压拔装置、行走机构及起吊装置组成。

根据顶压部位不同，静力压桩机又分为桩顶顶压的顶压式压装机和桩身抱压的抱压式压桩机。

2. 静力压桩施工工艺流程

静压预制桩施工一般分段压入、逐段接长。其施工工艺流程：测量定位→压桩机就位→吊装喂桩→桩身对中调直→压桩→接桩→再压桩→（送桩）→终止压桩→切割桩头→检查验收→移桩机至下一桩位。

施工要点如下：

(1) 测量定位。施工前放线，确定桩位中心，压桩机进场会造成土体挤压导致桩位偏移，故桩机定位后应复测桩位。

(2) 压桩机就位。压桩机安装调试后，行至桩位处，使桩机夹持钳口中心与地面上样桩基本对准，调平压桩机后，再次校核无误，将长步履落地受力。

(3) 吊装喂桩。静压预制桩桩节长度一般在 12 m 内，可直接用压桩机上的工作吊机自行吊装喂桩，也可配备专门吊机吊装喂桩。第一节桩（底桩）应用带桩尖的桩，接桩用硫黄胶泥锚接法时，起吊前应检查浆锚孔深度并将孔内杂物和积水清理干净。

(4)桩身对中调直。桩被吊入夹桩钳口后,由指挥员指挥司机将桩缓慢降到桩尖离地面10 cm左右,然后夹紧桩身,微调压桩机使桩尖对准桩位,将桩压入土中0.5~1.0 m,暂停,校正桩身垂直度,使垂直度偏差小于0.5%,方可正式压桩。

(5)压桩。通过主机压桩油缸生成的力将桩压入土中,每一次压桩,桩下沉1.5~2.0 m,然后松夹具→上升→再夹紧→再压,如此反复,将一节桩压入土中。

(6)接桩。接桩常用焊接法、法兰螺栓连接法和硫黄胶泥锚接法(浆锚法)3种。静压预制桩常用的接头形式有电焊焊接和硫黄胶泥锚固接头。焊接法接桩时,对准下节桩并垂直无误后,用点焊将拼接角钢连接固定,再次检查待位置正确后焊接。施焊时,应两人同时对角对称进行,以防节点变形不匀致桩身歪斜。焊缝要连续饱满,焊好接头须自然冷却至少8 min后方可施压,禁止用水冷却或焊好即压。硫黄胶泥锚固接头,施工须严控质量。

(7)送桩。如桩顶已接近设计标高,而桩压力尚未达到规定值,可送桩。如桩顶高出地面一段距离,而压桩力已达规定值时则要截桩,以便压桩机移位。静压桩应配备专用送桩器,送桩器横截面外轮廓形状应与所压桩一致,器身弯曲度应≤0.1%。送桩器或作为送桩器用的预制桩侧面应标尺寸线,以便观察送桩深度。

3.终止压桩控制原则(标准)

(1)静压桩应以标高为主,压力为辅。

(2)静压桩终压标准可结合现场试验结果确定。

(3)终压连续复压次数应根据桩长及地质条件等因素确定,对入土深度≥8 m的桩,可复压2~3次;对入土深度<8 m的桩,可复压3~5次。

(4)稳压压桩力不应小于终压力,稳定压桩时间宜为5~10 s。

4.常见质量问题分析与处理

1)桩倾斜

插桩初压即较大幅度桩端走位和倾斜,很可能地面下不远处有障碍物。处理措施主要是压桩施工前将地面下旧建筑物基础、块石等障碍物彻底清理干净。

2)桩尖达不到设计深度

静压桩施工时,若发生个别桩长达不到设计深度,其原因可能如下:

(1)桩尖碰到了局部较厚夹层或其他硬层;

(2)中断沉桩时间过长;

(3)接柱时,桩尖停于硬土层,若时间拖长,很可能难以继续沉桩。

发生管桩沉不下去时,应冷静分析原因,找出对策才能继续施工,切不要盲目加大压桩力强行沉桩。

3)桩身上浮

桩较短或较密集时较易发生桩身上浮,此时复压为较有效的补救措施。

2.3.3　现浇混凝土桩施工工艺

码2-14　现浇混凝土桩施工工艺

现浇混凝土桩(又称灌注桩)是直接在施工现场桩位上用人工或机械等方法成孔,然后孔内放置钢筋笼,再浇筑混凝土成桩。相比预制桩,灌注桩不受地层变化限制,无须接桩和截桩,挤土影响小,噪声小,振动小，节约材料，单桩承载力大，但成桩工艺复杂，施工速度慢，施工程序严格，操作要求高，成桩质量与施工水平密切相关。

按成孔方法不同，灌注桩分人工挖孔灌注桩、钻孔灌注桩、沉管灌注桩、爆扩成孔灌注桩（简称爆扩桩）等。

2.3.3.1　**人工挖孔灌注桩施工**

人工挖孔灌注桩指人工挖掘成孔，后放钢筋笼，再浇筑混凝土成桩（见图2-12）。优点是设备简单，无噪声、无振动、无污染，对施工现场周围原有建筑物影响小；可按施工进度要求决定同时开挖桩孔数量，必要时各桩孔可同时施工；土层情况明确，可直接观察到地质变化，便于清孔和检查孔壁及孔底，施工质量可靠；尤其高层建筑选用大直径灌注桩，施工现场狭窄时，用人工挖孔比机械成孔更合适。缺点是人工耗量大，开挖效率低，安全条件差等。

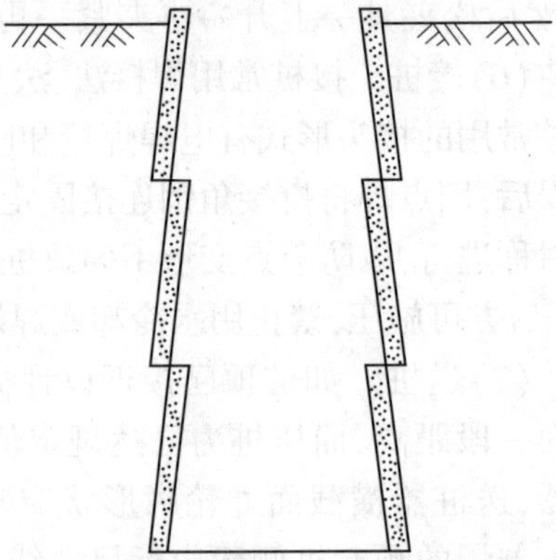

图2-12　人工挖孔灌注桩

码2-15　人工挖孔灌注桩

1. 施工设备

挖土工具：铁镐、铁锹、钢钎、铁锤、风镐等。

出土工具：电动葫芦和提土桶。

降水工具：潜水泵，用于抽出桩孔内积水。

照明工具：照明灯。

通风工具：常用通风工具为1.5 kW鼓风机，配直径为100 mm的塑料送风管，用于向桩孔内强制送风，送风量不小于25 L/s新鲜空气。

通信工具：摇铃、电铃、对讲机等。

护壁模板：常有木结构式和钢结构式两种。

2. 施工工艺

人工挖孔时，须预防孔壁坍塌和流砂，确保安全。因此，施工前应根据水文地质资料，拟订合理护壁措施和降排水方案。护壁常有现浇混凝土护壁、喷射混凝土护壁、沉井护壁、钢套管护壁等。下面介绍常用现浇混凝土护壁人工挖孔桩施工工艺流程。

（1）按设计图纸放线、定桩位。

（2）开挖桩孔土方。分段开挖，每段高度取决于土壁保持直立状态不塌方的能力，施工段常取0.5~1.0 m。开挖直径为设计桩径加护壁厚度。

（3）支设护壁模板。模板高度取决于开挖土方施工段高度，一般为1 m，由4~8块活动钢模板组合而成，支成有锥度的内模。

（4）放置操作平台。内模支设后，吊放用角钢和钢板制成的两半圆形合成操作平台入桩孔内，置于内模顶部，用以放置料具和浇筑混凝土。

（5）浇筑护壁混凝土。护壁混凝土兼防土壁塌陷与防水双重作用，浇筑须捣实。上下段护壁须错位咬口搭接50~75 mm，起连接作用。

（6）拆除模板继续下段施工。护壁混凝土强度达1 MPa（常温下约24 h）后，方可拆模。拆模后开挖下一段土方,再支模浇护壁混凝土,如此循环,挖至设计深度。

(7)浇筑桩身混凝土。桩孔完工,检查孔底土质达设计要求后,再将孔底挖成扩大头。待桩孔全部成型后,用潜水泵抽出孔底积水,立即浇筑混凝土。混凝土浇筑至钢筋笼底面设计标高时,吊入钢筋笼,继续浇筑桩身混凝土成桩。

3. 质量要求

(1)须保证桩孔挖掘质量。桩孔挖成后应有专人下孔检验,如土质是否符合勘察报告,扩孔尺寸与设计是否相符,孔底虚土残渣情况要隐蔽验收,记录归档。

(2)保证桩孔平面位置和垂直度。《建筑地基基础工程施工质量验收标准》(GB 50202—2018)规定:桩孔中心线平面位置偏差不宜超50 mm,桩垂直度偏差不得超0.5%,桩径不得小于设计直径。

(3)钢筋骨架要保证不变形,箍筋与主筋要点焊,钢筋笼入孔后,要保证与孔壁间有足够的保护层。

(4)人工挖孔桩混凝土护壁厚度宜≥100 mm,混凝土强度等级不得低于桩身混凝土强度等级。多节护壁时,应用钢筋拉结。

4. 安全措施

人工挖孔桩施工应特别重视安全。工人在桩孔内作业,应严格按安全操作规程施工,并有切实可靠的安全措施。

(1)孔下操作人员须戴安全帽,孔下有人时,孔口须有监护人员,护壁要高出地面150~200 mm,以防杂物滚落孔内。

(2)孔内须设置应急软爬梯,供人员上下井,使用电葫芦、吊笼等,应配自动卡紧保险装置等安全措施,并保证可靠,不得用麻绳和尼龙绳吊挂或脚踏井壁凸缘上下。使用前须检验其安全起吊能力。

(3)每日开工前须检测井下有毒、有害气体,并应有足够的安全防护措施。桩孔开挖深度超10 m时,应有专门送风设备。

(4)孔口四周须设置护栏。挖出土石方应及时运离孔口,不得堆放在孔口四周1 m范围内,机动车辆通行不得对井壁安全造成影响。

(5)施工现场一切电源、电路安拆须持证上岗。电器须严格接地、接零和使用漏电保护器。各孔用电须分闸,严禁一闸多用。孔上电缆须架空2.0 m以上,严禁拖地或埋压土中,孔内电缆、电线须有防磨损、防潮、防断等保护措施。照明应用安全矿灯或12 V以下安全灯。

2.3.3.2 钻孔灌注桩施工

钻孔灌注桩指利用钻孔机械在桩位上钻孔,孔中浇筑混凝土成桩。根据钻头是否在含水层施工,钻孔灌注桩可分泥浆护壁成孔灌注桩和干作业成孔灌注桩两类。

1. 泥浆护壁成孔灌注桩

泥浆护壁成孔灌注桩指成孔时,为防孔壁坍塌,利用原土造浆或人工造浆护壁,通过泥浆循环将切碎的土块携带出孔,成孔后吊放钢筋笼,用导管法水下浇筑混凝土成桩。此法适用于地下水位较高的各种地质条件,如淤泥、黏性土、砂土和碎石土等。

泥浆护壁成孔灌注桩成孔方法按成孔机械不同,可分为回转钻机成孔、潜水钻机成孔、冲击钻机成孔、旋挖钻机成孔和冲抓锥成孔等。其中,回转钻机成孔应用最多。根据泥浆循环方式,回转钻机成孔又可分正循环回转钻机成孔和反循环回转钻机成孔。下面介绍正、反循环回转钻机成孔灌注桩施工方法。

正循环回转钻进过程中(见图 2-13),高压泥浆从上部泥浆笼头进入,通过钻杆空腔到达钻杆底部喷出,后沿钻杆与孔壁间隙向上溢流,顺便将钻渣包裹、悬浮、运送出孔,流入井外泥浆槽。泥浆经沉淀池净化循环使用。钻头切削产生的土渣靠泥浆悬浮力携排,故要求泥浆质量高。此法的优点是钻进与排渣同时连续进行,护壁效果好,成孔速度较快,钻孔深度较大;缺点是钻渣大量留存在孔中,清孔难度大。

反循环回转钻进过程中(见图 2-14),泥浆带渣流动方向与正循环刚好相反。钻机钻进时,泥浆直接注入钻孔四周孔壁,下落孔底,冷却钻头,并与切削的岩土渣混合,在真空泵抽吸力下,泥浆携钻渣混合流体进入钻头底口,经空心钻杆内腔上移,再经泥浆笼头软管溢出进入沉淀池。与钻杆外壁和孔壁之间的空隙通道相比,钻杆内腔直径相对较小,所以钻杆内泥浆上升速度较正循环快得多。也导致反循环钻进速度要快得多,所需泥浆量少,转盘消耗功率少,清孔时间较快,但护壁效果不如正循环,容易塌孔。

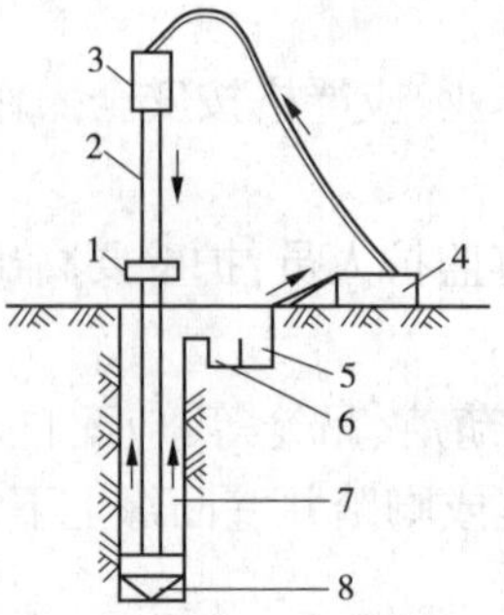

1—钻机回转装置;2—钻杆;3—泥浆笼头;
4—泥浆泵;5—沉浆池;6—沉淀池;
7—泥浆循环方向;8—钻头。

图 2-13　正循环回转钻机成孔工艺原理

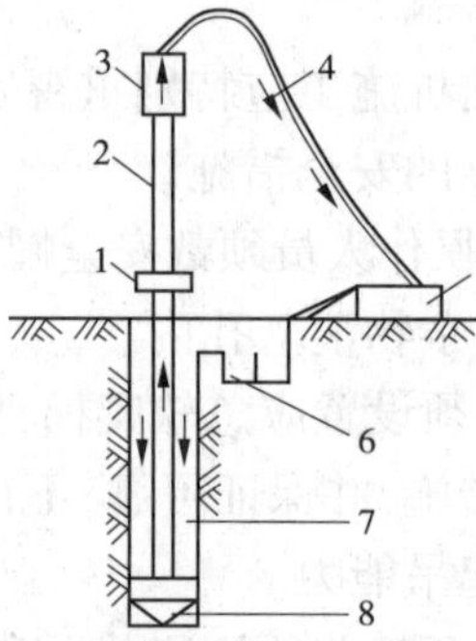

1—钻机回转装置;2—钻杆;3—泥浆笼头;
4—混合液流向;5—砂石泵;6—沉淀池;
7—新泥浆流;8—钻头。

图 2-14　反循环回转钻机成孔工艺原理

泥浆护壁成孔灌注桩施工工艺流程(见图 2-15):测定桩位→埋设护筒→桩机就位→制备泥浆→机械成孔→泥浆循环出渣→清孔→安放钢筋笼→浇筑水下混凝土。

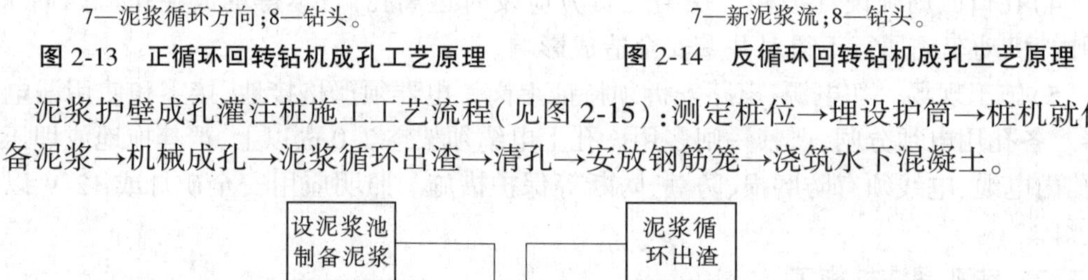

图 2-15　泥浆护壁成孔灌注桩施工工艺流程

1)埋设护筒

钻孔前,放线定位,桩位处挖除表土,埋设护筒(见图 2-16)。护筒作用是固定桩孔位置、保护孔口、防止地表水流入、增加桩孔内水压力、防止塌孔和成孔时引导钻头方向。护筒以 4～8 mm 厚钢板制成，高约 2 m，上部设 1～2 个溢浆孔，其内径应大于钻头外径 100 mm，冲击和旋挖成孔护筒内径应大于钻头外径 200 mm。护筒埋设须位置正确、稳定，垂直度偏差宜≤1%。护筒中心与桩位中心偏差应≤50 mm，其埋深于黏土中宜≥1 m，在砂土中宜≤1.5 m。护筒顶面应高于地面 0.4～0.6 m，钻进中应保持孔内泥浆面高出地下水位 0.5 m 以上。

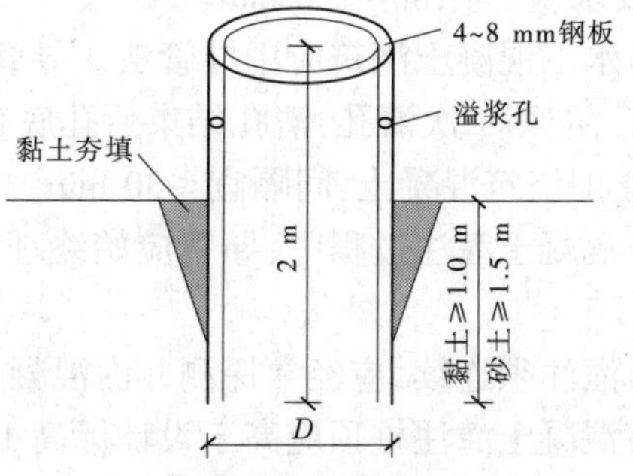

图 2-16　护筒埋设示意

2）制备泥浆

泥浆由水、黏土（膨润土）和添加剂组成，具有浮悬钻渣、冷却钻头、润滑钻具、增大静水压力的作用。泥浆应易吸附于孔壁，将土壁孔隙填渗密实，隔断孔内外渗流，防止塌孔。泥浆太稀，排渣能力小、护壁效果差；泥浆太稠，会削弱钻头冲击能，降低钻进速度。应根据钻孔方法和地层情况确定泥浆稠度，并视地层变化或操作要求机动调整。

制备泥浆方法：在黏土、亚黏土层中钻孔时，可注入清水以原土造浆；其他土中钻进，则需高塑性黏土或膨润土。

3）成孔

（1）孔内泥浆液面始终高出地下水位 0.5 m 以上，以防塌孔。成孔直径不应小于设计桩径，钻头宜设置保径装置。

（2）成孔机具根据桩型、地质情况及成孔工艺选择，砂土层中成孔宜用反循环。

（3）软土层中钻进，应根据泥浆补给及排渣情况控制钻进速度。

（4）钻机转速应根据钻头形式、土层情况、扭矩及钻头切削具磨损情况及时调整，硬质合金钻头转速宜为 40～80 r/min，钢粒钻头转速宜为 50～120 r/min，牙轮钻头转速宜为 60～180 r/min。

（5）成孔时，一旦轻微塌孔，应及时调整泥浆相对密度和孔内水头。

（6）一旦难以钻进或遇到硬土、石块时，应及时排查，以防桩孔严重偏斜、位移等。

4）清孔

清孔对成桩质量很重要，钻孔达设计深度须清孔。清孔尽可能将沉渣全部清除，使混凝土与基岩接合完好，可减少桩基沉降量，提高承载力。清孔后孔底沉渣允许厚度：端承型桩≤50 mm，摩擦型桩≤100 mm，抗拔、抗水平荷载桩≤200 mm。

5）安放钢筋笼

钢筋笼吊放入孔应保持垂直，对准孔位轻放，避免擦碰孔壁。钢筋笼全部入孔后，用钢丝绳或钢筋固定于孔口，安装标高应满足要求，允许偏差不超±100 mm，并保证安放导管、清孔及灌注混凝土时不发生位移。

6）浇筑水下混凝土

（1）混凝土强度宜比设计强度提高一个强度等级，应具有良好的和易性，坍落度应满足灌注要求,宜为 180~220 mm。

(2)水下混凝土浇筑应用导管法。导管底部至孔底距离宜为 300~500 mm。导管安装完毕后,应第二次清孔,清孔结束后孔底 0.5 m 内泥浆指标及沉渣厚度均符合相关规范规定后立即浇筑混凝土,间隔宜≤30 min。

(3)混凝土灌注过程中,导管应始终埋入混凝土内,埋置深度宜为 2~6 m,导管应勤提勤拆。

(4)灌注须连续,应经常探测井内混凝土面位置,灌注时间应确保混凝土不初凝。

(5)混凝土灌注桩顶应高于设计标高 1.0 m 以上,以保证桩头混凝土强度,多余部分接桩前应凿除,桩头应无松散层。

7)施工中常见问题及处理

(1)护筒冒水。因护筒周围填土不密实或钻头起落碰动了护筒等,使护筒外壁冒水,可能使护筒倾斜、位移、桩孔偏斜,甚至无法施工。应妥善处理:如刚发现护筒冒水,可用黏土在护筒四周填实加固;如护筒严重下沉或位移,则需返工重埋。

(2)孔壁坍塌。钻孔中,排出的泥浆中不断出现气泡,或护筒内水位突然下降,表示泥浆突然漏失,孔壁坍塌。坍塌原因有土质松散、泥浆护壁不好、护筒内水位不高等。应对方法:首先应保持孔内水位并加大泥浆比例,以稳定护壁;如坍塌严重,应立即回填黏土,待孔壁稳定后再钻孔。

(3)钻孔偏斜。钻孔偏斜可能原因有钻杆不垂直、钻头导向部分太短、导向性差、土质软硬不一或遇孤石等。事前控制:钻头应加工精确,钻杆应安装垂直;事中控制:钻进中经常观察,发现问题及时处理;事后控制:钻孔偏斜时,可减慢钻进速度并提起钻头上下反复扫钻几次,削去硬土。如在孔口不深处遇孤石,可用炸药爆破排除。

码 2-16　干作业成孔灌注桩施工

2. 干作业成孔灌注桩施工

干作业成孔灌注桩通常指钻机直接钻孔,然后吊放钢筋笼,灌注混凝土成桩(见图 2-17),适用于地下水位以上填土层、黏土层、粉土层、砂土层及粒径不大的砂砾层。

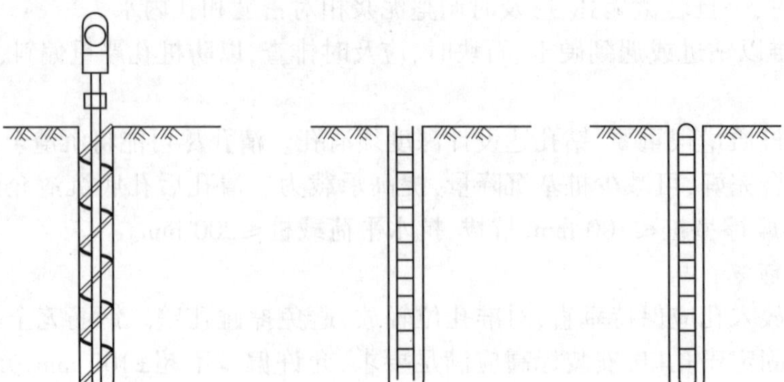

(a)钻孔　(b)安装钢筋骨架　(c)浇筑混凝土

图 2-17　干作业成孔灌注桩施工工艺流程

1)施工设备

施工设备主要有螺旋钻机、旋挖钻机和人工洛阳铲等。最常用的为螺旋钻机，利用动力旋转钻杆，钻杆带动钻头螺旋叶片旋转切削岩土，土渣沿螺旋叶片上升排出孔外，分履带式和步履式两种。现介绍螺旋钻机干作业成孔灌注桩施工方法。

2)施工方法

现场准备妥当后，钻机就位，钻杆垂直对准桩位中心，钻孔先慢后快，避免钻杆摇晃，随时检查钻孔偏斜或位移，有问题应及时纠正。钻杆跳动、机架摇晃、钻进困难时，应立即停钻排查，以免损坏钻具或导致桩孔偏斜。钻进中应随时清理孔口积土和地面散落土，如遇地下水、缩孔、坍孔等异常现象，应会同有关单位研究处理。

钻孔达设计深度后，清孔取出孔底虚、浮土，以减少桩沉降。可钻机原位空转清土，停转后提出钻杆卸土。如孔底虚土过厚，可用辅助掏土工具或二次投钻清孔。清孔后以板盖住孔口，其上禁止行车。

钻孔检查合格后，尽快吊放钢筋笼浇筑混凝土。如土层较好，无雨水冲刷，成孔至浇筑混凝土间隔也不得超过 24 h。混凝土应连续、分层浇筑，每层厚不得大于 1.50 m；至桩顶应适当超过桩顶标高，以保证凿除浮浆层后，桩顶标高和质量满足要求。

2.3.3.3　沉管灌注桩施工

沉管灌注桩是利用锤击或振动设备，将带钢筋混凝土桩尖或钢活瓣桩尖的钢管沉入土中成孔，钢管直径应与桩设计尺寸一致，然后吊放钢筋笼浇筑混凝土，随后拔套管。利用拔管冲击或振动捣实混凝土，形成桩体。

此法设备简单，施工速度快，工程造价低。但沉管灌注桩属挤土桩，有挤土效应，先浇筑的桩受挤易倾斜断裂甚至错位，且单桩承载力低，施工噪声大，影响周围环境，不宜用于市区工程。沉管灌注桩适用于一般黏性土、淤泥质土、砂土、人工填土等土质地基，土层有较大孤石时，该工艺无法实施。

沉管灌注桩按沉管方法不同，可分振动沉管灌注桩和锤击沉管灌注桩两类。利用振动器振动沉管、拔管成桩，称为振动沉管灌注桩；利用锤击沉桩设备沉管、拔管成桩，称为锤击沉管灌注桩。

1. 振动沉管灌注桩

1)施工工艺流程

施工工艺流程：桩机就位→沉管→上料→拔管。振动沉管灌注桩施工工艺流程见图 2-18。

桩机就位后，将桩管对准桩位中心，下端桩尖活瓣闭合，缓放桩管轻压桩尖入土，调垂直后开启振动箱沉管，沉至要求标高后，停振，吊放钢筋笼，用上料斗向管内灌满混凝土或略高于地面。开启振动箱后拔管，边振边拔，拔管过程中继续向管内灌注混凝土。如此反复，至管全拔出。

2)施工要点

振动沉管灌注桩根据土质和荷载情况，可用单打法、反插法或复打法。

(1)单打法(一次拔管法)。桩管内灌满混凝土后，先振动再拔管，边拔边振，每拔 0.5~1.0 m，停拔振动 5~10 s，如此反复，至管全拔出。严格控制最后 30 s 电流值、电压

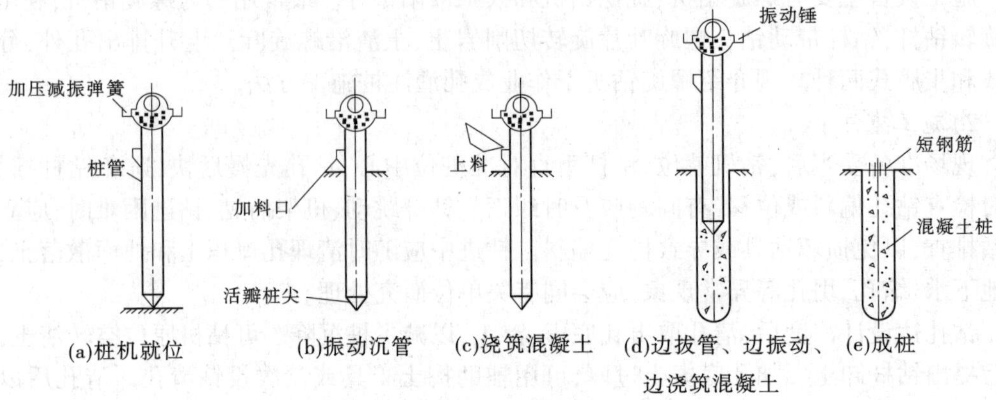

图 2-18　振动沉管灌注桩施工工艺流程

值；一般土层拔管速度 1.2~1.5 m/min，软弱土层拔管速度 0.6~0.8 m/min。单打法宜用预制桩尖，速度快，混凝土用量少，但桩承载力低，适用于含水量较少的土层。

(2)反插法。先振动再拔管，每拔 0.5~1.0 m 向下反插 0.3~0.5 m，如此反复并始终保持振动，至管全拔出。拔管中分段添加混凝土，始终保持管内混凝土面不低于地表面，或高于地下水位 1.0~1.5 m，拔管速度≤0.5 m/min；桩尖 1.5 m 范围以多次反插扩大桩端断面；穿越淤泥夹层放缓拔管速度，减小拔管高度和反插深度，以免颈缩，并扩大桩端，从而提高桩承载力。此法混凝土耗量大，常用于饱和软土层，不适用于流动性淤泥和坚硬土层。

(3)复打法。指同一桩孔连续打两次。复打须首次灌注的混凝土初凝前进行，并保证前后两次沉管轴线重合。此法可扩大桩径，提高桩的承载力。

3)质量要求

(1)桩混凝土强度等级不宜低于 C15；混凝土坍落度有筋时宜为 80~100 m，混凝土坍落度无筋时宜为 60~80 mm；骨料粒径≤30 mm。

(2)拔管中，桩管内应保持不少于 2 m 高的混凝土，以使有足够压力防止混凝土堵塞管道。

(3)振动沉管灌注柱中心距宜≥4 倍桩管外径，否则应跳打。相邻桩施工间隔时间不得超过混凝土初凝时间。

(4)为保证桩承载力要求，须严控最后 2 min 沉管贯入度，其值按设计要求，或根据试桩和当地经验确定。

(5)桩位允许偏差：群桩≤$0.5d$（d 为桩管外径），对两桩基础，两个桩连线方向上偏差≤$0.54d$，垂直此线方向≤$1/6d$；墙基由单桩支承的，平行墙方向偏差≤$0.5d$，垂直墙方向≤$1/6d$。

2. 锤击沉管灌注桩

锤击沉管灌注桩是利用锤击打桩机，将带活瓣桩尖或预制桩尖的钢管打入土中，然后边向管内灌注混凝土，边拔管，边锤击成桩。

1)施工工艺流程

施工工艺流程:桩机就位→沉管→上料→拔管。锤击沉管灌注桩施工工艺流程见图2-19。

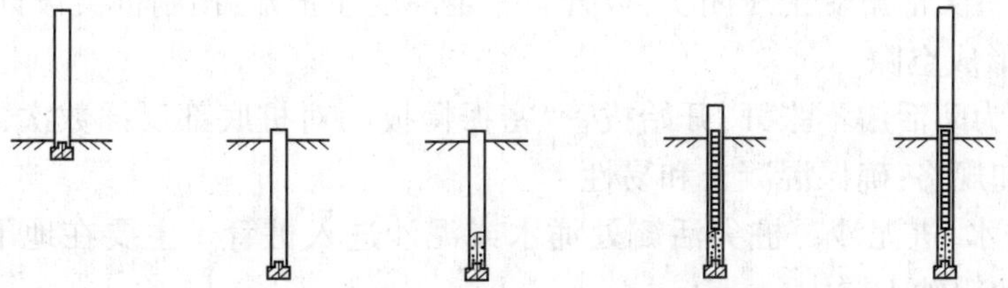

(a)桩机就位 (b)锤击沉管 (c)浇筑混凝土 (d)下钢筋笼继续浇筑混凝土 (e)拔管成桩

图2-19 锤击沉管灌注桩施工工艺流程

桩机就位,吊起桩管,对准预先埋于桩位的预制桩尖或桩位中心后,合拢下端桩尖活瓣,桩机和桩管自重把桩尖压入土中。保证桩管、桩锤和桩架同垂线后,用桩锤先低锤轻击桩管,观察无偏移后正式施打,至桩管达设计标高。检查桩管保证其内无泥浆、水或杂物,即灌注混凝土。桩配钢筋笼时,先灌混凝土至笼底标高,放置钢筋笼,再灌至桩顶要求标高。桩管灌满混凝土后拔管,一边拔一边锤击,拔管中继续向管内灌注混凝土,至管拔出。

2)施工要点

(1)桩管与桩尖接触面平整且可良好密封,一般在桩管与桩尖连接处垫麻绳垫圈,防地下水渗入管内或作缓冲层。

(2)桩管内混凝土应尽量填满,拔管匀速,一般土层宜为1.0 m/min;软弱土层和较硬土层交界处稍慢,宜为0.3~0.8 m/min;淤泥质软土≤0.8 m/min。

(3)拔管高度应与混凝土灌入量匹配,第一次拔管不宜过高,以能容纳第二次灌注混凝土量为限,以后始终保持管内混凝土量略高于地面,最后一次拔管应高于设计标高。

(4)整个拔管过程中,须持续轻击或倒打。

(5)素混凝土桩,混凝土坍落度宜为70~80 mm;桩身配钢筋时,混凝土坍落度宜为80~100 mm。

施工方法及要求与振动沉管灌注桩复打法相同。

3)施工中常见质量问题及处理

(1)颈缩。指桩身局部直径小于设计尺寸。

主要原因:地下水、淤泥或软土层土受挤压,产生孔隙压力,挤压拔管后的桩体;桩间距过小,拔管速度过快,混凝土和易性差,均会导致颈缩。

处理方法:保持管内混凝土面高于地面,使其具有足够扩散压力;桩距过小,则跳打施工;拔管复打或反插并严控速度;保证混凝土和易性。

(2)断桩。指桩身局部分离、断裂或某段桩缺失混凝土。

主要原因:桩下部遇软弱层,桩身混凝土初凝前即受振动,振动时产生剪力将桩剪断;桩距过近,被相邻后桩施工挤压致断。

处理方法:控制桩距,桩中心距宜≥3.5d(d为桩径);桩过近时跳打,或等先成桩混凝土达设计强度的60%后,再施工后一根桩;合理确定打桩顺序和行车路线,减少对先成桩的影响。

(3)吊脚桩。指桩底混凝土脱落或松软,未落实于孔底基土。

主要原因:桩尖活瓣受土压闭实,拔管至一定高度才张开;预制桩尖被打坏;混凝土和易性差(干硬)形成空隙。

处理方法:为防活瓣不张开,开始拔管"密振慢拔",对桩底部反插数次,再正常拔管;保证桩尖强度和规格;确保混凝土和易性。

(4)桩尖进水、进泥沙。桩尖活瓣处涌水或泥沙进入桩管。主要在地下水位高或含水量大的淤泥和粉砂土层中。

主要原因:地下涌水量大,水压大;沉桩时间过长;桩尖活瓣缝隙大或桩尖被打坏等。

处理方法:地下涌水量大时,桩管沉到地下水位时,先用0.5 m高水泥砂浆封底,再灌1 m高混凝土,然后沉入;加快沉桩时间;桩尖活瓣缝隙较大,拔出修复,用砂回填桩孔重打。

2.3.3.4　爆扩成孔灌注桩施工

爆扩成孔灌注桩指先用钻机或爆扩法成孔,孔底放入炸药使孔底爆扩成球形扩大头后,再放置钢筋笼浇筑混凝土成桩。

爆扩桩特点是:性能好,可承受中心、偏心、抗压、抗拔、抗推等荷载,能有效提高桩承载力;能作独立基础使用;成桩工艺简单;与一般独立基础相比,施工速度快,工程造价低,可减少土石方量达50%~90%,节省劳力50%~60%。爆扩桩适用于一般黏土、粉质黏土等地基,中密或密实砂土、碎石土及杂填土中也可使用,但不宜在淤泥、淤泥质土中应用。

爆扩桩成孔方法有人工成孔法、钻机成孔法、冲抓锥成孔法、打拔管成孔法、爆扩成孔法等。施工时,可根据土质情况、场地和机具条件,选择合适的成孔机具设备和方法。下面主要介绍爆扩桩成孔法。

1. 施工工艺流程

钻导孔→放炸药条→爆扩成孔→孔底放炸药包→爆破成球形扩大头→安放钢筋笼→浇筑混凝土、振捣成桩,如图2-20所示。

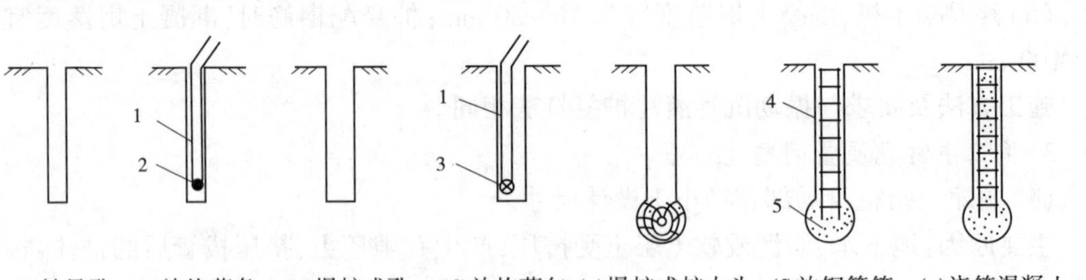

(a)钻导孔　(b)放炸药条　(c)爆扩成孔　(d)放炸药包　(e)爆扩成扩大头　(f)放钢筋笼　(g)浇筑混凝土

1—导线;2—炸药条;3—炸药包;4—钢筋笼;5—混凝土。

图2-20　爆扩成孔灌注桩施工工艺流程

先在桩位用手钻、钢钎或洛阳铲等工具,按设计要求深度打一导孔,检查桩孔深度、桩径及垂直度均达设计要求后,在桩孔底部正中放置炸药包,药包表面覆盖150~200 mm厚砂,以稳定药包位置,并借以免受混凝土冲击。药包安置妥当,经检查引爆线路完好,即可第一次浇筑混凝土。开始时应缓慢灌入,以免砸坏药包,同时应防止导线被混凝土砸断。

在不捣实情况下即行引爆,引爆后随即将扩大头底部混凝土振捣密实。用测孔器测量扩大头直径满足要求后,接着放置钢筋笼,放置时应对准桩孔,徐徐放下,防止孔壁泥土掉入混凝土中。钢筋笼就位并将其固定后,第二次连续分层浇筑混凝土,每层浇筑厚度不宜超过 1 m,并应一次浇筑完毕,不得留施工缝。

2. 施工要点

(1)扩大头爆扩,同一工程中,应用同一种炸药和雷管,否则应做试爆试验。

(2)施工前,应现场进行爆扩成形试验,每种土质中试爆数量不宜少于 2 个,以检验扩大头尺寸是否满足设计要求,并根据试爆资料调整炸药用量,确定有关工艺参数。

(3)第一次浇筑混凝土坍落度,一般黏土中宜为 90~120 mm,砂类土中宜为 120~150 mm,湿陷性黄土中宜为 160~180 mm。混凝土浇筑量约为扩大头体积的 50%或 2~3 m 桩孔深。

(4)从灌注混凝土开始至引爆时间隔时间,不宜超过 30 min,以防出现“拒爆”现象。引爆后混凝土应连续灌注。

(5)药包引爆时,桩距不小于 1.5 倍扩大头直径时,可逐个引爆;桩距小于 1.5 倍扩大头直径时,应同时引爆;相邻爆扩桩扩大头不在同一标高时,引爆顺序应先浅后深。

3. 安全措施

(1)炸药、雷管须存放于指定专用仓库,随用随取,并应有严格领退料制度。

(2)炸药包应专职人员制作,操作时应遵守爆破安全规程的规定。

(3)引爆时,距爆扩桩位 15 m 范围内应做好危险警戒,不得有人员停留、穿行;经专职人员发出信号后,爆破人员方可安放药包;经专职人员检查现场安全无误后,方可发出引爆信号,进行爆扩。

(4)引爆电源、电压宜用 36 V,引爆电源应有专人看管。

2.3.3.5 桩基工程安全技术措施

(1)机具进场要注意危桥、陡坡、险地和防止碰撞电杆及房屋等,以免造成事故。

(2)施工前应全面检查机械,发现问题及时解决,严禁机械带“病”作业。

(3)打桩中遇地坪隆起或下陷时,应及时调整垫平机架及路轨。

(4)机械司机,施工操作时要思想集中,服从指挥信号,不得随意离开岗位,并经常注意机械运转情况,发现异常情况要及时纠正。

(5)悬挂振动桩锤的起重机,吊钩须有防松脱保护装置。振动桩锤悬挂钢架的吊环上应加装保险钢丝绳。

(6)钻孔灌注桩已钻成孔尚未浇筑混凝土前,须盖板封严;钢管桩打桩后须及时加盖临时桩帽;预制混凝土桩送桩入土后桩孔须及时用砂或其他材料填灌,以免发生事故。

(7)冲抓锥或冲孔锤操作时禁止人员进入落锤区施工范围,以防砸伤。

(8)成孔钻机操作时,钻机须安放平稳,以防钻架突然倾倒或钻具突然下落而发生事故。

(9)压桩时,非操作人员应离机 10 m 以外。起重臂下严禁站人。

(10)夯锤下落后,吊钩尚未降至夯锤吊环附近前,操作人员不得提前下坑挂钩,从坑中提锤时,严禁挂钩人员站夯锤上随锤提升。

任务4 桩基础检测与验收

任务导航

本任务要求掌握基桩承载力和桩身完整性检测方法，熟悉桩基础施工质量验收内容、质量验收标准、质量验收资料等相关知识。

桩基础施工是一项隐蔽工程，工种多、工序多、影响因素多、影响施工质量环节多，因此施工过程须严格质量检查与验收。

2.4.1 桩基础检测

工程桩功能通过单桩承载力来实现，桩身完整性检测是为发现某些影响单桩承载力的质量缺陷，以减少安全隐患，重点是基桩承载力和桩身完整性。预制桩承载力可在打桩过程中测定，桩体质量按一般结构检测即可，质量事故较少。灌注桩施工工序较多，质量问题（事故）较多，因此桩基础检测重点是灌注桩。验收检测，宜先进行桩身完整性检测，后进行基桩承载力检测。桩身完整性检测应于基坑开挖至基底标高后进行。

2.4.1.1 桩身完整性检测

桩身完整性检测方法有钻芯法、声波透射法、低应变法和高应变法。

1. 钻芯法

钻芯法是用钻机直接从桩身钻取芯样，以检测成桩质量。钻芯法具有直观、可靠、精度高的特点，是检测钻（冲）孔、人工挖孔等现浇混凝土灌注桩成桩质量的有效手段，特别适于桩径≥800 mm、长径比≤30 m的大直径桩成桩质量检测。

钻芯法检测的目的如下：

（1）检测混凝土灌注桩桩长是否真实。

（2）检测桩身混凝土质量情况，桩身混凝土强度是否满足设计要求。

（3）检测桩底沉渣厚度是否满足设计要求。

（4）检测桩端持力层岩土性状和厚度是否满足设计要求，判定桩身完整性类别。

钻芯法每根受检桩钻孔数量：桩径小于1.2 m宜为1~2个孔，桩径1.2~1.6 m宜为2个孔，桩径大于1.6 m宜为3个孔。

2. 声波透射法

声波透射法指预埋声测管之间发射并接收声波，通过观测和分析声波在混凝土介质中传播的声时、频率和波幅衰减等声学参数相对变化，以判断桩身完整性。声波透射法信息量丰富、全面、细致，可检出缺陷位置和大小，但无法定性判断缺陷具体情况，也无法检测桩底持力层情况，因而具有一定的局限性。声波透射法适用于已预埋2根或2根以上声测管、桩径≥600 mm混凝土灌注桩桩身缺陷和位置，判定桩身完整性类别。

3. 低应变法

低应变法是在桩顶面实施低能量瞬态或稳态激振，使桩产生弹性振动，测定桩顶部速度时程曲线或力时程曲线，通过波动理论时域分析或频域分析，判定桩身完整性。低应变法检测速度快、成本低,适用于检测混凝土桩桩身完整性,判定桩身缺陷程度和位置。但低应变法不能对桩身缺陷程度定量判定,对桩身不同类型缺陷,缺陷性质难以区分。

4. 高应变法

高应变法是用重锤冲击桩顶,实测桩顶附近或桩顶部速度和力时程曲线,通过波动理论分析,判定单桩竖向抗压承载力和桩身完整性(主功能);检测混凝土桩桩身完整性(附带性),检测桩身缺陷及位置,判定桩身完整性类别。

高应变法具有激励能量大、检测有效深度大等优点,特别是判定桩身水平整合型缝隙、预制桩接头等缺陷时,能查明这些缺陷是否影响桩竖向抗压承载力,从而合理判断缺陷程度。但高应变法仍有较大局限性,可靠性很大程度上取决于检测人员的技术水平和经验。

2.4.1.2　**桩基承载力检测**

单桩承载力检测常用静载试验法、动载试验法和高应变法。

1. 静载试验法

静载试验通过模拟实际荷载,以静载加压,得出一系列曲线,确定单桩极限承载力,可综合评定容许承载力,作为设计依据或对工程桩抽样检验和评价。此法直观反映桩承载力和混凝土浇筑质量,数据可靠,但试验装置复杂笨重,装、卸操作工时成本高,测试数量有限且易破坏桩基。荷载试验有多种:单桩竖向抗压静载试验、单桩竖向抗拔静载试验和单桩水平静载试验。

1) 单桩竖向抗压静载试验

单桩竖向抗压静载试验指将竖向荷载均匀传至基桩,通过实测单桩分级荷载的桩顶沉降,绘制压缩曲线、压缩对数曲线或其他辅助分析曲线,推求单桩竖向抗压承载力特征值等参数;确定单桩竖向抗压极限承载力;通过桩身应变、位移测试,测定桩侧、桩端阻力,验证高应变法单桩竖向抗压承载力检测结果。

2) 单桩竖向抗拔静载试验

单桩竖向抗拔静载试验指在桩顶部逐级施加竖向抗拔力,观测桩顶部随时间产生的抗拔位移,绘制荷载-上拔量曲线和上拔量-时间对数曲线,确定单桩竖向抗拔极限承载力;通过桩身应变、位移测试,测定桩的抗拔侧阻力。

3) 单桩水平静载试验

单桩水平静载试验指用接近水平受荷桩实际工作条件的方法确定单桩水平极限承载力;确定单桩水平临界荷载;推定土抗力参数;判定水平位移是否满足设计要求;通过桩身应变、位移测试,测定桩身弯矩。

静载试验检测前休止时间:预制桩桩身强度达到设计要求的前提下,砂土≥7 d、粉土≥10 d、非饱和黏性土≥15 d、淤泥或淤泥质土≥25 d,待桩身与土体结合基本趋于稳定,方可试验;现浇筑混凝土灌注桩应待桩身混凝土强度达到设计要求的前提下,砂土≥10 d、非饱和黏性土≥20 d、淤泥或淤泥质土≥30 d,方可试验。

2. 动载试验法

动载试验法又称动力无损检测法,是检测基桩承载力及桩身质量的一项新技术,作为静载试验的补充。

动载试验是相对静载试验而言的,通过对桩土体系适当简化,建立起数学-力学模型，借助电子技术与量测设备采集桩-土体系在给定动荷载作用下产生的振动参数，结合实际桩土条件计算，所得结果与静载试验结果比对，在积累一定数量动、静载试验对比结果的基础上，找出两者的相关关系，并以此作为标准来确定基桩承载力。另外，可应用波动理论，根据波在混凝土介质内的传播速度、传播时间和反射情况，用来检验、判定桩身是否存在断裂、夹层、颈缩、空洞等质量缺陷。单桩承载力动载试验法种类较多，国内代表性的方法有动力参数法、频率法、锤击贯入法、水电效应法、共振法、机械阻抗法、波动方程法等，常用动力参数法和频率法两种。

动载试验法试验仪器轻便灵活，检测快速，单桩试验时间仅为静载试验的 1/50 左右，可大大缩短试验时间；检测数量多，不破坏桩基，相对也较准确，可进行普查；费用低，单桩测试费约为静载试验的 1/30，可节省大量人力、物力。据统计，国内用动载试验法试桩工程数目已达工程总数的 70%左右，试桩数约占全部试桩数的 90%，有效填补了静力试桩的不足，满足了桩基工程发展需要。但动载试验法需大量测试数据，需静载试验资料来充实，所测极限承载力有时与静载荷值离散性较大。

3. 高应变法

高应变法以检测承载力为主，可作为静载试验的补充；可确定单桩竖向抗压承载力；分析桩侧和桩端阻力；进行打桩过程监控。

基桩检测应根据各种检测方法适用范围和特点，结合地基条件、桩型、成桩工艺、适用要求、当地经验等因素，合理选择检测方法。用两种或两种以上检测方法可相互补充、验证，能有效提高检测结果判定可靠性时，应选两种或两种以上检测方法。

码 2-17　质量控制图视

2.4.1.3　检测结果评价

1. 桩身完整性检测结果评价

桩身完整性检测结果评价，应给出每根受检桩桩身完整性类别（见表 2-13）。

表 2-13　桩身完整性分类

桩身完整性类别	分类原则
Ⅰ类桩	桩身完整
Ⅱ类桩	桩身有轻微缺陷，不会影响桩身结构承载力的正常发挥
Ⅲ类桩	桩身有明显缺陷，对桩身结构承载力有影响
Ⅳ类桩	桩身存在严重缺陷

2. 桩基承载力检测结果评价

工程桩承载力检测应给出受检桩承载力检测值，并评定单桩承载力是否满足设计要求。

2.4.2　桩基验收

2.4.2.1　验收规定

(1)桩顶设计标高与施工场地标高相同时,或桩基施工结束后,可对桩位进行检查,桩基工程验收应在施工结束后进行。

(2)桩顶设计标高低于施工场地标高,送桩后无法对桩位检查时,打入桩可在每根桩桩顶沉至场地标高时,进行中间验收,待全部桩施工结束,承台或底板开挖到设计标高后,再最终验收;灌注桩可对护筒位置进行中间验收。

2.4.2.2　质量验收资料

桩基施工记录和有关技术检查资料应与施工同步,及时收集、整理和保管以下资料:

(1)岩土工程勘察报告、桩基施工图、图纸会审纪要、设计变更单及材料代用通知单等。

(2)经审定的施工组织设计、施工方案及执行中的变更情况。

(3)桩位测量放线图,包括工程桩位线复核签证单。

(4)成桩质量检查报告。

(5)单桩承载力检测报告。

(6)基坑挖至设计标高的基桩竣工平面图及桩顶标高图。

2.4.2.3　施工质量验收内容

预制桩或桩质量检查包括制作、打入(静压)深度、停锤标准、桩位及垂直度检查等。制作及偏差应满足设计和规范;沉桩过程检查项目应包括每米锤击数、最后一米锤击数、最后几击贯入度及桩尖标高、桩身(架)垂直度等。

灌注桩成孔质量检查包括成孔和清孔、钢筋笼制作及安放、混凝土搅拌及浇筑 3 个工序质量检查。成孔及清孔时,主要检查已成孔中心位置、孔深、孔径、垂直度、孔底沉渣厚度;制作安放钢筋笼时,主要检查钢筋规格、焊条规格与品种、焊口规格、焊缝长度、焊缝外观和质量、主筋和箍筋制作偏差及钢筋笼安放实际位置等;搅拌和浇筑混凝土时,主要检查原材料质量与计量、混凝土配合比、坍落度、混凝土强度等。

2.4.2.4　质量验收标准

1. 预制桩(钢桩)

预制桩桩位允许偏差须符合表 2-14 的规定。斜桩倾斜度偏差不得大于倾斜角正切值的 15%(倾斜角指桩纵向中心线与铅垂线间夹角)。

表 2-14　预制桩(钢桩)桩位允许偏差

项目	允许偏差/mm
带基础梁的桩:(1)垂直基础梁中心线 (2)沿基础梁中心线	$100+0.01H$ $150+0.01H$
桩数为 1~3 根桩基中的桩	100

续表 2-14

项目	允许偏差/mm
桩数为 4~16 根桩基中的桩	1/2 桩径或边长
桩数大于 16 根桩基中的桩:(1)最外边的桩	1/3 桩径或边长
(2)中间桩	1/2 桩径或边长

注:H 为施工现场底面标高与柱顶设计标高的距离。

2. 灌注桩

灌注桩成孔施工允许偏差应满足表 2-15 的规定,桩顶标高至少要比设计标高高出 0.5 m,桩底清孔质量成桩工艺应符合相关规范要求。每浇筑 50 m^3 须制作一组试件,浇筑量小于 50 m^3 的桩,每桩须制作一组试件。

表 2-15　灌注桩成孔施工允许偏差

成孔方法		桩径允许偏差/mm	垂直度允许偏差/%	桩位允许偏差/mm	
				1~3 根桩、条形桩基沿垂直轴线方向和群桩基中的边桩	条形桩基沿轴线方向和群桩基的中间桩
泥浆护壁钻、挖、冲孔桩	D≤1 000 mm	±50	<1	D/6 且不大于 100	D/4 且不大于 150
	D>1 000 mm	±50		100+0.01H	150+0.01H
锤击(振动)沉管、振动冲击沉管成孔	D≤500 mm	−20	<1	70	150
	D>500 mm			100	150
螺旋钻、机动洛阳铲干作业成孔		−20	<1	70	150
人工挖孔桩	现浇筑混凝土护壁	±50	<0.5	50	150
	钢套管护壁	±20	<1	100	200

注:1. 桩径允许偏差负值指个别断面。

2. 采用复打法、反插法施工的桩,其桩径允许偏差不受本表限制。

3. H 为施工现场底面标高与桩顶设计标高的距离,D 为设计桩径。

【课后练习】

请扫描下方二维码,做课后练习。

数学项目 2　课后练习

教学项目3　砌筑工程施工

【能力目标】

通过本教学项目的学习,能指导砌筑材料的准备、拌制砂浆和灌孔混凝土,能检验和判断脚手架设置是否符合安全要求,能检验石砌体、砖砌体和砌块砌体的砌筑质量,能对砌筑工程进行验收,能指导砌筑工程冬期施工,能对现场砌筑工程安全进行检查验收。

任务1　通用要求

任务导航

本任务要求掌握砌筑通用要求(规定),了解砌筑工程材料的一般要求,掌握砌筑对砂浆和灌孔混凝土的要求。

砌筑工程指砖石块体和各类砌块施工。聪明勤劳的古人早在三四千年前,就能熟练运用各种砌筑工法,现在还存有当时料石砌块及其砌体结构;他们还善于烧制砖砌块,早在大约2 000多年前就有烧制黏土砖的砌体结构;先人们留下的秦砖汉瓦,其制法延续至今,仍在建筑工程中起着重要作用。砌体结构可就地取材,施工方便,保温、隔热、隔声和耐火性良好,且节约钢材水泥,无须大型施工机械,施工组织简单,砌筑施工技术入门要求低。但施工以人力手工为主,劳动强度大,生产效率低,且从资源角度看,烧制黏土砖需大量农田山地,需大量含硅铝黏土矿,不利于环保和资源可持续利用,故时代呼唤新型墙体替代材料。而改善砌体施工工艺,机械化、绿色化、环保化、节能化、自动化、建造智能化也已成为砌筑工程发展和改进的重要方向。

砌体主要有基础、墙、柱及其他定型设计的砌块砌体,带形基础、条形基础、挡土墙石砌体、水平灰缝中配置钢筋网片,竖向配粗钢筋的配筋砌体,其他还有混凝土小型空心砌块砌体、框架结构填充墙砌体等。

3.1.1　通用要求

(1)砌体施工应以建立安全家园、宜居家园、绿色家园、环保家园并维护绿水青山为目标。砌体结构材料应依据承载性能、节能环保性能、使用环境条件合理选用。工程建设所用技术方法和措施是否满足要求,由相关责任主体判定。其中,创新性技术方法和措施,应论证并满足性能要求。

(2)砌体结构施工质量控制等级应根据现场质量管理水平、砂浆与混凝土质量控制、砂浆拌和工艺、砌筑工人技术等级四个要素从高到低分A、B、C三级,设计工作年限为50年及以上砌体结构工程,应为A级或B级。

(3)砌体结构所处环境类别应依据气候条件及结构使用环境条件按表3-1分类。

表 3-1 使用环境分类

环境类别	环境名称	环境条件
1	干燥环境	干燥室内、外环境；室外有防水防护环境
2	潮湿环境	潮湿室内或室外环境，包括与无侵蚀性土和水接触的环境
3	冻融环境	寒冷地区潮湿环境
4	氯侵蚀环境	与海水直接接触的环境，或处于滨海地区的盐饱和的气体环境
5	化学侵蚀环境	有化学侵蚀气体、液体或固态形式环境，包括有侵蚀性土壤环境

(4)砌体结构应选满足工程耐久性要求的材料，建筑与结构构造应有利于防雨雪、湿气和侵蚀性介质对砌体危害。

(5)环境类别 2~5 类，砌体结构钢筋应采取防腐或保护措施。

(6)环境类别 4 类、5 类，砌体结构应抗侵蚀和耐腐蚀。

(7)砌体设计工作年限要求 50 年块材碳化系数和软化系数均不应小于 0.85，软化系数小于 0.9 的材料不得用于 2 类、3 类和 5 类条件下的承重墙体。

(8)砌体结构材料应依据其承载性能、节能环保性能、使用环境条件合理选用。

(9)砌体结构选用材料应符合以下相关规定：

①所用材料应有产品出厂合格证书、产品性能形式检验报告；

②应对块材、水泥、钢筋、外加剂、预拌砂浆、预拌混凝土主要性能检验，证明质量合格并满足设计要求；

③应根据块材类别和性能，选用与其匹配的砌筑砂浆。

(10)砌体结构不应用非蒸压硅酸盐砖、非蒸压硅酸盐砌块及非蒸压加气混凝土制品。

(11)长期处于 200 ℃以上或急热急冷部位，以及有酸性介质部位，不得用非烧结墙体材料。

(12)砌体结构中钢筋应用热轧钢筋或余热处理钢筋。

3.1.2 块材通用要求

码 3-1 砌块

(1)块体材料应满足抗压强度等级和变异系数要求，用于承重墙体的多孔砖和蒸压普通砖尚应满足抗折指标要求。

(2)非烧结含孔块材应满足最小壁厚及最小肋厚要求，用承重多孔砖和小砌块时尚应满足孔洞率上限要求。

(3)环境类别 1 类和 2 类的承重砌体，块体材料最低强度等级应满足要求；对配筋砌块砌体抗震墙，表 3-2 中 1 类和 2 类环境的普通、轻骨料混凝土砌块强度等级为 MU10；安全等级为一级或设计工作年限大于 50 年结构，表 3-2 中材料强度等级应至少提高一个等级。

表 3-2 1类、2类环境下块体材料最低强度等级

环境类别	烧结砖	混凝土砖	普通、轻骨料混凝土砌块	蒸压普通砖	蒸压加气混凝土砌块	石材
1	MU10	MU15	MU7.5	MU15	A5.0	MU20
2	MU15	MU20	MU7.5	MU20	—	MU30

(4)环境类别3类的承重砌体,材料抗冻性能和最低强度等级应符合表3-3的规定。

表 3-3 3类环境抗冻性能与最低强度等级

环境类别	冻融条件	抗冻性能			块材最低强度等级		
		抗冻指标	质量损失/%	强度损失/%	烧结砖	混凝土砖	混凝土砌块
3	微冻地区	F25	≤5	≤20	MU15	MU20	MU10
	寒冷地区	F35			MU20	MU25	MU15
	严寒地区	F50			MU20	MU25	MU15

注:1. 冻融环境按当地最低月平均气温划分为微冻地区、寒冷地区和严寒地区,其月平均气温分别为−3~2.5 ℃、−8~−3 ℃和−8 ℃以下。

2. 抗冻指标表征为按标准试验方法经受的冻融循环次数。

3. 设计工作年限大于50年时,抗冻指标应提高一个等级。

4. 冻融区不得用蒸压砖、蒸压加气混凝土砌块。地面以下或防潮层以下用多孔砖或空心砌块时,应分别用不低于M10水泥砂浆和不低于C_b20灌孔混凝土预先将孔洞灌实。

(5)环境类别4类、5类的承重砌体,应根据环境条件选择块体材料强度等级及抗渗、耐酸、耐碱性能指标。

(6)夹心墙的外叶墙的砖及混凝土砌块的强度等级不应低于MU10。

(7)填充墙最低强度等级,应按下列规定采用:

①内墙空心砖、轻骨料混凝土砌块、混凝土空心砌块应为MU3.5,外墙应为MU5;

②内墙蒸压加气混凝土砌块应为A2.5,外墙应为A3.5。

(8)下列部位或环境填充墙不应用轻骨料混凝土小型空心砌块或蒸压加气混凝土砌块砌体:

①建(构)筑物防潮层以下墙体;

②长期浸水或化学侵蚀环境;

③砌体表面温度高于80 ℃的部位;

④长期处于有振动源环境的墙体。

3.1.3 砂浆和灌孔混凝土通用要求

(1)砂浆应用重量比,砂应考虑含水量。

(2)砂浆最低强度应符合以下相关规定：

①设计工作年限大于25年烧结普通砖和烧结多孔砖砌体：M5；设计工作年限小于25年烧结普通砖和烧结多孔砖砌体：M2.5。

②蒸压加气混凝土砌块砌体：M_a5；蒸压灰砂普通砖和蒸压粉煤灰普通砖砌体：M_s5。

③混凝土普通砖、混凝土多孔砖：M_b5。

④混凝土砌块和煤矸石混凝土砌块：$M_b7.5$。

⑤配筋砌块砌体：M_b10。

⑥毛料石、毛石砌体：M5。

(3)混凝土砌块砌体灌孔混凝土强度等级不应低于C_b20，且不应低于1.5倍块体强度等级。

(4)设计有抗冻性要求的砌体，砂浆应进行冻融试验，其抗冻性能应不低于墙体块材。

(5)配筋砌体不得使用掺氯盐和硫酸盐类外加剂的砂浆。

(6)配筋砌块砌体材料选择应符合以下相关规定：

①灌孔混凝土应具抗收缩性能。

②对安全等级为一级或设计工作年限大于50年配筋砌块砌体房屋，砂浆和灌孔混凝土最低强度等级应至少提高一级。

(7)灌孔混凝土砌块砌体灌孔率应根据受力或施工条件确定，且不应小于33%，其抗压强度设计值不应大于未灌孔砌体抗压强度设计值的2倍。

3.1.4 砌体施工通用要求

高质量砌体须高质量原材料、良好砌筑工艺、精细化管理。施工应有工匠精神，以使砌体有良好的整体性、稳定性和受力性能：灰缝横平竖直、砂浆饱满厚薄均匀、砌块上下错缝（如有时须砍砖）、内外搭砌搭接尺寸可靠、接槎牢固、墙面垂直；须预防不均匀沉降导致的墙体开裂；保证施工中墙和柱的稳定性；冬期施工应有保证措施；管理突出安全第一，质量第一。

(1)砌筑前，应认真熟悉图纸、构造及材料要求，核实门窗洞口位置和尺寸，算出窗台及过梁圈梁顶部标高。同时根据设计图纸及工程实际情况，编制专项施工方案和施工技术交底。

(2)非烧结块材早期自身收缩较快且收缩值大，砌筑应满足块材上墙后收缩性控制要求。砌前湿润块材时应正确浇（喷）水，不得用干砖或吸水饱和砖砌筑。

(3)砌体砌筑时，墙体转角处和纵横交接处应同时咬槎砌筑；砖柱不得用包心砌法；带壁柱墙壁柱应与墙身同时咬槎砌筑；临时间断处应留槎；块材应上下错缝、内外搭砌。

(4)砌体中洞口、沟槽和管道等应按设计留出和预埋。

(5)砌筑砂浆需配合比设计和试配。砌筑砂浆组成材料有变时，配合比应重新确定。砌筑砂浆用水泥、预拌砂浆及其他专用砂浆，应考虑储存期限对强度的影响。现场拌制时，各组分材料应按质量计量。砌筑砂浆拌后使用中不得随意掺其他黏结剂、骨料和混合物。

(6)构造柱和圈梁框架体系可增强墙体抗振性和稳定性。

(7)承重墙体用小砌块应完整、无破损和无裂缝。

(8)小砌块砌筑时,应将生产时的底面朝上反砌于墙上。施工洞口预留直槎时,直槎上下搭砌的小砌块孔洞用混凝土灌实。

(9)砌体结构芯柱混凝土应分段浇筑并振捣密实,并应对芯柱混凝土浇筑密实程度检测,检测结果应满足要求。

(10)填充墙连接构造施工应满足设计要求。

(11)需说明的是,建筑工程施工均须达规范、标准要求,这其实是最低要求。施工及其管理者应精益求精,建立高于国标、行标的企标,以有技术、有经验、有责任、有担当的工匠精神,追优逐良、永求卓越。

任务 2　脚手架及垂直输送设施

任务导航

本任务要求熟悉脚手架构造及搭设要求,以及砌筑工程对垂直输送设施的要求。

建筑施工中,脚手架和垂直输送设施占有特别重要的地位,其选择与使用合适与否,直接影响施工作业的安全和顺利,也关系到工程质量、施工进度和经济效益。它是建筑施工技术措施中最重要的环节之一。

3.2.1　脚手架

码 3-2　脚手架

3.2.1.1　脚手架概述

脚手架关乎安全,建筑工程中,安全无论怎么强调都不过分,因为生命重于泰山,没有什么比人民群众的生命安全和身体健康更重要,因此施工和管理过程中,一定要加强安全生产监管,分区分类加强安全监管执法,强化企业主体责任落实,牢牢守住安全生产底线,切实维护人民群众的生命财产安全。

脚手架是建筑施工中重要的临时设施,是在施工现场为安全防护、工人操作及解决楼层间少量垂直输送和水平输送而搭设的支架。脚手架种类繁多,按搭设位置可分为外脚手架和里脚手架;按所用材料分为木脚手架与金属脚手架;按用途分为操作脚手架、防护脚手架、承重和支撑用脚手架;按构造形式分为多立杆式、框式、吊挂式、悬挑式、升降式及用于楼层间操作的工具式脚手架等。

脚手架施工属于特种作业,从业者应满足执业要求,持证上岗。

脚手架基本要求:满足人工操作、材料堆置和输送需要;坚固稳定,安全可靠;安拆简单,搬移轻巧方便;节资环保,尽可能多次周转使用。脚手架宽一般为 1.0~1.5 m,砌筑用脚手架每步架高度一般为 1.2~1.4 m,装饰用脚手架步高一般为 1.6~1.8 m。

3.2.1.2　外脚手架

外脚手架就是架立于建筑物外围,沿建筑物外围从基层搭起,既可用于外墙砌筑,又可用于外装饰施工。主要形式有多立杆式、框式、桥式等。其中,多立杆式传统应用最广,框式次之,现今推广使用盘扣式外脚手架。

1. 多立杆式外脚手架

1) 基本组成和一般构造

多立杆式外脚手架由立杆、纵向水平杆(大横杆)、横向水平杆(小横杆)、斜撑、脚手板等组成(见图 3-1),特点是每步架高可根据施工需要灵活布置,取材方便,钢、木、竹等均可用。

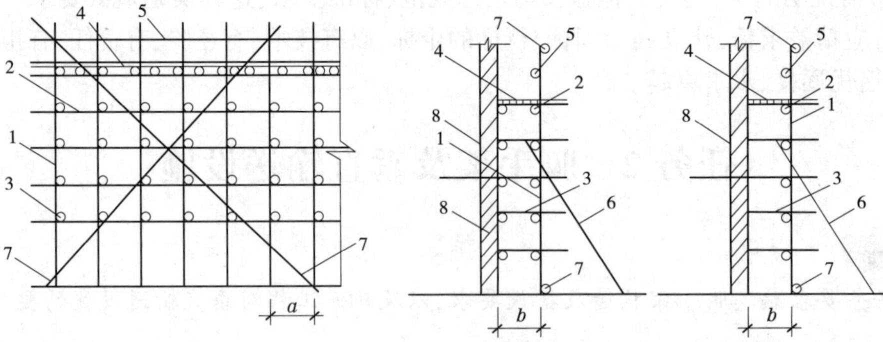

1—立柱;2—大横杆;3—小横杆;4—脚手板;5—栏杆;6—地撑;7—斜撑(剪刀撑);8—墙体。

图 3-1　多立杆式外脚手架

多立杆式外脚手架分双排式和单排式两种。双排式沿墙外侧设两排立杆,小横杆两端支撑在大横杆后再传力给立杆,多、高层房屋均可用,房屋高度超过 50 m 时,需专门设计。单排式沿墙外侧仅设一排立杆,其小横杆一端与大横杆连接,另一端支承在墙上,仅适用于荷载较小、高度较低(<24 m)、墙体有一定强度的多层房屋。

传统低层房屋建筑中,多立杆式外脚手架可用竹、木等自然简易杆件搭成,至今已多用钢管和特制专门扣件搭设。这种多立杆式钢管外脚手架有扣件式和碗扣式两种。

钢管扣件式多立杆外脚手架由扣件(见图 3-2)将钢管连接成一个有机整体,既牢固,又方便拆装,可重复使用,应用广泛。为加强纵向稳定性和整体性,脚手架在纵向外侧按距离设置斜撑(如剪刀撑)。为防止整片脚手架外倾并抵抗风力,还需均布连墙杆,将脚手架与建筑物主体结构可靠相连,建筑物刚度可显著加强脚手架整体稳定性。

碗扣式钢管外脚手架立杆与水平杆靠专门碗扣接头连接(见图 3-3),碗扣分上碗扣和下碗扣,下碗扣焊于钢管,上碗扣对应套于钢管,其销槽对准焊于钢管的限位销即能上下滑动。连接时,只需将横杆接头插入下碗扣内,将上碗扣沿限位销扣下,并顺时针旋转,靠上碗扣螺旋面使之与限位销顶紧,从而将横杆与立杆牢固连接,整体形成框架结构。碗扣式接头可同时连接 4 根横杆,横杆可相互垂直也可为其他角度,故可搭各种类型的脚手架,特别适用于搭设扇形表面,以及高层建筑施工和装修两用外脚手架,还可作模板支撑。

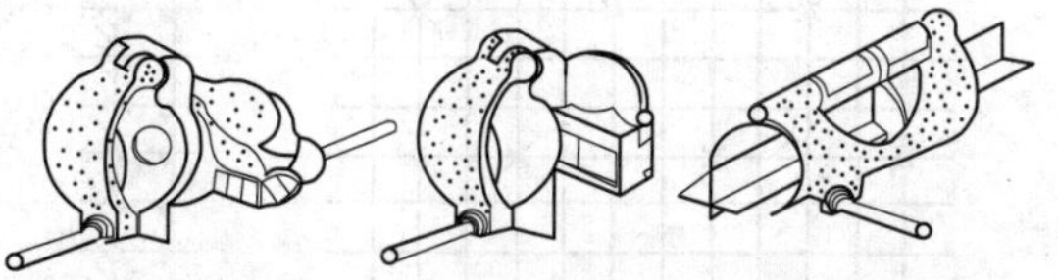

(a)回转扣件 (b)直角扣件 (c)对接扣件

图3-2 扣件形式

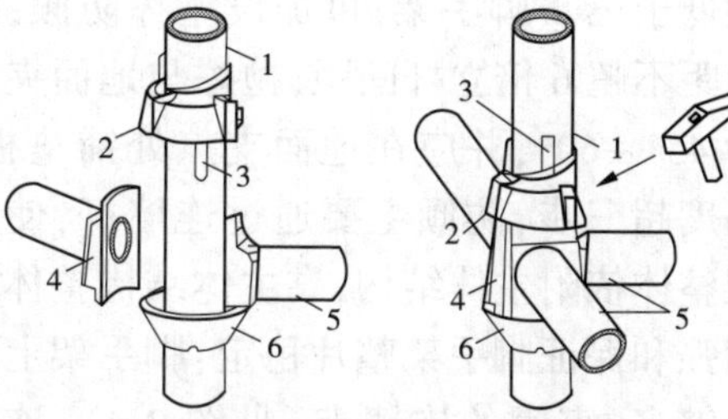

(a)连接前 (b)连接后

1—立杆;2—上碗扣;3—限位销;

4—横杆接头;5—横杆;6—下碗扣。

图3-3 碗扣接头构造

2)承力结构

脚手架承力结构主要指纵向构架、横向构架和作业层。

纵向构架是由各榀(幅)横向构架通过大横杆相连,相互之间形成有机整体。它应沿房屋周围形成一个连续封闭结构,所以在房屋四周,脚手架大横杆在房屋转角处相互交圈,并确保连续。无法交圈时,脚手架端头应采取有效措施加强整体性,如设置抗侧力构件,加强与主体拉结等。

各榀(幅)横向构架由立杆和小横杆组成,是脚手架直接承受和传递竖向荷载的部分,是脚手架受力的主体。

作业层直接承受施工荷载,荷载由脚手板传给小横杆,再传给大横杆和立柱。

3)支撑体系

支撑体系帮助脚手架形成几何稳定体系,加强刚度、增强抗侧向变形能力,避免节点出现可变状态和过大位移。脚手架支撑体系包括纵向支撑(剪刀撑)、横向支撑和水平支撑。这些支撑应与脚手架空间构架的基本构件可靠连接。

(1)纵向支撑(剪刀撑)。指沿脚手架纵向外侧面按一定距离由下而上连续设置剪刀撑。不高于24 m的脚手架,两端和转角须设剪刀撑,剪刀撑不超过15 m设1道,且每片架子不少于3道。剪刀撑宽度不应小于4跨,且不小于6 m。斜杆与地面夹角宜为45°~60°,最下面斜杆与立杆连接点离地面不宜大于500 mm。高于24 m脚手架,外侧全立面连续设置剪刀撑。

(2)横向支撑。指横向构架(榀)内从底到顶沿全高呈“之”字形设置的连续斜撑。脚手架纵向构架受条件限制不能形成封闭形状时,如“一”字形、L形或“凹”字形等,其两端须设横向支撑,并于中间每6个间距加设1道横向支撑。脚手架高度超过24 m时,亦需每6个间距设1道横向支撑。

(3)水平支撑(水平斜杆)。指设置连墙拉结杆件所处水平面内,连续设置水平斜杆。一般设于受力较大部位,如在结构脚手架中或承受偏心荷载较大的承托架、防护棚、悬挑水平安全网等部位设置,以加强水平刚度。

4)抛撑和连墙杆

脚手架横向构架实为大高跨比单跨结构,仅依靠结构本身难稳定、易倾覆、难抵风力。

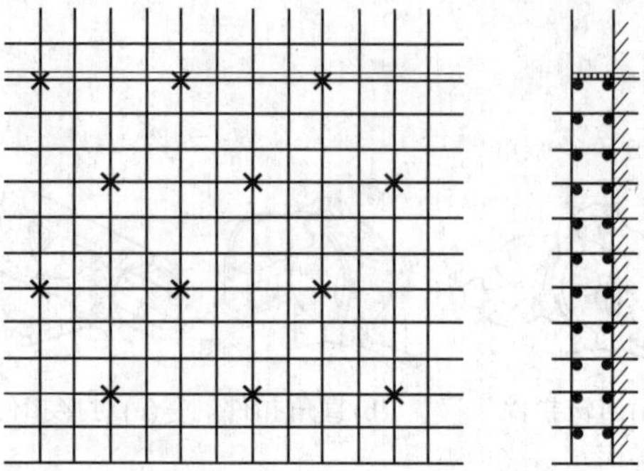

图 3-4　连墙杆布置

高度低于三步脚手架，可加设抛撑防倾，抛撑间距不超 6 倍立杆间距，抛撑与地面夹角宜为 45°~60°，并应在地面支点处铺垫板。如高度超三步，防倾主要通过连墙杆，使脚手架整体依附主体结构，靠主体结构整体刚度加强和保证脚手架整片稳定：脚手架上均布足够多、牢固的连墙点（见图 3-4），连墙点位置应在大横杆交立杆的节点处，离节点间距不宜大于 300 mm。

设置一定数量连墙杆后，整片脚手架倾覆破坏一般不会发生。但要求与连墙杆连接一端墙体本身要有足够刚度，所以连墙杆在水平标高上应设置于框架梁或楼板附近，纵向位置上应设置于框架柱或横隔墙附近。连墙杆在房屋每层均需布置一排，上下相邻两排竖向间距为脚手架步高的 2~4 倍，不宜超过 4 倍，且在 3~4 m 范围内；同一排两杆节点（连墙杆位于大横杆交立杆节点）水平间距宜为立杆纵距的 3~4 倍，不宜超过 4 倍，且在 4.5~6.0 m 范围内。

5）搭设要求

脚手架搭设地基应平实，设置底座和垫板，并可靠防排水，避免积水浸泡地基致不均匀沉降。杆件应按设计方案搭设，并注意搭设顺序，扣件拧紧程度应适中，扭矩一般应为 40~60 kN·m。禁止使用规格或质量不合格杆配件。相邻立柱对接扣件不得在同一高度，应随时校正杆件垂直偏差和水平偏差。脚手架顶层连墙点之上自由高度须小于或等于 6 m。作业层高出其下连墙件 2 步或 4 m 以上，且其上尚无连墙件时，应临时撑拉。脚手板或其他作业层板铺设应符合规范要求。

2. 框式脚手架

1）基本组成

框式脚手架也称门式脚手架，其应用最广泛、最普遍，可作外脚手架、内脚手架或满堂脚手架。框式脚手架基本单元由门式框架、剪刀撑、水平梁架、螺旋基脚（或带轮基脚）组成，基本单元相连并增加梯子、栏杆及脚手板等形成（见图 3-5）。

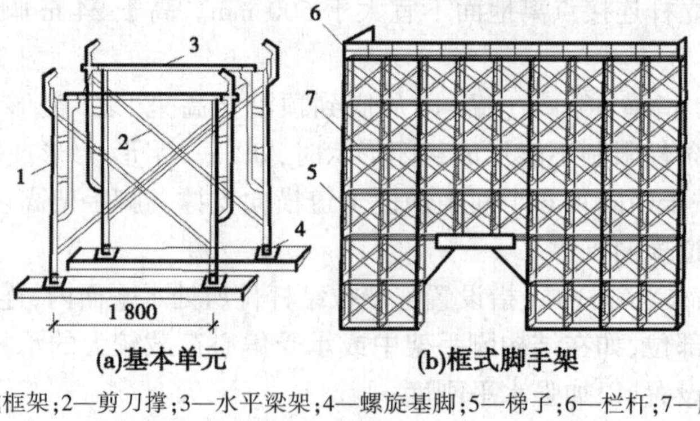

(a)基本单元　(b)框式脚手架

1—门式框架；2—剪刀撑；3—水平梁架；4—螺旋基脚；5—梯子；6—栏杆；7—脚手板。

图 3-5　框式脚手架　（单位：mm）

2) 搭设要求

框式脚手架是一种工厂生产、现场搭设的脚手架,一般只需按产品说明的使用荷载和规定搭设,无须再行验算。如实际情况与规定有出入,应通过验算加固。通常框式脚手架搭设高度限制于 45 m 内,采取一定措施后达 80 m 左右。施工荷载:均布荷载 1.8 kN/m^2,或作用于脚手架板跨中集中荷载 2 kN。

搭设框式脚手架时,基底须平实,并铺可调底座,以免发生塌陷和不均匀沉降。须严格控制第一步门式框架垂直度偏差(≤2 mm),门架顶部水平偏差≤5 mm。门架顶底纵向水平杆和扫地杆应牢固。门架之间剪刀撑和水平梁架(或脚手板)连接可靠。

3.2.1.3　里脚手架

里脚手架搭设于建筑物内部,每砌完一层墙后,可将其移至上层继续施工,可用于砌筑和室内装饰装修。里脚手架用料少,但拆装频繁,故要求轻便灵活,装拆方便。结构形式有折叠式、支柱式和门架式等。

1. 折叠式

折叠式里脚手架多用于砌筑和粉刷。折叠式里脚手架根据材料不同可分为角钢、钢管和钢筋等折叠式里脚手架。角钢折叠式里脚手架(见图 3-6)架设间距,砌墙不超过 2 m,粉刷不超过 2.5 m,可搭两步脚手架,第一步高约 1 m,第二步高约 1.65 m。钢管和钢筋折叠式里脚手架架设间距,砌墙不超 1.8 m,粉刷不超 2.2 m。

2. 支柱式

支柱式里脚手架由支柱和横杆组成,适用于砌墙和粉刷。搭设间距砌墙不超过 2 m,粉刷不超过 2.5 m。支柱式里脚手架有套管式和承插式两种。套管式支柱(见图 3-7)是将插管插入立管,以立管与插管上的销孔间距调节架子高度,在插管顶端凹形支托内搁置方木横杆,其上铺脚手板,架设高度为 1.5~2.1 m。

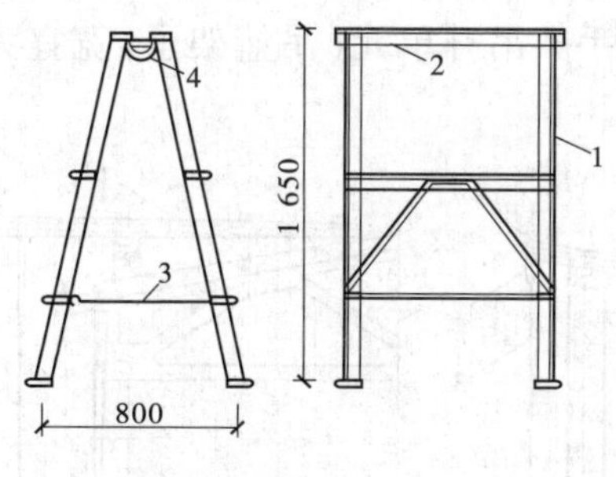

1—立柱;2—横楞;3—挂钩;4—铰链。

图 3-6　折叠式里脚手架　(单位:mm)

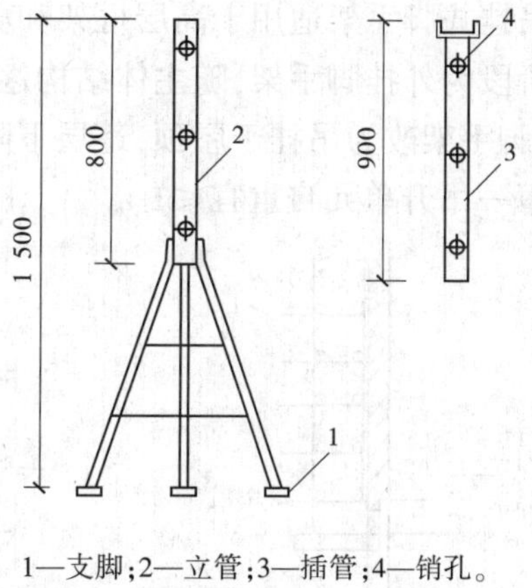

1—支脚;2—立管;3—插管;4—销孔。

图 3-7　套管式支柱　(单位:mm)

3. 门架式

门架式里脚手架由两片 A 形支架与门架组成(见图 3-8),适用于砌筑和粉刷。支架间距砌墙不超过 2.2 m,粉刷不超过 2.5 m。按支架与门架结合方式,分套管式和承插式两种。A 形支架有立管和套管两部分,立管常用 ϕ 50×3 mm 钢管,支脚可用钢管、钢筋或角钢焊成。套管式支架立管较长,由立管与门架上销孔调节架子高度。承插式支架立管较短,用双承插管,改变架设高度时,支架可不再挪动。门架用钢管或角钢与钢管焊成,承插式门架架设第二步时,销孔要插上销钉,防止 A 形支架被碰撞后转动。

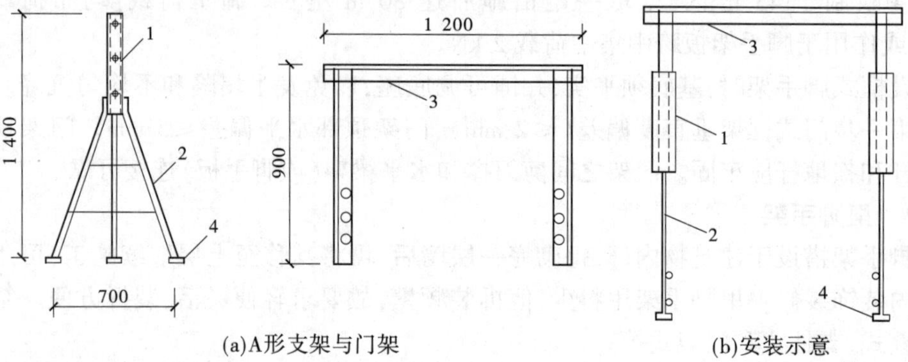

1—立管;2—支脚;3—门架;4—垫板。

图 3-8　门架式里脚手架　(单位:mm)

3.2.1.4　其他几种脚手架简介

1. 悬挑式脚手架

悬挑式脚手架(见图 3-9)简称挑架,搭设于高层建筑物外缘外伸悬挑结构上,脚手架荷载全部或部分传递给建筑结构。悬挑支撑结构主要有两种:型钢焊三角桁架下撑式结构和钢丝绳斜拉水平型钢挑梁的斜拉式结构。悬挑结构上的双排外脚手架同落地式脚手架。分段悬挑式脚手架高常在 25 m 内,因沿高分段搭设,故上层正施工时,下层可提前交付使用;而对有裙房的高层建筑,则可使裙房与主楼外脚手架互不影响,同时施工。

2. 吊挂式脚手架

吊挂式脚手架适用于高层框架和剪力墙结构的吊挂式脚手架(见图 3-10),主体结构施工阶段为外挂脚手架,随主体结构逐层向上施工,用塔吊吊升悬挂于结构。装饰施工阶段,该脚手架改为吊挂于屋顶,逐层下降。吊挂式脚手架吊升单元(吊篮架子)宽宜为 5~6 m,每一吊升单元自重宜≤1 t。

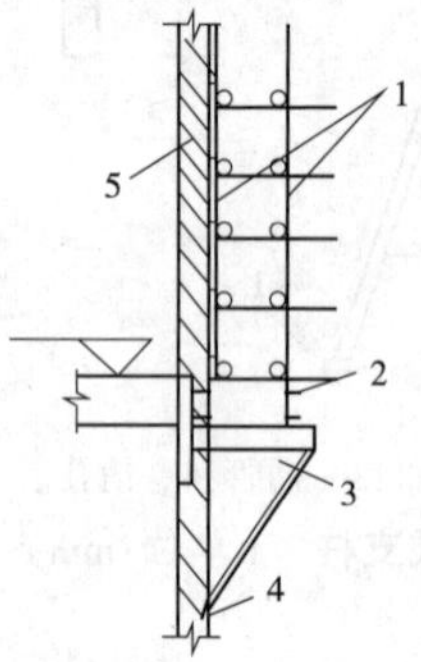

1—钢管脚手架;2—型钢横梁;3—三角支撑架;4—预埋件;5—钢筋混凝土柱(墙)。

图 3-9　悬挑式脚手架

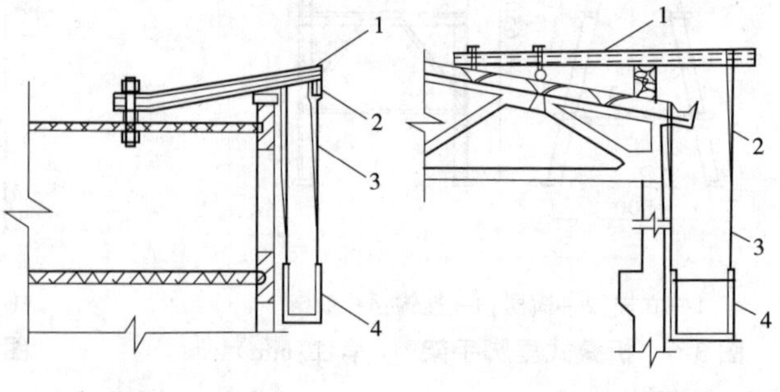

1—挑梁;2—吊环;3—吊索;4—吊篮。

图 3-10　吊挂式脚手架

3. 升降式脚手架

升降式脚手架(见图3-11)简称爬架。它是将自身分为两大部件:内套架和外套架,分别依附于主体结构。结构施工时,它利用自带升降机构和升降动力设备,使两个部件互为利用:交替松开,固定,交替爬升,其爬升原理同爬升模板。装饰施工阶段则相反:交替下降。此脚手架搭设高为3~4个楼层,不占用塔吊,相对落地式外脚手架,省材省工,适用于高层框架、剪力墙和筒体结构快速施工。

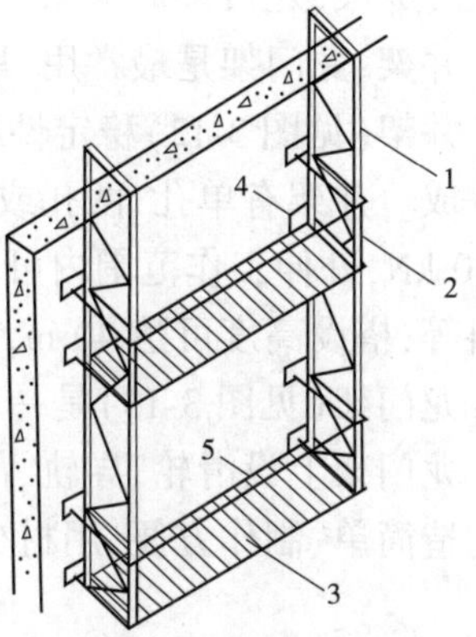

1—内套架;2—外套架;3—脚手板;4—附墙装置;5—栏杆。

图3-11　升降式脚手架

3.2.1.5　脚手架安全防护措施

建筑施工中,脚手架直接关乎生命安全,所以其设计、安拆和使用中均需重视,保证安全防护,严格按规范标准操作,过程管理规范,控制措施得力,检查严格有序,做到管理精细化、施工程序化、监管全程化。安拆前、安拆及使用中仔细排查事故隐患,切实筑牢安全防线。另外,应尽量实现自动化监管、智慧监管,以对每一工地、每一个人负责,构筑平安工地、平安工程、平安家庭、平安社会。

规范化、精细化安全操作要求如下:

(1)外墙砌筑高度超过4 m或立体交叉作业时,除在作业面规范铺设脚手板,按要求安装防护栏杆,正确铺设挡脚板外,还须在脚手架外侧设安全网。架设安全网时,其伸出宽度应≥2 m,外口须高于内口,搭接牢固可靠,每隔一定距离用拉绳将斜杆与地面锚桩拉牢。

(2)用里脚手架施工外墙或做多、高层外脚手架时,需设安全网。安全网随楼层施工同步上升,并应在下面每隔3~4层部位设一道安全网。施工中要常对安全网检查维修,每块安全网应能承受≥1.6 kN冲击荷载。

(3)为防触雷电危险,35 kV以上高压线路距离4.5 m范围内和1~10 kV高压线路3 m范围内,不得搭设钢脚手架。钢脚手架搭设和使用期间,严防接触带电体,需穿过或靠近380 V电力线路距离≤2 m时,应断电或拆除电源,如不能拆除,应可靠绝缘。搭设于旷野、山坡的钢脚手架,雷击区或雷雨季节应可靠避雷。

3.2.2　垂直输送设施

垂直输送设施指建筑施工中垂直输送材料和供人员上下的机械。砌筑工程垂直输送量很大,有大量砌块、砂浆、脚手架、脚手板和各种预制件等,故应严格安全管理。从效率和安全角度看,垂直输送安排的合理性,直接影响砌筑工程的工程成本和施工速度。

3.2.2.1　垂直输送设施种类

砌筑用垂直输送设施有塔式起重机、物料提升架(井架、龙门架、塔架和独脚杆升降台)、施工电梯、混凝土泵及灰浆泵等。

码3-3　垂直输送设施

1. 塔式起重机

塔式起重机有提升、回转、水平输送等功能,既是重要的吊装设备,也是重要的垂直输送设备,在吊运长、大、重物料时优势明显。

2. 井架、龙门架

井架、龙门架是最常用、最简便的垂直输送设施。

井架(见图 3-12)稳定性好、输送量大,可用型钢或钢管制成定型井架,或以脚手架材料拼成。井架有单孔、两孔或多孔等几种形式。井架常带起重臂和吊盘,起重臂起重能力 5~10 kN,外伸工作范围内可小距离水平输送,吊盘起重量 10~15 kN,可运手推车或散装材料等,搭设高度可达 40 m,为保证安全,须设缆风绳。

龙门架(见图 3-13)是一种门式架,由两根三角形或矩形截面立柱及天轮梁(横梁)组成。龙门架上设滑轮、导轨、吊盘、缆风绳等,进行材料、机具和小型预制构件的垂直输送,其构造简单、制作方便、用材少、安拆方便;但刚度和稳定性较差,多用于中小型工程。

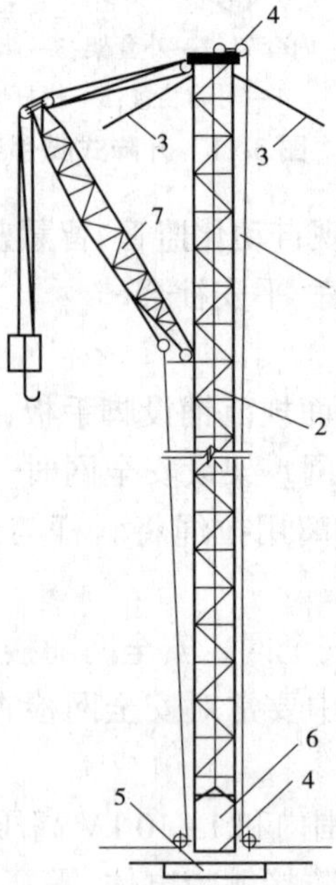

1—井架;2—钢丝绳;3—缆风绳;4—滑轮;
5—垫梁;6—吊盘;7—辅助吊臂。

图 3-12　钢井架

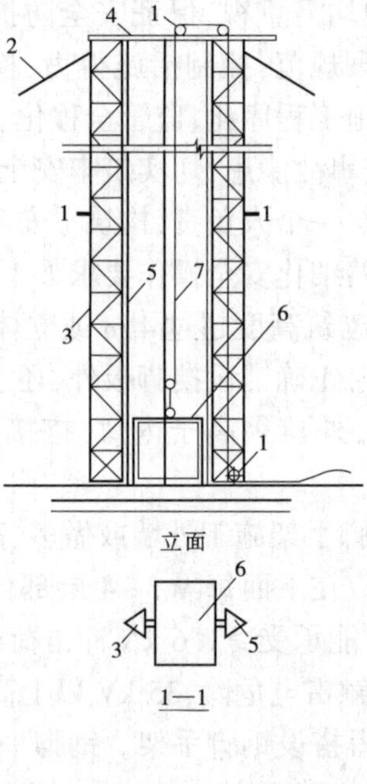

1—滑轮;2—缆风绳;3—立柱;4—横梁;
5—导轨;6—吊盘;7—钢丝绳。

图 3-13　龙门架

3. 施工电梯

电梯按驱动方式分齿条驱动和绳轮驱动两种。齿条驱动电梯有单吊箱(笼)式和双吊箱(笼)式两种,须装可靠限速装置,适用于 20 层以上建筑;绳轮驱动电梯为单吊箱(笼),无限速装置,体型轻巧、拆装简单、价格便宜,适用于 20 层以下建筑。

4. 灰浆泵(混凝土泵)

灰浆泵是垂直、水平两方向均可连续输送灰浆的机械,分活塞式和挤压式两种。活塞式灰浆泵按结构又分直接作用式和隔膜式两种。

3.2.2.2　垂直输送设施设置要求

垂直输送设施根据现场实际条件布设。

1. 覆盖面和供应面

塔吊覆盖面指塔吊工作半径围成的圆面积。供应面指借助水平输送手段(手推车等)所达供应范围。为使施工多快好省,全部作业面应处于覆盖面和供应面内。

2. 供应能力

塔吊供应能力等于吊次乘吊量(次吊运材料体积、重量或件数);其他垂直输送设施供应能力等于运次乘运量,运次应取垂直输送设施和与其配合水平输送机具中较小值。另外,考虑偶然因素(机械故障等),还需乘以0.5~0.75折减系数。供应能力应满足高峰工作量。

3. 提升高度能力

设备提升能力及高度应比实际需要高,如高度至少高出3 m。

4. 水平输送方式

组织垂直输送设施时,须考虑配套的水平输送方式。

5. 装设条件

垂直输送设施装设应满足位置、装设条件和安全要求:可靠的地基、基础、与主体结构拉结和水平输送通道等。

6. 设备效能的发挥

同时考虑施工需要和充分发挥设备效能。各片、各施工阶段垂直输送量悬殊时,按片按阶段设置,并及时拆除不需要的设备。

7. 设备拥有的条件和今后利用问题

充分利用既有设备,必要时添置或加工新设备,并考虑利用前景。

8. 安全保障

安全是第一要务,是对生命和财产负责。安全保障是使用垂直输送设施的首要问题。垂直输送设备均须严格按操作规程使用。以操作安全化、施工安全化塑造安全工地。

任务3　砌体施工准备工作

任务导航

本任务要求掌握砌体工程砂浆、块材和施工机具的准备内容。

3.3.1　砂浆的制备

砌体砂浆按组成材料分非水泥砂浆、水泥砂浆、水泥混合砂浆三类。

3.3.1.1　非水泥砂浆

非水泥砂浆指无水泥砂浆,如石灰砂浆、黏土砂浆等。其强度低、耐水性差、耐久性差,适用于简易或临时建筑。

3.3.1.2　水泥砂浆

水泥砂浆指水泥和砂拌和而成的砂浆。其相对强度高、耐久性较好、耐水性好、和易性差,适用于高强度和潮湿环境。

3.3.1.3　水泥混合砂浆

水泥混合砂浆指水泥砂浆掺石灰膏或黏土膏。强度和耐久性介于非水泥砂浆和水泥砂浆,和易性好,适用于一般墙体。

砂浆配合比应事先计算并试配。水泥砂浆最小水泥用量宜≥200 kg/m^3。砂宜用过筛中砂,水泥砂浆强度≥M5 时;砂含泥量宜≤5%;水泥砂浆强度<M5 时,砂含泥量应≤10%。用建筑生石灰、生石灰粉熟化成石灰膏时,熟化时间≥7 d 和 2 d。用黏土或粉质黏土制备黏土膏,应过筛,并用搅拌机加水搅拌。为改善砂浆和易性,可掺砂浆增塑剂。

砂浆应机械拌和,自投完料算起,水泥砂浆和水泥混合砂浆拌和时间≥2 min;水泥粉煤灰砂浆和掺外加剂砂浆≥3 min;掺有机塑化剂砂浆 3~5 min,拌成后砂浆稠度应满足要求(见表 3-4),分层度应≤30 mm,颜色一致。砂浆拌成后应盛入贮灰器。如砂浆泌水,砌筑前应再次拌和。砂浆应随拌随用。拌制的水泥砂浆和混合砂浆分别在 3 h 及 4 h 内用完;若施工时最高气温超 30 ℃,均缩短 1 h。

表 3-4　砌筑砂浆的稠度

砌体种类	砂浆稠度/mm
烧结普通砖砌体 蒸压粉煤灰砖砌体	70~90
混凝土实心砖、混凝土多孔砖砌体 普通混凝土小型空心砌块砌体 蒸压灰砂砖砌体	50~70
烧结多孔砖、空心砖砌体 轻骨料小型空心砌块砌体 蒸压加气混凝土砌块砌体	60~80
石砌体	30~50

注:1. 薄灰砌筑法砌筑蒸压加气混凝土砌块砌体,加气混凝土黏结砂浆加水量按产品说明书控制。
2. 砌筑其他块体时,砌筑砂浆稠度可根据块体吸水特性及气候条件确定。

砌筑砂浆按抗压强度可分 M5、M7.5、M10、M15、M20、M25、M30 七个强度等级。质量验收时,同一检验批砂浆试块强度平均值应≥设计强度等级的 1.1 倍;最小一组平均值应≥设计强度等级的 85%。砌筑砂浆试块强度验收应符合表 3-5 的规定。砂浆试块应在搅拌机出料口随机取样制作。每一检验批且不超过 250 m^3 砌体的各类型及各强度等级砌筑砂浆,每台搅拌机应至少抽检一次。

表 3-5　砌筑砂浆试块强度验收时的合格标准

强度等级	同一验收批砂浆试块 28 d 抗压强度/MPa	
	平均值,≥	最小一组平均值,≥
M30	33.00	25.50
M25	27.50	21.25

续表 3-5

强度等级	同一验收批砂浆试块 28 d 抗压强度/MPa	
	平均值,≥	最小一组平均值,≥
M20	22.00	17.00
M15	16.50	12.75
M10	11.00	8.50
M7.5	8.25	6.38
M5	5.50	4.25

3.3.2　块材准备

以砖为例,品种、强度等级须满足要求,规格一致。清水墙、柱表面的砖,尚应边角整齐、色泽均匀。砌砖前应提前 1~2 d 将砖浇水湿润,以使和砂浆良好黏结。严禁砌筑前临时浇水,因砖表面水膜会影响砌体质量。烧结类块体相对含水量宜为 60%~70%,吸水率较大的轻骨料混凝土小型空心砌块、蒸压加气混凝土砌块相对含水量宜为 40%~50%。

检查烧结普通砖含水量最简易方法是现场断砖,砖截面周围浸泡水深 15~20 mm 即视为满足要求。

3.3.3　施工机具准备

砌筑前,按施工组织设计组织垂直和水平输送机械、砂浆搅拌机械进场、安装、调试。垂直输送可用井架、施工电梯或塔式起重机;水平输送多用手推车或机动翻斗车。对多层建筑和高层建筑,还可用灰浆泵输送砂浆。同时,准备脚手架、砌筑工具(如皮数杆和托线板)等。

任务4　砌筑工程施工

任务导航

本任务要求掌握毛石砌体、砖砌体、混凝土小型空心砌块砌体、配筋砌体、砌块砌体、填充墙砌体砌筑一般构造要求及施工工艺。

3.4.1　毛石基础与砖基础砌筑施工

3.4.1.1　毛石基础

1. 毛石基础构造

毛石基础即毛石经 M5 以上水泥砂浆砌成。毛石应质地坚硬、无裂纹,强度等级一般在 MU20 以上。

码 3-4　砌筑工程

毛石基础可作墙下条形基础或柱下独立基础。断面形状有矩形、阶梯形和梯形等。基础顶面宽尺寸比墙底厚尺寸≥200 mm(每边100 mm);基础底面宽经计算确定。基础台阶高宽比≤1.25~1.5。阶梯形基础每阶高≥300 mm,每边每阶挑出宽≥200 mm(见图3-14)。

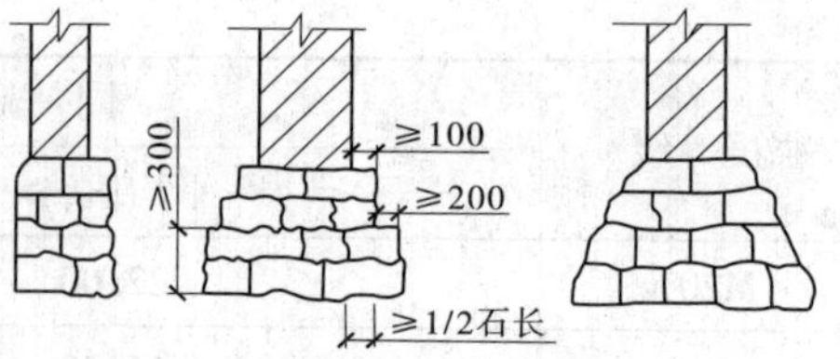

图 3-14　毛石基础　(单位:mm)

2. 毛石基础施工要点

(1)基础砌筑前,验槽并清除表面浮灰、垃圾等杂物。

(2)基础轴线及边线放线,允许偏差应满足要求。

(3)毛石基础砌筑时,第一皮石块应坐浆,并大面朝下;料石基础第一皮石块丁砌并坐浆。砌体应分皮卧砌,上下错缝,内外搭砌,不得用先砌外面石块后中间填心的砌筑方法。

(4)石砌体灰缝厚度:毛石砌体外露面宜≤40 mm,毛料石和粗料石砌体宜≤20 mm,细料石砌体宜≤5 mm,石块间较大孔隙应先填塞砂浆后用碎石嵌实,不得先放碎石块后灌浆或干填碎石块。

(5)为增加整体性和稳定性,应按要求设置拉结石。

(6)毛石基础最上一皮及转角、交接处和洞口,应用较大平毛石砌筑。有高低台的毛石基础,应从低处砌起,并由高台向低台搭接,搭接长度L≥基础高度H。

(7)阶梯形毛石基础,边角等外围上阶石块应至少压砌下阶石块的1/2,以满足搭砌嵌咬作用,相邻阶梯毛石应相互错缝搭砌。

(8)毛石基础转角处和交接处应同时砌筑。对不能同时砌筑须留临时间断处,须留成斜槎。基础每天砌高≤1.2 m。

3.4.1.2　砖基础工程

1. 砖基础构造

砖基础下部通常扩大,即大放脚。大放脚有等高式和不等高式两种(见图3-15)。等高式大放脚是两皮一收(总收半砖长),即每砌两皮砖,两边各收进1/4砖长;不等高式大放脚是二一间隔收,即砌两皮砖,收进1/4砖长,再砌一皮砖,收进1/4砖长,如此反复。相同底宽时,后者可减小基础高度,但为保证基础强度,底层需两皮。大放脚底宽由计算确定,各层大放脚宽度,应为半砖长整倍数(含灰缝)。

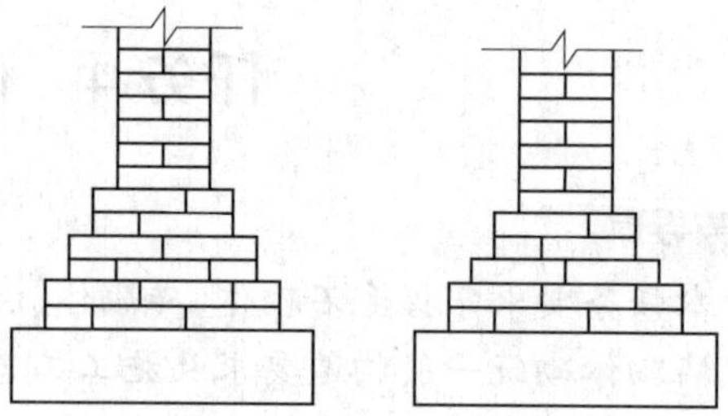

图 3-15　基础大放脚形式

大放脚基础下即地基,古人很早就用灰土、三合土等,沿用至今,其他的有碎砖、矿渣或混凝土等。亲水性材料应防潮,防潮层设于墙基顶部,宜用1:2.5水泥砂浆加适量防水剂(如建筑用胶等)铺设,约厚20 mm,铺设位置为底层室内地面下一皮砖处,即底层室内地面下60 mm处。

2. 砖基础施工要点

(1)清基。基础施工前,清除表面浮灰、垃圾等杂物。

(2)砌筑前,应在主要轴线部位设引桩,以控制基础、墙轴线位置,并从中引出墙轴线,然后向两边放出大放脚底边线。地基转角、交接及高低踏步处预先立好皮数杆。

(3)砌筑时,可依皮数杆先在转角及交接处砌几皮砖,然后在其间拉准线砌中间部分。内外墙砖基础应同时砌,对不能同时砌筑而又必须留置的临时间断处,须留成斜槎,斜槎水平投影长应不小于斜槎高的2/3。

(4)基础底标高不同时,应从低处砌起,并由高处向低处搭接(见图3-16)。如设计无要求,搭接长度不小于基础底高差 H,搭接长度 L 范围内下层基础应扩大砌筑。

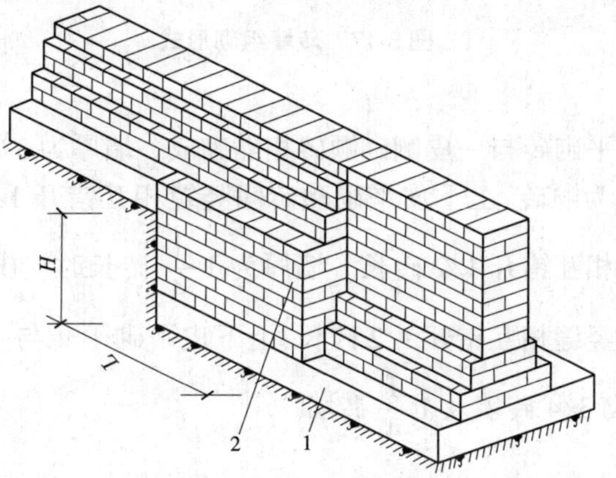

1—混凝土垫层;2—基础扩大部分。

图3-16　基底标高不同时搭砌示意图(条形基础)

(5)大放脚部分常一顺一丁砌筑。水平灰缝及竖向灰缝宽应为10 mm左右(8~12 mm),水平灰缝砂浆饱满度须≥80%,竖缝要错开。丁字及十字接头处,纵横墙隔皮砌通。大放脚最下一皮及每层最上一皮应丁砌。

(6)基础砌完验收合格后,应及时回填。回填时基础须两侧同时、分层并夯实。

3.4.2　砖砌体工程施工

3.4.2.1　砌筑形式

普通砖墙砌筑形式主要有5种:一顺一丁、三顺一丁、梅花丁、两平一侧和全顺式。

1. 一顺一丁

一顺一丁由一皮全部顺砖与一皮全部丁砖间隔砌成。上下皮竖缝相互错开1/4砖长[见图3-17(a)]。此砌法效率高,适用于砌一砖墙、一砖半墙及二砖墙。

2. 三顺一丁

三顺一丁由三皮全部顺砖与一皮全部丁砖间隔砌成。上下皮顺砖间竖缝错开1/2砖长;上下皮顺砖与丁砖间竖缝错开1/4砖长[见图3-17(b)]。此砌法因顺砖较多效率高,适用于砌一砖墙、一砖半墙。

3. 梅花丁

梅花丁是每皮中丁砖与顺砖相间,上皮丁砖坐中于下皮顺砖,上下皮间竖缝相互错开

1/4 砖长[见图 3-17(c)]。此砌法内外竖缝每皮均能避开,故整体性较好,灰缝整齐美观,但砌筑效率较低,适用于砌一砖墙及一砖半墙。

(a)一顺一丁　　(b)三顺一丁　　(c)梅花丁

图 3-17　砖墙组砌形式

4. 两平一侧

两平一侧由两皮平砌砖与一皮侧砌顺砖相隔砌成。墙厚为 3/4 砖长时(180 mm 厚俗称一八墙),平砌砖均为顺砖,上下皮平砌顺砖间竖缝相互错开 1/2 砖长;上下皮平砌顺砖与侧砌顺砖间竖缝相互错开 1/2 砖长。墙厚为 $1\frac{1}{4}$ 砖长时(300 mm 厚墙),上下皮平砌顺砖与侧砌顺砖间竖缝相互错开 1/2 砖长;上下皮平砌丁砖与侧砌顺砖间竖缝相互错开 1/4 砖长,适用于砌 3/4 砖墙及 $1\frac{1}{4}$ 砖墙。

5. 全顺式

全顺式是各皮砖均为顺砖,上下皮竖缝相互错开 1/2 砖长。这种形式仅适用于砌半砖墙(120 mm 厚,俗称一二墙)。

6. 转角及接头

砖墙转角各皮间竖缝相互错开,须在外角砌七分头砖(3/4 砖长),一顺一丁组砌时,七分头顺面方向依次砌顺砖,丁面方向依次砌丁砖[见图 3-18(a)];砖墙丁字接头处,分皮相互砌通,内角相交处竖缝错开 1/4 砖长,并在横墙端头加砌七分头砖[见图 3-18(b)];砖墙十字接头,分皮相互砌通,交角处竖缝相互错开 1/4 砖长[见图 3-18(c)]。

3.4.2.2　砌筑施工工艺流程

抄平→放线→摆砖→立皮数杆→盘角→挂线→砌筑→勾缝→清理。

1. 抄平放线

砌墙前,先在基础防潮层或楼面上定出各层标高,并用水泥砂浆或 C_b10 细石混凝土找平,然后根据龙门板上标志的轴线,弹出墙身轴线、边线及门窗洞口位置。二楼以上墙轴线可用经纬仪或垂球将轴线引测上去,注意避免累积误差。

2. 摆砖

摆砖又称摆脚,指在放线基面上按选定的组砌方式试摆干砖,目的是校对所弹墨线在门窗洞口、附墙垛等处是否符合砖模数,以减少砍砖,并使砌体灰缝均匀,组砌得当。一般房屋外纵墙方向摆顺砖,山墙方向摆丁砖,摆砖由一个大角摆到另一个大角,砖与砖间留 10 mm 缝隙(灰缝)。

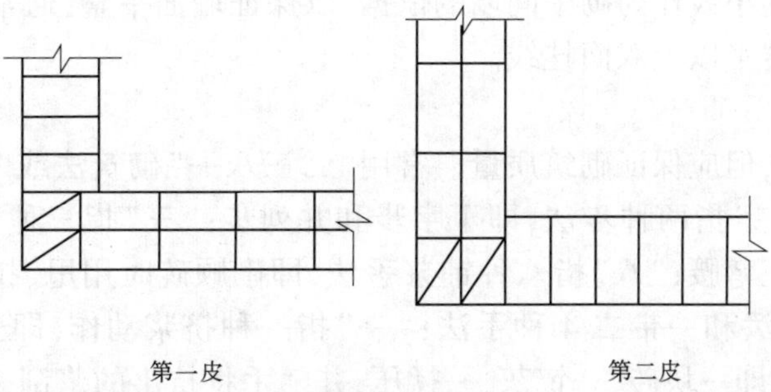

(a)砖墙转角(一顺一丁)

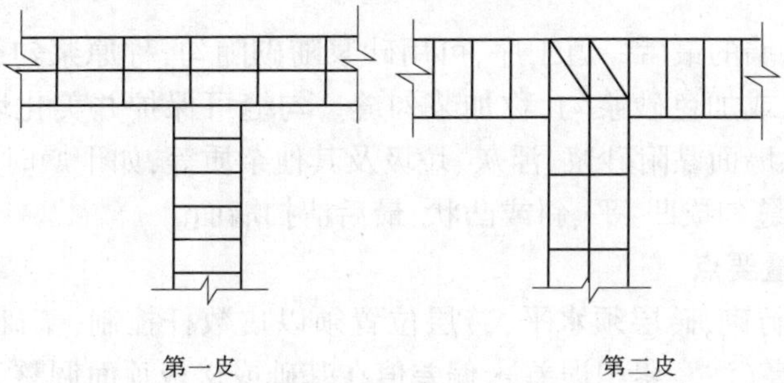

(b)砖墙丁字交接处(一顺一丁)

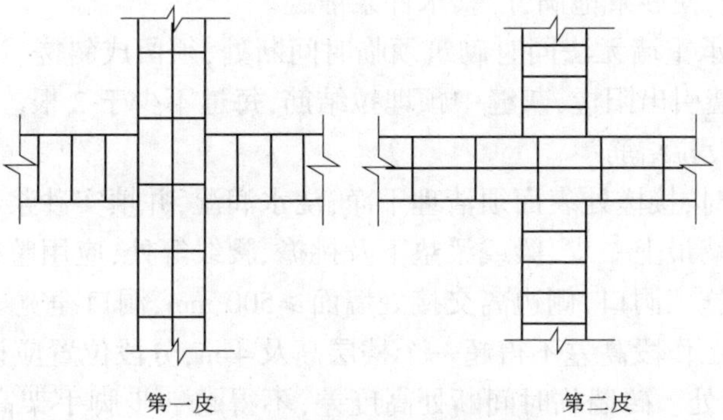

(c)砖墙十字交接处(一顺一丁)

图 3-18　砖墙交接处组砌

3. 立皮数杆

皮数杆是一种木制标杆，其上划有每皮砖和灰缝厚度，以及门窗洞口、过梁、楼板等高度位置。砌墙时用来控制墙体竖向尺寸及各部位各构件竖向标高，并保证灰缝厚度均匀。皮数杆一般设置于房屋四大角及纵横墙交接处，墙面过长时，10~15 m 立一根。皮数杆需用水平仪统一竖立，使皮数杆±0. 000 m 与建筑物±0. 000 m 吻合，后续施工可向上续接皮数杆(注意避免累积误差)。

4. 盘角挂线

墙角是控制墙面横平竖直的主要依据，砌筑时先砌墙角，墙角砖层高度须与皮数杆相符，做到“三皮一吊，五皮一靠”。墙角须双向垂直。

墙角砌好后,挂小线作为砌中间墙的依据,以保证墙面平整,通常墙厚一砖半及以下单面挂线,墙厚一砖半以上双面挂线。

5. 砌筑

砌法各地不一,但应保证砌筑质量。常用“二三八一”砌筑法或“三一”砌砖法。“二三八一”砌筑法:“二”指两种步法,即丁字步和并列步;“三”指三种弯腰身法,即侧身弯腰、丁字步弯腰和正弯腰;”八”指八种铺浆手法,即砌顺砖时用甩、扣、泼和溜 4 种手法,砌丁砖时用扣、溜、泼和一带二 4 种手法;“一”指一种挤浆动作,即先挤浆揉砖,后刮余浆。“三一”砌砖法即一块砖、一铲灰、一揉压,并随手将挤出的浆刮去。此两法优点是灰缝容易饱满、黏结力好且墙面整洁。

6. 勾缝

勾缝是砌清水墙的最后一道工序,可用砂浆随砌随勾,称原浆勾缝;也可砌完墙后再用 1:1.5 水泥砂浆或加色砂浆勾,称加浆勾缝。勾缝可保护并美化墙面,为确保勾缝质量,需先清基:清除墙面黏附砂浆、浮灰、垃圾及其他杂质等,如干燥时需洒水洇湿透墙面。画 10 mm 灰槽,灰缝勾成凹、平、斜或凸状,最后清扫墙面。

3.4.2.3 **施工质量要点**

(1)砖墙全平行砌,砖层须水平,砖层位置须以皮数杆控制,基础和每楼层砌完后须校水平、轴线和标高(注意累积误差),偏差值在基础或楼板顶面调整。

(2)砖墙水平及竖向灰缝宽一般 10 mm(±2 mm)。平缝砂浆饱满度需≥80%,竖缝宜用挤浆法或加浆法,使砂浆饱满,严禁水冲浆灌缝。

(3)对隔墙与承重墙无法同时砌筑须临时间断处,须留成斜槎;当条件不满足无法留斜槎时,可从承重墙引出阳槎,灰缝中预埋拉结筋,每道不少于 2 根。抗震设防地区隔墙,除留阳槎外,还应设拉结筋。

(4)砖墙接槎时,接槎处表面须清理干净,浇水润湿,并填实砂浆,保持灰缝平直。

(5)每层承重墙最上一皮、梁或梁垫下及挑檐、腰线等处,应用整砖。

(6)砖墙临时施工洞口,侧边离交接处墙面≥500 mm,洞口净宽≤1 m。

(7)砖墙相邻工作段高差不得超一个楼层高及 4 m,分段位置应设于伸缩缝、沉降缝、防振缝或门窗洞口处。砖墙临时间断处高度差,不得超一步脚手架高度。砖墙每天砌高宜≤1.5 m。

(8)下列墙体或部位不得留设脚手眼:

①120 mm 厚墙、料石清水墙和独立柱;

②过梁上与过梁成 60°的三角形范围及过梁净跨 1/2 的高度内;

③宽小于 1 m 窗间墙;

④砌体门窗洞口两侧 200 mm(石砌体 300 mm)和转角处 450 mm(石砌体 600 mm)范围内;

⑤梁或梁垫下及其左右 500 mm 内;

⑥轻质墙体;

⑦夹心复合墙外叶墙;

⑧设计不允许设置脚手眼部位。

3.4.3 混凝土小型空心砌块砌筑施工

(1)施工前,按房屋设计图编绘小砌块平、立面排块图,按图施工。

(2)小砌块产品龄期应≥28 d。立面排块图编制时,宜由水电管线安装人员与土建施工人员共同商定。

(3)砌筑前,清除表面浮灰、垃圾、油污和其他杂质等,剔除外观质量不合格小砌块。

(4)宜选专用小砌块砌筑砂浆[满足《混凝土小型空心砌块和混凝土砖砌筑砂浆》(JC 860—2008)要求],可提高黏结力,且施工性能好。如用其他砌筑砂浆,应改善砂浆和易性和黏结性。

(5)底层室内地面以下或防潮层以下砌体,应用水泥砂浆砌筑。孔洞以不低于 C20(或 C_b20)混凝土灌实。

(6)砌筑普通混凝土小型空心砌块砌体,吸水率小,吸水和失水速度缓慢,宜以自然含水量砌,即一般条件施工不浇水湿润,遇干燥炎热天气,才砌前喷水湿润;对轻骨料混凝土小砌块,吸水率较大,吸水速度和失水速度较普通混凝土小砌块快,应提前 1~2 d 浇水湿润,块体相对含水量宜为 40%~50%。雨天及小砌块表面有浮水时,不得施工。

(7)小砌块墙体应孔对孔、肋对肋错缝搭砌。单排孔小砌块搭接长度应为块体长度的 1/2;多排孔小砌块搭接长度可适当调整,但不宜小于小砌块长度的 1/3 和 90 mm。个别部位不能满足上述要求时,在灰缝中设置拉结筋或钢筋网片,但竖向通缝仍不得超过两皮小砌块。

(8)小砌块墙宜逐块坐(铺)浆砌筑。

(9)散热器、厨房和卫生间等设备卡具安装处砌筑小砌块,宜施工前用强度等级不低于 C20(或 C_b20)细石混凝土灌填密实。

(10)每步架墙(柱)砌筑完后,随即刮平墙(柱)体灰缝。

(11)芯柱处小砌块墙砌筑应符合下列规定:

①每一楼层芯柱处第一皮砌块应用开口小砌块;

②砌筑时随砌随清除小砌块孔内毛边,并刮净灰缝中挤出的砂浆。

(12)地震时芯柱将发挥重要作用,芯柱混凝土宜选专用小砌块灌孔混凝土,应符合《混凝土砌块(砖)砌体用灌孔混凝土》(JC 861—2008)的规定。其浇筑应满足以下相关要求:

①每次连续浇筑高宜为半个楼层,且≤1.8 m;

②浇筑芯柱混凝土时,砌筑砂浆强度>1 MPa;

③清除掉落孔内的砂浆、表面浮灰、垃圾等杂物,并冲洗净孔壁;

④浇筑芯柱混凝土前,应先注入适量与芯柱混凝土成分相同的去石砂浆;

⑤每浇 400~500 mm 捣实一次,或边浇边捣。

(13)砌体水平和竖向灰缝砂浆饱满度(按净面积),不得低于 90%。

抽检数量:每检验批抽查不应少于 5 处。

检验方法:以专用百格网检测小砌块与砂浆黏结痕迹,每处检测 3 块小砌块,取平均值。

(14)小砌块砌体芯柱在楼盖处应贯通,为保证抗震作用,不得削弱芯柱截面尺寸;芯柱混凝土不得漏灌。

抽检数量:每检验批抽查不少于5处。

检验方法:观察检查。

(15)砌体水平灰缝厚度和竖向灰缝宽度宜为10 mm(±2 mm)。

抽检数量:每检验批抽查不少于5处。

检验方法:水平灰缝厚度用尺量5皮小砌块高度折算;竖向灰缝宽度用尺量2 m砌体长度折算。

(16)小砌块砌体尺寸、位置允许偏差同砖砌体尺寸、位置允许偏差及检验规定。

3.4.4　石砌体工程施工

(1)石材应质地坚硬,无裂纹,无明显风化剥落,无细长扁薄尖锥,应呈块状,其中部厚宜≥150 mm;清水墙柱表面石材,应色泽均匀;石材放射性应经检验符合《建筑材料放射性核素限量》(GB 6566—2010)的规定。

(2)清基。砌前清除石材表面泥垢、浮灰、垃圾、杂质等。

(3)毛石砌体第一皮及转角、交接处和洞口,选较大平毛石。每楼层(包括基础)砌体最上一皮,宜选较大毛石。

(4)毛石墙和砖墙的相接转角和交接处应同时砌筑。转角和交接处应自纵墙(或横墙)每4~6皮高度引出不小于120 mm与横墙(或纵墙)相接。

(5)毛石砌体宜分皮卧砌,错缝搭砌,搭接长度≥80 mm。内外搭砌时,不可外面侧立石块中间填心砌筑,中间不得有铲口石、斧刃石和过桥石(见图3-19);毛石砌体第一皮及转角、交接处和洞口,选较大平毛石砌。

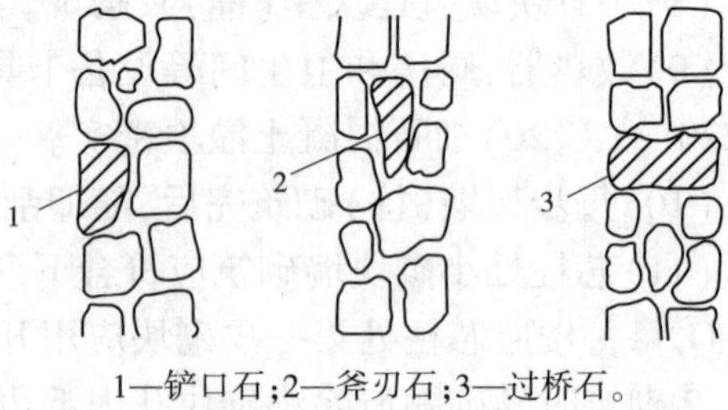

1—铲口石;2—斧刃石;3—过桥石。

图3-19　铲口石、斧刃石、过桥石示意

(6)毛石砌体灰缝应饱满密实,表面灰缝厚宜≤40 mm,石块间不得相互接触。石块间较大空隙应先填塞砂浆,后以碎石块嵌实,不得用先摆碎石后塞砂浆或干填碎石块(易缺浆)。

(7)不应出现通缝、干缝、空缝和孔洞。

(8)砌筑毛石基础第一皮毛石时,先在基坑底铺砂浆,并将大面向下。阶梯形毛石基础,相邻阶梯毛石相互错缝搭砌,上级阶梯石块至少压下级阶梯石块的1/2(边角等外围部位)。

(9)毛石基础砌筑时应拉垂线及水平线。

(10)毛石砌体应设拉结石。

①拉结石应均布,相互错开,毛石基础同皮内宜每隔2 m设一块;毛石墙每0.7 m^2墙面至少设一块,且同皮内中距≤2 m。

②基础宽度或墙厚≤400 mm时,拉结石长应与基础宽或墙厚相等;基础宽或墙厚>

400 mm 时,可用两块拉结石内外搭砌,搭接长度≥150 mm,且其中一块长≥基础宽或墙厚的 2/3。

(11) 毛石、料石和实心砖组合墙中(见图 3-20),毛石、料石砌体与砖砌体应同时砌,并每隔 4~6 皮以 2~3 皮丁砖与毛石砌体拉结咬砌,毛石与实心砖咬合尺寸应>120 mm(半砖),两种砌体间空隙灌实砂浆。

(12)各种砌筑用料石宽和厚均宜≥200 mm,长不宜大于厚的 4 倍。除设计有特殊要求外,料石加工允许偏差应满足表 3-6 的规定。

(13)料石砌体水平灰缝平直,竖向灰缝宽窄一致,其中细料石砌体灰缝宜≤5 mm,粗料石和毛料石砌体灰缝宜≤20 mm。

(14)料石墙砌法可用丁顺叠砌、二顺一丁、丁顺组砌或全顺叠砌。

(15)与砌砖同理,料石墙第一皮及每个楼层最上一皮应丁砌。

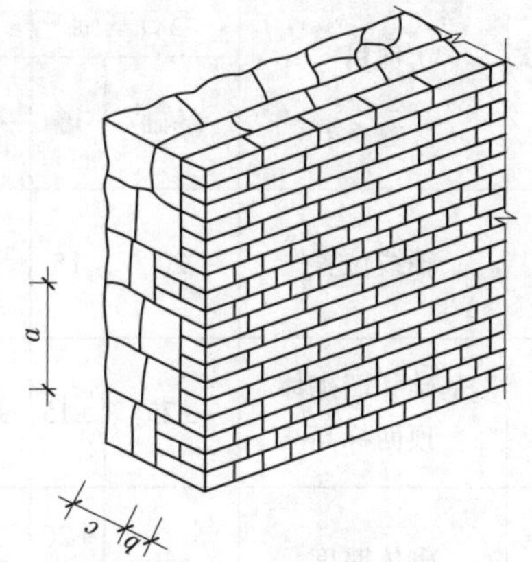

a—拉结砌合高度;*b*—拉结砌合宽度;
c—毛石墙设计厚度。

图 3-20　毛石与实心砖组合墙示意

表 3-6　料石加工允许偏差　单位:mm

料石各类	允许偏差	
	宽度、厚度	长度
细料石	±3	±5
粗料石	±5	±7
毛料石	±10	±15

(16)砌筑挡土墙除满足上述规定,还应满足以下几点:

①毛石中部厚度宜≥200 mm。

②每砌 3~4 皮宜为一个分层高度,每个分层高度找平一次。

③外露面灰缝宽度≤40 mm,两个分层高度间错缝≥80 mm。

④按设计要求架立坡度样板收坡或收台,并设伸缩缝和泄水孔,泄水孔宜用抽管或预埋管法留置。

⑤挡土墙内侧回填土分层夯填,密实度须满足要求。

⑥墙顶土面排水坡度满足要求。

⑦料石挡土墙同皮宜丁顺相间砌。中间填塞毛石时,丁砌料石伸入毛石部分长≥200 mm。

(17)石砌体尺寸、位置允许偏差及检验方法应符合表 3-7 的规定。

抽检数量:每检验批抽查不少于 5 处。

表 3-7　石砌体尺寸、位置允许偏差及检验方法

项次	项目		允许偏差/mm							检验方法
			毛石基础		料石砌体					
					毛料石		粗料石		细料石	
			基础	墙	基础	墙	基础	墙	墙、柱	
1	轴线位置		20	15	20	15	15	10	10	用经纬仪和尺检查，或用其他测量仪器检查
2	基础和墙砌体顶面标高		±25	±15	±25	±15	±15	±15	±10	用水准仪和尺检查
3	砌体厚度		+30	+20 −10	+30	+20 −10	+15	+10 −5	+10 −5	用尺检查
4	墙面垂直度	每层	—	20	—	20	—	10	7	用经纬仪、吊线和尺检查，或用其他测量仪器检查
		全高	—	30	—	30	—	25	10	
	表面平整度	清水墙、柱	—	—	—	20	—	10	5	细料石用 2 m 靠尺和楔形塞尺检查，其他用两直尺垂直于灰缝拉 2 m 线和尺检查
		混水墙、柱	—	—	—	20	—	15	—	
5	清水墙水平灰缝平直度		—	—	—	—	—	10	5	用 10 m 线和尺检查

(18)石砌体组砌形式规定：

①内外搭砌，上下错缝，拉结石和丁砌石交错设置；

②毛石墙拉结石每 0.7 m^2 墙面不少于 1 块。

抽检数量：每检验批抽查不少于 5 处。

检验方法：观察检查。

3.4.5　配筋砌体施工

配筋砌体是给砌体结构主要受力构件配筋，增强其力学性能。如给砌体柱配网状筋、给砌体墙配水平筋、钢筋混凝土面层组合砌体墙(柱)、砖砌体钢筋砂浆面层组合砌体墙(柱)、砖砌体钢筋混凝土构造柱组合墙及配筋砌块砌体剪力墙等组砌结构。

配筋砌体基本构造与施工除应满足砖砌体工程和混凝土小型空心砌块砌体工程规定，还应满足本任务要求。

3.4.5.1　**构造要求**

（1）配筋砌块砌体施工应选专用砌筑砂浆和专用灌孔混凝土，并符合《混凝土小型空心砌块和混凝土砖砌筑砂浆》（JC 860—2008）和《混凝土砌块（砖）砌体用灌孔混凝土》（JC 861—2008）的规定。

（2）芯柱纵向钢筋应通过清扫口与基础圈梁、楼层圈梁及连系梁伸出的竖向钢筋有效连接，搭接或焊接长应满足要求。钢筋直径大于 22 mm 时，宜机械连接。芯柱竖向钢筋应居中设置，顶端固定后再浇筑芯柱混凝土，连续浇筑高度应≤1.8 m。

（3）配筋砌块砌体剪力墙水平钢筋，在凹槽砌块的混凝土带中锚固和搭接长度应满足要求。配筋砌块砌体剪力墙两平行钢筋净距应≥50 mm。水平钢筋搭接应上下搭接，并加设短筋固定（见图 3-21）。水平钢筋两端宜锚入端部灌孔混凝土中。剪力墙墙端设置钢筋混凝土柱作为边缘构件时，施工顺序应按先砌砌块墙，后浇筑混凝土柱，墙的水平钢筋应在柱中锚固，并应满足锚固长度要求。

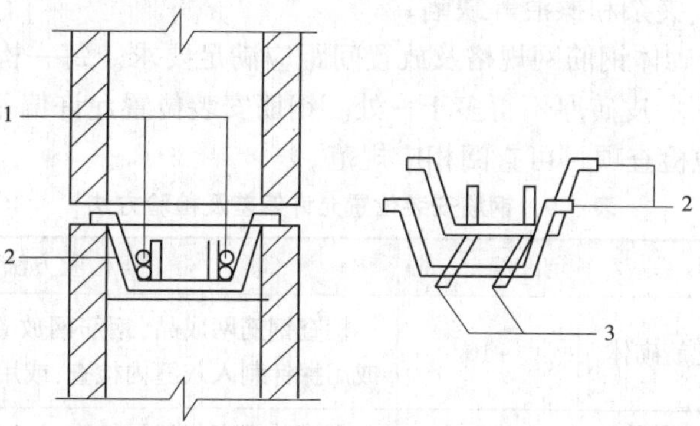

1—水平搭接钢筋；2—搭接部位固定支架的兜筋；3—固定支架加设的短筋。

图 3-21　水平钢筋搭接示意

（4）钢筋拉结要求。伸入砌体的拉结筋，从接缝处算起应≥500 mm，对多孔砖墙和砌块墙应≥700 mm。网状配筋砌体的钢筋网，不得以分离放置的单根钢筋代替。钢筋砖过梁内钢筋放置应均匀和对称，过梁底应铺 1∶2.5 水泥砂浆层，其厚度宜≥30 mm，钢筋应埋入砂浆层，两端伸入支座砌体≥240 mm，并应有 90°弯钩埋入墙竖缝。钢筋砖过梁第一皮砖应丁砌。由砌体和钢筋混凝土或配筋砂浆面层构成的组合砌体构件中，连接受力钢筋的拉结筋两端加工成弯钩，砌筑时正确埋入；组合砌体构件面层施工，应在砌体外围分段支模，每段高宜 500 mm 内，浇水湿润模板及砖砌体表面，分层浇筑混凝土或砂浆，并振捣密实。

（5）墙体与构造柱连接处应砌成马牙槎，其砌筑要求应满足前述砖砌体及小砌块砌体的施工要求；设钢筋混凝土构造柱砌体，应先砌墙后浇柱；浇筑混凝土前应将砖砌体与模板浇水润湿，并清理模板内残留浮灰、垃圾等杂物；可分段浇筑构造柱混凝土，每段高宜≤2 m；浇构造柱混凝土应用小型插入式振动棒边浇边振；钢筋混凝土构造柱竖向受力钢筋应在基础梁和楼层圈梁中锚固，锚固长度应满足要求。构造柱一般尺寸允许偏差及检验方法应满足表 3-8 的要求。

表 3-8　构造柱一般尺寸允许偏差及检验方法

项次	项目			允许偏差/mm	检验方法
1	中心线位置			10	用经纬仪和尺检查或用其他测量仪器检查
2	层间错位			8	用经纬仪和尺检查或用其他测量仪器检查
3	垂直度	每层		10	用 2 m 托线板检查
		全高	≤10 m	15	用经纬仪和尺检查或用其他测量仪器检查
			>10 m	20	

抽检数量:每检验批抽查不少于 5 处。

(6)钢筋砂浆面层施工,可分层抹浆,面层厚度应满足设计要求。

(7)砌体灰缝中钢筋防腐保护应满足设计要求,且钢筋防护层完好,不应有明显凸块、结疤、裂纹、剥落、夹杂和擦痕等缺陷。

(8)网状配筋砖砌体钢筋网规格及放置间距应满足要求。每一构件钢筋网沿砌体高度位置超过设计要求一皮砖厚不得多于一处。钢筋安装位置允许偏差及检验方法应符合表 3-9 的规定。其他检查项目可查阅相应规范。

表 3-9　钢筋安装位置允许偏差及检验方法

项目		允许偏差/mm	检验方法
受力钢筋保护层厚度	网状配筋砌体	±10	检查钢筋网成品,钢筋网放置位置局部剔缝观察,或用探针刺入灰缝内检查,或用钢筋位置测定仪检测
	组合砖砌体	±5	支模前观察与尺量检查
	配筋小砌块载体	±10	浇筑灌孔混凝土前观察与尺量检查
配筋小砌块砌体墙凹槽中水平钢筋间距		±10	钢尺量连续三档,取最大值

(9)砖柱(墙)网状配筋构造。

网状配筋,是在砖柱(墙)水平灰缝中配钢筋网片。钢筋上、下保护层厚度应≥2 mm。所用砖强度等级不应低于 MU10,砂浆强度等级不应低于 M7.5,所用钢筋网片宜为焊接网片,钢筋直径宜为 3~4 mm;用连弯网片时,钢筋直径应不大于 8 mm,且网片钢筋方向应互相垂直,即沿砌体高度方向交错设置,钢筋网片竖向间距不应大于五皮砖,并不应大于 400 mm。钢筋网中钢筋间距宜为 30~120 mm。

(10)组合砖砌体构造。

组合砖砌体指砖砌体和钢筋混凝土面层或钢筋砂浆面层的组合砌体构件,有组合砖墙(柱)、组合砖壁柱等。

组合砖砌体构件构造应满足要求。面层混凝土强度等级宜用 C20,面层水泥砂浆强度等级不宜低于 M10,砖强度等级不宜低于 MU10,砌筑砂浆强度等级不宜低于 M7.5,砂浆面层厚宜为 30~45 mm,面层厚度大于 45 mm 时,其面层宜为混凝土,钢筋要求同前文。

(11)砖砌体和钢筋混凝土构造柱组合墙。

组合墙砌体宜用不低于 MU7.5 普通砌墙砖与不低于 M5 砂浆砌筑。

构造柱截面尺寸不宜小于 240 mm×240 mm,且厚不应小于墙厚。砖砌体与构造柱连接处砌成马牙槎。并沿墙高每隔 500 mm 设 2 Φ 6 拉结筋,且每边伸入墙内宜≥600 mm。柱内竖向受力钢筋对中柱不宜少于 4 Φ 12,对边柱不宜少于 4 Φ 14,箍筋常用Φ 6@ 200 mm,楼层上下 500 mm 范围内加密区宜用Φ 6@ 100 mm。构造柱竖向受力钢筋应在基础梁和楼层圈梁中锚固。

3.4.5.2　配筋砌体施工工艺

配筋砌体施工工艺除同前述砌体(弹线、找平、排砖撂底、墙体盘角、选砖、立皮数杆、挂线、留槎)外,还需满足下述要求。

1. 砌砖及放置水平钢筋

砌筑用“二三八一”或“三一”砌筑法同砖砌体,皮数杆上还要标明钢筋网片、箍筋或拉结筋位置,钢筋安装完毕,应经隐蔽工程验收合格,方可往上砌砖,同时要保证钢筋上下至少各有 2 mm 保护层,灰缝内的钢筋应居中:可较好地保护钢筋又利于钢筋锚固。水平灰缝厚度应大于钢筋直径 4 mm 以上。

2. 砂浆(混凝土)面层施工

组合砌体构件面层施工前,应清除面层及底部浮灰、垃圾等杂物,并浇水湿润砌块。砂浆面层施工从下向上分层施工,一般分两次涂抹:第一次是刮底,使受力钢筋与砖砌体有一定保护层;第二次是抹面,使表面平整。混凝土面层施工应分段支设模板,每段支高一般为 500~600 mm,并分层浇筑密实,混凝土强度达 30%以上才能拆模。

3. 构造柱施工

构造柱是在砌体结构中,在规定部位,如房屋转角处、楼梯间、电梯间的四角、内外墙交接处及某些较长墙体中部,按构造配筋,先砌墙,后浇筑混凝土形成的钢筋混凝土柱。砌体设构造柱并与圈梁正确连接形成框架,多层砌体底层框架及内框架中,显著加强了纵墙间连接。构造柱与圈梁连接明显起类似框架结构作用。施工时先砌墙后浇构造柱,可提高抗剪承能力 10%~30%。

码 3-5　构造柱

(1)构造柱受力钢筋,底层在基础梁上锚固长度≥35d(d 为竖向钢筋直径),并保证位置正确。受力钢筋接长,可绑扎搭接,搭接长度≥35d,绑扎接头处箍筋间距应≤200 mm,楼层上下 500 mm 范围内加密区箍筋间距宜为 100 mm。

(2)砖砌体与构造柱连接处应砌成马牙槎,从每层柱脚开始,先退后进(凹凸尺寸相差≥1/4 砖,即 60 mm)。每一马牙槎沿高度方向尺寸不宜超过 300 mm(或 5 皮砖),并沿墙高每隔 500 mm 设 2 Φ 6 拉结筋,且每边入墙≥600 mm(抗震区 1 000 mm),对多孔砖墙和砌块墙应≥700 mm。构造柱拉结钢筋竖向移位应≤100 mm,钢筋竖向位移和马牙槎尺寸偏差每一构造柱不应超过 2 处。

(3)预留拉结筋应位置正确,施工中不得任意弯折。

(4)浇筑构造柱前,须浇水湿润砖墙和模板,钢模板不浇水改刷隔离剂,模板内落地灰、砖渣等清理干净。浇筑混凝土可分段施工,每段高宜≤2 m,或每楼层分两次浇筑,用小型插入式振捣棒边浇边振，分层捣实。

(5)与构造柱对应，墙体马牙槎对称砌筑，其规格凹凸尺寸和钢筋位移要求等同构造柱。

(6)构造柱可不单独设置基础，但应伸入室外地面下500 mm，或与埋深小于500 mm的基础圈梁相连。

3.4.6 砌块砌筑施工

用砌块代替烧结普通砖，是墙体改革的重要途径。砌块是一种比砌墙砖大的新型墙体材料，具有良好的保温隔热效果，尺寸大、砌筑效率高、生产周期短、工艺简单，生产可充分利用工业废渣和地方资源而不破坏耕地，近年来，中小型砌块得到广泛应用，体现了建材环保化、施工绿色化、荷载轻量化和节能化，在建筑领域的应用越来越广。砌块的外形一般为直角六面体，也有异形。砌块常用的有粉煤灰硅酸盐砌块、混凝土小型空心砌块和煤矸石砌块等。砌块规格不一，主规格高115~380 mm为小型，主规格高380~980 mm为中型(长为高的1.5~2.5倍，厚180~300 mm，每块砌块重50~200 kg)，主规格高大于980 mm为大型。

3.4.6.1 砌块浇水排列

(1)普通混凝土小砌块宜为自然含水量，天气干燥炎热时可提前浇水湿润；轻骨料混凝土小砌块宜提前1~2 d浇水湿润。不得雨天施工，小砌块表面有浮水时不得施工。

(2)中小砌块体积大、质量重，不易搬动，多用专门设备吊运，且砌筑时须用整块，不如普通砖易砍凿。因此，施工前须根据平面图、立面图及门窗洞大小、楼层标高和构造要求绘制砌块排列图，以指导吊砌施工。

(3)排列图每片纵横墙分别绘制(见图3-22)，即立面上用1∶50或1∶30比例绘出纵横墙，然后将过梁、平板、大梁、楼梯和孔洞等标于墙面，由墙高计算皮数，画出水平灰缝线，保证砌体宽高是块体尺寸(加灰缝)整数倍，再按对孔错缝原则，按竖缝大小排列。排列以主规格砌块为主，辅规格砌块为辅，以减少镶砖。砌块搭接长度应≥90 mm，否则应于灰缝中设置拉结钢筋或钢筋网片，但竖向通缝仍不得超过两皮砌块。砌块中水平灰缝厚10~20 mm，配筋时水平灰缝厚20~25 mm；竖缝宽15~20 mm，竖缝宽>30 mm时，应用强度等级不低于C_b20的细石混凝土填实，避免出现瞎缝或通缝影响墙体整体性。竖缝宽>150 mm或楼层高不是砌块加灰缝整数倍时，应用普通砖镶砌。

3.4.6.2 砌块施工工艺流程

铺灰→就位(吊装)→校正砌块→灌缝→镶砖。

(1)铺灰。砌块墙所用砂浆，应和易性良好，稠度宜为50~70 mm，铺灰应平整饱满，每次铺灰长度宜≤5 m，炎热及严寒期适当缩短。

(2)就位(吊装)。砌块安装常有两种方案：一是以轻型塔吊吊运砌块、砂浆及楼板等预制件，以台灵架吊装砌块；二是以井架吊运材料，以杠杆车吊装楼板，所有预制件及材料水平输送以砌块车(拖车、卡车等)和劳动车(人力车、油车或电车)输送，以台灵架吊装砌块(台灵架为砌筑砌块的机械)。前者适用于大工程或两幢房屋对翻流水，后者适用于小工程。砌块吊装宜按施工段次序：先外后内、先远后近、先下后上，相邻施工段间应留阶梯

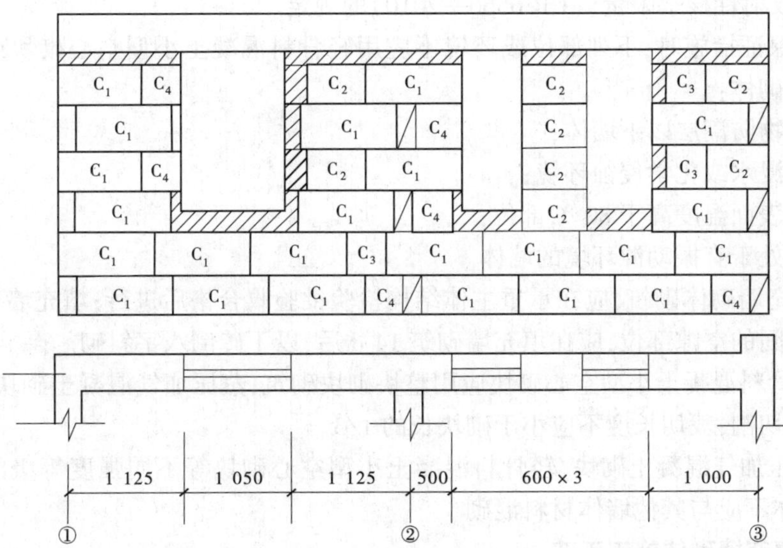

$C_1 \sim C_4$ 表示不同规格砌块。

图 3-22　砌块排列图

形斜槎。吊装应从转角或砌块定位处开始,用摩擦式夹具,按排列图将所需砌块吊装就位。

(3)校正砌块。吊装就位后,用托线板检查砌块垂直度,拉准线检查水平度,并用撬棍、楔块调整偏差。

(4)灌缝。竖缝可用夹板夹住墙体内外,灌砂浆,用竹片插或铁棒钢筋等捣实。砂浆吸水后用刮缝板将竖缝和水平缝刮齐。灌缝后,不应再撬动砌块,以防损坏砂浆黏结力。

(5)镶砖。砌块间竖缝较大,或过梁找平时,应镶砖。镶砖砌体竖缝和平缝应为 15~30 mm。镶砖应砌块校正后立即进行,竖缝应灌实。

3.4.6.3　砌块砌体质量检查

(1)砌块砌体施工基本要求同砖砌体,但搭接长度应≥150 mm。

(2)外观质量应墙面清洁、勾缝密实、深浅一致、交接平整。

(3)经试验检查,每一楼层或 250 m^3 砌体中,应抽检一组试块(每组三块)。同强度等级砂浆或细石混凝土强度等级应满足要求。

(4)预埋件和预留孔洞位置正确。

3.4.7　填充墙砌体工程施工

3.4.7.1　填充墙砌筑一般要求

框架结构中,墙体常起围护与分隔作用,常用轻质且保温性能好的烧结空心砖或小型空心砌块砌筑。

码 3-6　填充墙砌筑

(1)材料应满足通用要求,以及砖砌体的施工要求。

蒸压加气混凝土砌块和轻骨料混凝土小型空心砌块砌筑时产品龄期应>28 d,蒸压加气混凝土砌块含水量宜<30%。蒸压加气混凝土砌块和轻骨料混凝土小型砌块应符合

《建筑材料放射性核素限量》(GB 6566—2010)的规定。

(2)无保证措施时,下列部位或环境不应用轻骨料混凝土小型空心砌块或蒸压加气混凝土砌块砌体:

①建筑物防潮层以下墙体;

②长期浸水或化学侵蚀环境;

③砌体表面温度高于 80 ℃部位;

④长期处于有振动源环境的墙体。

(3)填充墙砌体砌筑,应在承重主体结构检验批验收合格后进行;填充墙顶部与承重主体结构之间的空隙部位,应在填充墙砌筑 14 d 后,以丁砖倒八字斜砌。

(4)轻骨料混凝土小型空心砌块应用整块砌块砌筑;蒸压加气混凝土砌块需断开时,应用无齿锯切割,裁切长度不应小于砌块长的 1/3。

(5)蒸压加气混凝土砌块、轻骨料混凝土小型空心砌块等不同强度等级的同类砌块不得混砌,亦不应与其他墙体材料混砌。

3.4.7.2 填充墙砌体施工工艺

1. 基层清理及浇水湿润

砌筑前清基,将沾浆、浮尘、垃圾、杂物等清理干净,并浇水湿润。普通砂浆砌筑填充墙时,烧结空心砖、吸水率大的轻骨料混凝土小型空心砌块、蒸压灰砂砖、蒸压粉煤灰砖应提前 1~2 d 浇水湿润。吸水率大的烧结空心砖相对含水量宜为 60%~70%;吸水率较大的轻骨料混凝土小型空心砌块、蒸压加气混凝土砌块砌筑前浇水湿润,相对含水量宜为 40%~50%。普通混凝土小型空心砌块,宜为自然含水量,天气干燥炎热时,可提前浇水湿润。表面有浮水时不得施工。

2. 放线

放出每楼层轴线、墙身控制线和门窗洞口位置线。在框架柱上弹出标高控制线以控制门窗洞口标高及窗台高度,并经验收合格,方可继续施工。

3. 设拉结筋

墙体拉结筋有多种留置方式,主要为先预埋钢板,再焊接拉结筋;用膨胀螺栓固定先焊在铁板上的预留拉结筋及植筋方式埋设拉结筋等。用焊接方式连接拉结筋,单面搭接焊焊缝长≥$10d$(d 为钢筋直径),双面搭接焊焊缝长≥$5d$,焊缝不应有咬边、气孔等质量缺陷,并应检验焊缝质量;用植筋方式埋设拉结筋,位置应正确,操作简单不伤结构,应通过抗拔试验。

4. 绑扎构造柱钢筋

填充墙施工前构造柱钢筋须绑扎完毕,构造柱竖向钢筋与原结构上预留(插)筋搭接绑扎长度应满足要求。构造柱纵向钢筋宜用 4 根直径 12 mm 的热处理钢筋,箍筋直径可用 6 mm,间距宜≤250 mm,柱上、下端适当加密;当地震设防烈度 6、7 度超过 6 层、地震设防烈度 8 度超过 5 层和地震设防烈度 9 度时,构造柱纵向钢筋宜用 4 根直径 14 mm 的钢筋,箍筋间距应≤200 mm;房屋四角构造柱应适当加大截面及配筋。地震设防烈度 6、7 度时,底部 1/3 楼层,地震设防烈度 8 度时底部 1/2 楼层,地震设防烈度 9 度时全部楼层,上述拉结钢筋网片应沿墙体水平通长设置。构造柱与圈梁连接处,构造柱纵向钢筋应在圈梁纵筋内侧穿过,保证构造柱纵筋上下贯通。

5. 立皮数杆、排砖

皮数杆上应标出砌块皮数及灰缝厚度,并标出窗、洞及墙梁等构造标高。根据需砌墙体长、高试排砖,摆出门窗洞口位置。外墙第一皮砖撂底时,纵墙应排顺砖,横墙应排丁砖。梁及梁垫下面一皮砖、窗台阶梯等水平面最上一皮应是丁砖。

6. 砌块砌筑

(1)砌块准备并使湿润程度满足要求。

(2)拌制砂浆。

(3)砌筑墙体:

①烧结空心砖砌块。

应侧立砌筑,孔洞应呈水平方向(孔洞方向同墙走向)。空心砖墙底部宜砌筑3皮普通砖,且门窗洞口两侧一砖范围内应砌烧结普通砖。砌筑空心砖墙水平灰缝厚度和竖向灰缝宽度宜为10 mm(±2 mm)。竖缝应用刮浆法:砖规格或厚度较大,竖缝较高,用"三一"法或挤浆法时,竖缝砂浆很难挤满,因此先对竖缝所在墙面刮抹一层砂浆后,再砌筑。砌筑时,墙体第一皮空心砖应试摆。排砖时,不够半砖处应以普通砖或配砖补砌,半砖以上的非整砖宜用无齿锯切制。烧结空心砖砌体组砌时,应上下错缝,交接处咬槎搭砌,不用缺棱掉角严重的空心砖块。转角及交接处应同时砌,对不能同时砌筑须留临时间断处,须留成斜槎,其高度不宜大于1.2 m。外墙用空心砖砌筑时,应有防雨、防渗措施。

②轻骨料混凝土小型空心砌块。

砌筑应满足混凝土小型空心砌块砌筑施工要求。轻骨料混凝土小型空心砌块墙体孔洞充填隔声或隔热材料时,应砌一皮填充一皮,应填满,不得捣实。轻骨料混凝土小型空心砌块填充墙砌体,转角及纵横墙交接处应同时砌筑;否则,对不能同时砌筑须留临时间断处,须留成斜槎,斜槎水平投影长不应小于高的2/3。砌筑带保温夹心层的小砌块墙体时,应将保温夹心层一侧靠置室外,对孔错缝。左右相邻小砌块中保温夹心层相互衔接,上下皮保温夹心层间水平灰缝宜用保温砂浆。

③蒸压加气混凝土砌块。

砌筑时应上下错缝,搭接长度不宜小于砌块长度的1/3,且不应小于150 mm。不能满足时,水平灰缝中设2Φ6钢筋或Φ4钢筋网片加强,加强筋从砌块搭接错缝处起,每侧搭接长度宜≥700 mm。蒸压加气混凝土砌块用薄层砂浆砌筑法时,需专用黏结砂浆;因蒸压加气混凝土砌块吸水率大,砌筑时不浇水湿润(注:指提前2 d浇水润湿,达外干内湿)。灰缝厚宜为2~4 mm;蒸压加气混凝土砌块不用专用黏结砂浆砌筑时,水平灰缝厚和竖向灰缝宽不应超15 mm。

④砌块与拉结筋连接,应预先在相应位置砌块表面开设凹槽;砌筑时,钢筋应居中于凹槽砂浆;水平面和垂直面错边量超2 mm时,应用钢齿磨板和磨砂板磨平后,方可进入下道工序。

⑤轻骨料混凝土小型空心砌块或蒸压加气混凝土砌块砌筑时,墙底应砌烧结普通砖,或多孔砖,或普通混凝土小型空心砌块,或现浇筑混凝土坎台,坎台高不宜小于200 mm,厨房、卫生间和浴室等处坎台高150 mm。

任务 5　砌筑工程冬期、雨期施工

任务导航

本任务要求认识冬期施工主要问题，熟悉冬期施工的两种方法，掌握雨期施工要求。

3.5.1　冬期施工

3.5.1.1　概述

室外日均气温连续 5 d 稳定低于 5 ℃，砌体工程进入冬期施工，应采取相应措施。气温根据当地气象资料统计确定。冬期施工期限外，日最低温度低于 0 ℃，也按冬期施工管理。

砌筑工程冬期施工最主要的问题是砂浆冻结，这将导致：

(1)砂浆硬化暂停，不产生强度，无黏结力，最终可能导致瑕疵或丧失胶结能力。

(2)砂浆塑性降低，水平灰缝及竖向灰缝密实度降低，裂缝缝隙增加，砌体整体变疏松。

(3)上层砌体重压下，砂浆解冻可能导致不均匀沉降。

因此，冬期砌筑须采取以下措施，保证质量可靠、技术可靠、经济合理：

(1)控制雨、雪、冰和霜对砖、砂和石灰等墙体材料的侵袭，如集中堆放各种材料并采取保温措施。冬期砌筑首先要防止砂浆受冻，或使砂浆强度负温下亦能增长。

(2)砌筑工程冬期施工方法有外加剂法和暖棚法等。

(3)不使用已冻结砂浆，严禁以热水掺入冻结砂浆内重新搅拌后使用，不得往使用中的砂浆掺水。混凝土小砌块冬期施工时砌筑砂浆强度等级低于 M10 时，其砂浆强度等级应比常温施工时提高一级。冬期施工砂浆搅拌时间应增加 0.5~1.0 倍，并采取措施减少搅拌、运输和存放过程中的热损失。

(4)砌筑工程冬期施工应以外加剂法为主。对保温、绝缘和装饰等方面有特殊要求的，可选他法。

(5)冬期施工，块材浇水湿润应满足以下要求：

①烧结普通砖、烧结多孔砖、蒸压灰砂砖、蒸压粉煤灰砖、烧结空心砖和吸水率较大的轻骨料混凝土小型空心砌块，在气温高于 0 ℃砌筑时，应浇水湿润立即砌筑；否则，不应浇水湿润，但应增大砂浆稠度。

②普通混凝土小型空心砌块、混凝土多孔砖、混凝土实心砖及用薄灰砌筑法砌筑蒸压加气混凝土砌块时，不应浇水湿润。

③抗震设防烈度为 9 度的建筑物，烧结普通砖、烧结多孔砖、蒸压粉煤灰砖和烧结空心砖无法浇水湿润，又无可靠措施时，不得砌筑。

④冬期砖砌体施工应用“三一”砌筑法施工。水平缝和垂直缝厚和宽宜为 8~10 mm。

3.5.1.2　外加剂法

1. 概念及作用

外加剂法就是往砌筑砂浆中掺入抗冻剂，使成为掺盐砂浆，以降低水冰点。其作用如下：

(1)保证砂浆中有液态水,使水泥水化反应能在一定负温下进行,砂浆强度能在负温下继续缓慢增长。

(2)砌体表面不会立即结冰形成冰膜,砂浆和砌体能较好地黏结。

盐类外加剂多为氯盐、亚硝酸钠、碳酸钾和硝酸钙等,拌和后即成为掺盐砂浆。其中氯盐多为氯化钠,气温低于-15 ℃时,可与氯化钙复合使用。

2. 外加剂法适用范围

外加剂法施工方便,费用低,砌体工程冬期施工中普遍使用。但是,氯盐砂浆吸湿性大,结构保温性能和绝缘性能会下降,易析盐。有特殊要求的工程不允许用掺氯盐砂浆,如:

(1)对装饰工程有特殊要求的建(构)筑物。

(2)使用湿度大于80%的建(构)筑物。

(3)钢埋件无可靠防腐措施的砌体。

(4)接近高压电线的建(构)筑物(变电所、发电站等)。

(5)常处于地下水位变化范围内,以及地下未设防水层的结构。

此时可选亚硝酸钠、碳酸钾等不含氯的盐类作抗冻剂。

3. 砌体工程冬期施工砌筑材料的要求

(1)拌制砂浆用石灰膏、电石膏等应防冻,如冻结,经融化后使用。

(2)拌制砂浆用砂,不得含冰块和粒径大于10 mm的冻结块。

(3)砖或其他块材不得遭水浸冻。

(4)砖、砌块和石材砌筑前,应清除表面浮灰、冰雪、冻霜、垃圾等杂物。

(5)拌制砂浆宜用两步投料法,水温不得超过80 ℃,砂温度不得超过40 ℃。

(6)砂浆拌制宜用普通硅酸盐水泥,冬期砌筑不得使用无水泥砂浆。

4. 砂浆配制及砌筑施工工艺

1)砂浆配制

掺盐砂浆配制时,应按不同负温界限控制掺盐量。砂浆中氯盐掺量过少,砂浆内会出现大量冻结晶体,水化反应极其缓慢,会降低早期强度。但如氯盐掺量过多,如大于10%,砂浆后期强度会明显降低,同时砌体析盐量过多,增大了吸湿性,降低了保温性能。气温过低时,可掺双盐:同时掺氯化钠和氯化钙,以提高砂浆抗冻性。

不同气温时掺盐砂浆规定的掺盐量见表3-10。

表3-10　氯盐外加剂掺量(占用水质量百分比)

氯盐及砌体材料种类			不同日最低气温(℃)下掺量/%			
			≥-10	-11~-15	-16~-20	-21~-25
氯化钠(单盐)		砖、砌块	3	5	7	—
		砌石	4	7	10	—
复盐	氯化钠	砖、砌石	—	—	5	7
	氯化钙		—	—	2	3

注:掺盐量以无水盐计。

冬期施工砂浆试块留置,除应按常温规定要求外,尚应增留 1 组与砌体同条件养护,检验 28 d 强度。

砌筑使用时掺盐砂浆温度不应低于 5 ℃。如设计无要求,且最低气温不高于-15 ℃时,砌体砂浆强度等级应按常温施工提高 1 级;同时应以热水搅拌砂浆;水温超过 60 ℃时,应先将水和砂拌和,再投放水泥。

氯盐砂浆中再掺引气剂时,应于搅拌后期掺入。搅拌时间应比常温季节增 1 倍。拌和后砂浆应注意保温。

外加剂溶液应设专人配制,先配成规定浓度溶液置于专用容器,再按规定加入搅拌机中拌制成所需砂浆。

2) 砌筑施工工艺

冬期墙体用氯盐砂浆施工时,每日砌筑高度不宜超 1.2 m,墙体所留洞口,距交接墙处应≥500 mm。砌筑后应在表面覆盖保温材料,砌体表面应干净、无漏刮砂浆。继续砌筑施工之前,应先清理干净已砌筑结构表面浮灰、遗落砖渣、灰浆、垃圾等杂物。

用掺盐砂浆法砌筑时,砌体转角和内外墙交接处应同时砌筑,对不能同时砌筑而须留临时间断处,须留成斜槎,此时,已砌砌体表面不应铺设砂浆层,用保温材料加以覆盖,以利于继续施工。

用氯盐砂浆时,砌体中配置的钢筋及钢预埋件,应预先进行防腐处理,如涂刷樟丹 2~3 遍,或浸涂热沥青,或涂刷水泥浆,或涂刷各种专用防腐涂料。处理后的钢筋及预埋件应成批堆放。搬运及堆放时,应轻拿轻放,不得任意摔扔,以防损伤防腐涂料。

3.5.1.3 暖棚法

暖棚法是利用简易结构和保温材料,将砌筑工作面临时封闭,使其中砌体砌筑和养护处于正温条件。

暖棚法施工,块材砌筑时温度不应低于 5 ℃,离所砌结构底面 0.5 m 处棚内温度也不应低于 5 ℃。

暖棚内砌体养护时间,根据暖棚内温度确定(见表 3-11)。

表 3-11 暖棚法砌体养护时间

暖棚温度/℃	5	10	15	20
养护时间/d	≥6	≥5	≥4	≥3

搭暖棚需大量材料、人工,加温需能源,故成本高、效率低,不宜多用,多用于地下室墙、挡土墙、局部事故修复工程。

3.5.2 砌筑工程雨期施工要求

(1) 雨期砌块须集中堆放,不宜浇水。砌墙时要求干湿块合理搭配。砖湿度较大时不可上墙。连续砌筑高度不宜超过 1.2 m。

(2) 遇大雨须停工。砌体停工时应在砖墙顶盖一层干砖,以防大雨冲刷灰浆。大雨过后雨水冲刷过的新墙应翻砌最上面两皮砖。

(3) 稳定性较差的窗间墙、独立砖柱,应加设临时支撑或及时浇筑圈梁,以增加墙体稳定性。

(4)砌体内外墙尽量同时砌,并注意转角及丁字墙的搭接应满足要求。遇台风时,在与风向相对方向加设临时支撑,以保持墙体稳定。

(5)雨后继续施工,应复核已完工砌体垂直度和标高。

任务6 砌筑工程的质量、安全与环保

任务导航

本任务要求掌握砌筑工程原材料、半成品、构配件质量检查要点,掌握安全施工要点,掌握环保要求。

3.6.1 砌筑工程质量要求

(1)根据《砌体结构工程施工质量验收规范》(GB 50203—2011),砌体工程施工质量控制等级分A、B和C三级(见表3-12)。

表3-12 砌体工程施工质量控制等级

项目	施工质量控制等级		
	A	B	C
现场质量管理	监督检查制度健全,并严格执行;施工方有在岗专业技术管理人员,人员齐全,并持证上岗	监督检查制度基本健全,并能执行;施工方有在岗专业技术管理人员,人员齐全,并持证上岗	有监督检查制度;施工方有在岗专业技术管理人员
砂浆、混凝土强度	试块按规定制作,强度满足验收规定,离散性小	试块按规定制作,强度满足验收规定,离散性较小	试块按规定制作,强度满足验收规定,离散性大
砂浆拌和方式	机械拌和;配合比计量控制严格	机械拌和;配合比计量控制一般	机械或人工拌和;配合比计量控制较差
建筑工人	中级工以上,其中高级工不少于30%	高级工、中级工不少于70%	初级工以上

注:1. 砂浆、混凝土强度离散性大小根据强度标准差确定。
2. 配筋砌体不得为C级施工。

(2)砌体结构工程检验批验收时,其主控项目应全部满足要求;一般项目80%及以上抽检处满足要求;有允许偏差项目,最大超差值为允许偏差值的1.5倍,且不得有严重缺陷。

(3)同一验收批砂浆试块强度平均值应大于设计强度值的1.1倍,同一验收批砂浆试块抗压强度最小一组平均值不小于设计强度等级值的85%。

(4)基础放线尺寸允许偏差应满足要求(见表3-13)。砌筑基础前,应校核放线尺寸。

表 3-13　砌筑基础前放线尺寸允许偏差

长度 *L*、宽度 *B*/m	允许偏差/mm	长度 *L*、宽度 *B*/m	允许偏差/mm
L(或 *B*)≤30	±5	60<*L*(或 *B*)≤90	±15
30<*L*(或 *B*)≤60	±10	*L*>90	±20

(5)砖、小型砌块砌体允许偏差、检查方法和抽检数量应符合表 3-14 的规定。

表 3-14　砖、小型砌块砌体允许偏差、检查方法和抽检数量

项目			允许偏差/mm	检查方法	抽检数量
轴线位移			10	用经纬仪和尺或其他测量仪器检查	承重墙、柱全数检查
基础、墙、柱顶面标高			±15	用水平仪和尺检查	不应少于 5 处
墙面垂直度	每层		5	用 2 m 托线板检查	不应少于 5 处
	全高	≤10 m	10	用经纬仪、吊线和尺或其他测量仪器检查	外墙全部阳角
		>10 m	20		
表面平整度	清水墙、柱		5	用 2 m 直尺和楔形塞尺检查	不应少于 5 处
	混水墙、柱		8		
水平灰缝平直度	清水墙		7	拉 5 m 线和尺检查	不应少于 5 处
	混水墙		10		
门窗洞口高、宽(后塞口)			±10	用尺检查	不应少于 5 处
外墙上下窗口偏移			20	以底层窗口为准,用经纬仪或吊线检查	不应少于 5 处
清水墙游丁走缝			20	以每层第一皮砖为准,用吊线和尺检查	不应少于 5 处

(6)配筋砌体构造柱位置及垂直度允许偏差、检查方法应符合表 3-15 的规定。

抽检数量:每检验批抽查不少于 5 处。

表 3-15　配筋砌体构造柱位置及垂直度允许偏差、检查方法

项次	项目			允许偏差/mm	检验方法
1	中心线位置			10	用经纬仪和尺检查或用其他测量仪器检查
2	层间错位			8	用经纬仪和尺检查或用其他测量仪器检查
3	垂直度	每层		10	用 2 m 托线板检查
		全高	≤10 m	15	用经纬仪、吊线和尺检查或用其他测量仪器检查
			>10 m	20	

(7)填充墙砌体尺寸、位置允许偏差、检验方法和抽检数量应符合规定,砂浆饱满度及检验方法应满足相关要求。

3.6.2　安全技术

(1)应贯彻安全工地、文明工地、绿色工地、环保工地的方针,建立健全安全管理责任制度,达到制度管人、制度育人和制度护人。

(2)砌体结构工程施工中,应按施工方案要求,对施工作业人员进行安全交底,并应形成书面交底记录。砌体结构施工安全是工程施工现场安全管理的重要组成部分,施工前应对现场施工操作人员进行专门安全交底,并形成交底记录文件资料。

(3)施工机械应符合行业标准,如《建筑机械使用安全技术规程》(JGJ 33—2012)和《施工现场临时用电安全技术规范》(JGJ 46—2005)的有关规定,并定期检查和维护保养。

(4)用升降机、龙门架及井架物料提升机输送材料设备时,应符合现行行业标准《建筑施工升降机安装、使用、拆卸安全技术规程》(JGJ 215—2010)和《龙门架及井架物料提升机安全技术规范》(JGJ 88—2010)的有关规定,且一次提升总重量不得超过机械额定起重或提升能力,并应有防散落、防抛洒措施,即现场提升施工须对性能和重量严格控制。

(5)车辆运输块材的装箱高度不得超出车厢,砂浆车内浆料液面应低于车厢上口0.1 m。

(6)安全通道应搭设可靠,并应有明显标识。

(7)现场人员应佩戴安全帽,高处作业时应系好安全带。在建工程外侧应设置密目安全网。

(8)用滑槽向基坑(槽)内人工运送物料时,落差不宜超过5 m。严禁向正在进行人工作业的基坑(槽)内抛掷物料,以免物料伤人和物料滚落破损。

(9)保证基坑稳定性,基坑(槽)边沿2.0 m范围内不得堆放物料;基坑(槽)边沿2.0 m以外堆放物料时,堆置高度不应大于1.5 m。

(10)基础砌筑前应仔细检查基坑(槽)的边坡稳定性,有塌方危险或支撑不牢固时,应采取可靠措施整改加固。作业人员出入基坑(槽),应设上下坡道、踏步或梯子,并应有雨雪天防滑设施及防护措施。

(11)砌筑用脚手架应按经审批的施工方案搭设,并应符合国家现行相关脚手架安全技术规范规定。验收合格后,不得随意拆除和改动脚手架。

(12)为防伤人,作业人员在脚手架上施工时,应符合下列规定:

①在脚手架上砍砖时,应向内将砖破碎或打碎在脚手板上,不得向架外砍砖;

②在脚手架上堆普通砖、多孔砖不得超过3层,空心砖或砌块不得超过2层;

③翻拆脚手架前,应将脚手板上的杂物清理干净。

(13)高处砌筑作业应符合现行行业标准,如《建筑施工高处作业安全技术规范》(JGJ 80—2016)等规定。不得在卸料平台、脚手架上、升降机、龙门架及井架物料提升机出入口位置切割块材、打凿加工。不得站立墙顶操作或行走。砌筑完毕应将墙面清理干净,脚手架上及现场应工完料清。

(14)卸料和备料不应集中堆放,堆载不得超过楼板设计活荷载标准值。

(15)作业楼层周围应封闭围护,同时应设置防护栏及张挂安全网。楼层内预留洞口、电梯口、楼梯口,应搭设防护栏,大于 1.5 m 洞口应设置围挡。预留孔洞应加盖封堵。

(16)为避免事故,生石灰运输过程中应采取防水措施,且不应与易燃易爆物品共同存放和运输。

(17)淋灰池、水池应有护墙或护栏。

(18)未施工楼层板或屋面板墙或柱,可能遇大风时,其允许自由高度不得超过规定。超过允许限值时,应设临时支撑等有效措施。

(19)为保护人体健康,现场加工区材料切割、打凿加工等施工人员,砂浆搅拌作业人员及搬运人员,应按相关要求佩戴好劳动防护用品。

(20)随着建设规模的扩大,工程现场施工中火灾危害日趋严重,不仅对人民生命财产造成重大损失,也会给工程质量带来严重和众多隐患。因此,对加强和落实施工现场消防安全措施提出要求:工程施工现场消防安全应符合现行国家标准,如《建设工程施工现场消防安全技术规范》(GB 50720—2011)等的有关规定。

3.6.3 环保要求

(1)坚持创造安全工地、文明工地、绿色工地和环保工地。施工现场应制订砌体结构工程施工环境保护措施,应选清洁环保作业方式,减少对周边地区环境的影响。

(2)施工现场拌制砂浆及混凝土时,搅拌机应有防风、隔声、封闭围护设施,并宜安装除尘装置,其噪声限值应符合国家相关规定。

(3)水泥、粉煤灰、外加剂等应存放于防潮且不易扬尘的专用库房。露天堆放砂、石、水泥、粉状外加剂和石灰等材料,应覆盖。石灰膏应存放于专用储存池。

(4)施工现场内的道路、材料堆场地地面宜硬化,以减少土层外露导致晴天扬尘和雨天泥浆流淌污染,并应经常洒水清扫,场地应保持清洁。

(5)车辆运行过程中产生的扬尘、泥浆污染等,占人为污染比例较高,应严格控制。故运输车辆应无遗洒滚落,驶出工地前宜清洗车轮。

(6)砂浆搅拌、运输和使用过程中,遗洒砂浆应回收处理。砂浆搅拌及清洗机械所产生的污水,应经沉淀池沉淀后再排放,避免水泥凝结淤塞、污染排水管网等公共设施。

(7)高处作业不得扬洒抛掷物料、垃圾、粉尘及废水。

(8)应采取建筑垃圾减量化措施。作业区域垃圾应当天打扫清理完毕,建筑垃圾应分类处理。

(9)不可循环使用的建筑垃圾,应收集到现场封闭式垃圾站,并应清运至指定地点。可循环使用的建筑垃圾,应回收再利用。

(10)机械、车辆检修和更换油品时,应防止油品洒落地面或渗入土壤。废油属国家规定的废弃物,应由相关资质单位转移处理,不得直接排入市政污水管网。

(11)切割作业区机械应封闭围护,以减少扬尘和噪声污染。

(12)施工期间应制订措施减少扰民。

任务7 砌体结构检测、验收、维护与拆除

任务导航

本任务要求掌握砌体结构检测要求，熟悉验收内容，了解维护和拆除要求。

3.7.1 检测要求

码3-7 砌体结构检测与拆除

对新建砌体结构，遇到下列情况时，应检测砌筑砂浆强度、块材强度、砌体抗压强度和抗剪强度：

(1)砂浆试块缺乏代表性或数量不足；

(2)砂浆试块强度检验结果不满足设计要求；

(3)对块材或砂浆试块检验结果有怀疑或争议；

(4)对施工质量有怀疑或争议，需进一步分析砂浆块材或砌体强度；

(5)发生工程事故，需进一步分析事故原因。

砌体结构检测应根据检测项目特点、检测目的确定检测对象和检测数量，抽样部位应随机，以确保样品有代表性。

选用新研制的砌体结构现场检测方法时，应符合下列规定：

(1)强度测试公式所依据的试验散点图，其横坐标应包括不少于有差异的5组数据点；

(2)强度测试曲线相关系数(或相关指数)不应小于0.85；

(3)强度测试曲线适用范围上、下限不得在试验数据基础上外推；

(4)应进行再现性和重复性试验；

(5)应有工程试点应用经验。

3.7.2 验收内容

单位工程砌体结构质量验收资料应满足工程整体验收要求。单位工程砌体结构质量验收部分资料缺失时，应进行相应实体工程质量检测验收或抽样试验。

砌体结构工程施工质量应满足设计要求，施工质量验收尚应包括以下内容：

(1)水泥强度及安定性评定；

(2)块材、砂浆和混凝土强度评定；

(3)钢筋品种、规格、数量及设置部位；

(4)砌体水平灰缝和竖向灰缝砂浆饱满度；

(5)砌体转角处、交接处和构造柱马牙槎砌筑质量；

(6)挡土墙泄水孔质量；

(7)与主体结构连接的后植钢筋轴向受拉承载力。

对有可能影响结构安全性的砌体裂缝，应检测鉴定，返修或加固处理需二次验收。

3.7.3　维护与拆除要求

(1)应对砌体结构风化、渗漏、裂缝及损伤部位检查及维修。

(2)砌体结构拆除应采取措施减小对块材的损伤。

(3)拆下的块材用于建造砌体结构时不应用有裂缝或风化块材;应对块材取样送检,根据检测结果确定块材可以使用的部位。

【课后练习】

请扫描下方二维码,做课后练习。

教学项目3　课后练习

教学项目 4　混凝土结构工程施工

【能力目标】

通过本教学项目的学习，能了解模板与支架的重要性，能判断模板拆除的时间，能进行模板工程质量检查验收，能对进场钢筋进行检查验收，能对钢筋连接质量进行检查验收，能判断混凝土运输、输送入模及间歇总时间是否满足灌注要求，能对混凝土养护方法正确判断和选择，能进行混凝土结构工程施工质量检查和验收，能编制检查、验收方案，能编制混凝土结构工程专项施工方案并能指导施工，能进行混凝土结构工程施工技术交底，能编制混凝土结构工程常见质量通病防治措施，能编制混凝土结构工程严重缺陷处理方案，能编制混凝土工程安全措施及应急预案。

任务 1　模板工程施工

任务导航

本任务要求认识模板、支架组成及搭设的一般要求；掌握模板、支架安全性要求。

4.1.1　模板工程基本组成与要求

码 4-1　柱模

4.1.1.1　模板工程基本组成

模板是使混凝土结构和构件按所需几何尺寸成型的模型板。模板系统包括模板和支架两大系统，此外还含紧固连接件。

4.1.1.2　模板工程要求

(1)保证工程结构各部分形状尺寸和相互位置正确性。

(2)具有足够承载能力(强度)、刚度和稳定性。

(3)构造简单，装拆方便，使用具有经济性。

(4)模板间接缝严密，不漏浆。

(5)模板及其支架应根据结构形式、荷载大小、地基土类别、施工设备和材料供应条件设计。

(6)支架地基基础应平整密实、稳定可靠。

4.1.2　模板分类

4.1.2.1　木(竹)模板

木模板(见图 4-1～图 4-3)一般用多层木胶合板作面板，以木方作支撑系统(或内楞)，现场拼装而成。拼板由板条和拼条钉制而成。木模板的优点是可锯、可钻、可钉、耐低温，有利于冬期施工，拆装方便，操作简单，可加工成变曲面等；缺点是大量消耗木材，容易变形和损耗等。

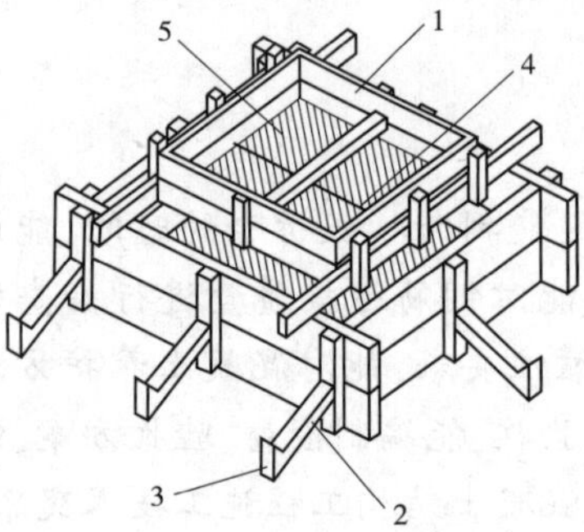

1—拼板;2—斜撑;3—木桩;
4—铁丝;5—内撑。

图 4-1　阶梯形基础模板

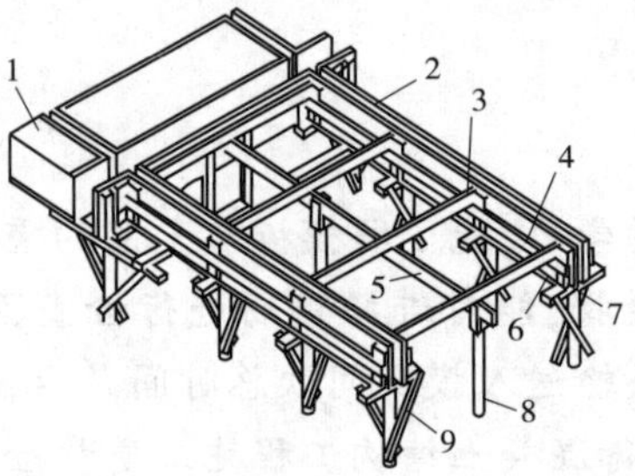

1—楼板模板;2—梁侧模板;3—搁栅;
4—横档;5—牵档;6—夹条;
7—短撑;8—牵杠撑;9—支撑(琵琶撑)。

图 4-2　梁及楼板模板

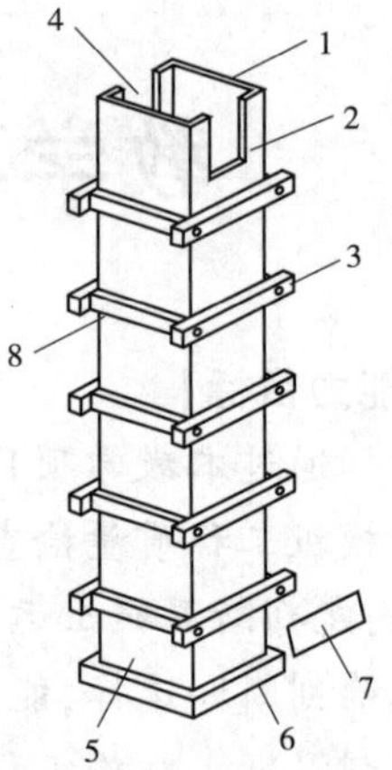

1—内拼板;2—外拼板;
3—柱箍;4—梁缺口;
5—清理孔;6—木框;
7—盖板;8—对拉螺栓。

图 4-3　柱箍

4.1.2.2　组合钢模板

组合钢模板(见图 4-4)由钢模板和配件两大部分组成,可拼成不同尺寸、不同形状,可适应基础、梁、板、柱和墙施工所需。组合钢模板尺寸适中、轻便灵活、装拆方便、通用性强、周转率高。既适用于人工安拆,也可预拼成大模板或台模后以起重机吊运安装。但接缝多,严密性差,导致混凝土成型后外观质量差。

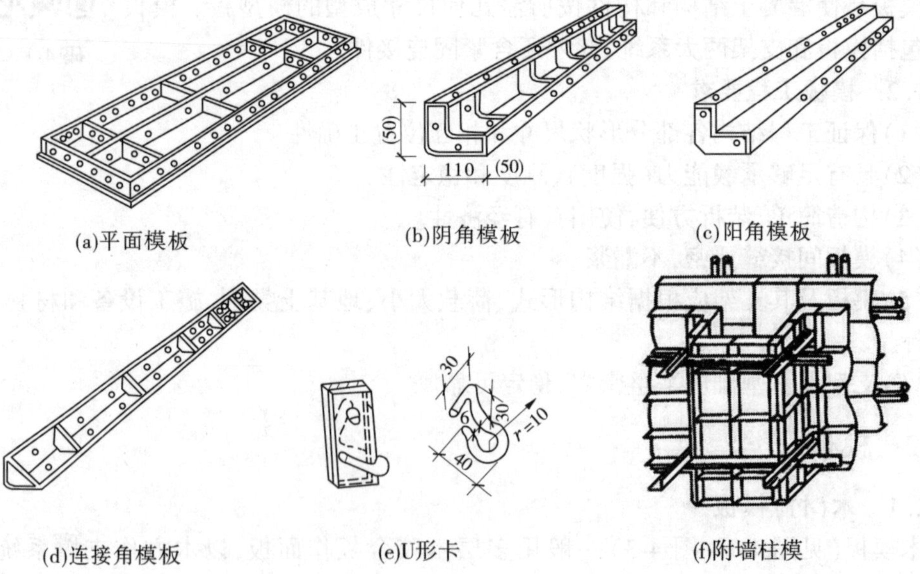

图 4-4　组合钢模板　(单位:mm)

1. 钢模板

钢模板有通用模板和专用模板两类。通用模板包括平面模板、阴角模板、阳角模板和连接角模板等;专用模板包括倒棱模板、梁腋模板、柔性模板、搭接模板、可调模板及嵌补模板等。

2. 钢模配板

采用组合钢模板时,同一构件模板可用不同规格钢模做多种方式的组合排列,因而存在多种配板方案。不同配板方案的支模效率、工程质量和经济效益可能存在差异。合理的配板方案应满足:钢模块数少,木模嵌补量少,并能使支撑件布置简单、受力合理。

配板原则如下:

(1)优先采用通用规格及大规格模板。

(2)合理排列模板。

(3)合理使用角模板。

(4)便于模板支承件(如钢楞或桁架)的布置。

3. 连接件

组合钢模板连接件包括U形卡、L形插销、钩头螺栓、对拉螺栓、紧固螺栓和扣件等。应用最多且最广泛的是U形卡。U形卡用于钢模板之间的拼接卡拢固定,安装间距一般≤300 mm,即每隔一孔卡插一个,安装方向一顺一倒错开。

钢管卡具适用于矩形梁,用于固定侧模板。卡具可用于把侧模固定于底模板上,此时卡具装于梁下部;卡具也可用于梁侧模上口固定,此时卡具装于梁上方。

4. 支撑件

组合钢模板支撑件包括柱箍、钢楞、支柱、卡具、斜撑和钢桁架等。

柱箍可用角钢、槽钢和钢筋等制作,也可用钢管及扣件拼组而成。

梁侧托架用来支托梁底模和夹模。梁托架可用钢管或角钢制作。

支托桁架有整体式和拼接式两种,拼接式桁架可由两个半榀桁架拼接,以适应不同跨度需要(见图4-5)。

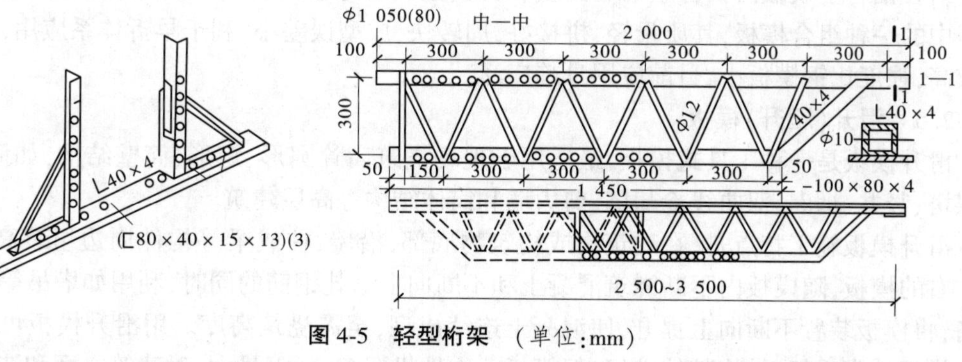

图4-5　轻型桁架　(单位:mm)

钢管顶撑(见图4-6)由套管及插管组成,其高度可用插销初调,用螺旋微调。钢管支架由钢管及扣件组成,支架柱可用钢管对接(内外两节钢管,用对接扣连接)或搭接(用回转扣连接)接长,可伸缩调节支架高度。支座底部垫木板,100 mm内的调节可在垫板处加木楔调整,也可在钢管支架下端装调节螺杆调节。支架横杆步距为 1 000~1 800 mm。钢管顶撑或支架支柱可按偏心受压杆计算。

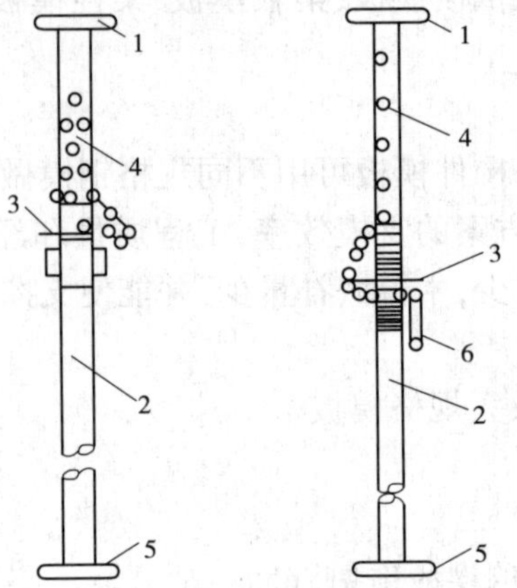

(a)对接扣连接 (b)回转扣连接

1—顶板;2—套管;3—转盘;4—插管;5—底板;6—转动手柄。

图 4-6 钢管顶撑

4.1.2.3 大模板

大模板是一种大尺寸工具式定型模板,一般是一块墙面用一、二块大模板。大模板施工,关键在模板。一块大模板由板面结构、支撑系统、操作平台及附件组成。目前,我国面板多用钢板和多层板制成,其优点是可直接粉面,钢模板可重复使用 200 次以上,刚度和强度大,表面平滑、整体性好、无拼接且抗振性能好。缺点是模板自重大、易生锈、不保温、受损不易修复、移动安装时需起重机吊运。钢面板厚度根据加劲肋布置确定,一般为 4~6 mm。用 12~18 mm 厚多层板制成的面板,用树脂处理后可重复使用 50 次,质量轻,制作、安装及更换均容易,规格选用灵活,对非标准尺寸大模板工程更适用。

4.1.2.4 组合铝合金模板

组合铝合金模板由铝合金带肋面板、端板、主次肋焊接而成,是用于现浇混凝土结构施工中的一种组合模板,其质量轻,拼接好,周转快,成型误差小,利于早拆体系应用,但成本较高,强度比钢模板小,目前应用日趋广泛。

4.1.2.5 滑升(爬升)模板

滑升模板是一种工具式模板,最适用于现场浇筑高耸圆形、矩形、筒壁结构,如筒仓、贮煤塔、竖井、烟囱、双曲线冷却塔、剪力墙和筒体结构等高层建筑。

滑升模板施工特点是,在建筑物或构筑物底部,沿墙、柱或梁等构件周边组装高 1.2 m 左右的模板,随模板内不断浇筑混凝土和不断向上绑扎钢筋的同时,利用如塔吊等提升设备,将模板装置不断向上提升,使混凝土连续成型,至需浇筑高度。用滑升模板可大量节约模板和脚手架,结构整体性好;但模板一次性投资多,耗钢量大,对建筑立面和造型有一定限制。滑升模板由模板系统、操作平台系统和提升系统三部分组成。模板系统包括模板、围囹和提升架等,其作用主要是成型混凝土。操作平台系统包括操作平台、辅助平台和外吊脚手架等,是施工操作的空间场所。提升系统包括支撑杆、千斤顶和提升操纵装置等，是滑升的动力。此三部分通过提升架连成整体，构成整套滑升模板装置。滑升模板装置全部荷载通过提升架传递给千斤顶，再由千斤顶传给支撑杆。千斤顶是使滑升模板装置沿支承杆向上滑升的主要设备，形式很多，目前常用的是 HQ-30 型液压千斤顶，主要由活塞、缸筒、底座、上卡头、下卡头和排油弹簧等部件组成。它是一种穿心式单作用液压千斤顶，支承杆从千斤顶的中心通过，千斤顶只能沿支撑杆向上爬升，不能下降。起重量为 30 kN，工作行程为 30 mm。动力也可使用塔吊。

其他还有早拆模板、滑升模板、台模、隧道模、永久性模板等。

4.1.3　模板拆除

现浇筑混凝土结构模板拆除时间，取决于结构性质、模板用途和混凝土硬化速度。及时拆模，提高模板周转率，可为后续工序创造条件。但若过早拆模，混凝土强度还未达到一定程度；过早受荷，就会产生变形、开裂甚至坍塌断裂等，严重者可能导致重大质量事故。

4.1.3.1　模板拆除规定

(1)非承重模板(如侧模板)，应于混凝土强度能保证其表面及棱角不因拆模而受损时，不会缺棱掉角，方可拆除。

(2)结构同条件养护试块强度达表 4-1 规定，方可拆承重模板。

表 4-1　承重模板拆除时结构同条件养护试块应达强度

序号	结构类型	结构跨度/m	按设计混凝土强度标准值的百分数
1	板	≤2	≥50
		>2，≤8	≥75
		>8	≥100
2	梁、拱、壳	≤8	≥75
		>8	≥100
3	悬臂梁构件		≥100

(3)拆模发现混凝土有影响结构安全的质量问题时，应暂停。经研究处理妥当，方可继续拆除。

(4)已拆模板及其支架结构，应于混凝土强度达设计强度后才允许承受全部计算荷载。

4.1.3.2　拆除模板时的注意事项

(1)拆模时不应用力过猛，拆下的模板要及时运走、整理和堆放，以便再用。

(2)模板及其支架的拆除顺序和安全措施，应按施工技术方案执行。拆模程序一般是后支的先拆，先支的后拆，先拆除非承重部分，最后拆除承重部分。

(3)拆框架结构模板顺序：先拆柱模，再拆楼板底板和梁侧模，最后拆梁底模。拆跨度较大的梁下支柱时，应从跨中开始，分别向两端拆除。

(4)拆楼层板支柱时，如上层楼板浇筑混凝土，则下一层楼板的模板支柱不得拆除，再下一层楼板模板的支柱，仅可拆除一部分；跨度≥4 m 梁下均应保留支柱，其间距≤3 m。

(5)拆模应避免混凝土表面或模板受损坏，以防整块板落下伤人。

4.1.4　模板工程施工质量检查验收

浇筑混凝土前，应验收模板工程。模板及其支架应有足够的承载能力(强度)、刚度和稳定性，能承受待浇筑混凝土重量、侧压力及施工荷载。模板安装和浇筑混凝土时，应对模板及其支架观察和维护。发生异常时，应按施工技术方案及时处理。

模板工程施工质量检验应按主控项目、一般项目，以规定的检验方法进行。检验批合格质量应符合下列规定：主控项目质量经抽样检验均应合格；一般项目质量经抽样检验应合格，采用计数检验时，除有专门要求外，一般项目合格点率应达 80%及以上，且不合格点不得有严重缺陷；具有完整的施工操作依据和质量验收记录。

4.1.4.1　主控项目

(1)安装现浇结构上层模板及其支架时，下层楼板应具有承受上层荷载的承载能力，或加设支架；上、下层支架立柱应对准，并铺设垫板。

检查数量：全数检查。

检验方法：对照模板设计文件和施工技术方案观察。

(2)涂刷模板隔离剂时，不得溅染、沾污钢筋和混凝土接槎处。

检查数量：全数检查。

检验方法：观察。

(3)底模及其支架拆除时混凝土强度应符合规范规定。

检查数量：全数检查。

检验方法：检查同条件养护试件强度试验报告。

(4)后浇带模板拆除和支顶应按施工技术方案执行。

检查数量：全数检查。

检验方法：观察。

4.1.4.2　一般项目

(1)模板安装应满足下列要求：

①模板接缝应严密不漏浆；浇筑混凝土前，木模板应浇水湿润，但模板内不应有积水。

②浇筑混凝土前，模板内浮灰、垃圾、杂物及沾污等应清理干净。

③模板与混凝土接触面应清理干净并涂刷隔离剂，但所用隔离剂不得影响结构性能或妨碍装饰工程施工。

④清水混凝土工程及装饰混凝土工程，模板性能应能达到设计效果。

检查数量：全数检查。

检验方法：观察。

(2)用作模板的地坪、胎模等应平整光洁，不得产生影响构件质量的下沉、裂缝、起砂或起鼓。

检查数量:全数检查。

检验方法:观察。

(3)对跨度不小于 4 m 的现浇钢筋混凝土梁、板,其模板应按设计要求起拱;设计无具体要求时,起拱高度宜为跨度的 1‰~3‰。

检查数量:同一检验批内,梁应抽查构件数量的 10%,且不少于 3 件;板应按有代表性的自然间抽查 10%,且不少于 3 间;大空间结构,板可按纵、横轴线划分检查面,抽查 10%,且不少于 3 面。

检验方法:水准仪或拉线、钢尺检查。

(4)固定于模板上的预埋件、预留孔和预留洞口均不得遗漏,且应安装牢固,偏差符合规定,现浇结构模板安装偏差及检查方法应符合规定。

(5)预制构件模板安装偏差应符合规定。

(6)侧模拆除时混凝土强度应能保证其表面及棱角不受损伤。模板拆除时,不应对楼层形成冲击荷载。拆除模板和支架宜分散堆放(避免集中荷载)并及时清运。

检查数量:全数检查。

检验方法:观察。

任务 2　钢筋工程施工

任务导航

本任务要求掌握钢筋进场检验项目,钢筋连接方法,钢筋配料内容,钢筋代换原则,植筋施工流程。

4.2.1　钢筋进场检验

钢筋材料应符合《混凝土结构通用规范》(GB 55008—2021)第 3.2 条中的相关规定及要求,并应满足其他标准的相关要求。

钢筋混凝土结构及预应力混凝土结构常用钢材有热轧钢筋、钢绞线、消除应力钢丝和余热处理钢筋四类。

钢筋进场应检查和验收(复检)内容包括产品合格证、出厂检验报告,每捆(盘)钢筋均应有标牌,进场钢筋应按国家现行相关标准按进场批次和产品抽样检验方案抽取试样,即见证取样送检做力学性能和重量偏差检验,检验结果符合规定后方可使用。钢筋加工过程中出现脆断、焊接性能不良或力学性能显著不正常等现象时,还应进行化学成分检验或其他专项检验。同时还应进行外观检查,要求钢筋平直、无损伤,表面不得有裂纹、油污、颗粒状或片状老锈。钢筋运输和储存时,须保留标牌,并按批次分别堆放整齐,避免锈蚀和污染。钢筋一般在钢筋车间加工,然后运至现场绑扎或安装。其加工过程一般有冷拉、冷拔、调直、剪切、除锈、弯曲、绑扎和焊接等。

4.2.2　钢筋连接

钢筋连接主要有焊接、机械连接和绑扎连接,此处主要介绍前两种,绑扎连接见后文钢筋绑扎与安装部分。

4.2.2.1 钢筋焊接

用焊接代替绑扎，可改善结构受力性能，提高工效，节约钢材，降低成本。结构受力较大的部位，如轴心受拉构件和小偏心受拉构件钢筋接头，应采用焊接。

码 4-2 钢筋焊接

钢筋焊接，应用闪光对焊、电弧焊、电渣压力焊、电阻点焊和气压焊等。钢筋与钢板 T 形连接，宜用埋弧压力焊或电弧焊等。

钢筋焊接质量与钢材可焊性、焊接工艺有关。相同焊接工艺条件下，能获得良好焊接质量的钢材，称其在这种条件下可焊性好，相反则称可焊性差。钢筋的可焊性取决于其含碳量及合金元素含量，如碳或锰含量增加，可焊性差；掺适量钛，可改善焊接性能。焊接参数和操作水平亦影响焊接质量，可焊性差的钢材，若焊接工艺适宜，亦可获得良好的焊接质量。

钢筋焊接接头形式、焊接工艺和质量验收，应符合《钢筋焊接及验收规程》(JGJ 18—2012)的规定。

1. 闪光对焊

闪光对焊广泛用于钢筋接长及预应力钢筋与螺丝端杆焊接。热轧钢筋焊接宜优先采用闪光对焊，条件不允许时才采用电弧焊。

闪光对焊原理是利用对焊机使两段钢筋接触，通过低电压强电流，使钢筋被加热到一定温度变软后，轴向加压顶锻镦粗，形成对焊接头。

钢筋闪光对焊焊接工艺应根据具体情况选择。钢筋直径较小，可用连续闪光焊(见表 4-2)；钢筋直径较大，端面比较平整，宜用预热－闪光焊；端面不够平整，宜用闪光－预热－闪光焊。

表 4-2 连续闪光焊钢筋上限直径

焊机容量/kVA	钢筋级别	钢筋直径/mm
160 (150)	HPB300	14
	HRB335	14
	HRB400、HRBF400	20
	HRB500、HRBF500	20
100	HPB300	14
	HRB335	14
	HRB100、HRBF400	18
	HRB500、HRBF500	16
80 (75)	HPB300	14
	HRB335	14
	HRB400、HRBF400	12

2. 电弧焊

电弧焊是利用弧焊机使焊条与焊件之间产生高温电弧，使焊条和电弧燃烧范围内的焊件熔化,其冷却凝固后形成焊缝或接头。电弧按焊接接头形式不同可分为搭接焊、帮条焊、坡口焊和熔槽帮条焊四种(见图4-7)。电弧焊广泛用于钢筋接头与钢筋骨架焊接、装配式结构接头焊接、钢筋与钢板焊接及各种钢结构焊接。

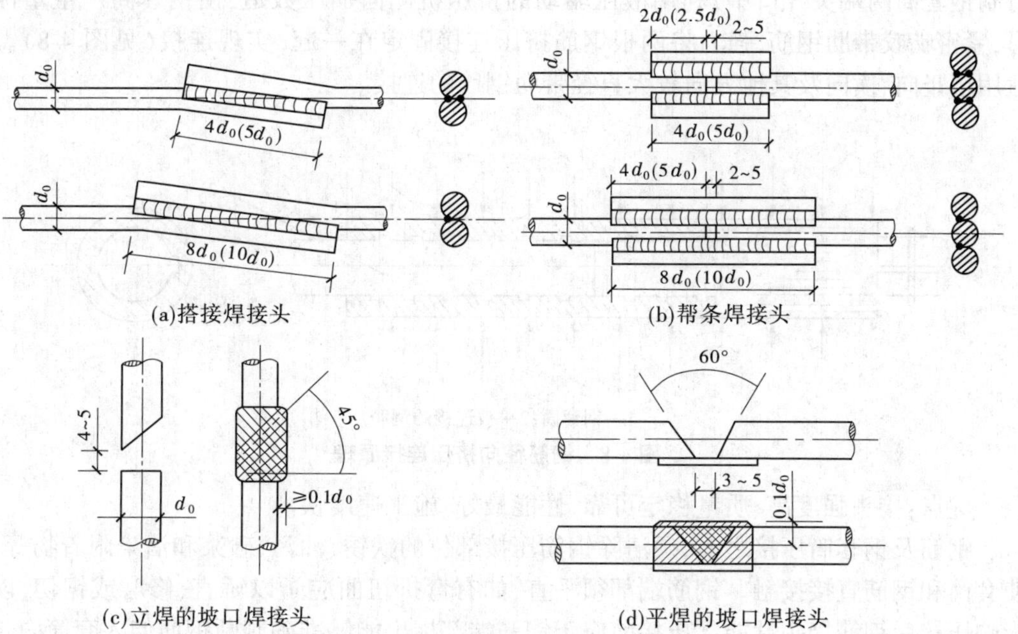

图4-7　钢筋电弧焊的接头形式

弧焊机有直流与交流之分,较常用的是交流弧焊机。

焊条种类很多,根据钢材等级和焊接接头形式选择焊条,如结420、结500等。焊条表面涂有焊药,它可保证电弧稳定,阻止或延缓焊缝接触大气被氧化,并产生熔渣覆盖焊缝以减缓冷却速度,可减少温差导致的应力集中,一定程度上提高焊缝质量。

焊接电流和焊条直径根据钢筋级别、直径、接头形式和焊接位置选择。

搭接接头长度、帮条长度、焊缝宽度和高度,均应符合规范规定。接头除外观质量检查外,还须抽样(见证取样送检)进行拉伸试验。

3. 电渣压力焊

现浇钢筋混凝土框架结构中竖向钢筋连接,宜用自动或手工电渣压力焊焊接。与电弧焊相比,电渣压力焊工效高、节约钢材、成本低,在高层建筑施工中得到广泛应用。

电渣压力焊设备包括电源、控制箱、焊接夹具、焊剂盒。自动电渣压力焊设备还包括控制系统及操作箱。焊接夹具应具有一定刚度,要求坚固、灵巧、上下钳口同心,上下钢筋轴线最大偏移不得超过2 mm和0.1d(d为钢筋直径)。焊接时,先将钢筋端部约120 mm范围内的铁锈除尽。焊接时,引弧、稳弧、顶锻三个过程连续进行。电渣压力焊参数为焊接电流、渣池电压和焊接通电时间。

4.2.2.2　钢筋机械连接

钢筋机械连接常用套筒挤压连接、锥螺纹套筒连接和直螺纹套筒连接等形式,是大直径钢筋现场连接的主要方法。

1. 钢筋套筒挤压连接

钢筋套筒挤压连接亦称钢筋套筒冷压连接。它是将需连接的两根带肋钢筋分别插入特制钢套筒两端头开口中,利用液压驱动的挤压机侧向加压数道,使钢套筒产生塑性变形,紧密啮咬带肋钢筋,强力将两根钢筋挤压连接固定在一起,实现连接(见图 4-8)。它适用于竖向、横向及其他方向较大直径带肋钢筋的连接。

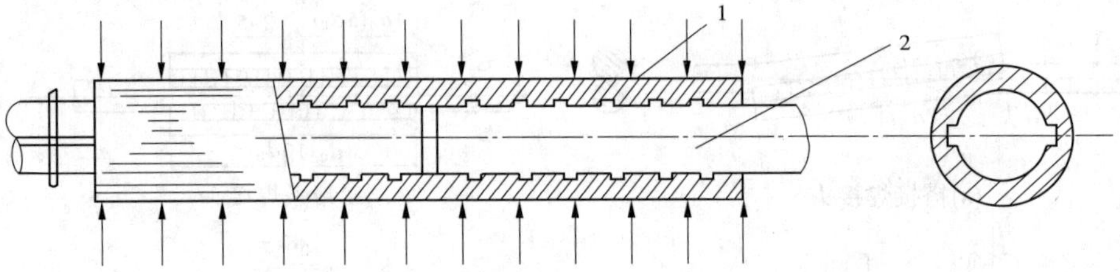

1—钢套筒;2—被连接的钢筋。

图 4-8　钢筋径向挤压连接原理

优点:接头强度高、质量稳定可靠、性能最好、施工速度快。

钢筋及钢套筒压接之前,须清除钢筋压接部位的铁锈、油污、砂浆和沾染附着物等,以使套筒和钢筋直接接触。钢筋端部须平直,如有弯折扭曲应予以矫直、修磨或锯切,以免影响压接后钢筋接头性能。压接前应于钢筋端部标出能够准确判断钢筋伸入套筒内长度的位置标记。钢套筒须有明显压痕位置标记,钢套筒尺寸须满足有关标准要求。压接前应按设备操作说明书有关规定检查、调整,使设备正常工作,调整油泵压力,根据钢筋直径选配相应压模。

2. 钢筋锥螺纹套筒连接

钢筋锥螺纹套筒连接是用锥形螺纹丝套筒将两根钢筋端头对接在一起,利用螺纹的机械咬合力传递拉力或压力。所用设备主要是套丝机,通常安放于现场对钢筋端头套丝。

套完锥形丝扣的钢筋用塑料帽保护,以防止搬运和堆放过程中螺纹丝受损影响后期拧固时的吻合性能。锥形螺纹套筒多在工厂加工。连接钢筋时,利用扭矩扳手拧紧锥形螺纹套筒至规定力矩即完成与钢筋的对接。

锥螺纹连接现场操作工序简单、速度快、适用范围广且不受气候影响。但锥螺纹接头破坏都发生于接头处,现场加工的锥螺纹质量、漏拧、拧紧力矩、丝扣松动或外力碰撞碾压等对接头强度和变形影响很大。因此,须重视锥螺纹接头现场检验,严格执行行业标准中“必须从工程结构中随机抽取试件进行现场检验”的规定,绝不能用形式检验证明材料或送样试件作为判定接头强度等级的依据。

接头质量应符合以下要求:

(1)钢筋套丝牙型质量须与牙型规格吻合;钢筋锥螺纹小端直径须在卡规允许误差范围内,连接套规格须与钢筋规格一致。

(2)钢筋接头扭矩检验,按每根梁、柱构件抽验 1 个接头,板、墙和基础底板构件每 100 个同规格接头作为一批(不足 100 个也作为一批),每批抽验 3 个接头,要求抽验的钢筋接头 100%达到规定力矩值。如发现 1 个接头不合格,须加倍抽验,再发现 1 个接头达不到规定力矩值,则要求该构件全部接头重新复拧到符合质量要求。若复检仍发现不合格接头,则该接头须以贴角焊缝补强,将钢筋与连接套焊在一起,焊缝高不小于 5 mm。连接好的钢筋接头螺纹,不得有一个完整螺纹丝外露。

3. 钢筋直螺纹套筒连接

将两钢筋待连接端头用滚轧加工工艺连接,即将钢筋端头滚轧成规整直螺纹,再用相配套的直螺纹套筒将两端钢筋相对拧紧,实现连接。根据钢材冷作硬化原理,钢筋上滚轧出的直螺纹强度受强化得到大幅度提高,从而使直螺纹接头抗拉强度通常均高于母材抗拉强度。

钢筋直螺纹套筒连接专用滚轧螺纹设备,其加工的钢筋直螺纹质量好、强度高;钢筋连接操作方便、速度快;钢筋滚丝可在加工厂或工地适宜场所预制,不占工期;施工面上连接钢筋时不用电、不用气、无明火作业、可全天候施工;可用于水平、竖直等各种不同位置钢筋的连接。钢筋直螺纹加工方法有压肋滚轧和剥肋滚轧两种。

(1)压肋滚轧直螺纹又分直接滚轧直螺纹和挤压肋滚轧直螺纹两种。用专用滚轧套丝机,先将钢筋横肋和纵肋滚轧或挤压处理,使钢筋柱体尺寸滚丝前达到螺纹加工所需圆度,然后螺纹滚轧成型,螺纹经滚轧后材质发生硬化,强度受强化提高 6%~8%,全部压肋滚轧直螺纹成型过程,由专用滚压套丝机一次完成。

(2)剥肋滚轧直螺纹是将钢筋横肋和纵肋进行剥切处理,使钢筋滚丝前的柱体圆度精度提高,达到同一尺寸,然后螺纹滚轧成型,从剥肋到滚轧直螺纹成型过程由专用套丝机一次完成。剥肋滚轧直螺纹精度高、操作简便、性能稳定且耗废钢材数量少。

直螺纹施工工艺流程:钢筋平头→钢筋压肋滚轧:滚轧或挤压(剥肋)→螺纹成型→丝头检验→套筒检验→钢筋就位→拧下钢筋保护帽和套筒保护帽→接头拧紧→做标记→施工质量检验。

4.2.3　钢筋配料与代换

4.2.3.1　钢筋配料

钢筋配料是根据构件配筋图,先绘出各种形状和规格的单根钢筋简图并加以编号,然后分别计算钢筋下料长度、根数及重量,填写钢筋配料单,作为申请、备料、加工的依据。钢筋配料是钢筋工程施工的重要环节,配料人员应有较强的识读施工图能力,熟悉钢筋加工工艺。钢筋加工前应根据设计图纸和会审纪要按不同构件编制配料单,然后备料加工。

1. 钢筋弯曲调整值计算

钢筋下料长度计算是钢筋配料的关键。设计图中注明的钢筋尺寸是钢筋的外轮廓尺寸,即从钢筋一端外皮到另一端同侧外皮量得的尺寸,称钢筋的外包尺寸,钢筋加工时,也按外包尺寸验收。钢筋弯曲后的特点是:钢筋弯曲处,内皮缩短,外皮延伸,中心线尺寸不变,钢筋的下料长度为中心线尺寸。钢筋成型后度量尺寸都是沿直线段及曲线量同侧外皮尺寸;同时弯曲处又为圆弧,因此只要被弯折过的钢筋或含弯曲段的钢筋,其尺寸大于下料尺寸,两者之间的差值称弯曲调整值,即下料长度应用度量尺寸减去弯曲调整值:

度量尺寸=下料长度+弯曲调整值

则

$$下料长度=度量尺寸-弯曲调整值 \tag{4-1}$$

钢筋弯曲常用形式及调整值计算简图见图4-9。

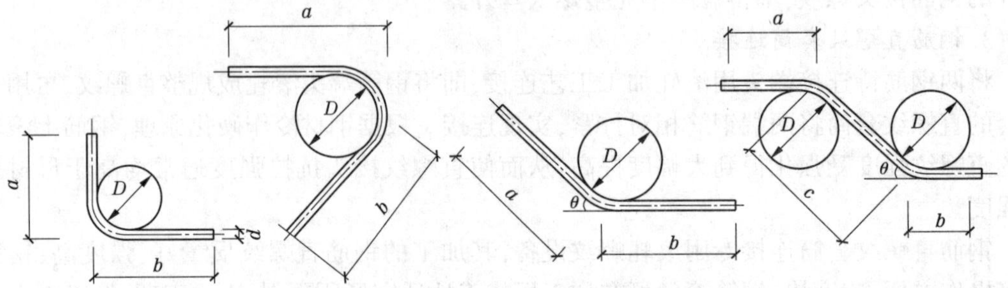

(a)钢筋弯曲90°　(b)钢筋弯曲135°　(c)钢筋一次弯曲30°、45°、60°　(d)钢筋弯起30°、45°、60°

a、b、c—度量尺寸；d—钢筋直径；D—弯弧内直径。

图4-9　钢筋弯曲常见形式及调整值计算简图

(1)钢筋弯曲直径的有关规定。

钢筋的弯钩形式有三种，即半圆弯钩、直弯钩及斜弯钩。半圆弯钩是最常用的一种弯钩；直弯钩只用在柱钢筋的下部、箍筋和附加钢筋中；斜弯钩只用在直径较小的钢筋中。受力钢筋弯钩和弯弧规定：

HPB300级钢筋末端应为180°弯钩，弯弧内直径$D\geqslant 2.5d$（d为钢筋直径），弯钩弯后平直段部分长度$\geqslant 3d$；设计要求钢筋末端做135°弯折时，HRB335级、HRB400级钢筋弯弧内直径$D\geqslant 4d$，弯钩弯后平直段部分长度应满足设计要求；钢筋做不大于90°弯折时，弯折处弯弧内直径$D\geqslant 5d$。

箍筋弯钩和弯弧规定：除焊接封闭环式箍筋外，箍筋末端应做弯钩，弯钩形式应满足设计要求；设计无要求时，应符合以下规定：箍筋弯钩弯弧内直径除应满足上述规定外，尚应不小于受力钢筋直径；箍筋弯钩弯折角度，对一般结构不应小于90°，有抗振要求的结构，则为135°；箍筋弯后平直段长度，对一般结构不宜小于箍筋直径的5倍，对有抗振要求的结构，不宜小于箍筋直径的10倍。

(2)钢筋弯折各种角度时的弯曲调整值计算见表4-3。

表4-3　钢筋弯折各种角度时的弯曲调整值计算式及取值

弯折角度	钢筋级别	弯曲调整值 δ		弯弧直径
		计算式	取值	
30°	HPB300 HRB335 HRB400	$\delta=0.006D+0.274d$	$0.3d$	$D=5d$
45°		$\delta=0.022D+0.436d$	$0.55d$	
60°		$\delta=0.054D+0.631d$	$0.90d$	
90°		$\delta=0.215D+1.215d$	$2.29d$	
135°	HPB300 HRB335、HRB400	$\delta=0.822D-0.178d$	$0.38d$ $0.11d$	$D=2.5d$ $D=4d$

2. 钢筋下料长度

(1)直钢筋下料长度=构件长度-混凝土保护层厚度+弯钩增加长度(混凝土保护层按相关规范查用)。

(2)箍筋下料长度=直段长度+弯钩增加长度-弯曲调整值或箍筋下料长度=箍筋周长+箍筋长度调整值。箍筋弯钩增加长度及箍筋下料长度的计算式分别见表4-4、表4-5。

表4-4　箍筋弯钩增加长度计算式

弯钩形式	箍筋弯钩增加长度 I_z 计算公式	平直段长度 I_P	箍筋弯钩增加长度 I_z 取值	
			HPB300	HRB335
半圆弯钩(180°)	$I_z=1.071D+0.57D+I_P$	$5d$	$9.1d$	—
直弯钩(90°)	$I_z=0.285D+0.215D+I_P$	$5d$	$7.5d$	$7.5d$
斜弯钩(135°)	$I_z=0.678D+0.178D+I_P$	$10d$	$12d$	—

注:表中90°弯钩:HPB300、HRB335级钢筋均取 $D=5d$;135°、180°弯钩HPB300级钢筋取 $D=2.5d$。

表4-5　箍筋下料长度计算式

序号	简图	钢筋级别	弯钩类型	下料长度 l_x 计算式
1	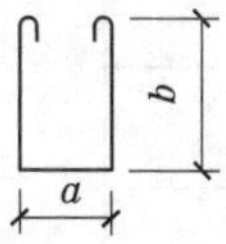		180°/180°	$l_x=a+2b+(6-2\times2.29+2\times8.25)d$ 或 $l_x=a+2b+17.9d$
2	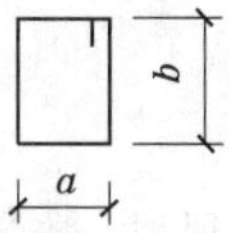		90°/180°	$l_x=2a+2b+(8-3\times2.29+8.25+6.2)d$ 或 $l_x=2a+2b+15.6d$
3	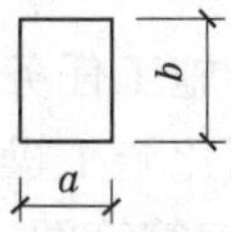	HPB300、HRB335	90°/90°	$l_x=2a+2b+(8-3\times2.29+2\times6.2)d$ 或 $l_x=2a+2b+13.5d$
4	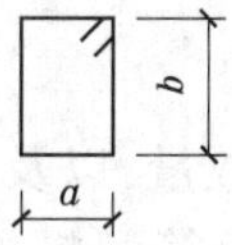		135°/135°	$l_x=2a+2b+(8-3\times2.29+2\times12)d$ 或 $l_x=2a+2b+25.1d$
5	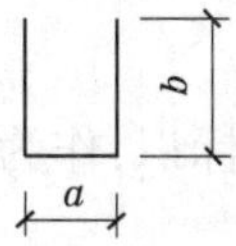			$l_x=a+2b+(4-2\times2.29)d$ 或 $l_x=a+2b+0.6d$

(3)如图 4-10 所示,曲线钢筋下料长度=钢筋长度计算值+弯钩增加长度。

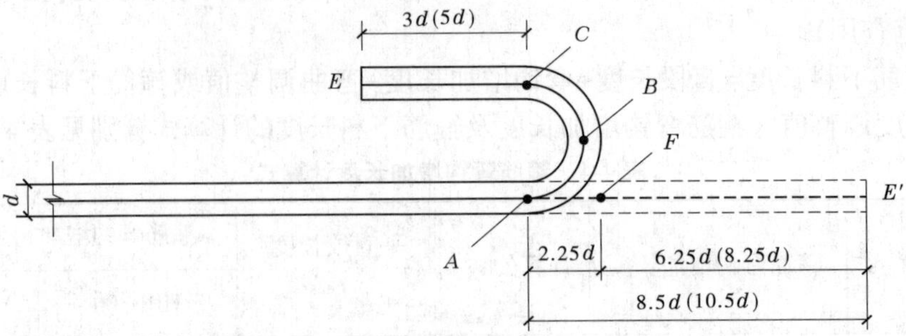

注:括号内为箍筋。

图 4-10　180°弯钩长度增加值计算简图

(4)弯起钢筋下料长度=直段长度+斜段长度-弯曲调整值+弯钩增加长度。弯曲调整值见表 4-6。

表 4-6　弯起钢筋弯曲 30°、45°、60°的弯曲调整值

弯折角度	钢筋级别	弯曲调整值 δ		弯弧直径
		计算式	取值	
30°	HPB300 HRB335 HRB400	$\delta=0.012D+0.28d$	$0.34d$	$D=5d$
45°		$\delta=0.043D+0.457d$	$0.67d$	
60°		$\delta=0.108D+0.685d$	$1.23d$	

3. 钢筋配料单及料牌填写

1)钢筋配料单作用及形式

钢筋配料单是根据施工设计图纸标定钢筋的品种、规格及外形尺寸、数量编号,并计算下料长度,用表格形式表达的技术文件。

钢筋配料单是确定钢筋下料加工的依据,是提出材料计划,签发施工任务单和限额领料单的依据,是钢筋施工的重要工序。合理的配料单能节约材料、简化施工操作。

钢筋配料单一般用表格形式反映,内容有构件名称、钢筋编号、钢筋简图、尺寸、钢号、数量、下料长度及质量等(见表 4-7)。

2)钢筋配料单编制方法及步骤

熟悉构件配筋图,弄清每一编号钢筋直径、规格、种类、形状和数量,以及在构件中位置和相互关系;绘制钢筋简图;计算每种规格钢筋下料长度;填写钢筋配料单;填写钢筋料牌。

3)钢筋料牌

钢筋除填写配料单外,还需将每一编号钢筋制作对应的标牌与标识,作为钢筋加工依据,并在安装中做区别、核实工程项目钢筋的标志(见图 4-11)。

表 4-7　钢筋配料单

构件名称	钢筋编号	简图	直径/mm	钢筋级别	下料长度/mm	单位根数	合计根数	质量/kg
L_1梁 共 5 根	①		10	HPB300	6 315	2	10	39. 0
	②	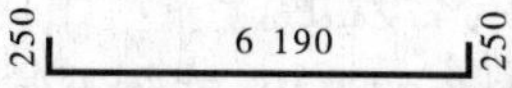	25	HRB335	6 575	2	10	253. 1
	③	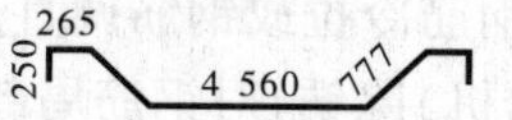	25	HRB335	6 962	2	10	266. 1
	④	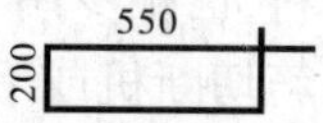	6	HPB300	1 651	32	160	58. 6

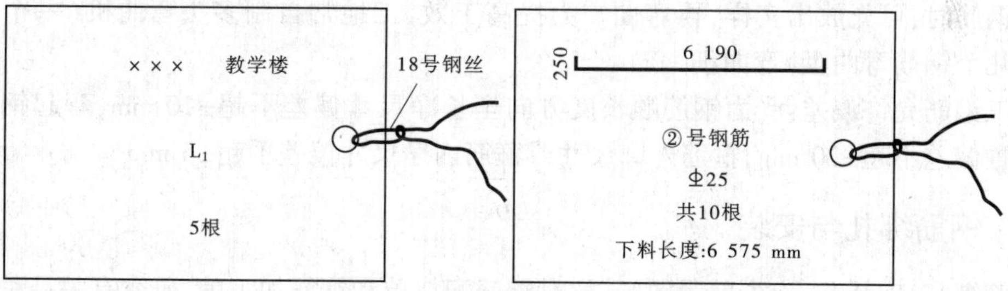

(a)正面　(b)背面

图 4-11　钢筋料牌形式

4. 2. 3. 2　**钢筋代换**

1. 等强度代换

结构构件按强度控制时,可按强度相等原则代换,称“等强度代换”。即代换前、后“钢筋抗力相等”。实际代换时为:

$$A_{s2}\times f_{y2}\geqslant A_{s1}\times f_{y1}\tag{4-2}$$

式中　A_{s1}、A_{s2}——代换前、后的钢筋计算截面面积,mm^2;

f_{y1}、f_{y2}——代换前、后的钢筋的抗拉强度设计值,MPa。

2. 等面积代换

构件按最小配筋率配筋时,可按钢筋面积相等原则代换,称“等面积代换”。实际代换时为:

$$A_{s2}\geqslant A_{s1}\tag{4-3}$$

3. 构件抗裂性要求

构件受裂缝宽度或抗裂性要求控制时,代换后应进行验算。

4.2.4 钢筋加工

码 4-3　钢筋加工

钢筋加工包括调直、除锈、切断、接长和弯曲等工作。钢筋调直宜用机械方法,也可利用冷拉法。用冷拉法调直钢筋时,HPB300 光圆钢筋冷拉率不宜大于 4%;HRB335、HRB400、HRB500、HRBF335、HRBF400、HRBF500 及 RRB400 带肋钢筋冷拉率不宜大于 1%。调直后的钢筋应进行力学性能和重量偏差检验,强度须符合规定。

钢筋表面应洁净,油渍、漆污和用锤敲击时能剥落的浮皮、铁锈等使用前应清除干净。焊接前,焊点处水锈应消除干净。钢筋除锈,宜在钢筋冷拉或钢筋调直过程中进行,此做法对大量钢筋除锈较经济省工。机械除锈(如除锈机)除锈,对钢筋局部除锈较方便。手工除锈用钢丝刷、砂盘、磨光机、喷砂和酸洗等,费工费料,已很少用。

钢筋下料时须按下料长度切断。钢筋切断可用钢筋切断机或手动切断器。切断时根据下料长度统一排料;先断长料,后断短料;减少短头,降低损耗。

钢筋下料,应按钢筋配料单划线,以便将钢筋准确切割及加工成所需尺寸。弯曲形状复杂的钢筋时,可先放出实样,再弯曲。为提高工效,工地常自制多头弯曲机(一个电动机带动几个钢筋弯曲盘)弯曲细钢筋。

加工钢筋允许偏差:受力钢筋顺长度方向全长净尺寸偏差不超±10 mm,弯起钢筋的弯折位置偏差不超±20 mm,箍筋外廓尺寸或箍筋内净尺寸偏差不超±5 mm。

4.2.5 钢筋绑扎与安装

钢筋绑扎、安装前,应先熟悉图纸,核对钢筋配料单和钢筋加工牌,研究有关品种的配合,确定施工方法。

钢筋接长、钢筋骨架或钢筋网成型应优先用焊接或机械连接,如不能用焊接(如缺乏电焊机或焊机功率不够)或骨架过大、过重不便于运输安装时,可用绑扎法。

钢筋绑扎一般用 20~22 号钢丝,钢丝过硬时,可经退火处理。绑扎时钢筋位置应正确,绑扎牢固,搭接长度及绑扎点位置符合规范。板和墙的钢筋网,除靠近外围两行钢筋相交点全部扎牢外,中间部分相交点可相隔交错扎牢,但须保证受力钢筋不移位。双向受力钢筋须全部扎牢;钢筋绑扎搭接接头末端与钢筋弯起点距离不得小于 $10d$,接头宜设于构件受力较小处。钢筋搭接处,应在中部和两端用铁丝扎牢。梁和柱箍筋,除设计有特殊要求时,应与受力钢筋垂直设置。箍筋弯钩叠合处,应沿受力钢筋方向错开设置;柱中竖向钢筋搭接时,中间钢筋弯钩应与模板成 90°;受拉钢筋和受压钢筋搭接长度及接头位置要符合《混凝土结构工程施工质量验收规范》(GB 50204—2015)的规定。角部钢筋弯钩应与模板成 45°(模板内角平分角),多边形柱为模板内角平分角,圆形柱应与模板切线垂直;弯钩与模板的角度最小不得小于 15°。

受力钢筋用机械连接接头或焊接接头时,设置于同一构件内的接头宜相互错开。同一构件中相邻纵向受力钢筋绑扎搭接接头宜相互错开。钢筋搭接处,应在中心和两端用铁丝扎牢。受拉区 HPB300 级钢筋绑扎接头末端应为弯钩。绑扎搭接接头中钢筋横向净距不应小于钢筋直径,且不应小于 25 mm;钢筋绑扎搭接接头连接区段长度为 $1.3l$(l 为搭接长度)，凡搭接接头中点位于该连接区段长度内的搭接接头均属于同一连接区段。同一连接区段内，纵向钢筋搭接接头面积百分率为该区段内所有搭接接头的纵向受力钢筋截面面积与全部纵向受力钢筋截面面积的比值；同一连接区段内，纵向受拉钢筋搭接接头面积百分率应符合规范规定。钢筋绑扎搭接长度按下列规定确定。

(1)纵向受力钢筋绑扎搭接接头面积百分率不大于 25%时，其最小搭接长度应符合表 4-8 的规定。

表 4-8　纵向受拉钢筋最小搭接长度

钢筋类型		混凝土强度等级			
		C15	C20~C25	C30~C35	≥C40
光圆钢筋	HPB300	45d	35d	30d	25d
带肋钢筋	HRB335	55d	45d	35d	30d
	HRB400、RRB400	—	55d	40d	35d

注：两根直径不同钢筋的搭接长度，以较细钢筋直径计算。

(2)纵向受拉钢筋搭接接头面积百分率大于 25%，但不大于 50%时，最小搭接长度应按表 4-8 中数值乘以系数 1.2 取用；纵向受拉钢筋搭接接头面积百分率大于 50%时，应按表 4-8 中数值乘以系数 1.35 取用。

(3)纵向受拉钢筋最小搭接长度根据前述(1)、(2)条确定后，下列情况还应修正：

①带肋钢筋直径大于 25 mm 时，其最小搭接长度应按相应数值乘以系数 1.1 取用；

②对环氧树脂涂层的带肋钢筋(环氧树脂涂层钢筋具有良好的耐腐蚀性，但明显削弱了与混凝土的黏结强度)，其最小搭接长度应按相应数值乘以系数 1.25 取用；

③混凝土凝固过程中受力钢筋易受扰动时(如滑模施工)，其最小搭接长度应按相应数值乘以系数 1.1 取用；

④对末端用机械锚固的带肋钢筋，其最小搭接长度可按相应数值乘以系数 0.7 取用；

⑤带肋钢筋混凝土保护层厚度大于搭接钢筋直径 3 倍且配有箍筋时，其最小搭接长度可按相应数值乘以系数 0.8 取用；

⑥对有抗震设防要求的结构构件，其受力钢筋最小搭接长度对一、二级抗震等级应按相应数值乘以系数 1.15 采用，对三级抗震等级应按相应数值乘以系数 1.05 采用。

(4)纵向受压钢筋搭接时，其最小搭接长度应根据(1)~(3)条规定确定相应数值后，乘以系数 0.7 取用。

(5)任何情况下，受拉钢筋的搭接长度须≥300 mm，受压钢筋搭接长度须≥200 mm。

(6)梁、柱类构件纵向受力钢筋搭接长度范围内，应按设计图纸要求配置箍筋。

(7)钢筋安装或现场绑扎应与模板安装相配合。柱钢筋现场绑扎时，一般于模板安装前进行；柱钢筋预制安装可先安装钢筋骨架，再安装柱模板；或先安装三面模板，钢筋骨架安装后，再钉第四面模板。梁钢筋一般于梁模板安装后安装或绑扎；断面高度较大(>600 mm)或跨度较大、钢筋较密的大梁，可留一面侧模，待钢筋安装或绑扎完后再铺钉。楼板钢筋绑扎应于楼板模板安装后进行，并应按设计先画线，然后摆料、绑扎。

(8)《混凝土结构通用规范》(GB 55008—2021)规定，混凝土结构中普通钢筋、预应力筋应设置混凝土保护层,混凝土保护层厚度应符合下列规定:①满足普通钢筋、有黏结预应力筋与混凝土共同工作性能要求;②满足混凝土构件耐久性能及防火性能要求;③不应小于普通钢筋公称直径,且不应小于 15 mm。钢筋保护层应按设计或规范要求正确确定。工地常用预制水泥垫块垫于钢筋与模板之间,以控制保护层厚度。垫块应布置成梅花形,其相互间距不大于 1 m。上下双层钢筋之间的尺寸,可绑扎短钢筋或设置脚撑来控制。

4.2.6 植筋施工

码 4-4 植筋

需连接的不同期混凝土构件,根据结构受力特点,确定钢筋数量、规格、位置,在旧构件上经钻孔、清孔,注入植筋胶黏剂,再插入所需钢筋,使钢筋与混凝土通过结构胶黏在一起,然后浇筑新混凝土,从而完成新旧钢筋混凝土的有效结合,达到共同作用、整体受力。

因钢筋混凝土结构上植筋锚固不必再大量开凿挖洞,只需于植筋部位钻孔,利用化学锚固剂作钢筋与混凝土的黏合剂,就能保证钢筋与混凝土的良好黏结,从而减轻了对原结构构件的损伤,也减少了加固改造工程的工程量,又因植筋胶对钢筋的锚固力,使锚杆与基材有效地锚固在一起,以产生的黏结强度与机械咬合力来承受拉应力等荷载效应,植筋达一定锚固深度固化后,植入的钢筋就具有了很强的抗拉力,从而保证了锚固强度。

作为一种新型加固技术,植筋方法具有工艺简单、工期短、造价省、操作方便、劳动强度低、质量易保证等优点。适用于竖直孔、水平孔、倒垂孔和任意角度的斜孔等。因此,被广泛应用于既有建筑物(构筑物)结构加固及混凝土补强工程中。

4.2.6.1 植筋施工工艺流程

弹线定位→钻孔→清孔→钢筋处理→注胶→植筋→固化养护→检验→绑钢筋浇筑。

4.2.6.2 施工要点

1. 弹线定位

按设计图纸要求,标示出钻孔位置、型号,若基体上有受力钢筋,钻孔位置可适当调整,避免钻孔时钻到原有钢筋;植筋宜植于箍筋内侧(对梁、柱)或分布筋内侧(对板、剪力墙),即让其被钢筋所包围,以提高稳定性与牢固性。

2. 钻孔

钻孔使用配套冲击电钻。钻孔时,遇不可切断钢筋时应调整孔位避开;钻孔直径为所植钢筋直径 d+(4~10)mm(小直径钢筋取低值,大直径钢筋取高值);孔洞间距与孔洞深度应满足设计要求。

3. 清孔

钻孔完毕,检查孔深、孔径合格后,先用吹气泵清除孔洞内粉尘、残渣等,再用清孔刷清孔,须经多次吹刷完成,直至孔内无灰尘石渣等,将孔口临时封闭。若有废孔,清净后用植筋胶填实。清孔时,不能用水冲洗,以免水分残留于孔中,会极大削弱黏合剂的黏结能力。

4. 钢筋处理

用角磨机或钢丝轮片将钢筋锚固段铁锈除净,并打磨出金属光泽。

5. 注胶

植筋用胶的配制,常用双组分化学胶,使用前按一定比例配制,配制比例须严格按产品说明书。配胶宜用机械搅拌,搅拌器可由电锤和搅拌齿组成,搅拌齿可用电锤钻头端部焊接十字形ϕ 14钢筋制成,也可用细钢筋棍人工搅拌。使用植筋注射器从孔底向外缓慢均匀地把适量胶黏剂填注孔内,从里到外逐渐填满并排出空气,注胶量一般为孔深的1/2~1/3,以钢筋植入后有少许胶液溢出为宜。注意勿将空气封入孔内。

6. 植筋

顺时针方向把钢筋平行于孔洞走向轻拈旋转植插入孔底,胶黏剂溢出。植筋也可用手锤击打方式入孔,手锤击打时,一人应扶住钢筋,避免回弹。锚固胶填充量应保证插入钢筋后,周边胶料少许溢出。

7. 固化养护

将钢筋外露端固定于模架上,使其不受外力作用,直至凝结,并派专人现场保护。凝胶化学反应时间一般为15 min,固化时间一般为1 h。植筋后夏季12 h内、冬季24 h内不得扰动钢筋,若有较大扰动须重新植筋。黏合剂胶结固化时间与环境温度的关系按产品说明书确定。

8. 检验

以千斤顶、锚具或反力架系统进行拉拔试验。通常加载至钢筋强度标准值。

4.2.7　钢筋工程施工质量检查验收

钢筋工程属隐蔽工程,浇筑混凝土前应对钢筋及预埋件进行隐蔽工程验收,并按规定记好隐蔽工程验收记录等档案资料,以便查验。其内容包括:纵向受力钢筋品种、规格、数量、位置是否正确,特别要注意检查负筋位置;钢筋连接方式、接头位置、接头数量、接头面积百分率是否符合规定;箍筋、横向钢筋的品种、规格、数量和间距等;预埋件规格、数量和位置等。检查钢筋连接牢固程度,变形、松绑和脱焊等现象。

钢筋工程施工质量检验应按主控项目、一般项目以规定的检验方法进行。检验批合格质量应符合规定:主控项目质量经抽样检验合格;一般项目质量经抽样检验合格,用计数检验时,除有专门要求外,一般项目合格点率应达80%及以上,且不合格点不得有严重缺陷;具有完整的施工操作依据和质量验收记录。

4.2.7.1　主控项目

(1)钢筋进场时,应按国家现行相关标准规定抽取试样(见证取样送检)做力学性能和重量偏差检验,检验结果须符合有关标准规定。

检查数量:按进场批次和产品抽样检验方案确定。

检验方法:检查出厂合格证、出厂检验报告和进场复验报告。

(2)对有抗震设防要求的结构,其纵向受力钢筋性能应满足设计要求;设计无具体要求时,对按一、二、三级抗震等级设计的框架和斜撑构件(含梯段)中纵向受力钢筋应用HRB335E、HRB400E、HRB500E、HRBF335E、HRBF400E或HRBF500E钢筋,其强度和最大力下总伸长率实测值应符合下列规定:

①钢筋抗拉强度实测值与屈服强度实测值的比值不应小于1.25;

②钢筋屈服强度实测值与屈服强度标准值的比值不应大于1.30;

③钢筋最大力下总伸长率不应小于9%。

检查数量：按进场批次和产品抽样检验方案确定。

检查方法：检查进场复验报告。

（3）钢筋调直后应进行力学性能和重量偏差的检验，其强度应符合有关规定。盘卷钢筋和直条钢筋调直后伸长率、重量偏差应符合有关规定。

（4）受力钢筋弯钩和弯折应符合下列规定：HPB300 钢筋末端应做 180°弯钩，其弯弧内直径不应小于钢筋直径的 2.5 倍，弯钩的弯后平直段部分长度不应小于钢筋直径的 3 倍；当设计要求钢筋末端需做 35°弯钩时，HRB335、HRB400 钢筋的弯弧内直径不应小于钢筋直径的 4 倍，弯钩的弯后平直段部分长度应满足设计要求；钢筋做不大于 90°弯折时，弯折处的弯弧内直径不应小于钢筋直径的 5 倍。

除焊接封闭环式箍筋外，箍筋末端应做弯钩，弯钩形式应满足设计要求；设计无具体要求时，应符合下列规定：箍筋弯钩弯弧内直径除应满足本条前述规定外，尚应不小于受力钢筋直径。箍筋弯钩弯折角度：对一般结构，不应小于 90°；对有抗震等要求的结构，应为 135°。箍筋弯后平直部分长度：对一般结构，不宜小于箍筋直径的 5 倍；对有抗震等要求结构，不应小于箍筋直径的 10 倍。

检查数量：每工作班同一类型钢筋、同一加工设备抽查不少于 3 件。

检验方法：钢尺检查。

（5）纵向受力钢筋连接方式应满足设计要求。

检查数量：全数检查。

检验方法：观察。

（6）钢筋机械连接接头、焊接接头应按国家现行标准规定抽取试件做力学性能检验，其质量应符合有关规范（规程）规定。

检查数量：按有关规范（规程）确定。

检验方法：检查产品合格证、接头力学性能试验报告。

（7）受力钢筋品种、级别、规格和数量须满足设计要求。

检查数量：全数检查。

检查方法：观察，钢尺检查。

4.2.7.2 一般项目

（1）钢筋应平直，无损伤，表面无裂纹、油污、颗粒状或片状老锈。

检查数量：进场时和使用前全数检查。

检验方法：观察。

（2）钢筋宜用无延伸装置的机械设备调直；用冷拉的方法调直钢筋时，HPB300 光圆钢筋冷拉率不宜大于 4%；HRB335、HRB400、HRB500、HRBF335、HRBF400、HRBF500 及 RRB400 带肋钢筋冷拉率不宜大于 1%。

检查数量：每工作班同一类型钢筋、同一加工设备抽查不少于 3 件。

检验方法：观察，钢尺检查。

（3）钢筋加工形状、尺寸应满足要求。

（4）钢筋接头宜设置于受力较小处。同一纵向受力钢筋不宜设置两个或两个以上接头。接头末端至钢筋弯起点距离不应小于钢筋直径的 10 倍。

检查数量:全数检查。

检验方法:观察,钢尺检查。

(5)施工现场应按国家现行标准《钢筋机械连接技术规程》(JGJ 107—2016)、《钢筋焊接及验收规程》(JGJ 18—2012)规定对钢筋机械连接接头、焊接接头外观检查,其质量应符合有关规范规定。

检查数量:全数检查。

检验方法:观察。

(6)受力钢筋用机械连接接头或焊接接头时,设置于同一构件内的接头宜相互错开。纵向受力钢筋机械连接接头及焊接接头连接区段的长度为35d(d为纵向受力钢筋较大直径)且不小于500 mm,凡接头中点位于该连接区段长度内的接头均属于同一连接区段。同一连接区段内,纵向受力钢筋接头面积百分率应满足设计要求;设计无具体要求时,受拉区不宜大于50%;接头不宜设置于有抗震设防要求的框架梁端、柱端的箍筋加密区;无法避开时,对等强度高质量机械连接接头,接头面积百分率不应大于50%;直接承受动力荷载的结构构件,不宜用焊接接头;用机械连接接头时,接头面积百分率不应大于50%。同一构件中相邻纵向受力钢筋绑扎搭接接头宜相互错开。绑扎搭接接头中钢筋横向净距不应小于钢筋直径,且不应小于25 mm。钢筋绑扎搭接接头连接区段长度为1.3倍搭接长度;凡搭接接头中点位于该连接区段长度内的搭接接头均属同一连接区段。同一连接区段内,纵向钢筋搭接接头面积百分率应满足设计要求;设计无具体要求时,对梁类、板类及墙类构件,搭接接头面积百分率不宜大于25%;对柱类构件,搭接接头面积百分率不宜大于50%;工程中确有必要增大搭接接头面积百分率时,对梁类构件不应大于50%;对其他构件,可根据实际情况放宽。纵向受力钢筋绑扎搭接接头最小搭接长度应符合表4-8的规定。

检查数量:同一检验批内,对梁、柱和独立基础,应抽查构件数量的10%,且不少于3件;对墙和板,应按有代表性的自然间抽查10%,且不少于3间;对大空间结构,墙可按相邻轴线间高度5 m左右划分检查面,板可按纵、横轴线划分检查面,抽查10%,且均不少于3面。

检验方法:观察,钢尺检查。

(7)梁、柱类构件纵向受力钢筋搭接长度范围内,应按设计要求配置箍筋。设计无具体要求时,箍筋直径不应小于搭接钢筋较大直径的25%;受拉搭接区段箍筋间距不应大于搭接钢筋较小直径的5倍,且不应大于100 mm;受压搭接区段箍筋间距不应大于搭接钢筋较小直径的10倍,且不应大于200 mm;柱中纵向受力钢筋直径大于25 mm时,应于搭接接头两个端面外100 mm范围内各设置两个箍筋,其间距宜为50 mm。

检查数量:同一检验批内,对梁、柱和独立基础,应抽查构件数量的10%,且不少于3件;对墙和板,应按有代表性的自然间抽查10%,且不少于3间;对大空间结构,墙可按相邻轴线间高度5 m左右划分检查面,板可按纵、横轴线划分检查面,抽查10%,且均不少于3面。

检验方法:钢尺检查。

(8)钢筋安装位置允许偏差和检验方法应符合表4-9的规定。

检查数量:同一检验批内,对梁、柱和独立基础,应抽查构件数量的10%,且不少于3件;对墙和板,应按有代表性的自然间(随机)抽查10%,且不少于3间;对大空间结构,墙可按相邻轴线间高度 5 m 左右划分检查面,板可按纵、横轴线划分检查面,抽查 10%,且均不少于 3 面。

表 4-9　钢筋安装位置允许偏差和检验方法

项目		允许偏差/mm	检验方法
绑扎钢筋网	长、宽	±10	尺量
	网眼尺寸	±20	尺量连续三档,取最大偏差值
绑扎钢筋骨架	长	±10	尺量
	宽、高	±5	尺量
纵向受力钢筋	锚固长度	−20	尺量两端、中间各一点,取最大偏差值
	间距	±10	
	排距	±5	
纵向受力钢筋、箍筋混凝土保护层厚度	基础	±10	尺量
	梁、柱	±5	尺量
	墙、板、壳	±3	尺量
绑扎箍筋、横向钢筋间距		+20	尺量连续三档,取最大偏差值
钢筋弯起点位置		20	尺量
预埋件	中心线位置	5	尺量
	水平高差	+3,0	钢尺和塞尺检查

注:1. 检查中心线位置时,应沿纵、横两个方向测量,取较大值。
2. 表中梁、板类构件上部纵向受力钢筋保护层厚度合格点率应达到 90% 及以上,且不得超过表中数值 1.5 倍的尺寸偏差。

任务 3　混凝土工程施工

任务导航

本任务要求掌握混凝土制备内容,混凝土运输要求,混凝土浇筑要求,混凝土养护要求,混凝土工程施工质量验收与评定内容。

混凝土浇筑广义上包括从准备原材料到混凝土形成成品的全过程,狭义上指混凝土浇筑并振捣密实两个同步工序的施工过程。混凝土工程包括混凝土拌制、运输、浇筑捣实和养护等施工过程。各个施工过程相互联系、相互影响,混凝土施工中除按有关规定控制混凝土原材料质量外,任一施工过程处理不当都将影响混凝土成品质量,因此施工过程需严控每一环节,掌握并严控质量点(或按主控项目及一般项目)。

4.3.1　混凝土制备

混凝土材料应贯彻《混凝土结构通用规范》(GB 55008—2021)第 3.2 条中的相关规

定及要求,并应满足其他标准的相关要求。

4.3.1.1　混凝土配制强度($f_{cu,0}$)

当设计强度等级低于 C60 时,配制普通混凝土强度按式(4-4)计算:

$$f_{cu,0} \geqslant f_{cu,k} + 1.645\sigma \quad (4\text{-}4)$$

式中　$f_{cu,0}$——混凝土配制强度,N/mm^2;

$f_{cu,k}$——混凝土强度标准值,N/mm^2;

σ——混凝土强度标准差,N/mm^2,如表 4-10 所示。

表 4-10　混凝土强度标准差 σ 值

混凝土强度等级	C20	C25~C45	≥C50~C55
σ/MPa	4.0	5.0	6.0

4.3.1.2　混凝土施工配合比

混凝土施工配合比指施工现场实际投料比例,它是根据实验室提供的实验室配合比(骨料中不含水),并考虑现场砂石含水量而确定的。

假设实验室配合比水泥:砂:石=1:x:y,水胶比为 W/B。

现场测得砂含水量 w_x,石含水量 w_y,则施工配合比:

$$水泥:砂:石:水=1:x(1+w_x):y(1+w_y):(w-xw_x-yw_y) \quad (4\text{-}5)$$

混凝土原材料应称量准确,其偏差不得超过以下数值:水泥、填料,±2%;粗、细骨料,±3%;水、外加剂,±2%。

4.3.1.3　混凝土搅拌机选择

混凝土搅拌机按搅拌原理分自落式和强制式两大类(见图 4-12)。自落式搅拌机是依靠旋转的搅拌筒内壁上的弧形叶片将物料带到一定高度后自由落下而互相混合,拌和能力较差,只适宜搅拌流动性较大的普通混凝土。

强制式搅拌机是通过搅拌叶片强行转动,推动物料旋转、剪切、交流而达到拌和的目的。其搅拌作用强烈,混凝土质量好,生产率高,操作简便、安全,适用于拌制各种混凝土,特别是干硬性混凝土、轻骨料混凝土及高性能混凝土,但能耗大,叶片衬板磨损快。

搅拌机选择应据混凝土工程量大小、坍落度、骨料种类及大小等选择,满足技术的同时考虑经济性和节约能源等问题。

4.3.1.4　混凝土搅拌

为获得均匀优质的混凝土拌和物,除需合理选择搅拌机外,还应正确确定搅拌制度,包括装料量、投料顺序和搅拌时间等。

1. 装料量

搅拌机一次能装各种材料的松散体积之和称装料容量。经搅拌后,各种材料因互相填补空隙而使总体积减小,即出料量小于装料量。一般出料系数为 0.5~0.75。搅拌机不宜超量装料,如超过 10%,将会因搅拌空间不足而影响拌和物的均匀性;反之,装料过少又降低了搅拌机生产率。因此,须根据搅拌机出料容量和混凝土配合比计算各种材料投料量。

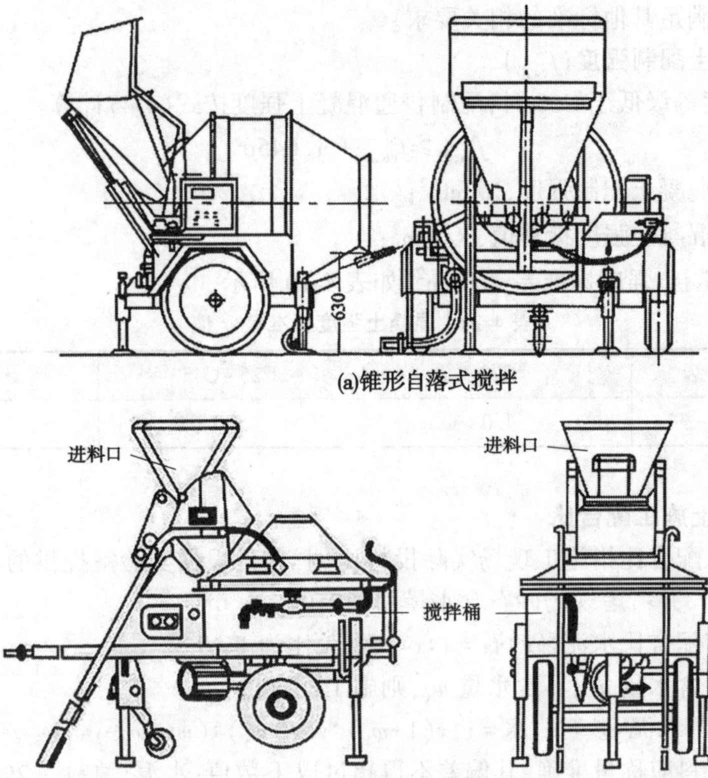

(a)锥形自落式搅拌

(b)强制式搅拌

图 4-12 混凝土搅拌机

2. 投料顺序

投料顺序指各种材料投入搅拌机的先后顺序。投料顺序将影响混凝土的搅拌质量、搅拌机的磨损程度、拌和物与机械内壁的黏结程度，以及能否改善操作环境等问题，最常见的有以下两种投料顺序。

1）一次投料法

上料斗中先装入石子，再装入水泥和砂，然后一次投进搅拌筒内，水泥夹在石子和砂之间，抑制飞扬，且水泥和砂先进入搅拌筒内形成水泥砂浆，可缩短包裹石子时间，对出料口在下部的立轴强制式搅拌机，为防漏水，投入原料的同时，缓慢均匀加水。

2）二次投料法

先投入水、砂、水泥，搅拌约 1 min 后再投入石子，最后搅拌 1 min 左右。此方法可避免一次投料造成水向石子表面集聚的不良影响，水泥包裹砂，水泥颗粒分散性好，泌水性小，可提高混凝土强度，常用的有以下几种方法：

（1）先拌水泥净浆法。先将水泥和水充分搅拌成均匀水泥净浆，再加砂和石搅拌成混凝土。

（2）先拌砂浆法。先将水泥、砂和水投入搅拌筒内搅拌，成为均匀水泥砂浆后，再加入石子搅拌成均匀混凝土。

(3)水泥裹砂法。先将全部砂投入搅拌机中,并加入总拌和水量 70%左右的水(包括砂含水量),搅拌 10~15 s,再投入水泥搅拌 30~50 s,最后投入全部石子、剩余水及外加剂,再搅拌 50~70 s 后出罐。

(4)水泥裹砂石法。先将全部石子、砂和 70%拌和水投入搅拌机,拌和 15 s,使骨料湿润,再投入全部水泥造壳搅拌 30 s 左右,然后加 30%拌和水再搅拌 60 s 左右。与前几种方法相比,具有提高混凝土强度、节约水泥的优点。

3. 搅拌时间

搅拌时间指全部材料装入搅拌筒中起,至开始卸料止的时间。搅拌时间过长或过短都将影响混凝土质量。混凝土搅拌最短时间应符合规定(见表 4-11),使用自落式搅拌机时,应各增加 30 s。

表 4-11　混凝土搅拌最短时间

混凝土坍落度/mm	搅拌机机型	不同搅拌机出料量(L)的最短时间/s		
		<250	250~500	>500
≤40	强制式	60	90	120
>40 且<100	强制式	60	60	90
≥100	强制式	60		

4.3.2　混凝土运输

4.3.2.1　混凝土运输基本要求

(1)运输中应避免产生分层离析现象,否则浇筑前应二次搅拌。

(2)运输容器及管道、溜槽应严密、不漏浆、不吸水,保证通畅,并满足环境要求。

(3)尽量缩短运输时间,最大限度地避免混凝土性能发生变化(见表 4-12、表 4-13)。

(4)连续浇筑时,运输能力应能保证浇筑强度(单位时间浇筑量)。

表 4-12　混凝土浇筑时的坍落度

项次	结构种类	坍落度/mm
1	基础或地面等的垫层、无配筋厚大结构(挡土墙、基础或厚大块体等)或配筋稀疏的结构	10~30
2	板、梁、大中型截面柱等	30~50
3	配筋密列结构(薄壁、斗仓、筒仓、细柱等)	50~70
4	配筋特密结构	70~90

注:1. 本表指用机械振捣的坍落度,人工捣实时可适当增大。

2. 需要配制大坍落度混凝土时,应掺用外加剂。

3. 曲面或斜面结构的混凝土,其坍落度值应根据实际需要另行选定。

4. 轻骨料混凝土坍落度,宜比本表中数值减少 10~20 mm。

5. 自密实混凝土坍落度另行规定。

表 4-13 混凝土运输、输送入模及间歇总时间限值

条件	不同气温(℃)时间限值/min	
	≤25	>25
不掺外加剂	180	150
掺外加剂	240	210

4.3.2.2 运输工具的选择

混凝土运输可分为地面水平运输、垂直输送和楼面水平输送。

1. 地面水平运输

用商品混凝土或运距较远时,优选混凝土搅拌运输车,运输过程中搅拌筒缓慢转动拌和,可防止混凝土离析。距离过远时,可装入干料,到达浇筑现场前 10~15 min 放入搅拌水,边行走边搅拌。如现场搅拌混凝土,可用载重量 1 t 左右、容量约 400 L 的小型机动翻斗车或手推车输送。

2. 垂直输送

可用塔式起重机配合混凝土吊斗输送并完成浇筑,混凝土量较大时,宜用泵送。

3. 楼面水平输送

多用混凝土泵通过布料杆输送布料,塔式起重机亦可兼顾楼面水平输送,混凝土少量时可用双轮手推车输送。

4.3.2.3 混凝土泵输送

泵送输送是以混凝土泵为动力,通过管道、布料杆,将混凝土直接运至浇筑地点,能兼顾垂直输送与水平输送,与混凝土运输车相配合,可迅速完成混凝土运输、浇筑任务。混凝土泵按移动方式,可分为拖式、车载式和泵车。将混凝土泵装于汽车上即为车载泵,再装布料杆(可折叠)便成为混凝土泵车(见图 4-13)。

目前,混凝土泵常用液压活塞式,利用液压控制两个往复运动柱塞,交替将混凝土吸入和压出,以达到连续稳定输送混凝土。

泵送混凝土浇筑速度快,对模板侧压力较大,模板系统要有足够的强度和稳定性。因水泥用量较大,须注意浇筑后的养护,防止龟裂。

4.3.3 混凝土浇筑

混凝土浇筑,也常称混凝土浇灌、混凝土浇捣、混凝土浇筑、混凝土灌注等,简称浇混凝土、灌混凝土,俗称打混凝土。

4.3.3.1 浇筑前准备工作

浇筑混凝土前须做好必要的准备工作,对模板及其支架、钢筋、预埋件和预埋管线等检查,做好隐蔽工程验收,满足要求后浇筑混凝土。

地基或基土上浇筑混凝土前,先清除淤泥和杂物,并施工完防排水措施。对干燥非黏性土,用水湿润;未风化岩石,用高压水枪冲刷清洗干净,但表面不得积水。

浇筑混凝土前,模板内、钢筋上杂物、油沫、垃圾及污物等应清除干净;模板缝隙及孔

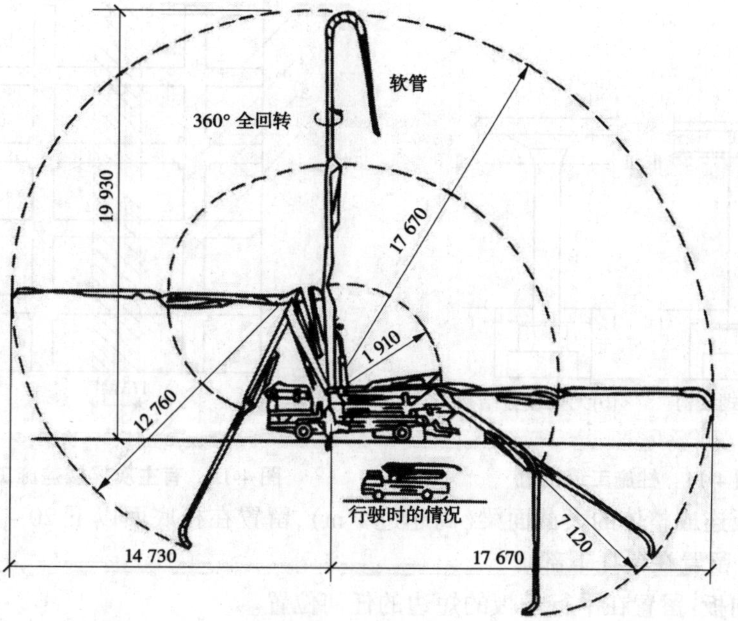

图 4-13　三折叠式布料车浇筑范围　(单位:mm)

洞应堵严;无覆膜木模板应浇水湿润,但不得积水。

码 4-5　混凝土灌注

4.3.3.2　混凝土浇筑一般规定

(1)混凝土浇筑倾落高度:骨料粒径大于 25 mm 时不超过 3 m;骨料粒径小于或等于 25 mm 时不超过 6 m。不满足时,应用串筒、溜管(导管)、溜槽等,以防粗骨料动能大下落聚积结构底部,造成混凝土分层离析。

(2)降雨雪时不宜露天浇筑。必须浇筑时,应采取有效措施确保混凝土质量。

(3)非自密实混凝土须分层浇筑。每层浇筑厚度依振捣方法定:插入式振捣,不超过振捣棒长度的 1.25 倍;表面振捣时不超 200 mm。

(4)同一结构或构件混凝土宜连续浇筑,即各层、块间不因初凝现象而影响黏结(冷缝和不密实),保证混凝土形成整体。按相关规范要求,混凝土运输、浇筑及间歇全部时间不超过规定值(见表 4-13)。预计超过时,按规定留置施工缝。

(5)浇筑后混凝土须严格、充分、正确保养,强度至少达 1.2 N/mm^2 以上方可上人,在其上进行后续浇筑或其他施工。

4.3.3.3　施工缝留设

施工缝指因设计要求或施工需要分段浇筑,先、后浇筑混凝土之间的接缝。施工缝处因连接较差,特别是粗骨料不能相互嵌固,抗剪强度受很大影响。

设置施工缝,应于混凝土浇筑之前事先正确判断并确定其位置,通常宜留置于结构受剪力较小且便于施工部位(见图 4-14、图 4-15)。施工缝继续施工条件、留设位置应符合下列规定:

(1)柱:宜留置在基础、楼板、梁的顶面,梁和吊车梁牛腿、无梁楼板柱帽的下面。

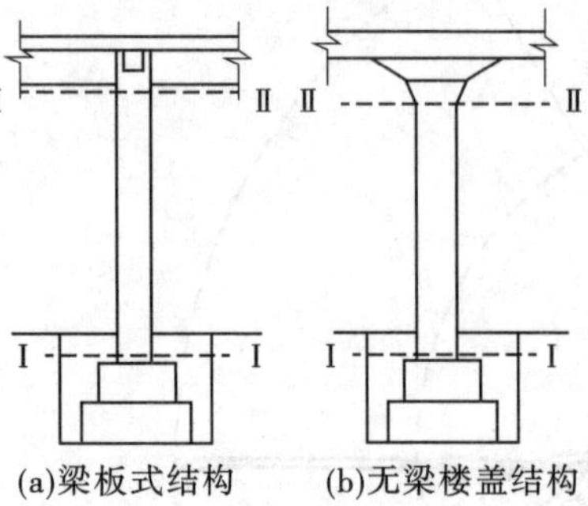

图 4-14　柱施工缝位置

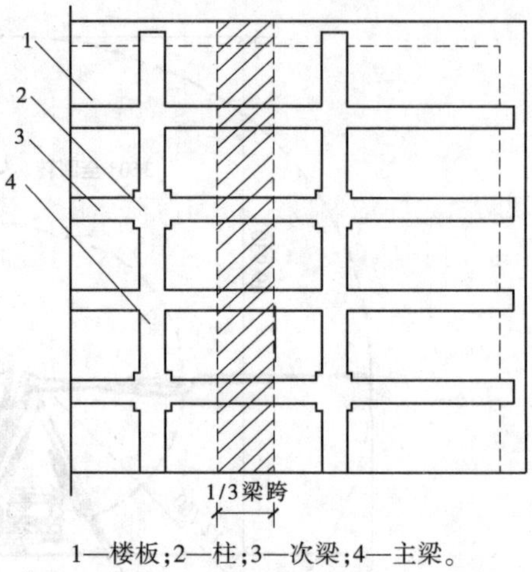

图 4-15　有主次梁楼盖施工缝位置

(2)与板连成整体的大截面梁(高超过 1 m),留置在板底面以下 20~30 mm 处,当板下有梁托时,留置在梁托下部。

(3)单向板:留置在平行于板的短边的任何位置。

(4)有主次梁的楼板,施工缝应留置在次梁跨中 1/3 范围内。

(5)墙:留置在门洞口过梁跨中 1/3 范围内,也可留在纵横墙交接处。

(6)双向受力板、大体积混凝土结构、拱、穹拱、薄壳、蓄水池、斗仓、多层钢架及其他结构复杂的工程,施工缝的位置应按设计要求留置。

在施工缝处继续浇筑混凝土时,应符合下列规定:

(1)已浇筑的混凝土,其抗压强度不应小于 1.2 N/mm^2。

(2)在已硬化的混凝土表面上,应清除水泥薄膜和松动石子以及软弱混凝土层,并加以充分湿润和冲洗干净,且不得积水。

(3)在浇筑混凝土前,宜先在施工缝处刷一层水泥浆(可掺适量界面剂)或铺一层与混凝土内成分相同的水泥砂浆。

(4)混凝土应细致捣实,使新旧混凝土紧密结合。

4.3.3.4　后浇带的设置和处理

后浇带是在现浇钢筋混凝土结构施工过程中,为克服温度、收缩等原因导致有害裂缝而设置的临时施工缝。后浇带通常根据设计要求留设,并在主体结构保留一段时间(若设计无要求,则至少保留 14 d)后再浇筑,将结构连成整体。

填充后浇带,可采用微膨胀混凝土、强度等级比原结构强度提高一级,并保持至少 14 d 的湿润养护。后浇带接缝处按施工缝的要求处理。

4.3.3.5　框架剪力墙结构的浇筑

同一施工段内每排柱应由外向内对称顺序浇筑,不应自一端向另一端顺序推进,以防柱模向一侧推移倾斜,积累误差过大难以纠正。

为防混凝土墙、柱"烂根"(根部出现蜂窝、麻面、疏松、漏筋、漏石、孔洞等现象),浇筑混凝土前,除对模板根部缝隙封堵外,还应在底部先浇筑 20~30 mm 厚与所浇筑混凝土浆液同成分的水泥砂浆,再浇筑混凝土,并加强根部振捣。

严格控制每次入模混凝土数量,保证不超过规定每层浇筑厚度。

柱、墙体与梁板宜分两次浇筑,做好施工缝留设与处理。欲将柱墙和梁板一次浇完,不留施工缝,则应柱、墙浇完后停歇 1~1.5 h,待混凝土初步沉实后,再浇筑上面的梁板结构,以防柱、墙与梁板之间因沉降、泌水不同而产生缝隙。

对有洞口(指门、窗、洞、其他开口等)剪力墙,洞口下部应薄层慢浇、加强振捣、排净空气,以防出现孔洞。洞口两侧应对称下料,防止压斜洞口模板。

梁柱混凝土强度等级不同时,应先用与柱同强度等级混凝土浇筑节点处,并向梁板内扩展不少于梁高的 1/2;或用铁丝网等隔开,节点混凝土初凝前,及时浇筑梁板混凝土。

梁混凝土宜自两端节点向跨中,用赶浆法浇筑,楼板混凝土浇筑应拉线控制厚度和标高。

4.3.3.6　大体积混凝土浇筑

大体积混凝土指结构或构件最小边长尺寸≥1 m,或可能因温度变形而开裂的混凝土,多为设备基础、桩基承台或基础底板等。

大体积混凝土基础整体性要求高,一般要求混凝土连续浇筑一气呵成,不留施工缝。施工工艺上要做到分层浇筑,须保证上下层混凝土初凝之前结合好,不致形成冷缝和疏松。极特殊情况可留设后浇带。

大体积混凝土浇筑方案可分全面分层、分段分层和斜面分层三种(见图 4-16),应根据整体性要求、结构大小、钢筋疏密、混凝土供应等具体情况选用。分层厚度取决于振动器棒长和振动力大小,并考虑混凝土供应量大小和可能浇筑数量。

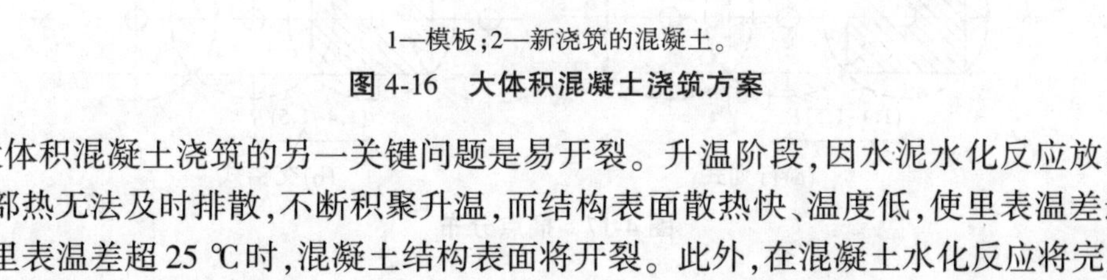

(a)全面分层　(b)分段分层　(c)斜面分层

1—模板;2—新浇筑的混凝土。

图 4-16　大体积混凝土浇筑方案

大体积混凝土浇筑的另一关键问题是易开裂。升温阶段,因水泥水化反应放出大量热,内部热无法及时排散,不断积聚升温,而结构表面散热快、温度低,使里表温差逐渐变大,当里表温差超 25 ℃时,混凝土结构表面将开裂。此外,在混凝土水化反应将完成的降温阶段,因体积收缩受地基土、垫层、钢筋或桩等约束,结构受很大拉应力,当超过当时混凝土极限拉应力时,混凝土就会被拉裂,裂缝甚至会贯穿整个混凝土截面,造成断裂。

要防止大体积混凝土浇筑后开裂,需尽可能减少水化热,即避免内部水化热过分积聚,避免表面过早、过快降温。为此,首先应选用低水化热矿渣硅酸盐水泥、火山灰质硅酸盐水泥或粉煤灰硅酸盐水泥;掺入适量粉煤灰以降低水泥用量;扩大浇筑面和散热面,降低浇筑速度或减小浇筑厚度,低温时浇筑。必要时采取人工降温措施,如用风冷却;用冰水拌制混凝土；在混凝土内部埋设冷却水管，以循环水降低混凝土温度等。混凝土浇筑后，采取保温措施，延缓降温时间，提高混凝土抗拉能力，减少收缩阻力等。此外，现代施工中，常用留设后浇带、设置膨胀加强带或采用跳仓法施工等措施。

4.3.3.7　混凝土的密实成型

混凝土只有经密实成型才能达到设计要求的强度、耐久性。

目前，混凝土密实成型方法主要有三种：机械振捣密实成型法、离心（或真空）成型法和自流密实成型法。

（1）机械振捣密实成型法。

机械振捣密实成型法原理是通过机械振动，使混凝土拌和物黏结力和骨料间摩擦力减小，从而液化、沉实，流动性增加使骨料因自重而下沉，气泡逸出，孔隙减少，使混凝土均匀、连续、致密地充满模板围成的全部空间，以达到密实、成型的目的。

振动捣实机械类型有：插入式振动器、附着式振动器、平板式振动器和振动台。在建筑工地，主要是应用插入式振动器和平板式振动器。

码 4-6　插入式振动器和平板式振动器

用插入式振动器振捣混凝土时，应垂直插入，并插入下层混凝土 50 mm，快插慢拔：快插是为了防止先将混凝土表面振实，与下面混凝土产生分层离析现象；慢拔是使混凝土填满振动棒抽出时形成的插口，促使上下层混凝土结合成整体。每一振点振捣延续时间，应使混凝土密实即表面呈现浮浆和不再沉落为限。用插入式振动器捣实普通混凝土的移动间距，不宜大于作用半径的 1.5 倍。捣实轻骨料混凝土的移动间距，不宜大于作用半径的 1 倍；振动器与模板距离不应大于振动器作用半径的 1/2，并应尽量避免碰撞钢筋、模板、预埋件等。插点分布有行列式和交错式两种（见图 4-17）。

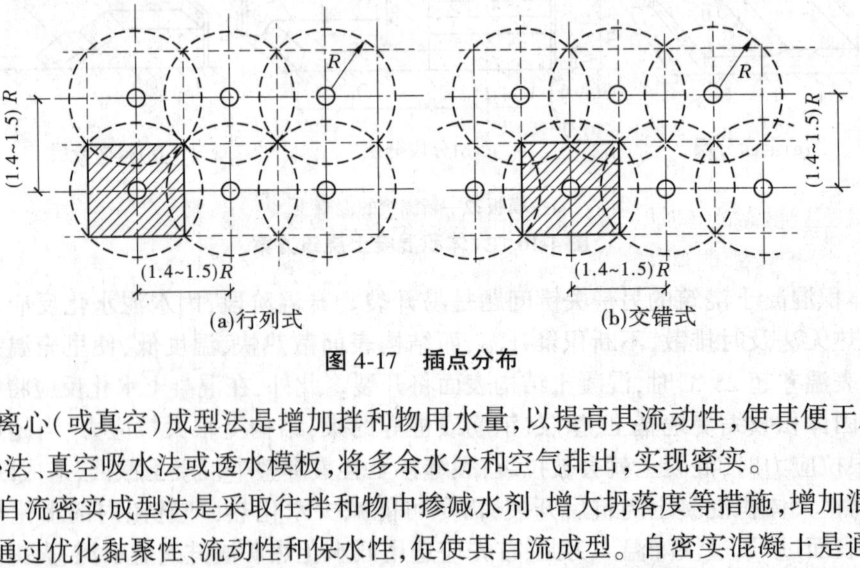

图 4-17　插点分布

（2）离心（或真空）成型法是增加拌和物用水量，以提高其流动性，使其便于成型，然后用离心法、真空吸水法或透水模板，将多余水分和空气排出，实现密实。

（3）自流密实成型法是采取往拌和物中掺减水剂、增大坍落度等措施，增加混凝土工作性，即通过优化黏聚性、流动性和保水性，促使其自流成型。自密实混凝土是通过外加剂（包括高效减水剂、超塑化剂、稳定剂等）、超细矿物粉等胶结材料和粗细骨料搭配，经配合比精心设计，使混凝土拌和物屈服剪应力减小到适宜范围，同时又具有足够塑性黏度

(黏聚性),使骨料悬浮于水泥浆中,不出现离析和泌水等问题,不用外力振捣条件下通过自重作用实现自由流淌,充分填充模板内空间而形成均匀且致密的结构。

对自密实混凝土,拌和物工作性(主要包括黏聚性、流动性和保水性)是研究重点,应着重解决好混凝土高工作性与混凝土硬化强度及耐久性的矛盾。一般认为,自密实混凝土工作性能应达到:坍落度 250~270 mm,扩展度 550~700 mm,流动高差≤15 mm。骨料最大粒径不宜大于 20 mm。浇筑时,应控制浇筑速度和单次下料量,并应分层浇筑至设计标高,防止模板受损。

4.3.4　混凝土养护

混凝土养护指混凝土浇筑后,硬化过程中对温度和湿度控制,使其达到设计强度。混凝土浇筑后应及时保湿养护,可用洒水、覆盖、喷涂养护剂等方式。选择养护方式应考虑现场条件、环境温湿度、构件特点、技术要求、施工操作等因素。

码 4-7　混凝土质量之正确养护

混凝土的养护方法有自然养护和加热养护两大类。现场施工一般为自然养护。自然养护又分为覆盖浇水养护、薄膜布养护和养生液养护。

覆盖浇水养护可用塑料薄膜、塑料薄膜加麻袋、塑料薄膜加草帘等进行覆盖。对封闭结构可用蓄水法,如贮水池可于已拆除内模板,混凝土达到一定强度后注水养护。

养生液养护是将养护剂喷涂在已凝结混凝土表面上,溶剂挥发后形成薄膜,可避免混凝土中水分蒸发,保持内部湿润。常用于大面积混凝土结构工程或不易覆盖者,如路面、地坪、机场跑道、楼板、墙体等。

4.3.4.1　养护规定

(1)混凝土浇筑完后,应及时保湿养护。对高性能混凝土宜于浇筑时即开始喷雾保湿。

(2)洒水养护的洒水次数应能保持混凝土处于润湿状态。养护用水应与拌制用水相同;日最低温度低于 5 ℃时,不应用洒水养护法。

(3)用塑料薄膜覆盖养护时应覆盖严密,并应保持薄膜内有凝结水。

(4)喷涂养护剂养护时,其保湿效果应通过试验检验,确保可靠。喷涂应均匀,不得漏喷。

(5)在已浇混凝土强度达 1.2 MPa 前,不得上人踩踏或安装模板及支架等。

4.3.4.2　养护持续时间

(1)硅酸盐水泥、普通硅酸盐水泥或矿渣硅酸盐水泥拌制的混凝土,≥7 d;对火山灰质硅酸盐水泥或粉煤灰硅酸盐水泥拌制的混凝土,≥14 d;采用其他品种水泥时,应根据水泥性能确定。

(2)采用缓凝型外加剂、大量矿物掺和料配制的混凝土,≥14 d。

(3)大体积混凝土、后浇带、抗渗混凝土及 C60 以上混凝土,≥14 d。

(4)地下室底层和结构首层柱、墙混凝土宜适当增加养护时间,且带模养护,宜≥3 d。

4.3.5　混凝土工程施工质量检查验收与评定内容

混凝土工程施工质量检验应按主控项目、一般项目规定的检验方法进行。检验批合格质量应符合下列规定：主控项目质量经抽样检验合格；一般项目质量经抽样检验合格，一般项目合格点率应达80%及以上，不合格点不得有严重缺陷；具有完整施工操作依据和质量验收记录。

4.3.5.1　**主控项目**

(1)水泥进场时，应对品种、级别、包装或散装仓号、出厂日期等进行检查，并应对强度、安定性及其他必要性能指标复验(见证取样送检)，其质量须符合规范标准要求。使用中，对水泥质量怀疑或水泥出厂超过3个月(快硬硅酸盐水泥超过1个月)时，应复验，并按复验结果确定用途。有相关特殊要求的钢筋混凝土结构和预应力混凝土结构，禁用含氯化物水泥。

检查数量：按同一生产厂家、同一等级、同一品种、同一批号且连续进场水泥，袋装不超过200 t为一批，散装不超过500 t为一批，每批抽样不少于一次。

检验方法：检查产品合格证、出厂检验报告和进场复验报告。

(2)混凝土中掺外加剂的质量及应用技术应符合现行国家标准和有关环境保护规定。预应力混凝土结构中，严禁使用含氯化物的外加剂。钢筋混凝土结构中，使用含氯化物外加剂时，混凝土中氯化物总含量应符合现行国家标准规定。

检查数量：按进场批次和产品抽样检验方案确定。

检验方法：检查产品合格证、出厂检验报告和进场复验报告。

(3)混凝土强度等级、耐久性和工作性等应按《普通混凝土配合比设计规程》(JGJ 55—2011)的有关规定进行配合比设计。对有特殊要求的混凝土，其配合比设计尚应符合国家现行有关标准的专门规定。

检验方法：检查配合比设计资料。

(4)结构混凝土强度等级须满足设计要求。用于检查结构构件混凝土强度的试件，应在混凝土浇筑地点随机抽取。取样与试件留置规定如下：

每拌制100盘且不超过100 m^3 同配合比混凝土，取样不得少于一次；每工作班拌制同一配合比混凝土不足100盘时，取样不得少于一次；一次连续浇筑超过1 000 m^3 时，同一配合比混凝土每200 m^3 取样不得少于一次；每一楼层、同一配合比混凝土，取样不得少于一次；每次取样应至少留置一组标准养护试件，同条件养护试件留置组数应根据实际需要确定。

检验方法：检查施工记录及试件强度试验报告。

(5)对有抗渗要求的混凝土结构，混凝土试件应在浇筑地点随机取样。同一工程、同一配合比混凝土，取样不应少于一次，留置组数可根据实际需要确定。

检验方法：检查试件抗渗试验报告。

(6)混凝土原材料每盘称量偏差应符合规定：水泥、掺合料，±5%；粗、细骨料，±3%；水、外加剂，±2%。

检查数量：每工作班抽查不应少于一次。遇雨天或含水量有显著变化时，应增加含水量检测次数，并及时调整水和骨料用量。

检验方法：复称。

(7)混凝土运输、浇筑及间歇全部时间不应超过混凝土初凝时间。同一施工段混凝土应连续浇筑，底层混凝土初凝之前将上一层混凝土浇筑完毕。底层混凝土初凝后浇筑上一层混凝土时,应按施工技术方案中对施工缝的要求处理。

检查数量:全数检查。

检验方法:观察,检查施工记录。

(8)现浇结构外观质量不应有严重缺陷。已出现严重缺陷,应由施工单位提出技术处理方案,并经监理(建设)单位认可后处理。经处理部位,应重新检查验收。

检查数量:全数检查。

检查方法:观察,检查技术处理方案。

(9)现浇结构不应有影响结构性能和使用功能的尺寸偏差。对超过尺寸允许偏差且影响结构性能和安装、使用功能部位,应由施工单位提出技术处理方案,并经监理(建设)单位认可后处理。经处理部位,应重新检查验收。

检查数量:全数检查。

检验方法:量测,检查技术处理方案。

4.3.5.2　一般项目

混凝土掺矿物掺合料,粗、细骨料及拌制混凝土用水质量应符合规范、标准规定。

检查数量:按进场批次和产品抽样检验方案确定。

检验方法:检查出厂合格证和进场复验报告,粗、细骨料检查进场复验报告,拌制混凝土用水检查水质试验报告。

首次使用的混凝土配合比应开盘鉴定,其工作性应满足设计配合比要求。开始生产时应至少留置一组标准养护试件,作验证配合比依据。

检验方法:检查开盘鉴定资料和试件强度试验报告。

(1)混凝土拌制前,应测定砂、石含水量并根据测试结果调整材料用量,计算出施工配合比。

检查数量:每工作班检查一次。

检验方法:检查含水量测试结果和施工配合比通知单。

施工缝、后浇带位置应于混凝土浇筑前按设计要求和施工技术方案确定。施工缝处理、后浇带混凝土浇筑应按施工技术方案执行。

检查数量:全数检查。

检验方法:观察,检查施工记录。

(2)现浇结构和混凝土设备基础拆模后尺寸偏差应符合规定。

任务4　混凝土结构工程冬期、雨期施工

任务导航

本任务要求掌握混凝土冬期、雨期施工特点、注意事项及施工方法。

4.4.1　混凝土结构工程冬期施工

(1)混凝土冬期施工概念。

《建筑工程冬期施工规程》(JGJ/T 104—2011)中:根据当地多年气象资料统计,当室外日平均气温连续5 d稳定低于5 ℃即进入冬期施工;当室外日平均气温连续5 d稳定高于5 ℃ 时解除冬期施工。混凝土未达到受冻临界强度而气温骤降至0 ℃以下时,应按冬期施工要求采取应急防护措施。工程越冬期间,应采取有效保温措施。

(2)混凝土冬期施工冻害。

试验证明,混凝土早期冻害是因内部水结冰所致。冬期施工时,气温低,水泥水化作用减弱,新浇筑混凝土强度增长明显延缓,温度降至0 ℃以下时,水泥水化作用基本停止,混凝土强度亦停止增长。特别是温度降至混凝土冰点温度以下时,混凝土中游离水开始结冰,结冰后水体积膨胀约9%。混凝土内部产生冰胀应力,强度尚低的混凝土结构内部产生微裂隙,同时降低了水泥与砂石和钢筋的黏结力,导致结构强度降低。受冻混凝土解冻后,其强度虽能继续增长,但已不能达到原设计强度等级。混凝土浇筑后立即受冻,抗压强度约损失50%,抗拉强度约损失40%。受冻前混凝土养护时间愈长,其达到强度愈高,水化物生成愈多,可结冰游离水就愈少,强度损失就愈少。试验还证明,混凝土受冻危害与遭冻时间早晚、水灰比(水胶比)、水泥强度等级、养护温度等有关。

(3)混凝土受冻临界强度。

冬期浇筑混凝土受冻以前须达到的最低强度称混凝土受冻临界强度。

用蓄热法、暖棚法、加热法等施工的普通混凝土,用硅酸盐水泥、普通硅酸盐水泥配制时,其受冻临界强度不应小于设计混凝土强度等级值的30%。

用矿渣硅酸盐水泥、粉煤灰硅酸盐水泥、火山灰质硅酸盐水泥、复合硅酸盐水泥时,不应小于设计混凝土强度等级值的40%。

室外最低气温不低于-15 ℃时,用综合蓄热法、负温养护法施工混凝土,受冻临界强度不应小于4.0 MPa。

室外最低气温不低于-30 ℃时,用负温养护法施工混凝土,受冻临界强度不应小于5.0 MPa。

强度等级等于或高于C50的混凝土,不宜小于设计混凝土强度等级值的30%。

抗渗混凝土,不宜小于设计混凝土强度等级值的50%;对有抗冻耐久性要求的混凝土,不宜小于设计混凝土强度等级值的70%。

用暖棚法施工的混凝土中掺入早强剂时,可按综合蓄热法受冻临界强度取值。

施工需要提高混凝土强度等级时,应按提高后强度等级确定受冻临界强度。

4.4.1.1 冬期施工特点、原则和施工准备

1. 冬期施工特点

(1)冬期是工程质量事故多发期。冬期施工中,长时间持续低温、大温差、强风、降雪和反复冻融,常造成建筑施工质量问题,甚至事故。有资料分析,2/3的工程质量事故发生于冬期,尤其是混凝土工程。

(2)冬期施工质量事故发现有滞后性。冬期发生质量事故往往不易觉察,待春天解冻后,一系列质量问题才暴露出来。这种事故发现的滞后性给解决质量事故带来很大困难。

(3)冬期施工计划性和准备工作时间性很强。冬期施工时,常因工期紧,仓促施工,

致使质量事故易发、多发。

2. 冬期施工原则

为了保证冬期施工质量，凡冬期施工的工程项目，应编制冬期专项施工方案，应做到技术先进、经济合理、安全适用，在确保工程质量的前提下，科学合理地增加项目措施费用；确保所需热源及技术措施材料来源可靠，工期满足要求。

3. 冬期施工准备工作

(1)收集有关气象资料作为选择冬期施工技术措施的依据。

(2)进入冬期施工前应编制好冬期施工技术文件。

①冬期施工方案主要内容：

a. 冬期施工生产任务安排及部署。根据冬期施工项目、部位及其他特点，明确冬期施工前期、中期、后期重点及进度计划安排。

b. 根据冬期施工项目、部位及其他特点，列出备选冬期施工方法及执行的国家有关技术标准文件。

c. 热源、设备计划及供应部署。

d. 施工材料(保温材料、外加剂等)计划进场数量及供应部署。

e. 劳动力计划。

f. 冬期施工人员技术培训计划。

g. 工程质量控制要点。

h. 冬期施工安全生产及消防要点。

②施工组织设计或技术措施：

a. 工程任务概况及预期达到的生产指标。

b. 工程项目实物量和工作量，施工程序，进度安排。

c. 分项工程各冬期施工阶段施工方法及施工技术措施。

d. 施工现场准备方案及施工进度计划。

e. 主要材料、设备、机具和仪表等需用量计划。

f. 工程质量控制要点及检查项目、方法。

g. 冬期安全生产和防火措施。

h. 各项经济技术控制指标及节能、环保等措施。

③凡冬期施工工程项目，须会同设计单位复核施工图纸，核对其是否能适应冬期施工要求。如有问题，应及时提出并修改设计。

④根据冬期施工工程量，提前准备好施工设备、机具、材料及劳动防护用品。

⑤冬期施工前对配制外掺剂人员、测温保温人员、锅炉工等，应持证上岗，或专门组织技术培训，经考试合格后方可上岗。

4.4.1.2　混凝土冬期施工要求

一般情况下，混凝土冬期施工均要求正温下浇筑，正温下养护，使混凝土强度冰冻前达到受冻临界强度，冬期施工时对原材料和施工过程均要求有必要措施，来保证混凝土施工质量。

1. 对材料要求及加热

冬期施工中配制混凝土用水泥,应优先选用活性高、水化热大的硅酸盐水泥和普通硅酸盐水泥。最小水泥用量不宜少于 280 kg/m³,水胶比不应大于 0.55。使用矿渣硅酸盐水泥时,宜用蒸汽养护;使用其他品种水泥,应注意其中掺合料对混凝土抗冻抗渗等性能影响。冷混凝土法施工宜优先选用含引气成分的外加剂,含气量宜为 3%~5%。

骨料须清洁,不得含冰雪等冰结物及易冻裂矿物质。冬期骨料所用储备场地应选地势较高不积水处。

冬期施工对混凝土组成材料加热(见表 4-14),优先考虑加热水,因为水热容量大,加热方便。水常用加热方法有三种,分别为用锅烧水、用蒸汽加热水、用电极加热水;水泥不得直接加热,使用前宜存入暖棚。混凝土用砂、石骨料温度要符合热工计算所需温度。骨料可放于底部加温的铁板上直接加热,或通过蒸汽管、电热线加热等。但不得用火焰直接加热骨料,并应控制加热温度。加热方法可因地制宜,但蒸汽加热法最好,其优点是加热温度均匀,热效率高;缺点是骨料含水量增加。

表 4-14 拌和水及骨料加热的最高温度

序号	水泥品种及强度等级	拌和水/℃	骨料/℃
1	小于 42.5 级	80	60
2	42.5、42.5R 级以上	60	40

钢筋调直冷拉温度不宜低于-20 ℃。预应力钢筋张拉温度不宜低于-15 ℃。钢筋焊接宜在室内。如需在室外焊接,其最低气温应不低于-20 ℃,且应有防雪和防风措施。刚施焊完成的接头严禁立即碰到冰雪,避免造成冷脆现象。环境气温低于-20 ℃时,不得对 HRB335、HRB400 钢筋机械冷弯加工。

2. 混凝土搅拌

混凝土不宜露天搅拌,应尽量搭设暖棚,优先选用大容量搅拌机,以减少热损失。混凝土搅拌时间应根据各种材料的温度情况,考虑相互间热平衡过程,可通过试拌确定延长时间,一般为常温搅拌时间的 1.25~1.5 倍。拌制混凝土最短时间应按表 4-15 采用。搅拌时为防水泥出现“假凝”现象,应于水、砂、石搅拌一定时间后再加入水泥。搅拌混凝土时,骨料中不得带冰雪及冻团。

表 4-15 拌制混凝土最短时间

混凝土坍落度/mm	不同搅拌机容积(L)的最短时间/s		
	≤250	250~500	>500
≤80	90	135	180
>80	90	90	135

用自落式搅拌机时,搅拌时间延长 30~60 s。拌制掺防冻剂的混凝土,防冻剂为粉剂时,可按要求掺量直接撒于水泥上面和水泥同时投入;防冻剂为液体时,应先配制成规定浓度溶液,再根据使用要求,用规定浓度溶液再配制成施工溶液。各溶液应分别置于明显

标志的容器内,不得混淆,每班使用外加剂溶液应一次配成,应严格按剂量要求掺入。配制与加入防冻剂,应设专人负责并同步完成记录资料等档案。

3. 混凝土运输

混凝土运输过程是热损失的关键阶段,应采取必要的措施减少混凝土热损失,同时保证混凝土和易性。常用措施为减少运输时间和距离;用大容积运输工具并采取必要的保温措施。保证混凝土入模温度不低于5 ℃。

4. 混凝土浇筑

混凝土浇筑前,清除模板和钢筋上的浮灰、冰雪、污垢、垃圾及沾污等,加快混凝土浇筑速度,防止热量散失过多。用加热养护时,混凝土养护前温度不得低于2 ℃。

冬期不得在强冻胀性地基土上浇筑混凝土,在弱冻胀性地基土上浇筑混凝土时,地基土应保温,以免温低结冻。对加热养护的现浇混凝土结构,混凝土浇筑程序和施工缝位置,应能防止加热养护时产生较大温度应力。分层浇筑厚大整体结构时,已浇筑层混凝土温度,被上一层混凝土覆盖前,不得低于按热工计算的温度,且不得低于2 ℃。冬期施工混凝土振捣应用机械振捣,振捣时间应比常温时有所延长。

4.4.1.3 混凝土冬期施工养护方法

混凝土工程冬期施工应根据自然气温条件、结构类型、工期要求,拟定混凝土硬化过程中防止早期受冻措施,确定混凝土工程冬期施工养护方法。混凝土冬期施工养护方法有两大类:一类是人为创造正温环境,以保证新浇筑混凝土强度能够正常持续增长,甚至加速增长,主要有蓄热养护法、综合蓄热养护法、蒸汽加热养护法和暖棚养护法;第二类为混凝土负温养护法,即拌制混凝土时,加入适量外加剂,降低水冰点,使混凝土中水负温下保持液态,能继续与水泥水化反应生成水化物,使混凝土强度在负温环境也能持续增长,这种方法一般不再对混凝土加热。选择混凝土冬期施工方法时,应保证混凝土尽快达到冬期施工临界强度,避免遭受冻害;理想的施工方案,首先应当杜绝混凝土早期受冻,然后最短施工期限内,以最低冬期施工费用,获得优良品质混凝土。

1. 蓄热养护法和综合蓄热养护法

蓄热养护法指混凝土浇筑后,利用原材料加热及水泥水化热的热量,通过适当保温延缓混凝土冷却,使混凝土冷却到0 ℃以前达到预期要求强度,比如受冻临界强度。适用于室外最低温度不低于-15 ℃时,地下工程或表面系数不大于5 m^{-1} 的结构。

结构易受冻部位,应加强保温措施。室外最低气温不低于-15 ℃时,对表面系数为5~15 m^{-1} 的结构,宜用综合蓄热养护法,围护层散热系数宜控制在50~200 kJ/(m^3·h·K);综合蓄热法施工混凝土中应掺入早强剂或早强型复合外加剂,并应具有减水、引气作用。采用蓄热养护法和综合蓄热养护法施工时,混凝土浇筑后应用塑料布等防水材料对裸露表面覆盖并保温,边角部位保温层厚度应增大到表面部位的2~3倍。混凝土养护期间应防风、防失水。

为确保原材料加热温度,正确选择保温材料,使混凝土冷却到0 ℃以下时,其强度达到或超过受冻临界强度,施工时须进行热工计算。热工计算是按热平衡原理,即1 m^3 混凝土从浇筑结束到温度降至0 ℃这一时段,所放热量应等于混凝土拌和物所含热量及水泥水化热之和。混凝土热工计算法方法见《建筑工程冬期施工规程》(JGJ/T 104—2011)

附录 A。

2. 混凝土负温养护法

混凝土负温养护法是向混凝土中加入适量抗冻剂、早强剂、减水剂及加气剂，使混凝土负温下能继续水化，增强强度。混凝土负温养护法适用于不易加热保温，且对强度增长要求不高的一般混凝土结构工程；负温养护法施工混凝土，应以浇筑后 5 d 内预计日最低气温来选用防冻剂（分阻锈型和非阻锈型），起始养护温度不应低于 5 ℃。混凝土浇筑后，裸露表面应采取保湿措施；同时，应根据需要采取必要的保温覆盖措施。混凝土负温养护法施工应加强测温，达到受冻临界强度之前应每隔 2 h 测量一次；混凝土达到受冻临界强度后，可停止测温。室外最低气温不低于−15 ℃时，用负温养护法施工混凝土受冻临界强度不应小于 4.0 MPa；室外最低气温不低于−30 ℃时，用负温养护法施工混凝土受冻临界强度不应小于 5.0 MPa。

1）减水剂

能保持混凝土工作性能不变而显著减少其拌和水量的外加剂称为减水剂。按效果及功能，减水剂又可分为普通减水剂、高效减水剂、早强减水剂、缓凝高效减水剂及引气减水剂等。减水剂可减少拌和用水量，能改善混凝土和易性及拌和用水量，降低水胶比，节省水泥，如不减少水泥用量，则可提高混凝土强度和耐久性。常用减水剂有木质素系减水剂、萘磺酸盐系减水剂和水溶性树脂减水剂。

2）早强剂

早强剂是加速混凝土早期强度发展的外加剂，可常温、低温或负温（不低于−5 ℃）条件下加速混凝土硬化过程。常用的早强剂主要有氯化钠、氯化钙、硫酸钠、亚硝酸钠、三乙醇胺、碳酸钾等。大部分早强剂同时具有降低水冰点，使混凝土负温下继续水化，增加强度及防冻作用。

3）引气剂

混凝土搅拌过程中，引入无数微小气泡，可改善混凝土拌和物和易性并减少用水量，并显著提高混凝土抗冻性和耐久性。常用的引气剂有松香热聚物、松香皂、烷基苯磺酸盐等。

4）阻锈剂

氯盐类外加剂对混凝土中金属有锈蚀作用。阻锈剂能在金属表面形成一层氧化膜，阻止金属锈蚀。常用的阻锈剂有亚硝酸钠、重铬酸钾等。

5）抗冻剂

混凝土冬期施工外加剂配用，应满足抗冻、早强需要；对结构钢筋无锈蚀作用；对混凝土后期强度和其他物理力学性能无不良影响；同时应适应结构工作环境需要。单一外加剂常不能完全满足混凝土冬期施工要求，一般用复合配方。常用复合配方有下面几种：

（1）氯盐类外加剂。

氯盐类外加剂主要有氯化钠、氯化钙，价廉易购买，但对钢筋有锈蚀作用，一般钢筋混凝土中掺量按无水状态计算不超过水泥重量的 1%；无筋混凝土中，用加热材料拌制混凝土，氯盐掺量不得大于水泥重量的 3%；用冷材料拌制时，氯盐掺量不得大于拌和水重量的 15%。掺氯盐混凝土须振捣密实，且不宜用蒸汽养护。下列工作环境的钢筋混凝土结构中不得掺氯盐：

①高湿度空气环境所用结构；

②处于水位升降部位的结构；

③露天结构或经常受水淋的结构；

④有镀锌钢材或与铝铁相接触部位的结构，以及有外露钢筋、预埋件而无防护措施的结构；

⑤与含酸、碱和硫酸盐等侵蚀性介质相接触的结构；

⑥使用过程常处于环境温度 60 ℃以上的结构；

⑦使用冷拉钢筋或冷拔低碳钢丝的结构；

⑧薄壁结构、中级或重级工作制吊车梁、屋架、落锤或锻锤基础等；

⑨电解车间和直接靠近直流电源的结构；

⑩直接靠近高压（发电站、变电所）的结构；

⑪预应力混凝土结构。

（2）硫酸钠-氯化钠复合外加剂。

硫酸钠-氯化钠复合外加剂由硫酸钠 2%、氯化钠 1%～2%和亚硝酸钠 1%～2%组成。气温为-3～-5 ℃时，氯化钠和亚硝酸钠掺量均为 1%；气温为-5～-8 ℃时，氯化钠和亚硝酸钠掺量均为 2%。这种配方复合外加剂不能用于高温湿热环境及预应力结构中。

（3）亚硝酸钠-硫酸钠复合外加剂。

气温分别为-3 ℃、-5 ℃、-8 ℃、-10 ℃时，亚硝酸钠掺量分别为水泥重量的 2%、4%、6%、8%。亚硝酸钠-硫酸钠复合外加剂负温下有较好的促凝作用，能使混凝土强度较快增长，且对混凝土有塑化作用，对钢筋无锈蚀作用。使用硫酸钠复合外加剂时，宜先将其溶解于 30～50 ℃的温水中，配制成浓度不大于 20%的溶液。施工时混凝土出机温度不宜低于 10 ℃，浇筑成型后温度不宜低于 5 ℃，有条件时，应尽量提高混凝土温度，浇筑成型后立即覆盖保温，尽量延长混凝土正温养护时间。

（4）三乙醇胺复合外加剂。

气温低于-15 ℃时，还可掺入适量氯化钙。三乙醇胺在早期正温条件下起早强作用，混凝土内部温度下降到 0 ℃以下时，氯盐又在其中起抗冻作用，使混凝土继续硬化。混凝土浇筑入仓温度应保持 15 ℃以上，浇筑成型后立即覆盖保温，使混凝土 0 ℃以上温度达 72 h 以上。

混凝土冬期掺外加剂施工时，混凝土搅拌、浇筑及外加剂配制须设专人负责，其掺量和使用方法须严格按产品说明。搅拌时间应比常温条件时适当延长，按外加剂种类及要求严格控制混凝土出机温度，混凝土搅拌、运输、浇筑、振捣、覆盖保温应连续作业，减少热损失。

3. 蒸汽养护法

蒸汽养护法是用低压饱和蒸汽养护新浇筑混凝土，在混凝土周围造成湿热环境来加速混凝土硬化。

1)蒸汽养护混凝土的要求

蒸汽养护法应用低压饱和蒸汽对新浇筑混凝土加热养护,蒸汽温度用P·O水泥时最高养护温度不超过80 ℃,用P·S水泥时最高养护温度可提高到85 ℃。但用内部通汽法时,最高加热温度不应超过60 ℃。蒸汽养护通常包括静停、升温、恒温、除温四个阶段,各阶段加热延续时间可根据养护终了时的要求强度确定。用蒸汽养护混凝土,可掺入早强剂或无引气型减水剂。

2)蒸汽养护法的种类及适用范围

蒸汽养护法除用预制构件厂蒸汽养护窑外,还有棚罩法、蒸汽套法、热模法和内部通汽法。混凝土蒸汽养护法适用范围见表4-16。较多使用内部通汽法。

表4-16 混凝土蒸汽养护法适用范围

方法	简述	特点	适用范围
棚罩法	用帆布或其他罩子扣罩,内部通蒸汽养护混凝土	设施灵活、施工简便、费用低,但耗汽量大,温度不易均匀	预制梁、板、地下基础、沟道等
蒸汽套法	制作密封保温外套,分段送汽养护混凝土	温度能适当控制,加热效果取决于保温构造,设施复杂	现浇梁、板、框架结构,墙、柱等
热模法	制作外侧配置蒸汽管,加热模板养护	加热均匀、温度易控制,养护时间短,设备费用大	墙、柱及框架结构
内部通汽法	结构内部留孔道,通蒸汽加热养护	节省蒸汽,费用较低,入汽端易过热,需处理冷凝水	预制梁、柱、桁架,现浇梁、柱、框架单梁

3)内部通汽法的施工

(1)蒸汽孔道的留设。内部通汽法留孔方法与后张法预应力筋埋管留孔法相似。混凝土终凝后抽出预埋管,形成通汽孔道,再用短管连接蒸汽管道。管道布置原则是:使加热温度均匀,埋设施工方便,留孔位置应在受力最小部位,孔道总截面面积不应超过结构截面面积的2.5%。

(2)留孔数量计算。通汽孔道数量,主要取决于加热混凝土时孔壁传热表面积和孔道直径,应经计算确定。

(3)蒸汽加热法热工计算。包括确定升温、恒温和降温养护时间和计算蒸汽用量。

蒸汽加热时应采用低压饱和蒸汽,加热应均匀,混凝土达到要求强度后,应排除冷凝水,把砂浆灌入孔内,将预留孔道堵死。对掺引气型外加剂混凝土,不宜用蒸汽养护。

4.4.1.4 混凝土拆模

混凝土养护到规定时间,应根据同条件养护试块试压结果,证明混凝土达到规定拆模强度后方可拆模。对加热法施工的构件模板和保温层,应于混凝土冷却到5 ℃后方可拆模。混凝土和外界温差大于20 ℃时,拆模后混凝土应注意覆盖,使其缓慢冷却。拆除模板过程中发现混凝土有冻害现象时,应暂停拆模,经处理后方可拆模。

4.4.1.5　混凝土冬期施工质量控制及检查

1. 混凝土的温度测量

1) 冬期施工测温项目与次数

室外气温及环境温度每昼夜不少于 4 次；搅拌机棚温度、水、水泥、矿物掺合料、砂、石及外加剂溶液温度，混凝土出罐、浇筑、入模温度每工作班不少于 4 次；冬期施工期间，还需测量每天室外最高、最低气温。

2) 混凝土养护期间应定点定时测温

用蓄热法和综合蓄热法养护时，从混凝土入模开始，至混凝土达到受冻临界强度，或混凝土温度降到 0 ℃或设计温度以前，应至少每 6 h 测一次。掺防冻剂混凝土强度达到受冻临界强度前（室外最低气温不低于 -15 ℃时不得小于 4.0 N/mm^2，室外最低气温不低于 -30 ℃时不得小于 5.0 N/mm^2）应每 2 h 测量一次，达到受冻临界强度以后每 6 h 测一次。用加热法养护混凝土时，升温阶段和降温阶段应每 1 h 测一次，恒温阶段每 2 h 测一次。测温时，全部测温孔均应编号，并绘制布置图。测温孔应设于有代表性结构部位和温度变化大、易冷却部位。测温时，测温元件应采取措施与外界气温隔离；测温元件测量位置应处于结构表面下 20 mm 处，留置于测温孔内时间不应少于 3 min。

2. 混凝土质量检查

冬期施工，混凝土质量检查除应按国家现行标准《混凝土结构工程施工质量验收规范》（GB 50204—2015）规定留置试块外，尚应检查混凝土表面是否受冻、粘连、收缩裂缝，边角是否脱落，施工缝处有无受冻痕迹；检查同条件养护试块养护条件是否与施工现场结构养护条件相一致；用成熟度法检验混凝土强度时，应检查测温记录与计算公式要求是否相符。混凝土试件试块留置应较常规施工增加不少于两组与结构同条件养护试件，分别用于检验受冻前混凝土强度和转入常温养护 28 d 混凝土强度。与结构构件同条件养护受冻混凝土试件，解冻后方可试压。所有各项测量及检验结果，均应填写“混凝土工程施工记录”和“混凝土冬期施工日志”。

码 4-8　混凝土质量控制

4.4.2　混凝土工程雨期施工

雨期施工主要工作内容有防雨、防台风、防汛，关键是提前做好准备。

4.4.2.1　雨期施工特点

(1) 雨期施工的开始具有突然性。因暴雨山洪等恶劣气象往往不期而至，这就需要雨期施工准备和防范措施及早、提前布置。

(2) 雨期施工带突击性。因为雨水对建筑结构和地基基础冲刷或浸泡具有严重破坏性，须迅速及时防护，避免损失。

4.4.2.2　雨期施工要求

(1) 编制施工组织设计及工作计划时，要根据雨期施工特点，将不宜雨期施工的分项工程提前或延后安排。对须雨期施工的工程制订有效措施，迅速突击完成。

(2) 合理安排施工。晴天抓紧室外工作，雨天安排室内工作，尽量缩小雨天室外作业时间和工作面。

(3)密切注意气象预报,做好抗台防汛准备工作,必要时提前加固。

(4)建筑材料须防雨、防潮。

4.4.2.3 雨期施工准备

(1)现场排水。施工现场道路、设施排水畅通,雨停水干。防止地面水排入地下室、基础、地沟内。妥善处理危石,防止滑坡和塌方。

(2)原材料、成品、半成品避免雨水受潮。水泥先收先用、后收后用,避免久存受潮影响性能。木门窗等易受潮变形半成品,室内堆放。其他材料防雨、防潮,应保证材料堆场四周排水防雨良好。

(3)雨期前做好施工现场房屋、设备排水防雨措施。

(4)备足排水用的水泵、器材、塑料布、油毡等物资。

4.4.2.4 混凝土工程雨期施工注意事项

(1)模板隔离层涂刷前掌握天气预报,防止隔离层被雨水冲刷流失。

(2)加强混凝土粗、细骨料含水量测定,及时调整施工配合比。

(3)模板支撑下部基土回填要平整夯实,加铺垫板,雨后及时检查有无下沉。

任务5 混凝土结构工程施工安全技术

任务导航

本任务要求掌握钢筋加工安全技术、模板施工操作安全技术和混凝土施工安全技术。

混凝土结构工程工程量大、工期长,设备设施工具多,且施工稍有不慎,就可能导致质量安全事故。因此,须根据工程建筑特征、场地条件、施工条件、技术要求和安全生产需要,制订施工安全技术措施,明确施工技术要求,预防质量安全事故。为科学评价建筑施工安全生产情况,提高安全生产工作管理水平,预防事故,实现安全检查工作标准化、规模化、常规化,国家相关部门制定了《建筑施工安全检查评分标准》。该标准主要用安全系统工程原理,结合建筑施工中伤亡事故规律,依据国家相关安全法规、条例、标准和规程编制而成,具体可参考相关法规及规范标准。混凝土结构工程施工安全,一般包括钢筋、模板、混凝土施工等方面的安全内容。

4.5.1 钢筋加工安全技术

4.5.1.1 钢筋加工使用的夹具、台座、机械的安全要求

(1)机械安装须坚实稳固,保持水平位置。固定式机械应有可靠基础,移动式机械作业时应揳紧行走轮。

(2)室外作业应设置机棚,机旁应有原料、半成品堆场。

(3)加工较长钢筋,应有专人帮扶,并听从操作人员指挥,不得随意推拉。

(4)作业后,应堆放好成品、清理场地、切断电源、锁好电闸。对钢筋冷拉、冷拔及预应力筋加工,还应严格遵守相关规定。

4.5.1.2 焊接规定

(1)焊机须接地,以保证操作人员安全。焊接导线及焊钳接导处应可靠绝缘。

(2)大量焊接时,焊接变压器不得超负荷,变压器升温不得超过60 ℃。

(3)点焊、对焊时,须开放冷却水,焊机出水温度不得超过40 ℃,排水量应满足要求。天冷时应放尽焊机内存水,以免冻塞。

(4)对焊机闪光区域,须设铁皮隔挡。焊接时禁止他人停留闪光区,以防火花烫伤。焊机工作范围内严禁堆放易燃易爆品,以免引起火灾。

(5)室内电弧焊时,应有排气装置。焊工操作地点相互之间应设挡板,以防弧光刺伤眼睛。

4.5.2 模板施工操作安全技术

(1)进入施工现场人员须戴好安全帽,高空作业人员须系好安全带,并应系牢。

(2)经医生检查认为不适宜高空作业的人员,不得高空作业。

(3)工作前应先检查工具是否牢固,扳手等工具须将绳链系挂身上,以免掉落伤人。工作时应思想集中,以防钉子扎脚和空中滑落。

(4)安装与拆除5 m以上模板,应搭脚手架,并设防护栏,上下在同一垂直面操作。

(5)高空、复杂结构模板安装与拆除,事先应有切实可靠的安全措施。

(6)遇6级以上大风时,应暂停室外高空作业,雪、霜、雨后应先清扫施工现场,略干不滑后再工作。

(7)2人抬运模板时要互相配合、协同工作。传递模板、工具应用运输工具或绳子系牢后升降,不得乱扔。装拆时,上下应有人接应,钢模板及配件应随装随拆及时运送,严禁从高处掷下。高空拆模时,应专人指挥,并在下面标出工作区,用绳子和红白旗加以围栏,暂停人员过往。

(8)不得在脚手架上堆放大批模板等材料。

(9)支撑、牵杠等不得搭于门框架和脚手架上。通路中间的斜撑、拉杆等应设于1.8 m以上。

(10)支模过程如需中途停歇,应将支撑、搭头、柱头板等钉牢。拆模间歇应将松动模板、牵杠等运走或妥善堆放,防扶空、踏空导致坠落。

(11)模板上有预留洞口时,安装后将空洞口遮盖好。混凝土板上的预留洞口,应于模板拆除后随即将洞口盖好。

(12)拆模板一般用长撬棍。人禁止站立于正在拆除的模板上。拆除楼板模板时,要注意整块模板下掉,尤其用定型模板做平台模板时,更要注意,拆模人员要站于门窗洞口外拉拆支撑,防止模板突然全部掉落伤人。

(13)组合钢模板上架设的电线和施工使用的电动工具,应用36 V低压电源或采取其他有效措施。

4.5.3 混凝土施工安全技术

码 4-9 混凝土结构工程施工安全技术

4.5.3.1 垂直输送设备规定

(1)垂直输送设备,应有完善可靠的安全保护装置(如起重量及提升高度的限制、制动、防滑、信号等装置及紧急开关等),严禁使用安全保护装置不完善的垂直输送设备。

(2)垂直输送设备安装完毕后,应按出厂说明书进行无负荷试验、静负荷试验、动负荷试验及安全保护装置可靠性试验。

(3)对垂直输送设备应建立定期检修和保养责任制。

(4)垂直输送设备的操作司机,须通过专业培训。考核合格后持证上岗,严禁无证人员操作垂直输送设备。

(5)有下列情况之一时,不得操作垂直输送设备:

①司机与起重机之间视线不清、夜间照明不足,而又无可靠信号和自动停车、限位等安全装置。

②设备传动机构、制动机构、安全保护装置有故障,动作不灵,具体问题不清晰,或原因不明确。

③电气设备无接地或接地不良、电气线路存在漏电可能。

④超负荷或超定员。

⑤无明确统一信号和操作规程。

4.5.3.2 混凝土机械

(1)混凝土搅拌机安全规定:

①进料时,严禁将头或手伸入料斗与机架之间查看或探摸进料情况,运转中不得将手或工具等伸入搅拌筒内扒料、出料。

②料斗升起时,严禁在其下方工作或穿行。料坑底部要设料斗枕垫,清理料坑时须将料斗用链条扣牢。

③向搅拌筒内加料应在运转中进行;添加新料须先将搅拌机内原有混凝土全部卸完后才能进行。不得中途停机或满载荷时启动搅拌机,反转出料者除外。

④作业中,如发生故障不能继续运转,应立即切断电源,将筒内混凝土清除干净,然后检修。

(2)混凝土泵送设备作业安全事项:

①支腿应全部伸出并支固,未支固前不得启动布料杆。布料杆升离支架后方可回转。布料杆应按顺序伸出。严禁用布料杆起吊或拖拉物件。

②布料杆处于全伸状态时,严禁移动车身。作业中需移动时,应将上段布料杆折叠固定,移动速度不超过 10 km/h。布料杆不得使用超过规定直径的配管,装接的软管应系防脱安全绳带。

③应随时监视各种仪表和指示灯,发现不正常及时调整处理。出现输送管道堵塞时,应逆向运转使混凝土返回料斗,必要时拆管排除堵塞。

④泵送工作应连续作业,须暂停时应每隔 5~10 min(冬季 3~5 min)泵送一次。若停

止较长时间后泵送,应逆向运转 1~2 个行程,然后顺向泵送。泵送时料斗内应保持一定量的混凝土,不得吸空。

⑤保持水箱贮满清水,发现混浊并有较多砂粒时应及时检查处理。

⑥泵送系统受压力时,不得开启任何输送管道和液压管道。液压系统的安全阀不得任意调整,蓄能器只能充入氮气。

(3)混凝土振捣器使用规定:

①使用前应检查各部件是否连接牢固,旋转方向是否正确。

②振捣器不得放于初凝混凝土、地板、脚手架、道路和干硬地面上试振。维修或作业间断时,应切断电源。

③插入式振捣器软轴弯曲半径不得小于 50 cm,并不多于两个弯,操作时振动棒应自然垂直地沉入混凝土,不得用力硬插、斜推或使钢筋夹住棒头,也不得全部插入混凝土中。

④振捣器应保持清洁,不得有混凝土黏结于电动机外壳妨碍散热。

⑤作业转移时,电动机导线应保持有足够的长度和松度。严禁用电源线拖拉振捣器。

⑥用绳拉平板振捣器时,绳应干燥绝缘,移动或转向时不得用脚踢电动机。

⑦振捣器与平板应保持紧固,电源线须固定于平板上,电器开关应装在手把上。

⑧一个构件上同时用几台附着式振捣器时,所有振捣器频率须相同。

⑨操作人员须戴绝缘手套。

⑩作业后,须做好清洗、保养工作。振捣器须存放于干燥处。

【课后练习】

请扫描下方二维码,做课后练习。

教学项目 4　课后练习

教学项目5　预应力混凝土工程施工

【能力目标】

通过本教学项目的学习,使学生能分清不同预应力混凝土施工方法,能进行预应力损失计算,能进行预应力混凝土工程施工质量控制、质量检查和验收,能编制预应力混凝土施工方案。

预应力混凝土工程材料、施工及验收应贯彻《混凝土结构通用规范》(GB 55008—2021)及相关规范、标准的要求。

普通钢筋混凝土构件极限拉应变值只有0.01%~0.015%,即相当于每米只允许拉长0.1~0.15 mm,超过此值,混凝土就会开裂。即使允许普通混凝土构件裂缝宽度限制为0.2~0.3 mm时,构件内受拉钢筋应力也只能达到150~250 MPa。因此,考虑在结构构件受拉区预先施加压力,即预应力构件。它可使结构使用阶段产生的拉应力首先被预压力抵消,从而让裂缝推迟出现,并可限制裂缝开展,提高了结构的抗裂性和刚度。其优点有减轻自重、增加构件耐久性、降低造价等。预应力混凝土按施工方法不同可分先张法和后张法两大类。浇筑混凝土之前先张拉预应力钢筋为先张法,浇筑混凝土之后再张拉预应力钢筋为后张法。按钢筋张拉方式不同可分为机械张拉法、电热张拉法与自应力张拉法。

任务1　先张法预应力混凝土工程施工

任务导航

本任务要求掌握先张法设备、张拉要求、张拉和放张程序、质量验收要点。

先张法是浇筑混凝土之前,将预应力筋临时固定于台座或钢模上张拉,然后浇筑混凝土,待混凝土达到一定强度,与预应力筋有了一定的黏结力后,再放张预应力筋,混凝土在预应力筋回缩力作用下,构件混凝土受压。先张法预应力筋张拉力,来源于预应力筋与混凝土之间的黏结力。

先张法生产可用台座法(见图5-1)和机组流水法。

台座法是构件在台座上生产,即预应筋张拉、固定、混凝土浇筑、养护和预应力筋放松等工序均在台座上进行;机组流水法是利用钢模板作固定预应力筋的承力架,构件连同模板通过固定机组,按流水方式完成生产过程。先张法适用于生产定型中小型构件。

常用预应力筋有钢筋和钢丝两类。

5.1.1　台座

台座是先张法施工先固定预应力筋,后又对其张拉的固定、支撑结构。它需要承受预应力筋的全部张拉力，因此需有足够的承载能力（强度）、刚度和稳定性。台座按构造形式分为墩式台座和槽式台座。

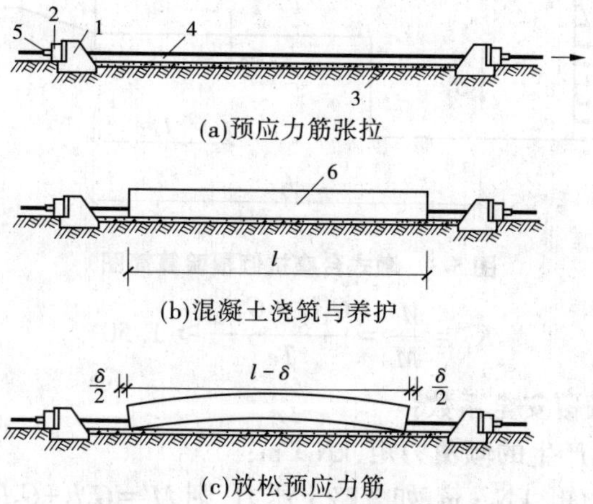

1—台座承力结构；2—横梁；3—台面；4—预应力筋；5—锚固夹具；6—混凝土构件。

图 5-1　先张法台座示意图

5.1.1.1　墩式台座

墩式台座由承力台墩、台面和横梁组成（见图 5-2）。常用现浇钢筋混凝土制成，承力台墩与台面共同受力。台座长、宽因场地条件、构件类型和产量而定，一般长 100～150 m、宽 2～4 m，这样既可利用钢丝长的特点，张拉一次可生产多个构件，又可减少因钢丝滑动或台座横梁变形引起预应力损失。台座微小形变、滑移或倾斜，均会导致预应力筋产生较大预应力损失。因此，台座需进行稳定性和强度验算，前者包括抗倾覆（见图 5-3）和抗滑移验算。

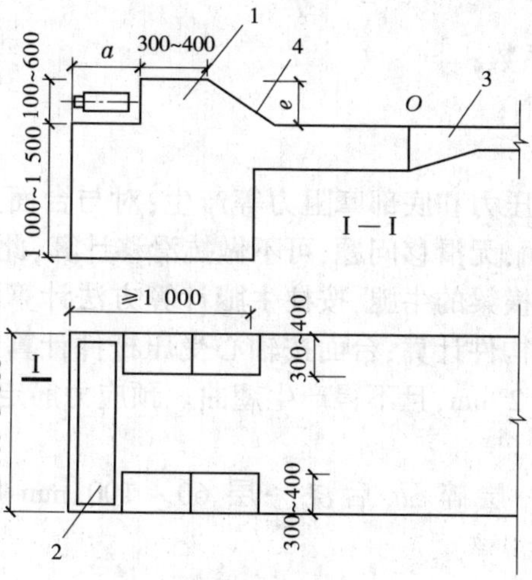

1—台墩；2—横梁；3—台面；4—预应力筋。

图 5-2　墩式台座　（单位：mm）

抗倾覆验算：钢筋混凝土台墩绕台面 O 点倾覆，其埋深较小，气温变化土质干缩时，土与台墩分离，土压力小而不稳定，故忽略土压力对 O 点产生的平衡力矩。于是：

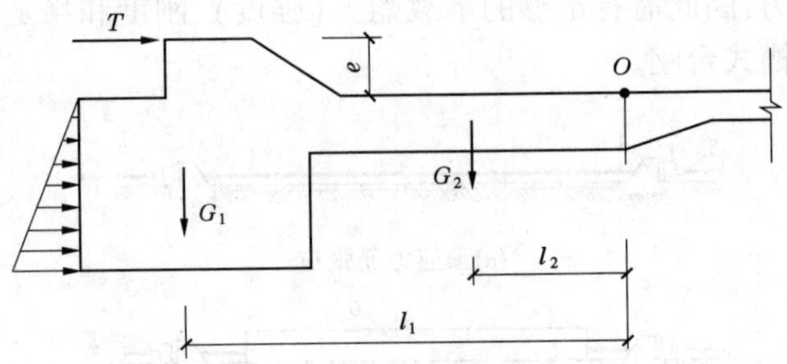

图 5-3　墩式台座抗倾覆验算简图

$$K_1=\frac{M'}{M}=\frac{G_1l_1+G_2l_2}{Te}\geqslant 1.50 \tag{5-1}$$

式中　K_1——台座抗倾覆安全系数；

M——由张拉力产生的倾覆力矩，kN · m；

M'——抗倾覆力矩，kN · m，如忽略土压力，则 $M'=G_1l_1+G_2l_2$；

T——预应力筋张拉力，kN；

e——张拉力合力 T 到倾覆点的力臂，m；

G_1——承台墩自重，kN；

l_1——承台墩自重至倾覆转动点 O 的力臂，m；

G_2——承台墩外伸台面局部加厚部分自重，kN；

l_2——承台墩外伸台面局部加厚部分重力至倾覆转动点 O 的力臂，m。

抗滑移验算可按式(5-2)计算：

$$K_2=\frac{T_1}{T}\geqslant 1.3 \tag{5-2}$$

式中　K_2——抗滑移安全系数；

T——张拉力合力，kN；

T_1——抗滑移力，kN。

对独立台墩，由侧壁上压力和底部摩阻力等产生；对与台面共同工作的整体台墩，其水平推力几乎全部传给台面，无滑移问题，可不做抗滑移计算，此时应验算台面强度。

台座强度验算时，支承横梁的牛腿，按柱牛腿计算方法计算配筋；墩式台座与台面接触的外伸部分，按偏心受压构件计算；台面按轴心受压杆件计算；横梁按承受均布荷载的简支梁计算，挠度不应大于 2 mm，且不得产生翘曲。预应力筋定位板须安装准确，其挠度不大于 1 mm。

台面一般是先夯铺一层碎石，后浇一层 60 ~ 100 mm 厚的混凝土，其承载力如式(5-3)算：

$$P=\frac{\psi Af_c}{\gamma_0\gamma_Q K'} \tag{5-3}$$

式中　ψ——轴心受压纵向弯曲系数，取 $\psi=1$；

A——台面截面面积，m^2；

f_c——混凝土轴心抗压强度设计值，MPa；

γ_0——构件重要性系数，按二级考虑，取 $\gamma_0 = 1.0$；

γ_Q——荷载分项系数，取 $\gamma_Q = 1.4$；

K'——考虑台面面积不均匀和其他影响因素的附加安全系数，取 $K' = 1.5$。

台面伸缩缝根据当地温度和经验设置，一般 10 m 左右设置一条。

【例 5-1】　某墩式钢筋混凝土台座，截面如图 5-4 所示，台面宽度为 4 m，预应力张拉力共为 1 000 kN，台面混凝土为 C20，厚度 80 mm，试做抗倾覆验算及台面承载力验算（取混凝土重度为 25 kN/m³，倾覆力矩矩心在台面厚度中点）。

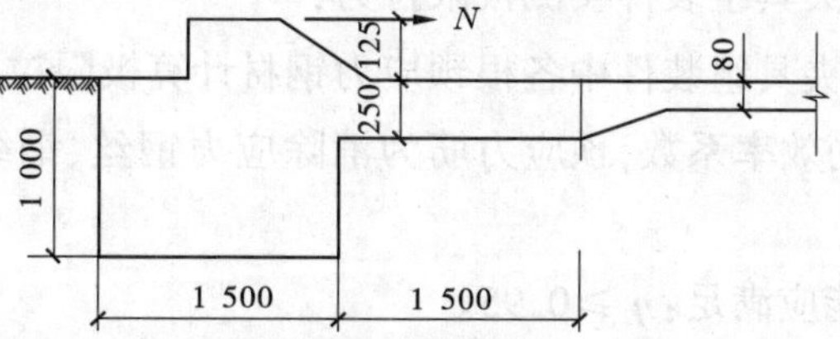

图 5-4　墩式钢筋混凝土台座尺寸　（单位：mm）

解：因埋深仅为 1 m，故忽略土压力作用，只考虑混凝土墩自重及悬臂部分自重（牛腿部分较小可忽略）。抗倾覆力矩：

$$M' = G_1 l_1 + G_2 l_2 = 1.5 \times 1 \times 4 \times 25\ 000 \times (1.5 + 1.5/2) + 0.25 \times 4 \times 1.5 \times 25\ 000 \times 1.5/2 = 337\ 500 + 28\ 125 = 365.63(\text{kN} \cdot \text{m})$$

倾覆力矩　$M = 1\ 000 \times (0.125 + 0.04) = 165.00(\text{kN} \cdot \text{m})$

$$K_1 = \frac{365.63}{165.00} = 2.22 \geqslant 1.5$$

满足要求。

混凝土为 C20，$f_c = 10$ MPa，其承载力为：

$$P = \frac{\psi A f_c}{\gamma_0 \gamma_Q K'} = \frac{1.0 \times 80 \times 4\ 000 \times 10}{1.0 \times 1.4 \times 1.5} = 1\ 523.8(\text{kN}) > 1\ 000\ \text{kN}$$

满足要求。

5.1.1.2　槽式台座

槽式台座由端柱、传力柱和上、下横梁及砖墙组成（见图 5-5）。端柱和传力柱是槽式台座的主要受力结构，用钢筋混凝土结构制成。砖墙常为一砖厚，兼挡土作用和蒸汽养护的保温侧墙。槽式台座适用于张拉大吨位构件，如吊车梁、屋架、薄腹梁等。

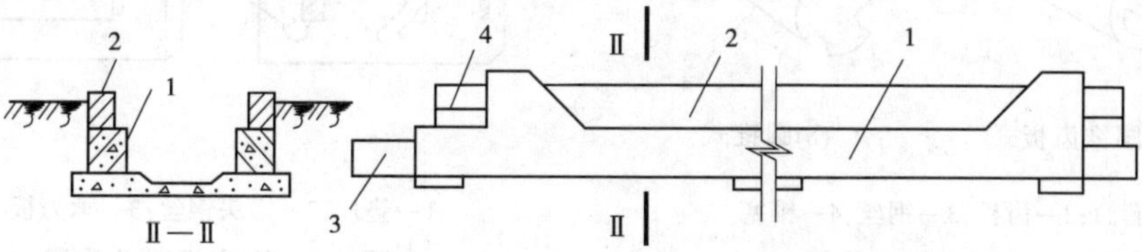

1—传力柱；2—砖墙；3—下横梁；4—上横梁。

图 5-5　槽式台座

5.1.2　夹具

夹具是预应力筋张拉和临时固定的锚固装置，用于先张法施工中。夹具按用途不同，可分为锚固夹具和张拉夹具。

5.1.2.1　夹具要求

夹具静载锚固性能,由预应力筋夹具组装件静载试验测定的夹具效率系数 η_s 确定。η_s 按式(5-4)计算:

$$\eta_s = \frac{F_{spu}}{\eta_p F_{spu}^0} \tag{5-4}$$

式中　F_{spu}——预应力夹具组装件实测极限拉力;

F_{spu}^0——预应力夹具组装件中各根预应力钢材计算极限拉力之和;

η_p——预应力筋效率系数,预应力筋为消除应力钢丝、钢绞线或热处理钢筋时,η_p 取 0.97。

夹具静载锚固性能应满足:$\eta_s \geq 0.95$。

夹具除满足上述要求外,还应具有下列性能:

(1)组装件受力达极限拉力时,全部零件无肉眼可见裂缝和破坏。

(2)具有良好的自锚性能。

(3)具有良好的松锚性能。

(4)可重复多次使用。

5.1.2.2　锚固夹具

1. 钢质锥形夹具

钢质锥形夹具主要用来锚固直径 3~5 mm 的单根钢丝夹具(见图 5-6)。

2. 镦头夹具

镦头夹具适用于预应力钢丝固定端的锚固(见图 5-7)。

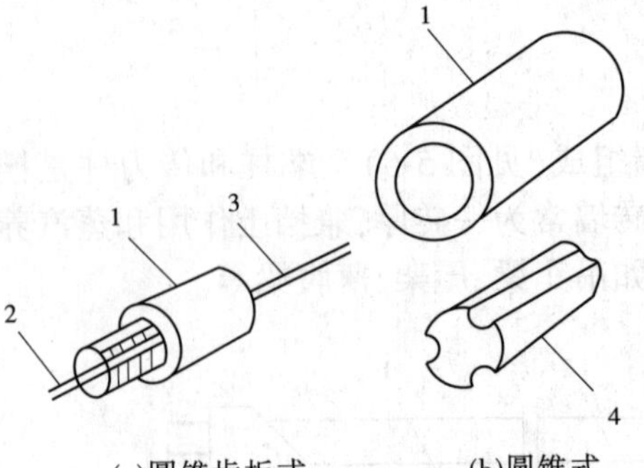

(a)圆锥齿板式　(b)圆锥式

1—套筒;2—齿板;3—钢丝;4—锥塞。

图 5-6　钢质锥形夹具

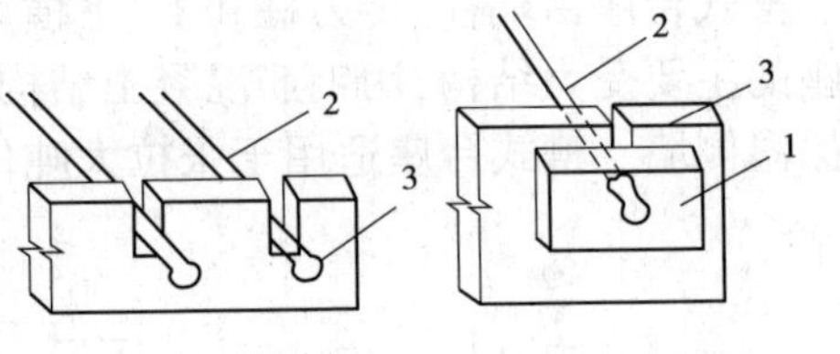

1—垫片;2—镦头钢丝;3—承力板。

图 5-7　固定端镦头夹具

3. 张拉夹具

张拉夹具是将预应力筋与张拉机械连接起来进行预应力张拉的工具,常用张拉夹具有月牙形夹具、偏心式夹具和楔形夹具等(见图 5-8)。

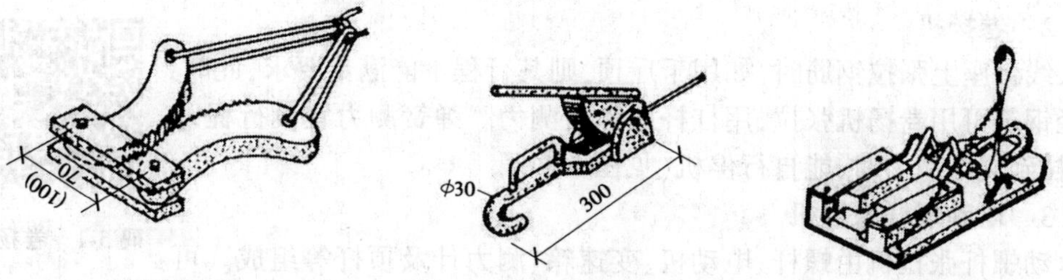

(a)月牙形夹具　(b)偏心式夹具　(c)楔形夹具

图 5-8　张拉夹具　（单位：mm）

5.1.3　张拉设备

张拉设备要求可靠工作，张拉时应力控制准确，张拉速率稳定。常用张拉设备有油压千斤顶、卷扬机和电动螺杆张拉机等。

5.1.3.1　油压千斤顶

油压千斤顶（见图 5-9）可张拉单根（组）或多根（组）预应力筋。应力值从油压表上读取。因其拉力较大，成组张拉时常采用（见图 5-10）。

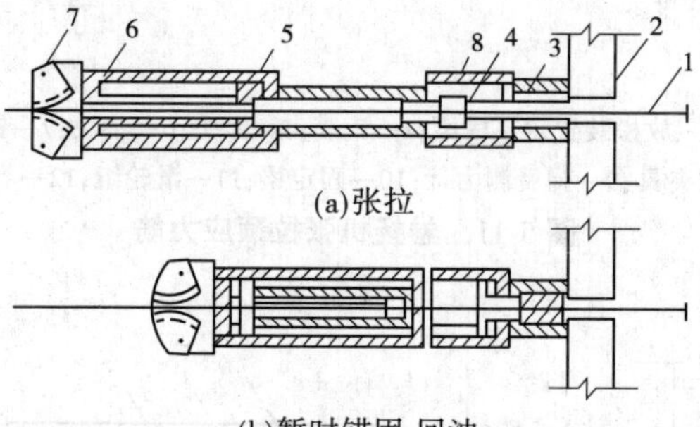

(a)张拉

(b)暂时锚固，回油

1—钢筋；2—台座；3—穿心式夹具；4—弹性顶压头；
5、6—油嘴；7—偏心式夹具；8—弹簧。

图 5-9　YC-20 型穿心式千斤顶张拉过程示意

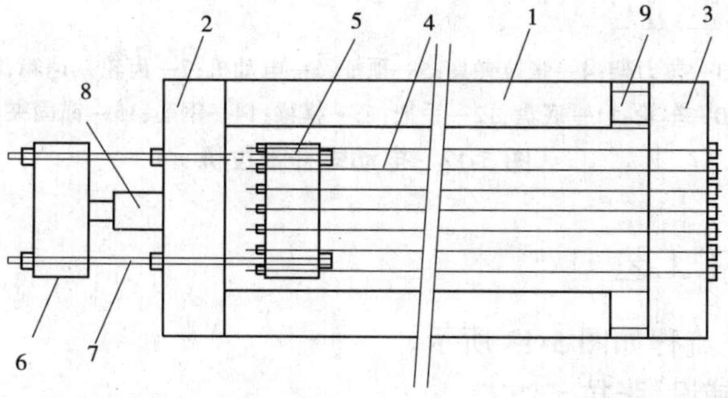

1—台座；2、3—前、后横梁；4—钢筋；5、6—拉力架横梁；
7—大螺丝杆；8—油压千斤顶；9—放松装置。

图 5-10　油压千斤顶成组张拉

5.1.3.2 **卷扬机**

长线台座上张拉钢筋时,如用千斤顶,则其行程不能满足要求,此时,小直径钢筋可用卷扬机张拉,用杠杆或弹簧测力。弹簧测力宜设行程开关,张拉到规定应力时,能自行停机(见图 5-11)。

码 5-1 卷扬机

5.1.3.3 **电动螺杆张拉机**

电动螺杆张拉机由螺杆、电动机、变速箱、测力计及顶杆等组成。可单根张拉预应力钢丝或钢筋。张拉时,顶杆支于台座横梁上,用张拉夹具夹紧钢筋后,开动电动机,由皮带、齿轮传动系统使螺杆做直线运动,从而张拉钢筋。张拉的特点是运行稳定,螺杆有自锁性能,故张拉机恒载性能好,速度快,张拉行程大(见图 5-12)。

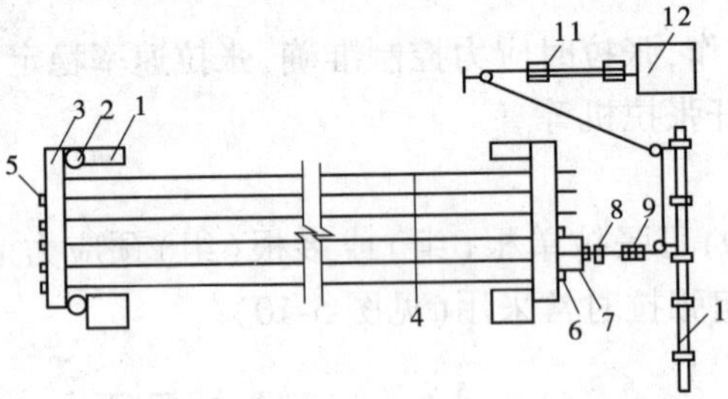

1—台座;2—放松装置;3—横梁;4—钢筋;5—镦头;6—垫块;7—销片夹具;8—张拉夹具;9—弹簧测力计;10—固定梁;11—滑轮组;12—卷扬机。

图 5-11 卷扬机张拉预应力筋

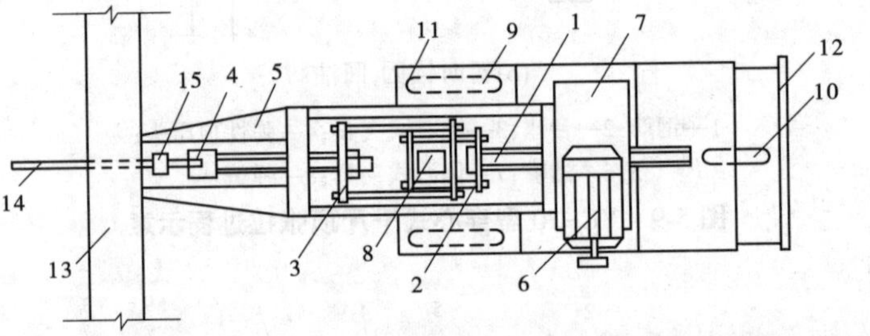

1—螺杆;2、3—拉力架;4—张拉夹具;5—顶杆;6—电动机;7—齿轮减速箱;8—测力计;9、10—车轮;11—底盘;12—手把;13—横梁;14—钢筋;15—锚固夹具。

图 5-12 电动螺杆张拉机

5.1.4 先张法施工工艺

先张法施工工艺流程如图 5-13 所示。

5.1.4.1 **预应力筋铺设、张拉**

(1)预应力筋铺设前先做好台面隔离层,应用非油类模板隔离剂,隔离剂不得使预应力筋受污染,以免影响预应力筋与混凝土黏结。碳素钢丝强度高、表面光滑、与混凝土黏结力较差,因此必要时可采取表面刻痕和压波措施,以提高钢丝与混凝土的黏结力。钢丝

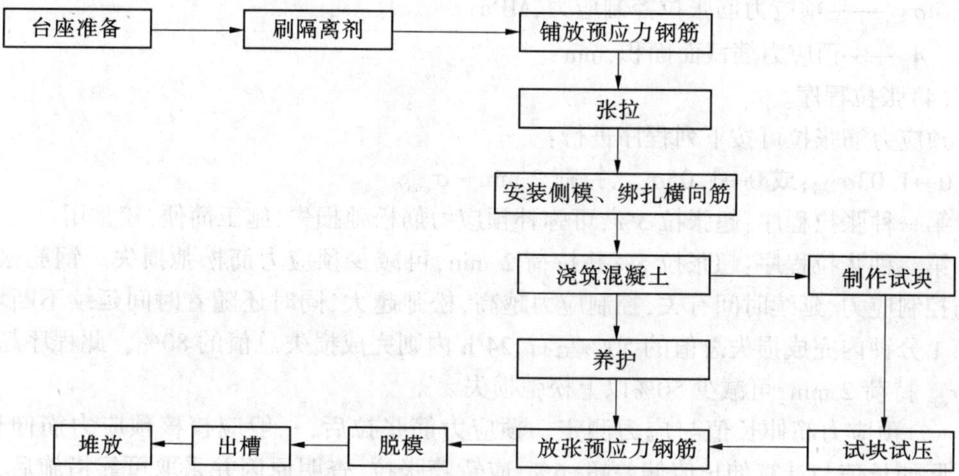

图 5-13　先张法施工工艺流程

接长可借助钢丝拼接器以 20~22 号铁丝密排绑扎(见图 5-14)。

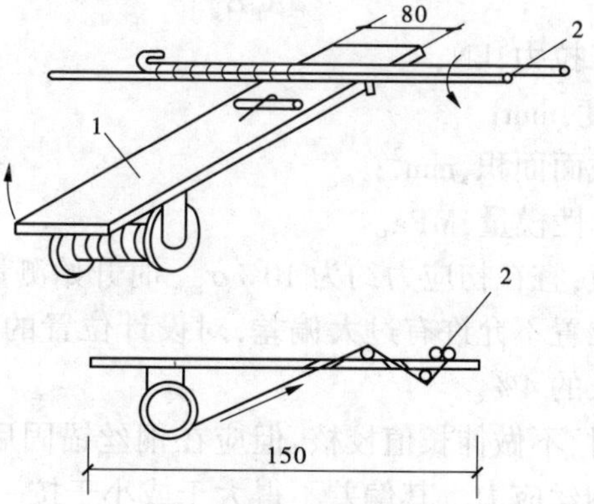

1—拼接器;2—钢丝。

图 5-14　钢丝拼接器　(单位:mm)

(2)预应力筋张拉应力的确定。预应力筋张拉控制应力,应满足设计要求。施工如用超张拉,可比设计要求提高 5%,但其最大张拉控制应力不得超过表 5-1 的规定。

表 5-1　最大张拉控制应力限值

钢种	张拉控制应力值 σ_{con}
消除应力钢丝、钢绞线	$\leqslant 0.8f_{ptk}$
刻痕钢丝、中强度预应力钢丝	$\leqslant 0.75f_{ptk}$
预应力螺纹钢筋	$\leqslant 0.9f_{pyk}$

注:σ_{con}—预应力筋张拉控制应力;f_{ptk}—预应力筋极限强度标准值;f_{pyk}—预应力筋屈服强度标准值。

(3)预应力筋张拉力计算。预应力筋张拉力 P 按式(5-5)计算:

$$P = (1 + m)\sigma_{con}A_p \tag{5-5}$$

式中　m——超张拉百分率(%);

σ_{con}——预应力筋张拉控制应力，MPa；

A_p——预应力筋截面面积，mm^2。

(4)张拉程序。

预应力筋张拉可按下列程序进行：

$0 \to 1.03\sigma_{con}$；或 $0 \to 1.05\sigma_{con}$，持荷 2 min$\to \sigma_{con}$。

第一种张拉程序：超张拉 3%，可弥补预应力筋松弛损失，施工简便，较常用。

第二种张拉程序：超张拉 5%并持荷 2 min，可减少预应力筋松弛损失。钢筋松弛数值与控制应力、延续时间有关，控制应力越高，松弛越大，同时还随着时间延续不断增加，但第 1 分钟内完成损失总值的 50%左右，24 h 内则完成损失总值的 80%。此程序超张拉 $5\%\sigma_{con}$ 持荷 2 min，可减少 50%以上松弛损失。

(5)预应力筋伸长值与应力测定。预应力筋张拉后，一般应校核预应力筋伸长值。如实际伸长值与计算伸长值偏差超±6%，应暂停张拉，查明原因并采取可靠措施后，方可继续张拉。预应力筋伸长值 ΔL 按式(5-6)计算：

$$\Delta L = \frac{F_P l}{A_P E_s} \tag{5-6}$$

式中 F_P——预应力筋张拉力，kN；

l——预应力筋长度，mm；

A_P——预应力筋截面面积，mm^2；

E_s——预应力筋弹性模量，MPa。

预应力筋实际伸长值，宜在初应力约为 $10\%\sigma_{con}$ 时开始测量，但须加上初应力以下的推算伸长值。预应力筋位置不允许有过大偏差，对设计位置的偏差不得大于 5 mm，也不得大于构件截面最短边长的 4%。

用钢丝作预应力筋时，不做伸长值校核，但应在钢丝锚固后，用钢丝测力计或半导体频率计数测力计测定其钢丝应力。其偏差不得大于或小于按一个构件全部钢丝预应力总值的 5%。

多根钢丝同时张拉时，须事先调整初应力使其相互间应力一致。断丝和滑脱钢丝数量不得大于钢丝总数的 3%，一束钢丝中只允许断丝一根。构件在浇筑混凝土前发生断丝或滑脱的预应力钢丝须更换。

5.1.4.2 混凝土浇筑与养护

为减少预应力损失，设计配合比时应考虑减少混凝土收缩和徐变，应用低水灰比(水胶比)控制水泥用量，用良好骨料级配并振捣密实。

振捣混凝土时，振动器不得碰撞预应力筋。混凝土未达到一定强度前也不允许碰撞和踩动预应力筋，以保证预应力筋与混凝土良好黏结。

预应力混凝土可用自然养护和湿热养护。湿热养护时应采取正确养护制度，减少温差引起的预应力损失。

台座生产的构件用湿热法养护时，因温度升高后，预应力筋膨胀而台座长度并无变化，因而预应力筋应力减少。此时混凝土逐渐结硬，则混凝土硬化前预应力筋升温引起的应力降低将无法恢复，形成温差预应力损失。因此，为减少温差应力损失，应使混凝土达到一定强度(100 N/mm²)前,将温度升高,限制于一定范围内(一般不超过 20 ℃)。用机组流水法钢模制作预应力构件,因湿热养护时钢模与预应力筋同样伸缩,无温差预应力损失。

5.1.4.3　预应力筋的放张

1. 放张要求

放张预应力筋时,混凝土强度应达到设计要求。如设计无要求,应不得低于混凝土设计强度等级的 75%。放张预应力筋前应拆除构件侧模使放张时构件能自由压缩,以免模板损坏或构件开裂。对有横肋构件(如大型屋面板),其横肋断面应有适宜斜度,也可用活动模板,以免放张时构件端肋开裂。

2. 放张方法

配筋不多的中小型构件,钢丝可用砂轮锯或切断机等方法放张。配筋多的钢筋混凝土构件,钢丝应同时放张,如逐根放张,最后几根钢丝将因受过大拉力而突然断裂,使得构件端部容易开裂。钢丝、热处理钢筋不得用电弧切割,宜用砂轮锯或切断机切断。预应力筋数量较多时,可用千斤顶、砂箱、楔块等装置同时放张(见图 5-15)。

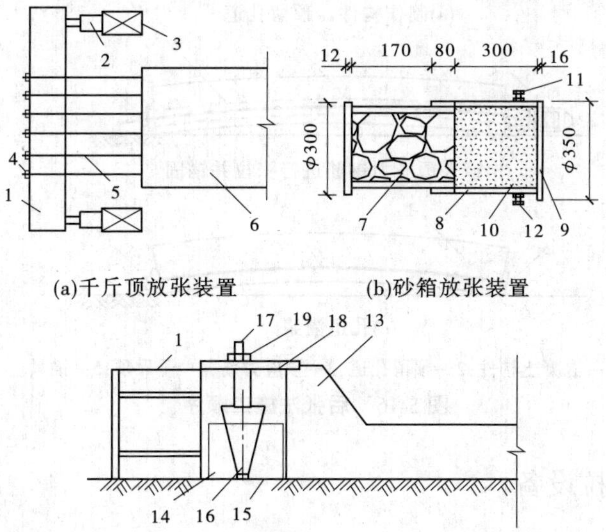

(a)千斤顶放张装置　(b)砂箱放张装置

(c)楔块放张装置

1—横梁;2—千斤顶;3—承力架;4—夹具;5—钢丝;6—构件;7—活塞;8—套箱;9—套箱底板;10—砂;11—进砂口;12—出砂口;13—台座;14、15—固定模块;16—滑动模块;17—螺杆;18—承力板;19—螺母。

图 5-15　预应力筋放张装置

3. 放张顺序

预应力筋放张顺序应满足设计要求,如设计无要求,应符合以下规定:

(1)宜采取缓慢放张工艺逐根或整体放张。

(2)轴心预压构件(如压杆、桩等)所有预应力筋宜同时放张。

(3)偏心预压构件(如梁等)先同时放张预压力较小区域的预应力筋,再同时放张预压力较大区域的预应力筋。

(4)如不能按上述规定放张,应分阶段、对称、相互交错放张,以防放张过程中构件翘曲、开裂及预应力筋断裂。

(5)放张后,预应力筋切断顺序,宜从张拉端开始依次切向另一端。

任务2 后张法预应力混凝土工程施工

任务导航

本任务要求掌握后张法施工设备、预应力筋制作、张拉、放张和灌浆程序与要求。

后张法是先制作构件,预留孔道,待构件混凝土强度达到设计要求后,在孔道内穿入预应力筋张拉,用锚具在构件端部将预应力筋锚固,最后孔道灌浆。预应力筋张拉力主要靠构件端部锚具传递给混凝土,对混凝土施加预压应力(见图5-16)。

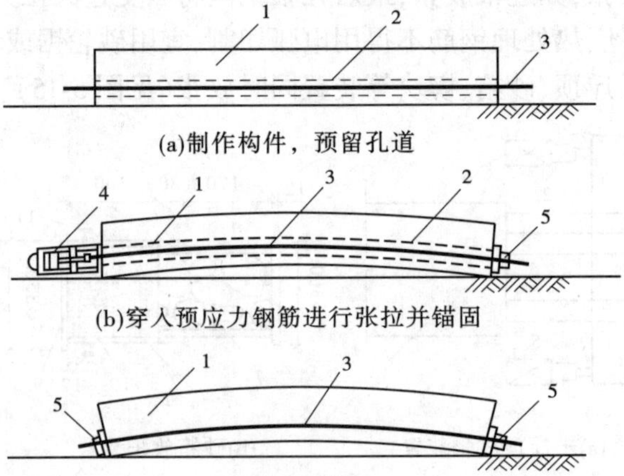

(a)制作构件,预留孔道

(b)穿入预应力钢筋进行张拉并锚固

(c)孔道灌浆

1—混凝土构件;2—预留孔道;3—预应力筋;4—千斤顶;5—锚具。

图5-16 后张法施工顺序

5.2.1 锚具及张拉设备

5.2.1.1 锚具要求

锚具是预应力筋张拉和永久固定在预应力混凝土构件上传递预应力的工具。锚具按锚固性能不同,可分为Ⅰ类锚具和Ⅱ类锚具。Ⅰ类锚具适用于承受动载、静载预应力混凝土结构;Ⅱ类锚具仅适用于有黏结预应力混凝土结构,且锚具只能处于预应力筋应力变化小的部位。

锚具静载锚固性能,应由预应力锚具组装件静载试验测定的锚具效率系数 η_a 和达到实测极限拉力时的总应变 ε_{apu} 确定,其值应符合表5-2的规定。

表5-2 锚具效率系数与总应变

锚具类型	锚具效率系数 η_a	实测极限拉力时的总应变 ε_{apu}/%
Ⅰ	≥0.95	≥2.0
Ⅱ	≥0.90	≥1.7

锚具效率系数 η_a 按式(5-7)计算：

$$\eta_a = \frac{F_{apu}}{\eta_p F_{apu}^c} \tag{5-7}$$

式中　F_{apu}——预应力筋锚具组装件实测极限拉力，kN；

F_{apu}^c——预应力筋锚具组装件中各根预应力钢材计算极限拉力之和，kN；

η_p——预应力筋效率系数。

重要预应力混凝土结构工程的锚具、预应力筋效率系数 η_p 应按国家现行标准《预应力钢筋锚具、夹具和连接器》(GB/T 14370—2015)的规定计算。

对一般预应力混凝土结构工程使用的锚具，预应力筋为钢丝、钢绞线或热处理钢筋，预应力筋效率系数 η_p 取0.97。

除满足上述要求外，锚具还应符合下列规定：

(1)预应力筋锚具组装件达到实测极限拉力时，除锚具设计允许的现象外，零件均不得出现肉眼可见的裂缝或破坏。

(2)除能满足分级张拉及补张拉工艺外，锚具宜具有能放张预应力筋的性能。

(3)锚具或其附件上宜设灌浆孔道，其截面面积能使浆液通畅。

5.2.1.2　锚具种类

后张法所用锚具根据其锚固原理和构造形式不同，分螺杆锚具、夹片锚具、锥销式锚具和镦头锚具；预应力筋张拉过程中，按锚具位置与作用不同，又可分为张拉端锚具和固定端锚具；预应力筋种类有热处理钢筋束、消除应力钢筋束或钢绞线束、钢丝束。因此，按锚具锚固钢筋或钢丝数量，可分为单根粗钢筋锚具、钢筋束和钢绞线束锚具及钢丝束锚具。

1. 单根粗钢筋锚具

1)螺栓端杆锚具

螺栓端杆锚具由螺栓端杆、垫板和螺母组成[见图5-17(a)]，适用于锚固直径不大于36 mm的热处理钢筋。

螺栓端杆可用同类热处理钢筋或热处理45号钢制作。

螺栓端杆锚具与预应力筋对焊，用张拉设备张拉螺栓端杆，然后用螺母锚固。

2)帮条锚具

帮条锚具由一块方形衬板与三根帮条组成[见图5-17(b)]。衬板用普通低碳钢板，帮条用与预应力筋同类型钢筋。帮条安装时，三根帮条与衬板接触的截面应在一个垂直平面上，以免受力时产生扭曲。

帮条锚具一般用在单根粗钢筋作预应力筋的固定端。

2. 钢筋束、钢绞线束锚具

钢筋束和钢绞线束常用锚具有JM型、KT-Z型、XM型、QM型和镦头锚具等。

1)JM型锚具

JM型锚具由锚环和夹片组成(见图5-18)，夹片呈扇形，靠两侧半圆槽锚固预应力钢筋。为增加夹片与预应力筋之间的摩擦力，半圆槽内刻有梯形截面齿痕，夹片背面坡度与锚环一致。

JM型锚具可用于锚固3～6根直径为12 mm的光圆或螺纹钢筋束，也可用于锚固

5~6 根直径为 12 mm 的钢绞线束。它可作张拉端或固定端锚具,也可作重复使用的工具锚。

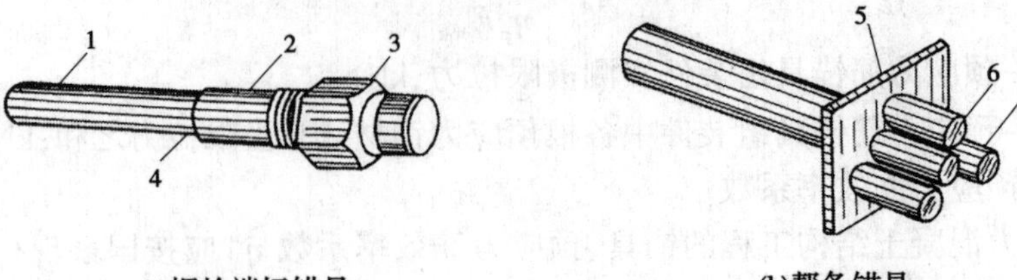

(a)螺栓端杆锚具　　(b)帮条锚具

1—钢筋;2—螺栓端杆;3—螺母;4—焊接接头;5—衬板;6—帮条。

图 5-17　单根粗钢筋锚具

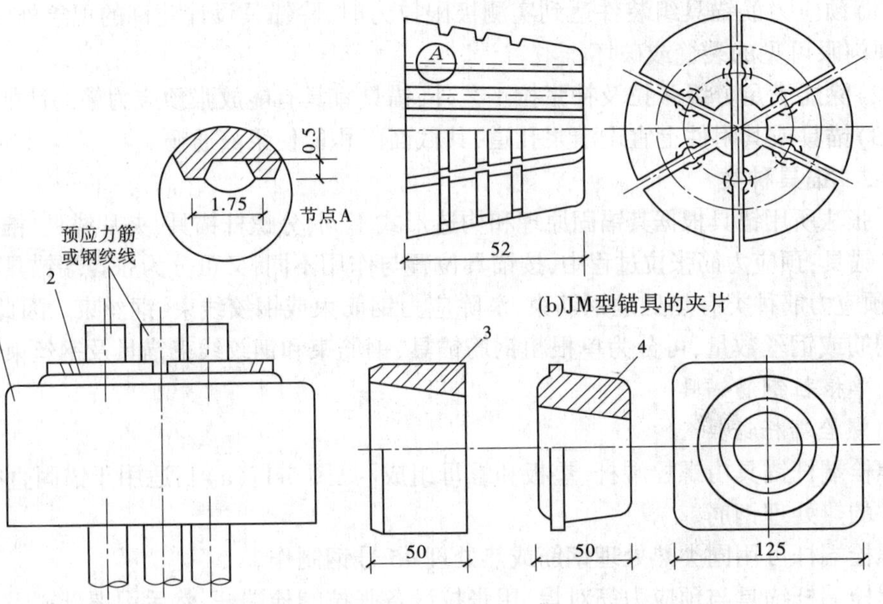

(a)JM型铺具　　(b)JM型锚具的夹片　　(c)JM型锚具的锚环

1—锚环;2—夹片;3—圆锚环;4—方锚环。

图 5-18　JM 型锚具

2)KT–Z 型锚具

KT–Z 型锚具为可锻铸铁锥形锚具,由锚环和锚塞组成(见图 5-19),分 A 型和 B 型两种,预应力筋最大张拉力超过 450 kN 时用 A 型;预应力筋最大张拉力不超过 450 kN 时用 B 型。

KT–Z 型锚具适用于锚固 3~6 根直径 12 mm 的钢筋束或钢绞线束。该锚具为半埋式,使用时先将锚环小头嵌入承压钢板中,并用断续焊缝焊牢,然后共同预埋于构件端部。

码 5-2　千斤顶固定端锚具和锥形锚具

预应力筋锚固需借助千斤顶将锚塞顶入锚环,其顶压力为预应力筋张拉力的 50%~60%。

使用 KT-Z 型锚具时，预应力筋在锚环小口处形成弯折，因而产生摩擦损失。预应力筋损失值：钢筋束约 $4\%\sigma_{con}$，钢绞线约 $2\%\sigma_{con}$。

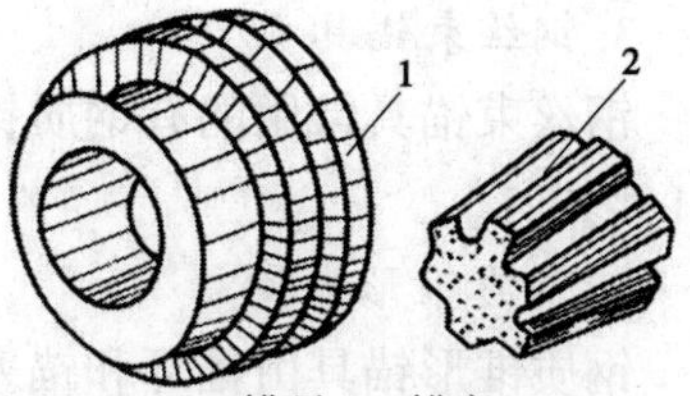

1—锚环；2—锚塞。

图 5-19　KT-Z 型锚具

3）XM 型锚具

XM 型锚具属新型大吨位群锚体系锚具。它由锚环和夹片组成。三个夹片为一组，夹持一根预应力筋形成一个锚固单元。由一个锚固单元组成的锚具称单孔锚具，由两个及以上锚固单元组成的锚具称多孔锚具（见图 5-20）。

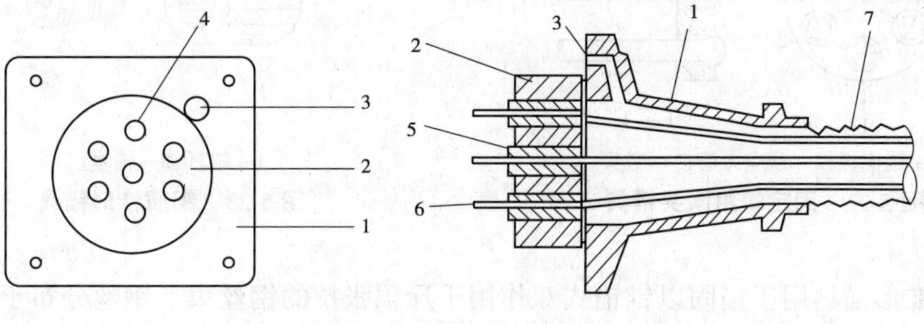

1—喇叭管；2—锚环；3—灌浆孔；4—圆锥孔；5—夹片；6—钢绞线；7—波纹管。

图 5-20　XM 型锚具

XM 型锚具夹片为斜开缝，以确保夹片能夹紧钢绞线或钢丝束中每根外围钢丝，形成可靠锚固。夹片开缝宽度一般平均为 1.5 mm。

XM 型锚具既可作工作锚，又可兼作工具锚。

4）QM 型锚具

QM 型锚具与 XM 型锚具相似，也由锚板和夹片组成。但锚孔是直的，锚板顶面是平的，夹片垂直开缝。此外，备有配套喇叭形铸铁垫板与弹簧圈，适用于锚固 4~31 根 Φ^j12 和 3~9 根 Φ^j15 钢绞线束（见图 5-21）。

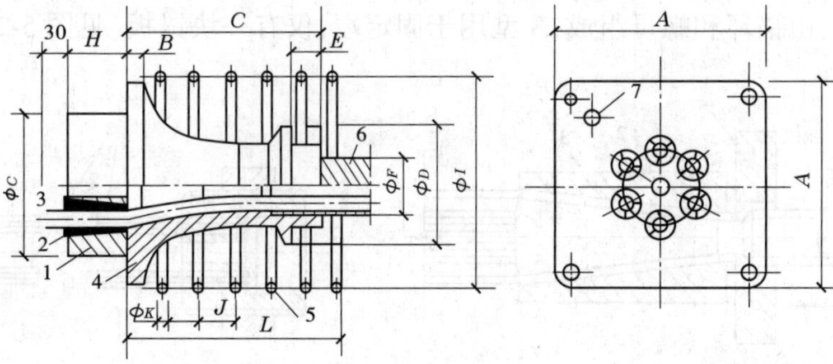

1—锚板；2—夹片；3—钢绞线；4—喇叭形铸铁垫板；5—弹簧圈；6—预留孔道用波纹管；7—灌浆孔。

图 5-21　QM 型锚具及配件

5）镦头锚具

镦头锚具用于固定端（见图 5-22），由锚固板和带镦头预应力筋组成。

3. 钢丝束锚具

钢丝束锚具常用的有钢质锥形锚具、锥形螺杆锚具、钢丝束镦头锚具、XM 型锚具和 QM 型锚具。

1) 钢质锥形锚具

钢质锥形锚具由锚环和锚塞组成(见图 5-23)。

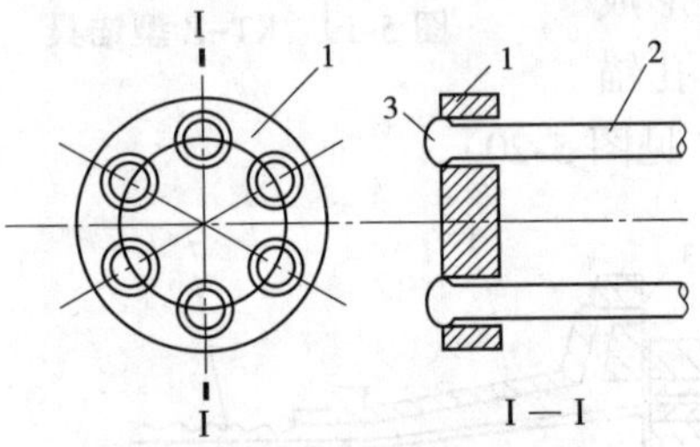

1—锚固板;2—预应力筋;3—镦头。

图 5-22　固定端用镦头锚具

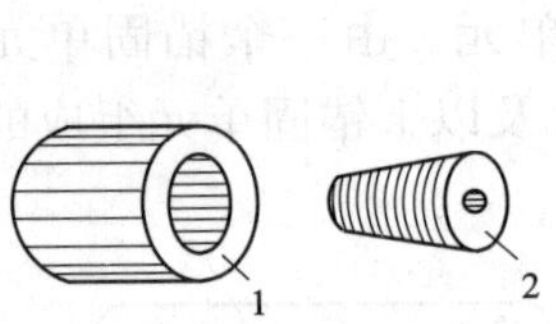

1—锚环;2—锚塞。

图 5-23　钢质锥形锚具

钢质锥形锚具用于锚固以锥锚式双作用千斤顶张拉的钢丝束。钢丝分布于锚环锥孔内侧,由锚塞塞紧实现锚固。锚环内孔锥度应与锚塞锥度一致,锚塞上刻有细齿槽,夹紧钢丝防止滑移。

钢质锥形锚具缺点是钢丝直径误差较大时,易产生单根滑丝现象,且很难补救。如加大顶锚力来防滑丝,又易导致钢丝被咬伤。此外,钢丝锚固时呈辐射状态,弯折处受力较大。此法国外已较少用。

2) 锥形螺杆锚具

锥形螺杆锚具适用于锚固 14~28 根 $\Phi^{s}5$ 组成的钢丝束,由锥形螺杆、套筒、螺母、垫板组成(见图 5-24)。

3) 钢丝束镦头锚具

钢丝束镦头锚具用于锚固 12~54 根 $\Phi^{s}5$ 碳素钢丝束,分 DM5A 型和 DM5B 型两种。A 型用于张拉端,由锚环和螺母组成;B 型用于固定端,仅有一块锚板(见图 5-25)。

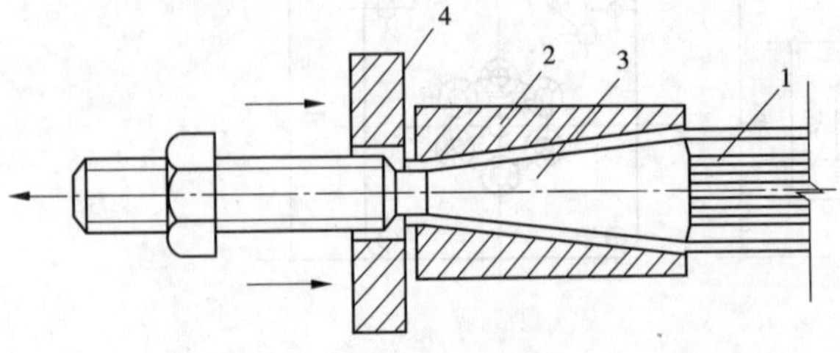

1—钢丝;2—套筒;3—锥形螺杆;4—垫板。

图 5-24　锥形螺杆锚具

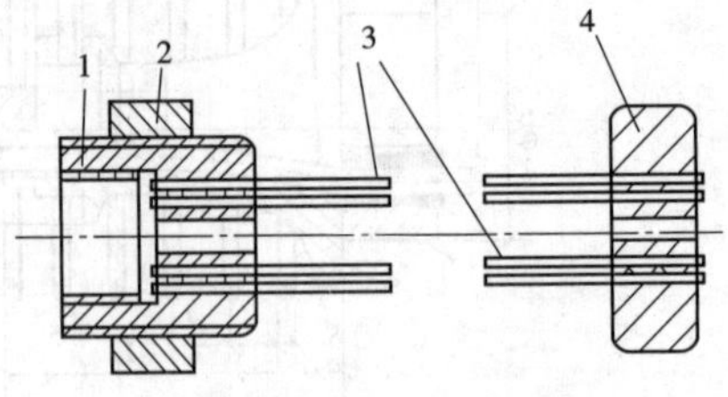

1—A 型锚环;2—螺母;3—钢丝束;4—锚板。

图 5-25　钢丝束镦头锚具

锚环内外壁均有丝扣,内丝扣用于连接张拉螺杆,外丝扣用于拧紧螺母锚固钢丝束。锚环和锚板四周钻孔,以固定镦头钢丝。孔数和间距由钢丝根数确定。钢丝可用液压冷镦器镦头。钢丝束一端可制束时将头镦好，另一端则待穿束后镦头，但构件孔道端部要扩孔。

张拉时，张拉螺丝杆一端与锚环内丝扣连接，另一端与拉杆式千斤顶拉头连接，张拉到控制应力时，锚环被拉出，则拧紧锚环外丝扣上的螺母加以锚固。

5.2.1.3　**张拉设备**

后张法主要张拉设备有千斤顶和高压油泵。

1. 拉杆式千斤顶(YL型)

拉杆式千斤顶(见图5-26)主要用于张拉带螺丝端杆锚具的粗钢筋，以及锥形螺杆锚具钢丝束及镦头锚具钢丝束。

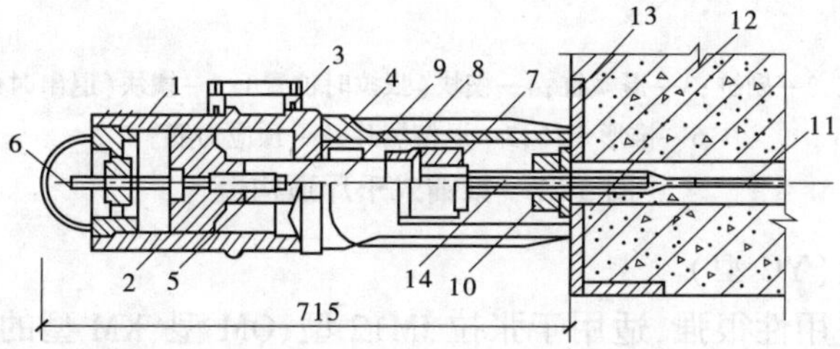

1—主缸；2—主缸活塞；3—主缸油嘴；4—副缸；5—副缸活塞；6—副缸油嘴；7—连接器；8—顶杆；9—拉杆；10—螺母；11—预应力筋；12—混凝土构件；13—预埋钢板；14—螺丝端杆。

图5-26　拉杆式千斤顶构造示意　(单位：mm)

预应力筋张拉时，首先使连接器与预应力筋的螺丝端杆连接，并使顶杆支撑在构件端部的预埋钢板上。高压油泵将油液从主缸油嘴进入主缸时，推动主缸活塞向左移动，带动拉杆和连接在拉杆末端的螺丝端杆，预应力筋即被拉伸，达到张拉力后，拧紧预应力筋端部的螺母，使预应力筋锚固于构件端部。锚固完毕后，改用副缸油嘴进油，推动副缸活塞和拉杆向右移动，回到开始张拉时的位置，与此同时，主缸1的高压油也回到油泵中。目前工程中，常用600 kN拉杆式千斤顶，其主要技术性能见表5-3。

表5-3　拉杆式千斤顶主要性能

项目	单位	技术性能	项目	单位	技术性能
最大张拉力	kN	600	最大工作油压	MPa	40
张拉行程	mm	150	质量	kg	68
主缸活塞面积	cm^2	152			

2. 锥锚式千斤顶(YZ型)

锥锚式千斤顶主要用于张拉KT-Z型锚具锚固的钢筋束或钢绞线束和使用锥形锚具的预应力钢丝束。其张拉油缸用以张拉预应力筋，顶压油缸用以顶压锥塞，因此又称双作用千斤顶(见图5-27)。

张拉预应力筋时，主缸进油，主缸被压移动，使固定于其上的钢筋被张拉。钢筋张拉后，改由副缸进油，随即由副缸活塞将锚塞顶入锚圈中。主、副缸的回油则借助设置于主缸和副缸中的弹簧进行。

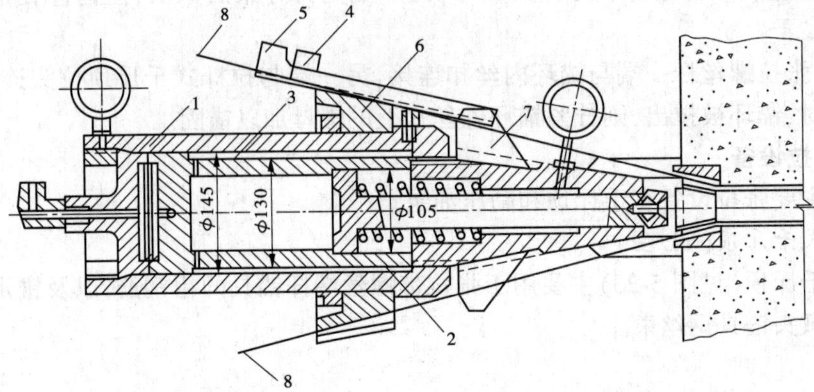

1—主缸；2—副缸；3—退楔缸；4—楔块（张拉时位置）；5—楔块（退出时位置）；
6—锥形卡环；7—退楔翼片；8—预应力筋。

图 5-27　锥锚式千斤顶构造

3. 穿心式千斤顶（YC 型）

穿心式千斤顶适用性很强，适用于张拉 JM12 型、QM 型、XM 型的预应力钢丝束、钢筋束和钢绞线束。配置撑脚和拉杆等附件后，又可作拉杆式千斤顶使用。在千斤顶前端装上分束顶压器，并在千斤顶与撑套之间用钢管接长后可作 YZ 型千斤顶使用，张拉钢质锥形锚具，穿心式千斤顶的特点是千斤顶中心有穿通的孔道，以便预应力筋或拉杆穿过后用工具锚临时固定于千斤顶顶部张拉。根据张拉力和构造不同，有 YC60（见图 5-28）、YC20D、YCD120、YCD200 和无顶压机构的 YCQ 型千斤顶。

4. 千斤顶校正

用千斤顶张拉预应力筋，预应力大小通过油压表读数表达，油压表读数表示千斤顶活塞单位面积油压力。张拉力为 N，活塞面积是 F，则油压表相应读数为 P，即

$$P = \frac{N}{F} \tag{5-8}$$

因千斤顶活塞与油缸之间有摩阻力，实际张拉力往往比式（5-8）计算值小。为保证预应力筋张拉应力的准确性，应定期校验千斤顶与油压表读数关系，制成表格或绘制 $P-N$ 关系曲线，供施工中直接查用。校验时千斤顶活塞运行方向应与实际张拉时的一致，校验期不应超过半年。如使用中张拉设备出现反常现象，应重新校验。千斤顶校正方法主要有标准测力计校正、压力机校正及用两台千斤顶互相校正。

5. 高压油泵

高压油泵与液压千斤顶配套使用，作用是向液压千斤顶各个油缸供油，使其活塞按照一定速度伸出或回缩。

高压油泵按驱动方式分手动和电动两种，一般用电动高压油泵。油泵型号有 $ZB_{0.8}/500$、$ZB_{0.6}/630$、$ZB_4/500$、$ZB_{10}/500$［分数线上数字表示每分钟流量，分数线下数字表示工作油压（kg/cm^2）］等数种。选用时，油泵额定压力应大于或等于千斤顶额定压力。

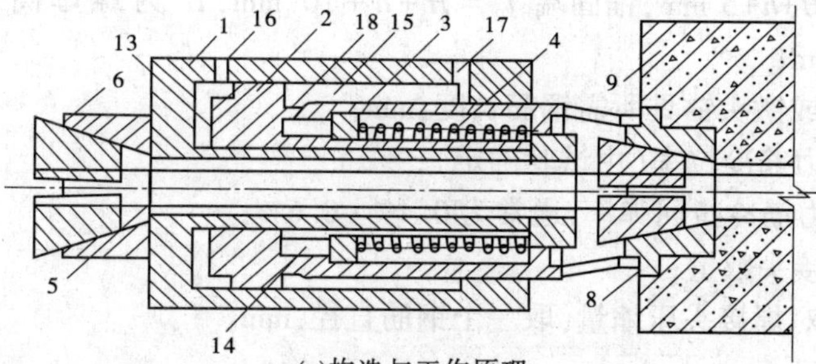

(a)构造与工作原理

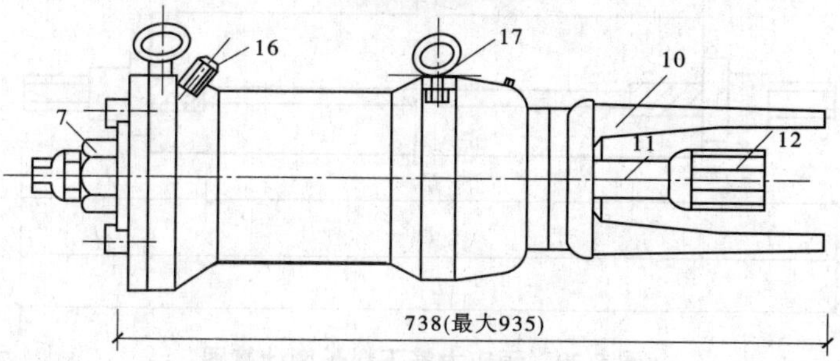

(b)加撑脚后的外貌

1—张拉油缸；2—顶压油缸（张拉活塞）；3—顶压活塞；4—弹簧；5—预应力筋；6—工具锚；7—螺母；8—锚环；9—构件；10—撑脚；11—张拉杆；12—连接器；13—张拉工作油室；14—顶压工作油室；15—张拉回程油室；16—张拉缸油嘴；17—顶压缸油嘴；18—油孔。

图5-28 YC60型千斤顶

5.2.2 预应力筋制作

5.2.2.1 单根预应力筋制作

单根预应力钢筋一般用热处理钢筋，制作工序：配料→对焊→冷拉。

为保证质量，宜用控制应力的方法冷拉；钢筋配料时应根据钢筋品种测定冷拉率，一批钢筋中冷拉率变化较大时，应尽可能把冷拉率相近的钢筋对焊在一起冷拉，以保证钢筋冷拉力的均匀性。

钢筋对焊接长在钢筋冷拉前进行。

钢筋下料长度由计算确定。构件两端均用螺丝端杆锚具时（见图5-29），预应力筋下料长度：

$$L = \frac{l + 2l_2 - 2l_1}{1 + \gamma - \delta} + n\Delta \tag{5-9}$$

一端用螺丝端杆锚具，另一端用帮条锚具或镦头锚具时，预应力筋下料长度：

$$L = \frac{l + l_2 + l_3 - l_1}{1 + \gamma - \delta} + n\Delta \tag{5-10}$$

式中 l——构件孔道长度，mm；

l_1——螺丝端杆长度，一般为320 mm；

l_2——螺丝端杆伸出构件外的长度，一般为120～150 mm或经公式计算：张拉端，

$l_2=2H+h+5$ mm，锚固端，$l_2=H+h+10$ mm，H 为螺母高度，h 为垫板厚度，mm；

l_3——帮条或镦头锚具所需钢筋长度，mm；

γ——预应力筋冷拉率（由试验确定）；

δ——预应力筋冷拉回弹率，通常为 0.4%～0.6%；

n——对焊接头数量；

Δ——每个对焊接头压缩量，取一个钢筋直径，mm。

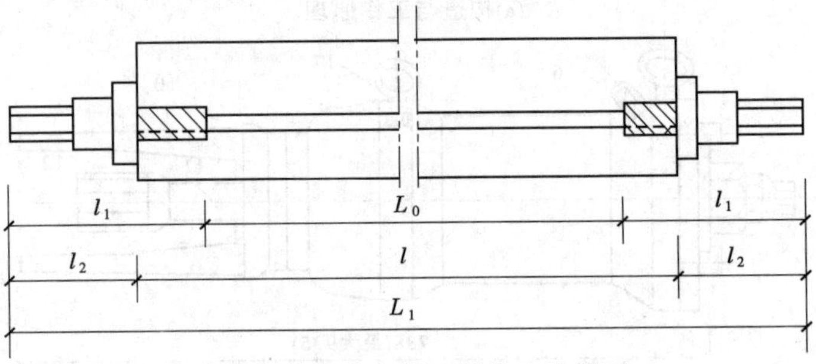

图 5-29　预应力筋下料长度计算图

5.2.2.2　钢筋束及钢绞线束制作

钢筋束由直径 10 mm 的热处理钢筋编束形成，钢绞线束由直径 12 mm 或 15 mm 的钢绞线束编束形成。

预应力筋制作工序：开盘冷拉→下料→编束。

每束 3～6 根，一般不需对焊接长，下料在钢筋冷拉后进行。钢绞线下料前应于切割口两侧各 50 mm 处用铁丝绑扎，切割后立即焊牢切割口，以免松散。

为保证构件孔道穿束和张拉不扭结，应对预应力筋编束。编束时一般把预应力筋理顺后，用 18～22 号铁丝，每 1 m 左右绑扎一道，形成束状。

预应力钢筋束或钢绞线束下料长度 L 计算式如下：

一端张拉时

$$L=l+a+b \tag{5-11}$$

两端张拉时

$$L=l+2a \tag{5-12}$$

式中　l——构件孔道长度，mm；

a——张拉端留量，与锚具和张拉千斤顶尺寸有关，mm；

b——固定端留量，一般为 80 mm。

5.2.2.3　钢丝束制作

钢丝束制作随锚具不同而异，一般工序为：调直→下料→编束→安装锚具等。

使用 XM 型锚具、QM 型锚具、钢质锥形锚具时，预应力钢丝束制作和下料长度计算基本与预应力钢筋束、钢绞线束相同。用镦头锚具时，一端张拉，应考虑钢丝束张拉锚固后螺母位于锚环中部，钢丝下料长度 L（见图 5-30）用式（5-13）计算：

$$L=L_0+2a+2b-0.5(H-H_1)-\Delta L-C \tag{5-13}$$

式中　L_0——孔道长度,mm;

a——锚板厚度,mm;

b——钢丝镦头留量,取钢丝直径的 2 倍,mm;

H——锚环高度,mm;

H_1——螺母高度,mm;

ΔL——张拉时钢丝伸长值,mm;

C——混凝土弹性压缩值(很小时忽略不计),mm。

为保证张拉时各钢丝应力均匀,用锥形螺杆锚具和镦头锚具的钢丝束,要求钢丝每根长度相等。下料长度相对误差控制在 $L/5\ 000$ 内且≤5 mm。因此,下料时应在应力状态下切断,下料控制应力为 300 MPa。

为保证钢丝不发生扭结,须编束。编束前应对钢丝直径测量,直径相对误差不得超过 0.1 mm,以保证成束钢丝与锚具可靠连接。用锥形螺杆锚具时,编束时在平整场地上把钢丝理顺放平,以 22 号铁丝将钢丝每隔 1 m 编成帘子状,然后每隔 1 m 放置 1 个螺旋衬圈,再将编好的钢丝帘绕衬圈围成圆束,用铁丝绑扎牢固(见图 5-31)。

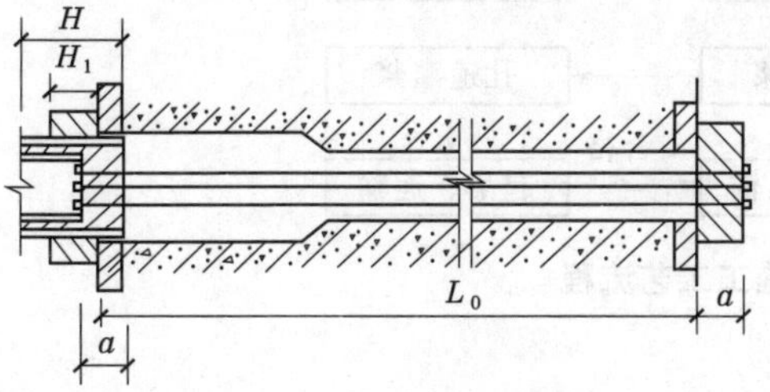

图 5-30　用镦头锚具时钢丝下料长度计算简图

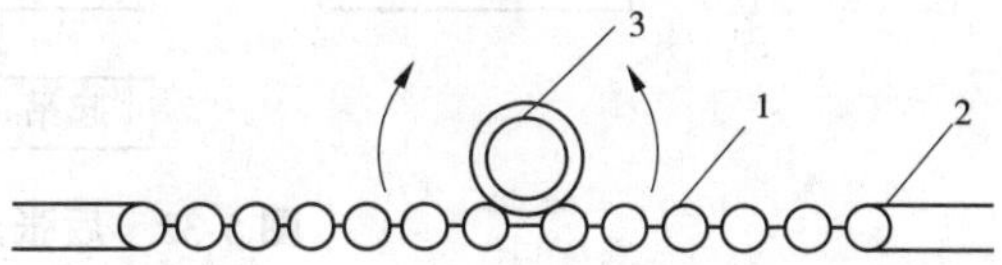

1—钢丝;2—铁丝;3—衬圈。

图 5-31　钢丝束的编束

用镦头锚具时,根据钢丝分圈的布置特点,编束时首先将内圈和外圈钢丝分别用铁丝顺序编扎,然后将内圈钢丝放于外圈钢丝内扎牢。编束完成后,先在一端安装锚环并完成镦头工作,另一端钢丝的镦头,待钢丝束穿过孔道安装上锚板后再进行。

码 5-3　后张法

5.2.3　后张法施工工艺

后张法施工工艺与预应力施工直接相关的主要是孔道留设、预应力筋张拉和孔道灌浆三部分(见图 5-32)。

5.2.3.1　孔道留设

后张法构件中孔道留设一般用钢管抽芯法、胶管抽芯法、预埋管法。预应力筋孔道形状有直线、曲线和折线三种。钢管抽芯法只用于直线孔道,胶管抽芯法和预埋管法则适用于直线、曲线和折线孔道。孔道留设是后张法构件制作的关键工序之一。所留孔道尺寸与位置应正确,孔道要平顺,端部预埋钢板应垂直于孔中心线。孔道直径一般应比预应力筋接头外径或需穿入孔道锚具外径大 10~15 mm,以利于穿入预应力筋。

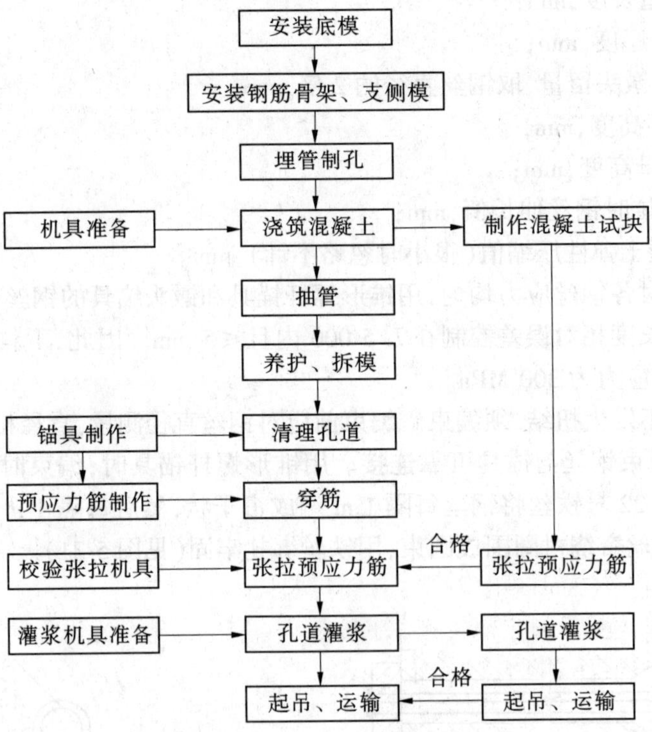

图 5-32　后张法施工工艺流程

1. 钢管抽芯法

先将钢管按孔道位置预埋于模板内,混凝土浇筑和养护过程中,每隔一定时间缓慢转动钢管一次,以防混凝土与钢管粘牢。混凝土初凝后、终凝前抽出钢管,即在构件中形成孔道。为保证预留孔道质量,要求:

(1)钢管要平直,表面光滑,安放位置正确。钢管不直,转动及拔管时易将混凝土管壁挤裂。钢管预埋前应除锈、刷油,以利于抽管。钢管位置固定一般用钢筋井字架,井字架间距一般为 1~2 m。浇筑混凝土时,禁止振动器直接接触钢管,以免产生位移。

(2)钢管每根长度不宜超过 15 m,以便旋转和抽管。钢管两端应各伸出构件 500 mm 左右。较长构件可用两根钢管接长,两根钢管接头处可用 0. 5 mm 厚铁皮做成的套管连接(见图 5-33)。套管内表面要与钢管外表面紧密贴合,以防漏浆堵塞孔道。

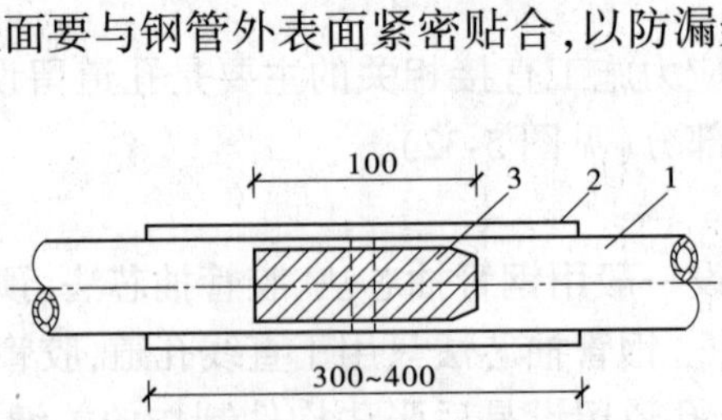

1—钢管;2—铁皮套筒;3—硬木塞。

图 5-33　钢管连接方式

(3)恰当掌握抽管时间。抽管时间与水泥品种、气温和养护条件有关。抽管宜在混凝土初凝后、终凝前进行,以手指按压混凝土表面不显指纹时为宜。常温下抽管时间为混凝土浇筑后3~6 h,过早易坍孔;太晚混凝土与钢管黏结牢固,抽管困难,甚至无法抽出。

(4)抽管顺序和方法。抽管顺序宜先上后下;抽管时速度要均匀;边抽边转,并与孔道保持一直线;抽管后,应及时检查孔道,并做好孔道清理工作,以免后期穿筋困难。

(5)灌浆孔和排气孔留设。因孔道灌浆需要,每个构件与孔道垂直方向应留设若干灌浆孔和排气孔,孔距一般不大于12 m,孔径20 mm,可以用木塞或白铁皮管成孔。

2. 胶管抽芯法

留设孔道用胶管一般有5层或7层夹布管和供预应力混凝土专用钢丝网橡皮管两种。前者须对管内充气或充水后才能使用。后者质硬,具有一定的弹性,预留孔道方法与钢管同。

常用夹布胶管留设孔道方法:胶管用钢筋井字架固定,间距不宜大于0.5 m,并与钢筋骨架绑扎牢。然后充水(或充气)加压到0.5~0.8 N/mm²,此时胶管直径可增大约3 mm。待混凝土初凝后,放出压缩空气或压力水,胶管直径变小并与混凝土脱离,便于抽出,从而形成孔道。为保证孔道质量,应注意:

(1)胶管须有良好密封装置,不漏水、气。密封方法是将胶管一端外表面削去1~3层胶皮及帆布,然后将外表面带粗丝扣的钢管(钢管一端用铁板密封焊牢)插入胶管端头孔内,再用20号铁丝与胶管外表面密缠牢固,铅丝头用锡焊牢。胶管另一端接上阀门,其方法与密封端基本相同。

(2)胶管接头(见图5-34)处理。图5-34中1 mm厚钢管用无缝钢管加工而成。其内径等于或略小于胶管外径,以便打入硬木塞后起到密封作用。铁皮套管与胶管外径相等或稍大(0.5 mm左右),以防振捣混凝土时胶管受振外移。

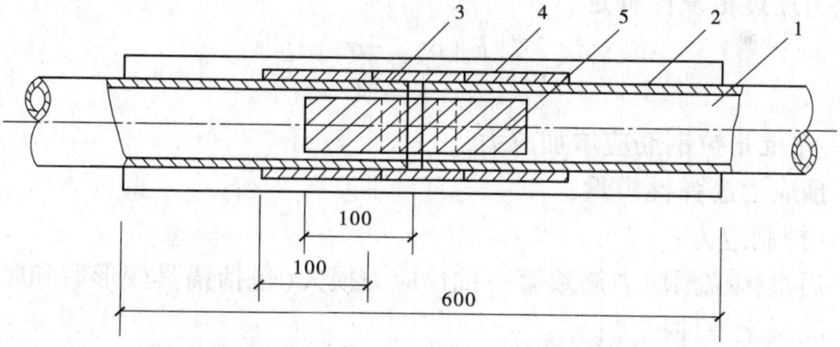

1—胶管;2—白铁皮套筒;3—钉子;4—1 mm厚钢管;5—硬木塞。

图5-34　胶管接头　(单位:mm)

(3)抽管时间和顺序。抽管时间比钢管略迟,一般可参照气温和浇筑后小时数的乘积达200 ℃·h左右。抽管顺序一般先上后下,先曲后直。

3. 预埋管法

预埋管法是将与孔道直径相同的金属波纹管埋构件中无须抽出,形成孔道,埋管一般用黑铁皮管、薄钢管或镀锌双波纹金属软管制作。预埋管法因省去抽管工序,且孔道留设位置和形状容易保证,故应用较普遍。金属波纹管重量轻、刚度好、弯折方便且与混凝土黏结好。金属波纹管每根长4~6 m,也可根据需要现场制作,长度不限。波纹管在1 kN径向力作用下不变形,使用前应做灌水试验,检查是否渗漏。

波纹管固定,用钢筋井字架,间距不宜大于0.8 m,曲线孔道时应加密,并用铁丝绑扎牢。波纹管连接,可用大一号同型波纹管,接头管长度应大于200 mm,用密封胶带或塑料热塑管封口。

5.2.3.2　**预应力筋张拉**

用后张法张拉预应力筋时,混凝土强度应满足设计要求,如设计无规定,不应低于设计强度等级的75%。

1. 张拉控制应力

张拉控制应力越高,建立的预应力值就越大,构件抗裂性越好。但是张拉控制应力过高,构件使用中常处于高应力状态,构件出现裂缝的荷载与破坏荷载很接近,导致构件破坏前无明显预兆,而且控制应力过高,构件混凝土预压应力过大,导致混凝土徐变增加,使预应力损失增加,因此控制应力应满足设计要求。施工中预应力筋需要超张拉时,可比设计要求提高5%,但其最大张拉控制应力不得超过表5-1的规定。

为减少预应力筋松弛损失,预应力筋的张拉程序:$0 \rightarrow 1.03\sigma_{con}$;或$0 \rightarrow 1.05\sigma_{con}$,持荷2 min$\rightarrow \sigma_{con}$。

2. 张拉顺序

张拉顺序应使构件不扭转与侧弯,不产生过大偏心力,预应力筋一般应对称张拉。对配有多根预应力筋构件,不可能同时张拉时,应分批、分阶段对称张拉,张拉顺序应满足设计要求。

分批张拉时,后批张拉的作用力使混凝土再次弹性压缩,使先批预应力筋应力下降。此应力损失可按式(5-14)计算后加到先批预应力筋的张拉应力中。分批张拉损失也可采取对先批预应力筋逐根复位补足。

$$\Delta\sigma = \frac{E_s(\sigma_{con} - \sigma_1)A_p}{E_c \cdot A_n} \tag{5-14}$$

式中　$\Delta\sigma$——先批张拉钢筋应增加应力;

E_s——预应力筋弹性模量;

σ_{con}——控制应力;

σ_1——后批张拉预应力筋致第一批预应力损失(包括锚具变形后和摩擦损失);

E_c——混凝土弹性模量;

A_p——后批张拉预应力筋截面面积;

A_n———构件混凝土净截面面积(包括构造钢筋折算面积)。

3. 叠层构件的张拉

叠浇生产的预应力混凝土构件,上层构件产生的水平摩阻力会阻止下层构件预应力筋张拉时混凝土弹性压缩的自由变形。上层构件吊起后,摩阻力影响消失,将增加混凝土弹性压缩变形,引起预应力损失。该损失值与构件形式、隔离层和张拉方式有关。为了减少和弥补该项预应力损失,可自上而下逐层加大张拉力,底层张拉力不宜比顶层张拉力大5%(钢丝、钢绞线、热处理钢筋)且不得超过规定(见表5-1)。摩阻力由式(5-15)计算:

$$\Delta N = (n-1)\frac{\Delta_1 - \Delta_2}{L}E_sA_p \tag{5-15}$$

式中 ΔN——层间摩阻力；

n——构件所在层数(自上而下计)；

Δ_1——第一层构件张拉压缩值；

Δ_2——第二层构件张拉压缩值；

L——构件长度；

E_s——预应力筋弹性模量；

A_p——预应力筋截面面积。

此外，为了减少叠层摩阻应力损失，应进一步改善隔离层性能，并应限制重叠层数，一般宜3~4层。

4.张拉端设置要求

为减少预应力筋与预留孔壁摩擦引起预应力损失，后张预应力筋应根据设计和专项施工方案要求一端或两端张拉。两端张拉时，宜两端同时张拉，也可一端先张拉锚固，另一端补张拉。设计对张拉端设置无具体要求时，可按下列规定设置：

有黏结预应力筋长度不大于20 m时，可一端张拉，长度大于20 m时，宜两端张拉；预应力筋为直线形时，一端张拉的长度可延长至35 m；无黏结预应力筋长度不大于40 m时，可一端张拉，长度大于40 m时，宜两端张拉。

5.预应力值校核和伸长值测定

为了解预应力值建立的可靠性，需对预应力筋应力及损失检验和测定，以便张拉时补足和调整预应力值。检验应力损失最方便的办法，是预应力筋张拉24 h后孔道灌浆前重拉一次，测读前后两次应力值之差，即为钢筋预应力损失(并非应力损失全部，但已完成很大部分)。预应力筋张拉锚固后，实际预应力值与工程设计要求检验值相对允许偏差为±5%。

测定预应力筋伸长值时，须先建立10%σ_{con}的初应力，预应力筋伸长值，也应从建立初应力后开始测量，但须加上初应力推算伸长值，推算伸长值可根据预应力弹性变形呈直线变化规律求得。例如，某筋应力自0.2σ_{con}增至0.3σ_{con}时，其变形为4 mm，即应力每增加0.1σ_{con}，变形增加4 mm，故该筋初应力10%σ_{con}时的伸长值为4 mm。对后张法，尚应扣除混凝土构件张拉过程中的弹性压缩值。预应力筋张拉时，通过伸长值校核，可综合反映出张拉应力是否满足，孔道摩阻损失是否偏大，以及预应力筋是否有异常现象等。实际伸长值与计算伸长值的偏差超过±6%时，应暂停张拉，分析原因，采取有效措施处理后，再继续施工。

5.2.3.3 **孔道灌浆**

后张法有黏结预应力筋张拉完毕并经检查合格后，应尽早对孔道灌浆，防止钢筋锈蚀，增加结构的整体性和耐久性，提高结构的抗裂性和承载力。灌浆前，应将后张法预应力筋锚固后的外露多余长度用机械方法切割(或用氧-乙炔焰切割)，其外露长度不宜小于预应力筋直径的1.5倍，且不应小于30 mm。

孔道灌浆前应确保孔道、排气兼泌水管及灌浆孔畅通；对预埋管成型孔道，可用压缩空气清孔；同时用水泥浆、水泥砂浆等材料封闭端部锚具缝隙，也可用封锚罩封闭外露锚具；用真空灌浆工艺时，应确认孔道系统密封性。

配制水泥浆用水泥宜选普通硅酸盐水泥或硅酸盐水泥；拌和用水和外加剂中不应含对预应力筋或水泥有害的成分；外加剂应与水泥做配合比试验确定掺量。其配制材料同时应符合国家现行有关标准规定。

普通灌浆工艺时，灌浆用水泥浆稠度宜为 12~20 s，用真空灌浆工艺时，稠度宜为 18~25 s；水泥浆水灰比应≤0.45，3 h 自由泌水率宜为 0，且应≤1%，泌水应 24 h 内全部被水泥浆吸收。

灌浆用水泥浆 24 h 自由膨胀率，用普通灌浆工艺时应≤6%，用真空灌浆工艺时应≤3%；水泥浆中氯离子含量不应超过水泥重量的 0.06%；28 d 标准养护边长 70.7 mm 立方体水泥浆试块抗压强度应≥30 MPa。

灌浆用水泥浆宜用高速搅拌机搅拌，搅拌时间不应超过 5 min；水泥浆使用前应经筛孔尺寸不大于 1.2 mm×1.2 mm 的筛网过滤；搅拌后不能及时灌入孔道的水泥浆，应保持缓慢搅动；水泥浆初凝前应灌入孔道，搅拌后至灌浆完毕时间不宜超过 30 min。

灌浆施工时宜先灌注下层孔道，后灌注上层孔道；灌浆应连续，直至排气管排出的浆体稠度与注浆孔处相同且无气泡后，再顺浆体流动方向依次封闭排气孔；全部出浆口封闭后，宜继续加压 0.5~0.7 MPa，稳压 1~2 min 后封闭灌浆口；孔道内水泥浆应饱满、密实。

泌水较大时，宜二次灌浆和对泌水孔重力补浆；因故中途停止灌浆时，应用压力水将未灌注完孔道内已注入的水泥浆冲洗干净。

真空辅助灌浆时，孔道抽真空负压宜稳定保持为 0.08~0.10 MPa。

孔道灌浆应填写灌浆记录。

外露锚具及预应力筋应按设计要求采取可靠保护措施。

水泥浆强度达 15 N/mm^2 时，方能移动构件；水泥浆强度达 100%设计强度时，才允许吊装。

任务 3　无黏结预应力混凝土工程施工

任务导航

本任务要求掌握无黏结预应力混凝土工程概念和特点，无黏结预应力筋组成和要求，无黏结预应力混凝土锚具要求，无黏结预应力混凝土成型工艺，无黏结预应力筋铺设要求、张拉要求、张拉端及固定端处理要求。

无黏结预应力实为后张法的一种，指后张法预应力混凝土构件中预应力筋与混凝土无黏结力，预应力筋张拉力全靠构件两端锚具传递给构件。具体做法是预应力筋表面刷涂料并包塑料布(管)后，支模浇筑混凝土达规定强度后，张拉后锚固。

码 5-4　无黏结预应力筋施工

无黏结预应力无须预留孔道、穿筋、灌浆等复杂工序，施工简单，施工速度快，摩擦力小且易弯成多跨曲线型，特别适用于大跨度单双向连续多跨曲线配筋梁板结构及屋盖等。

5.3.1　无黏结预应力筋制作

5.3.1.1　无黏结预应力筋组成及要求

(1)无黏结预应力筋主要由预应力钢丝或钢绞线等钢材、涂料层、外包层和锚具组成。

(2)无黏结预应力筋所用钢材主要有带专用防腐油脂涂层(或防腐沥青涂层)和外包层的消除应力钢丝和钢绞线。

(3)钢丝和钢绞线不得有死弯,有死弯时须切断,每根钢丝必须通长,严禁有接头。

(4)预应力筋下料长度,应考虑构件长度、千斤顶长度、镦头预留量、弹性回弹值、张拉伸长值、钢材品种和施工方法等因素。具体计算同有黏结预应力筋。

(5)预应力筋下料,宜用砂轮锯或切断机,不得用电弧切割。钢丝束的钢丝下料应等长下料。钢绞线下料,应在切口两侧用 20 号或 22 号钢丝预先绑牢,以免切后松散。

(6)涂料层的作用是使预应力筋与混凝土隔离,减少张拉时摩擦导致的应力损失,防止预应力筋腐蚀。常用涂料主要有防腐油脂和防腐沥青。涂料应有较好的化学稳定性和韧性;-20~+70 ℃范围内应不开裂、不变脆、不流淌,能较好地黏附于钢筋上;涂料层应不透水、不吸湿、润滑性好、摩阻力小。

(7)外包层主要由塑料带或高压聚乙烯塑料管制成。外包层应在-20~+70 ℃范围内不脆化,化学稳定性高,韧性好,抗破损性强,防水性好且对周围材料无侵蚀作用。塑料使用前须烘干或晒干,避免成型过程中有气泡,导致塑料表面开裂。

单根无黏结筋制作时,宜优选防腐油脂作涂料层,外包层应用塑料注塑机注塑成型。防腐油脂应充足饱满,外包层与涂油预应力筋之间有一定间隙,使预应力筋能在塑料套管中自由滑动。成束无黏结预应力筋可用防腐油脂或防腐沥青作涂料层。使用防腐沥青时,应用密缠塑料带作外包层,塑料带各圈之间搭接宽度应不小于带宽的 1/2,缠绕层数不少于 4 层。

制作好的预应力筋可直线或盘圆运输、堆放。存放地点应设遮盖棚,以免日晒雨淋。装卸堆放时,应用软钢绳绑扎,并在吊点处垫橡胶垫,避免塑料套管外包层受损。

5.3.1.2　锚具

无黏结预应力筋张拉力全靠锚具传给混凝土。无黏结预应力筋锚具不仅受力比有黏结预应力筋锚具大,且承受重复荷载,性能应选 Ⅰ 类锚具。

预应力筋为高强钢丝时,主要用镦头锚具。预应力筋为钢绞线时,可用 XM 型或 QM 型锚具。XM 型和 QM 型锚具可夹持多根 ϕ 15 或 ϕ 12 钢绞线,或 7 mm×5 mm、7 mm×4 mm 平行钢丝束,以适应不同结构需求。

5.3.1.3　成型工艺

1. 涂包成型工艺

涂包成型工艺可手工刷涂防腐油脂或防腐沥青,外包塑料布;也可在缠纸机上连续作业,完成编束→涂油→镦头→缠塑料布→切断等工序(见图 5-35)。

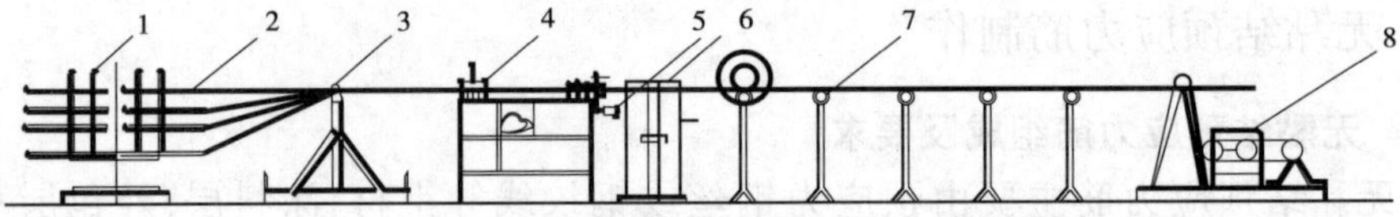

1—放线盘；2—盘圆钢丝；3—梳子板；4—油枪；5—塑料布卷；6—切断机；7—滚道台；8—牵引装置。

图 5-35　无黏结预应力筋缠纸工艺流程

2. 挤压涂塑工艺

挤压涂塑工艺中，涂油装置对钢丝涂油，钢丝束再通过塑料挤压机（见图 5-36）涂刷聚乙烯或聚丙烯塑料薄膜，经冷却筒模成型塑料套管。本工艺涂包质量好、生产效率高，适用于大规模生产单根钢绞线和 7 根钢丝束。

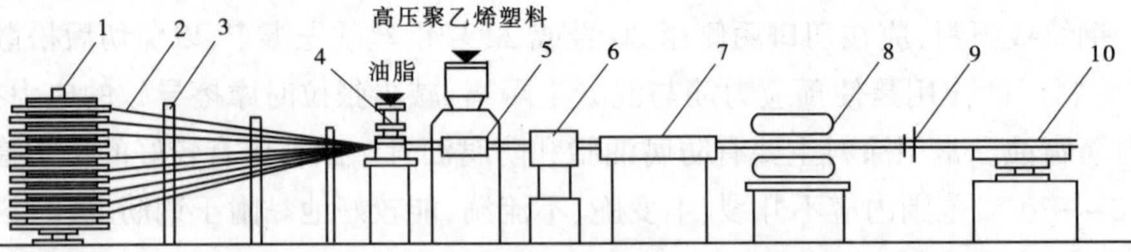

1—放线盘；2—钢丝；3—梳子板；4—给油装置；5—塑料挤压机机头；
6—风冷装置；7—水冷装置；8—牵引机；9—定位支架；10—收线盘。

图 5-36　挤压涂塑工艺流水线

5.3.2　无黏结预应力筋施工工艺

5.3.2.1　预应力筋铺设

无黏结预应力筋铺设前外包层应完好，轻微破损者用塑料带补包好，破损严重者应废弃。双向预应力筋铺设时，应先铺下面预应力筋，再铺上面预应力筋，以免预应力筋相互穿插。

无黏结预应力筋应严格按设计曲线形状就位固定牢固。可用短钢筋或混凝土垫块等架起控制标高，再用铁丝绑扎在非预应力筋上。绑扎点间距不大于 1 m，钢丝束曲率可用铁马凳控制，马凳间距不宜大于 2 m。

5.3.2.2　预应力筋张拉

预应力筋张拉时，混凝土强度应符合设计要求，设计无具体要求时，混凝土强度达设计强度的 75%后方可开始张拉。

张拉程序一般用 $0 \rightarrow 1.03\sigma_{con}$，可减少松弛损失。

张拉顺序应按预应力筋铺设顺序，先铺的先张拉，后铺的后张拉。

预应力筋长度小于 25 m 时，宜一端张拉；预应力筋长度大于 25 m 时，宜两端张拉；预应力筋长度超 50 m 时，宜分段张拉。

预应力平板结构中，预应力筋往往很长，应尽量减少摩阻损失。

影响摩阻损失值主要因素是润滑介质、外包层和预应力筋截面形式。其中,润滑介质和外包层的摩阻损失值对一定的预应力束而言是个定值,相对稳定。而截面形式影响较大,离散性随截面形式的不同而异,但若能保证截面形状全长一致,则其摩阻损失值一般就在很小范围内波动;否则,因局部阻塞可能导致其损失值无法测定。摩阻损失值可用标准测力计或传感器等测力装置测定。施工时,为降低摩阻损失值,可用多次重复张拉工艺。成束无黏结预应力筋正式张拉前,一般先用千斤顶往复抽动 1~2 次。张拉过程中,严防钢丝被拉断,要控制同一截面断裂根数不得大于 2%。

预应力筋张拉伸长值应按设计要求控制。

5.3.2.3　预应力筋端部处理

1. 张拉端处理

预应力筋端部处理取决于无黏结预应力筋和锚具种类。

锚具位置通常从混凝土端面缩进一定距离,前面加工成一凹槽,待预应力筋张拉锚固后,将伸出锚具外的钢绞线切割至规定长度,然后在槽内壁涂环氧树脂类黏结剂,以加强新老材料黏结,再用后浇膨胀混凝土、低收缩防水砂浆或环氧砂浆密封。

对凹槽填砂浆或混凝土前,应预先对无黏结预应力筋端部和锚具夹持部分进行防潮、防腐封闭处理。

无黏结预应力筋用钢丝束镦头锚具时,其张拉端头如图 5-37 所示,其中塑料套筒供钢丝束张拉时锚环从混凝土中拉出来用,软塑料管是用来保护无黏结钢丝末端穿锚具时不致损坏塑料管。无黏结钢丝锚头须严格进行防腐处理。锚环被拉出后,塑料套筒内产生空隙,须用油枪通过锚环的注油孔往套筒内注满防腐油脂,灌油后将外露锚具封闭好,避免长期与大气接触而锈蚀。

用无黏结钢绞线夹片式锚具时,张拉端头构造简单,无须另加设施。钢绞线预留长度不小于 150 mm,多余割掉,然后对锚具及承压板表面涂防水涂料,再封闭。锚固区可用后浇钢筋混凝土圈梁封闭,将锚具外伸的钢绞线散开打弯,埋于圈梁内加强锚固(见图 5-38)。

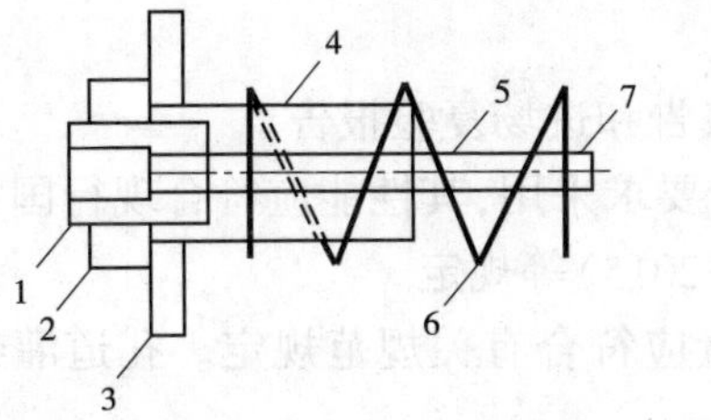

1—锚环;2—螺母;3—承压板;4—塑料套筒;
5—软塑料管;6—螺旋筋;7—无黏结预应力筋。

图 5-37　镦头锚固系统张拉端

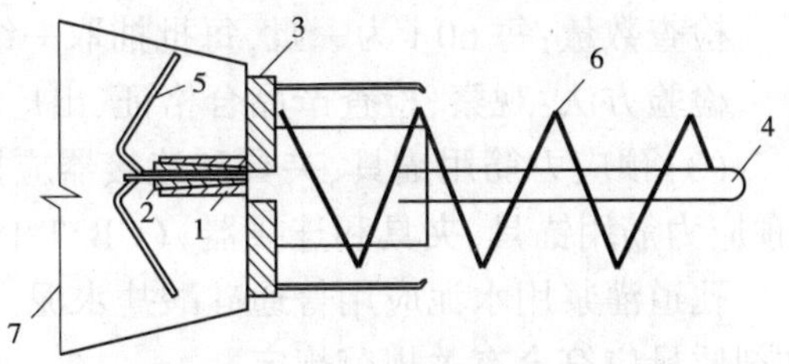

1—锚环;2—夹片;3—承压板;4—无黏结预应力筋;
5—散开打弯钢丝;6—螺旋筋;7—后浇筑混凝土。

图 5-38　夹片式锚具张拉端处理

2. 固定端处理

无黏结预应力筋固定端可设于构件内。用无黏结钢丝束时固定端可用扩大的镦头锚板,并用螺旋筋加强[见图 5-39(a)]。施工中如端头无结构配筋,需配构造筋,使固定端板与混凝土之间可靠锚固。用无黏结钢绞线,锚固端可压花成型[见图 5-39(b)]。此法关键是张拉前锚固端混凝土强度等级须达到设计强度(≥C30),才能形成可靠黏结式锚头。

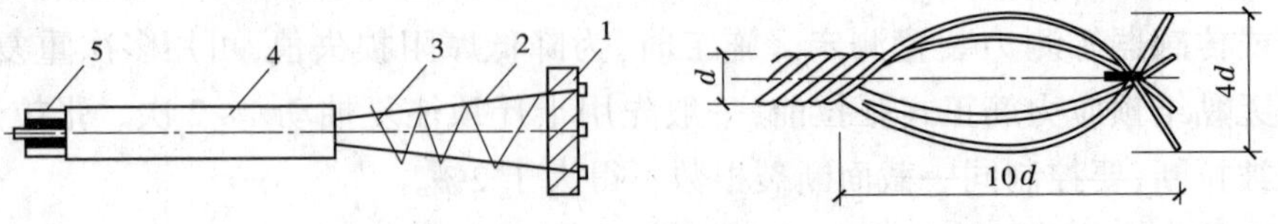

(a)无黏结钢丝束固定端　　(b)钢绞线固定端

1—锚板;2—钢丝;3—螺旋筋;4—软塑料管;5—无黏结钢丝束。

图 5-39　无黏结预应力筋固定端构造

任务 4　预应力混凝土施工质量检验与安全

任务导航

本任务要求掌握预应力混凝土施工质量检验主控项目、一般项目、安全措施内容。

5.4.1　质量检查

预应力混凝土工程施工质量检验按主控项目、一般项目进行。

5.4.1.1　主控项目

(1)预应力筋进场时,应按现行国家标准《预应力混凝土用钢绞线》(GB/T 5224—2014)的规定抽取试件做力学性能检验,其质量须符合有关标准规定。

检查数量:按进场批次和产品抽样检验方案确定。

检验方法:检查产品合格证、出厂检验报告和进场复检报告。

(2)无黏结预应力筋涂包质量应符合无黏结预应力钢绞线标准规定。

检查数量:每 60 t 为一批,每批抽取一组试件。

检验方法:观察,检查产品合格证、出厂检验报告和进场复验报告。

(3)预应力筋用锚具、夹具和连接器应按设计要求采用,其性能应符合现行国家标准《预应力筋用锚具、夹具和连接器》(GB/T 14370—2015)等规定。

孔道灌浆用水泥应用普通硅酸盐水泥,其质量应符合有关规范规定。孔道灌浆用外加剂质量应符合有关规范规定。

检查数量:按进场批次和产品抽样检验方案确定。

检验方法:检查产品合格证、出厂检验报告和进场复验报告。

(4)预应力筋安装时,其品种、级别、规格、数量须满足设计要求。先张法预应力施工时应用非油质类模板隔离剂,并应避免沾污预应力筋。施工中应避免电火花损伤预应力筋,受损伤预应力筋应予以更换。

检查数量:全数检查。

检验方法：观察，钢尺检查。

(5)预应力筋张拉或放张时，混凝土强度应满足设计要求；设计无具体要求时，不应低于设计混凝土立方体抗压强度标准值的75%。

检查数量：全数检查。

检验方法：检查同条件养护试件试验报告。

(6)预应力筋张拉力、张拉或放张顺序及张拉工艺应满足设计及施工技术方案，并符合《混凝土结构工程施工质量验收规范》(GB 50204—2015)的规定。

检查数量：全数检查。

检验方法：检查张拉记录。

(7)预应力筋张拉锚固后实际建立预应力值与工程设计要求检验值的相对允许偏差为±5%。

检查数量：先张法施工，每工作班抽查预应力筋总数的1%且不少于3根；后张法施工，同一检验批内，抽查预应力筋总数的3%且不少于5束。

检验方法：先张法施工，检查预应力筋应力检测记录；后张法施工，检查见证张拉记录。

(8)张拉过程中应避免预应力筋断裂或滑脱，发生断裂或滑脱时，须符合下列规定：对后张法预应力结构构件，断裂或滑脱数量严禁超过同一截面预应力筋总根数的3%。且每束钢丝不得超过1根；对多跨双向连续板，其同一截面应按每跨计算；对先张法预应力构件，浇筑混凝土前断裂或滑脱的预应力筋须更换。

检查数量：全数检查。

检验方法：观察，检查张拉记录。

(9)后张法有黏结预应力筋张拉后应尽早孔道灌浆，孔道内水泥浆应饱满、密实。

检查数量：全数检查。

检验方法：观察，检查灌浆记录。

(10)锚具封闭保护应满足设计要求；设计无具体要求时，应符合下列规定：应采取防止锚具腐蚀和遭受机械损伤的有效措施。凸出式锚固端锚具保护层厚度不应小于50 mm。外露预应力筋保护层厚度，处于正常环境时，不应小于20 mm；处于易受腐蚀环境时，不应小于50 mm。

检查数量：同一检验批内，抽查预应力筋总数的5%，且不少于5处。

检验方法：观察，钢尺检查。

5.4.1.2　一般项目

(1)预应力筋使用前应进行外观检查，要求有黏结预应力筋展开后应平顺，不得有弯折，表面不应有裂纹、小刺、机械损伤、氧化铁皮和油污等；无黏结预应力筋护套应光滑、无裂缝、无明显褶皱。

预应力筋用锚具、夹具和连接器使用前应进行外观检查，其表面应无污物、锈蚀、机械损伤和裂纹。

预应力混凝土用金属螺旋管使用前应进行外观检查，其内外表面应清洁，无锈蚀，不应有油污、孔洞和不规则褶皱，咬口不应有开裂或脱扣。

检查数量：全数检查。

检验方法:观察。

(2)预应力混凝土用金属螺旋管尺寸和性能应符合国家现行标准《预应力混凝土用金属螺旋管》(JG/T 3013—1994)的规定。

检查数量:按进场批次和产品抽样检验方案确定。

检验方法:检查产品合格证、出厂检验报告和进场复验报告。

(3)预应力筋应用砂轮锯或切断机切断,不得用电弧切割;钢丝束两端用镦头锚具时,同一束中各根钢丝长度极差不应大于钢丝长度的1/5 000,且不应大于5 mm;成组张拉长度不大于10 m钢丝时,同组钢丝长度极差不得大于2 mm。

检查数量:每工作班抽查预应力筋总数的3%,且不少于3束。

检验方法:观察,钢尺检查。

(4)预应力筋端部锚具制作质量应符合下列要求:挤压锚具制作时压力表油压应符合操作说明书的规定,挤压后预应力筋外端应露出挤压套筒1~5 mm;钢绞线压花锚成形时,表面应清洁无油污,梨形头尺寸和直线段长度应满足设计要求;钢丝镦头强度不得低于钢丝强度标准值的98%。

检查数量:对挤压锚,每工作班抽查5%,且不少于5件;对压花锚,每工作班抽查3件;对钢丝镦头强度,每批钢丝检查6个镦头试件。

检验方法:观察,钢尺检查,检查镦头强度试验报告。

(5)后张法有黏结预应力筋预留孔道规格、数量、位置和形状应满足设计要求和规范规定。

检查数量:全数检查。

检验方法:观察,钢尺检查。

(6)预应力筋束形控制点竖向位置允许偏差应符合表5-4的规定。

表5-4　预应力筋束形控制点竖向位置允许偏差

截面高(厚)度/mm	$h \leqslant 300$	$300 < h \leqslant 1\,500$	$h > 1\,500$
允许偏差/mm	±5	±10	±15

注:束形控制点竖向位置偏差合格点率应≥90%,且不得有超过本表中数值1.5倍的尺寸偏差。

检查数量:同一检验批内,抽查各类型构件中预应力筋总数的5%,且对各类型构件均不少于5束,每束不应少于5处。

检验方法:钢尺检查。

(7)无黏结预应力筋铺设除应符合第(6)条规定,还应符合:无黏结预应力筋定位应牢固,浇筑混凝土时不应移位和变形;端部预埋锚垫板应垂直于预应力筋;内埋式固定端垫板不应重叠,锚具与垫板应贴紧;无黏结预应力筋成束布置时应能保证混凝土密实并能裹住预应力筋;无黏结预应力筋护套应完整,局部破损处应用防水胶带缠绕紧密。

检查数量:全数检查。

检验方法:观察。

(8)浇筑混凝土前穿入孔道的后张法有黏结预应力筋,应防锈。

检查数量:全数检查。

检验方法：观察。

(9)先张法预应力筋张拉后与设计位置偏差不得大于5 mm，且不得大于构件截面短边边长的4%。

锚固阶段张拉端预应力筋内缩量应满足设计要求，设计无具体要求时，应符合表5-5的规定。

表5-5　张拉端预应力筋内缩量限值

锚具类别		内缩量限值/mm
支承式锚具（镦头锚具等）	螺帽缝隙	1
	每块后加垫板的缝隙	1
锥塞式锚具		5
夹片式锚具	有顶压	5
	无顶压	6~8

检查数量：每工作班抽查预应力筋总数的3%，且不少于3束。

检验方法：钢尺检查。

(10)后张法预应力筋锚固后外露部分宜用机械方法切割，其外露长度不宜小于预应力筋直径的1.5倍，且不宜小于30 mm。

码5-5　后张法预应力筋的外露长度

检查数量：同一检验批内，抽查预应力筋总数的3%，且不少于5束。

检验方法：观察，钢尺检查。

(11)灌浆用水泥浆水灰比不应大于0.45，搅拌后3 h泌水率不宜大于2%，且不应大于3%。泌水应能24 h内全部重新被水泥浆吸收。

检查数量：同一配合比检查一次。

检验方法：检查水泥浆性能试验报告。

(12)灌浆用水泥浆抗压强度不应小于30 N/mm^2。

检查数量：每工作班留置一组边长70.7 mm的立方体试件。

检验方法：检查水泥浆试件强度试验报告。

5.4.2　安全措施

(1)所用张拉设备仪表，应由专人负责使用与管理，并定期维护与检验，设备测定期不超过半年，否则须及时重新测定。施工时，根据预应力筋种类等合理选择张拉设备，预应力筋张拉力不应大于设备额定张拉力，严禁负荷时拆换油管或压力表。按电源时，机壳须接地，经检查绝缘可靠后，方可试运转。

(2)先张法施工中，张拉机具与预应力筋应在一条直线上；顶紧锚塞时，用力不可过猛，以防钢丝折断。台座法生产，其两端应设有防护设施，且张拉预应力筋时，沿台座长度方向每4~5 m设置一个防护架，两端严禁站人，更不准进入台座。

(3)后张法施工中，张拉预应力筋时，任何人不得站于预应力筋两端，同时于千斤顶后面设立防护装置。操作千斤顶人员应严格遵守操作规程,应站于千斤顶侧面工作。油泵开动过程中,不得擅自离开岗位,如需离开,应将油阀全部松开或切断电路。

【课后练习】

请扫描下方二维码,做课后练习。

教学项目 5　课后练习

教学项目 6　结构安装工程施工

【能力目标】

通过本教学项目的学习，使学生能正确选择起重设备，能组织对主要构件的吊装，能对单层工业厂房结构吊装进行质量检查、验收，能编制结构吊装工程施工专项方案，能进行施工技术交底。

结构安装工程就是用起重机械设备将预制厂制作后运输到现场，或现场制作的构件、部品部件，按设计图纸要求，拼接安装成建(构)筑物。

任务 1　结构安装工程基本知识

任务导航

本任务要求了解结构安装体系、构件划分方法；认识起重机械类型，要求的性能参数。

现浇混凝土结构现场湿作业多，难以实现工业化生产；结构自重大，适应范围受限。近年来，人们一直在研究通过工厂预制，现场装配的方式来解决上述问题。工厂预制现场装配可实现工业化，不但可提高建造质量、加快建设进度，还可适应大空间、大跨度需要。安装对象可为混凝土结构，也可为钢结构。工厂预制现场装配需要解决结构体系和构件划分、构件构造和制作方法、安装的机械设备和相应施工方法等问题。

6.1.1　结构安装体系的划分

6.1.1.1　钢筋混凝土结构建筑

1. 单层钢筋混凝土结构工业厂房

单层钢筋混凝土结构工业厂房常为标准设计，开间一般 6 m，跨度 18 m、21 m、24 m、27 m 等，高度 9 m、12 m、15 m 等，内有吊车或无吊车，常用装配式铰接排架结构；大多在现场浇筑杯形基础、厂房柱、屋架、吊车梁等，视具体条件亦可工厂预制。屋面板一般在工厂制作，然后运到现场安装，屋面板安装后用细石混凝土填缝，施工柔性屋面防水层、砖砌体外墙、大型墙板和连系梁现场安装。

2. 多层钢筋混凝土结构工业厂房

多层钢筋混凝土结构工业厂房含标准设计及非标准设计，结构体系为多层框架或柱板体系，多在现场浇筑杯形基础，工厂预制柱、梁和屋面板，现场安装预应力空心楼板或组合楼板、砖砌体或轻型板墙板、屋面板和施工柔性屋面防水。

6.1.1.2　钢结构工业厂房

1. 普通钢结构工业厂房

普通钢结构单层工业厂房构造与混凝土结构单层工业厂房相似，多层或高层建筑大多用框架、框剪和各类筒体结构体系，现浇混凝土或钢筋混凝土柱基、型钢或钢管混凝土柱、型钢梁，压型钢板加现浇混凝土面层的组合楼、屋面板和轻型墙体。

2. 轻型钢结构建筑

轻型钢结构建筑是我国引进的另一种新型钢架结构体系，包括现浇混凝土柱、基础、变截面 H 型钢组合梁、柱、C 形檩条、塑钢异形墙板和屋面板。其特点是结构轻巧，造型美观，建设速度快，造价低廉，抗振性好，用途广泛，适用于各种跨度单层厂房、低层活动板房、低层或多层住宅等。轻型钢结构的低层或多层住宅，全部工厂预制后，运至现场安装，安装方法较简单、快速。

3. 其他钢结构建筑

其他钢结构建筑用各种形式的空间钢结构，适用于体育馆、飞机场、车站等公共建筑。大部分在工厂制作，运至现场安装，安装方法多种多样。

6.1.2　结构安装常用起重机械设备

结构安装常用起重机械设备，主要有桅杆式起重机、自行式起重机及塔式起重机。

6.1.2.1　桅杆式起重机

桅杆式起重机可分为独脚拔杆、人字拔杆、悬臂拔杆和牵缆式桅杆等。此类机械制作简单，装拆方便，起重量可达 100 t 以上，但起重半径小，移动较困难，需设置较多缆风绳，多适用于安装工程量集中、结构重量大、安装高度大及施工现场狭窄的情况。

6.1.2.2　自行式起重机

自行式起重机主要有履带式起重机、汽车式起重机和轮胎式起重机等。

1. 履带式起重机

履带式起重机较常用，主要由动力装置、传动机构、行走机构（履带）、工作机构（起重杆、滑轮组、卷扬机）及平衡配重等组成（见图 6-1）。其特点是可 360°全回转，操作灵活，行走方便，能负载行驶；缺点是稳定性较差，行走速度慢，行走时对路面破坏较大，城市中或长距离转移需拖车运输。

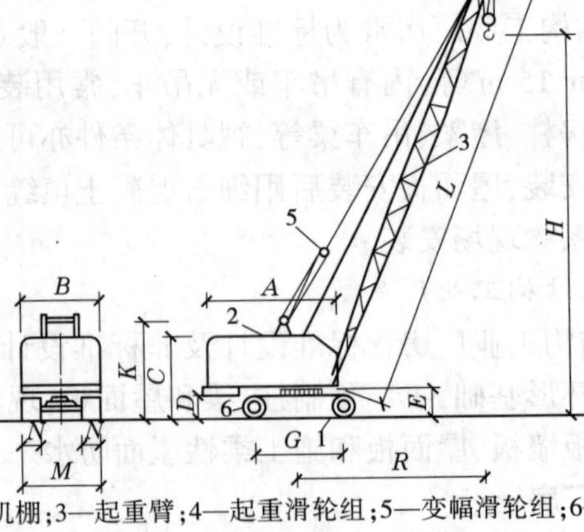

1—底盘；2—机棚；3—起重臂；4—起重滑轮组；5—变幅滑轮组；6—履带；
A，B，…，K—外形尺寸符号；L—起重臂长度；H—起重高度；R—工作幅度。

图 6-1　履带式起重机

履带式起重机起重能力(见表 6-1)包括起重量、起重高度和起重半径三个参数。

表 6-1　履带式起重机性能

参数		单位	型号							
			W_1-50			W_1-100		W_1-200		
起重臂长度		m	10	18	18 (带鸟嘴)	13	23	15	30	40
起重半径	最小工作幅度时	m	3.7	4.5	6.0	4.23	6.5	4.5	8.0	10.0
	最大工作幅度时	m	10.0	17.0	10.0	12.5	17.0	15.5	22.5	30.0
起重量	最小工作幅度时	t	10.0	7.5	2.0	15.0	8.0	50.0	20.0	8.0
	最大工作幅度时	t	2.6	1.0	1.0	3.5	1.7	8.2	4.3	1.5
起重高度	最小工作幅度时	m	9.2	17.2	17.2	11.0	19.0	12.0	26.8	36.0
	最大工作幅度时	m	3.7	7.6	14.0	5.8	16.0	3.0	19.0	25.0

注:表中数据所对应的起垂臂仰角:$\alpha_{min}=30°$,$\alpha_{max}=77°$。

起重量、起重半径、起重高度三者的关系取决于起重臂长度和仰角。起重臂长度一定时,随仰角增大,起重量和起重高度增加,起重半径减小;起重臂仰角不变时,随起重臂长度增加,起重半径和起重高度增加,起重量减小。

2. 汽车式起重机

汽车式起重机是将起重机构安装于普通载重汽车或专用汽车底盘上的一种自行式回转起重机(见图 6-2)。其优点是行驶速度快,能迅速转移,对路面破坏性很小;缺点是吊重物时须支腿,因而无法负重行驶。汽车式起重机型号性能见表 6-2。

码 6-1　汽车式起重机

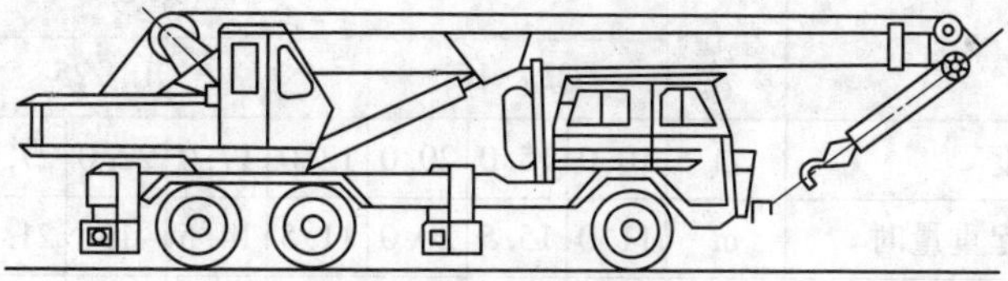

图 6-2　汽车式起重机

表 6-2　汽车式起重机型号性能

参数		单位	型号									
			Q_2-8				Q_2-12			Q_2-16		
起重臂长度		m	6.95	8.50	10.15	11.70	8.5	10.8	13.2	8.80	14.40	20.0
起重半径	最小起重半径时	m	5.5	7.5	9.0	10.5	6.4	7.8	10.4	7.4	12.0	14.0
	最大起重半径时	m	3.2	3.4	4.2	4.9	3.6	4.6	5.5	3.8	5.0	7.4
起重量	最小起重半径时	t	6.7	6.7	4.2	3.2	12.0	7.0	5.0	16.0	8.0	4.0
	最大起重半径时	t	1.5	1.5	1.0	0.8	4.0	3.0	2.0	4.0	1.0	0.5
起重高度	最小起重半径时	m	9.2	9.2	10.6	12.0	8.4	10.4	12.8	8.4	14.1	19.0
	最大起重半径时	m	4.2	4.2	4.8	5.2	5.8	8.0	8.0	4.0	7.4	14.2

3. 轮胎式起重机

轮胎式起重机是将起重机构安装于加重型轮胎和轮轴组成的特制底盘上的全回转起重机(见图 6-3)。吊装时常用四个支腿支撑保证机身稳定。轮胎式起重机性能见表 6-3。

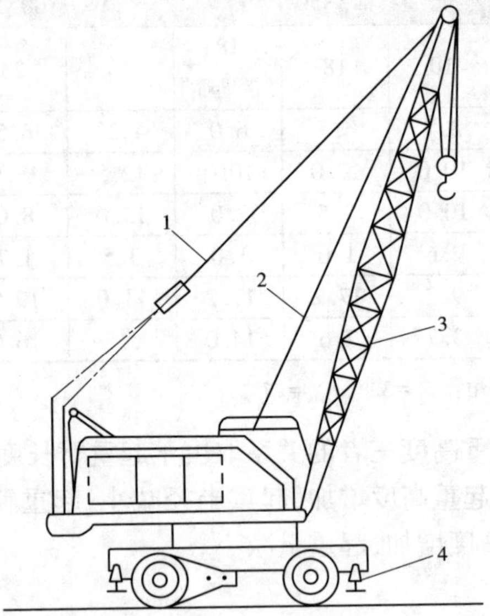

1—变幅索;2—起重索;3—起重杆;4—支腿。

图 6-3　轮胎式起重机

表 6-3　轮胎式起重机性能

参数			单位	型号									
				QL_3-16			QL_3-25					QL_1-16	
起重臂长度			m	10.0	15.0	20.0	12.0	17.0	22.0	27.0	32.0	10.0	15.0
起重半径	最小起重量时		m	11.0	15.5	20.0	11.5	14.5	19	21.0	21.0	11.0	15.5
	最大起重量时		m	4.0	4.7	8.0	4.5	6.0	7.0	8.5	10.0	4.0	4.7
起重量	最小起重半径时	用支腿	t	16.0	11.0	8.0	25.0	14.5	10.6	7.2	5.0	16.0	11.0
		不用支腿	t	7.5	6.0	—	6.0	3.5	3.4	—	—	7.5	6
	最大起重半径时	用支腿	t	2.8	1.5	0.8	4.6	2.8	1.4	0.8	0.6	2.8	1.5
		不用支腿	t	—	—	—	—	0.5	—	—	—	—	—
起重高度	最小起重半径时		m	8.3	13.2	17.95	—	—	—	—	8.3	8.3	13.2
	最大起重半径时		m	5.3	4.6	6.85	—	—	—	—		5.0	4.6

6.1.2.3　**塔式起重机**

塔式起重机按构造性能可分轨道式、附着式、爬升式和固定式四种。

1. 轨道式塔式起重机

轨道式塔式起重机是在轨道上行走的起重机械,工作范围大,适用于结构吊装或材料仓库装卸等。

2. 附着式塔式起重机

附着式塔式起重机(见图 6-4)固定于建筑物近旁钢筋混凝土基础,随建筑物升高,利用液压自升系统逐步顶升塔顶,接高塔身。为减少塔身计算长度,应每隔 20 m 左右将塔身与建筑物用锚固装置联结起来。附着式塔式起重机主要技术性能见表 6-4。

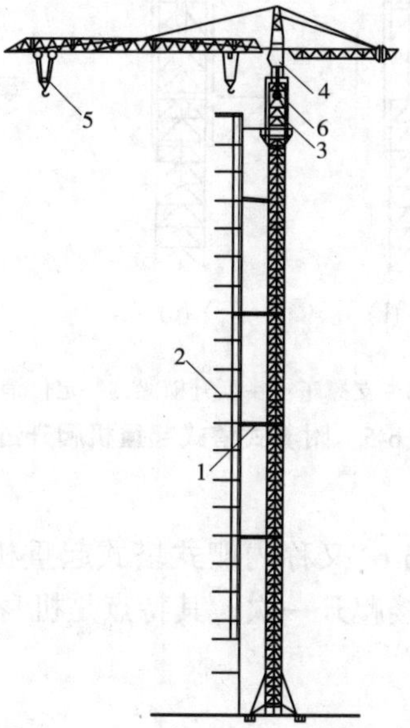

码 6-2　塔式起重机

1—撑杆;2—建筑物;3—标准节;4—操纵室;5—起重小车;6—顶升套架。

图 6-4　附着式塔式起重机

表 6-4　附着式塔式起重机主要技术性能

型号		QTZ20	QTZ40	QTZ80	QT_4-10
起重力矩/(kN · m)		200	400	800	1 600
工作幅度/m	最大	30/33	48	56	35.0
	最小		2.5		3.0
起重量/t	最大工作幅度时		0.7	1.3	3.0
	最大起重量	2.0	4.0	8.0	10.0
起重高度/m	独立工作	26.5	29	45	
	附着式	50	120	180	160.0
起升速度/(m/min)			60/40/7	64/32/7	80/160
回转速度/(r/min)			0~0.73	0~0.6	0.47
变幅速度/(m/min)			33/22	0~42	18.0

附着式塔式起重机液压顶升系统主要包括顶升套架、长行程液压千斤顶、支承座、顶升横梁及定位销等。液压千斤顶缸体装于塔式起重机上部结构的底端支承座上,活塞杆

通过顶升横梁支撑在塔身顶部。附着式塔式起重机爬升过程见图 6-5。

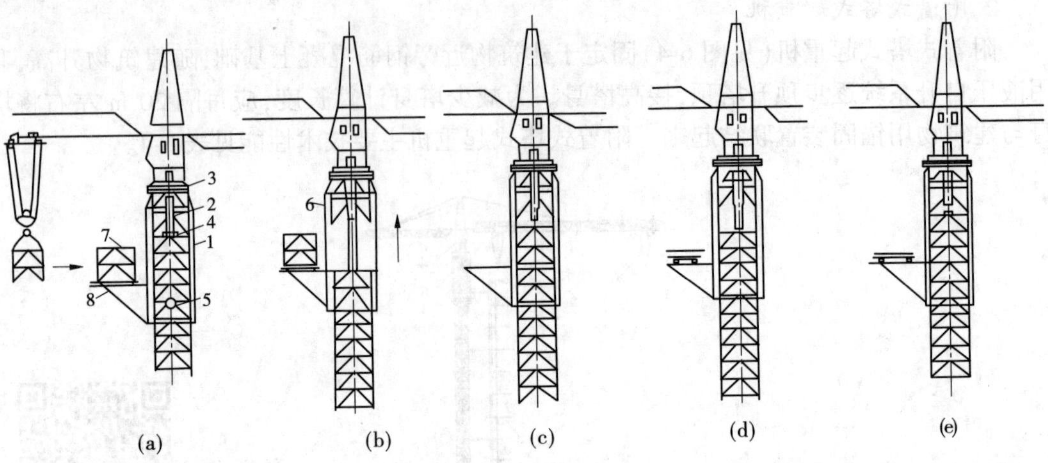

1—顶升套架;2—长行程液压千斤顶;3—支撑座;4—顶升横梁;5—定位销;6—过渡节;7—标准节;8—摆渡小车。

图 6-5 附着式塔式起重机爬升过程

3. 爬升式塔式起重机

爬升式塔式起重机(见图 6-6)又称内爬式塔式起重机,主要安装于建筑物内部框架或电梯间结构上,每隔 1~2 层楼爬升一次。其特点是机身体积小,安装简单,适用于现场狭窄的高层建筑结构安装。

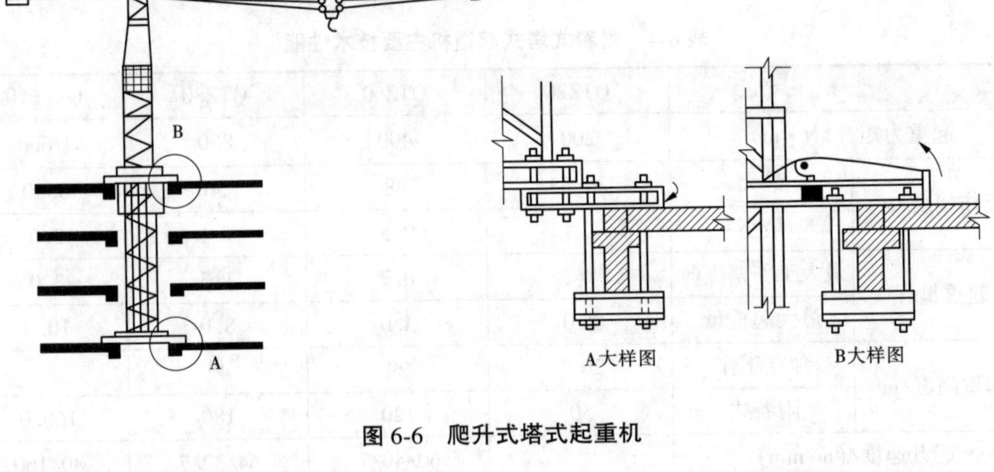

图 6-6 爬升式塔式起重机

爬升式塔式起重机由底座、塔身、塔顶、行走式起重臂、平衡臂等部分组成。起重机爬升过程(见图 6-7)为:固定下支座→提升套架→下支座脱空→提升塔身→固定下支座。

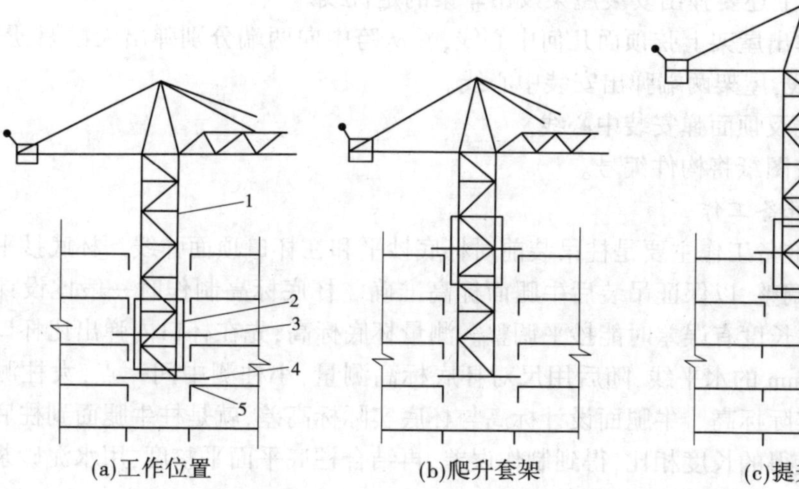

1—塔身;2—套架;3—套架梁;4—塔身底座梁;5—建筑物楼盖梁。

图 6-7　爬升过程示意

任务 2　混凝土结构安装施工

任务导航

本任务要求掌握单层工业厂房结构吊装施工方法、工艺标准及质量检验要求;掌握多层工业厂房结构吊装方法、工艺标准及质量检验要求。

6.2.1　钢筋混凝土排架结构单层工业厂房结构吊装

6.2.1.1　准备工作

准备工作内容包括清基(场地清理)、道路修筑、基础准备、构件运输、堆放、拼装加固、检查清理、弹线、编号及吊装机具准备等。

1. 构件检查与清理

为保证施工质量,结构吊装前,应对所有构件进行全面检查。

(1)构件强度检查。构件吊装时混凝土强度应不低于设计强度标准值的 75%,对一些大跨度构件,如屋架则应达 100%。

(2)检查构件外形尺寸、预埋件位置及大小。

(3)检查构件表面有无损伤、缺陷、变形、裂缝等。预埋件如有污物,应清除,以免影响拼装及焊接。

(4)检查吊环及其位置。

2. 构件弹线与编号

对每个构件弹安装定位墨线和校正用墨线,作为构件安装、对位、校正的依据。

(1)柱。柱身三面弹安装中心线,此中心线与柱基杯口面上的安装中心线吻合。此外，柱顶与牛腿面上还要弹出安装屋架及吊车梁的定位线。

(2)屋架。弹出屋架上弦顶面几何中心线，并从跨中向两端分别弹出天窗架、屋面板或檩条安装定位线，屋架两端弹出安装中心线。

(3)梁。两端及顶面弹安装中心线。

(4)编号。按图纸将构件编号。

3. 杯形基础准备工作

杯形基础的准备工作主要是柱吊装前对杯底抄平和在杯口顶面弹线。杯底抄平是对杯底标高检查和调整，以保证吊装后牛腿面标高准确。杯底标高制作时一般比设计要求低 50 mm，以便柱长度有误差时能抄平调整。测量杯底标高，先在杯口内弹出比杯口顶面设计标高低 100 mm 的水平线，随后用尺对杯底标高测量，小柱测中间一点，大柱测四个角点，得出杯底实际标高。牛腿面设计标高与杯底实际标高差，就是柱牛腿面到柱底的应有长度，与实际量得的长度相比，得到制作误差，再结合柱底平面平整度，用水泥砂浆或细石混凝土将杯底抹平，垫至所需标高。

基础顶面弹线要根据厂房定位轴线测出，并与柱安装中心线相对应。一般在基础顶面弹十字交叉安装中心线，并画上红三角形。

4. 构件运输

一些重量不大但数量很多的构件，可在预制厂制作，用汽车运到工地。构件运输要保证构件不变形、不损坏、不缺棱掉角。构件混凝土强度达设计强度的 75%时方可运输。构件支垫位置要正确，要符合受力情况，上下垫木要位于同一垂线。构件运输顺序及卸车位置应按施工组织设计，避免构件二次搬运、二次就位。

5. 构件堆放

构件堆放场地应平整密实，并按设计的受力情况搁置于垫木或支架上。重叠堆放时一般梁可堆叠 2~3 层，大型屋面板不超过 6 块，空心板不宜超过 8 块。构件吊环向上，标志向外。

6.2.1.2　构件吊升方法及技术要求

单层工业厂房结构主要构件有柱、吊车梁、屋架、天窗架、屋面板和连系梁等。

吊装工序：绑扎→吊升→就位→临时固定→校正→最后固定。

码 6-3　柱安装

1. 柱的吊装

1)绑扎

绑扎柱的吊具有吊索、卡环等。为高空脱钩方便，应尽量用活络式卡环。为了避免起吊时吊索磨损柱表面，一般在吊索和柱之间垫以麻袋等。柱绑扎按起吊后柱身是否垂直，可分为斜吊绑扎法和直吊绑扎法。柱绑扎按绑扎点及牛腿数量可分为一点绑扎法、两点绑扎法和三面牛腿绑扎法等。柱绑扎位置和点数，根据柱形状、断面、长度、配筋和起重机性能等确定。中小型柱可一点绑扎；重型柱或配筋少而细长的柱(如抗风柱)，需两点绑扎，且吊索合力点应偏向柱重心上部。一点绑扎时，绑扎点位置常为牛腿下 200 mm 处。工字形截面和双肢柱绑扎点选实心处，否则应在绑扎位置用方木垫平。

(1)一点绑扎斜吊法(见图 6-8)。这种方法不需要翻动柱，但柱平放起吊时抗弯强度须满足要求。柱吊起后呈倾斜状态,因吊索歪在柱的一边,起重钩低于柱顶,因此起重臂可短些。

(2)一点绑扎直吊法。柱宽度方向抗弯能力不足时,可在吊装前将柱翻身后再起吊(见图6-9)。起吊后,铁扁担跨在柱顶上,柱身呈直立状态,便于插入杯口。但需要较大起吊高度。

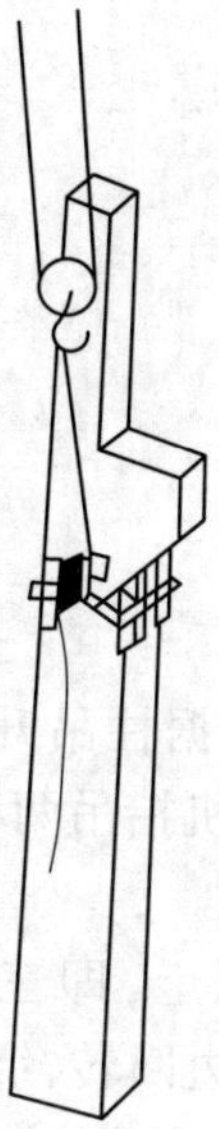

图6-8　一点绑扎斜吊法

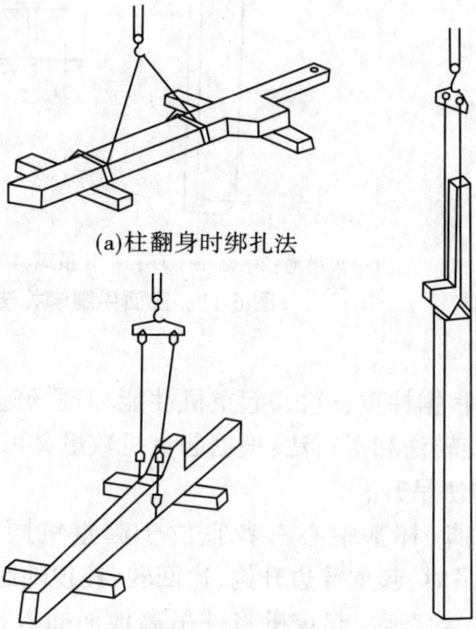

(a)柱翻身时绑扎法

(b)柱直吊时绑扎法　(c)柱的吊升

图6-9　一点绑扎直吊法

(3)两点绑扎法。柱身较长,一点绑扎时柱抗弯能力不足时可用两点绑扎法(见图6-10)。

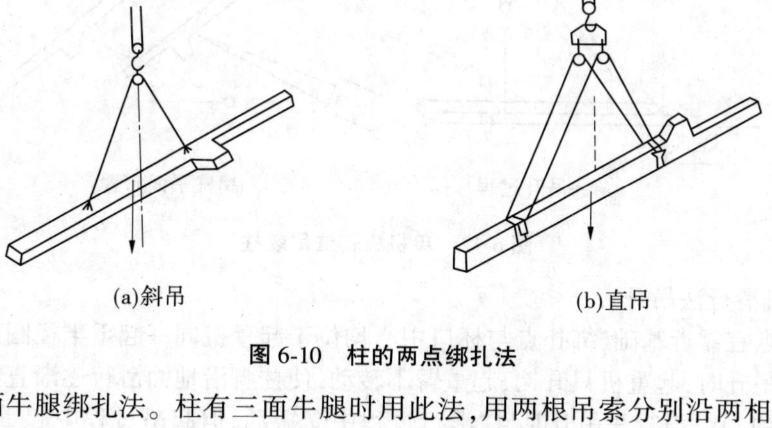

(a)斜吊　(b)直吊

图6-10　柱的两点绑扎法

(4)三面牛腿绑扎法。柱有三面牛腿时用此法,用两根吊索分别沿两相对柱角吊起(见图6-11)。

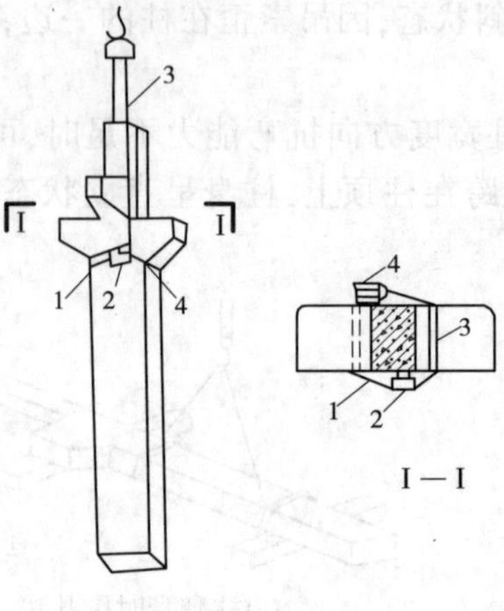

1—短吊绳;2—活络卡环;3—长吊绳;4—普通卡环。

图 6-11　三面牛腿绑扎法

2) 吊升

柱吊升方法,根据柱重、桩长、起重机性能和现场施工条件而定。根据柱吊升过程中的运动特点分为旋转法和滑行法;根据起重机数量又可分单机吊升和双机抬吊两种。

(1) 单机旋转法吊升。

柱绑扎点、柱脚、杯基中心三者宜位于起重机同一工作幅度圆弧上,即三点共弧(见图 6-12)。起吊时,起重臂边升钩,边回转,柱顶随起重钩运动,边升边回转,绕柱脚旋转起吊。柱呈直立状态后,起重机将柱吊离地面插入杯口。旋转法吊升柱振动小、效率高,但对起重机机动性要求高。用履带式、汽车式、轮胎式等起重机时,宜用此法。为提高效率,柱运输到现场后卸车摆放时可将柱脚靠近基础杯口。

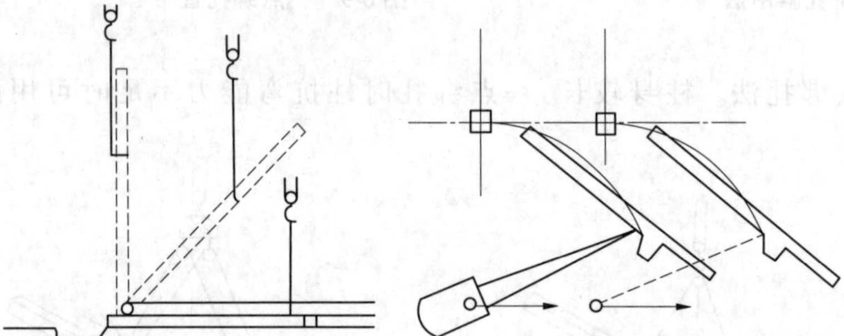

(a)柱吊升过程　　(b)柱平面布置

图 6-12　单机旋转法吊装柱

(2) 单机滑行法吊升。

柱绑扎点宜靠近基础,绑扎点与杯口中心均位于起重机同一起重半径圆弧上,即两点共圆弧。柱吊升时,起重机只升钩,起重臂不转动,使柱脚沿地面滑行逐渐直立,然后插入杯口(见图 6-13)。滑行法吊升时,柱滑行过程中受振动,但起吊过程中起重机只需升钩一个动作。用独脚拔杆、人字拔杆吊升柱时常用此法。另外,对长而重的柱,为便于构件布置和吊升,也常用此法。

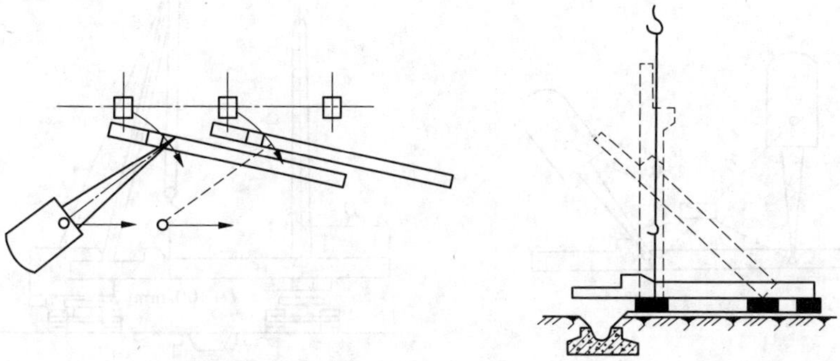

(a)平面布置 (b)滑行过程

图 6-13 单机滑行法吊装柱

(3)双机抬吊旋转法。

对重型柱,一台起重机吊不起来,可用两台起重机抬吊。用旋转法双机抬吊时,应两点绑扎,一台起重机抬上吊点,另一台起重机抬下吊点。双机将柱抬至离地面一定距离(为下吊点到柱脚距离+300 mm)时,上吊点的起重机将柱上部逐渐提升,下吊点不需再提升,使柱呈直立状态后旋转起重臂使柱脚插入杯口(见图 6-14)。为提高效率,柱运输到现场后卸车摆放时可将柱脚靠近基础杯口。

(4)双机抬吊滑行法。

柱一点绑扎,绑扎点靠近基础。起重机在柱基础两侧,两台起重机在柱同一点绑扎吊升,柱脚沿地面滑向基础,呈直立状态后,将柱脚插入基础杯口(见图 6-15)。

3)就位和临时固定

柱就位时,一般柱脚插入杯口后应悬停于杯底上 30~50 mm 处。对位时用 8 只木楔或钢楔从柱四边放入杯口,并用撬棍撬动柱脚,使柱安装中心线对准杯口上的安装中心线,并使柱基本保持垂直。柱对位后,应先把楔块略打紧,再放松吊钩,检查柱沉至杯底后对中情况,若满足要求,即打紧楔块,将柱临时固定。吊装重型柱或细长柱时,除按上述方法临时固定外,必要时应增设缆绳拉锚。

4)校正和最后固定

柱校正包括平面位置校正和垂直校正。平面位置校正一般临时固定时已校好。垂直度偏差检查是用两台经纬仪从柱相邻两面观察柱安装中心线是否垂直。垂直度偏差要满足要求。若超过允许偏差值,可用钢管撑杆校正法、千斤顶校正法等校正(见图 6-16)。

柱的最后固定,是用细石混凝土灌实柱与杯口的空隙。

2. 吊车梁吊装

吊车梁吊装应在柱杯口第二次浇筑混凝土达设计强度值的 75%后进行。

1)绑扎、吊升、就位与临时固定

吊车梁绑扎应两点绑扎,对称起吊,吊钩应对称于梁重心,以使梁吊起后保持水平,梁两端拴溜绳控制,以免吊升过程中碰撞柱或摆动过大。

吊车梁对位后,不宜用撬棍沿纵轴方向撬动,因柱此方向刚度较差,过分撬动会使柱

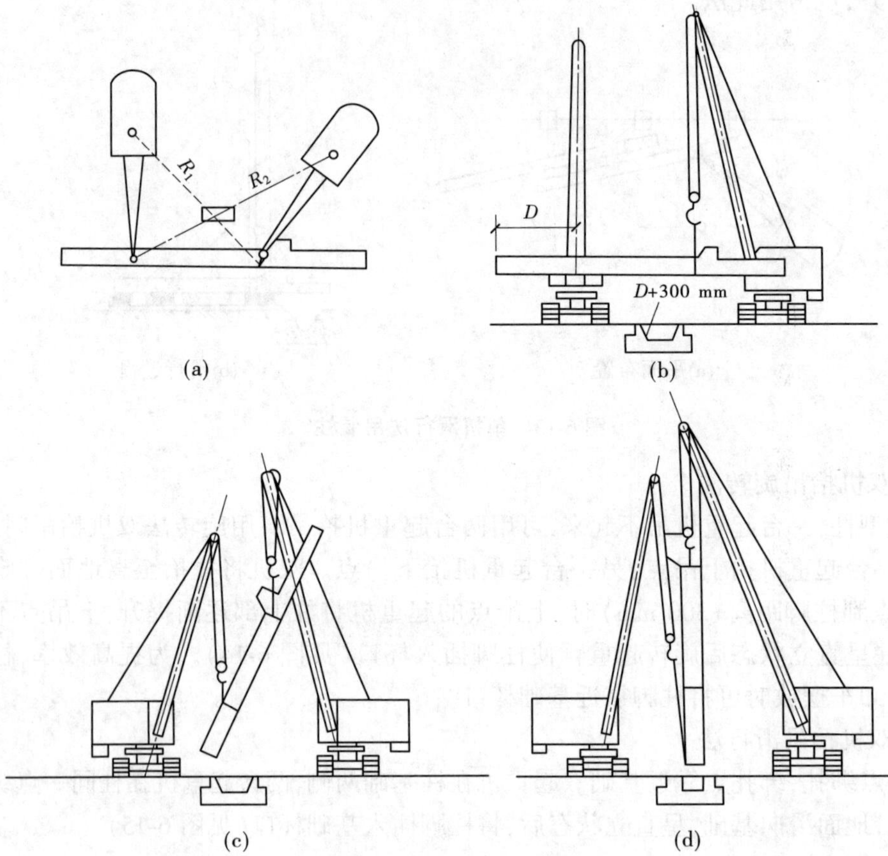

图 6-14　双机抬吊旋转法

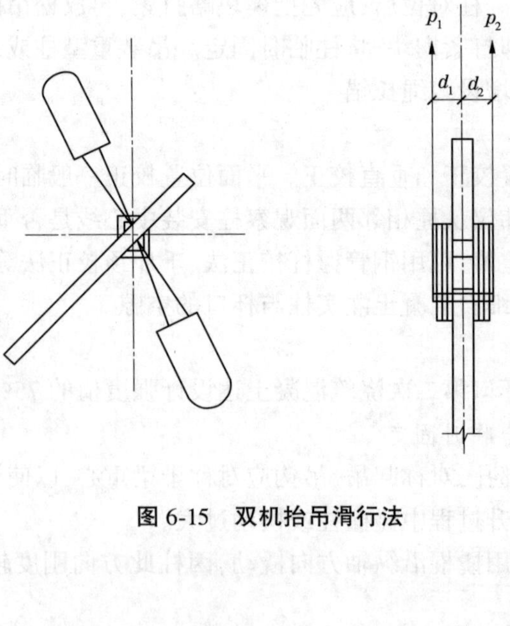

图 6-15　双机抬吊滑行法

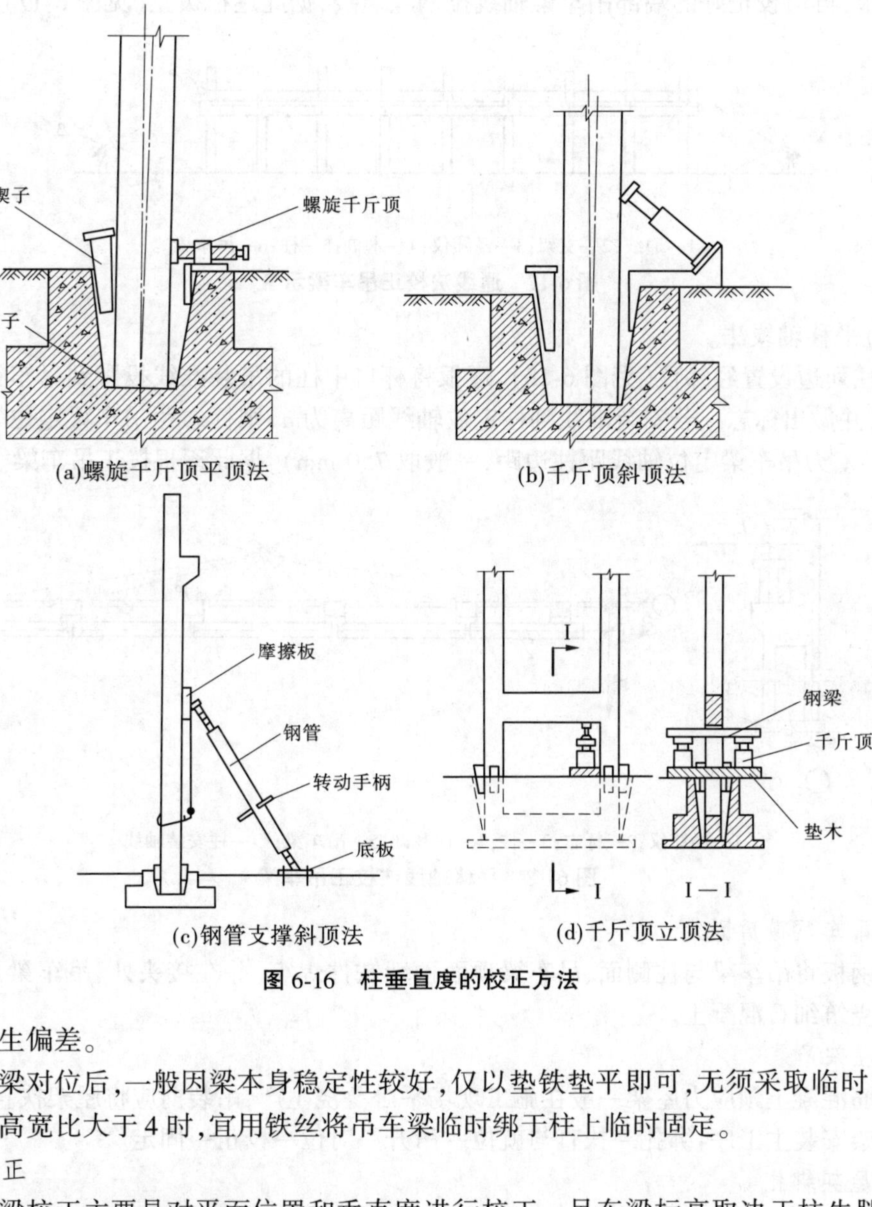

图6-16　柱垂直度的校正方法

身弯曲产生偏差。

吊车梁对位后，一般因梁本身稳定性较好，仅以垫铁垫平即可，无须采取临时固定措施。但梁高宽比大于4时，宜用铁丝将吊车梁临时绑于柱上临时固定。

2)校正

吊车梁校正主要是对平面位置和垂直度进行校正。吊车梁标高取决于柱牛腿标高，柱吊装时已调校。如仍存在偏差，可待安装吊车轨道时调整。

吊车梁校正一般在屋面构件安装校正并最后固定后进行。因为安装屋架、支撑等构件时，可能引起柱偏差影响吊车梁的准确位置。但对重量大的吊车梁，脱钩后撬动比较困难，应边吊边校正。吊车梁垂直度校正一般用吊线锤吊垂线(或经纬仪)检查，如有偏差，在梁的支座处垫薄钢板调整。吊车梁平面位置校正常用通线法和平移轴线法。

(1)通线法。

根据柱定位轴线，在车间两端地面用木桩定出吊车梁定位轴线位置，并设置经纬仪。先用经纬仪将车间两端四根吊车梁位置校正准确，用钢尺检查两列吊车梁之间跨距是否满足要求，再沿校正好的端部吊车梁轴线拉钢丝通线，据此逐根拨正（见图 6-17）。

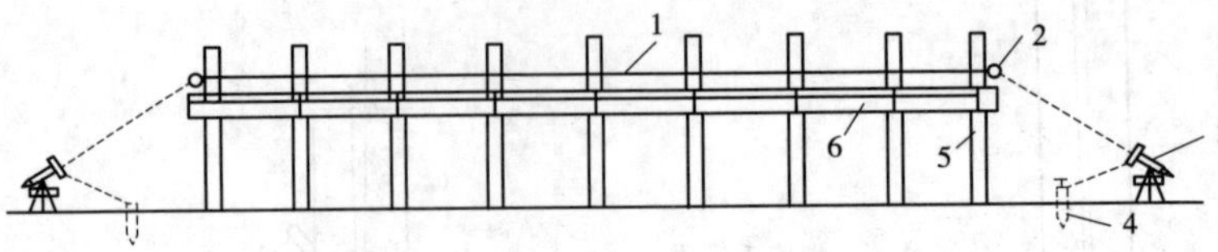

1—通线；2—支架；3—经纬仪；4—木桩；5—柱；6—吊车梁。

图 6-17 通线法校正吊车梁示意

（2）平移轴线法。

在柱列边设置经纬仪（见图 6-18），逐根将杯口中柱的吊装准线投影到吊车梁顶面处柱身上，并做出标志。若安装准线到柱定位轴线距离为 a，则标志距吊车梁定位轴线应为 $\lambda-a$（注：λ 为吊车梁定位轴线距柱边距，一般取 750 mm），据此逐根拨正吊车梁。

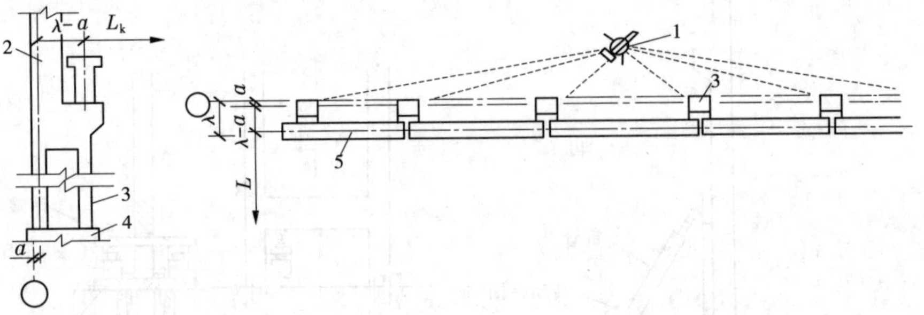

1—经纬仪；2—标志；3—柱；4—柱基础；5—吊车梁；○—柱安装轴线。

图 6-18 平移轴线法校正吊车梁

3）吊车梁最后固定

用钢板将吊车梁与柱侧面、吊车梁顶面预埋铁件焊牢，并在接头处、吊车梁与柱空隙处支模浇筑细石混凝土。

3. 屋架吊装

钢筋混凝土预应力屋架一般在施工现场平卧叠浇生产，吊装前应将屋架扶直、就位。

屋架安装主工序：绑扎→扶直与就位→吊升→对位→校正→固定。

1）屋架绑扎

（1）屋架绑扎点应选在屋架上弦节点处，左右对称于屋架重心。

（2）一般屋架跨度小于 18 m 时两点绑扎；屋架跨度大于 18 m 时四点绑扎；屋架跨度大于 30 m 时，应考虑使用铁扁担，以减少绑扎高度；对刚性较差的组合屋架，因下弦不能承受压力，也用铁扁担四点绑扎。

（3）屋架绑扎时吊索与水平面夹角不宜小于 45°，否则应用铁扁担，以减少屋架起重高度或减少屋架所承受的压力（见图 6-19）。

2）屋架的扶直与就位

按照起重机与屋架预制时相对位置的不同，屋架扶直有正向扶直和反向扶直两种。

（1）正向扶直。起重机位于屋架下弦杆一边，吊钩对准上弦中点，收紧吊钩后略起臂

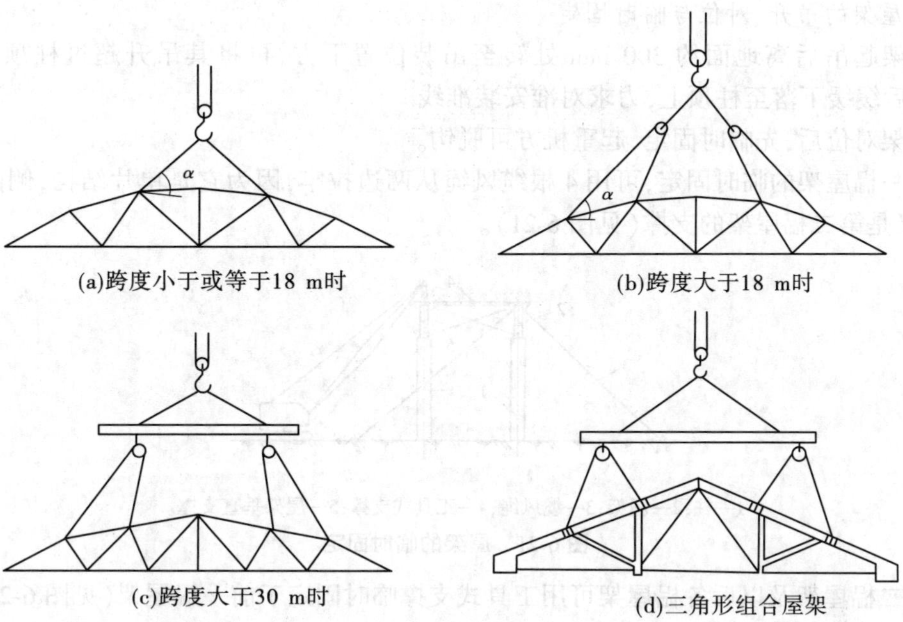

图 6-19　屋架绑扎方法

使屋架脱模,然后升钩并起臂使屋架绕下弦旋转呈直立状态[见图 6-20(a)]。

(2)反向扶直。起重机位于屋架上弦一边,吊钩对准上弦中点,收紧吊钩,接着升钩并降臂,使屋架绕下弦旋转至直立状态[见图 6-20(b)]。

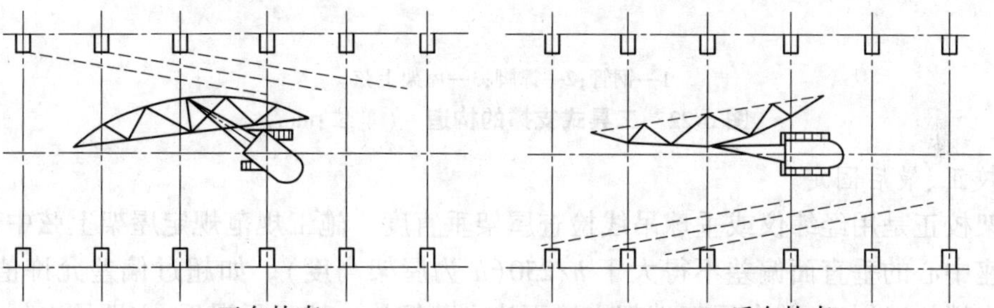

图 6-20　屋架的扶直与就位

正向扶直与反向扶直不同之处在于前者升臂,后者降臂。升臂比降臂易于操作且比较安全,故应尽可能用正向扶直。

钢筋混凝土屋架侧向刚度差,扶直时因自重作用使屋架产生平面弯曲,部分杆件将改变应力情况,特别是下弦杆极易扭曲造成屋架损伤。因此,吊前应验算吊装应力,如截面强度不足,须加固。

屋架扶直后应按规定位置就位。屋架就位位置与起重机性能和安装方法有关。屋架就位位置与屋架预制位置在起重机开行路线同一侧时,称同侧就位。屋架就位位置与屋架预制位置分别在起重机开行路线各一侧时,叫异侧就位。

3) 屋架的吊升、对位与临时固定

屋架起吊后离地面约 300 mm 处转至吊装位置下方,再将其吊升超过柱顶约 300 mm,然后缓缓下落至柱顶上,力求对准安装准线。

屋架对位后,先临时固定,起重机方可脱钩。

第一榀屋架的临时固定,可用 4 根缆风绳从两边拉牢,因为它是单片结构,侧向稳定性差,又是第二榀屋架的支撑(见图 6-21)。

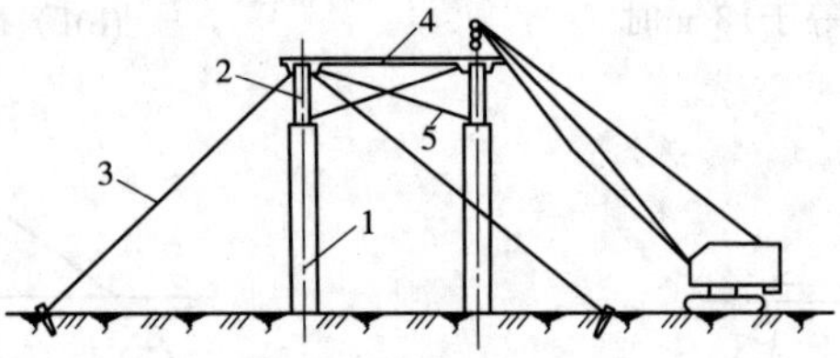

1—柱;2—屋架;3—缆风绳;4—工具式支撑;5—屋架垂直支撑。

图 6-21　屋架的临时固定

第二榀屋架及以后各榀屋架可用工具式支撑临时固定于前一榀屋架(见图 6-22)。

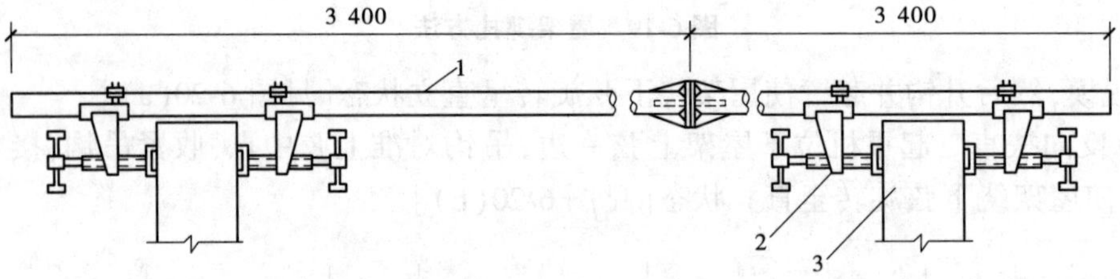

1—钢管;2—撑脚;3—屋架上弦。

图 6-22　工具式支撑的构造　(单位:mm)

4) 校正、最后固定

屋架校正是用经纬仪或垂球吊线检查屋架垂直度。施工规范规定屋架上弦中部对通过两支座中心的垂直面偏差不得大于 $h/250$(h 为屋架高度)。如超过偏差允许值,应用工具式支撑加以纠正,并在屋架端部支撑面垫入薄钢片。校正无误后,立即用电焊焊牢做最后固定。

4. 屋面板吊装

屋面板 4 个角一般埋有吊环。用 4 根带吊钩的吊索吊升。吊索应等长且拉力相等,屋面板保持水平。屋面板吊装顺序应从两边檐口对称地铺向屋脊,以免屋架承受半边荷载作用。

屋面板就位后应立即用电焊固定,每块屋面板可焊三点,最后一块只能焊两点。

6.2.1.3　结构吊装方案

结构吊装方案须解决起重机选择、结构安装方法、起重机开行路线及停机位置等问题。

1. 起重机选择

1) 起重机类型选择原则

(1) 对中小型厂房结构,采用自行式起重机吊装比较合理。

(2) 厂房结构高度和长度较大时,可用塔式起重机吊装屋盖结构。

(3) 缺乏自行式起重机的场合,可用桅杆式起重机吊装。

(4) 大跨度重型工业厂房,应结合设备安装来选择起重机类型。

(5) 一台起重机无法吊装时,可用两台起重机抬吊。

2) 起重机型号和起重臂长度的选择

所选起重机三个主要参数须满足结构吊装要求。

(1) 起重量。

起重机起重量须满足:

$$Q \geqslant Q_1 + Q_2 \tag{6-1}$$

式中　Q——起重机起重量,t;

Q_1——构件质量,t;

Q_2——吊索质量,t。

(2) 起重高度。

起重机起重高度 H 须满足构件吊装要求(见图 6-23),可按式(6-2)计算:

$$H > h_1 + h_2 + h_3 + h_4 \tag{6-2}$$

式中　H——起重机起重高度,m;

h_1——安装支座表面高度,m,从停机面算起;

h_2——安装空隙,不小于 0.3 m;

h_3——绑扎点至构件吊起底面距离,m;

h_4——索具高度,自绑扎点至吊钩中心距离,m。

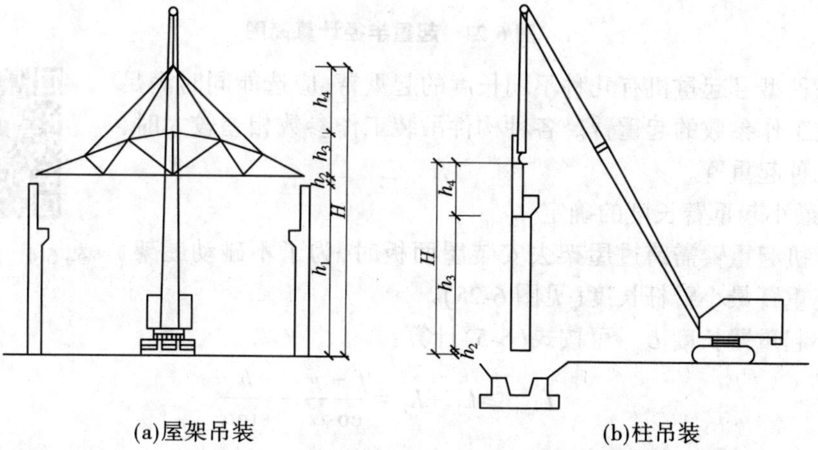

(a)屋架吊装　　(b)柱吊装

图 6-23　履带式起重机起吊高度计算简图

(3)起重半径。

起重机不受场地限制时,可不验算起重半径;起重机受场地限制不能靠近安装位置去吊装构件时,则应验算起重半径。起重机起重半径(见图 6-24)为一定值时,起重量和起重半径是否满足吊装构件要求,一般根据所需起重量、起重高度值选择起重机型号,再按式(6-3)计算:

$$R_{min} = F + D + 0.5b \tag{6-3}$$

式中 F——起重机枢轴中心距回转中心距离,m;

b——构件宽度,m;

D——起重机枢轴中心距所吊构件边缘距离,m,可按式(6-4)计算:

$$D = g + (h_1 + h_2 + h'_3 - E)\cot\alpha \tag{6-4}$$

式中 g——构件上口边缘与起重臂水平间隙,不小于 0.5 m;

E——吊杆枢轴心距地面高度,m;

α——起重臂倾角;

h'_3——所吊构件高度,m;

其他符号意义同前。

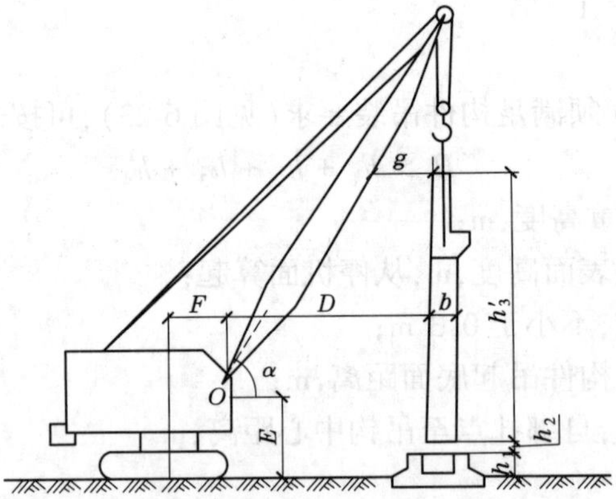

图 6-24 起重半径计算简图

同一种型号起重机有几种不同长度的起重臂,应选能同时满足三个吊装工作参数的起重臂。各种构件吊装工作参数相差较大时,可选择几种起重臂。

码 6-4 起重臂长度

(4)最小起重臂长度的确定。

起重机起重臂需跨过屋架去安装屋面板时,为了不碰动屋架,需求出起重臂最小臂杆长度(见图 6-25)。

最小起重臂长度 L_{min} 可按式(6-5)计算:

$$L_{min} \geqslant L_1 + L_2 = \frac{f+g}{\cos\alpha} + \frac{h}{\sin\alpha} \tag{6-5}$$

式中 L_{min}——起重臂最小长度,m;

h——起重臂下铰至屋面板吊装支座高度,m,$h = h_1 - E$;

h_1——停机面至屋面板吊装支座高度,m;

f——吊钩需跨过已安装好结构的距离，m；

g——起重臂轴线与已安装好结构间水平距离，至少取 1 m。

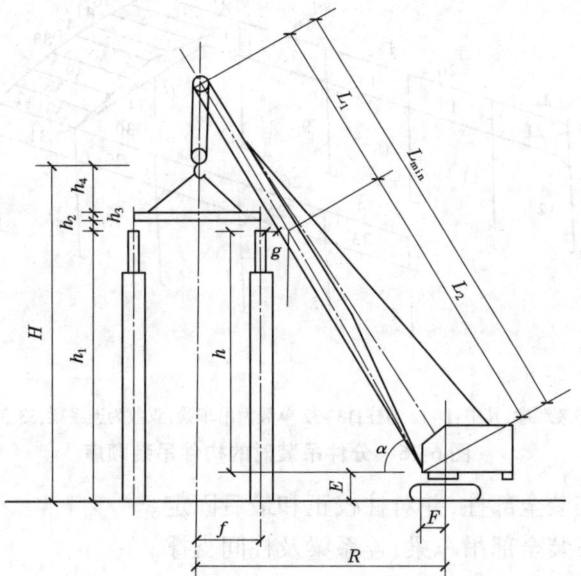

图 6-25　用数解法求最小起重臂长度

为使起重臂长度最小，需对式(6-5)进行一次微分，并令 $\frac{dL}{d\alpha}=0$，即可求出 $\alpha=\arctan\sqrt[3]{\frac{h}{f+g}}$，代入式(6-5)即可得 L_{min} 理论值。

码 6-5　屋架及屋面板安装

(5)起重机数量确定。

起重机数量可按式(6-6)计算：

$$N=\frac{1}{TCK}\sum\frac{Q_i}{P_i} \tag{6-6}$$

式中　N——起重机台数；

T——工期，d；

C——每天工作班数；

K——时间利用系数，一般取 0.8~0.9；

Q_i——每种构件安装工程量，件或 t；

P_i——起重机相应产量定额，件/台班或 t/台班。

此外，决定起重机数量时还应考虑构件装卸和就位工作的需要。

如起重机数量已定，可按式(6-6)计算所需工期或每天工作班数。

2. 结构安装方法

单层厂房结构安装方法主要有分件安装法和综合安装法两种。

1）分件安装法

分件安装法指起重机在车间内每开行一次仅安装一种或两种构件，通常分三次开行

(见图 6-26)。

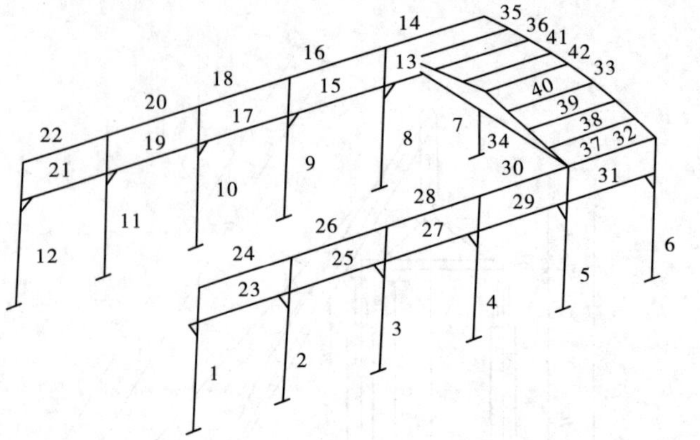

注:图中数字表示构件吊装顺序,其中:1~12 为柱;13~32 单数为吊车梁,双数为连系梁;33、34 为屋架;35~42 为屋面板。

图 6-26 分件吊装时的构件吊装顺序

第一次开行:安装全部柱,并对柱校正和最后固定。

第二次开行:安装全部吊车梁、连系梁及柱间支撑。

第三次开行:分节间安装屋架、天窗架、屋面板及屋面支撑等。

分件安装法优点是每次吊装同类构件,不需频繁更换索具,操作程序基本相同,所以安装速度快,并有充分时间校正;构件可分批进场,供应单一平面布置较容易,现场不拥挤。缺点是不能为后续工程及早提供工作面,起重机开行路线长,多用于装配式钢筋混凝土单层工业厂房安装。

2) 综合安装法

综合安装法指起重机在车间内开行中,分节间安装所有各类型构件。具体做法是先安装 4~6 根柱,立即加以校正和最后固定,接着安装吊车梁、连系梁、屋架、屋面板等构件。安装完一个节间所有构件后,转入下一个节间安装其所有构件。

综合安装法的优点是开行路线短,起重机停机点少,可为后期工程及早提供工作面,使各工种能交叉平行流水作业;其缺点是一种机械同时吊装多类型构件,现场拥挤,校正困难。

3. 起重机开行路线及停机位置

起重机开行路线和停机位置与起重机性能、构件尺寸及重量、构件平面布置、构件供应方式、安装方法等许多因素有关。用分件安装时,起重机开行路线如下:

(1) 柱吊装时应视跨度大小、柱尺寸、重量及起重机性能,可沿跨中开行或跨边开行(见图 6-27)。

起重半径 $R \geqslant L/2$(L 为厂房跨度)时,起重机在跨中开行,每个停机点吊 2 根柱[见图 6-27(a)]。

起重半径 $R \geqslant \sqrt{(L/2)^2 + (b/2)^2}$($b$ 为柱距)时,起重机跨中开行,每个停机点吊 4 根柱[见图 6-27(b)]。

$R < L/2$ 时,起重机沿跨边开行,每个停机点吊 1 根柱[见图 6-27(c)]。

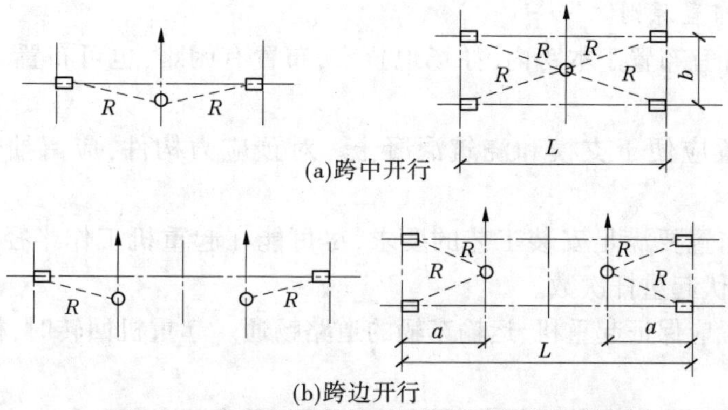

图 6-27　起重机吊装柱时开行路线及停机位置

当 $R \geqslant \sqrt{a^2+(b/2)^2}$（$a$ 为开行路线到跨边的距离）时，起重机在跨内靠边开行，每个停机点可吊 2 根柱［见图 6-27(d)］。

柱布置于跨外时，起重机在跨外开行，每个停机点可吊 1~2 根柱。

(2)屋架扶直就位及屋盖系统吊装时，起重机在跨中开行。

如图 6-28 所示是单跨厂房用分件吊装法时起重机开行路线及停机位置。起重机从 A 轴线进场，沿跨外开行吊装 A 列柱，再沿 B 轴线跨内开行吊装 B 轴列柱，然后转到 A 轴线扶直屋架并将其就位，再转到 B 轴线吊装 B 列吊车梁、连系梁，随后转到 A 轴线吊装 A 列吊车梁、连系梁，最后转到跨中吊装屋盖系统。

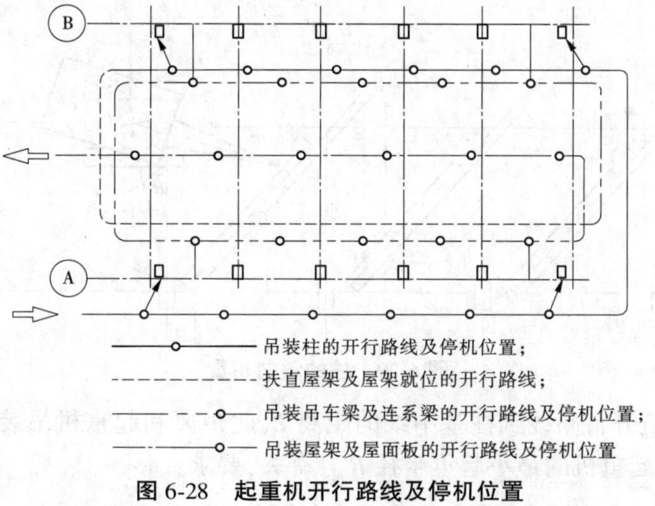

图 6-28　起重机开行路线及停机位置

单层厂房面积大或具有多跨结构时，为加快进度，可将建筑物划分若干段，选用多台起重机同时作业。每台起重机可独立作业，完成一个区段全部吊装工作，也可用不同性能起重机协同作业，部分专门吊柱，部分专门吊屋盖系统结构，组织大流水施工。

6.2.1.4　构件的平面布置

构件平面布置与起重机性能、安装方法、构件制作方法有关。选定起重机型号，确定施工方案后，可根据施工现场实际情况制订。

1. 构件平面布置原则

(1)每跨构件宜布置于本跨内,如场地狭窄,布置有困难,也可布置于跨外便于安装的地方。

(2)构件布置应便于支模和浇筑混凝土。对预应力构件,应留抽管、穿筋的操作场地。

(3)构件的布置要满足安装工艺的要求,尽可能在起重机工作半径内,减少起重机“跑吊”距离及起伏起重杆次数。

(4)构件布置应保证起重机、运输车辆的道路畅通。起重机回转时,机身不得与构件相碰。

(5)构件布置要注意安装时朝向,避免空中调向影响进度和安全。

(6)构件应布置于坚实地基。在新填土上布置时,土需夯实,并采取一定措施防止下沉影响安装质量。

2. 预制阶段构件平面布置

1)柱的布置

柱的布置方式与场地大小、安装方法有关,一般有斜向布置、纵向布置和横向布置三种。

(1)柱的斜向布置。

用旋转法吊装时,可按三点共弧斜向布置,其预制位置可用作图法(见图 6-29),作图步骤如下:

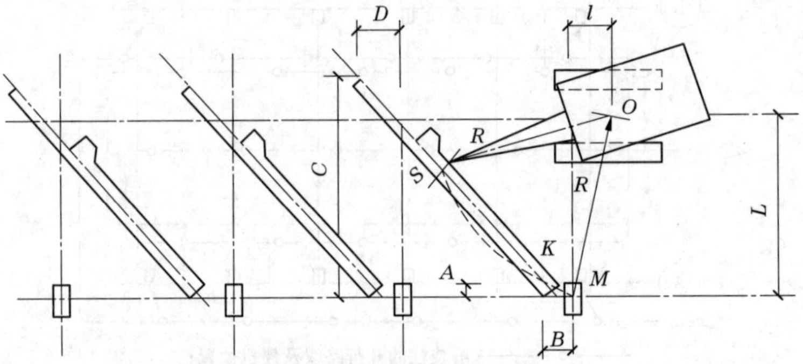

图 6-29　柱的斜向布置

①确定起重机开行路线到柱基中线的距离 L,此距离和起重机吊装柱时与起重机相应的起重半径 R、起重机的最小起重半径 R_{min} 有关,要求:

$$R_{min} < L \leqslant R \tag{6-7}$$

同时,开行路线不要通过回填土地段,不要过分靠近构件,防止起重机回转时碰撞构件。

②确定起重机停机位置。以柱基中心点 M 为圆心,所选起重半径 R 为半径,画弧交开行路线于 O 点,O 点即为安装该柱的停机点。

③确定柱预制位置。以停机点 O 为圆心,OM 为半径画弧,在靠近柱基的弧上选点 K 作柱脚中心点,再以 K 点为圆心,柱脚到吊点的长度为半径画弧,与 OM 半径所画的弧相

交于 S，连 KS 线，得出柱中心线，即可画出柱的模板图。同时量出柱顶、柱脚中心点到柱列纵横轴线的距离 A、B、C、D，作为支模时的参考。

柱的布置应注意牛腿的朝向，避免安装时空中调头，柱布置于跨内时，牛腿应面向起重机；柱布置于跨外时，牛腿应背向起重机。

当场地限制或柱过长，难以做到三点共弧时，可按两点共弧布置。一种是将杯口、柱脚中心点共弧，吊点放在起重半径 R 之外［见图 6-30(a)］，安装时，先用较大的工作幅度 R' 吊起柱，并抬升起重臂，工作幅度变为 R 后，停止升臂，随后用旋转法吊装。另一种是将吊点与柱基中心共弧，柱脚可斜向任意方向［见图 6-30(b)］，吊装时，既可用旋转法，也可用滑行法。

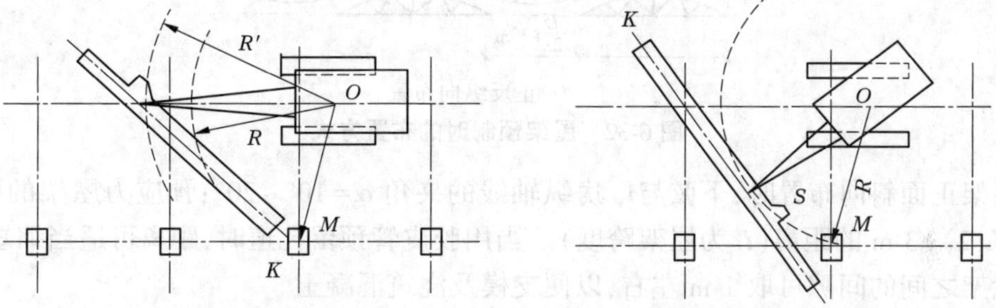

图 6-30　两点共弧布置法

(2) 柱的纵向布置。

对一些较轻的柱起重机能力有富余，考虑到节约场地，方便构件制作，可顺柱列纵向布置(见图 6-31)。

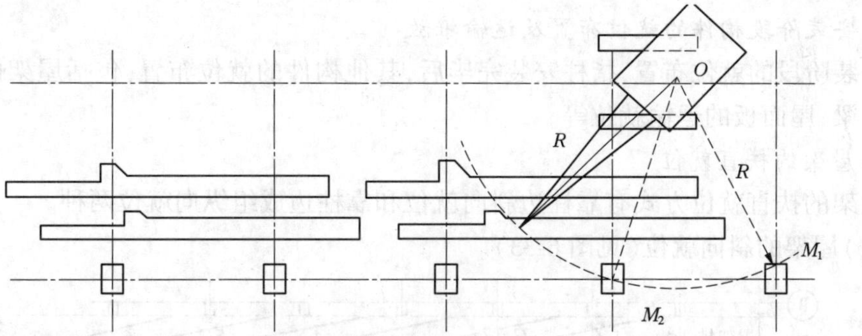

图 6-31　柱的纵向布置

柱纵向布置时，起重机的停机点应安排在两柱基的中点，使 $OM_1 = OM_2$，这样每停机点可吊 2 根柱。

柱可 2 根叠浇生产，层间应涂刷隔离剂，上层柱吊点处需预埋吊环；下层柱则在底模预留砂孔，便于起吊时穿钢丝绳。

2) 屋架的布置

屋架一般在跨内平卧叠浇预制，每叠 3~4 榀，布置方式主要有正面斜向布置、正反斜向布置和正反纵向布置三种(见图 6-32)。其中，优先采用正面斜向布置，它便于屋架扶直就位，只有场地受限时，才用其他方式。

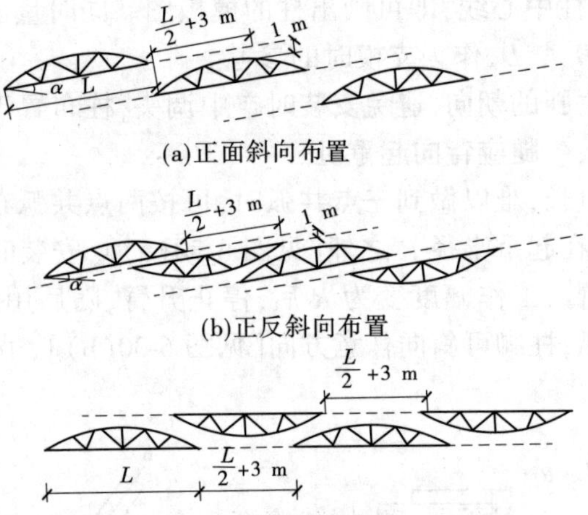

(a)正面斜向布置

(b)正反斜向布置

(c)正反纵向布置

图 6-32　屋架预制时的布置方式

屋架正面斜向布置时，下弦与厂房纵轴线的夹角 $\alpha=10°\sim20°$；预应力屋架的两端应留出($L/2$)+3 m 的距离（L 为屋架跨度）。当用胶皮管预留孔道时，距离可适当缩短。

屋架之间的间隙可取 1 m 左右，以便支模及浇筑混凝土。

布置屋架的预制位置，还须考虑屋架的扶直排放要求及屋架扶直的先后次序，先扶直的放上层。对屋架两端朝向及预埋件位置，也应做标记。

3) 吊车梁的布置

吊车梁于现场预制时，可靠近柱基顺纵向轴线或略倾斜布置，也可插于柱空当中预制，如具备运输条件，也可场外集中预制。

3. 安装阶段构件的就位布置及运输堆放

安装阶段的就位布置，指柱安装完毕后，其他构件的就位布置，包括屋架的扶直就位和吊车梁、屋面板的运输就位等。

1) 屋架的扶直就位

屋架的扶直就位方式有靠柱边斜向就位和靠柱边成组纵向就位两种。

(1) 屋架的斜向就位（见图 6-33）。

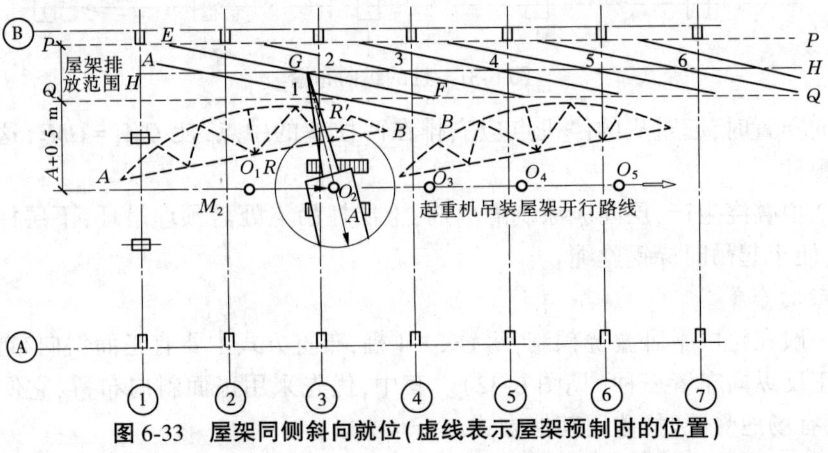

图 6-33　屋架同侧斜向就位（虚线表示屋架预制时的位置）

(2)屋架的纵向就位(见图 6-34)。

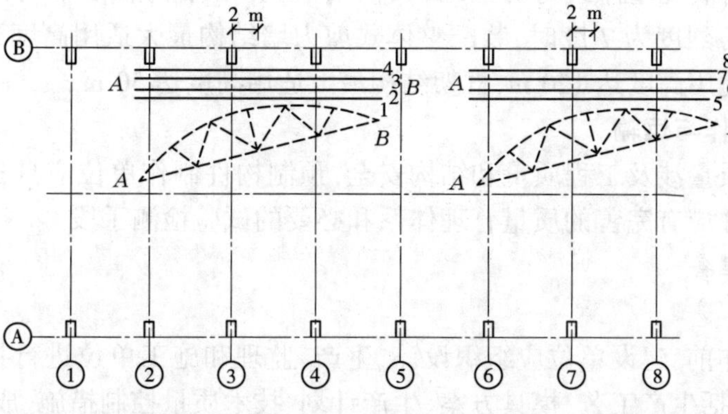

图 6-34　屋架的成组纵向排放(虚线表示屋架预制时的位置)

2)吊车梁、连系梁、屋面板的运输及就位堆放

单层厂房除柱、屋架外,其他构件如吊车梁、连系梁、屋面板均于工厂或现场附近预制场制作,然后运至工地就位吊装。

构件运至工地后,应按施工组织设计规定的位置,按编号和构件吊装顺序集中堆放。吊车梁、连系梁的就位位置,一般在其吊装位置的柱列附近,跨内跨外均可;也可从运输车上直接吊装,无须现场排放。屋面板就位位置,跨内跨外均可(见图 6-35)。

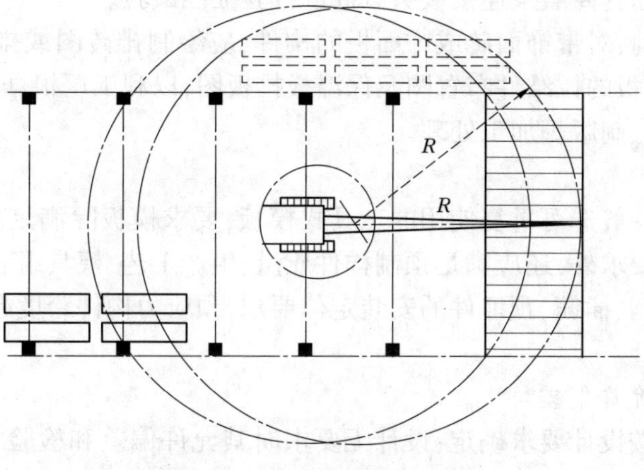

图 6-35　屋面板吊装就位布置

根据起重机吊屋面板时所需起重半径,屋面板跨内排放时,后退 3~4 节开始排放;若跨外排放,后退 1~2 节开始排放。

6.2.2　多层预制装配式混凝土结构施工

多层预制装配式混凝土结构指工厂工业化成批生产单个预制构件(柱、梁、墙、楼板、楼梯、阳台等),运至现场装配形成的建筑。

预制装配式建筑的特点是具有设计集成,建筑设计以标准单元为基础,构件生产以批量预制为主,产品形成过程主要是现场装配。

装配式建筑有装配整体式剪力墙结构、框架-剪力墙结构和框架结构等多种常用结构体系。地震设防烈度为7度时,装配整体式剪力墙结构最大适用高度达110 m,框架-剪力墙结构最大适用高度达120 m,框架结构最大适用高度达50 m。

6.2.2.1 构件制作与运输

预制构件的质量涉及工程质量和结构安全,预制构件制作单位应具备相应生产工艺设施、人员配置,并应有完善的质量管理体系和必要的试验检测手段。

1. 构件制作准备

1) 技术准备

预制构件制作前,建设单位应组织设计、生产、监理和施工单位进行技术和质量标准交底,并应制订包括生产工艺、模具方案、生产计划、技术质量控制措施、成品保护、堆放及运输方案等内容的生产方案;如预制构件制作详图无法满足制作要求,应深化设计和施工验算,完善预制构件制作详图和施工装配详图,避免构件加工和施工过程的错、漏、碰、缺等问题。对预留孔洞及预埋件,加工前认真核对,避免现场剔凿。

2) 材料准备

预制构件制作前,生产单位应按照相关规范、规程要求,根据预制构件混凝土强度等级、生产工艺等选择混凝土制备用原材料,并进行混凝土配合比设计。预制构件生产前,对钢筋套筒除检验其外观质量、尺寸偏差、出厂提供的材质报告、接头形式检验报告等外,还应按要求制作钢筋套筒灌浆连接接头试件进行验证性试验。

预制构件制作前,对带饰面砖或饰面板的构件,应绘制排砖图或排板图;对夹心外墙板,应绘制内外叶墙板的拉结件布置图及保温板排板图,以利工厂根据图纸要求对饰面材料、保温材料等裁切、制版等加工处理。

3) 模板准备

预制构件模具一般选可重复使用的工具式模板,要求模板除满足承载力、刚度、整体稳定性和周转次数要求外,还应满足预制构件质量、生产工艺、模具组装与拆卸等要求;满足预制构件预留孔洞、插筋、预埋件的安装定位要求;预应力构件跨度超过6 m时,模具应按要求起拱。

4) 模具尺寸的允许偏差

设计有要求时按设计要求确定;设计无要求时其允许偏差和检验方法应符合规范规定,预埋件加工的允许偏差应符合规范规定,固定于模具上的预埋件、预留孔洞中心位置的允许偏差应符合规范规定。

2. 构件制作

构件模具大多用定型钢模生产,要求模具具有足够的强度、刚度和整体稳定性,并应能满足预制构件预留孔、插筋、预埋吊件及其他预埋件的定位要求;模具设计应满足预制构件质量、生产工艺、模具组装与拆卸、周转次数等要求。

跨度较大的预制构件的模具应根据设计要求预设反拱。

1) 隐蔽工程检查

预制构件在混凝土浇筑前应进行隐蔽工程检查,检查内容包括钢筋牌号、规格、数量、位置、间距等；纵向受力钢筋的连接方式、接头位置、接头质量、接头面积百分率、搭接长度等；箍筋、横向钢筋的牌号、规格、数量、位置、间距，箍筋弯钩弯折角度及平直段长度；预埋件、吊环、插筋的规格、数量、位置等；灌浆套筒、预留孔洞的规格、数量、位置等；钢筋的混凝土保护层厚度；夹心外墙板保温层位置、厚度，拉结件规格、数量、位置等；预埋管线、线盒规格、数量、位置及固定措施等，以保证预制构件满足结构性能质量控制要求。

2）带饰面构件反打一次成型工艺制作

反打一次成型指将饰面面层先铺放于模板内，然后直接在面砖上浇筑混凝土，用振动器振捣成型的工艺。用反打一次成型工艺，取消了砂浆层，使混凝土直接与面砖背面凹槽黏结，从而有效提高了二者之间的黏结强度，避免了面砖脱落引发的不安全因素和对修复工作带来的不便，而且更容易使饰面平整、光洁，砖缝清晰、平直，整体效果较好。

施工工艺流程：支模→安装饰面层→绑扎墙板钢筋→浇筑墙板混凝土层→养护→拆模→内层装饰。

构件饰面层采用面砖时，在模具中铺设面砖前，应根据排砖图要求配砖和加工；饰面砖应用背面带燕尾槽或黏结性能可靠的产品；构件饰面层用石材时，石材背面应铺涂防水层，并宜用不锈钢卡件与混凝土机械连接。模具中铺设石材前，应根据排板图要求配板和加工，并按设计要求在石材背面钻孔、安装不锈钢卡钩、铺涂隔离层。饰面材料间应用抗裂、柔韧、收缩小且不污染饰面的材料将拼缝嵌填密实（面砖或石材之间的接缝），并应采取措施防止面砖或石材在安装钢筋、浇筑混凝土等生产过程中发生位移。

3）夹心外墙板制作

带保温材料夹心外墙板生产工艺有平模生产和立模生产两种方法。平模水平浇筑方式有利于保温材料在预制构件中的定位。如采用立模竖直浇筑方式成型，保温材料可浇筑前放置并固定。

平模生产工艺流程：支模→安装外墙饰面层→绑扎外叶墙板钢筋→浇筑外叶墙板混凝土层→安装保温材料和拉结件→绑扎内叶墙板钢筋→浇筑内叶墙板混凝土层→养护→拆模→内层装饰。

立模生产工艺流程：外侧支模→安装外墙饰面层→绑扎外叶墙板钢筋→安装保温材料和拉结件→绑扎内叶墙板钢筋→同步浇筑内外叶墙板混凝土层→养护→拆模→内层装饰。

夹心外墙板制作时应采取措施固定保温材料，确保拉结件的位置和间距满足要求，保证墙板保温性能和结构性能满足设计要求，应加强生产过程质量控制。平模生产工艺较立模生产工艺容易控制质量，应优先采用。为保证墙板混凝土均匀性和密实性，应用强制式搅拌机搅拌，机械振捣。用夹芯保温预制构件，需采取可靠连接措施保证保温材料外的两层混凝土可靠连接，宜用专用连接件连接内外两层混凝土，专用连接件热工性能较好，可完全达到热工“断桥”作用。连接措施的数量和位置需专项设计，必要时构件制作前进行专项试验，检验连接措施的定位和锚固性能。

为加速混凝土凝结硬化，缩短脱模时间，加快模板周转，提高生产效率，预制构件宜用加热养护法。为有效避免构件温差收缩裂缝，加热养护时应对静停、升温、恒温和降温时间进行控制。常温下宜静停 2~6 h，升温、降温速度不应超过 20 ℃/h，最高养护温度不宜超过 70 ℃,预制构件出池的表面温度与环境温度的差值不宜超过 25 ℃。气温较高时,构件混凝土可洒水、覆盖保湿自然养护。预制构件脱模强度应满足设计要求,设计无要求时,为防过早脱模造成构件出现过大变形或开裂,脱模起吊时,预制构件的混凝土立方体抗压强度不应小于 15 MPa。为保证预制构件与后浇筑混凝土可靠连接,可用连接钢筋、键槽及粗糙面等方法。粗糙面可用拉毛或凿毛方法,也可用化学处理方法。用化学方法处理时,模板上或需要露骨料的部位涂刷缓凝剂,脱模后用清水冲洗干净,避免残留物对混凝土及其结合面造成影响。

3. 预制构件检查

预制构件应按设计要求和现行国家标准有关规定进行结构性能检验;陶瓷类装饰面砖与构件基面黏结强度应符合《建筑工程饰面砖黏结强度检验标准》(JGJ/T 110—2017)和《外墙饰面砖工程施工及验收规范》(JGJ 126—2015)等的规定;夹心外墙板的内外叶墙板之间的拉结件类别、数量及使用位置应满足设计要求。预制构件检查合格后,应在构件上设置表面标识,标识内容宜包括构件编号、制作日期、合格状态、生产单位等信息。

4. 构件运输

构件运输时应制订预制构件运输与堆放方案,其内容应包括运输时间、次序、堆放场地、运输线路、固定要求、堆放支垫及成品保护措施等。预制构件的运输线路应根据道路、桥梁荷重限值及限高、限宽、转弯半径等条件确定,场内运输宜设置循环线路;运输车辆应满足构件尺寸和载重要求。装卸构件过程中,应采取保证车体平衡、防止车体倾覆的措施;运输过程中,应采取防止构件移动、倾倒、变形等的固定措施;运输细长构件时应根据需要设置水平支架;构件边角部或运输绑链索接触处的混凝土,宜用垫衬加以保护,防止构件损坏。

5. 构件堆放

预制构件的堆放场地应平整、坚实,并应采取良好的排水措施。重叠堆放时应保证最下层构件垫实,预埋吊件宜向上,标识宜朝向堆垛间的通道;垫木或垫块在构件下的位置宜与脱模、吊装时的起吊位置一致,每层构件间的垫木或垫块应同垂线。堆垛的安全、稳定特别重要。堆垛层数应根据构件与垫木或垫块的承载力及堆垛的稳定性确定,必要时应设置防止构件倾覆的支架;施工现场堆放的构件,宜按安装顺序分类堆放,堆垛宜布置于吊车工作范围,且不受其他工序施工作业影响的区域。

墙板类构件应根据施工要求选择堆放方法,对外形复杂墙板宜用插放架或靠放架直立堆放;插放架、靠放架应安全可靠,满足强度、刚度及稳定性要求。用靠放架堆放构件时,其上直立堆放的墙板宜对称靠放、饰面朝外,靠放架与地面倾斜角度宜大于 80°;如受运输路线等因素限制而无法直立运输,也可平放运输,但需采取保护措施,如在运输车上放置使构件均匀受力的平台等。

6.2.2.2 预制装配式混凝土结构安装施工

1. 安装施工准备

(1)编制施工组织设计。装配式结构施工前应制订施工组织设计和专项施工方案;施工组织设计内容应符合《建筑工程施工组织设计规范》(GB/T 50502—2009)的规定;专项施工方案内容应包括构件安装及节点施工方案、构件安装质量管理及安全措施等,并应结合结构深化设计、构件制作、运输和安装全过程进行各工况的验算,以及施工吊装与支撑体系的验算等的策划与制订,充分反映装配式结构施工的特点和工艺流程的特殊要求,并根据安装构件形状、尺寸、重量和特点选择吊装机械、吊具,并对吊具按规定设计、验算或试验检验。所选吊具应根据预制构件形状、尺寸及重量等参数配置;对尺寸较大或形状复杂的预制构件,宜用有分配梁或分配桁架的吊具。装配式结构的后浇筑混凝土部位浇筑前应进行隐蔽工程验收。

(2)构件安装前,应合理规划构件运输通道和临时堆放场地,并应采取成品堆放保护措施。对施工完成的结构的混凝土强度、外观质量、尺寸偏差及预制构件的混凝土强度,以及预制构件和配件型号、规格、数量检查,并对相关资料检查核对。

(3)安装施工前,应测量放线并设置构件安装定位标识。预制构件的放线包括构件中心线、水平线、构件安装定位点等。对已施工完成的结构,一般根据控制轴线和控制水平线依次放出纵横轴线、柱中心线、墙板两侧边线、节点线、楼板的标高线、楼梯位置及标高线、异形构件位置线及必要的编号,以便于装配施工。

(4)安装施工前,应复核构件装配位置、节点连接构造及临时支撑方案等;还应检查复核吊装设备及吊具确保处于安全操作状态。

(5)装配式结构施工前,宜选择有代表性的单元进行预制构件试安装,并应根据试安装结果及时修改调整完善施工方案和施工工艺。

2. 构件吊装

预制构件安装顺序、构件安装后的校准定位及临时固定是装配式结构施工的关键。装配式结构施工应严格按照批准的施工组织设计和专项施工方案吊装。

1)构件绑扎和吊升

吊装时绑扎方法及吊升方法应严格遵守批准的专项施工方案。吊索与构件水平夹角不宜大于60°,且不应小于45°;吊升时应采取措施,保证起重设备主钩位置、吊具及构件重心同垂线;吊运过程应平稳无大幅摆动,且不应长时间悬停;吊装过程应设专人指挥,操作人员应处于安全位置。

2)预制构件安装顺序

装配式结构安装时,应按设计文件、专项施工方案要求的顺序,尽可能组织立体交叉、均衡有效的流水施工作业。

3)构件安装的校准定位

安放预制构件时,其搁置长度应满足设计要求;构件下部应铺设厚度不大于20 mm的水泥砂浆坐浆层,以保证接触平整、受力均匀;预制构件安装过程中应根据水准点和轴线校正其高程和平面位置;构件安装应水平,其水平度可在预制构件与其支撑构件间设置垫片(铁片)调整;构件竖向位置和垂直度可通过临时支撑调整。

4)构件定位后的临时固定

安装就位后应及时采取临时固定措施。装配式结构工程施工中,预制构件或整个结构自身不能承受施工荷载时,需通过设置临时支撑来保证施工定位、施工安全及工程质量。临时支撑包括水平构件下方的临时竖向支撑,在水平构件两端支撑构件上设置的临时牛腿,竖向构件的临时斜撑(如可调式钢管支撑或型钢支撑)等。对预制墙板,临时斜撑一般安放在背面，且一般不少于 2 道；对宽度比较小的墙板，也可仅设置 1 道斜撑。墙板底没有水平约束时，墙板的每道临时支撑包括上部斜撑和下部支撑，下部支撑可做成水平支撑或斜向支撑。对预制柱，因其底部纵向钢筋可起到水平约束的作用，故一般仅设置上部斜撑。柱的斜撑最少设 2 道，且要设在两相邻侧面上，水平投影相互垂直。

临时斜撑与预制构件一般为铰接，并通过预埋件连接。考虑到临时斜撑主要承受的是水平荷载，为充分发挥其作用，上部斜撑的支撑点距离板底的距离不宜大于板高的 2/3，且不应小于板高的 1/2。预制构件与吊具的分离，应在校准定位及临时固定措施安装完成后进行。临时固定措施在不影响结构承载力、刚度及稳定性前提下分阶段拆除，拆除方法、时间及顺序可事先通过验算制订方案。

6.2.2.3　预制装配式混凝土结构构件的连接接头

钢筋连接方法有连接钢筋套筒灌浆连接、钢筋搭接浆锚灌浆连接、焊接连接和预焊钢板焊接连接等。

1. 钢筋套筒灌浆连接和钢筋搭接浆锚灌浆连接构造

1) 钢筋套筒灌浆连接构造

钢筋套筒灌浆连接是用球墨铸铁或钢套筒和高强灌浆料将套筒内的钢筋连接（见图 6-36）；剪力墙安装构造连接如图 6-37 所示，其特点是连接可靠、施工方便，但造价较高。

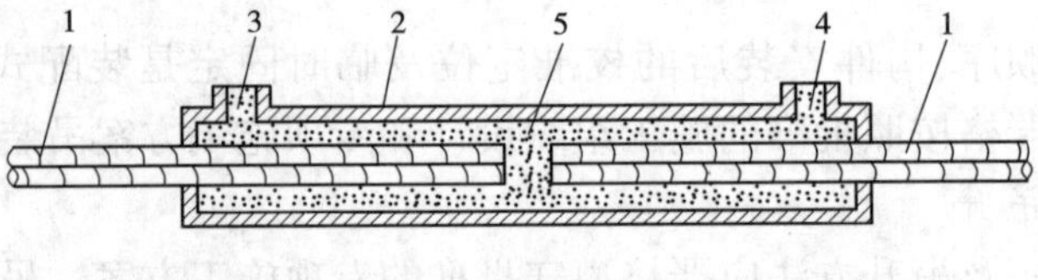

1—连接钢筋；2—套筒；3—灌浆孔；4—出浆孔；5—灌浆料。

图 6-36　钢筋套筒灌浆连接构造示意

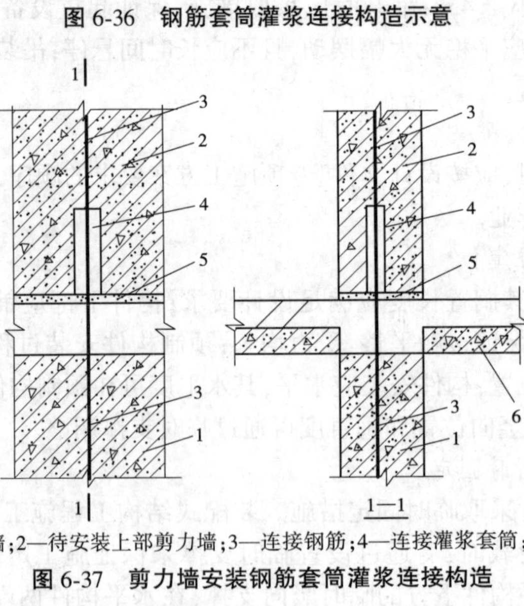

1—已安装下部剪力墙；2—待安装上部剪力墙；3—连接钢筋；4—连接灌浆套筒；5—坐浆层；6—楼板。

图 6-37　剪力墙安装钢筋套筒灌浆连接构造

2)钢筋搭接浆锚灌浆连接构造

钢筋搭接浆锚灌浆连接是在构件接头处预留孔(或外包内置套筒),在钢筋搭接处用高强灌浆料将其连接。其特点是造价低,但连接可靠性差,多用于剪力墙安装时钢筋连接。剪力墙安装时连接钢筋用浆锚搭接连接(见图6-38)时,可在下层预制剪力墙中设置竖向连接钢筋,与上层预制剪力墙内的连接钢筋通过浆锚搭接连接;连接钢筋可在预制剪力墙中通长设置,或在预制剪力墙中可靠锚固。

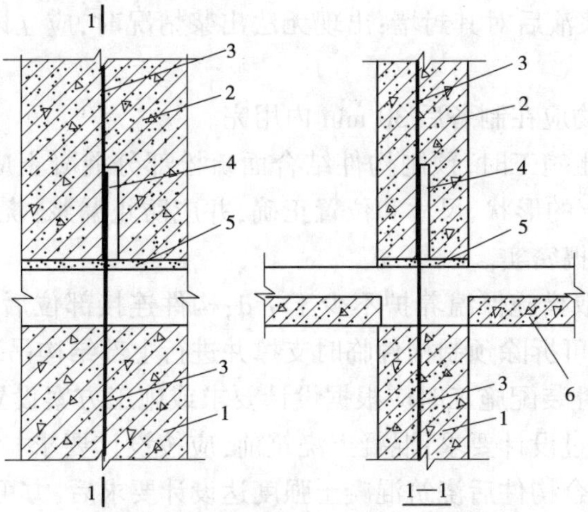

1—已安装下部剪力墙;2—待安装上部剪力墙;
3—连接钢筋;4—预留孔;5—坐浆层;6—楼板。

图6-38　剪力墙安装钢筋搭接浆锚灌浆连接构造

3)施工工艺流程

以钢筋混凝土框架结构柱安装为例,施工工艺流程为:弹出构件控制线→确认连接钢筋位置→预埋高度调节螺栓→预制框架柱安装→预制框架柱垂直度调整→预制柱固定→预制柱封仓→制备灌浆料→灌浆连接→封堵出浆口→灌浆后节点保护。

码6-6　灌浆料

4)施工要点

钢筋套筒灌浆连接和浆锚搭接连接施工有很多相似之处,施工要点综述如下:

(1)连接前应检查套筒、预留孔规格、位置、数量和深度;被连接钢筋规格、数量、位置和长度;套筒、预留孔内有杂物时,应清理干净。

(2)预制构件就位前应对有倾斜的连接钢筋校直。连接钢筋偏离套筒或孔洞中心线不宜超过5 mm。

(3)构件安装前,应清洁结合面。

(4)构件底部应设置可调整接缝厚度和底部标高的垫片。预制柱安装时,下方配置的垫片不宜少于4处,垫片可用正方形薄铁板,调整垂直度后,可在柱四角加塞垫片以增加稳定性;多层预制剪力墙底部用坐浆材料时,其厚度不宜大于20 mm。

(5)钢筋套筒灌浆连接接头、钢筋浆锚搭接连接接头灌浆前,应对接缝周围封堵,封堵措施应符合结合面承载力设计要求。

(6)钢筋套筒灌浆连接接头、钢筋浆锚搭接连接接头应按检验批划分要求及时灌浆。

(7)灌浆时,环境温度不应低于5 ℃;连接部位养护温度低于10 ℃时,应采取加热保温措施。

(8)灌浆料配合比应准确,搅拌应均匀,搅拌时间不宜少于3 min;搅拌后,宜静置2 min,以消除气泡;其流动度应符合规定。

(9)灌浆作业应用压浆法从下口灌注,灌浆压力应达到1.0 MPa,待其他套筒出浆口或注浆口流出圆柱状浆液后对其封堵;出现无法出浆情况时,应立即停止灌浆,查明原因并及时排除障碍。

(10)灌浆料拌和物应在制备后30 min内用完。

(11)后浇筑混凝土施工时,预制构件结合面疏松部分混凝土应剔除并清理干净;模板应保证后浇筑混凝土的形状、尺寸和位置正确,并应防止漏浆;浇筑混凝土前应洒水润湿结合面,混凝土应振捣密实。

(12)连接处应采取措施保温养护不少于7 d;构件连接部位后浇筑混凝土及灌浆料强度达设计要求后,方可拆除预制构件临时支撑并进行上部结构吊装与施工。

(13)受弯叠合构件装配施工时应根据设计要求或施工方案设置临时支撑;施工荷载宜均匀布置,并不应超过设计要求;混凝土浇筑前,应按设计要求检查结合面粗糙度及预制构件的外露钢筋;叠合构件后浇筑混凝土强度达设计要求后,方可拆除临时支撑。

(14)外挂墙板的连接节点及接缝构造应满足设计要求;外挂墙板是自承重构件,不能通过板缝传力,墙板安装完成后,应及时移除临时支承支座、墙板接缝内的传力垫块。外墙板接缝防水施工前,应将板缝空腔清理干净;应按设计要求填塞背衬材料;密封材料嵌填应饱满、密实、均匀、顺直、表面平滑,厚度应满足设计要求。

(15)施工操作人员应经专业培训合格后持证上岗,灌浆操作全过程应有专职检验人员负责旁站监督并及时形成施工质量检查记录。

2. 剪力墙钢筋焊接连接施工

1)剪力墙钢筋焊接连接构造

连接钢筋可在预制剪力墙中通长设置,或在预制剪力墙中可靠锚固(见图6-39)。下层预制剪力墙中的连接钢筋兼作吊环使用时,尚应符合现行国家有关标准规定。

2)施工要点

(1)连接钢筋用焊接连接时,可在下层预制剪力墙中设置竖向连接钢筋,与上层预制剪力墙底部预留钢筋焊接,焊接长度应≥10d(d为连接钢筋直径)。

(2)连接部位预留键槽尺寸,应满足施焊所需空间要求。

(3)预留键槽应用后浇细石混凝土填实。

3. 剪力墙预焊钢板焊接连接

1)剪力墙预焊钢板焊接连接构造

剪力墙预焊钢板焊接连接构造(见图6-40)。

连接钢筋应在预制剪力墙中通长设置,或在预制剪力墙中可靠锚固。下层预制剪力墙体中的连接钢筋兼作吊环使用时,还应符合现行国家有关标准规定。

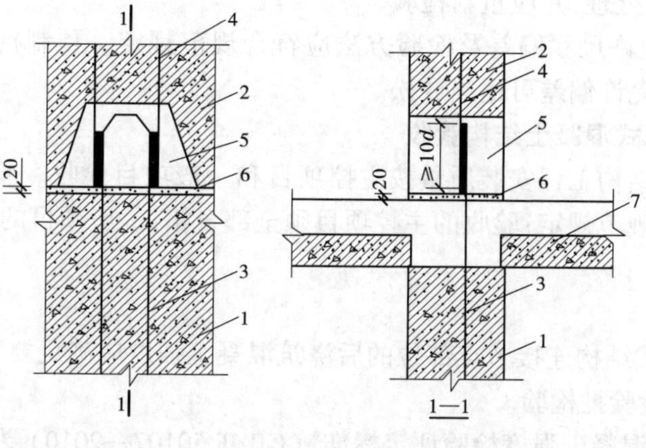

1—已安装下部剪力墙;2—待安装上部剪力墙;3—下部连接钢筋;4—上部连接钢筋;
5—预留后浇细石混凝土键槽;6—坐浆层;7—楼板。

图6-39　剪力墙钢筋焊接连接构造　(单位:mm)

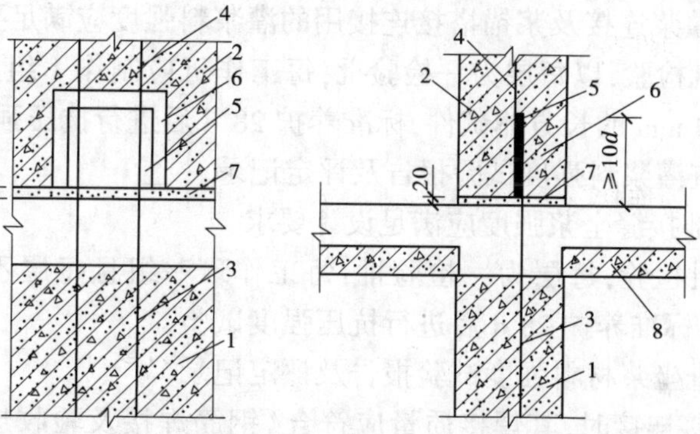

1—已安装下部剪力墙;2—待安装上部剪力墙;3—下部连接钢筋;4—上部连接钢筋;
5—预焊钢板;6—预留后浇细石混凝土键槽;7—坐浆层;8—楼板。

图6-40　剪力墙预焊钢板焊接连接构造

2)施工要点

(1)连接钢筋用预焊钢板焊接连接时,应在下层预制剪力墙中设置竖向连接钢筋,与上层预制剪力墙中设置的连接钢筋底部预焊的连接用钢板焊接连接,焊接长度应≥10d(d为连接钢筋直径)。

(2)连接部位预留键槽的尺寸,应满足施焊空间要求。

(3)预留键槽应用后浇细石混凝土填实。

码6-7　压花连接

6.2.2.4　预制构件质量的进场验收

预制构件质量检验是在预制工厂检查合格基础上的进场复验,外观质量应全数检查,尺寸偏差按批抽样检查。其质量应符合现行国家标准《混凝土结构工程施工质量验收规范》(GB 50204—2015)的有关规定。

(1)预制构件外观质量不应有影响构件结构性能或安装使用功能的严重缺陷,构件制作时应制订技术质量保证措施。预制构件外观质量不宜有一般缺陷。对已出现的一般缺陷,应按技术方案处理,并应重新检验。

(2)预制构件允许尺寸偏差及检验方法应符合规范规定。预制构件有粗糙面时,与粗糙面相关的尺寸允许偏差可适当放松。

6.2.2.5 预制装配式混凝土结构验收

装配式混凝土结构工程安装质量按主控项目和一般项目验收。验收内容、检验数量及验收方法要符合规范规定;验收的主控项目须全部合格,一般项目的合格率应符合规范规定。

1.主控项目

(1)装配整体式结构连接节点部位的后浇筑混凝土强度应满足要求。

检查数量:按检验批检验。

检验方法:按《混凝土强度检验评定标准》(GB/T 50107—2010)要求检验。

(2)钢筋套筒灌浆连接及浆锚搭接连接的灌浆应密实饱满。

检查数量:全数检查。

检验方法:检查灌浆施工质量检查记录。

(3)钢筋套筒灌浆连接及浆锚搭接连接用的灌浆料强度应满足要求。

检查数量:按批检验,以每层为一检验批;每工作班应制作1组且每层不应少于3组40 mm×40 mm×160 mm的长方体试件,标准养护28 d后进行抗压强度试验。

检验方法:检查灌浆料强度试验报告及评定记录。

(4)剪力墙底部接缝坐浆强度应满足设计要求。

检查数量:按批检验,每层为一检验批;每工作班一组且每层不少于3组边长70.7 mm的立方体试件,标准养护28 d后进行抗压强度试验。

检验方法:检查坐浆材料强度试验报告及评定记录。

(5)钢筋用焊接连接时,其焊接质量应符合《钢筋焊接及验收规程》(JGJ 18—2012)的相关规定。

检查数量:按《钢筋焊接及验收规程》(JGJ 18—2012)的规定确定。

检验方法:检查钢筋焊接施工记录及平行加工试件的强度试验报告。

(6)钢筋用机械连接、焊接连接和螺栓连接时,其接头质量应符合现行标准的相关规定。

检查数量:符合现行标准。

检验方法:符合现行标准。

2.一般项目

(1)装配式结构尺寸允许偏差应满足设计要求,并应符合规范规定。

检查数量:按楼层、结构缝或施工段划分检验批。同一检验批内,对梁、柱,应抽查构件数量的10%,且不少于3件;对墙和板,应按有代表性的自然间抽查10%,且不少于3间;对大空间结构,墙可按相邻轴线间高度5 m左右划分检查面,板可按纵、横轴线划分检查面,抽查10%,且均不少于3面。

(2)外墙板接缝的防水性能应满足设计要求。

检查数量:按批检验。每1 000 m^2外墙面积应划分为一个检验批,不足1 000 m^2时也应划分为一个检验批;每个检验批每 1 000 m^2 应至少抽查一处,每处不得少于 10 m^2。

检验方法:检查现场淋水试验报告。

任务 3　钢结构安装施工

任务导航

本任务要求掌握钢结构工业厂房结构吊装的施工方法、工艺标准及质量检验要求。

6.3.1　钢结构的特点

钢结构是由钢构件制成的工程结构,所用钢材主要为型钢和钢板。与其他结构相比,具有强度高、材质均匀、自重小、抗振性能好、施工速度快、工期短、密闭性好、拆迁方便等优点;但其造价较高,耐腐蚀性和耐火性较差。目前,钢结构在建筑工程中使用越来越广泛,主要适用结构如下:

(1)重型厂房结构及受动力荷载作用的厂房结构。

(2)大跨度结构。

(3)多层、高层、超高层结构。

(4)塔桅式结构。

(5)可拆卸、装配式房屋。

(6)容器、储罐、管道。

(7)构筑物。

6.3.2　钢结构构件制作

钢结构加工制作通常在工厂或施工现场,加工前应在熟悉图纸、了解设计意图的基础上进行加工详图设计,按详图准备材料,编制工艺流程,确保构件加工制作质量。

钢结构加工制作主要施工工艺流程:加工详图绘制→样杆、样板制作→号料→画线→切割→坡口加工→制孔→组装(包括矫正)→焊接→摩擦面处理→涂装→编号。

6.3.2.1　样杆、样板制作

样杆、样板是按 1:1比例制作大样,样杆一般用薄钢板或扁钢制作,长度较短时可用木尺杆。样板可用厚 0.50~0.75 mm 的薄钢板或塑料板制作。样杆、样板应注明工号、图号、零件号、数量及加工边、坡口部位、弯折线和弯折方向、孔径和滚圆半径等。制作的样杆、样板应妥善保存,直至工程结束后方可销毁。

6.3.2.2　号料

号料是放样,是根据样板或样杆进行号料,并作为切割、加工、弯曲、制孔等后检查之用。操作时利用样板、样杆、号料草图放样得出的数据,在板料或型钢上画出零件真实的轮廓和孔口的真实形状,以及与之连接构件的位置线、加工线等,并注出加工符号。号料方法有集中号料法、套料法、统计计算法、余料统一号料法四种。号料前应先核对钢材规格、材质、批号,并应清除钢板表面油污、泥土及脏物。

6.3.2.3　**画线**

利用加工制作图、样杆、样板及钢卷尺画线。目前,已有一些先进钢结构加工厂用程控自动画线机,不仅效率高,而且精确、省料。

6.3.2.4　**切割**

钢材切割包括气割、等离子切割、剪切和切削等。主要根据切割能力、切割精度、切剖面质量及经济性来选择。

6.3.2.5　**边缘加工和端部加工**

边缘加工和端部加工方法包括铲边、刨边、铣边、碳弧气刨、气割和坡口机加工等。

6.3.2.6　**制孔**

制孔要掌握制孔时间和方法。

1. 制孔时间

结构焊接时不可避免地将产生焊接收缩和变形,制作过程中,把握好制孔时间将很大程度上影响产品精度。制孔时间一般有以下四种方案:

(1)构件加工时先画孔位,待拼装、焊接及变形矫正完成后,再画线确认并打孔加工。

(2)构件一端先打孔加工,待拼装、焊接及变形矫正完成后,再对另一端打孔加工。

(3)待构件焊接及变形矫正后,对端面精加工,然后以精加工面为基准画线打孔。

(4)画线时先考虑焊接收缩量、变形余量和允许公差等,再直接打孔。

2. 制孔方法

常用打孔方法有机械打孔,气体开孔,钻模、板叠套钻制孔和数控钻孔四大类。

6.3.2.7　**组装**

钢结构组装方法包括地样法、仿形复制装配法、立装法、卧装法和胎模装配法等。拼装须按工艺要求次序进行。有隐蔽焊缝时,须先施焊,经检验合格方可覆盖。为减少变形,尽量用小件组焊,经矫正后再大件组装。钢构件组装的允许偏差应符合规范规定。

6.3.2.8　**焊接**

焊接是钢结构制安的关键步骤,应遵守操作规程。焊接后变形矫正应注意部件或构件焊接后,因焊接而产生的大弯曲、头部弯曲及局部变形等。

码 6-8　好的焊接质量与差的焊接质量

6.3.2.9　**摩擦面处理**

高强度螺栓摩擦面处理后的抗滑移系数值应满足设计要求。摩擦面处理可用喷砂、喷丸、酸洗、砂轮打磨等方法,应遵守设计,设计无要求时,施工单位可采用适当方法。

6.3.2.10　**涂装、编号**

涂装前应对钢构件表面除锈,除锈方法和等级应与设计采用涂料适应,并应符合规范规定。涂料、涂装遍数、涂层厚度均应满足设计要求,涂装环境温度宜为5~38 ℃,相对湿度不应大于85%,构件表面无结露和油污等,涂装4 h内应免受雨淋。设计不涂装部位和安装焊缝30~50 mm宽范围内及高强度螺栓摩擦连接面不得涂装。

构件涂装后,应按设计图纸编号,编号位置应符合便于堆放、安装和检查的原则。对大型或重要构件,还应标注重量、吊装位置和定位标记等记号。编号的汇总资料与运输文件、施工组织设计文件、质检文件等统一起来,编号可竣工验收后加以复涂。

6.3.3 钢结构构件验收、运输、堆放

6.3.3.1 钢结构构件验收

钢构件加工制作完成后,应按照施工图和《钢结构工程施工质量验收标准》(GB 50205—2020)验收。钢构件出厂时,应提供下列资料:

(1)产品合格证及技术文件。

(2)施工图和设计变更文件。

(3)制作中技术问题处理的协议文件。

(4)钢材、连接材料、涂装材料质量证明或试验报告。

(5)焊接工艺评定报告。

(6)高强度螺栓摩擦面抗滑移系数试验报告、焊缝无损检验报告及涂层检测资料。

(7)主要构件检验记录。

(8)预拼装记录,因受运输、吊装条件限制及构件设计的复杂性,有时构件要分两段或若干段出厂,为保证工地安装顺利,有预拼装要求的构件出厂前应预拼装。

(9)构件发运和包装清单。

6.3.3.2 构件的运输

(1)大型或重型构件运输应根据行车路线、运输车辆性能、码头状况、运输船只情况编制运输方案。运输方案中要着重考虑吊装工程堆放条件、工期要求编制构件运输顺序。

(2)发运构件质量单件超过 3 t 的,宜在易见部位用油漆标上质量及重心位置标志,避免装、卸车和起吊过程中损坏构件;节点板、高强度螺栓连接面等重要部分要有恰当保护措施,零星部件等都要按同一类别用螺栓和钢丝紧固成束或包装发运。

(3)构件运输时,应根据构件长度、质量、断面形状选用车辆;构件在运输车辆上支点、两端伸出长度及绑扎方法均应保证构件不产生永久变形、不损伤涂层。构件起吊须按设计吊点起吊。

(4)公路运输装运高度极限为 4.5 m,如需通过隧道,则高度极限为 4 m,构件延长伸出车身长度不得超过 2 m。

6.3.3.3 构件的堆放

(1)构件一般需堆放于工厂堆放场和现场堆放场。场地应平整坚实,干燥无水坑、无冰层、排水通畅,同时有车辆进出回路。

(2)构件应按种类、型号、安装顺序划分区域,竖标识牌。构件底层垫块应有足够支撑面,不允许垫块大量沉降,堆放高度应有计算依据,以最下层构件不产生永久变形为准,不得随意堆高。钢结构产品不得直接搁置于地面,应垫高 200 mm。

(3)堆放中如发现变形不合格的构件,应严格检查矫正,然后堆放,不得把不合格的变形构件堆放于合格构件中,以免严重影响安装进度。

(4)对已堆放好的构件,须有专人汇总资料,建立完善的进出厂动态管理,严禁乱翻、乱移。同时对已堆放好的构件适当进行保护,避免风吹雨打、日晒夜露。

(5)不同类型钢构件一般不堆放于一起。同一工程钢构件应分类堆放于同一区域,

便于装车发运。

6.3.4　钢结构连接

钢结构连接是用一定方式将各杆件连接成整体。钢结构连接多用焊接和高强度螺栓连接,其他的有普通螺栓连接和铆接等。

6.3.4.1　钢结构的焊接

1. 钢结构构件的焊接方法

结构构件主要焊接方法有手工电弧焊、气体保护焊、自保护电弧焊、埋弧焊、电渣焊、等离子焊、激光焊、电子束焊和栓焊等。钢结构制安中,广泛使用电弧焊。电弧焊中又以药皮焊条手工电弧焊、自动埋弧焊、半自动与自动 CO_2 气体保护焊、自保护电弧焊为主。某些特殊场合须电渣焊或栓焊(栓焊结构:构件预先在工厂内焊接,运至工地后用高强度螺栓组拼成整体钢结构,常用于桥梁和房屋等工程)。

2. 焊接残余应力和变形控制

钢结构设计和施工时,不仅要考虑强度、稳定性、经济性,而且须考虑焊缝设置产生应力变形对结构的影响。经验如下:

(1)在保证结构具有足够强度的前提下,尽量减少焊缝尺寸和长度,合理选取坡口形状,避免焊缝过于集中。

(2)尽量对称布置焊缝,将焊缝安排在近中心区域,如近中性轴、焊缝中心、焊缝塑性变形区中心。

(3)钢结构施焊时用夹具减少焊接变形的可能性。

(4)钢结构设计人员设计时应考虑焊接工艺措施。

3. 焊接工艺

(1)施焊电源电压波动值应在±5%内,超过时应增设专用变压器或稳压装置。

(2)根据焊接工艺评定编制工艺指导书,焊接过程中严格执行。

(3)对接接头、T形接头、角接接头、十字接头等对接焊缝,以及组合焊缝应在焊缝两端设置引弧[引弧指焊接材料(焊条、焊丝)等引燃电弧的过程,通常有直击法和划擦法两种]和引出板;其材料和坡口形式应与焊件相同。引弧和引出的焊缝长度:埋弧焊应大于50 mm,手弧焊及气体保护焊应大于20 mm。焊接完毕应用气割切除引弧和引出板,不得用锤击落,并修磨平整。

(4)角焊缝转角处宜连续绕角施焊,起落弧点距焊缝端部宜大于10 mm;角焊缝端部不设引弧和引出板的连续焊缝,起落弧点距焊缝端部宜大于10 mm,弧坑应填满。

(5)不得在焊道以外母材表面引弧、熄弧。吊车梁、吊车桁架及设计上有特殊要求的重要受力构件其承受拉应力区域内,不得焊接临时支架、卡具及吊环等。

(6)多层焊接宜连续施焊,每层焊道焊完后应及时清理并检查,如发现焊接缺陷,应清除后再施焊,焊道层间接头应平缓过渡并错开。

(7)焊缝同一部位返修次数,不宜超过2次;否则,应经焊接技术负责人核准后再进行。

(8)焊缝坡口和间隙超差时,不得用添加金属块或焊条的方法处理。

(9)对接接头和T形接头要求熔透的组合焊缝,用手弧焊封底,自动焊盖面时,反面应清根。

(10)T形接头要求熔透的组合焊缝,应用船形埋弧焊或双丝埋弧自动焊,宜选直流电流。

(11)栓钉焊接前应用角向磨光机对焊接部位打磨,焊接后施焊部位未完全冷却前,不得打碎瓷环。栓钉穿透焊,应使压型钢板与钢梁上翼缘紧密相贴,其间隙不得大于1 mm。

(12)轨道间采用手弧焊焊接时应符合下列规定:轨道焊接宜用厚不小于12 mm、宽不小于100 mm的紫铜板弯制成与轨道外形相吻合的垫模,焊接顺序由下向上,先焊轨底,后焊轨腰、轨头,最后修补四周;施焊轨底第一层焊道时电流应稍大些,以保证焊透和便于排渣。每层焊完后要清理,前后两层焊道施焊方向应相反;采取预热、保温和缓冷措施,预热温度为200~300 ℃,保温可用石棉灰等。焊条选用氢型焊条。

(13)压轨器轨板与吊车梁用焊接时,应用小直径焊条,小电流跳焊法施焊。

(14)柱与柱、柱与梁焊接接头,用大间隙加垫板接头形式时,第一层焊道应熔透。

(15)焊接前预热及层间温度控制,宜用测温器具测量(点温计、热电偶温度计等)。预热区在焊道两侧,其宽度应各为焊件厚度的2倍以上,且不小于100 mm,环境温度低于0 ℃时,预热温度应通过工艺试验确定。

(16)焊接H型钢,切割翼缘板和腹板应用半自动或自动气割机,翼缘板只允许在长度方向拼接;腹板长度和宽度方向均可拼接,拼接缝可为“十”字形或T形,翼缘板拼接缝与腹板错开200 mm以上,拼接焊接应在H型钢组装前进行。

(17)需后热处理的焊缝,应于焊接后钢材未完全冷却时立即进行,后热温度为200~300 ℃,保温时间可按板厚每30 mm/h计,但不得少于2 h。

(18)雨雪时不露天施焊,构件焊区表面潮湿或冰雪未清除前不施焊,风速大于8 m/s(CO_2气体保护焊风速大于2 m/s)时应挡风,焊工应持证上岗。

4.焊接质量检验

焊接质量检验包括焊前检验、焊中检验和成品检验。

1)焊前检验

焊前检验主要内容有:相关技术文件(图纸、标准工艺规程等)是否齐备;焊接材料(焊条、焊丝、焊剂、气体等)和钢材原材料质量检验;构件装配和焊接件边缘质量检验;焊接设备(焊机和专用胎、模具等)是否完善;焊工应经过考试取得合格证,停焊时间达6个月及以上,须重新考核方可上岗操作。

2)焊中检验

焊中检验主要是对焊接设备运行情况、焊接规范和焊接工艺执行情况,以及多层焊接过程中夹渣、未焊透等缺陷的自检等,目的是防止焊接过程形成缺陷,及时发现缺陷,采取整改措施。

3)成品检验

全部焊接工作结束,焊缝清理干净后进行成品检验。成品检验方法有多种,通常可分为无损检验和破坏性检验两大类。

(1)无损检验。

无损检验可分外观检查、致密性检验和无损探伤等。

①外观检查:简单而常用,用肉眼或低倍放大镜检查焊缝表面气孔、夹渣、裂纹、凹坑和焊瘤等,并用测量工具检查焊缝尺寸是否符合《钢结构焊接规范》(GB 50661—2011)的规定。

②致密性检验:指用水(气)压试验、煤油渗漏渗氨试验、真空试验、氦气探漏等方法检验焊缝致密性,主要用于管道工程、压力容器等。

③无损探伤:指用放射线、超声波、电磁辐射、磁性、涡流和渗透性等物理现象,在不损伤被检产品的情况下,发现和检查内部或表面缺陷。

(2)破坏性检验。

焊接质量破坏性检验包括焊接接头机械性能试验、焊缝化学成分分析、金相组织测定、扩散含量测定、接头耐腐蚀性能试验等,主要用于测定接头或焊缝性能是否满足使用要求。

①机械性能试验:包括测定焊接接头强度、延伸率、断面收缩率、拉伸试验、冷弯试验和冲击试验等。

②化学成分分析:测定熔敷金属化学成分,我国焊条标准中对此做了专门规定。

③金相组织测定:用以了解焊接接头各区域组织、晶粒度大小和氧化物夹杂、氢白点等缺陷分布情况,通常有宏观和微观之分。

④扩散氢测定:按国家标准《熔敷金属中扩散氢测定方法》(GB/T 3965—2012),适用于手工电弧焊药皮焊条熔敷金属中扩散氢含量的测定。

⑤接头耐腐蚀试验方法:国家标准《金属和合金的腐蚀 奥氏体及铁素体-奥氏体(双相)不锈钢晶间腐蚀试验方法》(GB/T 4334—2020)等规定了不同腐蚀试验方法、不同原理和评定判断法。

6.3.4.2 普通螺栓连接施工

1.普通螺栓作永久性连接螺栓要求

(1)为增大承压面面积,螺栓头和螺母下面应放置平垫圈。

(2)螺栓头下面放垫圈不得多于2个,螺母下面放垫圈不应多于1个。

(3)设计要求防松动的螺栓,应用有防松装置的螺母或弹簧垫圈或用人工方法采取防松措施。

(4)工字钢、槽钢类型钢应尽量使用斜垫圈,使螺母和螺栓头部的支撑面垂直于螺杆。

(5)螺杆规格选择、连接形式、螺栓布置、螺栓孔尺寸满足设计要求及有关规定。

2.螺栓紧固及检验

普通螺栓连接对螺栓紧固力没有具体要求。以施工人员紧固螺栓时的手感及连接接头外形控制为准,即施工人员使用普通扳手靠自己手的力量拧紧螺母即可,能保证被连接面密贴,无明显间隙。为保证连接接头中各螺栓受力均匀,螺栓紧固次序宜从中间对称向两侧;对大型接头宜用复拧方式,即两次紧固。

普通螺栓连接螺栓紧固检验比较简单,一般用锤击法,即用0.3 kg小锤,一只手扶螺栓(或螺母)头,另一只手用锤敲击,如螺栓头(螺母)不偏移、不颤动、不转动,锤声比较干脆,说明螺栓紧固质量良好;否则需重新紧固。永久性普通螺栓紧固应牢固、可靠,外露丝扣不应少于2扣。

检查数量:按连接点数抽查10%,且不应少于3个。

6.3.4.3　高强度螺栓连接施工

高强度螺栓按外形分大六角头高强度螺栓和抗剪型高强度螺栓两种;按性能等级分8.8级、10.9级、12.9级三种。目前,我国使用的大六角头高强度螺栓有8.8级和10.9级,扭剪型高强度螺栓(见图6-41)只有10.9级一种。

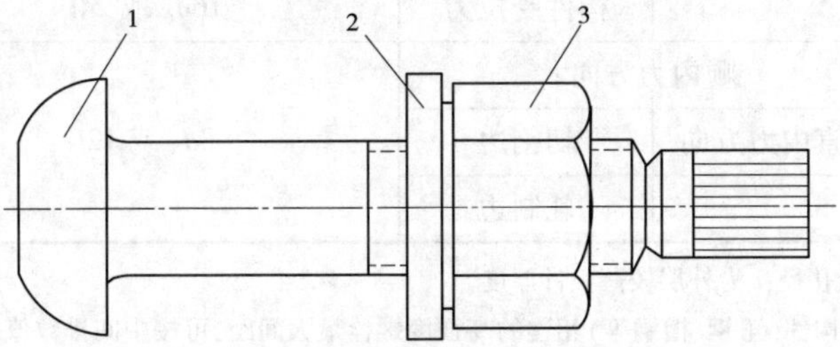

1—螺栓;2—垫圈;3—螺母。

图6-41　高强度螺栓连接副(扭剪型)

1. 一般规定

高强度螺栓连接施工时,应符合下列要求:

(1)高强度螺栓连接副应有质量保证书,由制造厂按批配套供货。

(2)高强度螺栓连接施工前,应对连接副和连接件检查和复验,合格后再施工。

(3)高强度螺栓连接安装时,每个节点上应穿入的临时螺栓和冲钉数量,由安装时可能承担的荷载计算确定,并应符合下列规定:①不得少于安装总数的1/3;②不得少于2个临时螺栓;③冲钉穿入数量不宜多于临时螺栓的30%。

(4)不得用高强度螺栓兼作临时螺栓,以防损伤螺纹。

(5)高强度螺栓安装应能自由穿入,严禁强行穿入。如不能自由穿入,应用铰刀修整,修整后孔径不应超过螺栓直径的1.2倍。

(6)高强度螺栓安装应在结构构件中心位置调整后进行。其穿入方向应以施工方便为首要条件,并力求一致。安装时注意垫圈正反面。

(7)高强度螺栓孔应采取钻孔成形的方法。孔边应无飞边和毛刺。螺栓孔径应满足设计要求。孔径允许偏差见表6-5。

表6-5　高强度螺栓连接构件制孔允许偏差

名称		直径允许偏差/mm						
螺栓	直径	12	16	20	22	24	27	30
	允许偏差	±0.43		±0.52			±0.84	
螺栓孔	直径	13.5	17.5	22	(24)	26	(30)	33
	允许偏差	+0.43 0		+0.52 0		+0.84 0		
圆度(最大直径和最小直径之差)		1.00		1.50				
中心线倾斜度		应不大于板厚的3%,且单层板不大于2.0 mm,多层板组合不大于3.0 mm						

(8)高强度螺栓连接构件螺栓孔孔距及边距应符合表6-6的要求,还应考虑专用施工机具的可操作空间。

表6-6 高强度螺栓孔距和边距值

名称	位置和方向		最大值(取两者的较小值)	最小值
中心间距	外排		$8d_0$ 或 $12t$	$3d_0$
	中间排	构件受压力	$12d_0$ 或 $18t$	
		构件受拉力	$16d_0$ 或 $24t$	
中心至构件边缘距离	顺内力方向		$8d_0$ 或 $12t$	$2d_0$
	垂直内力方向	切割边		$1.5d_0$
		轧制边		$1.5d_0$

注:1. d_0 为高强度螺栓孔径;t 为外层较薄板件厚度。

2. 钢板边缘与刚性构件(角钢、槽钢等)相连的高强度螺栓最大间距,可按中间排数值采用。

(9)高强度螺栓连接构件孔距允许偏差符合表6-7的规定。

表6-7 高强度螺栓连接构件孔距允许偏差

序号	项目		螺栓孔距/mm			
			<500	500~1 200	1 200~3 000	>3 000
1	同一组内任意两孔间	允许偏差	±1.0	±1.2	—	—
2	相邻两组的端孔间		±1.2	±1.5	+2.0	±3.0

注:孔的分组规定:

1. 在节点中连接板与一根杆件相连的所有连接孔划为一组。

2. 接头处的孔:通用接头半个拼接板上的孔为一组。

3. 两相邻节点或接头间的连接孔为一组,但不包括1、2所指的孔。

4. 受弯构件翼缘上,每1 m长度内的孔为一组。

2. 大六角头高强度螺栓连接施工

大六角头高强度螺栓连接施工紧固方法一般有扭矩法和转角法。

扭矩法施工时,一般先用普通扳手初拧,初拧扭矩可取施工扭矩的50%左右,目的是使连接件贴密。实际操作中,可让一个操作工使用普通扳手拧紧即可,然后使用扭矩扳手,按施工扭矩值终拧。对较大连接接点,可按初拧、复拧及终拧次序,复拧扭矩等于初拧扭矩。一般紧固顺序从中间向两边或四周进行。初拧和终拧螺栓均应做不同标记,避免漏拧、超拧,且便于检查。

转角法(见图6-42)以控制螺栓应变即控制螺母转角来获得规定预拉力,不需专用扳手,简单有效。终拧角度可预先测定。高强度螺栓转角法施工分初拧和终拧两步(必要时可增加复拧)。初拧的目的是消除板缝影响,给终拧创造一个大体一致的基础。初拧扭矩一般取终拧扭矩的50%为宜,原则是以板缝密贴为准。

3. 扭剪型高强度螺栓连接施工

扭剪型高强度螺栓施工相对大六角头高强度螺栓连接施工简单得多。它是用专用电

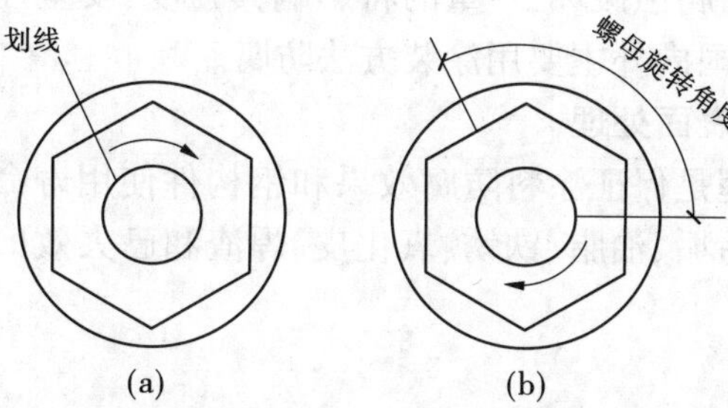

图 6-42　转角法施工工艺

动扳手终拧，梅花头拧掉则终拧结束。

扭剪型高强度螺栓拧紧可分初拧、终拧，对大型节点分初拧、复拧、终拧。初拧用手动扳手或专用定扭矩电动扳手，初拧值为预拉力标准值的 50% 左右；复拧扭矩等于初拧扭矩。初拧或复拧后高强度螺栓应用颜色在螺母上涂标记，然后用专用电动扳手终拧，直至拧掉螺栓尾部梅花头，读出预拉力值(见图 6-43)。

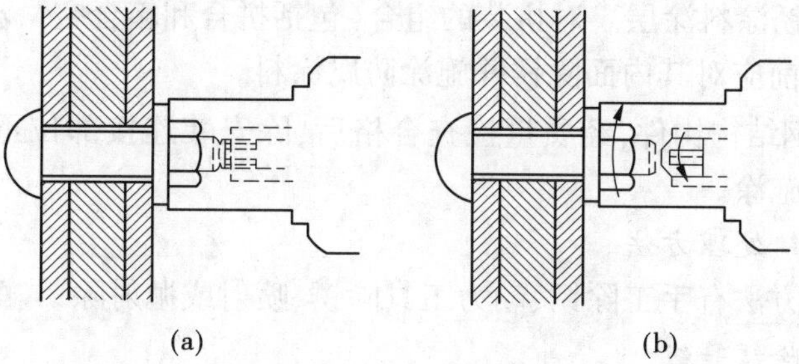

图 6-43　扭剪型高强度螺栓连接副终拧示意

4. 高强度螺栓连接副施工质量检查与验收

高强度螺栓施工质量应有原始检查验收记录：高强度螺栓连接副复验数据、抗滑移系数试验数据、初拧扭矩、终拧扭矩、扭矩扳手检查数据和施工质量检查验收记录等。

对大六角头高强度螺栓应检查以下几项：

(1) 用小锤(0.3 kg)敲击法对高强度螺栓检查，以防漏拧。

(2) 终拧完成 1 h 后，48 h 内应进行终拧扭矩检查。按节点数抽查 10%，且不应少于 10 个；每个被抽查节点按螺栓数抽查 10%，且不应少于 2 个。检查时在螺尾端头和螺母相对位置划线，然后将螺母退回 60°左右，再用扭矩扳手重新拧紧，使两线重合，测得此时扭矩值与施工扭矩值偏差在 10% 内为合格。

对扭剪型高强度螺栓连接副，终拧后检查以目测尾部梅花头拧掉为合格。构造原因终拧不能拧掉梅花头的螺栓数不应大于该节点螺栓数的 5%，并应按大六角头高强度螺栓规定进行终拧扭矩检查。

6.3.5　钢结构构件防腐与涂装

钢结构工程所处工作环境不同，自然界中酸雨介质或温度、湿度作用可能使钢结构产生物理作用和化学作用而腐蚀破坏,严重的将影响其强度、安全性和使用年限,为了减轻并防止钢结构腐蚀,目前国内外主要用涂装方法防腐。

6.3.5.1　钢构件涂装前表面处理

涂装前钢材表面处理是保证涂料防腐效果和钢构件使用寿命的关键。因此,涂装前不但要除去钢材表面的污垢、油脂、铁锈、氧化皮、焊渣和已失效旧漆膜,还要使钢材表面形成一定的粗糙度。

1. 钢结构除锈要求

钢结构除锈是构件施涂前的一道关键工序,除锈干净可提高底防锈涂料的附着力,确保构件防腐质量。

钢结构防腐与除锈选用工艺、技术要求及质量控制,均应满足以下要求:

(1)除锈及施涂工序要协调一致。金属表面经除锈处理后应及时施涂防锈涂料,一般应6 h内施涂完毕。如金属表面经磷化处理,须确认钢材表面生成稳定的磷化膜后,方可施涂防腐涂料。

(2)施工现场拼装的零部件,下料切割及矫正后,均可除锈,并应严格控制施涂防锈涂料涂层。对拼装的组合(包括拼合和箱合空间构件)零件,组装前应对其内面除锈并施涂防腐涂料。

码 6-9　钢结构防腐

(3)拼装后的钢结构构件,经质量检查合格后,除安装连接部位不准涂刷涂料外,其余部位均可除锈和施涂。

2. 钢材表面除锈处理方法

钢材表面除锈方法有手工除锈、动力工具除锈、喷射或抛射除锈、酸洗除锈等。

3. 钢结构防腐除锈等级

钢结构防腐除锈等级应满足设计和规范规定(见表6-8)。

表 6-8　钢结构防腐除锈等级

涂料品种	除锈最低等级
油性酚醛、醇酸等底漆或防锈漆	St2
高氯化聚乙烯、氯化橡胶、氯磺化聚乙烯、环氧树脂、聚氨酯等底漆或防锈漆	Sa2
无机富锌、有机硅、过氯乙烯等底漆	Sa2.5

6.3.5.2　涂装施工

涂装施工前,钢结构制作、安装、校正应已完成并验收合格。涂装施工环境应通风良好、清洁和干燥,施工环境温度一般宜为15~30 ℃,具体应按涂料产品说明书规定执行;施工环境相对湿度宜不大于85%;钢材表面温度应高于空气露点温度3 ℃以上。

1. 施涂方法及顺序

钢结构涂装工序:刷防锈漆→局部刮腻子→涂装施工→漆膜质量检查。

涂装施工有刷涂法、滚涂法、浸涂法、空气喷涂法和无气喷涂法。

1)刷涂法

刷涂法是传统施工方法,具有工具简单、施工方法简单、费用少、易掌握、适应性强、节约涂料和溶剂等优点。其缺点是劳动强度大、生产效率低、施工质量取决于操作者技能等。

码 6-10　滚涂

2)滚涂法

滚涂法是用多孔吸附材料制成的滚子进行涂料的涂装施工。施工用具简单、操作方便,但劳动强度大,生产效率较低。本法只适用于较大面积构件。

码 6-11　喷涂

3)浸涂法

浸涂法是将被涂物放入漆槽内浸渍,经过一段时间后取出,滴净多余涂料再晾干或烘干。优点是效率高,操作简单,涂料损失少。本法适用于形状复杂构件及烘烤型涂料。

4)空气喷涂法

空气喷涂法是利用压缩空气气流将涂料带入喷枪,经喷嘴吹散成雾状,喷涂到物体表面。优点是漆膜均匀、光滑,施工效率高;缺点是消耗溶剂量大,污染现场,对施工人员有毒害。

5)无气喷涂法

无气喷涂法是利用特殊液压泵,将涂料增压至高压状态,涂料经喷嘴喷出时,高速分布于被涂物表面形成漆膜。优点是喷涂效率高,对涂料适应性强,能获得厚涂层;缺点是改变喷雾幅度和喷出量须更换喷嘴,也会损失涂料,对环境有一定污染。

2. 涂装遍数及厚度

涂装遍数及厚度均应满足设计要求。设计对涂层厚度无要求时,涂层干漆膜总厚度:室外150 μm,室内125 μm;其允许偏差为-25 μm。每遍涂层干漆膜厚度合格质量偏差为-5 μm。抽查数量按构件数抽查10%,且同类构件不应少于3件。

3. 钢结构防火涂料涂装施工

1)分类

钢结构防火涂料按黏结剂不同分有机类和无机类两类;按涂层厚度分薄涂型(厚度一般为2~7 mm)和厚涂型(厚度一般为8~50 mm)两类;按施工环境不同分室内和露天两类;按涂层受热后状态分膨胀型和非膨胀型两类。

2)施工要求

钢结构防火涂料生产厂家、检验机构、涂装施工单位均应具备相应资质,并通过公安消防部门认证。钢构件安装就位完毕并经验收合格后再涂装。如提前涂装,然后吊装,安装后应补涂。钢结构涂装前表面杂物应清理干净并除锈,连接处缝隙应用防火涂料或其他防火材料填堵补平。喷涂前应检查防火涂料品名、质量是否满足要求,是否有厂方合格证、检测机构耐火性能检测报告和理化性能检测报告。防火涂料底层和面层涂料应相互配套,且底层涂料不得腐蚀钢材。涂料施工及涂层干燥前,环境温度宜为5~38 ℃,相对湿度不宜大于90%。风速大于5 m/s,雨天和构件表面有结露时,不宜施工。

钢结构防火涂料施工前应搅拌均匀。双组分涂料应按说明书规定配比配制,随用随配。配制的涂料应在规定时间内用完。

3)薄涂型钢结构防火涂料施工

底层涂料宜喷涂,面层涂料可用刷涂、喷涂或滚涂,局部修补及小面积施工可用抹灰刀等工具手工抹涂。

底层涂料一般喷 2~3 遍,每遍间隔 4~24 h,待前一遍干燥后再喷后一遍,第 2 遍和第 3 遍每遍喷涂厚度不宜超 2.5 mm;底层涂料厚度应满足设计要求,基本干燥后施工面层。面层涂料一般涂 1~2 遍,第 1 遍从左至右,第 2 遍则从右至左,保证全部覆盖底涂层。喷涂时,喷枪要稳,喷嘴与构件宜垂直或成 70°,喷口距构件宜为 40~60 cm。涂层应厚薄均匀、不漏喷、不流淌、接槎平整、颜色均匀一致。喷涂过程中宜随时检测涂层厚度,保证达到要求。

4)厚涂型钢结构防火涂料施工

厚涂型钢结构防火涂料一般用喷涂施工。

喷涂分遍完成,一遍基本盖住钢结构表面即可,以后每遍涂厚 5~10 mm。前一遍基本干燥或固化后才能进行下一遍施工。喷涂保护方式、喷涂遍数与涂层厚度应根据设计要求确定。施工中应随时检测涂层厚度,符合设计厚度方可停止施工。

6.3.6　钢结构单层工业厂房安装

6.3.6.1　吊装前的准备工作

1.施工组织设计

吊装前应进行钢结构工程施工组织设计,其内容包括:计算钢结构构件和连接件数量,选择起重机械,确定构件吊装方法,确定吊装流水程序,编制进度计划,确定劳动组织,确定构件平面布置,确定质量保证措施、安全措施等。

码 6-12　吊装现场安全

2.基础的准备

钢柱基础顶面通常设计为一平面,通过地脚螺栓将钢柱与基础连成整体。施工时应保证基础顶面标高及地脚螺栓位置正确,其允许偏差基础顶面高差为±2 mm,倾斜度为 1/1 000;地脚螺栓位置允许偏差支座范围内为 5 mm。施工时可用角钢加工成固定架,将地脚螺栓安置在与基础模板分开的固定架上。为保证基础顶面标高正确,基础与柱连接施工时可用一次浇筑法或二次浇筑法。

1)一次浇筑法

先将基础混凝土浇筑到低于设计标高 40~60 mm 处,然后用细石混凝土精确找平至设计标高,以保证基础顶面标高准确。这种方法要求钢柱制作尺寸十分准确,且要保证细石混凝土与下层混凝土紧密黏结(见图 6-44)。

2)二次浇筑法

钢柱基础分两次浇筑。第一次浇筑到比设计标高低 40~60 mm 处,待混凝土有一定强度后,上面放钢垫板,精确校正钢板标高,然后吊装钢柱。钢柱校正完毕后,往柱脚钢垫板下浇筑细石混凝土(见图 6-45)。此法校正柱容易,适用于重型钢柱吊装。基础二次浇筑混凝土时,钢柱脚应用钢垫板或坐浆垫板作支撑。垫板应设置于靠近地脚螺栓的柱脚底板加劲板或柱脚下,每根地脚螺栓侧应设 1~2 组垫块,每组垫板不得多于 5 块。垫板与基础面和柱底面接触应平整、紧密。用成对斜垫板时，其叠合长度不应小于垫板长的2/3。用坐浆垫板时，应用无收缩砂浆。柱吊装前砂浆试块强度应比基础混凝土强度高一个等级。

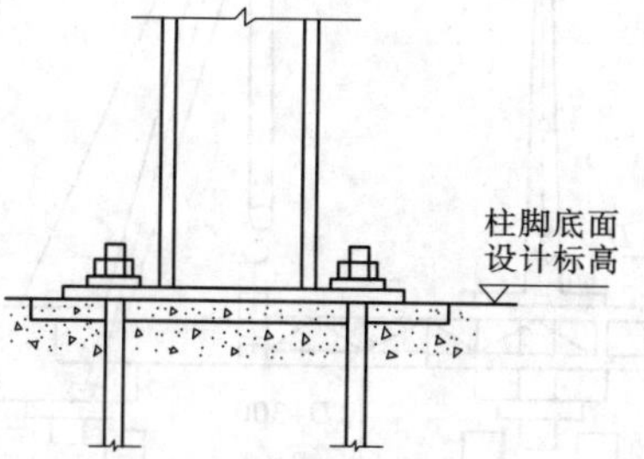

图 6-44　钢柱基础一次灌注法

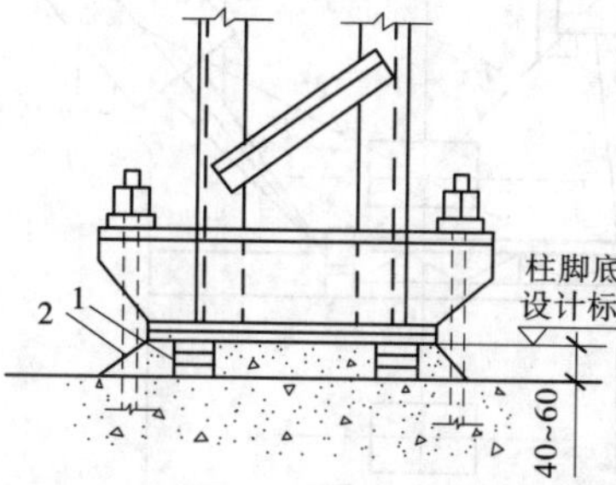

1—调整柱用的钢垫板；2—柱安装后浇筑的细石混凝土。

图 6-45　钢柱基础的二次浇筑法

3. 构件检查与弹线

吊装钢构件前，应检查构件外形和几何尺寸，有偏差应在吊装前设法消除。钢柱下部和上部标出两个方向轴线，柱下部适当高度标出标高准线，以便校正钢柱平面位置、垂直度、屋架和吊车梁标高等。

对不易辨别上下、左右的构件，构件上应标明，以免吊装出错。

4. 构件运输与堆放

钢构件应根据施工组织设计要求的施工顺序，分单元成套供应。运输时，根据构件长度和重量选择车辆；钢构件在运输车辆上支点、两端伸出长度及绑扎方法均应保证构件不产生变形，不损伤涂层。钢构件堆放场地应平整坚实，无积水。堆放时应按构件种类、型号、安装顺序分区存放。钢结构底层应设垫枕，并有足够支撑面，以防支点下沉。同型号钢构件叠放时，各层钢构件支点应在同一垂线上，并应防止钢构件被压坏和变形。

6.3.6.2　构件吊装工艺

1. 钢柱吊装

1）钢柱吊升

钢柱吊升可用自行式起重机或塔式起重机，用旋转法或滑行法吊升。钢柱较重时，可用双机抬吊，用一台起重机抬柱上吊点，另一台起重机抬下吊点，用双机并立相对旋转法吊装（见图 6-46）。

2）钢柱校正与固定

钢柱校正包括平面位置、标高、垂直度校正。平面位置校正应用经纬仪从两个方向检查钢柱安装准线。吊升前应安放标高控制块以控制钢柱底部标高。垂直度校正用经纬仪检验，如超过允许偏差，用千斤顶校正。校正过程中，随时观察柱底部和标高控制块之间是否脱空，以防校正过程造成水平标高误差。为防钢柱校正后轴线位移，柱底板四边用10 mm 厚的钢板定位，并电焊牢固。钢柱复校后，紧固地脚螺栓，并将承重垫块上下点焊固定，防止移动。

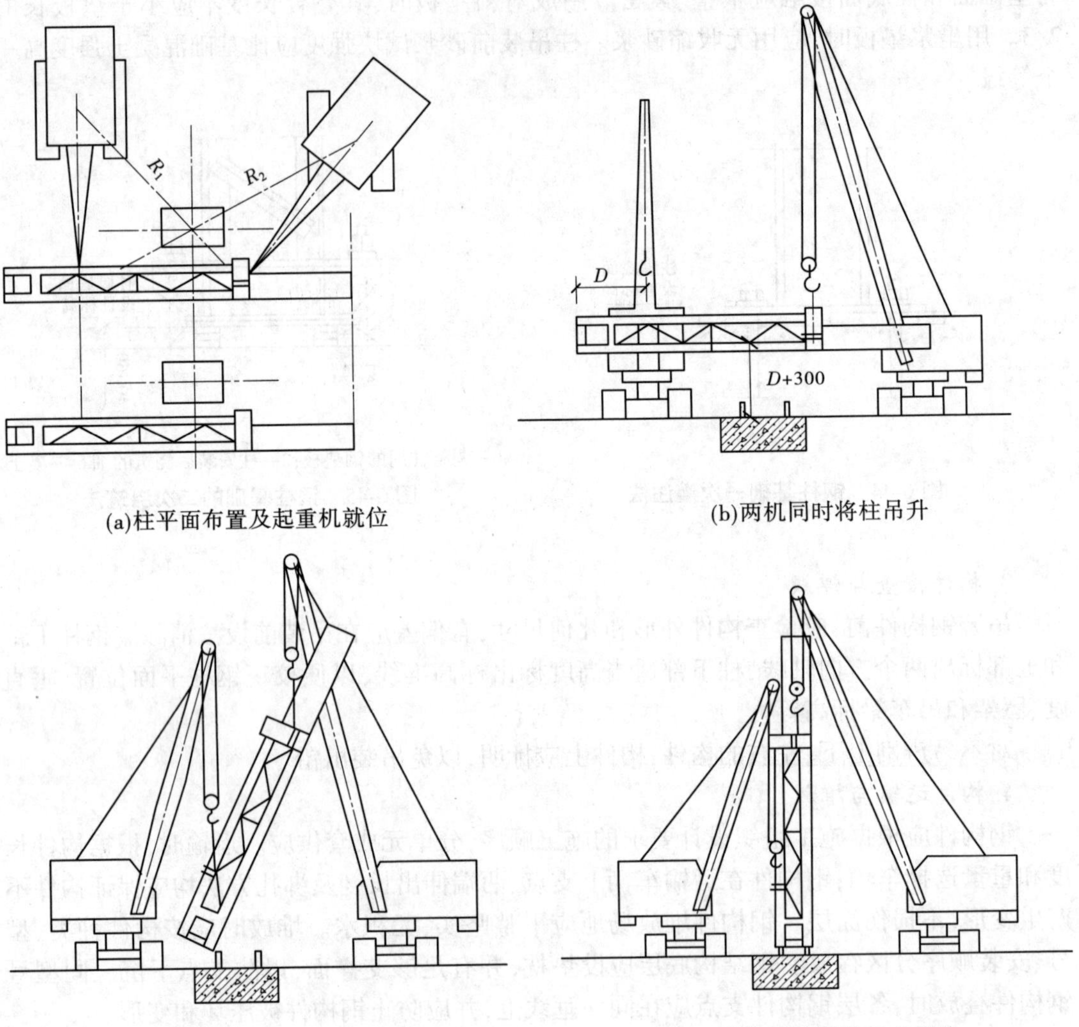

(a)柱平面布置及起重机就位　　(b)两机同时将柱吊升

(c)两机协调旋转并将柱吊直　　(d)将柱脚底板孔插入螺栓

图 6-46　两点抬吊吊装重型柱

2. 钢吊车梁吊装

1) 吊车梁的吊升

钢吊车梁可用自行式起重机吊装，也可用塔式起重机、桅杆式起重机等吊装。重量很大的吊车梁，可用双机抬吊。吊车梁吊装时应注意钢柱吊装后的位移和垂直度偏差，认真做好临时标高垫块工作，严格控制定位轴线，实测吊车梁搁置处梁高制作误差。钢吊车梁均为简支梁，梁端之间应留 10 mm 左右的间隙并设钢垫板，梁和牛腿用螺栓连接，梁与制动架之间用高强度螺栓连接。

2) 钢吊车梁校正与固定

钢吊车梁应校正标高、垂直度、轴线、跨距。标高校正可在屋盖吊装前进行，其他项目校正在屋盖安装完成后进行，因为屋盖吊装可能引起钢柱变位。钢吊车梁标高校正，用千斤顶或起重机对梁做竖向移动,并垫钢板,使其偏差在允许范围内。钢吊车梁轴线校正可用通线法或平移轴线法,跨距检验用钢尺测量,跨度大的车间可用弹簧秤拉测(拉力一般为 100~200 N),如超过允许偏差,可用撬棍、钢楔、花篮螺栓、千斤顶等纠正。

3. 钢屋架吊装与校正

钢屋架翻身扶直吊升时因侧向刚度差,必要时应绑扎几道杉木杆,做临时加固措施。钢屋架吊装可用自行式起重机、塔式起重机或桅杆式起重机等。根据屋架跨度、重量和安装高度选用合适的起重机械和吊装方法。屋架临时固定可用临时螺栓和冲钉。钢屋架侧向稳定性差,如起重机起重量、起重臂长度允许,应先拼装两榀屋架及其上部天窗架、檩条、支撑等成为整体,一次性吊装,这样可保证吊装稳定性,同时提高吊装效率。钢屋架校正主要包括垂直度校正和弦杆正直度校正。垂直度用垂球检验,弦杆正直度用拉紧的测绳检验。屋架最后固定,用电焊或高强度螺栓连接。

6.3.6.3 连接与固定

钢结构连接方法有焊接、铆接和螺栓连接等。钢构件连接接头应经检查合格后方可紧固或焊接。焊接和高强度螺栓并用的连接,设计无特殊要求时,应按先栓后焊顺序施工。此处主要介绍高强度螺栓施工方法。

1. 摩擦面处理

高强度螺栓连接,须对构件摩擦面加工处理,制造厂处理可用喷砂、喷(抛)丸、酸洗或砂轮打磨等。处理好的摩擦面应有保护措施,不得涂油漆或污损。制造厂处理好的摩擦面,安装前应逐个复验所附试件抗滑移系数,合格后方可安装,抗滑移系数应满足设计要求。

2. 连接板安装

连接板不能有挠曲变形,安装前应认真检查,对变形的连接板应矫正平整。高强度螺栓板面接触要平整。因被连接构件厚度不同,或制作和安装偏差等因素造成连接面之间间隙,间隙小于 1.0 mm 可不处理;间隙 1.0~3.0 mm 的,应将高出的一侧磨成 1:10 的斜面,打磨方向应与受力方向垂直;间隙大于 3.0 mm 的应加垫板,垫板两面处理方法应与构件相同。

3. 高强度螺栓安装

1) 安装要求

(1) 钢结构拼装前,应清除飞边、毛刺、焊接飞溅物。摩擦面应保持干燥、整洁,不得雨中作业。

(2) 高强度螺栓连接副应按批号分别存放,并应同批内配套使用。储存、运输、施工中不得混放,要防锈蚀、沾污和碰伤螺纹等,以免扭矩系数产生变化。

(3) 高强度螺栓形式、规格应满足设计要求。施工前,高强度大六角头螺栓连接副应按出厂批号复验扭矩系数;扭剪型高强度螺栓连接副应按出厂批号复验预拉力。复验合格方可使用。螺栓长度应考虑构件连接厚度、螺母厚度、垫圈厚度,紧固后要露出 3 扣螺纹余长(见图 6-47)。

(4) 高强度螺栓连接面抗滑移系数试验结果应满足设计要求,构件连接面与试件连接面表面状态相符。

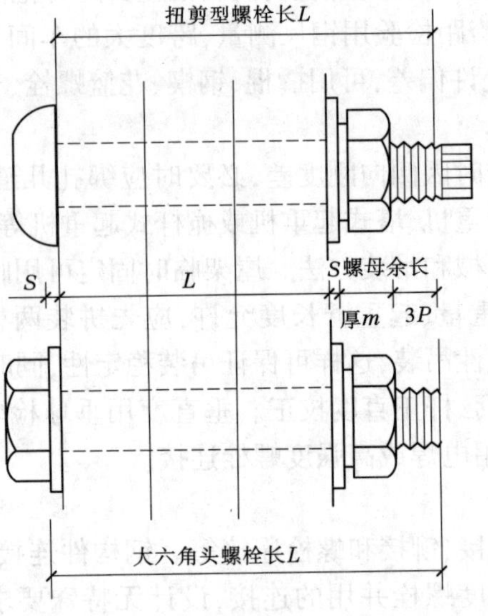

图 6-47　高强度螺栓长度

2) 安装方法

(1) 高强度螺栓接头应用冲钉和临时螺栓连接，临时螺栓数量应为接头上螺栓总数的1/3，并不少于2个；冲钉使用数量不宜超过临时螺栓数量的30%。安装冲钉时不得强行击打使螺孔变形造成飞边。严禁使用高强度螺栓代替临时螺栓，以防损伤螺纹造成扭矩系数增大。错位螺栓孔应用铰刀或粗锉刀处理规整，处理时应先紧固临时螺栓主板至迭间无间隙，以防切屑落入。螺栓孔不得用气割扩孔。钢结构应在临时螺栓连接状态下进行安装精度校正。

(2) 钢结构安装精度调整达校准规定后便可安装高强度螺栓。首先安装接头中那些未装临时螺栓和冲钉的螺孔，螺栓应能自由垂直穿入螺栓和冲钉的螺孔，穿入方向应该一致。每个螺栓一端垫圈不得超过1个，不得用大螺母代替垫圈。已安装的高强度螺栓用普通扳手充分拧紧后，再逐个用高强度螺栓换下冲钉和临时螺栓。安装过程中，如连接后表面涂润滑剂或防锈剂过多，用洁净布轻轻擦掉多余涂脂，防止其安装后流到连接面，不得用清洗剂清洗，以免造成扭矩系数变化。

4. 高强度螺栓紧固

为使每个螺栓的预拉力均匀相等，高强度螺栓拧紧可分为初拧和终拧。对大型节点，应分为初拧、复拧和终拧，复拧扭矩应等于初拧扭矩。初拧扭矩值不得小于终拧扭矩值的30%，一般为终拧扭矩的60%~80%。高强度螺栓终拧扭矩值按式(6-8)计算：

$$T_C = K(P + \Delta_P)d \tag{6-8}$$

式中 T_C——终拧扭矩，N · m；

P——高强度螺栓设计预拉力，kN；

Δ_P——预拉力损失值，kN，取设计预拉力的10%；

d——高强度螺栓螺纹直径，mm；

K——扭矩系数，扭剪型高强度螺栓取 K=0. 13。

高强度螺栓安装应按一定顺序施拧，宜由螺栓群中央顺序向外拧紧。同时应当天终拧完毕，其外露丝扣不得少于3扣。

高强度螺栓多用电动扳手紧固。电动扳手不能使用的场合，用测力扳手紧固。紧固时用鲜明色彩涂料在螺栓尾部涂上终拧标记备查。已紧固高强度螺栓，应逐个检查验收。

终拧用电动扳手紧固的扭剪型高强度螺栓，应以目测尾部梅花头拧掉为合格。用测力扳手紧固的高强度螺栓，仍用测力扳手检查是否紧固到规定终拧扭矩值。采用转角法施工，初拧结束后应在螺母与螺杆端面同一处刻画出终拧角起始线和终止线，以待检查。

大六角头高强度螺栓用扭矩法施工，检查时应将螺母回退30°~50°再拧至原位，测定终拧扭矩值，其偏差不得大于±10%。欠拧、漏拧者应及时补拧，超拧者应予更换。欠拧、漏拧宜用0.3~0.5 kg重小锤逐个敲检。

任务4　结构安装工程质量要求及安全措施

任务导航

本任务要求掌握单、多层混凝土结构安装的施工方法、工艺标准及质量检验要求。

6.4.1　单、多层混凝土结构安装质量要求

(1)混凝土强度达设计强度值的75%以上时，预应力构件孔道灌浆强度达15 MPa以上时，方可构件吊装。

(2)构件安装前，应弹线和编号，并对结构及预制件平面位置、标高、垂直度等校正。

(3)构件吊装就位后，应临时固定，保证构件稳定。

(4)构件安装力求准确，保证偏差在允许范围内(见表6-9)。

表6-9　构件安装允许偏差

序号	名称			允许偏差/mm
1	杯形基础	中心线对轴线位移		10
		杯底标高		−10
2	柱	中心线对轴线位移		5
		上下柱连接中心线位移		3
		垂直度	≤5 m	5
			>5 m	10
			≥10 m且多节	高度的1‰
		牛腿顶面和柱顶标高	≤5 m	−5
			>5 m	−8

续表 6-9

序号	名称			允许偏差/mm
3	梁或吊车梁	中心线对轴线位移		5
		梁顶标高		−5
4	屋架	下弦中心线对轴线位移		5
		垂直度	桁架	屋架高的 1/250
			薄腹梁	5
5	天窗架	构件中心线对定位轴线位移		5
		垂直度(天窗架高)		1/300
6	板	相邻两板板底平整	抹灰	5
			不抹灰	3
7	墙板	中心线对轴线位移		3
		垂直度		3
		每层山墙倾斜		2
		整个高度垂直度		10

6.4.2 单层钢结构安装质量要求

(1)钢结构基础施工时,应保证基础顶面标高及地脚螺栓位置正确。偏差值在允许偏差范围内。

(2)钢结构安装应按施工组织设计。安装程序须保持结构稳定性,且不导致永久性变形。

(3)钢结构安装前,应按构件明细表核对进场构件,查验产品合格证和设计文件;工厂预拼装过的构件现场拼装时,应根据预拼装记录进行。

(4)钢结构安装偏差检测,应在结构形成空间刚度单元,并连接固定后进行,偏差须在允许范围。钢柱、吊车梁和轨道及墙架、檩条安装允许偏差应符合规定。

6.4.3 安全措施

6.4.3.1 使用机械的安全要求

(1)吊装用钢丝绳,须事先认真检查,表面磨损、腐蚀达钢丝绳直径的 10%时,禁止使用。

(2)起重机负重开行,应缓慢行驶,且构件离地不得超过 500 mm。起重机接近满荷时,不得同时进行两种操作动作。

(3)起重机工作,严禁碰触高压电线。起重臂、钢丝绳、重物等与架空电线要保持安全距离。

(4)发现吊钩、卡环出现变形或裂纹时,禁止使用。

(5)起吊构件,吊钩升降要平稳,避免紧急制动和冲击。

(6)对新到、修复或改装起重机,使用前须检查、试吊;须进行静、动负荷试验。试验时,所吊重物为最大起重量的 125%,离地面 1 m,悬停 10 min。

(7)起重机停止工作时,起动装置要关闭上锁。吊钩须升高,以防摆动伤人,不得悬挂物件。

6.4.3.2　操作人员安全要求

(1)安装工作人员要体检。心脏病或高血压患者,不得高空作业。

(2)操作人员进入现场时,须佩戴安全帽、手套;高空作业时须系好安全带,所带工具须用绳子扎牢或放于工具包内。

(3)高空电焊焊接,须系安全带,戴防护罩;潮湿地点作业,须穿绝缘胶鞋。

(4)结构安装时,须统一用哨声、红绿旗、手势等指挥,所有作业人员,均应熟悉各种信号。

6.4.3.3　现场安全设施

(1)吊装现场周围应设临时栏杆,禁止非工作人员入内。地面操作人员禁止停留或通过高空作业面正下方及起重机起重臂或正吊装构件下方。

(2)配备悬挂或斜靠轻便爬梯,供人上下。

(3)在悬空屋架上弦行走时,须设安全栏。

(4)雨期或冬期里,须设防滑措施,如扫除构件上覆冰雪,给屋架捆绑麻袋,屋面板上铺垫草袋等。

【课后练习】

请扫描下方二维码,做课后练习。

教学项目 6　课后练习

教学项目 7 屋面及防水工程施工

【能力目标】

通过本教学项目的学习,使学生能分清建筑防水等级、防水材料分类,能对屋面卷材防水、涂抹防水施工进行质量检查、验收,能编写屋面与地下防水施工方案,能对防水工程安全进行检查。

建筑防水技术在房屋建筑中发挥功能保障作用。防水工程质量优劣,不仅关系到建(构)筑物使用寿命,而且直接影响到人们生产、生活环境和卫生条件。因此,建筑防水工程质量除考虑设计合理性、防水材料的正确选择外,更须重视施工工艺及施工质量。

建筑工程防水按部位可分为屋面防水、地下防水、卫生间防水等;按构造做法分为结构构件刚性自防水和以各种防水卷材、防水涂料作防水层的柔性防水。

任务 1 防水工程基本知识

任务导航

本任务要求掌握建筑防水等级、常用防水材料特点等内容。

7.1.1 建筑防水等级

7.1.1.1 屋面工程防水等级

根据《屋面工程技术规范》(GB 50345—2012),屋面防水工程应根据建筑物类别、重要程度、使用功能要求确定防水等级,并应按相应等级进行防水设防(见表 7-1);对防水有特殊要求的建筑屋面,应进行专项防水设计。

表 7-1 屋面工程防水等级和设防要求

防水等级	建筑类别	设防要求
一级	重要建筑和高层建筑	两道防水设防
二级	一般建筑	一道防水设防

7.1.1.2 地下工程防水等级

根据《地下防水工程质量验收规范》(GB 50208—2011)的规定,地下工程防水等级及其适用范围见表 7-2。

表 7-2 地下工程防水等级标准

防水等级	防水标准
一级	不允许渗水，结构表面无湿渍
二级	不允许漏水，结构表面可有少量湿渍。 房屋建筑地下工程：总湿渍面积不大于总防水面积（包括顶板、墙面、地面）的 1‰；任意 100 m^2 防水面积上湿渍不超过 2 处；单个湿渍最大面积不大于 0.1 m^2。 其他地下工程：湿渍总面积不应大于总防水面积的 2‰；任意 100 m^2 防水面积上湿渍不超过 3 处；单个湿渍最大面积不大于 0.2 m^2，其中隧道工程平均渗水量不大于 0.05 L/(m^2·d)；任意 100 m^2 防水面积上渗水量不大于 0.15 L/(m^2·d)。
三级	有少量漏水点，不得有线流和漏泥沙。 任意 100 m^2 防水面积上漏水或湿渍点数不超过 7 处，单个漏水点最大漏水量不大于 2.5 L/d，单个湿渍最大面积不大于 0.3 m^2。
四级	有漏水点，不得有线流和漏泥沙。 整个工程平均漏水量不大于 2 L/(m^2·d)，任意 100 m^2 防水面积上平均漏水量不大于 4 L/(m^2·d)

7.1.2 防水材料

7.1.2.1 防水卷材

防水卷材主要包括沥青防水卷材、高聚物改性沥青防水卷材、合成高分子防水卷材。传统防水卷材二毡三油或者三毡四油防水卷材；高聚物改性沥青防水卷材提高了材料强度、延伸率、耐老化性能，正逐步取代传统沥青卷材；新型合成高分子卷材有橡胶、塑料和橡塑共混三大类，它们具有单层防水、冷施工、质量轻、污染小、对基层适应性强等特点，是发展的主方向。

1. 沥青防水卷材

沥青防水卷材是用原纸、纤维织物、纤维毡等胎体浸涂沥青，表面撒布粉状、粒状或片状材料制成可卷曲的片状防水材料。常用的有石油沥青纸胎油毡、石油沥青玻璃布油毡、石油沥青玻纤胎油毡、石油沥青麻布胎油毡、石油沥青铝箔胎油毡等。沥青防水卷材一般为叠层铺设、热粘贴施工。常用沥青防水卷材特点、适用范围和施工工艺见表 7-3。

表 7-3 沥青防水卷材特点、适用范围和施工工艺

卷材名称	特点	适用范围	施工工艺
石油沥青纸胎油毡	我国传统的防水材料，目前在屋面工程中仍占主导地位，低温柔性差，防水层耐用年限较短，但价格低	三毡四油、二毡三油叠层铺设的屋面工程	热玛琋脂、冷玛琋脂黏结施工

续表 7-3

卷材名称	特点	适用范围	施工工艺
石油沥青玻璃布油毡	抗拉强度高,胎体不易腐烂,柔韧性好,耐久性较纸胎油毡高1倍以上	多用作纸胎油毡增强附加层和突出部位防水层	热玛琋脂、冷玛琋脂黏结施工
石油沥青玻纤胎油毡	有良好耐水性,耐腐蚀性、耐久性和柔韧性也优于石油沥青纸胎油毡	常用作屋面或地下防水工程	热玛琋脂、冷玛琋脂黏结施工
石油沥青麻布胎油毡	抗拉强度高、耐水性好,但胎体材料易腐烂	常用作屋面增强附加层	热玛琋脂、冷玛琋脂黏结施工
石油沥青铝箔胎油毡	有很强的阻隔蒸汽渗透的能力,防水功能好,且具有一定的抗拉强度	与带孔玻纤毡配合或单独使用,宜用于隔冷层	热玛琋脂黏结施工

2. 高聚物改性沥青防水卷材

高聚物改性沥青防水卷材指高聚物对石油沥青改性,改善防水卷材使用性能,延长防水层寿命而生产的沥青防水卷材。对沥青的改性,主要是通过添加高分子聚合物实现。高聚物改性沥青防水卷材是以合成高分子聚合物改性沥青为涂盖层,纤维织物或纤维毡为胎体,粉状、粒状、片状或薄膜材料为覆盖面材料制成的可卷曲片状防水材料。此材料性能优异,价格适中,属于中低档防水层卷材。其分类品种包括:塑性体沥青防水卷材、弹性体沥青防水卷材、自黏结油毡、聚乙烯膜沥青防水卷材和废橡改性沥青防水卷材和废像胶改性沥青防水卷材等。日常较普遍使用的有 SBS 改性沥青防水卷材、APP 改性沥青防水卷材、PVC 改性沥青防水卷材、PVC 改性焦油沥青防水卷材、再生胶改性沥青防水卷材和废橡胶改性沥青防水卷材等。此类防水卷材按厚度可分为 2 mm、3 mm、4 mm、5 mm 等规格,可单层或复合使用,根据不同卷材可用热熔法、冷粘法和自粘法施工,常用高聚物改性沥青防水卷材特点、适用范围和施工工艺见表 7-4。

表 7-4 高聚物改性沥青防水卷材特点、适用范围和施工工艺

卷材名称	特点	适用范围	施工工艺
SBS 改性沥青防水卷材	耐高、低温性能有明显提高,卷材弹性和耐疲劳性明显改善	单层铺设的屋面防水工程或复合使用,适用于寒冷地区和结构变形频繁的建筑	冷施工铺贴或热熔铺贴
APP 改性沥青防水卷材	具有良好强度、延伸性、耐热性、耐紫外线照射及耐老化性能	单层铺设,适用于紫外线辐射强烈及炎热地区屋面使用	热熔法或冷粘法铺设

续表 7-4

卷材名称	特点	适用范围	施工工艺
PVC 改性焦油沥青防水卷材	有良好耐热及耐低温性能，最低开卷温度为 18 ℃	有利于冬季施工	可热作业也可冷施工
再生胶改性沥青防水卷材	有一定延伸性，且低温柔性较好，有一定防腐蚀能力，价格低廉，属低档防水卷材	变形较大或档次较低的防水工程	热沥青粘贴
废橡胶改性沥青防水卷材	与普通石油沥青纸胎油毡抗拉强度、低温柔性相比均有明显改善	叠层适用于一般屋面防水工程，宜寒冷地区使用	热沥青粘贴

3. 合成高分子防水卷材

合成高分子防水卷材是以合成橡胶、合成树脂或两者共混体为基料，加入适量化学助剂和填充料等，经混炼、压延或挤出等工序加工制成的可卷曲片状防水材料，其又可分加筋增强型与非加筋增强型两种。合成高分子防水卷材具有一系列优异性能，是新型高档防水卷材。常用的合成高分子防水卷材主要品种有三元乙丙橡胶防水卷材、氯化聚乙烯-橡胶共混防水卷材、氯化聚乙烯防水卷材和聚氯乙烯防水卷材等（见表 7-5）。

表 7-5　合成高分子防水卷材特点、适用范围和施工工艺

卷材名称	特点	适用范围	施工工艺
三元乙丙橡胶防水卷材	防水性能优异，耐候性好，具耐臭氧性和耐化学腐蚀性，弹性和抗拉强度大，对基层变形开裂适应性强，质量轻，使用温度范围宽，寿命长；但价格高，黏结材料尚需配套完善	单层或复合适用于防水要求较高，防水层耐用年限要求长的建筑工程	冷粘法和自粘法
丁基橡胶防水卷材	有较好的耐候性、耐油性、抗拉强度和延伸率，耐低温性能稍低于三元乙丙橡胶防水卷材	单层或复合适用于要求较高的防水工程	冷粘法施工
氯化聚乙烯防水卷材	具有良好的耐候性、耐臭氧性、耐老化性、耐油性、耐化学腐蚀性及抗撕裂性能	单层或复合适用于紫外线强的炎热地区	冷粘法施工
氯磺化聚乙烯橡胶防水卷材	具有较高拉伸和撕裂强度，延伸率较大，耐老化性能好，原材料丰富，价格便宜，容易黏结	单层或复合适用于外露或有保护层的防水工程	冷粘法或热风焊接法施工

续表 7-5

卷材名称	特点	适用范围	施工工艺
氯化聚乙烯-橡胶共混防水卷材	不但具有氯化聚乙烯特有的高强度和优异耐久性、耐老化性,而且具有橡胶所特有的高弹性、高延伸性及良好低温柔性	单层或复合使用,尤宜用于寒冷地区工程	冷粘法施工
三元乙丙橡胶-聚乙烯共混防水卷材	热塑性弹性材料,具有良好的耐高温和耐老化性能,使用寿命长,低温柔性好,可负温条件下施工	单层或复合适用于防水屋面,宜寒冷地区使用	冷粘法施工

7.1.2.2 **防水涂料(防水涂膜)**

防水涂料是一种流态或半流态物质,可用刷、喷等工艺涂布基层表面,经溶剂或水分挥发或各组分间化学反应,形成具有一定弹性和一定厚度的连续憎水性薄膜,使基层表面与水隔绝,起到防水、防潮作用。因防水涂料固化成膜形成的防水涂膜层具有良好的防水性能,能形成完整憎水性薄膜,所以广泛应用于屋面防水工程、地下室防水工程和地面防潮、防渗等,特别适用于各种不规则部位的防水。

防水涂料按组成材料不同,可分为沥青基防水涂料、高聚物改性沥青防水涂料和合成高分子防水涂料三类。

1. 沥青基防水涂料

沥青基防水涂料是以沥青为基料配制而成的水乳型或溶剂型防水涂料。常有石油乳化沥青涂料、膨润土乳化沥青涂料和石棉乳化沥青涂料。

2. 高聚物改性沥青防水涂料

高聚物改性沥青防水涂料是以沥青为基料,用合成高分子聚合物进行改性配成水乳型、溶剂型或热熔型防水涂料,常有氯丁橡胶改性沥青涂料、丁基橡胶改性沥青涂料、丁苯橡胶改性沥青涂料、SBS 改性沥青涂料和 APP 改性沥青涂料等。

与沥青基防水涂料相比,高聚物改性沥青防水涂料柔韧性、抗裂性、强度、耐高低温性能、使用寿命等已较大改善。

热熔改性沥青涂料防水性能好,耐老化性能好,价格低,而且我国南方多雨地区施工便利,无须养护、干燥时间,涂层冷却即成膜达到设计要求防水能力,无须担心雨水损害涂膜层,施工进度快,且能低温条件下(如高于-10 ℃)施工,降低了施工环境要求,适用于防水要求较高的屋面。

3. 合成高分子防水涂料

合成高分子防水涂料是以合成橡胶或合成树脂为主要成膜物质配成的水乳型或溶剂型防水涂料,适用于防水要求较高的屋面及地下防水工程。

根据成膜机制,合成高分子防水涂料可分为反应固化型、挥发固化型和聚合物水泥防水涂料三类。常用品种有丙烯酸防水涂料、聚氨酯防水涂料、硅橡胶防水涂料、聚合物水泥防水涂料等。

7.1.2.3 刚性防水材料

1. 防水混凝土

防水混凝土适用于结构自身抗渗、自防水的建(构)筑物。防水混凝土包括普通防水混凝土、掺外加剂防水混凝土和膨胀水泥混凝土等。普通防水混凝土通过调整配合比提高自身密实性以抗渗;掺外加剂防水混凝土通过掺化学外加剂提高自身密实性以抗渗;膨胀混凝土通过掺膨胀剂,使混凝土内部毛细管路堵塞以抗渗。

2. 沥青油毡瓦

沥青油毡瓦是以玻璃纤维毡为主要胎基材料,经浸渍和涂盖优质氧化沥青后,上表面覆盖彩色矿物料或片料,下表面覆细砂隔离材料和自粘沥青点并覆防粘膜,经切割制成的瓦状屋面防水材料。沥青油毡瓦轻质美观,适用于各种形式的屋面。

3. 混凝土屋面瓦

混凝土屋面瓦也称水泥屋面瓦,是以水泥为基料,加入金属氧化物、化学增强剂并涂饰透明外层涂料制成的屋面瓦材。

4. 聚氯乙烯瓦

聚氯乙烯瓦(UPVC 轻质屋面瓦)是一种新型屋面防水材料,是以硬质聚氯乙烯为主材,分别掺热稳定剂、润滑剂、填料及光屏蔽剂、紫外线吸收剂、发泡剂等,经混合、塑化并经三层共挤成型而成的三层共挤芯层发泡板。

7.1.2.4 基层处理剂

基层处理剂本质是一种界面处理剂溶液,防水层施工前预先涂布于基层表面,用于增强防水层与基层之间的黏结力。为达到良好黏结牢固粘贴效果,基层处理剂应满足相容性要求,即不同性质防水卷材、防水涂膜,应用与之相容的基层处理剂。

沥青卷材防水层基层处理剂是冷底子油。冷底子油是由 10 号或 30 号石油沥青溶于挥发性有机溶剂制成的溶液,黏度小,能渗入基层内部,溶剂挥发后,基层上即形成一层黏结牢固的沥青薄膜,能有效提高沥青胶胶结材料与基层黏结力。冷底子油一般现场配置,有热配法和冷配法。

高聚物改性沥青和合成高分子卷材品种繁多,材料性能不同,所用基层处理剂也不同,一般由卷材生产厂家配套供应,施工时可参照说明书要求择适选用。

7.1.2.5 胶黏剂

胶黏剂是涂布于基层与卷材、卷材与卷材之间起黏结作用的一种流态或半流态材料。不同性质卷材所用胶黏剂也不同,应根据卷材性质相应选择。

1. 沥青防水卷材的胶黏剂

沥青防水卷材的胶黏剂为沥青玛琋脂(沥青胶),是一种或两种标号不同的石油沥青按一定配合比熔合后加入适当品种和数量的填充料配制而成。填充料的作用是提高沥青胶耐热度,增加韧性、黏结力、抗老化能力等。填充料宜用滑石粉、板岩粉、云母粉、石棉粉等。

沥青胶标号以耐热度表示,标号有 S-60~S-85。使用时需根据屋面使用条件、坡度和当地历年极端最高温度,参照规范选用。

2. 合成高分子卷材的胶黏剂

合成高分子卷材的胶黏剂用于粘贴卷材，可分为卷材与基层粘贴的胶黏剂及卷材间搭接的胶黏剂。胶黏剂均由卷材生产厂家配套供应。合成高分子卷材的胶黏剂剥离强度不应小于 15 N/10 mm，浸水后粘贴剥离强度保持率不应小于 70%。

7.1.2.6 建筑密封材料

建筑工程用防水密封材料指嵌填于建筑物的接缝、门窗框四周、玻璃镶嵌部位及建筑裂缝等处，起水密性、气密性作用的材料，主要用于屋面、地下工程及其他部位的嵌缝密封防水，也可用于自防水屋面，配合构件板面涂刷防水涂料可取得较好的防水效果。建筑密封材料可分为膏糊状的不定型材料（如腻子、各类嵌缝密封膏、胶泥、胶带、胶条等）和垫状的定型密封材料（如止水条、止水带、防水垫和遇水自膨胀橡皮等）。

7.1.2.7 防水剂

防水剂由化学原料配成，是一种促进速凝并提高水泥砂浆或混凝土不透水性的外加剂，按一定比例掺进水泥砂浆或混凝土中，形成防水砂浆或防水混凝土。常用的有氯化物金属盐类防水剂、金属皂类防水剂和硅酸钠防水剂，近年来新型防水剂有有机硅建筑防水剂、无机铝盐防水剂、M1500 水泥密封剂、V 形混凝土膨胀剂和 FS 系列混凝土防水剂等。

任务 2 屋面防水施工

任务导航

本任务要求掌握屋面卷材防水工艺流程与施工方法，涂膜防水工艺流程与施工方法，复合防水工艺流程与施工方法，刚性防水工艺流程与施工方法。

屋面是建筑（构）物的顶部结构，阻挡风霜、雨雪、日晒等外界因素对建筑造成侵蚀，因此其需具防水、保温、隔热及耐久性等功能。屋面防水是房屋建筑的重要工程，其施工质量好坏不仅关系到建筑物的使用寿命，还直接影响人们生产活动和生活质量。

屋面防水基本原则是防排结合。目前常用屋面防水做法有卷材防水屋面、涂膜防水屋面、刚性防水屋面和复合防水屋面等。

屋面防水工程应由具备相应资质的专业队伍组织施工，作业人员应持证上岗。屋面工程所用防水、保温隔热等材料应有产品合格证书和性能检测报告。材料品种、规格、性能等应符合现行国家产品标准和设计要求，材料进场后，应按规定抽样检验，提出检验报告。工程中严禁使用不合格产品，以及国家明令禁止和淘汰的材料。

屋面施工前，应编制施工方案，建立“三检”制度。防水工程须有完整检查验收记录。伸出屋面管道、设备和预埋管件应在防水层施工前安设好。施工时每道工序完成后，应经检查验收合格，方可进入下道工序。屋面保温层和防水层严禁雨天、雪天和五级以上大风下施工，温度过低也不宜施工。

屋面完工后，应对屋面细部构造、接缝、保护层等进行外观检验，并淋水或蓄水检验。防水层不得渗漏或积水。

7.2.1　卷材防水屋面

卷材防水屋面是用胶结材料粘贴卷材进行屋面防水。其重量轻、防水性能好、柔韧性好，能适应一定程度的结构振动和胀缩变形。所用卷材主要有传统沥青防水卷材、高聚物改性沥青防水卷材和合成高分子防水卷材。

7.2.1.1　卷材屋面构造

卷材屋面构造见图 7-1。

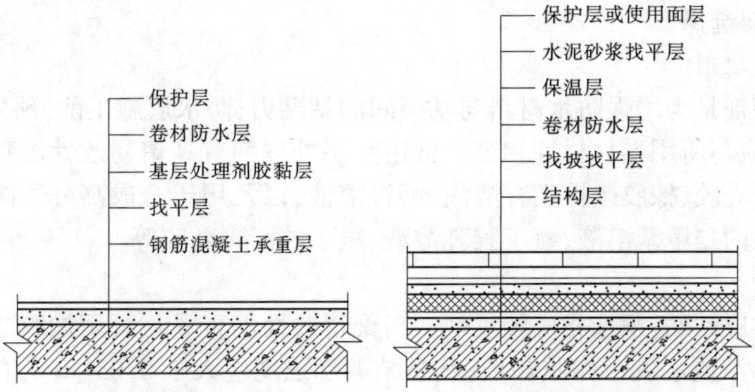

(a)不保温卷材屋面　　(b)保温卷材屋面

图 7-1　卷材屋面构造层次示意图

7.2.1.2　对基层的要求

基层施工质量直接影响屋面工程防水。基层应有足够的强度和刚度，承受荷载时不致产生显著变形。基层一般用水泥砂浆、细石混凝土或沥青砂浆找平，应平实、清洁，无凹凸形及尖锐颗粒。其平整度用 2 m 靠尺检查，最大空隙应不大于 5 mm，空隙仅允许平缓变化，每米长内不得多于 1 处。铺设屋面隔汽层和防水层前，基层须清扫干净。

屋面及檐口、檐沟、天沟找平层排水坡度，须符合设计要求，平屋面结构找坡应不小于 3%，材料找坡宜为 2%，天沟、檐沟纵向找坡不应小于 1%，沟底落水差不大于 200 mm，与突出屋面结构连接处及基层转角处均应做成圆弧，圆弧半径应满足要求，高聚物改性沥青防水卷材为 50 mm，合成高分子防水卷材为 20 mm。

为防温差及混凝土构件收缩致防水屋面开裂，找平层应留分格缝，缝宽一般为 5～20 mm。其纵横向最大间距不宜大于 6 m。分格缝处应附加 200～300 mm 宽油毡，以沥青胶结材料单边点粘覆盖。

用水泥砂浆或沥青砂浆找平层做基层时，其厚度和技术要求应符合表 7-6 的规定。

表 7-6　找平层厚度和技术要求

类别	基层种类	厚度/mm	技术要求
水泥砂浆找平层	整体混凝土	15～20	1：2.5～1：3（水泥：砂）体积比，水泥强度等级不低于 32.5
	整体或板状材料保温层	20～25	
	装配式混凝土板、松散材料保温层	20～30	

续表 7-6

类别	基层种类	厚度/mm	技术要求
细石混凝土找平层	松散材料保温层	30~35	混凝土强度等级不低于 C20
沥青砂浆找平层	整体混凝土	15~20	质量比 1:8（沥青:砂）
	装配式混凝土板、整体或板状材料保温层	20~25	

7.2.1.3　**材料选择**

1. 基层处理剂

基层处理剂是为增强防水材料与基层间的粘贴力，防水层施工前，预先涂于基层上的涂料，其选择应与所用卷材材性相容。常用基层处理剂有高聚物改性沥青防水卷材屋面的氯丁胶沥青乳胶、橡胶改性沥青溶液、沥青溶液，以及用于合成高分子防水卷材屋面聚氨酯煤焦油系的二甲苯溶液、氯丁胶乳溶液、氯丁胶沥青乳胶等。

2. 胶黏剂

卷材防水层粘贴，须选相应胶黏剂。高聚物改性沥青卷材可用橡胶或再生橡胶改性沥青的汽油溶液或水乳液作胶黏剂，其黏结剪切强度应大于 0.05 MPa，黏结剥离强度应大于 8 N/10 mm。合成高分子防水卷材可选氯丁橡胶和丁基酚醛树脂为主成分的胶黏剂或氯丁橡胶乳液制成的胶黏剂，其黏结剥离强度不应小于 15 N/10 mm，其用量为 0.4~0.5 kg/m^2。胶黏剂均由卷材生产厂家配套供应。

3. 卷材

主要防水卷材分类见表 7-7。

表 7-7　主要防水卷材分类

类别		防水卷材名称
沥青基防水卷材		纸胎、玻璃胎、玻璃布、黄麻、铝箔沥青卷材
高聚物改性沥青防水卷材		SBS、APP、SBS-APP、丁苯橡胶改性沥青卷材；胶粉改性沥青卷材、再生胶卷材、PVC 改性煤焦油沥青卷材等
合成高分子防水卷材	硫化型橡胶或橡胶共混卷材	三元乙丙卷材、氯磺化聚乙烯卷材、丁基橡胶卷材、氯丁橡胶卷材、氯化聚乙烯-橡胶共混卷材等
	非硫化型橡胶或橡塑共混卷材	丁基橡胶卷材、氯丁橡胶卷材、氯化聚乙烯-橡胶共混卷材等
	合成树脂系防水卷材	氯化聚乙烯卷材、PVC 卷材等
特种卷材		热熔卷材、冷自粘卷材、带孔卷材、热反射卷材、沥青瓦等

高聚物改性沥青防水卷材外观质量要求见表 7-8。

表 7-8　高聚物改性沥青防水卷材外观质量

项目	质量要求
孔洞、缺边、裂口	不允许
边缘不整齐	不超过 10 mm
胎体露白、未浸透	不允许
撒布材料粒度、颜色	均匀
每卷卷材的接头	不超过 1 处,较短的一段不应小于 1 000 mm,接头处应加长 150 mm

合成高分子防水卷材外观质量要求见表 7-9。

表 7-9　合成高分子防水卷材外观质量

项目	质量要求
折痕	每卷不超 2 处,总长度不超 20 mm
杂质	粒径大于 0.5 mm 颗粒不允许,每 1 m^2 不超 9 mm^2
凹痕	每卷不超 6 处,深度不超过本身厚度的 30%,树脂深度不超过本身厚度的 15%
胶块	每卷不超 6 处,每处面积不大于 4 mm^2
每卷卷材的接头	橡胶类每 20 m 不超过 1 处,较短的一段不应小于 3 000 mm,接头处应加长 150 mm,树脂类 20 m 长度内不允许有接头

各种防水材料及制品均应符合设计要求,具有质量合格证明,进场前应按规范要求抽样复检,严禁使用不合格产品。

4. 卷材防水层施工

卷材防水层一般施工工艺流程如图 7-2 所示。

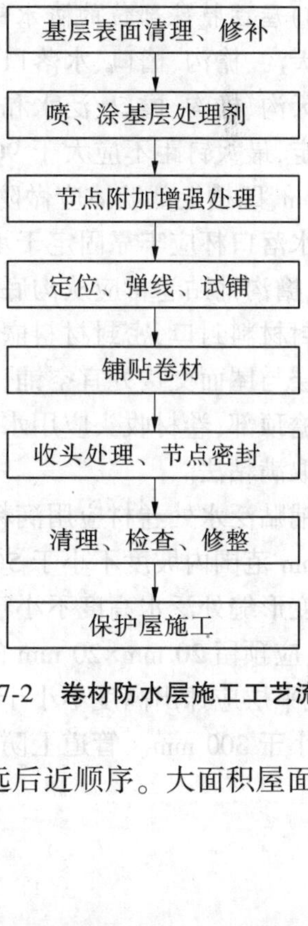

图 7-2　卷材防水层施工工艺流程

1) 卷材防水层铺贴方向

卷材防水层铺贴方向应结合卷材接缝顺水接槎和卷材铺贴可操作性两个因素综合考虑。卷材铺贴保证顺直前提下,宜平行屋脊铺贴。屋面坡度大于 25% 时为防止卷材下滑,卷材应采取满粘和钉压等方法固定,固定点应封闭严密。卷材防水层用叠层方法施工时,上下层卷材不得相互垂直铺贴,应尽可能避免接缝叠加。

2) 卷材防水层施工顺序

屋面防水层施工,应先施工节点、附加层和屋面排水比较集中部位(如屋面与水落口连接处、檐口、天沟、屋面转角处、板端缝等),然后由屋面最低标高处向上施工。铺贴天沟、檐沟卷材时,宜顺天沟、檐口方向,尽量减少搭接。铺贴多跨和有高低跨屋面,应按先高后低、先远后近顺序。大面积屋面施工时,应根据屋面特征及面积大小等因素合理划分流水施工段。施工段界线宜设于屋脊、天沟、变形缝等处。

码 7-1　卷材防水层施工

3)卷材防水层搭接方法及宽度要求

为确保卷材防水层质量,所有卷材铺贴时均应用搭接法。

(1)平行屋脊卷材接缝应顺水流方向,卷材搭接宽度应符合规定(见表 7-10)。

(2)相邻两幅卷材短边搭接接缝应错开,且不得小于 500 mm。

(3)上下层卷材长边接缝应错开,且不得小于幅宽的 1/3。

叠层铺设的各层卷材,天沟与屋面连接处,应用叉接法搭接,即接缝应错开,接缝宜留于屋面或天沟侧面,不宜留于沟底。

表 7-10　卷材搭接宽度　　单位:mm

卷材类别		搭接宽度
合成高分子防水卷材	胶黏剂	80
	胶黏带	50
	单缝焊	60,有效焊接宽度不小于 25
	双缝焊	80,有效焊接宽度 10×2+空腔宽
高聚物改性沥青防水卷材	胶黏剂	100
	自粘	80

4)屋面特殊部位的防水铺贴要求

天沟、檐沟、檐口、水落口、泛水、变形缝和伸出屋面管道的防水构造,须符合设计要求。天沟、檐沟、檐口、泛水和立面卷材收头端部应裁齐,塞入预留凹槽内,用金属压条钉压固定,最大钉距不应大于 900 mm,并用密封材料嵌填封严,凹槽距屋面找平层不小于 250 mm,凹槽上部墙体应做防水处理。

水落口杯应牢靠固定于承重结构上,如为铸铁制品,所有零件均应除锈并刷防锈漆;天沟、檐沟铺贴卷材应从沟底开始。如沟底过宽,卷材纵向搭接(长边和长边)时,接缝须用密封材料封口,密封材料嵌填须密实、连续、饱满、粘牢、无气泡,不开裂脱落。沟内卷材附加层与屋面交接处宜空铺,其空铺宽度不小于 200 mm,其卷材防水层应由沟底翻上至沟外檐顶部,卷材收头应用水泥钉固定并用密封材料封严,铺贴檐口 800 mm 范围内卷材应采取满粘法。

铺贴泛水处卷材应用满粘法,防水层贴入水落口杯内不小于 50 mm,水落口周围直径 500 mm 范围内坡度不小于 5%,并用密封材料封严。

变形缝处泛水高度不小于 250 mm,伸出屋面管道周围与找平层或细石混凝土防水层之间,应预留 20 mm×20 mm 的凹槽,并用密封材料嵌填严密,管道根部直径 500 mm 范围内,找平层应抹出高度不小于 30 mm 的圆台。管道根部四周应增设附加层,宽度和高度均不小于 300 mm。管道上防水层收头应用金属箍紧固,并用密封材料封严。

5) 排汽屋面防水施工

卷材应铺设于干燥基层上。屋面保温层或找平层难达干燥,而又急需铺设屋面卷材时,应用排汽屋面。排汽屋面是整体连续的,屋面与垂直面连接处,隔汽层应延伸到保温层顶部,并高出 150 mm,以便与防水层相连,要防止房间内水蒸气进入保温层,造成防水层起鼓破坏,保温层含水量须符合设计要求。铺贴第 1 层卷材时,用条粘、点粘、空铺等方法使卷材与基层之间留纵横相互贯通的空隙作排气道(见图 7-3),排气道宽度为 30~40 mm,深度一直到结构层。对有保温层屋面,也可在保温层的找平层上留槽作排气道,并于屋面或屋脊上设置排气孔(每 36 m^2 左右一个)与大气相通,这样就能使潮湿基层中的水分蒸发排出,防止了油毡起鼓。排汽屋面适用于气候潮湿、雨量充沛、夏季阵雨多、保温层或找平层含水量较大且难达干燥地区。

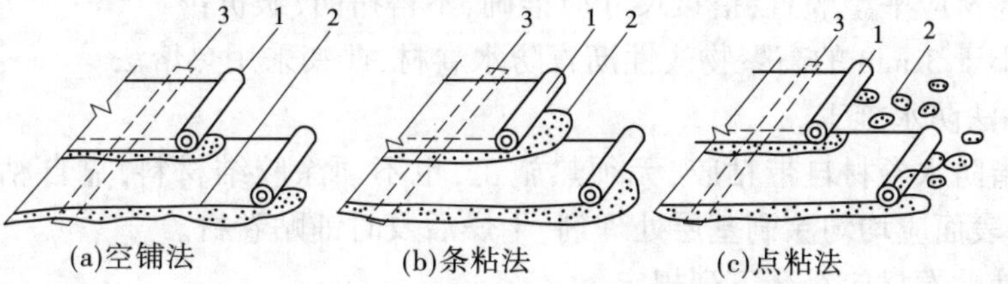

1—卷材;2—沥青胶;3—附加卷材条。

图 7-3　排汽屋面卷材铺法

6) 高聚物改性沥青卷材防水施工

高聚物改性沥青防水卷材施工工艺流程同普通沥青卷材防水层。根据高聚物改性沥青防水卷材特性,其施工方法有冷粘法、热熔法和自粘法等。在立面或陡倾坡面铺贴高聚物改性沥青防水卷材时,应用满粘法,并尽可能减少短边搭接。

(1) 冷粘法防水施工。

冷粘法施工是用毛刷将胶黏剂涂刷于基层或卷材,然后直接铺贴卷材,使卷材与基层、卷材与卷材黏结。冷粘法铺贴卷材应符合下列规定:

①胶黏剂涂刷应均匀、不露底、不堆积;

②应控制胶黏剂涂刷与卷材铺贴间隔时间;

③卷材下面空气应排尽,并应辊压粘牢;

④卷材铺贴应平整顺直,搭接尺寸应准确,不得扭曲、皱折;

⑤接缝口应用密封材料封严,宽度不应小于 10 mm。

(2) 热粘法防水施工。

热粘法亦称热熔法,指利用火焰加热器熔化热熔型防水卷材底层热熔胶,然后粘贴。火焰加热器加热卷材应均匀,施工加热时卷材幅宽内须均匀一致,要求火焰加热器喷嘴与卷材距离适当,加热至卷材表面有光亮黑色时方可黏合。若熔化不够,会影响卷材接缝黏结强度和密封性能;加温过高,会使改性沥青老化变焦且把卷材烧穿。

码 7-2　热熔法

热粘法铺贴卷材应符合下列规定:

①熔化热熔型改性沥青胶结料时,为防止加热温度过高,导致改性沥青中的高聚物发生裂解而影响质量,宜用专用导热油炉加热,加热温度不应高于 200 ℃,使用温度不宜低于 180 ℃;

②粘贴卷材的热熔型改性沥青胶结料厚度宜为 1.0~1.5 mm;

③热熔型改性沥青胶结料粘贴卷材,应随刮随铺,并展平顺直压实。

(3)热熔法防水施工。

热熔法铺贴卷材应符合下列规定:

①火焰加热器加热卷材应均匀,不得加热不足或烧穿卷材;

②卷材表面热熔后应立即滚铺,卷材下面空气应排尽,并应辊压粘贴牢固;

③卷材接缝部位应溢出热熔的改性沥青胶,溢出改性沥青胶宽度宜为 8 mm;

④铺贴卷材应平整顺直,搭接尺寸应准确,不得扭曲、皱折;

⑤厚度小于 3 mm 的高聚物改性沥青防水卷材,严禁采用热熔法。

(4)自粘法防水施工。

自粘法指防水卷材自带粘胶,无须热施工,也不须涂胶结材料,靠自粘胶黏结即可。铺贴前,基层表面应均匀涂刷基层处理剂,干燥后及时铺贴卷材。

自粘法铺贴卷材应符合下列规定:

①铺贴卷材时,应将自粘胶底面隔离纸全部撕净;

②卷材下面空气应排尽,并应辊压粘贴牢固;

③铺贴卷材应平整顺直,搭接尺寸应准确,不得扭曲、皱折;

④接缝口应用密封材料封严,宽度不应小于 10 mm;

⑤低温施工时,接缝部位宜用热风加热,并应随即粘贴牢固。

(5)焊接法防水施工。

焊接法铺贴卷材应符合下列规定:

①焊接前卷材应铺设平整顺直,搭接尺寸应准确,不得扭曲、皱折;

②卷材焊接缝结合面应干净、干燥,不得有水滴、油污及附着物;

③焊接时应先焊长边搭接缝,后焊短边搭接缝;

④控制加热温度和时间,焊接缝须无漏焊、跳焊、焊焦或焊接不牢;

⑤焊接时不得损害非焊接部位卷材。

(6)机械固定法铺贴卷材防水施工。

机械固定法铺贴卷材应符合下列规定:

①卷材应用专用固定件机械固定;

②固定件应设置于卷材搭接缝内,外露固定件应用卷材封严;

③固定件应垂直钉入结构层有效固定,固定件数量和位置应满足设计和规范要求;

④卷材搭接缝应黏结或焊接牢固,密封应严密;

⑤卷材周边 800 mm 范围内应满粘。

7)合成高分子卷材防水施工

合成高分子防水卷材施工工艺流程同前述卷材,施工方法一般分为冷粘法、热风焊接法和自粘法三种。

冷粘法、自粘法施工要求与高聚物改性沥青防水卷材基本相同，但冷粘法施工时，搭接部位应用与卷材配套的接缝专用胶黏剂，接缝黏合面要涂刷均匀，并控制涂刷与黏合间隔时间，排除空气，辊压粘牢。

热风焊接法是利用热空气焊枪进行防水卷材搭接黏合。焊接前卷材应铺设平整、顺直，搭接尺寸应准确，不得扭曲、皱折；卷材焊接缝结合面应干净、干燥，不得有水滴、油污、垃圾等附着污物；焊接时应先焊长边接缝，后焊短边接缝；焊缝质量与焊接速度、热风温度、操作人员熟练程度相关，焊接施工时须严格控制加热温度和时间，焊接缝不得漏焊、跳焊、焊焦或焊接不牢；焊接不得损害非焊接部位卷材。

5. 隔离层施工

柔性防水层上设置块体材料、水泥砂浆、细石混凝土等刚性保护层时，为防刚性保护层胀缩变形损坏防水层，其间应铺设隔离层。

基层较平整时，已完成淋水(或雨后)、蓄水检验合格的防水层上面，可直接干铺塑料膜、土工布或卷材。基层不太平整时，隔离层宜用低强度等级黏土砂浆、水泥石灰砂浆或水泥砂浆。铺抹砂浆厚度宜为 10 mm，表面应抹平、压实并养护；待砂浆干燥后，其上干铺一层塑料膜、土工布或卷材。隔离层所用材料应能经受保护层的施工荷载，塑料膜厚度不应小于 0.4 mm，土工布应用聚酯土工布，单位面积质量不应小于 200 g/m^2，卷材厚度不应小于 2 mm。

隔离层所用材料质量及配合比，应符合设计要求；隔离层不得破损和漏铺。塑料膜、土工布、卷材应铺设平整，搭接宽度不应小于 50 mm，不得有皱折。低强度等级砂浆表面应平整、压实，不得起砂、起壳。

6. 保护层施工

卷材或涂料防水层完工并经检验合格后，在其上铺涂保护层。沥青类防水卷材也可直接用卷材上表面覆附的矿物粒料或铝箔作保护层。

码 7-3　卷材防水保护层

1) 混凝土预制板保护层

混凝土预制板保护层的结合层可用砂或水泥砂浆。混凝土板须铺砌平整，并满足排水要求。砂结合层上铺砌块体时，砂层应洒水压实、刮平；板块对接铺砌，缝隙应一致，缝宽 10 mm 左右，砌完洒水轻拍压实。板缝先填砂一半高度，再用 1∶2水泥砂浆勾成凹缝。为防砂流失，保护层四周 500 mm 范围内改用低强度等级水泥砂浆作结合层。

用水泥砂浆作结合层时，应先在防水层上做隔离层，隔离层可用热砂、干铺油毡、铺纸筋灰或麻刀灰、黏土砂浆、石灰砂浆等多种方法施工。预制块体应先浸水湿润并阴干。摆铺完后应立即挤压密实、平整，使之结合牢固。预留板缝(10 mm)用 1∶2水泥砂浆勾成凹缝。

上人屋面预制块体保护层，块体材料应按楼地面工程质量要求选用，结合层应用 1∶2水泥砂浆。

2) 细石混凝土保护层

施工前应在防水层上铺设隔离层(同上)，并按设计要求支设分格缝木模；设计无要求时，分格缝纵横间距不大于 6 m，分格缝宽度 10~20 mm。一个分格内混凝土应连续浇筑,不留施工缝。振捣宜用铁辊滚压或人工拍实,防止破坏防水层。拍实后随即用刮尺按排水坡度刮平,初凝前用木抹子提浆抹平,初凝后及时取出分格缝木模,终凝前用铁抹子压光。

细石混凝土保护层浇筑后应及时养护,养护时间应不小于7 d。养护期满即将分格缝清理干净,待干燥后用密封材料嵌填密实。

7.2.2 涂膜防水屋面

涂膜防水屋面是在屋面基层上涂刷防水涂料,固化成一层一定厚度的弹性整体涂膜层,实现屋面防水(见图7-4)。其施工简便,无污染,冷操作,无接缝,适用于复杂基层,防水性能好,温度适应性强,易修补。

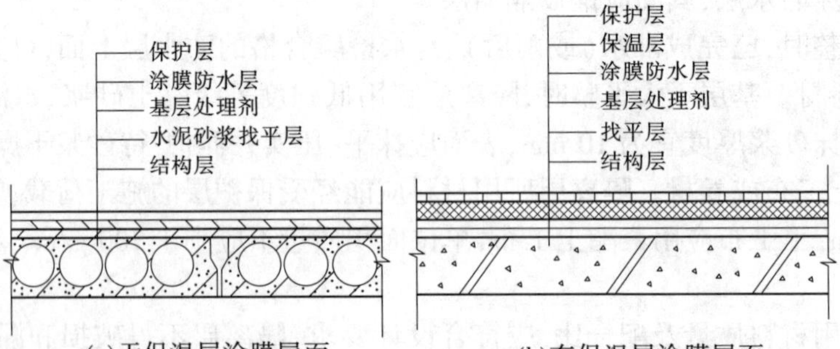

(a)无保温层涂膜屋面　(b)有保温层涂膜屋面

图7-4 涂膜防水屋面构造

7.2.2.1 材料要求

根据成膜物质主成分不同,涂膜防水涂料主要有高聚物改性沥青防水涂料和合成高分子防水涂料两类。根据其形成液态方式,可分溶剂型、反应型和乳液型三类(见表7-11)。防水涂料质量要求分别见表7-12~表7-14。

表7-11 主要防水涂料分类

类别		材料名称
高聚物改性沥青防水涂料	溶剂型	再生橡胶沥青涂料、氯丁橡胶沥青涂料等
	乳液型	丁苯胶乳沥青涂料、氯丁胶乳沥青涂料、PVC煤焦油涂料等
合成高分子防水涂料	乳液型	硅橡胶涂料、丙烯酸酯涂料、AAS隔热涂料等
	反应型	聚氨酯防水涂料、环氧树脂防水涂料等

表7-12 高聚物改性沥青防水涂料质量要求

项目	质量要求
固体含量/%	≥43
耐热度(80 ℃,5 h)	无流淌、起泡和滑动
柔性(-10 ℃)	3 mm厚,绕ϕ20 mm圆棒,无裂纹、断裂

续表 7-12

项目		质量要求
不透水性	压力/MPa	≥0.1
	保持时间/min	≥30 不渗透
延伸[(20±2)℃拉伸]/mm		≥4.5

表 7-13　合成高分子防水涂料性能要求

项目		质量要求		
		反应固化型	挥发固化型	聚合物水泥涂料
固体含量/%		≥94	≥65	≥65
拉伸强度/MPa		≥1.65	≥1.5	≥1.2
断裂延伸率/%		≥300	≥300	≥200
柔性/℃		-30 弯折无裂纹	-20 弯折无裂纹	-10,绕 ϕ 10 mm 圆棒,无裂纹
不透水性	压力/MPa	≥0.3	≥0.3	≥0.3
	保持时间/min	≥30	≥30	≥30

表 7-14　胎体增强材料质量要求

项目		质量要求		
		聚酯无纺布	化纤无纺布	玻纤网布
外观		均匀,无团状,平整无皱折		
拉力(宽 50 mm)/N	纵向	≥150	≥45	≥90
	横向	≥100	≥35	≥50
延伸率/%	纵向	≥10	≥20	≥3
	横向	≥20	≥25	≥3

7.2.2.2　基层要求

涂膜防水层要求基层刚度大,空心板安装牢固,找平层有一定强度,表面平整、密实,不应有起砂、起壳、龟裂、爆皮等现象。表面平整度用 2 m 直尺检查,基层与直尺最大间隙不应超过 5 mm,间隙仅允许平缓变化。基层与凸出屋面结构连接处及基层转角应做成圆弧形或钝角。按设计要求做排水坡度,须无积水。施工前将分格缝清理干净,须无异物和浮灰。对屋面板缝处理应遵守有关规定。基层干燥后方可涂膜施工。

7.2.2.3　涂膜防水层施工

(1)涂膜防水施工工艺流程:基层表面清理、修理→喷涂基层处理剂→特殊部位附加增强处理→涂布防水涂料及铺贴胎体增强材料→清理与检查修理→保护层施工。

(2)基层处理剂常用涂膜防水材料稀释后使用,配合比按不同防水材料要求配制。

(3)涂膜防水须由两层以上涂层构成,每层刷 2~3 遍,不能一次涂成,按防水涂料品种分层、分遍涂布,先涂涂层干燥成膜后,方可涂后一遍,其总厚度须满足设计要求。

(4)涂料涂布顺序:

①先高跨后低跨,先远后近,先立面后平面。

②同一屋面上先涂布排水较集中的水落口、天沟、檐口等节点部位,再大面积涂布。

③涂层应厚薄均匀、表面平整,不得露底、漏涂和堆积。

④两涂层施工间隔不宜过长,否则易分层。

⑤涂层中夹铺增强材料时,宜边涂边铺胎体。胎体增强材料长边搭接宽度≥50 mm,短边搭接宽度≥70 mm。当屋面坡度≤15%,平行屋脊铺设。当屋面坡度>15%时,垂直屋脊铺设。用二层胎体增强材料时,上下层不得互相垂直铺设,应错缝,其间距不应小于幅宽的 1/3。找平层分格缝处应增设胎体增强材料空铺附加层,其宽度以 200~300 mm 为宜。

⑥涂膜防水层收头应用防水涂料多遍涂刷或用密封材料封严。

⑦涂膜未干前,禁止人行走作业。

⑧涂膜防水屋面不得直接堆物。

⑨涂膜防水屋面隔汽层设置原则同卷材防水屋面。

(5)涂膜防水屋面应设保护层。保护层材料可用水泥砂浆、细石混凝土或块材等。用水泥砂浆、细石混凝土或块材时,涂膜与保护层之间应设隔离层。

7.2.3 复合防水屋面施工

因涂膜防水层具有黏结强度高、无接缝、整体性好、可修补防水层基层裂缝的特点,卷材与涂料复合使用时,涂膜防水层宜设于卷材防水层下面。卷材防水层强度高、耐穿刺、厚薄均匀、使用寿命长,宜铺设于涂膜防水层上面。

复合防水层防水涂料与卷材应粘牢,尤其天沟和立面防水部位,如空鼓或分层,一旦卷材破损,防水层会蹿水。另外,空鼓或分层会加速卷材热老化和疲劳老化,降低卷材使用寿命。防水卷材黏结质量应符合表 7-15 的要求。

表 7-15 防水卷材黏结质量

项目	自粘聚合物改性沥青防水卷材和带自粘层防水卷材	高聚物改性沥青防水卷材胶黏剂	合成高分子防水卷材胶黏剂
黏结剥离强度/(N/10 mm)	≥10 或卷材断裂	≥8 或卷材断裂	≥15 或卷材断裂
剪切状态下的黏合强度/(N/10 mm)	≥20 或卷材断裂	≥20 或卷材断裂	≥20 或卷材断裂
浸水 168 h(1 周)后黏结剥离强度保持率/%			≥70

注:防水涂料作防水卷材黏结材料复合使用时,应符合相应的防水卷材胶黏剂规定。

复合防水层按卷材防水施工质量和涂膜防水施工质量要求组织施工。

复合防水层中,如防水涂料既是涂膜防水层,又是防水卷材胶黏剂,则单独对涂膜防水层验收是不可能的,只能待复合防水层完工后整体验收。如防水涂料不是防水卷材胶黏剂,那么应对涂膜防水层和卷材防水层分别验收。复合防水层总厚度,主要包括卷材厚度、卷材胶黏剂厚度和涂膜厚度。复合防水层中,如防水涂料既是涂膜防水层,又是防水卷材胶黏剂,那涂膜厚度应适当增加。

7.2.4　屋面刚性防水层

用刚性防水材料做屋面防水层(见图 7-5),主要有普通细石混凝土防水层、补偿收缩混凝土防水层、块体刚性防水层、预应力混凝土防水层等。与屋面卷材防水层、屋面涂膜防水层比,屋面刚性防水层材料易得、价格便宜、耐久性好、维修方便,但刚性防水层材料表观密度大、抗拉强度低、极限拉应变小,易受混凝土或砂浆干湿变形、温度变形和结构变位而开裂。主要适用于Ⅰ级屋面防水,或Ⅰ、Ⅱ级屋面多道防水中的一道,不适用于设松散材料保温层的屋面,也不适用于受较大振动、冲击或坡度大于 15%的屋面。

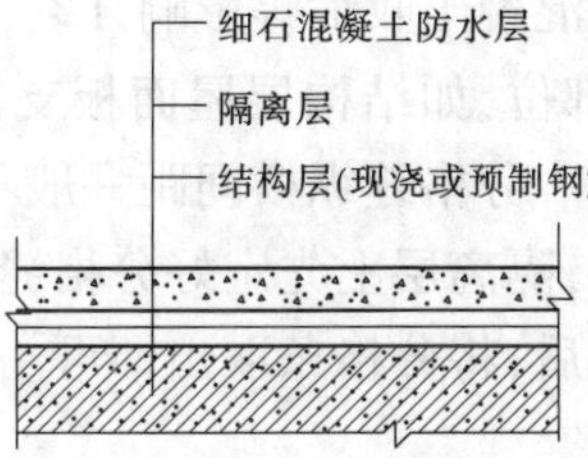

图 7-5　细石混凝土防水屋面构造

7.2.4.1　材料要求

防水层细石混凝土宜用普通硅酸盐水泥或硅酸盐水泥,用矿渣硅酸盐水泥时应采取措施减小泌水性。水泥强度等级不宜低于 32.5 级。不得使用火山灰质硅酸盐水泥。防水层细石混凝土和砂浆中,粗骨料最大粒径不宜超过 15 mm,含泥量不应大于 1%;细骨料应用中砂或粗砂,含泥量不应大于 2%;拌和用水应用不含有害物质的洁净水。混凝土水灰比应不大于 0.55,每立方米混凝土水泥最小用量不应少于 330 kg,含砂率宜为 35%~40%,灰砂比应为 1∶2~1∶2.5,并宜掺入外加剂;混凝土强度等级不得低于 C20。普通细石混凝土、补偿收缩混凝土自由膨胀率应为 0.05%~0.1%。

块体刚性防水层所用块体应无裂纹、无石灰颗粒、无灰浆泥面、无缺棱掉角、质地密实、表面平整。

7.2.4.2　基层要求

刚性防水屋面结构层宜为整体现浇钢筋混凝土屋面板,采用装配式钢筋混凝土板时,应用强度等级不小于 C20 的细石混凝土灌缝,灌缝细石混凝土宜掺膨胀剂。屋面板板缝宽大于 40 mm 或上窄下宽时,板缝内须设构造钢筋,板端缝应做密封处理。

7.2.4.3　隔离层施工

结构层与防水层之间宜增设一层具有隔离作用的低强度等级砂浆、卷材或塑料薄膜等,使结构层和防水层相互无约束可自由变形,预防防水混凝土产生拉应力致混凝土结构层开裂。

(1)黏土砂浆(或石灰砂浆)隔离层施工。

预制板缝填嵌细石混凝土后,将板面清扫干净,洒水湿润但不得积水,将石灰膏:砂:黏土=1:2.4:3.6(或石灰膏:砂=1:4)配制的材料拌和均匀,砂浆以干稠为宜,铺抹厚度为10~20 mm,要求表面平整、压实、抹光,待砂浆基本干燥后方可进入下道工序。

(2)卷材隔离层施工。

以1:3水泥砂浆将结构层找平,压实抹光养护干燥后,在此找平层上铺一层3~8 mm厚的干细砂滑动层,然后其上铺一层卷材,接缝用热沥青胶胶结,也可在找平层上直接铺一层塑料薄膜。

做好隔离层后进入下道工序施工,注意对隔离层加强保护,混凝土运输不能直接在其表面进行,应采取垫板等措施;绑扎钢筋时不得刺入扎破表面,浇筑混凝土时更不能振散、振酥隔离层。

7.2.4.4　分格缝设置

为防大面积刚性防水层因温差、混凝土收缩等影响开裂,应按设计要求设分格缝。其位置一般设于结构应力变化较突出部位,如结构层屋面板支撑端、屋面转折处、防水层与突出屋面结构交接处,应与板缝对齐。分格缝纵横间距一般不大于6 m。

分格缝做法:施工刚性防水层前,隔离层上先定好分格缝位置,再安放分格条,然后按分隔板块浇筑混凝土,待混凝土初凝后,将分格条取出即可。分格缝处理可嵌填密封材料并铺贴防水卷材,增加防水可靠性。

7.2.4.5　防水层施工

1.普通细石混凝土防水层施工

混凝土浇筑按先远后近、先高后低原则,一个分格缝内混凝土须一次浇完,不留施工缝。细石混凝土防水层厚度不小于40 mm,配双向钢筋网片,间距100~200 mm,分格缝处应断开,钢筋网片应放置于混凝土中上部,其保护层厚≥10 mm。混凝土质量须严格保证,掺外加剂应计量准确,投料顺序正确,机械搅拌不少于2 min,应搅拌至均匀。运输过程中应防止漏浆和离析。浇筑时先用平板振动器振实,再用滚筒滚压至表面平整、泛浆,然后用铁抹子抹压平实,并确保防水层设计厚度和排水坡度。抹压时严禁在表面洒水、加水泥浆或撒干水泥(以防龟裂脱皮降低防水效果)。待混凝土初凝收水后,应二次表面压光,或终凝前三次压光成活,以提高抗渗性。混凝土浇筑12~24 h后应养护,养护时间不应少于14 d。养护初期屋面不得上人。施工气温宜介于5~35 ℃,以保证防水层施工质量。

2.补偿收缩混凝土防水层施工

补偿收缩混凝土防水层是往细石混凝土中掺膨胀剂制成的,硬化后混凝土产生微膨胀,补偿普通混凝土收缩。配筋情况下,钢筋限制其膨胀,混凝土内部产生自应力,起致密作用,提高了混凝土的抗裂性和抗渗性。其施工要求与普通细石混凝土防水层大致相同。用膨胀剂拌制补偿收缩混凝土时应按配合比准确称量,投料搅拌时膨胀剂应与水泥同时加入。混凝土连续搅拌时间应不小于3 min。

7.2.5 其他屋面施工简介

7.2.5.1 瓦屋面

1. 平瓦屋面

古人坯工技术及陶瓷烧制造诣颇深,比如大家最熟悉的各种陶瓷器皿。《天工开物》有记载,通过水火交互作用,将黏土烧制的陶器、砖、瓦、器、瓮、祭器、摆件和厨房瓷器都归于此类。因此,瓦屋面防水技术是我国传统屋面防水技术。至今它更多种多样,有平瓦屋面、小青瓦屋面、筒瓦屋面、石板瓦屋面、石棉水泥瓦屋面、玻璃钢波形瓦屋面、油毡瓦屋面、薄钢板屋面、金属压型夹心板屋面等。平瓦屋面是用黏土、水泥等材料制成的平瓦铺设在钢筋混凝土或木基层上,实现防水,适用于坡度不小于20%的屋面。

平瓦屋面与立墙及突出屋面结构等交接处,均应做泛水。天沟、檐沟防水层,应用合成高分子防水卷材、高聚物改性沥青防水卷材、沥青防水卷材、金属板材或塑料板材等铺设。

2. 石棉水泥瓦屋面、玻璃钢波形瓦屋面

石棉水泥波形瓦、玻璃钢波形瓦屋面适用于防水要求不高的屋面。铺设波瓦时,注意瓦楞与屋脊垂直,铺盖方向要与当地常年主导风雨方向相反,防搭口缝飘雨漏水。钉挂波瓦时,相邻两波瓦搭接处每张盖瓦上均设一螺栓或螺钉,设于近波瓦搭接部分盖瓦波峰上。波瓦是用带橡胶衬垫等防水垫圈的镀锌弯钩螺栓固定于金属檩条或混凝土檩条上,或用镀锌螺钉固定于木檩条上。固定波瓦螺栓或螺钉不应拧太紧,以垫圈稍能转动为宜。

7.2.5.2 金属压型夹心板屋面

金属压型夹心板屋面在金属板材屋面中使用较多,由两层彩色涂层钢板、中间加硬质自熄性聚氨酯泡沫组成,通过辊轧、发泡、黏结一次成型,尤其适用于轻型屋盖保温防水屋面。铺压型钢板屋面时,相邻两块板顺年最大频率风向搭接,防刮风时冷空气贯入室内。上下两排板搭接长度,根据板型和屋面坡长确定。所有接缝以密封材料嵌填封严,防渗漏。

任务3 地下结构主体防水施工

任务导航

本任务要求掌握地下防水混凝土种类及施工方法,掌握地下防水砂浆防水层施工要点,掌握地下防水卷材种类及铺贴施工要点。

地下防水工程是防止地下水对建(构)筑物基础长期浸透,以保证地下室主要使用功能正常发挥。因地下工程常年受地表水、潜水、上层滞水和毛细水等作用,地下工程防水比屋面防水要求更高、技术难度更大。正确选择合理有效的防水方案就成了首要问题。

地下工程防水方案有以下几种:

(1)用防水混凝土结构。它以提高混凝土结构本身密实性实现防水。防水混凝土结构既能承重,又能防水,应用广泛。

(2)采取排水方案。即利用盲沟、渗排水层等措施,把地下水排走。此法多用于重要、面积较大的地下防水工程。

(3)在地下结构表面设附加防水层。如在地下结构表面抹水泥砂浆防水层、铺贴卷材防水层或涂膜防水层等。

7.3.1 防水混凝土结构施工

防水混凝土结构是以混凝土本身密实性实现防水,有整体式混凝土结构和钢筋混凝土结构。其兼具承重、围护和抗渗功能,还具有一定的抗冻融、耐侵蚀能力。

7.3.1.1 三类常用防水混凝土

码 7-4 地下室防水

(1)普通防水混凝土。指调整和控制配合比,提高密实度,提高并实现抗渗性。

(2)外加剂防水混凝土。指掺入适量外加剂,改善混凝土内部组织结构,增加密实性,提高并实现抗渗性。按所掺外加剂不同,分为减水剂防水混凝土、加气剂防水混凝土、三乙醇胺防水混凝土、氯化铁防水混凝土等。

(3)膨胀水泥防水混凝土。指以膨胀水泥为胶结料配成的防水混凝土。

各类防水混凝土特点各异,择适而用。

7.3.1.2 防水混凝土施工

防水混凝土结构工程质量,取决于设计、材料性质、配合比及施工质量。因此,施工各主要环节,如混凝土配制、运输、浇筑、养护等,均应严格遵守施工及验收规范和操作规程。防水混凝土所用模板,除满足一般要求外,应特别注意必须拼缝严密,支撑牢固。浇筑防水混凝土前,应将模板内部清理干净。如两侧模板需对拉螺栓固定,应在螺栓或套管中间加焊止水环,螺栓加堵头(见图 7-6)。

钢筋不得用钢丝或铁钉固定于模板,须用相同配合比细石混凝土或砂浆块作垫块,并确保钢筋保护层厚度符合规定,不得有负偏差。如结构内设置的钢筋确须用铁丝绑扎,均不得接触模板。

防水混凝土配合比应通过试验确定。确定配合比时,按设计要求抗渗强度等级提高 0.2 MPa。防水混凝土抗渗等级不得小于 P6,所用水泥强度等级不低于 32.5 级,石子粒径宜为 5~40 mm,宜用中砂,防水混凝土可根据抗裂要求掺入钢纤维或合成纤维,其掺合料、外加剂掺量应经试验确定,水灰比(水胶比)不大于 0.50。地下防水工程所用防水材料应有产品合格证和性能检测报告,材料品种、规格、性能等应符合现行国家产品标准和设计要求,不合格材料不得使用。配制防水混凝土须机械搅拌,先将砂、石、水泥一次倒入搅拌筒搅拌 0.5~1.0 min,再加水搅拌 1.5~2.5 min。如掺外加剂,应最后加入。外加剂须先用水稀释均匀配成基础液,掺外加剂防水混凝土搅拌时间应根据外加剂技术要求确定。对厚度≥250 mm 的结构,混凝土坍落度宜为 10~30 mm;对厚度<250 mm 或钢筋稠密的结构,混凝土坍落度宜为 30~50 mm。拌好的混凝土应在 30 min 内运至现场,初凝前浇筑完毕,如运距较远或气温较高,宜掺缓凝减水剂。防水混凝土拌和物运输后,如出现离析,须二次搅拌,坍落度损失后不能满足施工要求,应加入原水灰比(水胶比)水泥浆或

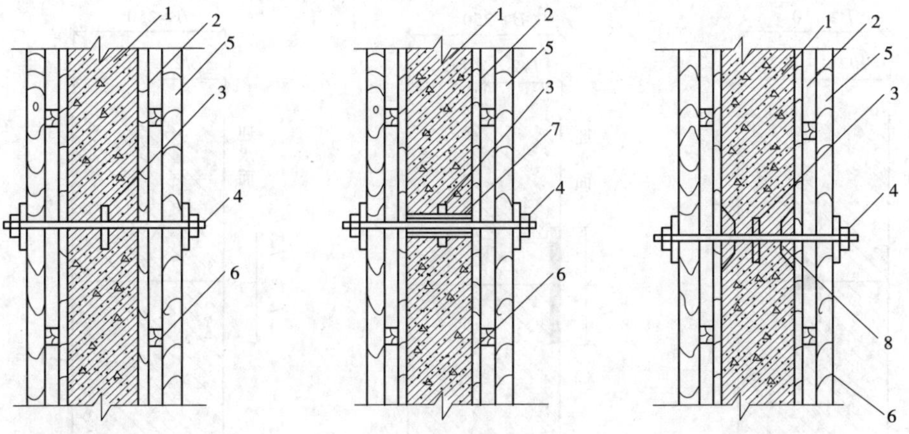

(a)螺栓加焊止水环　(b)套管加焊止水环　(c)螺栓加堵头

1—防水建筑;2—模板;3—止水环;4—螺栓;5—水平加劲肋;6—垂直加劲肋;7—预埋套管(拆模后将螺栓拔出,套管内用膨胀水泥砂浆封堵);8—堵头(拆模后将螺栓沿平凹坑底割去,再用膨胀水泥砂浆封堵)。

图 7-6　螺栓穿墙止水措施

二次掺减水剂搅拌,严禁直接加水。混凝土浇筑时应分层连续浇筑,其自由倾落高度不得大于 1.5 m。混凝土应机械振捣密实,振捣时间 10~30 s,至混凝土开始泛浆和不再冒气泡止,避免漏振、欠振和超振。混凝土振捣后,须用铁锹拍实,待初凝后用铁抹子压光,以增加表面致密性。

混凝土应连续浇筑,不留或少留施工缝。须留设施工缝时,宜留于下列部位:

墙体水平施工缝不应留于剪力与弯矩最大处,或底板与侧墙交接处,应留于高出底板表面≥300 mm 墙体上;拱(板)墙结合的水平施工缝,宜留于拱(板)墙接缝线以下 150~300 mm 处;墙体有预留孔洞时,施工缝距孔洞边缘不应小于 300 mm;垂直施工缝应避开地下水和裂隙水较多地段,宜与变形缝相结合。施工缝防水构造见图 7-7。

施工缝浇筑混凝土前,表面浮浆和杂物清除干净,先刷水泥净浆或混凝土界面处理剂,再铺 30~50 mm 厚的 1∶1水泥砂浆,并及时浇筑混凝土,垂直施工缝可不铺水泥砂浆,所选遇水膨胀止水条,应牢固安装于缝表面或预留槽内,且该止水条应具有缓胀性能,其 7 d 膨胀率不应大于最终膨胀率的 60%,如用中埋式止水带,应位置正确,固定牢靠。

防水混凝土终凝后(一般浇筑后 4~6 h),立即开始覆盖浇水养护,养护期 14 d 以上。冬期施工混凝土入模温度不应低于 5 ℃,宜用综合蓄热法及暖棚法等,保持混凝土表面湿润,防混凝土早期脱水,如用掺化学外加剂施工,可降低水溶液冰点,使混凝土在低温下硬化,但要适当延长混凝土搅拌时间,振捣要密实,并有保温、保湿措施。不宜用蒸汽养护和电热养护,因水分易蒸发。基坑(槽)应及时分层回填夯实,以免因干缩和温差开裂。防水混凝土结构须在混凝土强度达设计强度 40%以上时,方可在其上继续施工,混凝土强度达设计强度 70%以上时方可拆模。拆模时,混凝土表面温度与环境温度之差不得超过 15 ℃,以防混凝土表面出现裂缝。

防水混凝土浇筑后严禁开孔凿洞,因此所有预留孔和预埋件在混凝土浇筑前须埋设

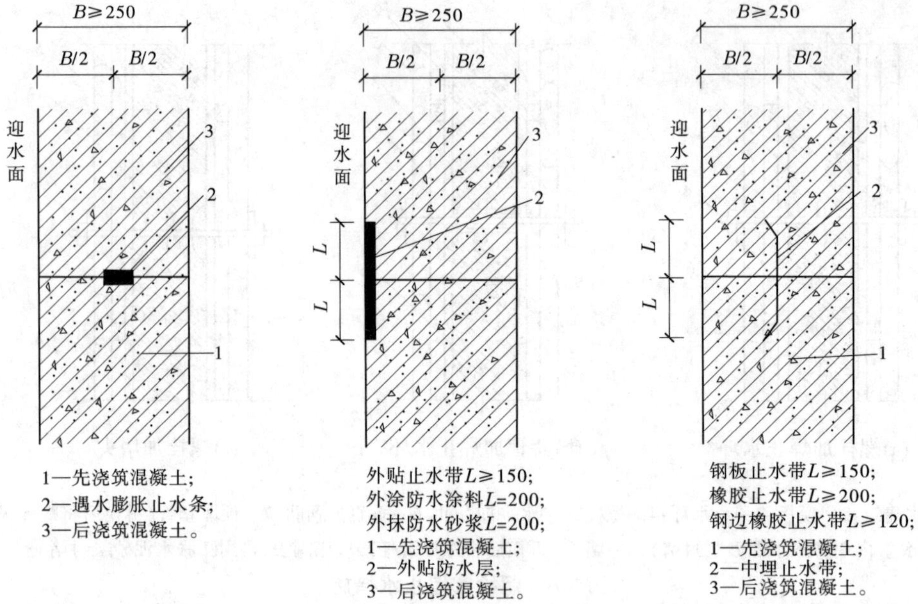

(a)防水基本构造(一)　(b)防水基本构造(二)　(c)防水基本构造(三)

图 7-7　施工缝防水构造

准确。预埋铁件、穿墙管道等防水结构削弱部位，应采取措施，仔细施工。

拌制防水混凝土所用材料品种、规格和用量，每工作班检查不应少于 2 次，混凝土在浇筑地点的坍落度，每工作班至少检查 2 次，防水混凝土抗渗性能，以标准条件下养护混凝土抗渗试件试验结果评定，试件在浇筑地点制作。连续浇筑混凝土每 500 m^3 应留置 1 组抗渗试件(6 个)，每项工程不得少于 2 组。

防水混凝土施工质量检验，应按混凝土外露面积每 100 m^2 抽查 1 处，每处 10 m^2，且不得少于 3 处，细部构造全数检查。

防水混凝土抗压强度和抗渗压力须符合设计要求，其变形缝、施工缝、后浇带、穿墙管道、埋设件等设置和构造均应符合设计要求，严禁渗漏。防水混凝土结构表面裂缝宽度应不大于 0.2 mm，并不得贯通，其结构厚度不应小于 250 mm，迎水面钢筋保护层厚度不应小于 50 mm。

7.3.2　水泥砂浆防水层施工

根据防水砂浆材料组成及防水层构造不同，刚性抹面防水分掺外加剂水泥砂浆防水层与刚性多层抹面防水层两种。掺外加剂水泥砂浆防水层，从掺一般无机盐类防水剂发展至掺聚合物外加剂的改性水泥砂浆，提高了防水层抗拉强度及韧性，有效增强了防水层抗渗性，可单独用于防水工程，获得较好的防水效果。刚性多层抹面防水层主要靠特定工艺提高水泥砂浆密实性，实现防水抗渗。刚性多层抹面防水层适用于：①埋深不大，不会因结构沉降、温度变化、湿度变化及振动等产生有害裂缝的地下防水工程；②结构主体迎水面或背水面，在混凝土或砌体结构基层上采用多层抹压施工。不适用于侵蚀性环境、持续振动或温度高于 80 ℃地下工程。

水泥强度等级不应低于 32.5 级,宜用中砂,粒径≤3 mm,外加剂技术性能应符合国家标准或行业标准一等品及以上质量要求。

刚性多层抹面防水层通常采用 4 层或 5 层抹面做法。一般防水工程迎水面 5 层抹面(见图 7-8),背水面 4 层抹面(少 1 道水泥浆)。施工前基层处理使表面保持清洁、湿润、平整、坚实和粗糙,以保证防水层与其结合牢固、不空鼓、密实不透水。施工时素灰层与砂浆层应同一天内完成,连续施工尽可能不留施工缝,须留施工缝时,应用阶梯坡形槎,离开阴阳角处不小于 200 mm,防水层阴阳角应做成圆弧形。施工顺序一般先平面后立面。水泥砂浆铺抹时,用砂浆收水后二次抹光,使表面坚固密实。

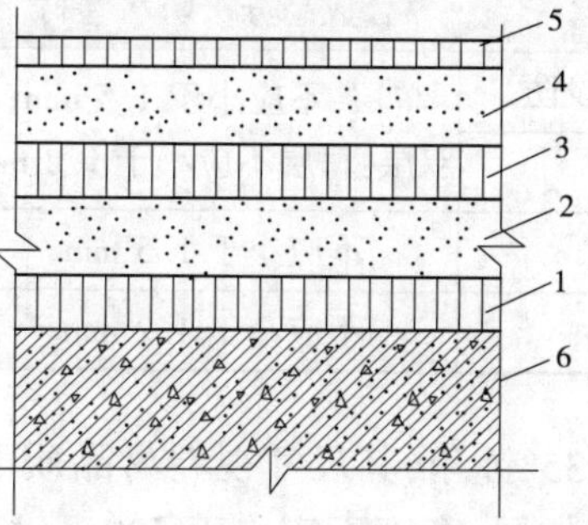

1、3—素灰层 2 mm;2、4—砂浆层 4~5 mm;5—水泥浆 1 mm;6—结构层。

图 7-8　5 层抹面做法构造

防水层厚度应满足设计要求,一般为 18~20 mm,聚合物水泥砂浆防水层厚度要视施工层数而定。分层做法如下:

第 1 层,已浇水湿润基层上先抹 1 mm 厚素灰(用铁板用力刮抹 5~6 遍),再抹 1 mm 找平。

第 2 层,于素灰层初凝后终凝前进行,使砂浆压入素灰层 0.5 mm 并扫出横纹。

第 3 层,第 2 层凝固后进行,做法同第 1 层。

第 4 层,做法同第 2 层,抹后表面用铁板抹压 5~6 遍,最后压光。

第 5 层,第 4 层抹压二遍后刷水泥浆一遍,随第 4 层压光。

水泥砂浆防水层不宜在雨天及 5 级以上大风中施工,冬期施工不应低于 5 ℃,夏季不应在 35 ℃以上或烈日照射下施工。

如用普通水泥砂浆做防水层,铺抹的面层终凝后应立即养护,且不得少于 14 d。

聚合物水泥砂浆防水层未达硬化状态时,不得浇水养护或受雨水冲刷,硬化后应用干湿交替的养护方法。

7.3.3　卷材防水层施工

卷材防水层是用沥青胶结材料粘贴卷材,形成柔性防水层。具有良好的韧性和延伸性,能适应一定的结构振动和微小变形,对酸、碱、盐溶液具有良好的耐腐蚀性,是地下防水工程常用的施工方法。用改性沥青防水卷材和高分子防水卷材,抗拉强度高、延伸率大、耐久性好、施工方便。如为沥青卷材,则吸水率大、耐久性差、机械强度低,直接影响防水层质量,且材料成本高、施工工序多、操作条件差、工期较长,发生渗漏后修补困难。

7.3.3.1　铺贴方案

地下防水工程一般把卷材防水层铺于结构外侧迎水面上,称外防水。此法可借助土压力压紧贴牢,与结构一起抵抗有压地下水渗透和侵蚀,防水效果良好,采用广泛。卷材防水层用于建筑物地下室,应铺于结构主体底板垫层顶至墙体顶端基面上,在建筑结构外围形成封闭防水层,卷材防水层为1~2层,厚度应符合表7-16的规定。

表7-16　防水卷材厚度

防水等级	设防道数	合成高分子防水卷材	高聚物改性沥青防水卷材
一级	三道或三道以上设防	单层:不应小于1.5 mm; 双层:每层不应小于1.2 mm	单层:不应小于4 mm; 双层:每层不应小于3 mm
二级	二道设防		
三级	一道设防	不应小于1.5 mm	不应小于4 mm
	复合设防	不应小于1.2 mm	不应小于3 mm

阴阳角处应做成圆弧或135°钝角,其尺寸视卷材品质而定,转角处、阴阳角等特殊部位,应增贴1~2层相同卷材附加层,宽度不宜小于500 mm。

外防水卷材铺贴,按其与地下防水结构施工先后顺序分外贴法和内贴法两种。

1. 外贴法

地下建筑墙体做好后,直接将卷材防水层铺贴于墙上,然后砌保护墙(见图7-9)。

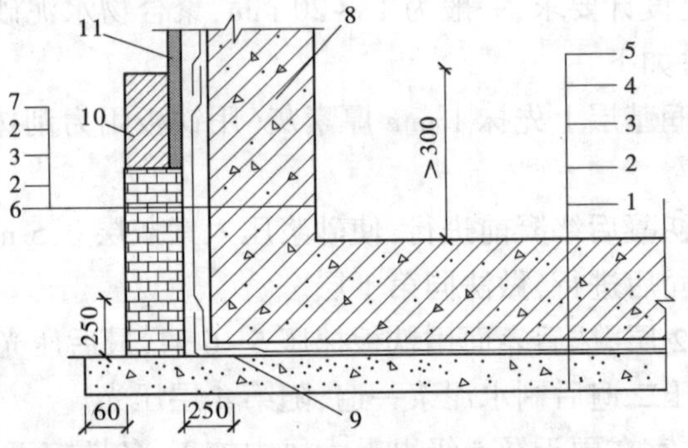

1—100 mm厚C15混凝土垫层;2—20 mm厚1:3水泥砂浆找平层;3—卷材防水层;
4—50 mm厚C20混凝土保护层;5—钢筋混凝土底板;6—永久保护墙;7—钢筋混凝土墙体;
8—施工缝;9—卷材加强层;10—临时性保护墙;11—聚苯板保护层。

图7-9　外防外贴法　(单位:mm)

施工程序:首先浇筑需防水结构底混凝土垫层,在垫层上砌永久性保护墙,墙下干铺油毡一层,墙高不小于结构底板厚度B+(200~500 mm);在永久性保护墙上用石灰砂浆砌临时保护墙,墙高为150 mm×(油毡层数+1);在永久性保护墙上和垫层上抹1:3水泥砂浆找平层,临时保护墙上用石灰砂浆找平;待找平层基本干燥后,即在其上满涂冷底子油,然后分层铺贴立面和平面卷材防水层,并将顶端临时固定。贴好的卷材表面做好保护层后,再施工需防水结构的底板和墙体。需防水结构施工完后,将临时固定接槎部位的各层卷材揭开并清理干净,再在此区段外墙外表面上补抹水泥砂浆找平层,找平层上满涂冷底子油,将卷材分层错槎搭接向上铺贴于结构墙。卷材接槎搭接长度,高聚物改性沥青防水卷材 150 mm,合成高分子防水卷材 100 mm,两层卷材时,卷材应错槎接缝,上层卷材应超盖下层卷材;及时施工保护层。

2. 内贴法

内贴法是指地下建筑墙体施工前先砌筑保护墙,后将卷材防水层铺贴于保护墙上,最后施工并浇筑地下建筑墙体(见图 7-10)。

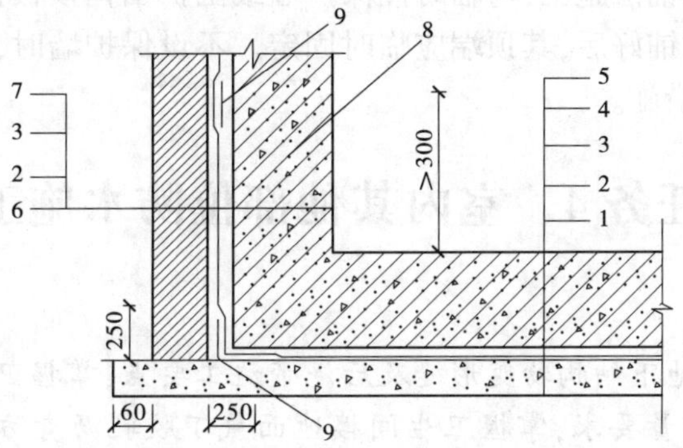

1—100 mm 厚 C15 混凝土垫层;2—20 mm 厚 1∶3水泥砂浆找平层;3—卷材防水层;
4—50 mm 厚 C20 混凝土保护层;5—钢筋混凝土底板;6—永久保护墙;7—钢筋混凝土墙体;
8—施工缝;9—卷材加强层。

图 7-10　外防内贴法　(单位:mm)

施工程序:先在垫层上砌永久保护墙,然后在垫层及保护墙上抹 1∶3水泥砂浆找平层,基本干燥后满涂冷底子油,沿保护墙与垫层铺贴防水层。卷材防水层铺贴完成后,在立面防水层上涂刷最后一层沥青胶时,趁热粘上干净的热砂或散麻丝,待冷却后,随即抹一层 10~20 mm 厚 1∶3水泥砂浆保护层。在平面上可铺设一层 30~50 mm 厚 1∶3水泥砂浆或细石混凝土保护层。最后进行防水结构施工。

7.3.3.2　施工要点

基层须牢固无松动,表面平整干净,阴阳角做成圆弧形或钝角。

铺贴卷材前,在基面上涂刷基层处理剂,基面较潮湿时,应涂刷湿固化型胶黏剂或潮湿界面隔离剂。基层处理剂应与卷材和胶黏剂材性相容,基层处理剂可用喷涂法或涂刷法施工,喷涂应均匀一致,不露底,表面干燥后,再铺贴卷材。

铺贴卷材时,每层沥青胶涂布均匀,一般厚 1.5~2.5 mm。外贴法应先平面,后立面,平、立面交接处应交叉搭接;内贴法宜先铺垂直面,后铺水平面。铺贴垂直面时应先铺转角,后铺大面。墙面铺贴时应待冷底子油干燥后自下而上进行。卷材接槎搭接长度,高聚物改性沥青防水卷材 150 mm,合成高分子防水卷材 100 mm,使用两层卷材时,上下两层和相邻两幅卷材接缝应错开 1/3~1/2 幅宽,并不得互相垂直铺贴。立面与平面转角处,卷材接缝应留于平面距立面不小于 600 mm 处。所有转角处均应铺贴附加层并仔细粘贴紧密,粘贴卷材时应展平压实,卷材与基层和各层卷材间须黏结紧密,接缝用沥青胶仔细封严。最后一层卷材贴好后,其表面均匀涂刷一层 1~1.5 mm 的热沥青胶,以保护防水层。

铺贴高聚物改性沥青防水卷材应用热熔法,幅宽内卷材底表面均匀加热,不可过分加热或烧穿卷材,卷材黏接面材料加热呈熔融状态后,立即与基层或已贴好的卷材粘牢。厚度小于 3 mm 的高聚物改性沥青防水卷材不能用热熔法施工。铺贴合成高分子防水卷材需用冷粘法,胶黏剂须与卷材材性相容。

如用模板代替临时性保护墙,其上应涂隔离剂。从底面折向立面的卷材与永久性保护墙接触部位,应用空铺法施工,与临时性保护墙或围护结构模板接触部位,应临时贴附于该墙或模板上,卷材铺好后,其顶端应临时固定。不设保护墙时,从底面折向立面卷材接槎部位应采取保护措施。

任务 4　室内其他部位防水施工

任务导航

本任务要求掌握地下结构物变形缝及后浇带施工要点,掌握卫生间楼地面聚氨酯防水施工程序、工艺及质量要求,掌握卫生间楼地面氯丁胶乳沥青防水涂料施工工艺及要点、质量要求及注意事项。

7.4.1　结构细部构造防水施工

卫生间、厨房的防水不可轻视,其施工面积小,穿墙管道多,设备多,阴阳转角复杂,房间长期处于潮湿甚至受水状态等不利环境。传统卷材防水做法已不适应卫生间、厨房防水施工,试验和实践表明,以涂膜防水代替各种卷材防水,尤其选用高弹性聚氨酯涂膜或弹塑性氯丁胶乳沥青涂料防水等新材料和新工艺,可使卫生间、厨房地面和墙面形成无接缝、封闭严密的整体防水层,提高了防水能力。后文以卫生间防水施工为例介绍。

7.4.1.1　变形缝防水施工

地下结构物变形缝是防水工程的薄弱环节,防水处理复杂,处理不当将渗漏,且极难修补,会严重影响地下工程的正常使用和寿命。为此,选用材料、工法及结构形式上,应考虑变形缝处的沉降、伸缩的可变性,并且应保证其工作状态中的密闭性,即不渗漏。用于伸缩的变形缝宜不设或少设,可根据不同工程结构、类别及工程地质情况用诱导缝、加强带、后浇带等替代措施。用于沉降的变形缝宽度宜为 20~30 mm,用于伸缩的变形缝宽度宜小于此值,变形缝处混凝土结构厚度不应小于 300 mm,变形缝防水措施可根据工程开挖方法和防水等级参照规范选用。

对止水材料的基本要求:适应变形能力强,防水性能优良,耐久性好,与混凝土黏结牢固等。防水混凝土结构变形缝、后浇带等细部构造应用止水带、遇水膨胀橡胶腻子止水条等高分子防水材料和接缝密封材料。

常见的变形缝止水带材料有:橡胶止水带、塑料止水带、氯丁橡胶止水带和不锈钢板、镀锌钢板等金属止水带。其中,橡胶止水带与塑料止水带为柔性,适应变形能力与防水性能均较好,较常用;氯丁橡胶止水带是一种新型止水材料,施工简便、防水效果好、造价低、易修补;金属止水带一般仅用于高温环境下无法用橡胶止水带或塑料止水带的场合。

金属止水带适应变形能力差,制作困难。对环境温度高于 50 ℃处的变形缝,可用 2 mm 厚紫铜片或 3 mm 厚不锈钢金属止水带。

不受水压的地下室防水工程中,结构变形缝应用加防腐掺合料的沥青浸过的松散纤维材料、软质板材等填塞严密,并用封缝材料嵌填密实,墙变形缝嵌填按施工进度逐段进行,每 300~500 mm 高填缝一次,缝宽不小于 30 mm。不受水压的卷材防水层,变形缝处应加铺两层抗拉强度高的卷材。受水压的地下防水工程中,温度常低于 50 ℃,不受强氧化作用时,变形缝宜用橡胶止水带或塑料止水带。有油类侵蚀时,应用相应耐油橡胶止水带或塑料止水带。止水带应整条。如须接长,应焊接或胶接。止水带接缝宜为一处,应设于边墙较高位置,不得设于结构转角处。止水带埋设应位置正确,其中间空心圆环与变形缝中心线应重合。止水带应妥善固定,顶、底板内止水带应呈盆状安设,宜用专用钢筋套或扁钢固定;止水带不得穿孔或用铁钉固定,损坏处应修补;止水带应固定牢固、平直,不能有扭曲现象。

变形缝接缝处两侧应平整、清洁、无渗水,并涂刷与填缝材料相容的基层处理剂,填缝应先设置与填缝材料隔离的背衬材料,并嵌填密实,与两侧粘牢。缝上粘贴卷材或涂刷涂料前,缝上应已设置好隔离层。

止水带构造形式通常有埋入式、可卸式、粘贴式等,目前较多采用埋入式。根据防水设计要求,有时同一变形缝处,可用数层、数种止水带构造形式。如图 7-11~图 7-13 所示,分别为埋入式橡胶(或塑料)止水带、可卸式橡胶止水带和粘贴式氯丁橡胶板止水带的构造。

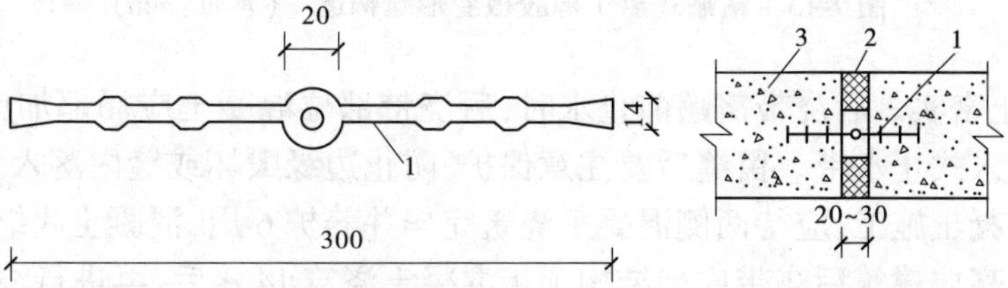

(a)橡胶止水带　(b)变形缝构造

1—止水带;2—沥青麻丝;3—构筑物。

图 7-11　埋入式橡胶(或塑料)止水带的构造　(单位:mm)

7.4.1.2　后浇带(缝)防水施工

后浇带(缝)是对不允许留设变形缝的混凝土结构工程如大型设备基础等采用的一种刚性接缝。

防水混凝土基础后浇带留设位置及宽度应符合设计要求。断面可留成平直缝或阶梯缝,但结构钢筋不能断开;如须断开,则主筋搭接长度应>45d(d 为主筋直径),并应按设计要求设附加钢筋。留缝时应采取支模或固定钢板网等措施,保证留缝位置正确、断口垂

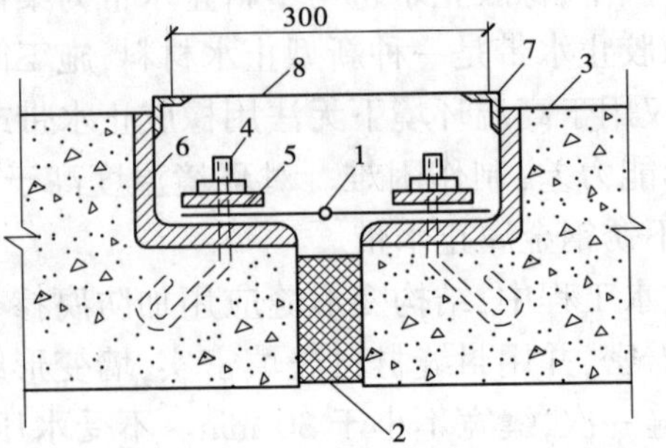

1—橡胶止水带；2—沥青麻丝；3—构筑物；4—螺栓；5—钢压条；6—角钢；7—支撑角钢；8—钢盖板。

图 7-12　可卸式橡胶止水带变形缝构造　（单位：mm）

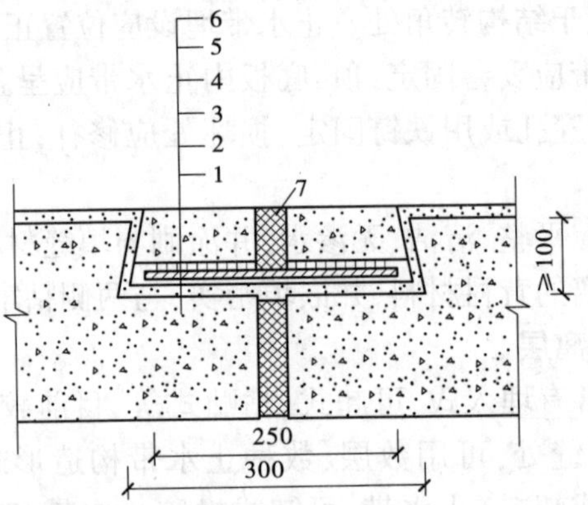

1—构筑物；2—刚性防水层；3—胶黏剂；4—氯丁胶板；5—素灰层；6—细石混凝土覆盖层；7—沥青麻丝。

图 7-13　粘贴式氯丁橡胶板变形缝构造　（单位：mm）

直、边缘混凝土密实。后浇带需超前止水时，后浇带部位混凝土应局部加厚，并增设外贴式止水带或埋入式止水带。留缝后要注意保护，防止边缘毁坏或缝内落入垃圾等杂物。

后浇带混凝土施工，应待两侧混凝土浇筑完毕并养护 6 周，混凝土收缩变形基本稳定后再进行。但高层建筑后浇带应待结构顶板混凝土浇筑 14 d 后，再进行浇筑施工。浇筑前应将接缝处混凝土表面凿毛并清洗干净，保持湿润；浇筑的混凝土应优先选用补偿收缩混凝土，其强度等级不得低于两侧混凝土；施工期气温应低于两侧混凝土施工时气温，且宜于气温较低季节施工；混凝土养护时间不应少于 4 周。

7.4.2　外墙面防水施工

外墙面指建筑物围护外墙的外表面，包括女儿墙面、各向墙体面、门窗洞口外周边、阳台栏板、突出墙面的腰线、檐口等。这些部位主要起装饰作用，不承受荷载，受气候影响大，热胀冷缩反复出现，不同材料交接面多，较容易产生裂缝和渗漏，维修保养相对容易。

随着建筑体量越来越高大，外墙面防水问题愈突出。据调查，外墙面高度≥24 m 的公共建筑、10 层及以上住宅，墙体为空心砖、轻质砖、多孔材料，饰面为墙面砖，当地的基本风压大于0.6 kPa的建筑物,外墙渗漏现象较多,外墙面防水越来越受到重视。

7.4.2.1 外墙面防水等级和防水要求

外墙面防水等级和防水要求见表7-17。

表7-17 外墙面防水等级和防水要求

项目		外墙防水设防等级	
		一级	二级
防水层合理使用年限		15年	10年
建筑类别		(1)轻质砖、空心砖,混凝土外墙; (2)高度≥24 m的建筑; (3)用条形砖饰面; (4)当地基本风压≥0.6 kPa	(1)高度<24 m的建筑; (2)底层砖混结构外墙; (3)当地基本风压<0.6 kPa
找平层	抗裂要求	下列各项复合使用	
	抗裂措施	(1)不同材质交接处挂钢丝网; (2)外墙面满挂钢丝网; (3)找平层抗裂合成纤维或外加剂	
防水层	设防要求	一至二道防水层	一道防水层
	防水措施	(1)找平层:聚合物水泥砂浆、聚合物抗裂合成纤维水泥砂浆、掺外加剂水泥砂浆; (2)防水层:聚合物水泥砂浆5~8 mm、聚合物水泥防水涂料1~1.2 mm; (3)防水保护层:外墙涂料或面砖	(1)找平层:聚合物水泥砂浆、聚合物抗裂合成纤维水泥砂浆、掺外加剂水泥砂浆; (2)防水层:聚合物水泥砂浆3~5 mm、聚合物水泥防水涂料0.8~1 mm; (3)防水保护层:外墙涂料或面砖

7.4.2.2 外墙面防水构造和施工要求

(1)突出墙面腰线、檐板、窗楣板上部均需做防水处理,设不低于5%的向外排水坡,下部应做滴水线,板面与墙面交接处应做成50 mm圆角。

(2)空心砌块外墙门窗洞口周边200 mm内砌体应用实心块体或用混凝土填实;外墙面上空调口、通风口等各种洞口,其底面应向室外倾斜,坡度≥5%,或采取防止雨水倒灌措施。

(3)外墙上各类预埋件、安装螺栓、穿墙套管都应预留预埋,不得后装;其与外墙交接处,应预留凹槽并填入密封材料。

(4)外墙上若有变形缝,须做防水处理,伸缩缝、沉降缝、抗震缝应按相应规范处理。

(5)女儿墙宜用现浇钢筋混凝土,若用砌体,应设混凝土构造柱和压顶梁;女儿墙及阳台栏板上表面应向内侧找坡,坡度不小于6%。

(6)外墙面找平层应按表7-17所列抗裂措施设置和施工。其水泥砂浆强度不应低于M7.5,与墙面黏结强度不应小于0.6 MPa,宜用聚合物水泥砂浆;若墙面光滑,应先刷一道聚合物水泥浆再做找平层;应留分割缝,竖向间距不大于6 m,水平间距不大于4 m,可留于楼层或洞口、柱边,缝宽 8~10 mm,缝内填耐候密封胶。

(7)外墙面防水层应按表 7-17 所列防水措施设置和施工。用聚合物水泥砂浆做防水层时,应按找平层对应处做法施工和设置分隔缝;用憎水性外墙涂料时,表面不得再做其他饰面;门窗洞口四周宜用不小于 5 mm 厚聚合物水泥砂浆做防水增强层。

(8)外墙面饰面层,贴墙面砖应用非憎水黏结力强的水泥砂浆或其他特种砂浆;应按照找平层和防水层相应位置设置分隔缝并做密封处理;勾缝宜用聚合物水泥砂浆或专用砂浆。

(9)外墙窗台最高点应比内墙窗台低不少于 10 mm,且应向外排水;窗框内缘应高出内墙窗台面不少于 30 mm;窗框不应外平安装,而应居中或缩进 50 mm 以上安装,框与窗洞之间宜用灌浆材料灌满密实。

(10)外墙抹灰具有保护墙体、装饰和防水密封的作用。经验表明,如果找平层用含黏土砂浆,因黏土在施工中可增加砂浆黏稠度,但结硬后并不发生任何化学反应,使用后却有很强的吸水性,将使外墙长期处于潮湿状态,故容易导致水分通过墙体渗入室内,造成泄漏。故建筑防水技术规程特别强调外墙用抹灰砂浆应从按体积配合比控制改为按强度等级控制。

7.4.2.3 外墙面防水施工工艺流程

墙面清理、修整→水泥砂浆填平补齐→养护→按设计要求铺挂加强网→安装门窗框→用聚合物水泥砂浆嵌填饱满→墙面充分湿润→抹找平层聚合物水泥砂浆→抹第一层聚合物水泥防水砂浆(不大于 3 mm 厚)→抹第二层聚合物水泥防水砂浆(不大于 3 mm 厚)→贴外墙饰面砖或面层抹灰→分隔缝嵌填密封材料→检查修整→养护→验收。

7.4.3 卫生间楼地面防水施工

7.4.3.1 卫生间楼地面聚氨酯防水施工

聚氨酯涂膜防水材料是双组分化学反应固化型高弹性防水涂料,多以甲、乙双组分形式使用。主要材料有聚氨酯涂膜防水材料甲、乙组分和无机铝盐防水剂等。施工用辅助材料应备有二甲苯、醋酸乙酯、磷酸等。

1. 基层处理

卫生间防水基层须用 1:3水泥砂浆找平,要求抹平压光、无空鼓,表面坚实、不起砂、不掉灰。抹找平层时,管道根部周围应略高于地面,地漏周围应略低于地面洼坑。找平层坡度宜为 1%~2%,坡向地漏。阴阳角处要抹成半径≥10 mm 的小圆弧。与找平层相连管件、卫生洁具、排水口等,须安装牢固,收头圆滑,按设计要求用密封膏嵌固。基层须基本干燥,清基至彻底干净,一般在基层表面均匀泛白无明显水印时,才能进行涂膜防水层施工。

2. 施工工艺

(1)清理基层。

需做防水处理的基层表面,必须彻底清扫干净。

(2)涂布底胶。

将聚氨酯甲、乙组分和二甲苯按 1:1.5:2比例(质量比,以产品说明为准)配合搅拌均匀,再用小滚刷或油漆刷均匀涂布于基层表面。涂刷量 0.15~0.2 kg/m^2,涂刷后应干燥固化 4 h 以上,方可进入下道工序。

(3)配制聚氨酯涂膜防水涂料。

将聚氨酯甲、乙组分和二甲苯按 1∶1.5∶0.3 比例配合，用电动搅拌器强力搅拌均匀备用，应随配随用，一般 2 h 内用完。

(4)涂膜防水层施工。

用小滚刷或油漆刷将已配好的防水涂料均匀涂布于底胶已干固的基层表面。第一度涂膜后，一般需固化 5 h 以上，待基本不粘手时，再按上述方法进行第二、三、四度涂膜，前后两度涂布方向应垂直。管子根部、地漏周围及墙转角部位，须认真涂刷，涂刷厚度≥2 mm。最后一度涂膜固化前及时稀撒少许干净粒径 2~3 mm 的小豆石，使其与涂膜防水层粘牢，作为与后续水泥砂浆保护层黏结的过渡层。

(5)保护层施工。

聚氨酯涂膜防水层完全固化，蓄水试验合格后，即可铺设一层 15~25 mm 厚的水泥砂浆保护层，然后按设计要求铺饰面层。

3. 质量要求

聚氨酯涂膜防水材料技术性能应符合设计及材料标准规定，应附质量证明文件和现场见证取样送检试验报告及其他相关质量证明文件。聚氨酯甲、乙料须密封存放，甲料开盖后，会吸收空气中水分而固化，如施工中混进水分，则聚氨酯固化后内部会有水泡，影响防水能力。涂膜厚度应均匀一致，总厚度≥1.5 mm。涂膜防水层须均匀固化，无明显凹坑、气泡和渗漏。

7.4.3.2　卫生间楼地面氯丁胶乳沥青防水涂料施工

氯丁胶乳沥青防水涂料是以氯丁橡胶和沥青为基料，经加工合成的一种水乳型防水涂料。其兼橡胶和沥青的双重优点，具防水、抗渗、耐老化、不易燃、无毒，抗基层变形能力强等优点，冷作业施工，操作方便。

1. 基层处理

与聚氨酯涂膜防水施工要求相同。

2. 施工工艺及要点

二布六油防水层施工工艺流程：基层找平处理及清基→满刮一遍氯丁胶沥青水泥腻子→满刮第一遍涂料→铺贴细部构造加强层→铺贴玻纤布，同时刷第二遍涂料→刷第三遍涂料→铺贴玻纤网格布，同时刷第四遍涂料→涂刷第五遍涂料→涂刷第六遍涂料并及时撒砂粒→蓄水试验→按设计要求施工保护层和面层→防水层二次蓄水试验→验收。

清理干净基层后，其上满刮一遍氯丁胶乳沥青水泥腻子，管根和转角处要厚刮并抹平整，腻子配制是将氯丁胶乳沥青防水涂料倒入水泥中，边倒边搅拌至稠浆状即可刮涂于基层，腻子厚 2~3 mm，腻子干燥后，满刷一遍防水涂料，但涂刷不能过厚，不得漏刷，表面均匀不流淌，不堆积，立面刷至设计标高。细部构造部位，如阴阳角、管根、地漏、大便器蹲坑等分别附加一布二涂附加层。附加层干燥后，大面铺贴玻纤网格布同时涂刷第二遍防水涂料，使防水涂料浸透布纹渗入下层，玻纤网格布搭接宽度不小于 100 mm，立面贴到设计高度，顺水接槎，收口处贴牢。

上述涂料实干后(约 24 h)，满刷第三遍涂料，表干后(约 4 h)铺贴第二层玻纤网格布同时满刷第四遍防水涂料。第二层玻纤布与第一层玻纤布接槎要错开，涂刷防水涂料应均匀,将布展平无皱折。上述涂层实干后,满刷第五遍、第六遍防水涂料,整个防水层实干后,可进行第一次蓄水试验,蓄水时间不少于 24 h,须无渗漏,然后施工保护层和饰面层。工程交付使用前应进行第二次蓄水试验。

3. 质量要求

水泥砂浆找平层施工完后,应对其平整度、强度、坡度和干燥度预验收。防水涂料应有产品质量证明书及复验报告。施工完成的氯丁胶乳沥青涂膜防水层应无起鼓、无裂纹、无孔洞缺陷。末端收头部位应粘牢,封闭严密为一整体防水层。施工完防水层的卫生间,经≥24 h 蓄水检验,无渗漏为合格。检验记录完整,同材料质量证明文件等技术资料一并归档备查。

4. 卫生间涂膜防水施工注意事项

施工用材料有毒性的,存放的仓库和施工现场须通风良好,如通风差须安装机械通风设备。

施工材料多属易燃物质,存放、配料及施工现场须严禁烟火,现场须配足消防器材。

施工中,严禁上人踩踏未完全干燥的涂膜防水层,操作人员应穿平底胶布鞋,以免损坏涂膜防水层。

所有附加补强层施工完后,才进行大面防水层施工。

已完工涂膜防水层,须经蓄水试验无渗漏,方可施工刚性保护层。刚性保护层施工时,不能损坏防水层。

7.4.4　建筑水池防水施工

7.4.4.1　建筑水池防水特点

建筑物内水池通常是供建筑物内部给水和消防使用,有些埋设于地下,有些设于楼层内或屋顶。水池一般用自防水混凝土做结构层,容量较小的水池常用普通混凝土做结构层,池内壁均设刚性防水层,地下水池防水做法可参考地下室外防水。

7.4.4.2　水池防水等级和设防要求

水池防水等级和设防要求见表 7-18。

表 7-18　水池防水等级和设防要求

项目	水池防水设防等级	
	一级	二级
防水层合理使用年限	15年	10年
建筑物类别	重要民用建筑、高层建筑生活水池、游泳池、消防水池	一般工业民用建筑生活水池、游泳池、消防水池
混凝土抗渗等级	≥P8	≥P6
水池内表防水措施	①≥7 mm,②≥1 mm,③≥2 mm,④≥20 mm	①≥5 mm,②≥0.8 mm,③≥1.5 mm,④≥15 mm
水池外表防水措施	①≥6 mm,②≥0.8 mm,④≥15 mm	

注:表中符号代表的材料为:①聚合物水泥防水砂浆;②水泥基层渗透结晶型防水涂料;③聚合物水泥防水涂料(Ⅱ型,指常在水环境下工作);④掺外加剂或掺合料防水砂浆。

7.4.4.3　**水池防水构造和施工要求**

(1)埋入地下的水池,应按本任务和地下室结构与防水层要求施工。

(2)生活水池还应符合《生活饮用水输配水设备及防护材料的安全性评价标准》(GB/T 17219—1998)、《生活饮用水卫生标准》(GB 5749—2022)、《生活饮用水标准检验方法》(GB/T 5750—2006)的要求。

(3)建筑物内水池使用的防水材料应具有良好的耐水性、耐腐蚀性、耐久性和耐菌性,一般用防水混凝土结构层,迎水面加聚合物水泥防水砂浆、聚合物水泥防水涂料或水泥基渗透结晶型防水涂料。

任务 5　屋面防水工程冬期、雨期施工

任务导航

本任务要求掌握保温工程及屋面施工环境气温要求,冬期施工要求;掌握屋面工程雨期施工要求。

7.5.1　屋面防水工程冬期施工

保温工程、屋面防水工程冬期施工应选晴朗天气,不得在雨天、雪天和 5 级风及其以上或基层潮湿、结冰、霜冻条件下进行。保温及屋面工程应依据材料性能确定施工气温界限,最低施工环境气温宜符合表 7-19 的规定。

表 7-19　保温工程及屋面施工环境气温要求

防水与保温材料	施工环境气温
黏结保温板	有机胶黏剂不低于-10 ℃;无机胶黏剂不低于 5 ℃
现喷硬泡聚氨酯	15~30 ℃
高聚物改性沥青防水卷材	热熔法不低于-10 ℃
合成高分子防水卷材	冷粘法不低于 5 ℃;焊接法不低于-10 ℃
高聚物改性沥青防水涂料	溶剂型不低于 5 ℃;热熔型不低于-10 ℃
合成高分子防水涂料	溶剂型不低于-5 ℃
防水混凝土、防水砂浆	符合混凝土、砂浆相关规定
改性石油沥青密封材料	不低于 0 ℃
合成高分子密封材料	溶剂型不低于 0 ℃

保温与防水材料进场后,应存于通风、干燥暖棚,禁火源和热源。棚内温度不宜低于 0 ℃,且不得低于施工环境规定温度。

屋面防水施工时,应先施工排水比较集中部位,凡节点部位均应加铺一层附加层。施工时,应合理安排隔汽层、保温层、找平层、防水层各项工序,连续操作,已完成部位应及时

覆盖,防止受潮与受冻。穿过屋面防水层的管道、设备或预埋件,应在防水施工前安装完毕并做好防水处理。

保温工程及屋面防水工程冬期施工,应严格遵守相关冬期施工操作规程。

7.5.2 屋面工程雨期施工要求

(1)卷材层面应尽量雨季前施工,并同时安装屋面落水管。

(2)雨天严禁油毡屋面施工。油毡、保温材料不可淋雨。

(3)雨天屋面工程宜用湿铺法施工工艺。湿铺法即在"潮湿"基层上铺贴卷材,先喷刷 1~2 道冷底子油,喷刷工作宜在水泥砂浆凝结初期操作,以防基层浸水。如基层浸水,应在基层表面干燥后方可铺贴油毡。如基层潮湿且难达干燥,可用排汽屋面。

任务 6 防水工程施工质量要求及安全措施

任务导航

本任务要求掌握防水工程施工质量验收要求及施工安全措施。

7.6.1 卷材防水屋面工程施工质量验收

7.6.1.1 屋面找平层验收

此验收适用于防水层基层为水泥砂浆、细石混凝土或沥青砂浆整体找平层的验收。

(1)找平层厚度和技术要求应符合表 7-20 的规定。

表 7-20 找平层厚度和技术要求

防水与保温材料	施工环境气温	厚度/mm	技术要求
水泥砂浆找平层	整体混凝土	15~20	1:2.5~1:3(水泥:砂,体积比),水泥强度等级不低于 32.5 级
	整体或板状材料保温层	20~25	
	装配式混凝土板,松散材料保温层	20~30	
细石混凝土找平层	松散材料保温层	30~35	混凝土强度等级不低于 C20
沥青砂浆找平层	整体混凝土	15~20	1:8(沥青:砂,质量比)
	装配式混凝土板,整体或板状材料保温层	20~25	

(2)找平层基层用装配式钢筋混凝土板时,应符合规定:板端、侧缝应用细混凝土灌缝,其强度等级不应低于 C20。板缝宽度大于 40 mm 或上窄下宽时,板缝内应设置构造钢筋。板端缝应做密封处理。

(3)找平层排水坡度应满足设计要求。平屋面用结构找坡不应小于 3%,用材料找坡宜为 2%;天沟、檐沟纵向找坡不应小于 1%,沟底水落差不得超过 200 mm。

(4)基层与突出屋面结构(女儿墙、山墙、天窗壁、变形缝、烟囱等)交接处和基层转角处,找平层均应做成圆弧形,圆弧半径应符合表 7-21 的要求。内部排水水落口周围,找平层应做成略低凹坑。

表 7-21　转角处圆弧半径

卷材种类	圆弧半径/mm
沥青防水卷材	100~150
高聚物改性沥青防水卷材	50
合成高分子防水卷材	20

(5)找平层宜设分格缝,并嵌填密封材料。分格缝应设于板端缝处,其纵横缝最大间距:水泥砂浆或细石混凝土找平层,不宜大于 6 m;沥青砂浆找平层,不宜大于 4 m。

(6)主控项目。

找平层材料质量及配合比,须满足设计要求。

检验方法:检查出厂合格证、质量检验报告和计量措施。

屋面(含天沟、檐沟)找平层排水坡度,须满足设计要求。

检验方法:用水平仪(水平尺)、拉线和尺量检查。

(7)一般项目。

基层与突出屋面结构交接处和基层转角处,均应做成圆弧形,且整齐平顺。

检验方法:观察和尺量检查。

水泥砂浆、细石混凝土找平层应平整、压光,不得有疏松、起砂、起皮现象;沥青砂浆找平层不得有拌和不匀、蜂窝现象。

检验方法:观察检查。

找平层分格缝位置和间距应满足设计要求。

检验方法:观察和尺量检查。

找平层表面平整度允许偏差为 5 mm。

检验方法:用 2 m 靠尺和楔形塞尺检查。

7.6.1.2　屋面保温层

此验收适用于松散、板状材料或整体现浇(喷)保温层。

(1)保温层应干燥,封闭式保温层含水量应相当于该材料在当地自然风干状态下的平衡含水量。

(2)屋面保温层干燥有困难时,应采取排汽措施。

(3)倒置式屋面应用吸水率小、长期浸水不腐烂的保温材料。保温层上应用混凝土等块材、水泥砂浆或卵石作保护层;卵石保护层与保温层之间,应干铺一层无纺聚酯纤维布作隔离层。

(4)松散材料保温层施工应符合规定:铺设松散材料保温层的基层应平整、干燥、干净;保温层含水量应满足设计要求;松散保温材料应分层铺设并压实,压实程度与厚度应经试验确定；保温层施工完成后，应及时施工找平层和防水层；雨期施工时，保温层应采取遮盖措施。

(5) 板状材料保温层施工应符合规定：板状材料保温层基层应平整、干燥、干净；板状保温材料应紧靠需保温基层表面，并应铺平垫稳；分层铺设的板块上下层接缝应相互错开；板间缝隙应用同类材料嵌填密实；粘贴的板状保温材料应贴严、粘牢。

(6) 整体现浇（喷）保温层施工应符合规定：沥青膨胀蛭石、沥青膨胀珍珠岩宜用机械搅拌，并应色泽一致，无沥青团；压实程度根据试验确定，其厚度应满足设计要求，表面应平整；硬质聚氨酯泡沫塑料应按配合比准确计量，发泡厚度均匀一致。

(7) 主控项目。

保温材料堆密度或表观密度、传热系数及板材强度、吸水率，须满足设计要求。

检验方法：检查出厂合格证、质量检验报告和现场抽样复验报告。

保温层含水量须满足设计要求。

检验方法：检查现场抽样检验报告。

(8) 一般项目。

保温层铺设应符合要求。松散保温材料：分层铺设，压实适当，表面平整，找坡正确；板状保温材料：紧贴（靠）基层，铺平垫稳，拼缝严密，找坡正确；整体现浇保温层：拌和均匀，分层铺设，压实适当，表面平整，找坡正确。

检验方法：观察检查。

保温层厚度允许偏差：松散保温材料和整体现浇保温层为+10%、-5%，板状保温材料为±5%，且不得大于 4 mm。

检验方法：用钢针插入和尺量检查。

倒置式屋面保护层用卵石铺压时，卵石应分布均匀，卵石质（重）量应满足设计要求。

检验方法：观察检查和按堆密度计算其质（重）量。

7.6.1.3　**卷材防水层**

(1) 卷材防水层应用高聚物改性沥青防水卷材、合成高分子防水卷材或沥青防水卷材。所选基层处理剂、接缝胶黏剂、密封材料等配套材料应与铺贴的卷材材性相容。

(2) 坡度大于 25%屋面上用卷材作防水层时，应采取固定措施。固定点应密封严密。

(3) 铺设屋面隔汽层和防水层前，基层须干净、干燥。干燥程度简易检验方法是将 1 m^2 卷材平坦地干铺于找平层，静置 3~4 h 后掀开检查，找平层覆盖部位与卷材上未见水印即可铺设。

(4) 卷材铺贴方向应符合规定：屋面坡度大于 3%时，卷材宜平行屋脊铺贴；屋面坡度为 3%~15%时，卷材可平行或垂直屋脊铺贴；屋面坡度大于 15%或屋面受振动时，沥青防水卷材应垂直屋脊铺贴，高聚物改性沥青防水卷材和合成高分子防水卷材可平行或垂直屋脊铺贴；上下层卷材不得相互垂直铺贴。

(5) 卷材与涂料复合使用时，防水卷材的黏结质量应符合表 7-22 规定。

(6) 铺贴卷材用搭接法时，上下层及相邻两幅卷材搭缝应错开。各种卷材搭缝宽度应符合表 7-23 要求。

表 7-22　防水卷材的黏结质量

项目	自粘聚合物改性沥青防水卷材和带自粘层防水卷材	高聚物改性沥青防水卷材胶黏剂	合成高分子防水卷材胶黏剂
黏结剥离强度/(N/10 mm)	≥10 或卷材断裂	≥8 或卷材断裂	≥15 或卷材断裂
剪切状态下的黏合强度/(N/10 mm)	≥20 或卷材断裂	≥20 或卷材断裂	≥20 或卷材断裂
浸水 168 h 后黏结剥离强度保持率/%	—		≥70

表 7-23　卷材搭接宽度　　单位:mm

卷材种类		短边搭接		长边搭接	
		满粘法	空铺法、点粘法、条粘法	满粘法	空铺法、点粘法、条粘法
沥青防水卷材		100	150	70	100
高聚物改性沥青防水卷材		80	100	80	100
合成高分子防水卷材	胶黏剂	80	100	80	100
	胶黏带	50	60	50	60
	单缝焊	60,有效焊接宽度不小于 25			
	双缝焊	80,有效焊接宽度 10×2+空腔宽			

(7)冷粘法铺贴卷材应符合规定:胶黏剂涂刷应均匀、不露底、不堆积;根据胶黏剂性能,应控制胶黏剂涂刷与卷材铺贴间隔时间;铺贴的卷材下面空气应排尽,并辊压黏结牢固;铺贴卷材应平整顺直,搭接尺寸准确,不得扭曲、皱折;接缝口应用密封材料封严,宽度不应小于 10 mm。

(8)热熔法铺贴卷材应符合规定:火焰加热器加热卷材应均匀,不得过分加热或烧穿卷材;厚度小于 3 mm 的高聚物改性沥青防水卷材严禁热熔施工;卷材表面热熔后应立即滚铺卷材,卷材下面空气应排尽,并辊压黏结牢固,不得空鼓;卷材接缝部位须溢出热熔的改性沥青胶;铺贴的卷材应平整顺直,搭接尺寸准确,不得扭曲、皱折。

(9)自粘法铺贴卷材应符合规定:铺贴卷材前基层表面应均匀涂刷基层处理剂,干燥后应及时铺贴卷材;贴卷材时,应将自粘胶底面隔离纸全部撕净;卷材下面空气应排尽,并辊压黏结牢固;铺贴的卷材应平整顺直,搭接尺寸准确,不得扭曲、皱折。搭接部位应用热风加热,随即粘贴牢固;接缝口应用密封材料封严,宽度不应小于 10 mm。

(10)卷材热风焊接施工应符合规定:焊接前卷材铺设应平整顺直,搭接尺寸准确,不得扭曲、皱折;卷材焊接面应清扫干净,无水滴、油污及附着物;焊接时应先焊长边搭接缝,后焊短边搭接缝;控制热风加热温度和时间,焊接处不得漏焊、跳焊、焊焦或焊接不牢;焊接时不得损害非焊接部位卷材。

(11)沥青玛𤈦脂的配制和使用应符合规定:配合比应视使用条件、坡度和当地历年极端最高气温,所用材料应经试验确定,施工中应按确定配合比严格配料,每工作班应检查软化点和柔韧性;热沥青玛𤈦脂加热温度不应高于 240 ℃,使用温度不应低于 190 ℃;冷沥青玛𤈦脂使用时应搅拌均匀,稠度太大时可加少量溶剂稀释搅匀;沥青玛𤈦脂应刮涂均匀,不得过厚或堆积。黏结层厚度:热沥青玛𤈦脂宜为 1~1.5 mm,冷沥青玛𤈦脂宜为 0.5~1 mm;面层厚度:热沥青玛𤈦脂宜为 2~3 mm,冷沥青玛𤈦脂宜为 1~1.5 mm。

(12)天沟、檐沟、檐口、泛水和立面卷材收头端部应裁齐,塞入预留凹槽内,用金属压条钉压固定,最大钉距不应大于 900 mm,并用密封材料嵌填封严。

(13)卷材防水层完工并经验收合格后,应做好成品保护。保护层施工应符合规定:绿豆砂应清洁、预热、铺撒均匀,并与沥青玛𤈦脂黏结牢固,不得残留未黏结的绿豆砂;云母或蛭石保护层不得有粉料,铺撒应均匀,不得露底,多余云母或蛭石应清除;水泥砂浆保护层表面应抹平压光,并设表面分格缝,分格面积宜为 1 m^2;块体材料保护层应留设分格缝,分格面积不宜大于 100 m^2,分格缝宽度不宜小于 20 mm;细石混凝土保护层,混凝土应密实,表面抹平压光,并留设分格缝,分格面积不大于 36 m^2;浅色涂料保护层应与卷材黏结牢固,厚薄均匀,不得漏涂;水泥砂浆、块材或细石混凝土保护层与防水层之间应设置隔离层;刚性保护层与女儿墙、山墙之间预留宽度 30 mm 的缝隙,并用密封材料嵌填严密。

(14)主控项目。

卷材防水层所用卷材及其配套材料,须满足设计要求;检验方法:检查出厂合格证、质量检验报告和现场抽样复验报告。卷材防水层不得有渗漏或积水现象;检验方法:雨后或淋水、蓄水检验。卷材防水层在天沟、檐沟、檐口、水落口、泛水、变形缝和伸出屋面管道防水构造,须满足设计要求;检验方法:观察检查和检查隐蔽工程验收记录。

(15)一般项目。

卷材防水层搭接缝应黏(焊)结牢固,密封严密,不得有皱折、翘边和鼓泡等缺陷,防水层收头应与基层黏结并固定牢固,缝口封严,不得翘边;检验方法:观察检查。卷材防水层上撒布材料和浅色涂料保护层应铺撒或涂刷均匀,黏结牢固,水泥砂浆、块材或细石混凝土保护层与卷材防水层间应设置隔离层,刚性保护层分格缝留置应满足设计要求;检验方法:观察检查。排气屋面排气道应纵横贯通,不得堵塞,排气管应安装牢固,位置正确,封闭严密;检验方法:观察检查。卷材铺贴方向应正确,卷材搭接宽度允许偏差为-10 mm;检验方法:观察和尺量检查。

7.6.2　地下防水工程施工质量验收

7.6.2.1　术语

地下防水工程:指对地下工程、防护工程、隧道及地下铁道等建(构)筑物,进行防水设计、施工和维护管理等各项技术工作的工程实体。

防水等级:根据地下工程重要性和使用时防水要求,所确定的结构允许渗满水量的等级标准。

刚性防水层:采用较高强度和无伸长能力的防水材料,如防水砂浆、防水混凝土所构成的防水层。

柔性防水层:采用具有一定柔韧性和较大伸长率的防水材料,如防水卷材、有机防水涂料构成的防水层。

7.6.2.2　**基本规定**

(1)地下工程防水设防要求应按表 7-24 选用。

(2)地下防水工程施工前,应图纸会审,掌握工程主体及细部构造防水技术要求,并编制防水工程施工方案。

(3)地下防水工程施工,应建立各道工序自检、交接检和专职人员检查的"三检"制度,并有完整检查记录。未经建设(监理)单位对上道工序检查确认,不得进行下道工序施工。

(4)地下防水工程须由相应资质专业防水队伍施工,主要施工人员应持有建设行政主管部门或其指定单位颁发的执业资格证书。

(5)地下防水工程的防水材料,应有产品合格证书和性能检测报告,材料品种、规格、性能等应符合现行国家产品标准和设计要求。进场防水材料应按规定抽样复验,结果应合格;不合格材料不得使用。

(6)地下防水工程施工期间,明挖法的基坑及暗挖法的竖井、洞口,须保持地下水位稳定在基底 0.5 m 以下,必要时应采取降水措施。

(7)地下防水工程防水层,严禁雨天、雪天和 5 级风及其以上时施工,其施工环境气温条件宜符合表 7-25 的规定。

(8)地下防水工程是一子分部工程,其分项划分应符合表 7-26 的规定。

(9)地下防水工程应按工程设计的防水等级标准验收。地下防水工程渗漏水调查与量测方法按相关规范执行。

(10)防水混凝土、水泥砂浆防水层、卷材防水层、涂料防水层、细部构造见《地下防水工程质量验收规范》(GB 50208—2011)。

表 7-24　明挖法地下工程的防水设防要求

工程部位	防水措施	防水等级			
		一级	二级	三级	四级
主体	防水混凝土	应选	应选	应选	宜选
	防水砂浆	应选 1~2 种	应选 1 种	宜选 1 种	—
	防水卷材				
	防水涂料				
	塑料防水板				
	金属板				

续表 7-24

工程部位	防水措施	防水等级			
		一级	二级	三级	四级
施工缝	遇水膨胀止水条	应选 2 种	应选 1~2 种	宜选 1~2 种	宜选 1 种
	中埋式止水带				
	外贴式止水带				
	外抹防水砂浆				
	外涂防水涂料				
后浇带	膨胀混凝土	应选	应选	应选	应选
	遇水膨胀止水条	应选 2 种	应选 1~2 种	宜选 1~2 种	宜选 1 种
	外贴式止水带				
	防水嵌缝材料				
变形缝、诱导缝	中埋式止水带	应选	应选	应选	应选
	外贴式止水带	应选 2 种	应选 1~2 种	应选 1~2 种	宜选 1 种
	可卸式止水带				
	防水嵌缝材料				
	外贴防水卷材				
	外涂防水涂料				
	遇水膨胀止水条				

表 7-25　防水层施工环境气温条件

防水层材料	施工环境气温
高聚物改性沥青防水卷材	冷粘法不低于 5 ℃，热熔法不低于-10 ℃
合成高分子防水卷材	冷粘法不低于 5 ℃，热风焊接法不低于-10 ℃
有机防水涂料	溶剂型-5~35 ℃，水溶性 5~35 ℃
无机防水涂料	5~35 ℃
防水混凝土、水泥砂浆	5~35 ℃

表 7-26　地下防水工程的分项工程划分

子分部工程	分项工程
地下防水工程	地下建筑防水工程:防水混凝土,水泥砂浆防水层,卷材防水层,涂料防水层,塑料板防水层,金属板防水层,细部构造
	特殊施工法防水工程:喷锚支护,地下连续墙,复合式衬砌,盾构法隧道
	排水工程:渗排水,盲排水,隧道、坑道排水
	注浆工程:预注浆,后注浆,衬砌裂缝注浆

7.6.3　卫生间墙、地面防水质量验收

(1)水泥类找平层上铺设防水层时,其表面应坚固、洁净、干燥,其强度等级应满足设计要求。铺设前应涂刷基层处理剂。

(2)防水层应铺涂超过卫生间过楼板管道套管的上口,并在墙面高出面层 200~300 mm 或设计高度。阴阳角和管道穿过楼板的根部应增加附加防水层。

(3)防水层铺后备水 24 h 无渗漏为合格。蓄水深度为 20~30 mm。

(4)防水层施工质量应符合《屋面工程质量验收规范》(GB 50207—2012)。

7.6.4　防水工程施工安全注意事项

卷材屋面防水施工偶有被沥青胶烫伤、高空坠落等事故,须重视防水工程施工安全问题。

(1)有皮肤病、眼病、刺激过敏等的人不宜操作。施工中如发生恶心、头晕、过敏等,应立即停止操作。沥青操作人员不得赤脚,不得穿短裤和短袖衣服,裤脚袖口应扎紧,戴手套和护脚。应防下风向人员中毒或烫伤。

(2)存放卷材和胶黏剂的仓库或现场须严禁烟火;如用明火,须有防火措施,且设置一定数量的灭火器材和砂袋。

(3)高处作业人员不可过分集中,必要时系安全带;屋面周围应设防护栏杆;屋面上孔洞应盖严或在孔洞周边设防护栏杆,并设水平安全网。刮大风时应停止作业。

(4)熬油锅灶应在下风口方向,上方须无电线,地下 5 m 须无电缆。锅内沥青不得超过锅容量的 2/3,并防止外溢。熬油人员应随时注意温度变化,沥青脱完水后应慢火升温。锅内白烟变成浓的红黄烟是起火前兆,应立即停火。配冷底子油时要严格掌握沥青温度,严禁用铁棒搅拌;如发现冒出大量蓝烟应立即停止加入稀释剂。配制、贮存、涂刷冷底子油地点严禁烟火,并不得在附近电焊、气焊。

(5)运油铁桶、油壶要咬口接头,严禁锡焊。桶宜加盖,装油量不得超过桶高的 2/3,油桶应平放,不得两人抬运。屋面吊运油桶的操作平台应设置防护栏杆,提升时要拉牵绳以防油桶摆动;油桶下方 10 m 半径范围内禁止站人。

(6)坡屋面操作应防滑,油桶下面应加垫来保证油桶放置平稳。浇油与贴卷材者应保持一定距离,并根据风向错位,以防热沥青飞溅伤人。浇油时檐口下方不得有人行走或

停留，以防热沥青流下伤人。避免高温烈日下施工。

【课后练习】

请扫描下方二维码，做课后练习。

教学项目 7　课后练习

教学项目 8　装饰装修工程施工

【能力目标】

通过本教学项目的学习，使学生能现场指导、检查及验收抹灰工程、饰面工程、楼地面工程、吊顶工程、隔墙工程、涂料与刷浆工程、门窗工程质量，能编写楼地面工程施工方案，能根据实际气候选择适合冬期施工方法，能进行一般装饰装修施工技术交底。

爱美之心，人皆有之，建筑除了实用，还需美观、环保等。建筑装饰工程是选用适当材料、正确构造、科学工法，保护建筑主体结构，保证使用功能，对建筑和主体结构内外表面的装设和修饰，并对建筑及其室内环境进行的艺术加工和处理，满足人们视觉审美要求。建筑装饰工程是建筑施工的重要组成部分，主要包括抹灰、吊顶、饰面、涂料、刷浆和门窗等工程。

装饰工程项目多、工程量大、工期长、用工量大、造价高。因装饰材料和施工技术更新快，施工管理复杂，从业人员须不断提高自身技艺水平，不断改革材料和工艺，以提高工程质量，缩短工期，降低成本。

施工前，须准备好机械设备和施工工具、图纸审查，制订施工顺序与施工方法，进行材料试验和试配，组织结构工程验收和工序交接检查，进行技术交底等技术准备工作；须组织材料进场，并对其检验、加工和配制；须做好预埋件、预留洞口和基层处理等。

装饰施工顺序对施工质量起控制性作用。室外抹灰和饰面工程，施工一般自上而下；高层建筑有措施可分段进行；室内装饰工程，应待屋面防水已完工，在不会被后续工程污损的条件下进行；室内抹灰在屋面防水完工前施工时，须有防护措施。室内吊顶、隔墙罩面板和花饰等工程，应待室内地（楼）面湿作业完工后进行。

室内装饰施工顺序，还应符合下列规定：

（1）抹灰、饰面、吊顶和隔断工程，应待隔墙、钢门、木门、窗框、暗装管道、电线管和电器预埋件、预制钢筋混凝土楼板灌缝完工后进行。

（2）钢木门窗及其玻璃工程，根据地区气候条件和抹灰工程要求，可于湿作业前进行；铝合金、塑料、涂色镀锌钢板门窗及其玻璃工程，宜在湿作业完工后进行，如须在湿作业前进行，须加强保护。

（3）以抹灰为基层的饰面板工程、吊顶及轻型花饰安装，应待抹灰完工后进行。

（4）涂料、刷浆及吊顶、隔断、罩面板安装，应在塑料地板、地毯、硬质纤维等地（楼）面面层和明装电线施工前，管道设备试压后进行。木地（楼）板面层最后一遍涂料，应待裱糊完工后进行。

（5）裱糊工程，应待顶棚、墙面、门窗及建筑设备的涂料和刷浆完工后进行。

任务 1　抹灰施工

任务导航

本任务要求掌握抹灰分类，掌握一般抹灰质量要求及施工要点、施工质量验收标准及检验方法。

抹灰是将各种砂浆、装饰性石屑浆、石子浆涂抹于建筑物墙面、顶棚、地面等表面上，除保护建筑物外，还可作饰面层起到装饰作用。

抹灰工程按使用材料和装饰效果分为一般抹灰和装饰抹灰。一般抹灰适用于石灰砂浆、水泥砂浆、混合砂浆、聚合物水泥砂浆、膨胀珍珠岩水泥砂浆、麻刀灰、纸筋灰、石膏灰等抹灰工程。装饰抹灰底层和中层与一般抹灰做法基本相同，面层主要有水刷石、水磨石、斩假石、干粘石、假面砖、喷涂、滚涂、弹涂、仿石和彩色抹灰等。

8.1.1　一般抹灰施工

抹灰一般分三层，即底层、面层、饰面层（见图 8-1），或按底层、中层和面层（罩面）分。底层主要起与基层黏结作用，底层砂浆应有较好的保水性，稠度应较面层大。砂浆组成材料据基层种类不同选相应配合比。面层起找平作用，砂浆种类基本与底层相同，而稠度稍小，面层抹灰较厚时应分层，每层厚度 5～9 mm。饰面层起装饰作用，要求涂抹光滑、洁净。由于砂浆凝结过程会产生较强的收缩应力，破坏强度较低的基层，从而产生空鼓、裂缝、脱落等质量问题，因此各层砂浆强度等级底层>面层>饰面层，或为底层>中层>面层。

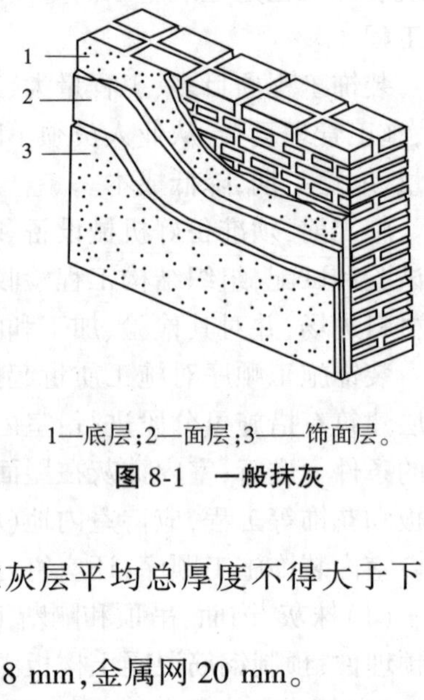

1—底层；2—面层；3——饰面层。

图 8-1　一般抹灰

不得将水泥砂浆抹在石灰砂浆或混合砂浆上。抹灰层平均总厚度不得大于下列规定：

（1）顶棚：板条、现浇筑混凝土 15 mm，预制混凝土 18 mm，金属网 20 mm。

（2）内墙：普通抹灰 18～20 mm，高级抹灰 25 mm。

（3）外墙 20 mm，勒脚及突出墙面部分 25 mm。

（4）石墙 35 mm。

（5）当抹灰厚度≥35 mm 时，应采取加强措施。

涂抹水泥砂浆每遍厚度宜为 5～7 mm，涂抹石灰砂浆和水泥混合砂浆每遍厚度宜为 7～9 mm。

8.1.1.1　质量要求

一般抹灰按质量要求分普通抹灰和高级抹灰两个等级。

普通抹灰为一道底层和一道面层，要求表面光滑、洁净，接槎平整，分格缝应清晰。

高级抹灰由一道底层、数层面层组成，要求表面光滑、洁净，颜色均匀，无抹纹，分格缝和灰线应清晰美观。

抹灰层与基层之间,各抹灰层之间须粘牢,抹灰层应无脱层、空鼓,面层应无爆灰和裂缝。

8.1.1.2 材料准备

抹灰前准备材料时,石灰膏应用块状生石灰淋制,使用未经熟化的生石灰或过火石灰,会发生爆灰和开裂(俗称“出天花”“生石灰泡”)。因此,石灰浆应于储灰池中常温熟化≥15 d,罩面用磨细石灰粉熟化期应≥3 d。在熟化期,石灰浆表面应保留一层水,使其与空气隔开以免碳化,同时应防冻结和污染。生石灰不宜长期存放,保质期不宜超过一个月。

抹灰用砂应过筛,不得含杂物。抹灰用砂宜用中砂,也可用粗砂与中砂混合掺用。对于有抗渗要求的砂浆,用颗粒坚硬洁净的细砂,抹灰用纸筋麻刀应坚韧、干燥,不含杂质。

8.1.1.3 基层处理

1. 墙面抹灰基层处理

(1)抹灰前应对砖石、混凝土及木基层表面处理,清除灰尘、污垢、油渍和碱膜等,并洒水湿润。表面凹凸明显部位,应事先剔平或用 1∶3水泥砂浆补平,平滑混凝土表面拆模后毛化处理(凿毛等),或用铁抹子满刮水灰比 0.37~0.4(内掺水重 3%~5%建筑用胶)水泥浆一遍,或涂混凝土界面处理剂。

(2)抹灰前保证门、窗框位置正确,与墙连接牢固。连接处缝隙用水泥砂浆或水泥混合砂浆(加少量麻刀)分层嵌填密实。

(3)凡室内管道穿越的墙洞和楼板洞,剔凿墙后安装的管道,墙面脚手眼、孔洞均应用 1∶3水泥砂浆嵌填密实。

(4)不同基层材料(如砖石与木、混凝土结构)相接处应铺加强层,如钉金属网并绷紧牢固,金属网与各结构的搭接宽度从相接处起每边不小于 100 mm。

(5)为控制抹灰层厚度和墙面平整度,抹灰前应先检查基层表面平整度,并用与抹灰层相同砂浆设置 50 mm×50 mm 的标志块(灰饼)和宽 50~100 mm 的标筋。

(6)抹灰施工前,对室内墙面、柱面和门洞阳角,宜用 1∶2水泥砂浆做护角,其高度≥2 m,每侧宽度≥50 mm。对外墙窗台、窗楣、雨篷、阳台、压顶和突出腰线等,上面应做成流水坡度,下面应做滴水线或滴水槽,滴水槽深宽≥10 mm,整齐一致。

2. 顶棚抹灰基层处理

预制混凝土楼板顶棚抹灰前应检查板缝大小,若板缝较大,应用细石混凝土灌实;若板缝较小,可用 1∶0.3∶3水泥石灰混合砂浆勾实,否则抹灰后易顺缝产生裂缝。预制混凝土板或钢模现浇筑混凝土顶棚拆模后,应刷一道混凝土界面处理剂。

板条顶棚(单层板条)抹灰前,应检查板条缝是否合适,一般间隙 7~10 mm。

8.1.1.4 一般抹灰施工要点

1. 墙面抹灰

标筋砂浆七八成干,即可进行底层砂浆抹灰。

抹底层灰可用托灰板(大板)盛砂浆,用力将砂浆推抹到墙面上,一般应从上而下,两标筋之间的墙面砂浆抹满后,即用长刮尺两头靠着标筋,从下而上刮灰,使底层灰与标筋面相平。再用木抹来回抹压,去高补低,最后用铁抹压平一遍。

面层砂浆抹灰应待水泥砂浆(或水泥混合砂浆)底层凝结后或石灰砂浆底层灰七八成干后,方可进行。

面层砂浆抹灰时,应先对底层灰洒水,待其收水后,即可将面层砂浆抹上去,一般应自上而下、自左向右涂抹,不用再做标志及标筋。整个墙面抹满后,用木抹来回搓抹,去高补低,再用铁抹压抹二遍,使抹灰层平整、厚度一致。抹压时,铁抹运行注意方向:最后一遍抹压宜垂直方向,各分遍之间应互相垂直抹压。墙面上半部与墙面下半部面层灰接头处应压抹理顺,不留抹印。

2. 两墙面相交的阴、阳角抹灰方法步骤

(1)用阴角方尺检查阴角直角度,用阳角方尺检查阳角直角度。用线垂检查阴角垂直度和阳角垂直度。根据直角度及垂直度误差,确定抹灰层厚薄。

(2)阴、阳角处洒水湿润。

(3)将底层灰抹于阴角,用木阴角器压住抹灰层并上下搓动,使阴角抹灰基本达到直角。如靠近阴角处有已结硬标筋,则木阴角器应沿着标筋上下搓动,基本搓平后,再用阴角抹子上下抹压,使阴角线垂直。

(4)将底层灰抹于阳角处,用木阳角器压住抹灰层并上下搓动,使阳角处抹灰基本达到直角。再用阳角抹子上下抹压,使阳角线垂直。

(5)阴、阳角处底层灰凝结后,洒水湿润,将面层灰抹于阴、阳角处,分别用阴、阳角抹子上下抹压,使面层灰达到平整光滑。

(6)阴、阳角找方应与墙面抹灰同时,即墙面抹底层灰时,阴、阳角抹底层找方。

3. 顶棚抹灰

(1)钢筋混凝土楼板下的顶棚抹灰,应于上层楼板地面面层完工后进行。

(2)板条、金属网顶棚抹灰,应待板条、金属网装钉完成,并经检查合格后方可进行。

(3)顶棚抹灰不用做灰饼、标志、标筋。

(4)顶棚抹灰宜从房间里面开始,向门口进行,最后从门口退出。

(5)抹灰前,扫除钢筋混凝土楼板底浮灰、混凝土残渣、砂浆残渣,去除垃圾、残油等污物,打磨平整,毛化(如凿毛等)并清扫干净,清除隔离剂剩料,并喷水湿润待抹灰的楼板底面。

(6)抹腻子面层灰,铁抹抹压方向宜平行于房间进光方向。面层灰应平整、光滑,无抹印。

(7)面积较小时,整个顶棚抹上灰后再压平、收光;顶棚面积较大时,可分段分块抹灰、压平、收光,但结合处须抹压理顺,无抹印。

8.1.2 装饰抹灰施工

装饰抹灰和一般抹灰具有不同装饰面层,其底层和中层做法基本相同。

8.1.2.1 水刷石施工

水刷石饰面,是将水泥石子浆罩面中尚未干硬的水泥用水冲刷掉,使各色石子外露,形成具有“绒面感”的表面。水刷石是一种传统外墙装饰做法,其耐久性强,具有良好的装饰效果,造价低。

水刷石面层施工操作方法及施工要点如下。

1. 弹线

水泥石子浆大面积施工前，为防面层开裂，须在中层砂浆六七成干时，按设计要求弹线、分格。钉分格条时木分格条事先水中浸透，固定分格条的两侧“八”字形纯水泥浆，抹成45°角。

水刷石面层施工前，应根据中层抹灰干燥程度浇水湿润。紧接着用铁抹子满刮水灰比0.37~0.4水泥浆(内掺水泥重量3%~5%建筑用胶)一道，随即抹水泥石子浆面层。面层厚度通常为石子粒径的2.5倍。水泥石子浆稠度以5~7 cm为宜，用铁抹子一次抹平、压实。

每块分格内抹灰顺序应自下而上，同一平面面层要求一次完成，不宜留施工缝。如须留施工缝，应留于分格条位置上。

2. 修整

罩面灰收水后，用铁抹子抹一遍，将遗留孔隙抹平。然后用软毛刷蘸水刷去表面灰浆，再拍平；阳角部位要往外刷，水刷石罩面应分遍拍平压实，石子应分布均匀、紧密。

3. 喷刷、冲洗

喷刷、冲洗不干净会使水刷石表面色泽灰暗或明暗不一致。

罩面灰浆初凝后，达到刷不掉石子程度时，即可开始喷刷，可两人配合：一人用毛刷蘸水轻轻刷掉罩面灰浆，另一人用喷雾器或手压喷浆机紧跟着喷刷，先将分格四周喷湿，然后由上向下喷水，喷射要均匀，喷头至罩面距离10~20 cm。既将表面水泥浆冲掉，又将石渣间的水泥冲走，使石渣露出灰浆表面1~2 mm，甚至露出粒径的1/2，使之清晰可见，均匀密布。然后用清水从上往下全部冲洗干净。

4. 起分格条

喷刷后，即可用抹子柄敲击分格条，用抹尖扎入木条上下活动，轻轻取出分格条。然后修饰分格缝并描好颜色。

水刷石是一项传统工艺，操作技术要求较高，洗刷浪费水泥，墙面污染后不易清洗，已较少采用。

8.1.2.2　干粘石施工

干粘石是将干石子直接粘于砂浆层表面。装饰效果与水刷石差不多，但湿作业量小，节约原材料，工效高。

干粘石面层操作方法和施工要点如下。

1. 抹黏结层

待中层水泥砂浆干至七成左右，洒水湿润后，粘分格条，待分格条粘牢后，往墙面刷水泥浆一遍，随后按格抹砂浆黏结层(1:3水泥砂浆，厚4~6 mm，砂浆稠度≤8 cm)。黏结层砂浆一定要抹平，不显抹纹，按分格大小，一次抹一块或数块，应避免在块中甩槎。

2. 甩石子

干粘石所选石子粒径比水刷石要小些，一般为4~6 mm。粘结砂浆抹平后，应立即甩石子，先甩四周易干部位，然后甩中间，使大面均匀，边角和分格条两侧不漏粘，由上而下快速进行。石子使用前用水冲洗干净并晾干，甩时用托盘盛装，托盘底部用窗纱钉成，以便筛净石子中的残留粉末。如发现饰面上石子有不匀或过稀现象,应用抹子或手直接补贴;否则会使墙面出现死坑或裂缝。

3. 压石子

黏结砂浆表面均匀粘上一层石子后,用抹子或辊子轻压,使石子嵌入砂浆深度≥1/2石子粒径。拍压后石子表面应平整坚实,拍压时用力不宜过大,否则易翻浆糊面,出现抹子或滚子轴印迹。阳角两侧应同时操作,否则一侧石子粘上后再粘另一侧时不易粘贴,出现明显接槎黑边。

干粘石也可用机械喷石代替手工甩石,施工时利用压缩空气和喷枪将石子均匀有力地喷射到黏结层上。喷头对准墙面距墙 300~400 mm,气压以 0.6~0.8 MPa 为宜。黏结层硬化期间,应洒水养护,保持湿润。

4. 起分格条与修整

干粘石墙面达到表面平整、石子饱满,即可将分格条取出,取分格条应注意不掉石子。如局部石子不饱满,可立即刷建筑用胶水溶液后甩石子补齐。取出分格条后,即用小溜子和素水泥浆修补分格缝,达顺直清晰。

干粘石操作简便,但日晒雨淋风化易脱粒,已较少采用。

8.1.3 抹灰施工质量控制和检验方法

一般抹灰、装饰抹灰质量允许偏差和检验方法,应符合表 8-1、表 8-2 的规定。

表 8-1 一般抹灰质量允许偏差和检验方法

项次	项目	允许偏差/mm		检验方法
		普通抹灰	高级抹灰	
1	立面垂直度	4	3	用 2 m 垂直检测尺检查
2	表面平整度	4	3	用 2 m 靠尺和塞尺检查
3	阴、阳角方正	4	3	用直角检测尺检查
4	分格条(缝)直线度	4	3	拉 5 m 线,不足 5 m 拉通线,用钢直尺检查
5	墙裙、勒脚上口直线度	4	3	拉 5 m 线,不足 5 m 拉通线,用钢直尺检查

注:1. 普通抹灰,本表第 3 项阴角方正可不检查。

2. 顶棚抹灰,本表第 2 项表面平整度可不检查,但应顺平。

表 8-2 装饰抹灰质量允许偏差和检验方法

项次	项目	允许偏差/mm		检验方法
		水刷石	干粘石	
1	立面垂直度	5	5	用 2 m 垂直检测尺检查
2	表面平整度	3	5	用 2 m 靠尺和楔形塞尺检查
3	阴、阳角方正	3	4	用直角检测尺检查
4	分格条(缝)直线度	3	3	拉 5 m 线,不足 5 m 拉通线,用钢直尺检查
5	墙裙、勒脚上口直线度	3	–	拉 5 m 线,不足 5 m 拉通线,用钢直尺检查

任务 2　饰面施工

任务导航

本任务要求掌握饰面施工工艺、施工要点、施工质量验收标准及检验方法。

饰面工程指将装饰面层块料镶贴安装于墙柱等表面。块料面层种类可分饰面砖和饰面板两大类。饰面砖分有釉和无釉两种,包括釉面瓷砖、外墙面砖、陶瓷锦砖、玻璃锦砖、劈离砖及耐酸砖等;饰面板包括天然石饰面板(大理石、花岗石和青石板等)、人造石饰面板(预制水磨石板、合成石饰面板等)、金属饰面板(不锈钢板、涂层钢板、铝合金饰面板等)、玻璃饰面板、木质饰面板(胶合板、木条板)、裱糊墙纸饰面等。

8.2.1　饰面砖镶贴

8.2.1.1　施工准备

基层处理基本同前述找平层砂浆涂抹及装饰抹灰。

饰面砖镶贴前,按设计选砖和相应配件。面砖应规格一致、形状平整方正、无缺棱掉角、不开裂脱釉、无凹凸扭曲、颜色均匀。按标准尺寸检查饰面砖,分出符合标准尺寸和大于标准尺寸、小于标准尺寸三种规格饰面砖,同一类尺寸应用于同一层间或同一面墙上,以达到接缝均匀一致。陶瓷锦砖应据设计要求选择色彩和图案,统一编号,依号镶贴。

釉面砖和外墙面砖镶贴前清扫干净后,置清水中浸泡至不冒气泡,通常 2~3 h。外墙面砖隔夜浸泡、取出晾干。标准为饰面砖表面有潮湿感,手按无水迹。

饰面砖镶贴前应预排,同一墙面的横竖排列,均不得有一行以上非整砖。非整砖应排于最不醒目部位或阴角处,用接缝宽度调整。

外墙面砖预排时应根据设计图尺寸,排砖分格并绘大样图。要求水平缝与石旋脸、窗台齐平,竖向要求阴角及窗口处均为整砖,分格按整块分匀,并根据已确定的缝大小做分格条和划出皮数杆。对墙、墙垛等处应先测好中心线、水平分格线和阴阳角垂直线。

8.2.1.2　釉面砖镶贴

1. 墙面镶贴方法

釉面砖排列有对缝排列和错缝排列两种(见图 8-2)。

(1)在经清理干净的找平层上,按室内标准水平线,校核地面标高和分格线。

(2)以所弹地平线为依据,设置支撑釉面砖的地面木托板,以防釉面砖因自重下滑,木托板表面应平整,其高为非整砖的调节尺寸。整砖镶贴应从木托板开始自下而上。每行镶贴宜从阳角开始,非整砖留于阴角。

(3)调制糊状水泥浆,配合比水泥:砂=1:2(体积比),内掺水泥重量 3%~4% 建筑用胶。掺时先将建筑用胶以 2 倍水稀释,再加入搅拌均匀的水泥砂浆中,继续搅拌至混合均匀。也可按水泥:建筑用胶:水=100:5:26 比例配制纯水泥浆镶贴。镶贴时,用铲刀将水泥砂浆或水泥浆均匀涂抹于釉面砖背面,水泥砂浆厚 6~10 mm,水泥浆厚 2~3 mm,四周刮成斜面,按线就位后,用手轻压,然后用橡皮锤或小铲把轻轻敲击,使其与中层贴紧,确

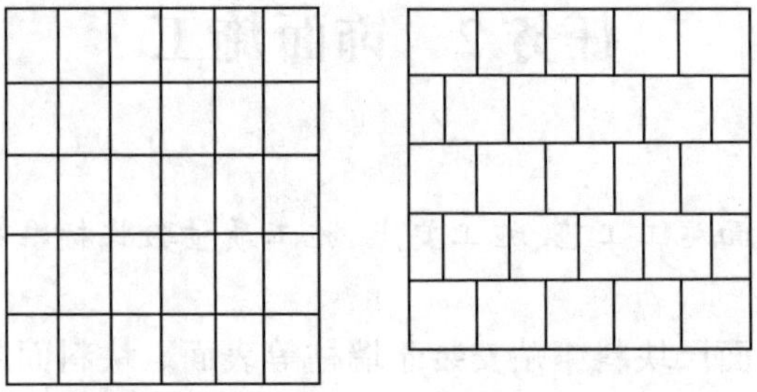

(a)矩形砖对缝　　(b)方形砖错缝

图 8-2　釉面砖镶贴形式

保釉面砖四周砂浆饱满,并用靠尺找平。镶贴釉面砖宜先沿底尺横向贴一行,再沿垂直线竖向贴几列,然后从下往上从第二横行开始,用细铁丝在已贴釉面砖口间拉上准线,横向各行釉面砖依准线镶贴,可用十字卡保证缝宽。

釉面砖镶贴完毕后,用湿棉纱等擦洗干净釉面砖表面。室外接缝用水泥浆或水泥砂浆勾缝,室内接缝用与釉面砖相同颜色的填缝剂擦嵌充填密实,擦净表面。全部完工后,根据污染程度,用湿棉纱或稀盐酸刷洗并及时用清水冲净。

镶贴墙面时,应先贴大面,后贴阴阳角、凹槽等难度大及耗时长处。

2. 顶棚镶贴方法

镶贴前,将墙上水平线翻至墙顶交接处(四边均弹水平线),校核顶棚方正,阴阳角应找垂直,并按水平线将顶棚找水平。如墙与顶均贴釉面砖,则房间要求规方,阴阳角均须方正,墙与顶成 90°直角,排砖时,非整砖留在同一方向,使墙顶砖缝交圈。镶贴时应先贴标志块,间距约 1. 2 m,其他操作同墙面镶贴。

8. 2. 1. 3　外墙釉面砖镶贴

外墙釉面砖镶贴由底层灰、中层灰、结合层及面层组成。

外墙釉面砖镶贴形式由设计定。矩形釉面砖宜竖向镶贴;釉面砖接缝宜用离缝,缝宽不大于 10 mm;釉面砖不宜错缝,应对缝排列。

(1)外墙面贴釉面砖应从上而下分段,每段内自下而上镶贴。

(2)弹垂线作竖列标准。整个墙面两头各弹一条垂线,如墙面较长,则在墙面中部增弹几条,垂线间距应为釉面砖宽整倍数(含缝宽),墙面两头垂线距墙阴阳角应为一块釉面砖宽。

(3)各分段分界处各弹一条水平线,作贴砖横行标准。各水平线间距应为砖高整倍数(含接缝)。

(4)清理底层灰面,浇水湿润,刷一道素水泥浆,即抹水泥石灰砂浆,随即将釉面砖对准位置镶贴,用橡胶锤或铲把轻敲,使其贴实平整。

(5)每分段宜先沿水平线贴横向一行砖,再沿垂线贴竖向几列砖,从下往上第二横行开始,应在垂线处已贴釉面砖上口间拉准线,横向各行釉面砖依准线镶贴。

(6)阳角正面釉面砖应盖住侧面釉面砖端面,即接缝留于侧面,或阳角留成方口,后用水泥砂浆勾缝。阴角处釉面砖接缝须方正对齐阴角线。

(7)镶贴完一段,即把釉面砖表面擦洗干净,用水泥细砂浆勾缝,待其干硬后,再擦洗一遍砖面。

(8)墙面突出预埋件,根据具体尺寸用整砖裁贴,不得碎块拼贴。

8.2.2 石材饰面板安装

常见石材饰面板有大理石板、花岗石板和青石板等。

8.2.2.1 小规格饰面板安装

小规格大理石板、花岗石板和青石板等,板材尺寸小于300 mm×300 mm,板厚8~12 mm,粘贴高度≤1 m的踢脚线板、勒脚、窗台板等,可用水泥砂浆粘贴。

1.踢脚线粘贴

用1:3水泥砂浆打底,找规矩,厚约12 mm,用刮尺刮平,划毛。底子灰凝固后,将经湿润的饰面板背面抹匀2~3 mm厚素水泥浆,随即贴于墙面,用木槌锤或铲把轻敲,使其与基层黏结紧密。同时以靠尺找平,使相邻块接缝齐平,高差≤0.5 mm,擦净边口和拼缝挤出的水泥浆。

2.窗台板安装

安装窗台板时,先校正窗台水平,确定窗台找平层厚度,按图纸要求尺寸对窗口两边墙剔槽。多窗口房屋剔槽要拉通线,并将窗口找平。

清除窗台上垃圾杂物,洒水润湿。找平用1:3干硬性水泥砂浆或细石混凝土,刮尺刮平,均匀撒干水泥,待水泥充分吸水呈水泥浆状,将经湿润板材平稳安上,以木槌或铲把轻击,使其平整并与找平层良好黏结。窗口两侧墙剔槽处先浇水润湿,板材伸入墙面尺寸应相等(进深与左右)。板材放稳后,用水泥砂浆或细石混凝土将嵌墙部分塞密堵严。窗台板接槎应平整,并与窗下槛水平。

若有暗炉片槽,且窗台板长向由几块拼成,横向挑出墙面尺寸较大时,应先在窗台板下预埋角铁,要求各角铁埋置高度、进出尺寸一致,表面平整,用较高强度等级细石混凝土灌实,一周后安装窗台板。

3.碎拼大理石

大理石厂生产光面和镜面大理石时,裁割的边角碎料,经适当分类加工,作墙面饰面材料有较好装饰效果。如矩形块料、冰裂状块料、毛边碎块等各种形体,通过不同拼贴组合和嵌缝处理,以达到乱中有序、自然优美的饰面效果。

(1)矩形块料。对锯割整齐而大小不等的正方形大理石边角块料,大小搭配镶拼于墙面,缝间距1~1.5 mm,镶贴后用同色水泥色浆嵌缝,可嵌平缝或凸缝,擦净后上蜡打光。

(2)冰裂状块料。将锯割整齐的各种多边形大理石板碎料,搭配成各种图案。缝隙可为凸凹缝或平缝,用同色水泥色浆嵌抹,擦净后打蜡抛光。平缝间距可稍小,凸凹缝间距10~12 mm,凹凸2~4 mm。

(3)毛边碎料。选取不规则毛边碎块,因不能密切吻合,接缝比以上两种块料大,注意大小搭配,使乱中有序,生动自然。

8.2.2.2　湿法粘贴工艺

湿贴工艺适用于砖墙或混凝土墙上贴 20~30 mm 厚大理石、花岗石或预制水磨石板。

湿贴是传统粘贴方法，即在竖向基体预挂钢筋网（见图 8-3），用铜丝或镀锌钢丝绑扎板材并灌水泥砂浆黏牢。这种方法优点是牢固可靠；缺点是工序烦琐，卡箍多样，板材钻孔易损坏，特别是灌注砂浆易污染板面及使板材移位。

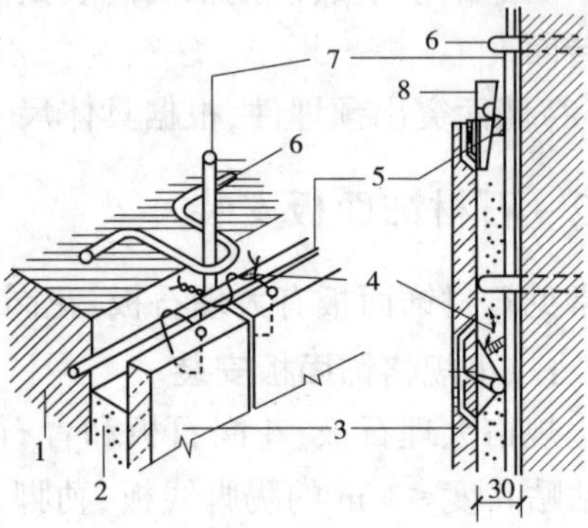

1—墙体；2—水泥砂浆；3—饰面板；4—铜丝；5—横筋；6—铁环；7—立筋；8—定位木楔。

图 8-3　饰面板钢筋网片固定及安装方法

采用湿贴，墙体应设置锚固体。砖墙体应在灰缝中预埋 ϕ 6 钢筋钩，钢筋钩中距 500 mm 或按板材尺寸，挂贴高度大于 3 m 时，钢筋钩改用 ϕ 10 钢筋，钢筋钩埋入墙体深度 ≥ 120 mm，伸出墙面 30 mm，混凝土墙体可射入 ϕ 3.7×62 射钉，中距 500 mm 或按板材尺寸，射钉打入墙体 30 mm，伸出墙面 32 mm。

挂贴饰面板前，将 ϕ 6 钢筋网焊接或绑扎于锚固件上。钢筋网双向中距 500 mm 或按板材尺寸。

饰面板上、下边各钻不少于两个 ϕ 5 的孔。孔深 15 mm，清理饰面板背面。用双股 18 号铜丝穿过钻孔，把饰面板绑牢于钢筋网。饰面板背面距墙面 ≥ 50 mm。

饰面板接缝宽可垫木楔调整，应确保板外表平整、垂直及板上沿平顺。

每安好一行横向饰面板后，即灌浆。灌浆前，应浇水湿润饰面板背面及墙体表面，饰面板竖向接缝内填塞 15~20 mm 深麻丝或泡沫塑料条防漏浆。光面、镜面和水磨石饰面板竖缝，可用石膏灰临时封闭，并在缝内填塞泡沫塑料条。

拌制 1∶2.5 水泥砂浆，将砂浆分层灌入饰面板背面与墙面之间空隙，每层灌注高 150~200 mm，且不得大于板高的 1/3，并插捣密实。待砂浆初凝后，应检查板面位置，如有移动错位应拆除重新安装；无移位方可安上一行板。施工缝应留于饰面板水平接缝以下 50~100 mm 处。

突出墙面的勒脚饰面板安装，待墙面饰面板安装完后进行。

水泥砂浆硬化后，将填缝材料清除。饰面板表面擦洗净。光面和镜面饰面经清洗晾干，方可打蜡抛光。

8.2.2.3　干挂法施工

干挂法施工，即于饰面板上直接打孔或开槽，用连接件与结构基体固定，饰面板与墙体之间留 40~50 mm 空腔，腔内不需灌注砂浆或细石混凝土。此法适用于 30 m 以下钢筋混凝土墙体，不适用于砖墙和加气混凝土墙。

干挂法施工特点：

（1）风力和地震作用时，允许适量变位，不致出现裂缝和脱落。

（2）冬季照常施工，不受季节限制。

（3）无湿作业，改善了施工环境，也避免了浅色板材透底污染及空鼓、脱落等。

(4)可用大规格饰面石材铺贴,提高了施工效率。

(5)可自上而下拆换、维修,无损板材和连接件,方便饰面工程拆改翻修。

干挂法施工采用扣件固定(见图 8-4),安装步骤如下:

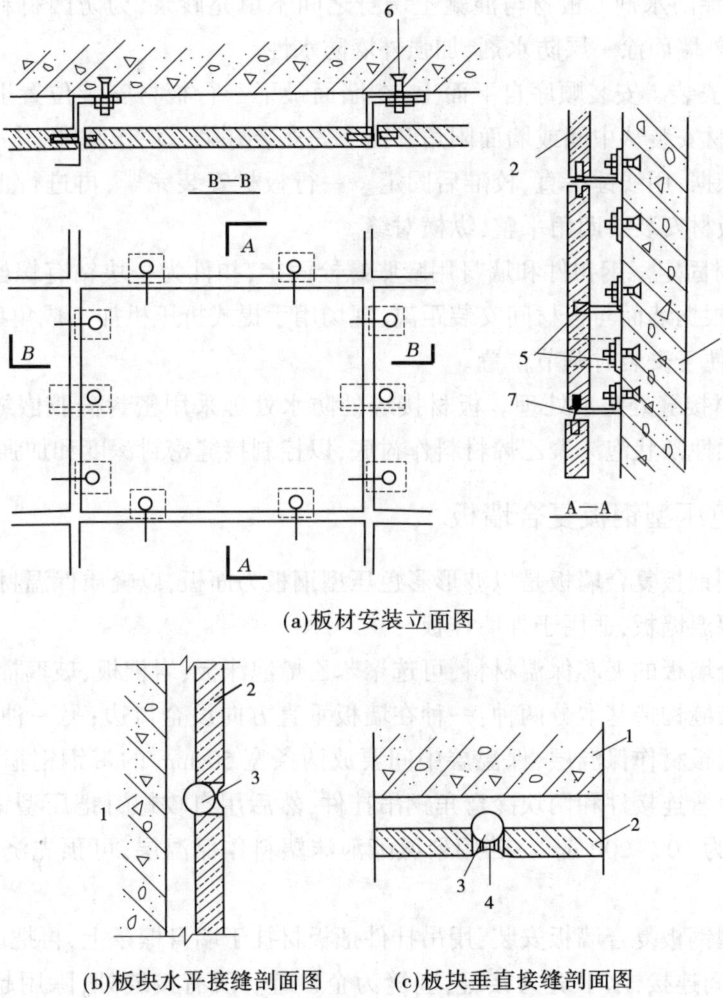

1—混凝土外墙;2—饰面石板;3—泡沫聚乙烯嵌条;4—密封硅胶;5—钢扣件;6—胀铆螺栓;7—销钉。

图 8-4　干挂法饰面连接构造

(1)板材切割。按照施工图要求在施工现场切割,板块规格较大,宜用石材切割机切割,注意保持板块边角顺直和规矩。

(2)磨边。为使切割后板材边角光滑,可用手提式磨光机打磨。

(3)钻孔。相邻板块用不锈钢销钉连接固定,销钉插于板材侧面孔内。孔径 5 mm,深 12 mm,用电钻打孔。为达安装精度,要求钻孔位置正确。

(4)开槽。大规格石板自重大,除由钢扣件将板块下口托牢外,还需于板块中部开槽设置承托扣件支撑板材。

(5)涂防水剂。板材背面涂刷一层丙烯酸防水涂料,增强外饰面防水性能。

(6)墙面修整。因混凝土外墙面的局部凸出会影响扣件安装,须提前凿修整平。

(7)弹线。从结构引出楼面标高和轴线位置,墙面弹出安装板材的水平控制线和垂直控制线。

(8)墙面涂防水剂。板材与混凝土墙身之间不填充砂浆,为防因材料性能或施工质量造成渗漏,外墙面涂一层防水剂,加强外墙防水性。

(9)板材安装。安装顺序自下而上,在墙面最下一行板材安装位置上下口拉两条水平控制线,板材安装从中间或墙面阳角开始。先安装好第一块作基准,其平整度以事先设置的灰饼为依据,用线锤吊直,校准后固定。一行板材安装完毕,再进行上一行扣件的固定和安装。板材安装要四角平整,纵横对缝。

(10)板材固定。钢扣件和墙身用膨胀螺栓固定,扣件为一块钻有螺栓安装孔和销钉孔的平钢板,根据墙面与板材间安装距离,现场用手提式折压机加工成角型钢。扣件孔洞均呈椭圆形,便于安装时调节位置。

(11)板材接缝处防水处理。板材接缝处防水处理采用密封硅胶嵌缝。嵌缝前先在缝隙内嵌入柔性条状泡沫聚乙烯材料作衬底,以控制接缝密封深度和加强密封胶黏结力。

8.2.3 彩色压型钢板复合墙板

彩色压型钢板复合墙板是以波形彩色压型钢板为面板,以轻质保温材料为芯层,复合而成的轻质保温墙板,适用于外墙挂板。

这种复合墙板的夹芯保温材料,可选聚苯乙烯泡沫板、岩棉板、玻璃棉板、聚氨酯泡沫塑料等。其接缝构造基本分两种:一种在墙板垂直方向设企口边;另一种为不设企口边。如用轻质保温板材作保温层,保温层中间要放两条宽 50 mm 的带钢钢箍,保温层两端各放三块槽形冷弯连接件和两块冷弯角钢吊挂件,然后用自攻螺钉把压型钢板与连接件固定,钉距一般为 100~200 mm。若用聚氨酯泡沫塑料作保温层,可预先浇筑成型,也可现场喷雾发泡。

彩色压型钢板复合墙板安装,用吊挂件把板材挂于墙身檩条上,再把吊挂件与檩条焊牢;板与板之间连接,水平缝为接缝,竖缝为企口缝。所有接缝处,除用超细玻璃棉塞缝外,加自攻螺钉钉牢,钉距 200 mm。

门窗洞口、管道穿墙及墙面端头处,墙板均为异型复合墙板,将压型钢板与保温材料按设计要求尺寸裁割,再按标准板做法组装。

女儿墙顶部、门窗周围均应设防雨泛水板,泛水板与墙板接缝处,用防水油膏嵌缝。

压型板墙转角,用槽形转角板外包角和内包角。转角板用螺栓固定。

8.2.4 玻璃幕墙施工

玻璃幕墙主要由饰面玻璃及其固定骨架组成。主要特点是:建筑艺术效果好、自重轻、施工方便、工期短。但玻璃幕墙造价高,抗风、抗振性能弱,能耗大,可能造成光污染。

8.2.4.1 玻璃幕墙分类

1. 明框玻璃幕墙

玻璃板镶嵌于铝框,成为四边有铝框的幕墙构件,幕墙构件镶嵌于横梁,形成横梁、主框均外露且铝框分格明显的立面。明框玻璃幕墙构件的玻璃和铝框之间留空隙,以满足温度变化和主体结构位移所需自由活动空间。空隙用弹性材料(如橡胶条)充填,必要时用硅酮密封胶(耐候胶)密封。

2. 隐框玻璃幕墙

隐框玻璃幕墙是用结构胶将玻璃黏于铝框,大多数情况下不再加设金属连接件。因此,铝框全部隐蔽于玻璃后面,形成大面积全玻璃镜面。隐框玻璃幕墙节点大样如图 8-5 所示,玻璃与铝框之间仅由结构胶粘贴。即结构胶承受玻璃自重、玻璃所承受风荷载、地震作用和温度变化影响,因此结构胶须质量可靠。

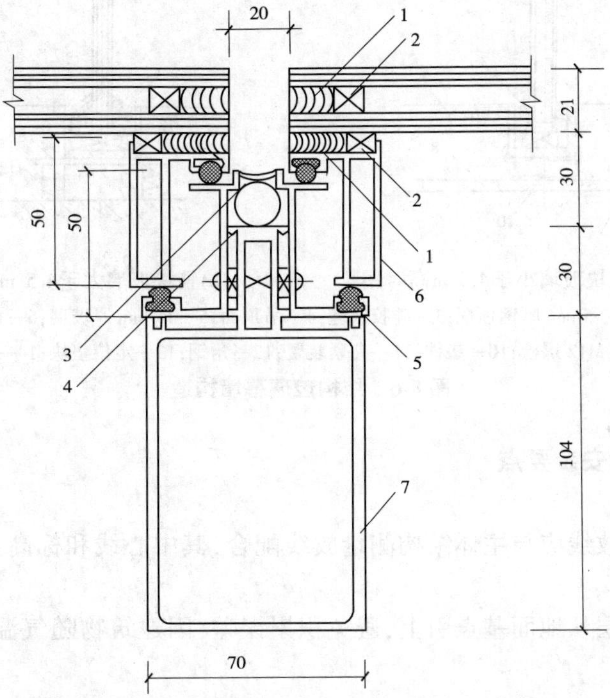

1—结构胶;2—垫块;3—耐候胶;4—泡沫棒;5—胶条;6—铝框;7—立柱。

图 8-5 隐框玻璃幕墙节点大样 (单位:mm)

3. 半隐框玻璃幕墙

半隐框玻璃幕墙是将玻璃两对边嵌于铝框内,另两对边用结构胶黏于铝框,形成半隐框构造。立柱外露,横梁隐蔽称竖框横隐幕墙;横梁外露,立柱隐蔽称竖隐横框幕墙。

4. 全玻幕墙

商业或游览观光需建筑物底层、顶层、旋转餐厅或其他建(构)筑物外墙使用玻璃板,其支撑结构用玻璃肋,称为全玻幕墙。

高度小于 4.5 m 的全玻幕墙,可用下部直接支撑方式安装;高度大于 4.5 m 的全玻幕墙，宜用上部悬挂方式安装（见图 8-6）。

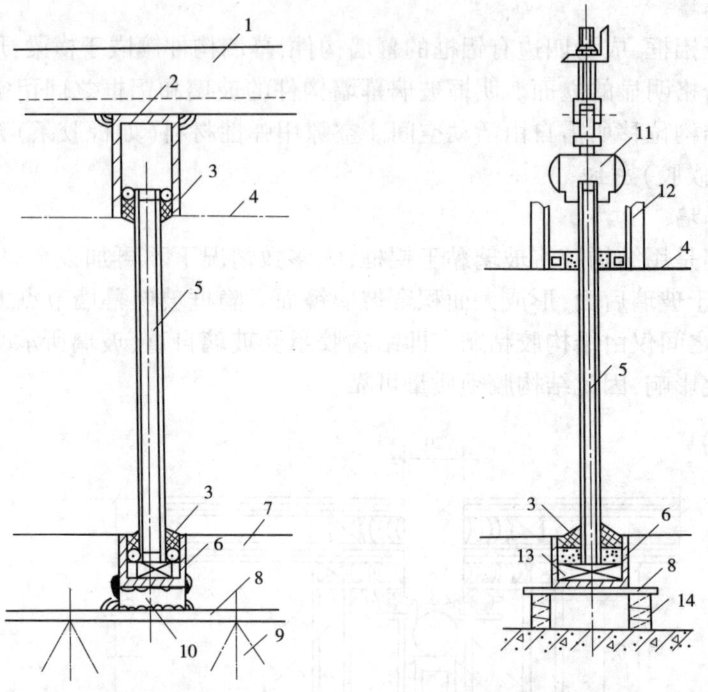

(a)整块玻璃小于4.5 m高时用　　　(b)整块玻璃大于4.5 m高时用

1—顶部角铁吊架；2—5 mm 厚钢顶框；3—硅胶嵌缝；4—吊顶面；5—15 mm 厚玻璃；6—钢底框；7—地平面；8—铁板；9—M12 螺栓；10—垫铁；11—夹紧装置；12—角钢；13—定位垫块；14—减振垫块。

图 8-6　结构玻璃幕墙构造

8.2.4.2　玻璃幕墙安装要点

1. 定位放线

玻璃幕墙测量放线应与主体结构测量放线配合，其中心线和标高点由主体结构单位提供并校核准确。

水平标高要逐层从地面基点引上，避免积累误差，因建筑物随气温变化产生侧移，测量应每天定时进行。

放线应沿楼板外沿弹墨线或用钢琴线定出幕墙平面基准线，从基准线测出一定距离为幕墙平面。以此线为基准确定立柱前后位置，从而决定整片幕墙位置。

2. 骨架安装

放线后安装骨架。用连接件将骨架与主体结构相连。固定方式一般有两种：一种是主体结构上预埋铁件，在其上焊接连接件；另一种是主体结构上钻孔，用膨胀螺栓固定连接件。

连接件一般用型钢加工而成，形状因结构类型、骨架形式、安装部位而异，但无论何种形状，均应可靠固定于结构，然后安装骨架。

骨架一般先安装竖向杆件（立柱），后安装横向杆件（横梁）。

（1）立柱安装。立柱先连接好连接件（铁码），再将连接件点焊到主体结构预埋钢板上,调整位置,立柱垂直度可吊垂球控制,位置调整准确后,将支撑立柱的钢牛腿焊牢于预埋件。立柱一般根据施工运输条件,可一层楼高或二层楼高为一整根。接头应有一定空隙,采用套筒连接法。

(2)横梁安装。横向杆件在竖向杆件后安装。如横向杆件和竖向杆件均为型钢类,可焊接,也可用螺栓或他法连接。焊接时,大面积骨架需焊部位较多,受热不均骨架易变形,故应注意施焊顺序,尽可能减少现场焊接。螺栓连接是用螺栓将横向杆件固定于竖向杆件的铁码上。

铝合金型材骨架,其横梁与竖框的连接一般通过铝拉铆钉与连接件进行固定。连接件多为角铝或角钢,其中一条肢固定于横梁上,另一肢固定于竖框上。对不露骨架的隐框玻璃幕墙,其立柱与横梁往往用型钢,使用特制铝合金连接板,与型钢骨架以螺栓连接,型钢骨架的横竖杆件用连接件连接隐蔽于玻璃背面。

3. 玻璃安装

安装前,清洁玻璃及四边铝框,以保证嵌缝耐候胶可靠粘贴。

玻璃镀膜面应朝室内方向。

玻璃在 3 m^2 内,可人工安装。过大、过重时,可用真空吸盘等机械。

玻璃不能与其他构件直接接触,四周须留空隙,下部应有定位垫块,垫块宽度与槽口相同,长度≥100 mm。

隐框幕墙构件下部应设两个金属支托,支托不应凸出到玻璃外面。

4. 耐候胶嵌缝

玻璃或金属板材安装后,板间隙需耐候胶嵌填密实,防透气或渗水。

8.2.4.3　玻璃幕墙安装允许偏差和检验方法

玻璃幕墙安装允许偏差和检验方法应符合表 8-3、表 8-4 的规定。

表 8-3　明框玻璃幕墙安装允许偏差和检验方法

项次	项目		允许偏差/mm	检验方法
1	幕墙垂直度	幕墙高度≤30 m	10	用经纬仪检查
		30 m<幕墙高度≤60 m	15	
		60 m<幕墙高度≤90 m	20	
		幕墙高度>90 m	25	
2	幕墙水平度	幕墙幅宽≤35 m	5	用水平尺检查
		幕墙幅宽>35 m	7	
3	构件直线度		2	用 2 m 靠尺和塞尺检查
4	构件水平度	构件长度≤2 m	2	用水平仪检查
		构件长度>2 m	3	
5	相邻构件错位		1	用钢直尺检查
6	分格框对角线长度差	对角线长度≤2 m	3	用钢尺检查
		对角线长度>2 m	4	

表 8-4 隐框、半隐框玻璃幕墙安装允许偏差和检验方法

项次	项目		允许偏差/mm	检验方法
1	幕墙垂直度	幕墙高度≤30 m	10	用经纬仪检查
		30 m<幕墙高度≤60 m	15	
		60 m<幕墙高度≤90 m	20	
		幕墙高度>90 m	25	
2	幕墙水平度	幕墙幅宽≤35 m	3	用水平尺检查
		幕墙幅宽>35 m	5	
3	幕墙表面平整度		2	用 2 m 靠尺和塞尺检查
4	板材立面垂直度		2	用垂直检测尺检查
5	板材上沿水平度		2	用 1 m 水平尺和钢直尺检查
6	相邻板材板角错位		1	用钢直尺检查
7	阳角方正		2	用直角检测尺检查
8	接缝直线度		3	拉 5 m 线,不足 5 m 拉通线,用钢尺检查
9	接缝高低差		1	用钢直尺和塞尺检查
10	接缝宽度		1	用钢直尺检查

8.2.5 裱糊施工

裱糊广泛用于贴面装饰,如用于墙面、顶棚、梁柱部位等。

墙纸种类较多,常有普通墙纸、塑料墙纸和玻璃纤维墙纸。其表面装饰效果有仿锦缎、静电植绒、印花、压花、仿木、仿石等饰样。

按装饰施工规范,不同基层的复合墙纸、塑料墙纸、墙布及带胶墙纸,裱糊主要工序见表 8-5。

表 8-5 裱糊的主要工序

项次	工作名称	抹灰面、混凝土面				石膏板面				木料面			
		复合墙纸	PVC墙纸	墙布	带背胶墙纸	复合墙纸	PVC墙纸	墙布	带背胶墙纸	复合墙纸	PVC墙纸	墙布	带背胶墙纸
1	清扫基层、填补缝隙、用砂纸磨平	+	+	+	+	+	+	+	+	+	+	+	+
2	接缝处糊条					+	+	+	+	+	+	+	
3	找补腻子、磨砂纸					+	+	+	+	+	+	+	+

续表 8-5

项次	工作名称	抹灰面、混凝土面				石膏板面				木料面			
		复合墙纸	PVC墙纸	墙布	带背胶墙纸	复合墙纸	PVC墙纸	墙布	带背胶墙纸	复合墙纸	PVC墙纸	墙布	带背胶墙纸
4	满刮腻子、磨平	+	+	+	+								
5	涂刷涂料一遍									+	+	+	+
6	涂刷底胶一遍	+	+	+	+	+	+	+	+				
7	墙面划准线	+	+	+	+	+	+	+	+	+	+	+	+
8	壁纸浸水润湿		+		+		+		+		+		+
9	壁纸涂刷胶黏剂	+			+								
10	基层涂刷胶黏剂	+	+	+		+	+	+		+	+	+	
11	纸上墙、裱糊	+	+	+	+	+	+	+	+	+	+	+	+
12	拼缝、搭接、对花	+	+	+	+	+	+	+	+	+	+	+	+
13	赶压胶黏剂、气泡	+	+	+	+	+	+	+	+	+	+	+	+
14	裁边		+			+					+		
15	擦净挤出的胶液	+	+	+	+	+	+	+	+	+	+	+	+
16	清理修整	+	+	+	+	+	+	+	+	+	+	+	+

注：1. 表中“+”号表示应进行的工序。

2. 不同材料的基层相接处应糊条。

3. 混凝土表面和抹灰表面必要时可增加满刮腻子遍数。

4. “裁边”工序，使用宽为 920 mm、1 000 mm、1 100 mm 等需重叠对花的 PVC 压延壁纸时进行。

8.2.5.1　基层处理

要求基层平整、洁净，局部麻点凹坑须先用腻子找平，再满刮腻子，砂纸磨平。

基层应有足够的强度并适宜与墙纸牢固粘贴。

基层应基本干燥，混凝土和抹灰层含水量宜≤8%，木制品含水量宜≤12%。

基层合格后先在表面满刷一遍底胶或底油，对基体表面封闭，以免基层吸水太快，引起胶黏剂脱水，影响墙纸黏结。底胶或底油所用材料应视装饰部位、等级和环境情况而定，一般涂 1∶(0.5~1) 建筑用胶水溶液。南方地区室内高级装饰时用酚醛清漆或光油效果更好。

8.2.5.2　弹分格线

底胶干燥后，在墙面基层弹水平线和垂直线，作裱贴标准。取线位置从墙阴角起，用粉线在墙面上弹出垂直线，宽度宜小于墙纸幅宽 10~20 mm。为使墙纸花纹对称，应在窗口弹中心线，由中心线往两边分线，如窗口不在中间，应弹窗间墙中心线，再向两侧分格弹线，墙纸裱贴前，应先预拼试贴，观察接缝效果，以确定裁纸边沿尺寸及拼接花纹图案。

8.2.5.3 **裁纸**

根据墙纸规格及墙面尺寸统筹规划裁纸，纸幅应编号，按顺序裱贴。墙面上下均预留裁制尺寸，一般两端应多留 30~40 mm。墙纸有花纹、图案时，须预先考虑到完工后的花纹、图案、光泽，且拼接无误，不得随意裁切。同时，还应根据墙纸花纹、纸边情况用对口或搭口裁切拼接。

8.2.5.4 **焖水**

为防纸基塑料墙纸裱贴时出现大量气泡，须先焖水，即将墙纸湿润，可把墙纸放入水槽中浸泡几分钟，或在墙纸背面刷清水一道，或将墙纸刷胶后叠合静置 10 min，再裱糊，水分蒸发后墙纸便会收缩、绷紧。

8.2.5.5 **刷胶**

墙面和墙纸各刷胶一道，阴阳角处应增刷 1~2 遍，应刷满、刷匀、不漏刷。墙面刷胶宽应比墙纸宽 20~30 mm。墙纸背面刷胶后，应将胶面与胶面反复对迭，以免胶干得太快，也便于上墙。

8.2.5.6 **裱贴**

(1) 裱贴墙纸时，按照先垂直面后水平面，先细部后大面的原则裱糊。先贴长墙面，后贴短墙面。每个墙面从显眼的墙角以整幅纸开始，将窄条纸的裁边留于不明显阴角处。首先保证垂直，然后对花纹拼缝，再用刮板用力抹压平整。

(2) 裱糊墙纸时，阳角处不得拼缝。墙纸应绕过墙角，宽度不超过 12 mm。包角要压实，阴角墙纸搭接时，应先裱糊压在里面的转角墙纸，再粘贴非转角墙纸，搭接宽度一般不小于 2~3 mm，并保持垂直、无毛边。

采用搭口拼缝时，需胶黏剂干到一定程度，再用刀具裁割墙纸，小心地撕去割出部分，再刮压密实。

(3) 粘贴墙纸应与挂镜线、门窗贴脸板和踢脚板等紧接，无缝隙。

(4) 吊顶面裱贴壁纸时，第一段通常贴靠近主窗与墙壁平行部位。长度小于 2 m 时，可与窗户成直角粘贴。裱贴第一段前，须先弹出一条直线，其方法为：于距吊顶面两端主窗墙角 10 mm 处用铅笔等做两个记号，在其中一个记号处敲一枚钉子，在吊顶上弹出一道与主窗墙面平行的粉线。

裁纸、浸水、刷胶后，将整条壁纸反复折叠，然后用一卷未开封壁纸卷或长刷撑起折叠好的一段壁纸，展开顶折的端头部分，并将边缘靠齐弹线，用排笔敷平一段，再展开下折，沿着弹线敷平，直到整节贴好。

(5) 墙纸粘贴后，若发现空鼓、气泡，可用针刺放气，再注射挤进胶黏剂，也可用墙纸刀切开气泡面，加涂黏结剂后，用刮板压平密实。

8.2.5.7 **成品保护**

(1) 为避免损坏、污染，裱贴墙纸应尽量放在施工作业最后一道工序，特别应于塑料踢脚板铺贴后。

(2) 裱糊墙纸时空气相对湿度不应过高，一般应低于 85%，湿度不应剧烈变化。

(3) 潮湿季节粘贴墙纸竣工后，白天应开门窗加强通风，夜晚应关闭门窗防湿气侵蚀。

(4)基层抹灰层宜具有一定的吸水性。石膏罩面基层效果最佳,混合砂浆和纸筋灰罩面基层次之,水泥砂浆抹光基层效果较差。

8.2.5.8　裱糊工程质量要求

裱糊工程材料品种、颜色、图案应符合设计要求。质量应符合以下规定:

(1)壁纸和墙须黏牢,表面色泽一致,无气泡、空鼓、裂缝、翘边、皱折和污斑,斜视无胶痕。

(2)表面平整,无波纹起伏。壁纸、墙布与挂镜线、贴脸板和踢脚板紧接,无缝隙。

(3)各幅拼接应横平竖直,拼接处花纹和图案吻合,不离缝,不搭接,距墙面 1.5 m 处正视不显拼缝。

(4)阴阳转角垂直,棱角分明,阴角处搭接光顺,阳角处无接缝。

(5)壁纸、墙布边缘平直整齐,不得有纸毛。

(6)不得有漏贴、补贴和脱层等缺陷。

8.2.6　饰面工程质量要求

(1)饰面材料品种、规格、颜色、图案及镶贴方法应符合设计要求。

(2)饰面表面无变色、起碱、污点、砂浆流痕和显著光泽受损处。

(3)突出的管线、支撑物等部位镶贴饰面砖,应套割吻合。

(4)饰面板(砖)无歪斜、翘曲、空鼓、裂缝和缺棱掉角等缺陷。

(5)镶贴墙裙、门窗贴脸的饰面板(砖)突出墙面的厚度应一致。

(6)饰面工程质量允许偏差应符合表 8-6 的规定。

表 8-6　饰面工程质量允许偏差

项次	项目	允许偏差/mm									检查方法
		饰面板安装							饰面砖粘贴		
		天然石			瓷板	木材	塑料	金属	外墙面砖	内墙面砖	
		光面	剁斧石	蘑菇石							
1	立面垂直度	2	3	3	2	1.5	2	2	3	2	用 2 m 垂直检测尺检查
2	表面平整度	2	3	—	1.5	1	3	3	4	3	用 2 m 靠尺和塞尺检查
3	阴阳角方正	2	4	4	2	1.5	3	3	3	3	用直角检测尺检查
4	接缝直线度	2	4	4	2	1	1	1	3	2	拉 5 m 线,不足 5 m 拉通线,用钢尺检查
5	墙裙、勒脚上口直线度	2	3	3	2	2	2	2	—	—	拉 5 m 线,不足 5 m 拉通线,用钢尺检查
6	接缝高低差	0.5	3	—	0.5	0.5	1	1	1	0.5	用钢直尺和塞尺检查
7	接缝宽度	1	2	2	1	1	1	1	1	1	用钢直尺检查

任务 3　楼地面施工

任务导航

本任务要求熟悉楼地面构造，掌握楼地面施工工艺、施工要点、施工质量验收标准及检验方法。

8.3.1　楼地面组成和分类

8.3.1.1　楼地面的组成

楼地面是房屋建筑底层地坪与楼层地坪的总称，主要由面层、垫层和基层构成。

8.3.1.2　楼地面的分类

楼地面按面层结构分整体面层（如灰土、菱苦土、三合土、水泥砂浆、混凝土、现浇水磨石、沥青砂浆和沥青混凝土等），板块面层（如缸砖、塑料地板、陶瓷锦砖、水泥花砖、预制水磨石块、大理石板材、花岗石板材等），木、竹面层（如实木地板、复合木地板、竹地板等），复合地板（如铝木复合地板）。

楼地面也常直接按面层材料分类，如土、灰土、三合土、菱苦土、水泥砂浆、混凝土、水磨石、陶瓷锦砖、木、砖和塑料等地面。

8.3.2　基层和垫层

8.3.2.1　基层施工

(1) 清基。楼面的基层是楼板，对板缝灌浆、堵塞后，完成清基后使其洁净干燥。

(2) 抄平弹线，统一标高。检测各房间地坪标高，并将同一水平标高线弹于各房间四壁离地面 500 mm 处。

(3) 地面下填土应用素土分层夯实。土块粒径须≤50 mm，每层虚铺厚度：机械压实应≤300 mm，人工夯实应≤200 mm，每层夯实后干密度应满足设计要求。回填土含水量按最佳含水量控制，土太干需洒水湿润，土太湿则翻松晾晒。遇橡皮土须挖除更换，或将其表层挖松 100～150 mm，掺拌生石灰（粒径小于 5 mm，每平方米掺 6～10 kg）后夯实。

用碎石、卵石或碎砖等处理地基表层时，料径应为 40～60 mm，铺成层状，层厚≥100 mm。以机械压入适当湿润的土中，其深度应≥400 mm，对不能使用机械压实的部位，夯打压实。

淤泥、腐殖土、冻土、耕植土、膨胀土和有机质含量大于 8% 的土，不得用于地面下填土。

地面下基土，夯实后表面应平整，用 2 m 靠尺检查，要求表面凹凸≤15 mm，标高应满足设计，偏差应控制于 0～−50 mm。

8.3.2.2　垫层施工

1. 刚性垫层

刚性垫层指用水泥混凝土、水泥碎砖混凝土、水泥炉渣混凝土和水泥石灰炉渣混凝土等各种低强度等级混凝土做垫层。

混凝土垫层厚度一般为60~100 mm。混凝土强度等级不宜低于C10,粗骨料粒径不应超过50 mm,并不得超过垫层厚度的2/3,混凝土配合比按普通混凝土配合比设计试配。其施工要点如下：

(1)清理基层,检测弹线。

(2)浇筑混凝土垫层前,基层应洒水湿润。

(3)浇筑大面积混凝土垫层时,应纵横向每隔6~10 m设中间水平桩,以控制厚度。

(4)大面积浇筑宜用分仓法:根据变形缝位置、不同材料面层连接部位或设备基础位置情况分仓,分仓距离一般为3~4 m。

2. 柔性垫层

柔性垫层指垫层以土、砂、石、炉渣等散状材料压实而成。砂垫层厚度≥60 mm,应适当浇水并用平板振动器振实;砂石垫层厚度≥100 mm,要求粗细颗粒混合摊铺均匀,浇水使砂石表面湿润,碾压或夯实不少于三遍至不松动。

根据需要,可在垫层上设置水泥砂浆、混凝土、沥青砂浆或沥青混凝土找平层。

8.3.3 整体面层施工

8.3.3.1 水泥砂浆面层

(1)水泥砂浆地面面层厚度应≥20 mm,一般用硅酸盐水泥或普通硅酸盐水泥,用中砂或粗砂配制,配合比应为1∶2(体积比)。

(2)面层施工前,先按设计要求测定地平面层标高,校正门框,将垫层清扫干净洒水湿润,表面较光滑基层应毛化(凿毛等),并用清水洗净。铺抹砂浆前,四周墙上弹一道水平基准线,作为水泥砂浆面层标高的依据。面积较大房间,应根据水平基准线在四周墙角每隔1.5~2 m用1∶2水泥砂浆抹标志块,以标志块高度铺抹纵横方向通长标筋,以控制面层厚度。

(3)面层铺抹前,先刷一道含4%~5%建筑用胶的水泥浆,随即铺抹水泥砂浆,刮尺赶平,并用木抹子压实。砂浆初凝后终凝前,用铁抹子反复压光三遍。砂浆终凝后铺盖草袋或锯末等浇水养护。大面积水泥砂浆面层,应按设计要求留分格缝,防止砂浆面层产生不规则裂缝。

(4)水泥砂浆面层强度达5 MPa前,不准上人行走或进行其他作业。

8.3.3.2 细石混凝土面层

(1)细石混凝土面层可克服水泥砂浆面层干缩较大的弱点。这种面层强度高,干缩值小;比水泥砂浆面层耐久性更好,但厚度较大,一般为30~40 mm。混凝土强度等级不低于C20,要求粗骨料级配良好,粒径≤15 mm和面层厚度的2/3,用中砂或粗砂配制。

(2)细石混凝土面层基层处理同水泥砂浆面层。铺细石混凝土方向应由室内向门口,按标筋厚刮平拍实,稍待收水,即用钢抹子预压一遍,进一步收水后,即用铁滚筒交叉滚压3~5遍或用表面振动器振实,至表面泛浆,最后抹平压光:须在水泥初凝前完成抹平工作,终凝前完成压光工作,要求表面色泽一致、光滑,无抹子印迹。

(3)钢筋混凝土现浇楼板,或强度等级不低于C15混凝土垫层兼面层时,可用随捣随抹方法施工,在混凝土楼地面浇筑完毕,表面略吸水后即抹平压光。混凝土面层压光、养护时间和方法同水泥砂浆面层。

8.3.3.3 **水磨石地面面层**

水磨石地面面层(见图 8-7),一般完成顶棚、墙面抹灰等后施工;也可在水磨石楼地面磨光两遍后再进行顶棚、墙面抹灰,但对水磨石面层应采取保护措施。

水磨石地面施工工艺流程如下:基层清理→浇水冲洗湿润→设置标筋→铺水泥砂浆找平层→养护→嵌分格条→铺抹水泥石子浆→养护→研磨→打蜡抛光。

水磨石地面面层所用石子应质地密实、磨面光亮,如低硬度大理石、白云石、方解石或质地较硬的花岗岩、玄武岩、辉绿岩等。石子应洁净无杂质,石子粒径一般为 4~12 mm。白色或浅色水磨石地面面层应用白色硅酸盐水泥,深色水磨石地面面层应用普通硅酸盐水泥或矿渣硅酸盐水泥。水泥中所掺颜料应选遮盖力强,耐光性、耐候性、耐水性和耐酸碱性好的矿物颜料,掺量一般为水泥用量的 3%~6%,也可由试验确定。

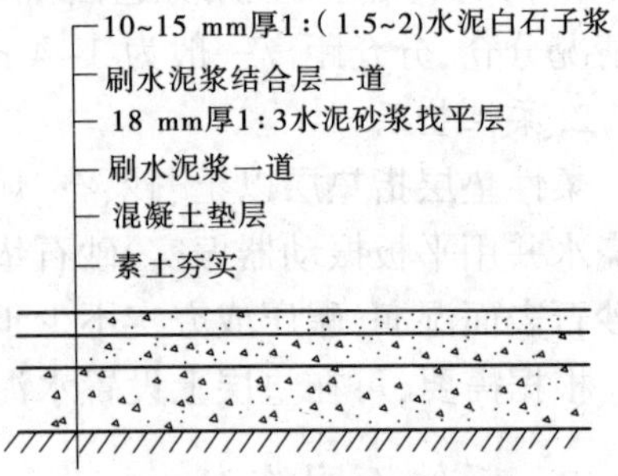

图 8-7 水磨石地面构造

1. 嵌分格条

找平层上按设计要求的图案弹墨线后,按墨线固定铜或玻璃分格条(见图 8-8),嵌条宽度与水磨石地面面层厚度相同。分格条正确黏嵌方法是素水泥浆黏嵌玻璃条成八分角,略大于分格条的 1/2 高度,倾角 30°。分格条应平直、牢固、接头严密。分格条交叉处应留出 15~20 mm 空隙不填水泥浆,这样铺设水泥石子浆时,石粒能靠近分格条交叉处。

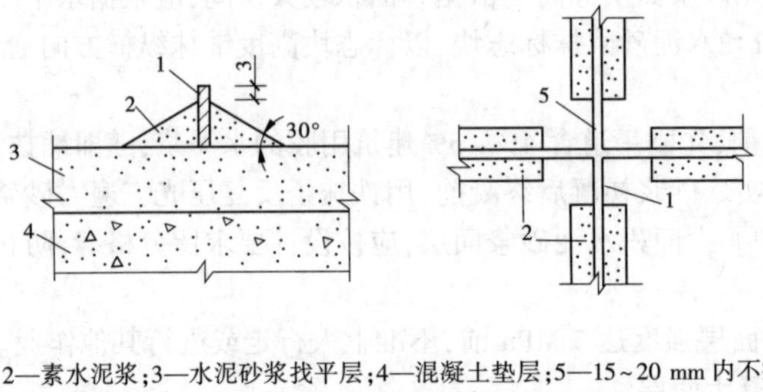

1—分格条;2—素水泥浆;3—水泥砂浆找平层;4—混凝土垫层;5—15~20 mm 内不抹素水泥浆。

图 8-8 分格嵌条设置

2. 铺抹水泥石子浆

分格条黏嵌养护 3~5 d 后,将找平层表面清理干净,刷水泥浆一道,随刷随铺抹面层水泥石子浆。水泥石子浆虚铺厚度应比分格条高出 3~5 mm,以防滚压时压弯铜条或压碎玻璃条。铺好后,用滚筒滚压密实,待表面出浆后,再用抹子抹平。滚压过程中,如发现表面石子偏少,可补撒石子并拍平。如同一平面上有几种颜色水磨石,应先施工深色,后施工浅色;先施工大面,后施工镶边。待前一种色浆凝固后,再抹后一种色浆。

3. 研磨

水磨石研磨时间与水泥强度和气温高低有关,应先试磨,石子不松动时方可开磨。一般开磨时间见表 8-7。

表 8-7 水磨石面层开磨参考时间

平均温度/℃	开磨时间/d	
	机磨	人工磨
20~30	2~3	1~2
10~20	3~4	1.5~2.5
5~10	5~6	2~3

大面积施工宜用磨石机研磨,小面积及边角处,可用小型湿式磨光机研磨或手工研磨,研磨时应边磨边加水,磨下的石浆及时清除。

水磨石面常用“二浆三磨”法,即整修研磨过程中磨光三遍,补浆二次。第一遍用 60~80 号粗金刚石粗磨,磨石机走“8”字形,边磨边加水冲洗,要求磨匀磨平,随时用 2 m 靠尺板检查平整度。磨后把水泥浆冲洗净,并用同色水泥浆涂抹填补研磨中出现的小孔隙和凹痕,洒水养护 2~3 d。第二遍用 120~150 号金刚石再平磨,方法同第一遍,磨光后再补一次浆。第三遍用 180~240 号油石精磨,要求打磨光滑,无砂眼细孔,石子颗颗显露,高级水磨石面层应适当增加磨光遍数及提高油石号数。

4. 抛光

影响水磨石面层质量的其他工序完成后,将地面冲洗干净,涂 10%浓度草酸溶液,随即用 280~320 号油石细磨或把布卷固定于磨石机上研磨,直至表面光滑。用水冲洗、晾干后,水磨石面层上满涂一层蜡,稍干后再用磨光机研磨,或用钉有细帆布的木块代替油石,装在磨石机上研磨出光亮后,再涂蜡研磨一遍,至光滑洁亮。

因水磨石面层地面施工复杂,外观易陈旧,面层微孔易污浊,水泥脱层易风化,每隔数年需抛光,易开裂,难维修,加之污染环境等,使用者已少,喜好者可预制水磨石板块面层替代。

8.3.4 板块面层施工

板块面层是在基层上,用水泥砂浆或水泥浆、胶黏剂铺设块料面层如水泥花砖、预制水磨石板、花岗石板、大理石板、马赛克等形成楼面面层(见图 8-9)。

8.3.4.1 施工准备

铺贴前,应先挂线检查地面垫层平整度,弹出房间中心“十”字线,然后由中央向四周弹出分块线,同时于四周墙壁弹出水平控制线。按设计要求试拼排,在块材背面编号,以便安装时对号入座,根据试排结果,在房间主要部位弹出互相垂直的控制线并引至墙上,用以检查和控制板块位置。

8.3.4.2 大理石板、花岗石板及预制水磨石板地面铺贴

(1)板材浸水。施工前应将板材(特别是预制水磨石板)浸水湿润,并阴干码好备用,铺贴时,板材底面以内潮外干为宜。

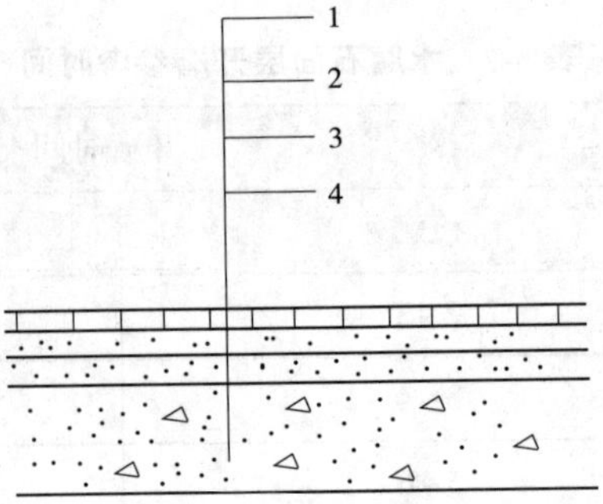

1—块材面层;2—结合层;3—找平层;4—基层(混凝土垫层或钢筋混凝土楼板)。

图 8-9　块材地面

(2)摊铺结合层。先对基层或找平层刷一遍掺 4%~5%建筑用胶的水泥浆,水灰比(水胶比)0.4~0.5。随刷随铺水泥砂浆结合层,厚度 10~15 mm,每次铺 2~3 块为宜,并对照拉线将砂浆刮平。

(3)铺贴。正式铺贴时,板块四角同时坐浆,四角平稳下落,对准纵横缝后,用木槌敲击中部使其密实、平整,准确就位。

(4)灌缝。嵌铜条地面板材铺贴,先将相邻两块板铺贴平整,留出嵌条缝隙,然后向缝内灌水泥砂浆,将铜条敲入缝隙内,使其外露部分略高于板面即可,然后擦净挤出的砂浆。

不设镶条地面,铺完 24 h 后洒水养护,2 d 后用填缝剂将缝灌填紧密。

(5)上蜡磨亮。板块铺贴完后,待结合层砂浆强度达 60%~70%即可打蜡抛光,3 d 内禁止上人走动。

8.3.4.3　地砖面层施工

(1)备砖。铺贴前应先将地砖浸水湿润后阴干备用,阴干时间一般为 3~5 h,以地砖表面有潮湿感,但手按无水迹为准。

(2)铺结合层砂浆。须提前一天将楼地面基体表面浇水湿润,铺 1∶3水泥砂浆结合层。

(3)弹线定位。根据设计要求弹出标高线和平面中线,施工时用尼龙线或棉线在墙地面拉出标高线和垂直交叉的定位线。

(4)铺贴地砖。将 1∶2水泥砂浆摊抹于地砖背面,按定位线位置铺于地面结合层上,用木槌敲击地砖表面,使之与地面标高线吻合贴实,边贴边用水平尺检查平整度。

(5)擦缝。整幅地面铺贴完成后,养护 2 d 后擦缝,擦缝时用水泥或专用勾缝剂调成干团,在缝隙上擦抹,填满砖缝,再擦净砖面。

8.3.5　木质地面施工

木质地面施工常有实铺和架铺两种(见图 8-10)。实铺是在建筑地面上直接拼铺木地板。架铺是在地面上先铺设出木搁栅,然后在木搁栅上铺贴基面板,最后在基面板上镶铺面层木地板。

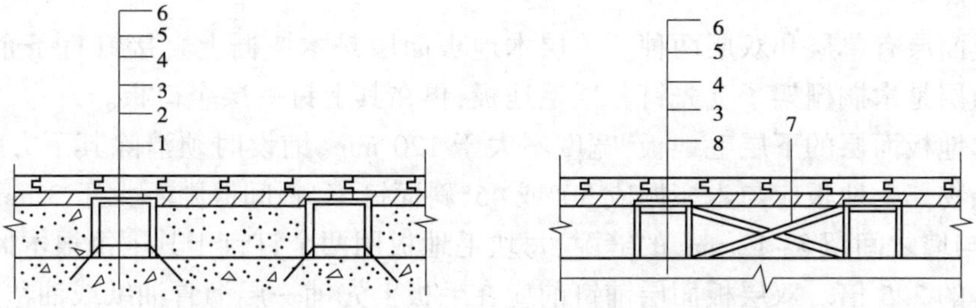

(a)实铺法　(b)架铺法

1—混凝土基层;2—预埋铁(铁丝或钢筋);3—木搁栅;4—防腐剂;
5—毛地板;6—企口硬木地板;7—剪刀撑;8—垫木。

图 8-10　双层企口硬木地板构造

8.3.5.1　基层施工

1. 高架木地板基层施工

(1)地垄墙或砖墩。地垄墙应用水泥砂浆砌筑,砌筑时根据地面条件设地垄墙的基础。每条地垄墙、内横墙和暖气沟墙均需预留 120 mm×120 mm 的通风洞两个,须位于同一直线上,以利于通风。暖气沟墙通风洞口可用缸瓦管与外界相通。外墙每隔 3~5 m 应预留不小于 180 mm×180 mm 的通风孔洞,洞口下端距室外地坪标高不小于 200 mm,孔洞应安设箅子。如地垄不易通风处理,需在地垄顶部铺设防潮油毡。

(2)木搁栅。木搁栅常为正方框或长方框结构。木搁栅制作时,与木地板基板接触的表面一定要刨平,主次木方连接可用榫卯结构或钉钉胶黏结合的固定方法。无主次之分的木搁栅,木方连接可用半槽式扣接法。常在砖墩上预留木方或铁件,然后用螺栓或骑马铁件将木搁栅连接在一起。

2. 一般架铺地板基层施工

一般架铺地板是在楼面或已有水泥地坪面上进行的。

(1)地面处理。检查地面平整度,铺设水泥砂浆找平层,然后在找平层上刷两遍防水涂料或乳化沥青。

(2)木搁栅。直接固定于地面的木搁栅,材料可用截面尺寸 30 mm×40 mm 或 40 mm×50 mm 的木方。组成木搁栅的木方应统一规格,其连接方式常为半槽扣接,并在两木方扣接处涂胶加钉钉。

(3)木搁栅与地面的固定。木搁栅直接与地面固定常用埋木楔法,即用ϕ 16 冲击电钻在水泥地面或楼板上钻孔,孔深 40 mm 左右,钻孔位置应在地面弹出的木搁栅位置线上,两孔间隔 0.8 m 左右。然后向孔洞内打入木楔,再用长钉将木搁栅固定于此木楔上。

3. 实铺木地板的基层要求

木地板直接铺贴于地面时,对地面平整度要求较高,一般地面应用防水水泥砂浆找平或在平整水泥砂浆找平层上刷防潮层。

8.3.5.2　面层木地板铺设

木地板铺于基面或基层板,铺设有钉接式和黏结式(胶黏式)两种。

1. 钉接式

木地板面层有单层和双层两种。单层木地板面层是木搁栅上直接钉直条企口板；双层木地板面层是木搁栅架子上先钉一层毛地板，再在其上钉一层企口板。

双层木地板面层的下层毛地板，宽度不大于 120 mm，铺设时须清除其下方空间内刨花垃圾等杂物。毛地板应与木搁栅成 30°或 45°斜面钉牢，板间缝隙不大于 3 mm，以免起鼓，毛地板与墙之间留 8~12 mm 的缝隙，每块毛地板用两个钉钉于其下每根木搁栅上，钉长应为板厚的 2.5 倍。双层板面层铺钉前应在毛板上先铺一层沥青油纸或油毡隔潮。

面板铺钉时，其顶面要刨平，侧面带企口，板宽不大于 120 mm，地板应与木搁栅或毛地板垂直铺钉，并顺进门方向。接缝均应在木搁栅中心部位，且间隔错开。木板应材心朝上铺钉。木板面层距墙 8~12 mm，以后逐块挤紧铺钉，缝隙不超过 1 mm，圆钉长度为板厚的 2.5 倍，钉帽砸扁，钉从板侧边凹角处斜向钉入（见图 8-11），板与木搁栅相交处至少钉一颗，最后一块可明铺钉牢，钉帽砸扁冲入板 3~5 mm。硬木地板面层铺钉前应先钻圆钉直径为 0.7~0.8 的孔，然后铺钉。

木板面层铺完后，清扫干净。先按垂直木纹方向粗刨一遍，再顺木纹方向细刨一遍，然后磨光，待室内装饰施工完毕后，再涂刷油漆并打蜡。

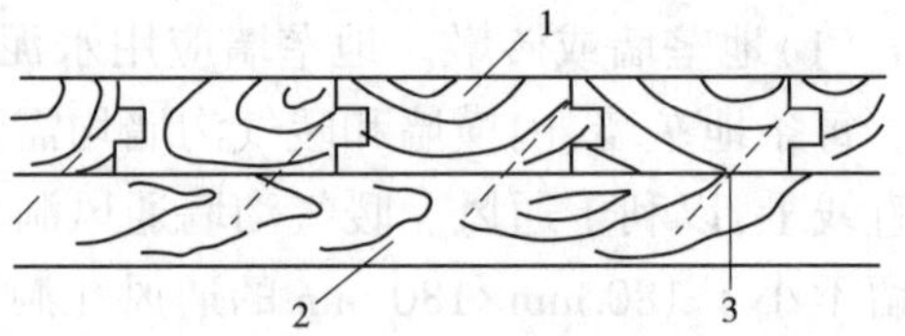

1—毛地板；2—木搁栅；3—圆钉。

图 8-11　企口板钉设

2. 黏结式（胶黏式）

黏结式木地板面层，多为实铺式，将加工好的硬木地板块用胶黏剂直接粘贴于楼地面基层。

拼花木地板粘贴前，应根据设计图案和尺寸弹线。对成块制作好的木地板块材，应按所弹施工线试铺，以检查其拼缝高低、平整度、对缝等。满足要求后编号，施工时按编号从房中间向四周铺贴。

(1) 沥青胶铺贴法。清基后用大号鬃板刷在基层薄而匀地刷一层冷底子油，24 h 后，将木地板背面薄而匀地刷一层热沥青，同时在已刷冷底子油的基层上涂一道厚 2 mm 的热沥青，随涂随铺。木地板应水平就位，并用力与相邻板挤紧，缝宽≤0.3 mm 且相邻两板高差不应超过+1.5~−1 mm，否则应重铺。铺贴时避免热沥青溢出表面，如有溢出应及时刮擦干净。

(2) 胶黏剂铺贴法。清基后用鬃刷在基层上薄而匀地刷一层底子胶。底子胶应用原黏结剂配制。待底子胶干燥后，按施工线位置沿轴线由中央向四面铺贴。其方法是按预排编号顺序在基层上涂刷一层厚约 1 mm 的胶黏剂，再在木地板背面涂刷一层厚约 0.5 mm 的胶黏剂，待表面不黏手，即可铺贴。铺贴时，人员边铺边后退，要用力推紧、压平，并随即用砂袋等重物压 6~24 h，其质量要求同前述沥青胶黏结法。

目前，可用于粘贴木地板的胶黏剂较多，可择适而用，如专用木地板胶、万能胶和白乳胶等。

地板粘贴后应自然养护（如通常 48 h），养护期严禁上人走动。养护期满后，即可刮平、磨光、上漆和打蜡。

8.3.5.3　木踢脚板的施工

木地板房间四周墙脚处应设木踢脚板。木踢脚板常高 150 mm(100~200 mm)、厚 20~25 mm。木质应与木地板面层材质品种相同。踢脚板应预先刨光,上口刨成线条。为防翘曲,靠墙一面应开成凹槽,踢脚板高 100 mm 时开一条凹槽,150 mm 时开 2 条凹槽,木踢脚板高超过 150 mm 时开 3 条凹槽,凹槽深 3~5 mm。为防潮通风,木踢脚板每隔 1~1.5 m 设一组ϕ6 左右的通风孔。墙内每隔 400 mm 埋防腐木砖,其上钉防腐木垫块。一般木踢脚板与地面转角处安装木压条或圆角成品木条(见图 8-12)。

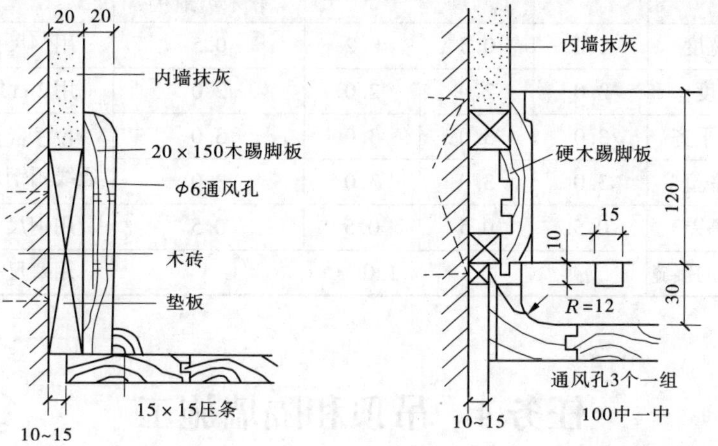

(a)压条做法　(b)圆角做法

图 8-12　木踢脚板做法示意　(单位:mm)

木踢脚板应在木地板刨光后安装。木踢脚板接缝处应做暗榫或斜坡压槎,90°转角处可做成 45°斜角接缝。接缝须在防腐木块上。安装时木踢脚板与立墙贴紧,上口要平直,用明钉钉牢于防腐木块上,钉帽要砸扁并冲入板内 2~3 mm。

8.3.6　楼地面施工质量控制和检验方法

8.3.6.1　整体面层允许偏差和检验方法

整体面层允许偏差和检验方法见表 8-8。

表 8-8　整体面层允许偏差和检验方法

项次	项目	允许偏差/mm						检验方法
		水泥混凝土面层	水泥砂浆面层	普通水磨石面层	高级水磨石面层	硬化耐磨面层	防油渗混凝土和不发火(防爆)面层	
1	表面平整度	5	4	3	2	4	5	用 2 m 靠尺和塞尺检查
2	踢脚线上口平直	4	4	3	3	4	4	拉 2 m 线和用钢尺检查
3	缝格平直	3	3	3	2	3	3	

8.3.6.2 竹、木质地面面层允许偏差和检验方法

竹、木质地面面层允许偏差和检验方法见表8-9。

表 8-9 竹、木质地面面层允许偏差和检验方法

项次	项目	允许偏差/mm				检验方法
		实木地板、实木集成地板，竹地板面层			浸渍纸层压木质地板、实木复合地板、软木类地板	
		松木地板	硬木地板	拼花地板		
1	板面缝隙宽度	1.0	0.5	0.2	0.5	用钢尺检查
2	表面平整度	3.0	2.0	2.0	2.0	用2 m靠尺和塞尺检查
3	踢脚线上口平齐	3.0	3.0	3.0	3.0	拉5 m线，不足5 m拉通线用钢尺检查
4	板面拼缝平直	3.0	3.0	3.0	3.0	
5	相邻板材高差	0.5	0.5	0.5	0.5	用钢尺和塞尺检查
6	踢脚线与面层的接缝	1.0				用塞尺检查

任务4 吊顶和隔墙施工

任务导航

本任务要求掌握常见吊顶和隔墙构造、施工工艺、施工要点、施工质量验收标准及检验方法。

8.4.1 吊顶工程

吊顶指用悬吊方式将装饰顶棚支撑于屋顶或楼板下面。

8.4.1.1 吊顶构造组成

吊顶主要由支撑、基层和面层组成。

1. 支撑

吊顶支撑由吊杆(吊筋)和主龙骨组成。轻金属龙骨吊顶主龙骨截面尺寸取决于荷载大小，其间距尺寸应考虑次龙骨跨度及施工条件，一般为1~1.5 m。其截面形状较多，主要有U形、T形、C形、L形等。主龙骨与结构楼板多通过吊杆连接(见图8-13)。吊杆与主龙骨用特制吊杆件或套件连接。金属吊杆和龙骨应进行防锈处理。

2. 基层

基层由木材、型钢或其他轻金属材料制成的次龙骨组成。吊顶面层所用材料不同，基层部分布置方式和次龙骨间距大小也不同，但次龙骨间距一般不超过600 mm。

吊顶的基层要结合灯具位置、风扇或空调透风口位置等布置，妥当留置预留洞口及吊挂设施等。同时应配合管道、线路等施工。

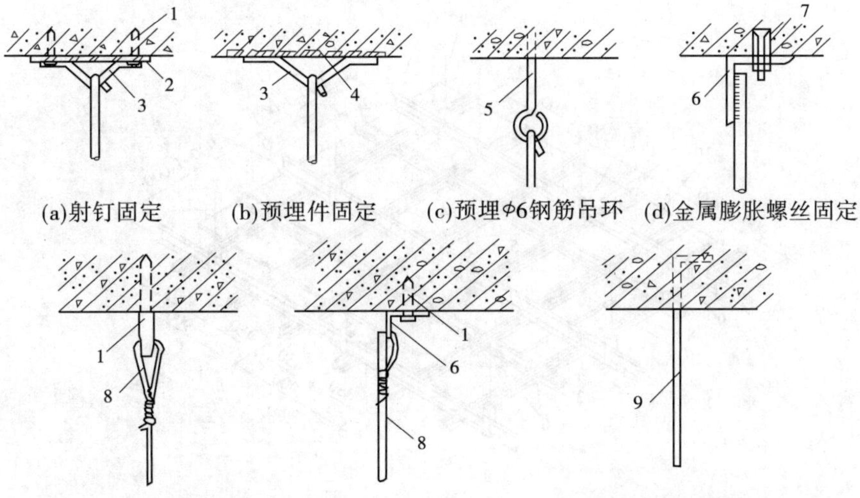

(a)射钉固定 (b)预埋件固定 (c)预埋φ6钢筋吊环 (d)金属膨胀螺丝固定

(e)射钉直接连接钢丝 (f)射钉角铁连接法 (g)预埋8号镀锌钢丝

1—射钉;2—焊板;3—Φ 10钢筋吊环;4—预埋钢板;5—Φ 6钢筋;6—角钢;
7—金属膨胀螺丝;8—镀锌钢丝(8号、12号、14号);9—8号镀锌钢丝。

图8-13 吊杆固定

3. 面层

木龙骨吊顶面层多用人造板(如胶合板、纤维板、木丝板、刨花板)面层或板条(金属网)抹灰面层。轻钢龙骨、铝合金龙骨吊顶,其面板多用装饰吸声板(如纸面石膏板、钙塑泡沫板、纤维板、矿棉板、玻璃丝棉板等)制作。

8.4.1.2 轻金属龙骨吊顶施工

轻金属龙骨按材料分为轻钢龙骨和铝合金龙骨。

1. 轻钢龙骨装配式吊顶施工

吊顶骨架型材用薄壁镀锌钢板带经机械冲压而成的轻钢龙骨。轻钢吊顶龙骨有U形和T形两种。U形上人轻钢龙骨吊顶如图8-14所示。

施工前,先按龙骨标高在四周墙上弹水平线,再根据龙骨要求按一定间距弹龙骨中心线,找出吊点中心,将吊杆固定于埋件上。吊顶结构未设埋件时,要按确定的节点中心用射钉固定螺钉或吊杆,吊杆长度计算好后,一端套丝,丝口长度要考虑紧固余量,并分别配好紧固用螺母。

主龙骨吊顶挂件连接于吊杆,校平调正后,拧紧固定螺母,然后根据设计和饰面板尺寸要求确定的间距,次龙骨通过挂件固定于主龙骨,调平调正后安装饰面板。

饰面板安装方法有:

(1)搁置法。将饰面板直接放于T形龙骨组成的格框内。轻质饰面板须避免刮风时被掀起(包括空调口和通风口附近),可用木条、卡子等固定。

(2)嵌入法。饰面板事先预制或加工为企口暗缝,安装时将T形龙骨两肢插入企口缝内。

(3)粘贴法。将饰面板用胶黏剂直接粘贴于龙骨上。

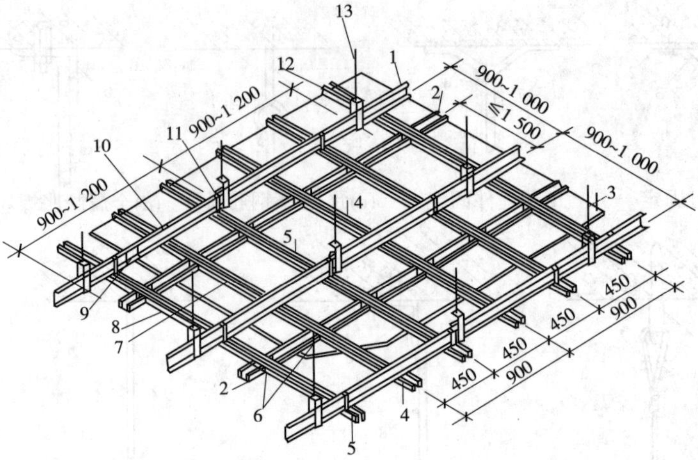

1—BD 大龙骨;2—UZ 横撑龙骨;3—吊顶板;4—UZ 龙骨;5—UX 龙骨;6—UZ_3 支托连接;7—UZ_2 连接件;8—UX_2 连接件;9—BD_2 连接件;10—UX_1 吊挂;11—UX_2 吊件;12—BD_1 吊件;13—UX_3 吊杆($\phi 8 \sim \phi 10$)。

图 8-14 U 形上人轻钢龙骨吊顶示意 (单位:mm)

(4)钉固法。将饰面板用钢钉、铁钉、螺钉和自攻螺钉等钉固于龙骨上。

(5)卡固法。多用于铝合金吊顶,板材与龙骨直接卡接固定。

2. 铝合金龙骨装配式吊顶施工

铝合金龙骨吊顶按罩面板要求不同分龙骨底面不外露和龙骨底面外露两种形式;按龙骨结构形式不同分 T 形龙骨和 TL 形龙骨。TL 形龙骨属于安装饰面板后龙骨底面外露的一种(见图 8-15、图 8-16)。

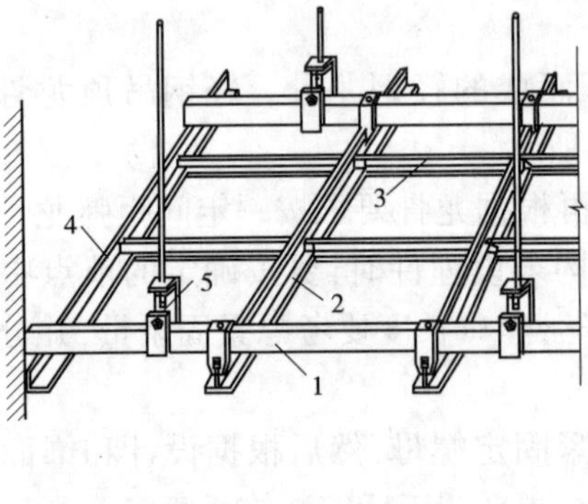

1—大龙骨;2—大 T;3—小 T;4—角条;5—大吊挂件。

图 8-15 TL 形铝合金吊顶

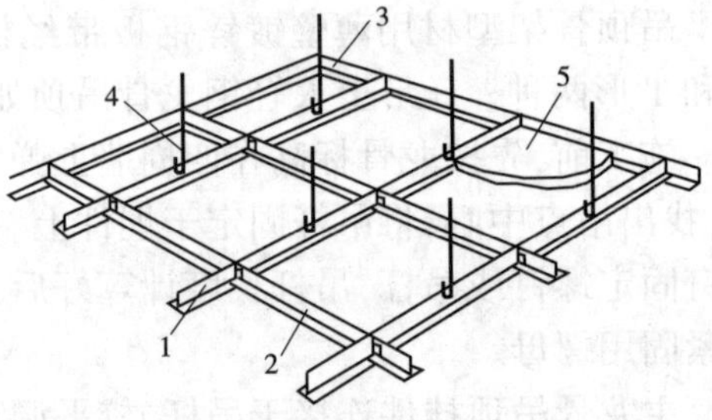

1—大 T;2—小 T;3—吊件;4—角条;5—饰面板。

图 8-16 TL 形铝合金不上人吊顶

铝合金吊顶龙骨安装方法与轻钢龙骨吊顶安装方法基本相同。

3. 常见饰面板安装

铝合金龙骨吊顶与轻钢龙骨吊顶饰面板安装方法基本相同。

石膏饰面板安装可用钉固法、粘贴法和暗式企口胶接法。U 形轻钢龙骨用钉固法安装石膏板时,使用镀锌的自攻螺钉与次龙骨、横撑龙骨固定,钉头要求嵌入石膏板 0.5~1 mm,钉眼用腻子刮平,并用与石膏板同色腻子涂刷一遍。螺钉规格为 M5×25 或 M5×35。螺钉与板边距应≤15 mm,螺钉间距 150~170 mm,均布并与板面垂直。石膏板间留 8~10 mm 的安装缝。待石膏板全部固定后,用塑料或铝压缝条压缝。

钙塑泡沫板安装方法主要有钉固法和粘贴法两种。钉固法即用圆钉或木螺钉,将面板钉于顶棚龙骨上,要求钉距不大于 150 mm,钉帽应与板面齐平,排列整齐,并用与板面同颜色的涂料装饰。钙塑板交角处,用木螺钉将塑料小花固定,并在小花之间沿板边等距离加钉固定。用压条固定时,压条应平直,接口严密,不得翘曲。钙塑泡沫板用粘贴法安装时,胶黏剂可用 401 胶或氧丁胶浆-聚异氧酸酯胶(10:1),涂胶后应待稍干后,方可把板材粘贴压紧。

胶合板、纤维板安装用钉固法。胶合板钉距 80~150 mm,钉长 25~35 mm,钉帽应打扁,并进入板面 0.5~1 mm,钉眼用油性腻子抹平;纤维板钉距 80~120 mm,钉长 20~30mm,钉帽进入板面 0.5 mm,钉眼用油性腻子抹平。硬质纤维板应浸透水,自然阴干后安装。

矿棉板可用搁置法、钉固法和粘贴法安装。顶棚为轻金属 T 形龙骨吊顶时,顶棚龙骨安装放平后,将矿棉板直接平放于龙骨上,矿棉板每边应留板材安装缝,缝宽不宜大于 1 mm。顶棚为木龙骨吊顶时,可在矿棉板每四块交角处和板中心用专门的塑料花托脚,用木螺钉将矿棉板固定于木龙骨上。混凝土顶面可按装饰尺寸设置平顶木条,然后以适宜的胶黏剂将矿棉板粘贴于平顶木条上。

金属饰面板主要有金属条板、金属方板和金属格栅。条板安装方法有卡固法和钉固法。卡固法要求龙骨形式与条板配套;钉固法用螺钉固定时,后安装板块压住已安装板块,将螺钉遮盖,拼缝应严密。方形板可用搁置法和钉固法,也可用铜丝绑扎固定。格栅安装方法有两种:一种是将单体构件先用卡具连成整体,然后通过钢管连接到吊杆上;另一种是用带卡口的吊管将单体物体卡住,再将吊管悬挂于吊杆上。金属板吊顶与四周墙面空隙,应用同材质金属压缝条找齐。

8.4.1.3 吊顶工程质量要求

吊顶工程所用材料品种、规格、颜色及基层构造、固定方法等应满足设计要求。罩面板与龙骨应连接紧密,表面应平整,不得有污染、折裂、缺棱、掉角和锤伤等缺陷,接缝应均匀一致。粘贴的罩面板不得有脱层,胶合板不得有刨透之处,搁置的罩面板不得有漏、透和翘角现象。

吊顶龙骨不得悬吊于设备和管线上。较大灯具处应设置加强龙骨,重型灯具及吊扇等应单独悬挂,严禁安装于吊顶龙骨上。

吊顶工程预埋件、钢吊杆等构件和部位均应做防锈处理;木龙骨、木吊杆、木饰面板等易燃构件或部位须做防火处理,并符合规范规定。

罩面板安装,须在吊顶内管线、设备调试及验收完成,且龙骨安装完毕并通过隐蔽验收后进行。

吊顶工程安装允许偏差和检验方法应符合表 8-10 的规定。

表 8-10　吊顶工程安装允许偏差和检验方法

项次	项目	允许偏差/mm								检验方法
		暗龙骨吊顶				明龙骨吊顶				
		纸面石膏板	金属板	矿棉板	木板、塑格板、格栅	石膏板	金属板	矿棉板	塑料板、玻璃板	
1	表面平整度	3	2	2	2	3	2	3	2	用 2 m 靠尺和塞尺检查
2	拼缝直线度	3	1.5	3	3	3	2	3	3	拉 5 m 线,不足 5 m 拉通线,用钢直尺检查
3	拼缝高低差	1	1	1.5	1	1	1	2	1	用钢直尺和塞尺检查

8.4.2　隔墙工程

8.4.2.1　隔墙类型

隔墙可根据构造分为砌块式、骨架式和板材式。砌块式隔墙构造方式与黏土砖墙相似,装饰工程中主要为骨架式隔墙和板材式隔墙。骨架式隔墙骨架多为木材或型钢(轻钢龙骨、铝合金骨架)等,其饰面板多用纸面石膏板、人造板(如胶合板)、纤维板、木丝板、刨花板、水泥纤维板等。板材式隔墙用高度等于室内净高的条形板材拼装或接高拼装,常用板材有复合轻质墙板、石膏空心条板、预制或现制钢丝网水泥板等。

8.4.2.2　轻钢龙骨纸面石膏板隔墙施工

轻钢龙骨纸面石膏板墙体应用广泛,具有施工速度快、成本低、劳动强度小、美观及防火、隔音性能好等特点。

隔墙用轻钢龙骨有 C50、C75、C100 三个系列,各系列轻钢龙骨由沿顶龙骨、沿地龙骨、竖向龙骨、加强龙骨、横撑龙骨及配件组成(见图 8-17)。

轻钢龙骨墙体施工工序:弹线→固定沿地、沿顶和沿墙龙骨→龙骨架装配及校正→石膏板固定→饰面处理。

1. 弹线

根据设计要求确定隔墙和门窗位置,包括地面位置、墙面位置、高度位置及隔墙宽度,并在地面和墙面弹出隔墙宽度线和中心线,按所需龙骨长度尺寸,对龙骨划线配料。配料原则为先配长料,后配短料。量好尺寸后,用粉饼或记号笔在龙骨上画出切截位置线。

2. 固定沿地、沿顶和沿墙龙骨

先将固定点与竖向龙骨位置错开,再固定沿地龙骨、沿顶龙骨,用膨胀螺栓、木楔钉、铁钉等与结构固定,或直接连接固定于结构预埋件上。

3. 龙骨架装配及校正

按设计要求和石膏板尺寸,进行骨架分格设置,然后将预先切裁好的竖向龙骨装入沿地龙骨、沿顶龙骨内,校正垂直度后,将竖向龙骨与沿地龙骨、沿顶龙骨固定起来,固定可用点焊、连接件或自攻螺钉。

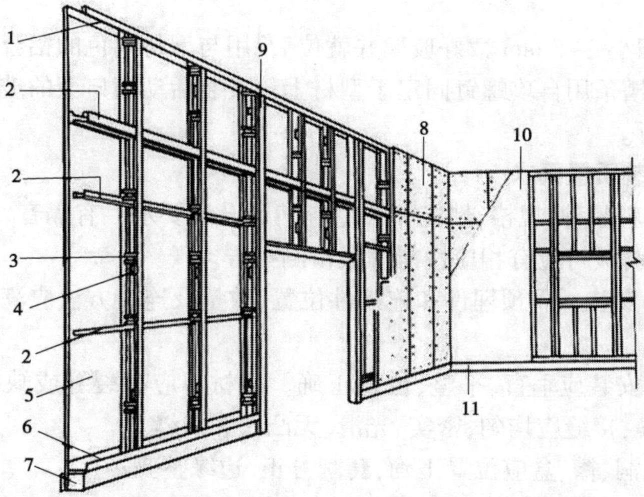

1—沿顶龙骨；2—横撑龙骨；3—支撑卡；4—贯通孔；5—石膏板；6—沿地龙骨；
7—混凝土踢脚座；8—石膏板；9—加强龙骨；10—塑料壁纸；11—踢脚板。

图 8-17　轻钢龙骨纸面石膏板隔墙

4. 石膏板固定

石膏板用平头自攻螺钉固定，规格常为 M4×25 和 M5×25 两种，螺钉间距 200 mm 左右。安装时，将石膏板竖向放置，贴龙骨上用电钻同时把板材与龙骨一起打孔，再拧上自攻螺钉。螺钉要沉入板材平面 2~3 mm。

石膏板间接缝分明缝和暗缝两种。明缝是用专门工具和砂浆胶合剂勾成的立缝。明缝如加嵌压条，装饰效果更好。暗缝做法首先要求石膏板有斜角，两块石膏板拼缝处用嵌缝石膏腻子嵌填平实，然后贴 50 mm 穿孔纸带，再用腻子补一道，与墙面刮平。

5. 饰面处理

嵌缝腻子完全干燥后，即可在隔墙石膏板表面裱糊墙纸、织物，或涂刷涂料。

8.4.2.3　铝合金隔墙施工

铝合金隔墙是用铝合金型材组成框架，再配以玻璃等拼装而成的。

主要施工工序：弹线→下料→组装框架→安装玻璃。

1. 弹线

根据设计要求确定隔墙具体位置、墙高、竖向型材的间隔位置等。

2. 下料

在平整干净的平台上，用钢尺和钢划针对型材划线，长度误差应不超过±0.5 mm，且不得损伤型材表面。下料先长后短，并将竖向型材与横向型材分开。沿顶、沿地型材须划出与竖向型材连接位置线及连接部位宽度。

3. 组装框架

半高铝合金隔墙通常先在地面组装好框架，再竖立起来固定；全封铝合金隔墙组装框架通常先固定竖向型材，再安装横档型材。铝合金型材用铝角和自攻螺钉相互连接，用铁脚固定法连接地面和墙面。

4. 安装玻璃

按框洞尺寸缩小3~5 mm裁好玻璃并就位后,用与型材同色的铝合金槽条,在玻璃两侧夹定,校正后将槽条用自攻螺钉固定于型材上。安装活动窗口上的玻璃,应与制作铝合金活动窗同时进行。

8.4.2.4　隔墙安装质量要求

(1)隔墙用材料品种、规格、性能和颜色应满足设计要求。有隔音、隔热、阻燃和防潮等特殊要求的工程,板材应有相应性能等级检测报告。

(2)隔墙板材安装所需预埋件和连接件位置、数量及连接方法应满足设计要求,连接牢固。

(3)隔墙板材安装应垂直、平整、位置正确。板材不应有裂缝或缺损;表面应平整光滑、色泽一致、洁净;接缝应均匀、密实、光滑、无凸凹和裂缝。

(4)隔墙上孔洞、槽、盒应位置正确,套割方正、边缘整齐。

(5)隔墙安装允许偏差和检验方法应符合表8-11的要求。

表8-11　隔墙安装允许偏差和检验方法

项次	项目	允许偏差/mm						检验方法
		板材隔墙				骨架隔墙		
		金属夹芯板	其他复合板	石膏空心板	钢丝网水泥板	纸面石膏板	人造木板、水泥纤维板	
1	立面垂直度	2	3	3	3	3	4	用2 m垂直检测尺检查
2	表面平整度	2	3	3	3	3	3	用2 m直尺和塞尺检查
3	阴阳角方正	3	3	3	4	3	3	用直角检测尺检查
4	接缝直线度	—	—	—	—	—	3	拉5 m线,不足5 m拉通线,用钢直尺检查
5	压条直线度	—	—	—	—	—	3	
6	接缝高低差	1	2	2	3	1	1	用钢直尺和塞尺检查

任务5　涂料及刷浆工程施工

任务导航

本任务要求了解涂料工程的内容,掌握涂料工程施工工艺、施工要点、施工质量验收标准及检验、评定方法。

8.5.1　涂料工程

涂料是一种涂布于建筑物表面,与基材良好黏结,干结成膜后,起装饰效果并对建筑物表面起一定保护作用的面层材料。

涂料主要由胶黏剂、颜料、溶剂和辅助材料等组成。

涂料品种繁多,按装饰部位不同有内墙涂料、外墙涂料、顶棚涂料和地面涂料;按成膜物质不同有油性涂料(也称油漆)、有机高分子涂料、无机高分子涂料及有机无机复合涂料;按涂料分散介质不同有溶剂型涂料、水性涂料和乳液涂料(乳胶漆)。

8.5.1.1　**基层处理**

常见基层按材质不同分为水泥基层、木材基层和金属基层。

水泥基层(混凝土或抹灰)表面须平实,无酥碎、脱层、起砂和粉化等,否则应铲除;孔洞裂缝等用同种涂料配制的腻子填实;表面油污、浮灰、泥土、垃圾、污垢等污物须剔除吹洗净且干燥。施涂溶剂型涂料基层的含水量应≤8%,施涂乳液型涂料基层的含水量应≤10%。

同理,木材基层应先清基:木材表面缝隙、毛刺等用腻子填补磨光,表面油污、浮灰、泥土、垃圾、污垢等污物须剔除吹洗净且干燥,木材基层的含水量应≤12%。

金属清基:须将基层表面锈斑、焊渣、碎屑、毛刺等清除干净,浮灰、泥土、油渍、垃圾、污垢等污物须剔除吹洗净且干燥。

8.5.1.2　**涂料施工**

涂料施工方法有刷涂、滚涂、喷涂、刮涂、弹涂和抹涂等。

1. 刷涂

刷涂是人工用刷子蘸涂料直接均匀涂布于被饰涂面,要求不流、不挂、不皱、不漏且不露刷痕。刷涂一般不少于两道,前一道涂料表面干固后再涂刷下一道涂料,两道施涂间隔时间由涂料品种和涂刷厚度确定,一般 2~4 h。

2. 滚涂

滚涂是利用涂料辊子蘸少量涂料,在基层表面上下垂直来回滚动均匀施涂。阴角及上下口一般需先用排笔或鬃刷刷涂。

3. 喷涂

喷涂是利用压缩空气将涂料制成雾状或粒状喷出,均匀喷布于被饰涂面。喷涂施工要点如下:

(1)将涂料调至施工所需黏度,将其装入贮料罐或压力供料筒中。

(2)打开空压机,调节空气压力,使其达到施工压力,一般为 0.4~0.8 MPa。

(3)喷涂时手握喷枪要稳,涂料出口与被饰涂面保持垂直,喷枪移动时与喷涂面保持平行。喷距宜 500 mm 左右,喷枪运行速度应保持一致。

(4)喷枪移动范围不宜过大,一般直接喷涂 700~800 mm 后折返,再喷涂下一行,也可选择横向或竖向往返喷涂。

(5)涂层一般两遍成活,横向喷涂一遍,竖向再喷涂一遍。两遍之间间隔时间由涂料品种及喷涂厚度确定,要求涂膜厚薄均匀、颜色一致、平整光滑,不出现露底、皱纹、流挂、钉孔、气泡和失光现象。

4. 刮涂

刮冻是指利用刮板将涂料厚浆均匀批刮于饰涂面,形成厚 1~2 mm 的涂层,较适用于地面等较厚涂层。刮涂施工要点如下:

(1)腻子一次刮涂厚度一般不超过 0.5 mm,物面较大孔眼应以腻子填嵌密实,并高出物面,待干透后再打磨。待批刮腻子或者厚浆涂料全部干燥后,再涂刷面层涂料。

(2)刮涂时应用力按刀,使刮刀与饰面成50°~60°夹角。刮涂时只能来回刮1~2次,不能往返多次刮涂。

(3)圆形、棱形物面可用橡皮刮刀刮涂。刮涂地面施工时,为增加涂料装饰效果,可用划刀或记号笔刻出席纹、仿木纹等各种图案。

5. 弹涂

先在基层涂1~2道底涂层,干燥后用机械方法将色浆均匀溅至被饰面上,形成1~3 mm的圆状色点。弹涂时,弹涂器喷出口应垂直正对被饰面,距离为300~500 mm,按一定速度自上而下,自左至右弹涂。选用压花型弹涂时,应适时将彩点压平。

6. 抹涂

先在基层刷涂或滚涂1~2道打底涂料,干燥后,用不锈钢抹灰工具将饰面涂料抹到底层涂料上。一般抹1~2遍,1 h后再用不锈钢抹子压平。涂抹厚度:内墙1.5~2 mm,外墙2~3 mm。

工厂制作组装的钢木制品和金属构件,其涂料宜在生产制作阶段即开始施涂,最后一遍安装后现场施涂。现场制作的构件,组装前应先施涂一遍底子油(干油性且防锈的底涂料),安装后再涂抹饰面涂料。

8.5.1.3　喷塑涂料施工

1. 构造

喷塑涂料质感丰富、立体感强且具浮雕饰面效果。喷塑涂料涂层按使用材料分层:底油、骨架和面油。

(1)底油。涂布于基层,作用是渗透至基层内部,增强基层强度,同时又对基层表面封闭,并消除基层表面有损于涂层附着的因素,增加骨架涂料与基层之间的结合力。作为封底涂料,其可防止硬化后的水泥砂浆抹灰层可溶性盐渗出破坏面层。

(2)骨架。是喷塑涂料特有的一层成型层,是喷塑涂料的主要构成部分。使用特制大口径喷枪或喷斗,喷涂于底油之上,再经滚压,形成质感丰富、新颖美观的立体花纹图案。

(3)面油。是喷塑涂料表面层。面油掺各种耐晒彩色颜料,使喷塑涂层具有理想色彩和光感。面油分水性和油性两种,水性面油无光泽,油性面油有光泽,目前多用水性面油。

2. 施工要点

喷涂程序:刷底油→喷点料(骨架材料)→滚压点料→喷涂或刷涂面层。

底油涂刷用漆刷,要求涂刷均匀不漏刷。

喷点施工主要工具是喷枪,喷嘴有大、中、小三种,分别可喷出大点、中点和小点。施工时可按饰面要求选不同喷嘴。喷点操作时移动速度要均匀,其行走路线可根据施工需要由上向下或左右移动。正常情况下喷枪喷嘴距墙以500~600 mm为宜。喷头与墙面成60°~90°夹角,空压机压力为0.5 MPa。如喷涂顶棚,可用顶棚喷涂专用喷嘴。

滚压点料可在喷点后5~10 min用胶辊蘸松节水,在喷涂的圆点上均匀地轻轻滚,将圆点压扁,使之成为具有立体感的压花图案。

喷涂面油应在喷点施工 12 min 后进行,第一道滚涂水性面油;第二道可用油性面油,也可用水性面油。

如基层有分格条,面油涂饰后即可揭去,对分格缝可按设计要求的色彩重新描绘。

8.5.1.4 多彩喷涂施工

多彩喷涂具有色彩丰富、技术性能好、施工方便、维修简单、防火性能好、使用寿命长等特点,运用广泛。

多彩喷涂工艺可按底涂、中涂、面涂或底涂、面涂的顺序进行。

底涂:底层涂料主要作用是封闭基层,提高涂膜耐久性和装饰效果。底层涂料为溶剂性涂料,可用刷涂、滚涂或喷涂。

中涂:中层为水性涂料,涂刷 1~2 遍,可用刷涂、滚涂及喷涂。

面涂(多彩)喷涂:待中层涂料干燥 4~8 h 后开始施工。操作时可用专用内压式喷枪,喷涂压力为 0.15~0.25 MPa,喷嘴距墙 300~400 mm,一般一遍成活,如涂层不均匀,应 4 h 内局部补喷。

8.5.1.5 聚氨酯仿瓷涂料施工

这种涂料以聚氨酯-丙烯酸树脂溶液为基料,加入颜料、溶剂、助剂等配成双组分固化型涂料。涂膜外观为瓷质状,耐污性、耐水性及耐候性优异。可涂刷木质、水泥砂浆及混凝土饰面,装饰效果好。

聚氨酯仿瓷复层涂料一般分底涂、中涂和面涂三层。施工要点如下:

(1)基层表面应平整、坚实、干燥、洁净,表面蜂窝、麻面和裂缝等缺陷应用相应腻子嵌平。金属材料表面应除锈,有油渍斑污者,可用汽油、二甲苯等溶剂清理。

(2)底涂施工可用刷涂、滚涂、喷涂等方法。

(3)中涂施工一般用喷涂,喷涂压力根据材料使用说明确定,喷嘴口径一般为ϕ 4 mm。根据不同品种,将其分甲乙组混合调制或直接用配套中层涂料均匀喷涂,如涂料太稠,可加入配套溶液或乙酸正丁酯稀释。

(4)面涂施工可用喷涂、滚涂或刷涂,涂层施工间隔一般为 2~4 h。

(5)仿瓷涂料施工要求环境温度不低于 5 ℃,相对湿度不大于 85%,面涂完成后保养 3~5 d。

8.5.1.6 质量要求和检验方法

涂料工程应待涂层完全干燥后,方可验收。验收时,检查所用材料品种、型号、性能及施工后颜色、图案,应满足设计要求。涂料在基层上涂饰应均匀、黏牢、不漏涂、透底、起皮和反锈。

薄涂料涂饰质量和检验方法应符合表 8-12 的规定;厚涂料、复层涂料涂饰质量和检验方法应符合表 8-13 的规定;色漆涂饰质量和检验方法应符合表 8-14 的规定;清漆涂饰质量和检验方法应符合表 8-15 的规定。

表 8-12 薄涂料涂饰质量和检验方法

项次	项目	普通涂饰	高级涂饰	检验方法
1	颜色	均匀一致	均匀一致	观察
2	泛碱、咬色	允许少量轻微	不允许	
3	流坠、疙瘩	允许少量轻微	不允许	
4	砂眼、刷纹	允许少量轻微砂眼，刷纹通顺	无砂眼、无刷纹	
5	装饰线、分色线直线度允许偏差/mm	2	1	拉 5 m 线，不足 5 m 拉通线，用钢直尺检查

表 8-13 厚涂料、复层涂料涂饰质量和检验方法

项次	项目	普通厚涂料	厚涂料	复层涂料	检验方法
1	颜色	均匀一致	均匀一致	均匀一致	观察
2	泛碱、咬色	允许少量轻微	不允许	不允许	
3	点状分布	—	疏密均匀	—	
4	喷点疏密程度	—	—	均匀，不允许连片	

表 8-14 色漆涂饰质量和检验方法

项次	项目	普通涂饰	高级涂饰	检验方法
1	颜色	均匀一致	均匀一致	观察
2	光泽、光滑	光泽基本均匀，光滑无挡手感	光泽均匀一致，光滑	观察，手摸检查
3	刷纹	刷纹通顺	无刷纹	观察
4	裹棱、流坠、皱皮	明显处不允许	不允许	观察
5	装饰线、分色线直线度允许偏差/mm	2	1	拉 5 m 线，不足 5 m 拉通线，用钢直尺检查

表 8-15 清漆涂饰质量和检验方法

项次	项目	普通涂饰	高级涂饰	检验方法
1	颜色	基本一致	均匀一致	观察
2	木纹	棕眼刮平、木纹清楚	棕眼刮平、木纹清楚	观察
3	光泽、光滑	光泽基本均匀，光滑无挡手感	光泽均匀一致，光滑	观察，手摸检查
4	刷纹	无刷纹	无刷纹	观察
5	裹棱、流坠、皱皮	明显处不允许	不允许	观察

8.5.1.7 涂料工程安全技术

涂料材料和所用设备,须设置专用库房存放,由经安全教育的专人保管,各类储油原料桶须封盖。

涂料库房与建筑物须保持一定安全距离,一般在2 m以上。库房内严禁烟火,且须配备足够消防器材。

施工现场须具有良好通风条件,通风不良时须增设通风设备,喷涂现场照明灯应加保护罩。

喷灯加油不得过满,打气不能过足,使用时间不宜过长,点火时火嘴不得对人。

使用溶剂时,应做好眼睛、皮肤等防护措施,并防止中毒。

8.5.2 刷浆工程

8.5.2.1 刷浆材料

刷浆材料主要指石灰浆、水泥色浆、大白浆和可赛银浆等。石灰浆和水泥色浆可用于室内外墙面,大白浆和可赛银浆只用于室内墙面。

1. 石灰浆

石灰浆用生石灰块或淋好的石灰膏加水调制而成,可掺0.3%~0.5%的食盐或明矾,或20%~30%的建筑用胶,目的是提高附着力。如需配色浆,应先将颜料用水化开,再加入石灰浆内拌匀。

2. 水泥色浆

因素水泥浆易粉化、脱落,一般用聚合物水泥浆,其组成材料有白水泥、高分子材料、颜料、分散剂和憎水剂。高分子材料用建筑用胶时,常为水泥用量的20%。分散剂常用六偏磷酸钠,掺量约为水泥用量的1%,或木质素磺酸钙,掺量约为水泥用量的0.3%,憎水剂常用甲基硅醇钠。

3. 大白浆

大白浆由大白粉加水及适量胶结材料制成,加入颜料,可制成各种色浆。胶结材料常用建筑用胶(掺入量为大白粉的15%~20%)或聚醋酸乙烯液(掺入量为大白粉的8%~10%)。大白浆适用于喷涂和刷涂。

4. 可赛银浆

可赛银浆由可赛银粉加水调成。可赛银粉由碳酸钙、滑石粉和颜料研磨,再加入干酪素胶粉等混合配制而成。

8.5.2.2 施工工艺

1. 基层处理和刮腻子

刷浆前应清理基层表面灰尘、污垢、油渍和砂浆流痕等。基层表面孔眼、缝隙、凸凹不平处应用腻子找补并打磨齐平。

对室内中、高级刷浆工程,局部找补腻子后,应满刮1~2道腻子,干后用砂纸打磨表面。大白浆和可赛银粉要求墙面干燥,为增加大白浆附着力,抹灰面未干前应先刷一道石灰浆。

2. 刷浆

刷浆常用刷涂法、滚涂法或喷涂法。施工要点同涂料工程涂饰。

聚合物水泥浆刷浆前,应先用乳胶水溶液或聚乙烯醇缩甲醛胶水溶液湿润基层。

室外刷浆分段进行时,应以分格缝、墙角或水落管等处为分界线。同一墙面应用相同材料和配合比的浆料,浆料须搅拌均匀。

刷浆工程质量要求和检验方法应符合薄涂料涂饰质量和检验方法(见表8-12)的规定。

任务6 门窗施工

任务导航

本任务要求掌握门窗工程施工工艺、施工要点、施工质量验收标准及检验方法。

门窗按材料分为木门窗、钢门窗、铝合金门窗和塑钢门窗四大类。木门窗应用最早且最普遍,现已多被钢门窗、铝合金门窗和塑钢门窗取代。

8.6.1 木门窗

木门窗大多在木材加工厂内制作。

施工现场一般以安装木门窗框及内扇为主要施工内容。安装前应按设计图纸检查核对好型号,按图纸对号分发到位。安装门框前,用对角线相等的方法复核其兜方程度。

木门窗安装方法一般有立框安装和塞框安装两种。

(1)木门窗安装留缝限值、允许偏差和检验方法应符合表8-16的规定。

表8-16 木门窗安装留缝限值、允许偏差和检验方法

项次	项目	留缝限值/mm		允许偏差/mm		检验方法
		普通	高级	普通	高级	
1	门窗槽口对角线长度差	—	—	3	2	用钢尺检查
2	门窗框的正、侧面垂直度	—	—	2	1	用垂直检测尺检查
3	框与扇、扇与扇接缝高低差	—	—	2	1	用钢直尺和塞尺检查
4	门窗扇对口缝	1~2.5	1.5~2	—	—	用塞尺检查
5	工业厂房双扇大门对口缝	2~5	—	—	—	
6	门窗扇与上框间留缝	1~2	1~1.5	—	—	
7	门窗扇与侧框间留缝	1~2.5	1~1.5	—	—	
8	窗扇与下框间留缝	2~3	2~2.5	—	—	
9	门扇与下框间留缝	3~5	3~4	—	—	
10	双层门窗内外框间距	—	—	4	3	用钢尺检查

续表 8-16

项次	项目		留缝限值/mm		允许偏差/mm		检验方法
			普通	高级	普通	高级	
11	无下框时门扇与地面间留缝	外门	4~7	5~6	—	—	用塞尺检查
		内门	5~8	6~7	—	—	
		卫生间门	8~12	8~10	—	—	
		厂房大门	10~20	—	—	—	

(2)立框安装。

在墙砌到地面时立门樘,砌到窗台时立窗樘。立框时应先在地面(或墙面)划出门(窗)框中线及边线,而后按线将门窗框立上,以临时支撑撑牢,并校正门窗框垂直度及上、下槛水平度。

立门窗框时要注意门窗开启方向和墙面装饰层厚度,各门框进出一致,上、下层窗框对齐。砌两旁墙时,墙内埋防腐木砖,垂直间隔 0.5~0.7 m 一块,大小 115 mm×115 mm×53 mm。

(3)塞框安装。

塞框安装是砌墙时先留出门窗洞口,尺寸比门窗框尺寸每边大 20 mm。然后塞入门窗框,先用木楔临时塞住,要求横平竖直。校正无误后,将门窗框钉牢于砌于墙内的木砖上。

(4)门窗扇安装。

安装前先测量门窗樘洞口净尺寸,据测得的准确尺寸修刨门窗扇。扇两边要同时修刨。门窗冒头要先刨平下冒头,以此为准再修刨上冒头。修刨时要注意留出风缝,一般门窗扇对口处及扇与栓之间风缝需留出 20 mm 左右。门窗扇安装时,应保持冒头、窗芯水平,双扇门窗冒头要对齐,开关灵活,但不得出现自开或自关现象。

(5)玻璃安装。

清理门窗裁口,玻璃底面与门窗裁口之间,沿裁口全长均匀涂抹 1~3 mm 厚的底灰,用手将玻璃摊铺平正,轻压玻璃使部分底灰挤出槽口,待油灰初凝后,顺裁口刮平底灰,然后用 1/2~1/3 寸小圆钉沿玻璃四周固定玻璃,钉距 200 mm,最后抹表面油灰即可。油灰与玻璃、裁口接触边缘平齐,四角成规则“八”字形。

8.6.2 钢门窗

钢门窗安装留缝限值、允许偏差和检验方法应符合表 8-17 的规定。

(1)建筑中应用较多的钢门窗有实腹和薄壁空腹钢门窗。

(2)钢门窗在工厂加工制作后整体运到现场安装。

钢门窗现场安装前应按照设计要求,核对型号、规格、数量、开启方向及所带五金零件是否齐全,凡翘曲或变形者,应调直修复后方可使用。

表 8-17　钢门窗安装留缝限值、允许偏差和检验方法

项次	项目		留缝限值/mm	允许偏差/mm	检验方法
1	门窗槽口宽度、高度	≤1 500 mm	—	2.5	用钢尺检查
		>1 500 mm	—	3.5	
2	门窗槽口对角线长度差	≤2 000 mm	—	5	用钢尺检查
		>2 000 mm	—	6	
3	门窗框的正、侧面垂直度		—	3	用 1 m 垂直检测尺检查
4	门窗横框水平度		—	3	用 1 m 水平尺和塞尺检查
5	门窗横框标高		—	5	用钢尺检查
6	门窗竖向偏离中心		—	4	用钢尺检查
7	双层门窗内外框间距		—	5	用钢尺检查
8	门窗框、扇配合间隙		≤2	—	用塞尺检查
9	无下框时门扇与地面间留缝		4~8	—	用塞尺检查

(3)钢门窗用后塞口方法安装。洞口四周墙体先预留孔以埋设铁脚连接件,或结构内先预埋铁件,安装时将框铁脚焊于预埋件上。

(4)钢门窗制作时框与扇为连体,安装时先以木楔临时固定,后用线锤和水准尺校正垂直度与水平度,做到横平竖直。成排门窗应上、下、高、低一致,进出一致。

(5)门窗位置固定后,将铁脚与预埋件焊接,或埋入预留墙洞内。用 1:2水泥砂浆或细石混凝土将洞口缝隙填实。铁脚尺寸及间隙按设计要求留设,但每边不得少于 2 个,铁脚离端角距离约 180 mm。

(6)大面组合钢窗可在地面先拼装好,为防吊运变形,可在钢窗外侧用木方或钢管加固。

(7)砌墙时门窗洞口应比钢门窗框每边大 15~30 mm,作嵌填砂浆空间留量。其中:清水砖墙不小于 15 mm,水泥砂浆抹面混水墙不小于 20 mm,水刷石墙不小于 25 mm,贴面砖或板材墙不小于 30 mm。

(8)玻璃安装时,先清理槽口,然后在槽口内涂小于 4 mm 厚的底灰,再用双手轻转玻璃,使其底边揉平放正,挤出油灰。将油灰与槽口、玻璃接触的边缘刮平、刮齐。安卡子间距不小于 300 mm,且每边不少于 2 个,卡脚长短适当,用油灰填实抹光,卡脚以不露出油灰表面为准。

8.6.3　铝合金门窗

铝合金门窗是用经过表面处理的型材,通过下料、打孔、铣槽、攻丝和制窗等过程制成的门窗框料构件,再以连接件、密封件和五金配件组装而成。安装要点如下。

8.6.3.1　**弹线**

铝合金门、窗框一般用后塞口方法安装。结构施工期间，应根据设计需求将洞口尺寸留出。

门窗框加工尺寸应比洞口尺寸略小，门窗框与结构之间间隙，应视不同饰面材料而定，抹灰面一般为 20 mm，大理石、花岗石等板材一般为 50 mm。以饰面层与门窗框边缘正好吻合为准，不可让饰面层盖住门窗框。

弹线时应注意以下几点：

(1)同一立面门窗水平与垂直方向应做到整齐一致。安装前，应先检查预留洞口偏差。对尺寸偏差较大部位，应剔凿或填补。

(2)洞口弹出门、窗位置线。安装前一般是将门窗立于墙体中心线部位，也可将门窗立于内侧。

(3)门的安装，须注意室内地面标高。地弹簧的表面，应与室内地面饰面标高一致。

8.6.3.2　**门窗框就位和固定**

按弹线位置将门窗框就位，先以木楔临时固定，检查立面垂直、左右间隙、上下位置等满足要求后，用射钉将框铁脚与结构连接固定。

8.6.3.3　**填缝**

铝合金门窗固定后，按设计要求及时处理窗框与墙体缝隙。设计未规定具体堵塞材料时，应用矿棉或玻璃棉毡分层填塞，外留 5~8 mm 深槽口，槽内填嵌缝油膏，或门窗两侧防腐处理后填 1∶2水泥砂浆。

8.6.3.4　**门窗扇安装**

土建基本完工后安装门窗扇。框装上扇后应保证框扇立面在同平面内，窗扇就位准确，启闭灵活。平开窗窗扇安装前应先固定窗，然后将窗扇与窗铰固定；推拉式门窗扇，应先装室内侧门窗扇，后装室外侧门窗扇，固定扇应装于室外侧，固定牢固以确保安全。

8.6.3.5　**玻璃安装**

平开窗小块玻璃用双手操作就位；若单块玻璃尺寸较大，可用玻璃吸盘就位。玻璃就位后立即以橡胶条固定。型材凹槽内装玻璃，用橡胶条挤紧，然后往橡胶条注密封胶；也可直接用橡胶衬条封缝挤紧，不再注胶。

为防玻璃胀缩造成型材变形，型材下凹槽内可先放置橡胶垫块，还可避免玻璃因自重而直接下落接触金属。玻璃侧边及上部也不得与框、扇及连接件直接接触。

8.6.3.6　**清理**

铝合金门窗交工前，将型材表面保护胶纸撕掉，如有胶痕，可用香蕉水清理干净，擦净玻璃。

铝合金门窗安装允许偏差和检验方法应符合表 8-18 的规定。

表 8-18　铝合金门窗安装允许偏差和检验方法

项次	项目		允许偏差/mm	检验方法
1	门窗槽口宽度、高度	≤1 500 mm	1.5	用钢尺检查
		>1 500 mm	2	
2	门窗槽口对角线长度差	≤2 000 mm	3	用钢尺检查
		>2 000 mm	4	
3	门窗框正、侧面垂直度		2.5	用垂直检测尺检查
4	门窗横框水平度		2	用 1 m 水平尺和塞尺检查
5	门窗横框标高		5	用钢尺检查
6	门窗竖向偏离中心		5	用钢尺检查
7	双层门窗内外框间距		4	用钢尺检查
8	推拉门窗扇与框搭接量		1.5	用直钢尺检查

8.6.4　塑钢门窗

(1)塑钢门窗安装允许偏差和检验方法应符合表 8-19 的规定。

表 8-19　塑钢门窗安装允许偏差和检验方法

项次	项目		允许偏差/mm	检验方法
1	门窗槽口宽度、高度	≤1 500 mm	2	用钢尺检查
		>1 500 mm	3	
2	门窗槽口对角线长度差	≤2 000 mm	3	用钢尺检查
		>2 000 mm	5	
3	门窗框正、侧面垂直度		3	用垂直检测尺检查
4	门窗横框水平度		3	用 1 m 水平尺和塞尺检查
5	门窗横框标高		5	用钢尺检查
6	门窗竖向偏离中心		5	用钢直尺检查
7	双层门窗内外框间距		4	用钢尺检查
8	同樘平开窗相邻扇高度差		2	用钢直尺检查
9	平开门窗铰链部位配合间隙		+2,-1	用塞尺检查
10	推拉门窗扇与框搭接量		+1.5,-2.5	用钢直尺检查
11	推拉门窗扇与竖框平行度		2	用 1 m 水平尺和塞尺检查

(2)塑钢门窗及其附件应符合国家标准,按设计要求选用。塑钢门窗不得有开焊、断裂等损坏现象,如有损坏,应予以修复或更换。塑钢门窗进场后应存放于室内靠架,并与热源隔开,以免受热变形。

(3)塑钢门窗安装前,先装五金配件及固定件。塑料型材中空多腔,材质脆,因此不能用螺钉直接锤击或拧入,应先用手电钻钻孔,后拧入自攻螺钉。钻头直径应比自攻螺钉直径小 0.5~1.0 mm,这样可防止塑钢门窗出现局部凹隐、断裂和螺钉松动等质量问题,保证五金配件及固定件安装质量。

(4)与墙体连接的固定件应用自攻螺钉等紧固于门窗框上。将五金配件及固定件安装完工并检验合格的塑钢门窗框放入洞口内,调整至横平竖直后,用木楔将塑钢框四角塞牢作临时固定用,但不宜塞过紧以免外框变形。然后用尼龙胀管螺栓将固定件与墙体连接牢固。

(5)塑钢门窗框与洞口墙体缝隙,用软质保温材料填充饱满,如泡沫塑料条、泡沫聚氨酯条、油毡卷条等。但不得填塞过紧,因过紧会使框架受压发生变形;但也不能填塞过松,否则会使缝隙密封不严,在门窗周围形成冷热交换区发生结露现象,影响门窗防寒、防风的正常功能和墙体寿命。最后将门窗框四周内外接缝用密封材料嵌缝严密。

任务 7　冬期施工

任务导航

本任务要求掌握抹灰工程冬期施工方法和施工要点,掌握装饰工程中油漆、刷浆、裱糊、饰面冬期施工要点。

装饰工程应尽量冬期结冻前完工,或推迟到初春化冻后进行。须冬期施工工程,应按冬期施工有关规定组织施工。

室内抹灰、块料装饰、裱糊施工与养护期间温度不应低于 5 ℃。

8.7.1　抹灰工程冬期施工

抹灰工程冬期常用施工方法有热作法和冷作法两种。

8.7.1.1　热作法施工

热作法是利用房屋的永久热源或临时热源来提高和保持操作环境温度,人为创造一个正温环境,使抹灰砂浆硬化。

热作法一般用于室内抹灰。常用热源有火炉、蒸汽、远红外加热器等。室内抹灰应在屋面完工后进行。抹灰前应将门、窗封闭,脚手眼堵好,对抹灰砌体提前加热,使墙面温度保持在+5 ℃以上,以免湿润墙面时结冰,使砂浆与墙面黏接牢固。冻结砌体应提前人工解冻,待解冻下沉完毕,砌体强度达设计强度的 20%后方可抹灰。抹灰砂浆应在正温室内或暖棚内制作,用热水搅拌,抹灰时砂浆上墙温度不低于 10 ℃。抹灰结束后,至少 7 d 内保持+5 ℃室温养护。在此期间,应随时检查抹灰层湿度,干燥过快时应洒水湿润,以防产生裂纹,降低与基层黏结导致脱落。

8.7.1.2 冷作法施工

冷作法是低温条件下往砂浆掺一定的防冻剂(氯化钠、氯化钙、亚硝酸钠等),在不采取保暖加温措施下抹灰作业。其适用于房屋装饰要求不高、小面积外饰面工程。

冷作法抹灰前应清基:将抹灰墙面清扫,墙面应保持干净,无浮土和冰霜。表面不洒水湿润。抗冻剂宜优选单掺氯化钠,其次可同时掺氯化钠和氯化钙复盐,或掺亚硝酸钠。其掺入量与室外气温有关,单盐掺入量可按表 8-20 选用,也可由试验确定。

表 8-20　砂浆内氯化钠掺量(占用水量的百分比)

项目	室外气温/℃	
	0~-5	-5~-10
挑檐、阳台、雨罩、墙面等抹水泥砂浆	4	4~8
墙面为水刷石、干粘石水泥砂浆	5	5~10

砂浆掺亚硝酸钠时,其掺量应符合表 8-21 的规定。

表 8-21　砂浆内亚硝酸钠掺量(占用水量的百分比)

室外气温/℃	0~-3	-4~-9	-10~-15	-16~-20
掺量/%	1	3	5	8

防冻剂应由专人配制和使用,配制时可先配 20%浓度的标准溶液,然后根据气温再配制成使用溶液。

掺氯盐抹灰严禁用于高压电源部位,涂料墙面抹灰砂浆中,不得掺氯盐防冻剂。氯盐砂浆应正温下拌制使用,拌制时,先将水泥和砂干拌均匀,再加入氯盐水溶液拌和,水泥可用硅酸盐水泥或矿渣硅酸盐水泥,严禁使用高铝水泥。砂浆应随拌随用,不允许停放。

气温低于-25 ℃时,不得用冷作法抹灰施工。

8.7.2 其他装饰工程冬期施工

冬期油漆、刷浆、裱糊、饰面工程,应用热作法施工。应尽量利用永久性采暖设施。室内温度应不低于 5 ℃,并保持均衡,不得突然变化;否则不能保证工程质量。

冬期气温低,油漆会发黏不易涂刷,涂刷后漆膜不易干燥。为便于施工,可往油漆加一定催干剂,保证 24 h 内干燥。

室外刷浆应保持施工均衡,粉浆类料宜用热水配制,随用随配,料浆使用温度宜保持 15 ℃左右。裱糊施工时,混凝土或抹灰基层含水量不应大于 8%。施工中室内温度高于 20 ℃,且相对湿度大于 80%时,应开窗换气,防止壁纸皱折起泡。

玻璃工程冬期施工时,应将玻璃、镶嵌用合成橡胶等材料运到有采暖设备室内,操作地点环境温度不应低于 5 ℃。

外墙铝合金、塑料框、大扇玻璃不宜在冬期安装。

室内外装饰工程施工环境温度,除满足上述要求外,对新材料应按所用材料产品说明要求温度施工。

注:环境温度指施工现场最低温度,测点布置于北面房间地面往上 500 mm 处。

【课后练习】

请扫描下方二维码,做课后练习。

教学项目 8　课后练习

教学项目9 墙体保温工程施工

【能力目标】

通过本教学项目的学习,使学生能分辨不同外墙保温方法,能编制外墙外保温施工专项方案,能进行外墙外保温施工技术交底,能进行墙体保温施工质量检查验收。

随着社会经济的发展,人们生活水平不断提高,对改善建筑室内热环境,夏季降温、冬季取暖要求越来越高。建筑中,外围护结构热损耗、顶棚热损耗、底层楼地面热损耗,均需考虑发展保温技术及节能材料。

任务1 外墙保温构造及要求

任务导航

本任务要求掌握常见外墙保温类型、构造及施工要求。

9.1.1 外墙保温基本构造及特点

外墙保温按保温层位置分外墙内保温和外墙外保温两类(见图9-1)。

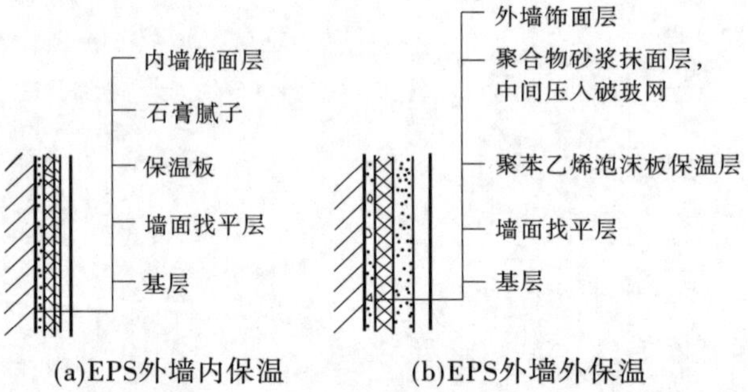

图9-1 外墙保温系统的基本构造

9.1.1.1 外墙内保温构造及特点

外墙内保温是在结构外墙的内部,即在室内一侧墙面设置保温层。外墙内保温主要由基层、保温层和饰面层构成。目前,使用较多的外墙内保温材料和技术有增强石膏复合聚苯保温板、聚合物砂浆、复合聚苯保温板、增强水泥复合聚苯保温板、内墙贴聚苯板(EPS板)、粉刷石膏抹面及聚苯颗粒保温料浆加抗裂砂浆压入网格布抹面等。

外墙内保温施工速度快,操作方便灵活,可保证施工进度,且施工技术成熟,检验标准完善。但其占用室内使用面积,热桥问题难解决,易引起开裂,还影响二次装修;而且内墙悬挂和固定物件易损坏内保温结构。外墙内保温技术上的不合理性决定了其必然被外墙外保温替代。

9.1.1.2 外墙外保温构造及特点

1. 外墙外保温构造

外墙外保温是在结构外墙的外部,即在室外一侧墙面设置保温层。外墙外保温主要由基层、保温层、抹面层、饰面层构成[见图9-1(b)]。

(1)基层:指外墙外保温所依附的外墙。

(2)保温层:由保温材料组成,在外墙外保温系统中起保温作用。保温材料一般用EPS板,称可发性聚苯乙烯板,又称聚苯乙烯泡沫板,简称聚苯板。

(3)抹面层:抹在保温层上,中间夹增强网,保护保温层,并起防裂、防水和抗冲击作用。抹面层可分为薄抹面层和厚抹面层,用于EPS板和胶粉EPS颗粒保温浆料时为薄抹面层,用于EPS钢丝网架板时为厚抹面层。对具有薄抹面层的系统,保护层厚度应不小于3 mm,并且不宜大于6 mm;对具有厚抹面层的系统,厚抹面层厚度应为25~30 mm。

(4)饰面层:指外墙外保温系统的外装饰层。

抹面层和饰面层总称为保护层。

2. 外墙外保温系统的特点

外墙外保温已成为建筑保温节能技术的发展方向,其技术合理,保温效果好,技术含量较高。外墙外保温适用广,新建、改建、扩建均适用,具有以下优点:

(1)节能。因采用导热系数较低的聚苯板,从外面将建筑物整体包起来,消除了热桥,减少了外界自然环境对建筑的冷热冲击,可达到较好的保温节能效果。

(2)牢固。外保温材料与墙体采用了可靠连接技术,使外墙外保温材料与墙面具有可靠的附载能力,耐候性、耐久性更好、更强。

(3)防水。外墙外保温系统具有高弹性和整体性,解决了墙面开裂,表面渗水的通病,特别对陈旧墙面局部裂纹有整体覆盖作用。

(4)体轻。用该材料可将建筑房屋外墙厚度减小,减少了砌筑工程量,从而减轻了建筑物自重。

(5)阻燃。外墙外保温材料所用聚苯板为阻燃型,具有隔热、无毒、自熄、防火功能。

(6)易施工。施工简单,一般抹灰水平技术工人,经短期培训即可现场操作。对建筑物基层混凝土、红砖、砌块、石材、石膏板等广泛适用。

目前比较成熟的外墙外保温技术主要有:聚苯板薄抹灰面外保温系统(简称EPS板薄抹灰)、胶粉聚苯颗粒(EPS颗粒)保温浆料外保温系统、现浇混凝土复合无网EPS板外保温系统、现浇混凝土EPS钢丝网架板外保温系统、机械固定EPS钢丝网架板外保温系统等。其他还有外墙体自保温体系、外墙硬泡聚氨酯喷涂保温体系等。

选用外保温时,不得更改系统的构造和组成材料,同时应做好外保温工程密封和防水构造设计,确保水不会渗入保温层及基层,重要部位应有详图。水平或倾斜的出挑部位及延伸至地面以下部位应做防水处理。在外墙外保温系统上安装设备或管道应固定于基层,并应对密封和防水进行设计和施工。

下文介绍均指外墙外保温系统,后文保温系统均指此。

9.1.2 外墙外保温基本要求

9.1.2.1 外墙外保温工程基本规定

(1)能适应基层正常变形而不产生裂缝或空鼓,能长期承受自重而不产生有害变形,遇地震发生时不应从基层脱落。

(2)外保温复合墙体保温、隔热和防潮性能应符合国家现行标准。

(3)受风荷载作用不破坏,可耐受室外气候长期反复作用不破坏。

(4)高层建筑外保温工程应采取防火构造措施。

(5)外墙外保温工程各组成部分应具有物理、化学稳定性。

(6)外墙外保温工程应具防水渗透性能。

(7)所有组成材料应彼此相容并应具有防腐性。

(8)可能受生物侵害(鼠害、虫害等)时,外墙外保温工程还应具有防生物侵害性能。

(9)正确使用和正常维护下,外墙外保温工程使用年限应≥25 年。

9.1.2.2 外墙外保温工程性能要求

(1)外墙外保温应按规定进行耐候性检验,经耐候性试验后,不得出现饰面层起泡或剥落、保护层空鼓或脱落等破坏,不得产生渗水裂缝。

(2)具有薄抹面层的外保温系统,抹面层与保温层拉伸黏结强度不得小于 0.1 MPa,并且破坏部位应位于保温层内。

(3)胶粉 EPS 颗粒保温浆料外墙外保温系统应按规定进行抗拉强度检验,抗拉强度不得小于 0.1 MPa,并且破坏部位不得位于各层界面。

(4)EPS 板现浇混凝土外墙外保温应按规定进行现场黏结强度检验,其现场黏结强度不得小于 0.1 MPa,并且破坏部位应位于 EPS 板内。

(5)外墙外保温应按规定对胶黏剂进行拉伸黏结强度检验,胶黏剂与水泥砂浆拉伸黏结强度在干燥状态下应≥0.6 MPa,浸水 48 h 后应≥0.4 MPa;与 EPS 板拉伸黏结强度在干燥状态和浸水 48 h 后均应≥0.1 MPa,且破坏部位应位于 EPS 板内。

(6)外墙外保温应按规定对玻纤网进行耐碱拉伸断裂强力检验,增强玻纤网经向和纬向耐碱拉伸断裂强力均应≥750 N/50 mm,耐碱拉伸断裂强力保留率均应≥50%。

(7)外墙外保温其他主要组成材料性能及试验方法应符合设计及相关规范规定。

(8)外墙外保温系统性能要求及试验方法应符合表 9-1 的规定。

表 9-1　外墙外保温系统性能要求

检验项目	性能要求	试验方法
抗风荷载性能	系统抗风压值 *Ra*,不小于风荷载设计值; EPS 板薄抹灰外墙外保温系统、胶粉、EPS 颗粒保温浆料外墙外保温系统、EPS 板现浇混凝土外墙外保温系统和 EPS 钢丝网架板现浇混凝土外墙外保温系统安全系数 *K* 应≥1.5,机械固定 EPS 钢丝网架板外墙外保温系统安全系数 *K* 应≥2	按规范规定方法试验;由设计要求值降低 1 kPa 作为试验起始点
抗冲击性	建筑物首层墙面及门窗洞口等易受碰撞部位:10J 级;建筑物二层以上墙面等不易受碰撞部位:3J 级	
吸水量	水中浸泡 1 h,只带抹面层和带全部保护层的系统吸水量均<1.0 kg/m^2	
耐冻融性能	30 次冻融循环后保护层无空鼓、脱落,无渗水裂缝;保护层与保温层的拉伸黏结强度≥0.1MPa,破坏部位应位于保温层	按规范规定方法试验
热阻	复合墙体热阻符合设计要求	
抹面层不透水性	2 h 不透水	
保护层	水蒸气渗透阻符合设计要求	

注:水中浸泡 24 h,只带抹面层和带全部保护层的系统吸水量均<0.5 kg/m^2 时,不检验耐冻融性能。

9.1.3　外墙外保温施工一般规定

除现浇混凝土外墙外保温,外墙外保温工程施工应满足:

(1)基层应坚实、平整。保温层施工前,应对基层处理。施工应于基层施工质量验收合格后进行。

(2)外保温施工前,外墙门窗洞口应通过验收,洞口尺寸、位置应符合设计和质量要求,门窗框或辅框应安装完毕。伸出墙面的消防梯、水落管、各种进户管线和空调器等的预埋件、连接件应安装完毕,并按外保温系统厚度留出间隙。

(3)保温隔热材料厚度须满足设计要求。

(4)保温板材与基层及各构造层之间黏结或连接须牢固。黏结强度和连接方式应符合设计要求。保温板材与基层黏结强度应进行现场拉拔试验。

(5)保温浆料应分层施工。用保温浆料做外保温时,保温层与基层之间及各构造层之间黏结须牢固,不应脱层、空鼓和开裂。

(6)墙体节能工程保温层用预埋或后置锚固件固定时,锚固件数量、位置、锚固深度和拉拔力应满足设计要求。后置锚固件应进行锚固力现场拉拔试验。

(7)外保温工程施工应有施工方案。

(8)施工人员应经培训并考核合格,持证上岗。

任务2　EPS板薄抹灰外墙外保温施工

任务导航

本任务要求掌握EPS板薄抹灰外墙外保温系统构造、施工工艺和施工要点。

9.2.1　EPS板薄抹灰外墙外保温系统构造

EPS板薄抹灰外墙外保温系统由EPS板保温层、薄抹灰面层和饰面涂层构成(见图9-2)。EPS板用胶黏剂固定于基层,薄抹面层中满铺玻纤网,建筑物高度≥20 m时,受负风压作用较大部位宜使用锚栓辅助固定。

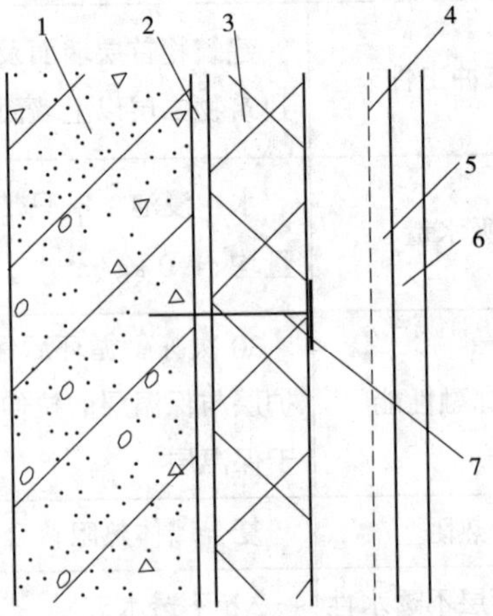

1—基层;2—胶黏剂;3—EPS板;4—玻纤网;5—薄抹面层;6—饰面涂层;7—锚栓。

图9-2　EPS板薄抹灰构造

9.2.2　施工准备

9.2.2.1　材料要求

(1)聚苯乙烯板(简称EPS板)选密度为18~25 kg/m^{3}的自熄型板材;储存时应摆放平整,防雨淋及阳光暴晒。

(2)水泥选32.5级普通硅酸盐水泥或适合的铝酸盐水泥,水泥须有出厂日期,凡结块或出厂超3个月须根据复验结果确定如何使用。

(3)砂细度模数宜为2.0~2.8,筛除粒径大于2.5 mm的颗粒,含泥量<1%。

(4)聚合物砂浆重量配合比为:黏结剂:32.5级普通硅酸盐水泥:砂=1:1.88:4.97。

(5)玻璃纤维布应存放于干燥、平整地面;摆放宜立放平整,避免相互交错。

(6)原材料须有出厂合格证或化验单。

9.2.2.2　施工工具准备

外挂式EPS板施工主机具有:锯条或刀锯、打磨EPS板的粗砂纸、锉刀或专用工具、靠尺、钢卷尺、线绳、线坠、墨斗、铁灰槽、小铁平锹、塑料桶、铁筛网(16目)、小抹子或铁勺。

9.2.2.3　基层要求

基层表面应平滑、坚固、干燥,无污染或其他有害材料;墙外消防梯、水落管、防盗窗预埋件或其他预埋件、进口管线或其他预留洞口,应按设计图纸或施工验收规范要求提前施工并验收;墙面应进行墙体抹灰找平,墙面平整度用2 m靠尺检测,平整度应≤3 mm,局部不平整超限度部位用1:2水泥砂浆找平;阴阳角应方正;抹找平层前,抹灰部位要根据情况提前半小时浇水湿润。

9.2.3　施工要点

9.2.3.1　EPS 板薄抹灰外墙外保温施工工艺

基面检查或处理→工具准备→阴阳角、门窗膀挂线→基层墙体湿润→配制聚合物砂浆,挑选 EPS 板→粘贴 EPS 板→EPS 板塞缝,打磨、找平墙面→配制聚合物砂浆→EPS 板面抹聚合物砂浆,门窗洞口处理,粘贴玻纤网,面层抹聚合物砂浆→找平修补,嵌密封膏→外饰面施工。

9.2.3.2　粘贴 EPS 板施工要点

(1)配制聚合物砂浆须专人负责,以确保搅拌质量。将水泥、砂用量桶称好后倒入铁灰槽中混合,搅拌均匀后按配合比加入黏结液搅拌,搅拌须均匀,避免出现离析。根据和易性可适当加水,加水量为黏结剂的5%。聚合物砂浆应随用随配,配好的聚合物砂浆应在1 h内用完。聚合物砂浆应放置于阴凉处,避免阳光暴晒。

(2)EPS 板薄抹灰的基层表面应清洁,无油污、脱模剂等妨碍黏结的附着物。凸起、空鼓和疏松部位应剔除并找平。找平层应与墙体黏牢,不得有脱层、空鼓、裂缝,面层不得有粉化、起皮、爆灰等现象。

(3)粘贴 EPS 板时,应将胶黏剂涂在 EPS 板背面,涂胶黏剂面积不得小于 EPS 板面积的40%。EPS 板应按顺砌方式粘贴,竖缝应逐行错缝。EPS 板应黏牢,不得有松动和空鼓。墙角处 EPS 板应交错互锁[见图9-3(a)]。

(4)门窗洞口四角处 EPS 板不得拼接,应用整块 EPS 板切割成形,EPS 板接缝应离开角部至少200 mm[见图9-3(b)]。

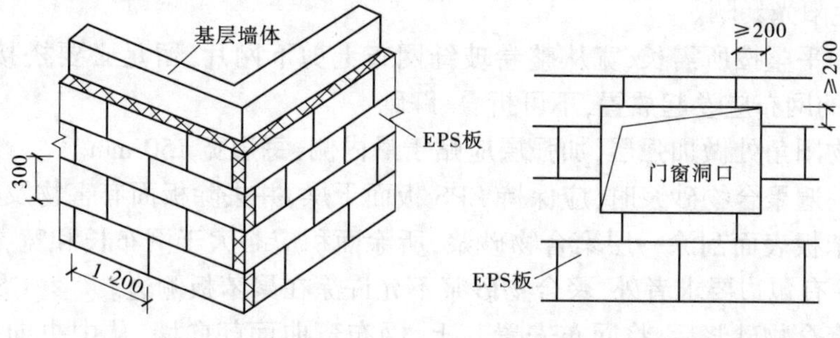

图9-3　EPS 板排板

(5)应做好檐口、勒脚的包边处理。装饰缝、门窗四角和阴阳角等处应做好局部加强网施工。变形缝处应做好防水和保温构造处理。

(6)基层上粘贴聚苯板,板与板之间缝隙不得大于2 mm,对下料尺寸偏差或切割等原因造成的板间小缝,应用聚苯板裁成合适小片塞入缝中。

EPS 板安装允许偏差及检验方法见表9-2。

表 9-2　EPS 板安装允许偏差及检验方法

项次	项目	允许偏差/mm	检验方法
1	表面平整度	4	用 2 m 靠尺和塞尺检查
2	立面垂直度	4	用 2 m 垂直检测尺检查
3	阴、阳角垂直	4	用 2 m 托线板检查
4	阴、阳角方正	4	用直角检测尺检查
5	接槎高低差	1	用直尺和塞尺检查

(7) EPS 板粘贴 24 h 后方可打磨,用粗砂纸、锉刀或专用工具将整墙面打磨一遍,打磨不能平行板缝方向,而是做轻柔圆周运动将不平处磨平,随磨随用 2 m 靠尺检查平整度,然后将聚苯板碎屑清理干净。

(8) 网布须于聚苯板粘贴 24 h 后施工,应先安排朝阳面贴布工序;女儿墙压顶或凸出物下部,应预留 5 mm 缝隙,便于网格布嵌入。

(9) EPS 板边翻包网格布的,EPS 板侧面可涂抹聚合物砂浆,其他情况概不得在 EPS 板侧面涂抹聚合物砂浆。

(10) 装饰分格条须于 EPS 板粘贴 24 h 后,用分隔线开槽器挖槽。

9.2.3.3　**玻纤网格布粘贴方法和要点**

(1) 配制聚合物砂浆须专人负责,以确保搅拌均匀;聚合物砂浆配合比为:黏结剂:425 硫铝酸盐水泥:砂=1:(1.8~2.0):(3.0~3.4)。

(2) 聚合物砂浆应随用随配,配好的聚合物砂浆应在 1 h 内用完。聚合物砂浆应于阴凉处放置,避免阳光暴晒。

(3) 在干净平整按所需长、宽从整卷玻纤网布上剪下网片,留足必要搭接尺寸,下料须准确。剪好的网布应卷起放置,不可折叠、踩踏。

(4) 建筑物阳角处做加强层,加强层应贴于最内侧,每边宽 150 mm。

(5) 涂第一遍聚合物砂浆时,应保持 EPS 板面干燥,并去除板面有害物及杂质。

(6) 在聚苯板表面刮涂一层聚合物砂浆,所涂面积应略大于网布长和宽,厚约 2 mm,应均匀一致,除有包边要求者外,聚合物砂浆不允许涂在聚苯板侧边。

(7) 刮完聚合物砂浆后,将网布安置其上,网布弯曲面朝向墙,从中央向四周抹压平整,使网布嵌入聚合物砂浆。网布不应皱折,不得外露,待表面干后,再在其上施抹一层聚合物砂浆。网布周边搭接长度不得小于 70 mm,被切断部位,应补网搭接,搭接长度不得小于 70 mm。

(8) 门窗周边最内侧应贴网格布加强层,若门窗框外皮与基层墙体表面大于 50 mm,网格布与基层墙体粘贴,若小于 50 mm 需做翻包处理。大墙面铺设的网格布应嵌入门窗框外侧黏牢。

(9) 门窗口四角处,标准网施抹完后,再在门窗口四角加盖一块 200 mm×300 mm 标准网,与窗口角平分线成 90°角放置,贴在最外侧,用以加强;阴角处加盖一块 200 mm 长、与窗膀同宽的标准网片,贴在最外侧。一层窗台以下,为防止撞击伤害,应先安置加强型网布,再安置标准型网布。加强网格布应对接。

(10)网布自上而下施抹,同步施工,先施抹加强型网布,再施工标准型网布。墙面粘贴的网格布应覆盖在翻包的网格布上。

(11)网布黏完后应防雨水冲刷或撞击,容易碰撞的阳角、门窗应采取保护措施。料口应采取防污染措施,发生表面损坏或污染须立即处理。

(12)保护层施工后 4 h 内不能淋雨,终凝后及时喷水养护:日均气温高于 15 ℃时≥48 h,日均气温低于 15 ℃时≥72 h。

任务 3　胶粉 EPS 颗粒保温浆料外墙外保温施工

任务导航

本任务要求掌握胶粉 EPS 颗粒保温浆料外墙外保温构造,了解其施工工艺和施工要点。

9.3.1　胶粉 EPS 颗粒保温浆料外墙外保温构造

胶粉 EPS 颗粒保温浆料外墙外保温系统(或简称保温浆料)由界面层、胶粉 EPS 颗粒保温浆料保温层、抗裂砂浆薄抹面层和饰面层组成(见图 9-4)。胶粉 EPS 颗粒保温浆料经现场拌和后涂(喷涂或抹涂)于基层形成保温层。薄抹面层中应满铺玻纤网;胶粉 EPS 颗粒保温浆料保温层设计厚度不宜超过 100 mm,必要时应设置抗裂分隔缝。胶粉 EPS 颗粒保温浆料外墙外保温性能应满足设计要求。

9.3.2　施工准备

9.3.2.1　施工条件

(1)基层墙体应符合《混凝土结构工程施工质量验收规范》(GB 50204—2015)和《砌体结构工程施工质量验收规范》(GB 50203—2011)相关要求。

(2)门窗框及墙身上各种进户管线、水落管支架、预埋管件等按设计安装完毕,并预留出外保温层厚度。

(3)施工环境:温度不低于 5 ℃,风力不大于 5 级,风速不大于 10 m/s。不应雨期施工,无法避免时须可靠防雨。

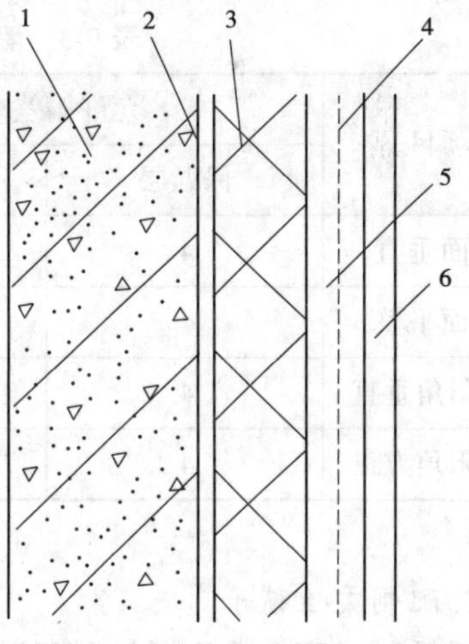

1—基层;2—界面砂浆;3—胶粉 EPS 颗粒保温浆料;
4—抗裂砂浆薄抹面层;5—玻纤网;6—饰面层。

图 9-4　胶粉 EPS 颗粒保温浆料外保温构造

9.3.2.2　施工机械准备

主要机具有木工手锯、钢丝刷、2 m 靠尺、开刀、2 m 托线板、钢尺、橡皮锤、钻、扁铲、笤帚等。

9.3.2.3 材料准备与要求

胶粉料、聚苯颗粒、耐碱玻纤网布、胶粉聚苯颗粒保温浆料、抗裂剂及抗裂砂浆性能应满足要求，外墙外保温饰面涂料须与胶粉聚苯颗粒外墙外保温系统相容。

1. 配制砂浆

水泥应用矿渣硅酸盐水泥或普通硅酸盐水泥，强度等级不低于 32.5 级，应有出厂证明和复试单，当出厂超过 3 个月时，水泥必须做复试并按试验结果使用，严禁使用受潮水泥。砂要求平均粒径为 0.35~0.5 mm 中砂，要求质地坚硬、洁净，含泥量不得大于 3%，不得含有草根、树叶、碱质和其他有机物等杂质。砂在使用前应按使用要求过不同孔径的筛子。胶粉料、聚苯颗粒、玻璃纤维网格布和抗裂柔性耐水腻子的主要技术性能指标要符合设计要求。界面剂应有产品合格证、性能检测报告，并应符合相关规定，进场后及时进行检验。

界面砂浆配合比为水泥∶中砂∶界面剂＝1∶1∶1（质量比），应准确计量，搅拌成均匀膏状。

胶粉聚苯颗粒保温浆料由胶粉料与聚苯颗粒（两种材料分袋包装）组成，先将 35~40 kg 水倒入砂浆搅拌机内，然后倒入 25 kg 保温胶粉料，搅拌 3~5 min 后，再倒入 200 L 聚苯颗粒轻骨料继续搅拌 3 min，可按施工稠度适当调整加水量。搅拌均匀后倒出，随拌随用，并在 3~4 h 内用完。配置完的胶粉聚苯颗粒保温浆料性能指标应满足设计要求。

抗裂砂浆配合比为抗裂剂∶水泥∶中砂＝1∶1∶3（质量比），加水用砂浆搅拌机或手提搅拌器搅拌均匀，稠度 80~130 mm，拌好的砂浆不得任意加水，并在 2 h 内用完。抗裂砂浆由聚合物乳液掺多种外加剂制成，具有良好的拉伸黏结强度和浸水拉伸黏结强度等特点，其技术性能指标应满足设计要求。墙体保温抹灰允许偏差和检验方法见表 9-3。

表 9-3 墙体保温抹灰允许偏差和检验方法

项目	允许偏差/mm		检验方法
	保温层	抗裂层	
立面垂直	4	3	用 2 m 托线板检查
表面平整	4	3	用 2 m 靠尺及塞尺检查
阴、阳角垂直	4	3	用 2 m 托线板检查
阴、阳角方正	4	3	用 200 mm 方尺及塞尺检查

2. 配制柔性腻子

柔性腻子配合比为柔性腻子胶∶白色硅酸盐水泥＝1∶0.4（质量比），用电动搅拌器搅拌均匀即可使用，应 2 h 内用完。柔性耐水腻子性能应满足设计要求。

3. 配制面砖黏结砂浆

面砖黏结砂浆配合比为面砖专用胶∶中细砂（细度模数为 2.0~2.8）∶水泥＝（0.7~0.8）∶1∶1（质量比），用砂浆搅拌机或电动搅拌器搅拌。先加入面砖专用胶液、中细砂搅拌均匀后，再加入水泥继续搅拌 3 min。面砖黏结砂浆配制及使用过程中均不得加水,配制好后应在2 h内用完。面砖黏结砂浆性能应满足要求。

4. 配制面砖勾缝材料

面砖勾缝材料配合比为面砖勾缝胶粉:水=4:1(质量比),应用电动搅拌器搅匀,配制好后2 h内用完。面砖勾缝材料性能应满足设计要求。

9.3.3　施工工艺及要点

9.3.3.1　施工工艺

胶粉聚苯颗粒外墙外保温系统施工工艺流程见图9-5。

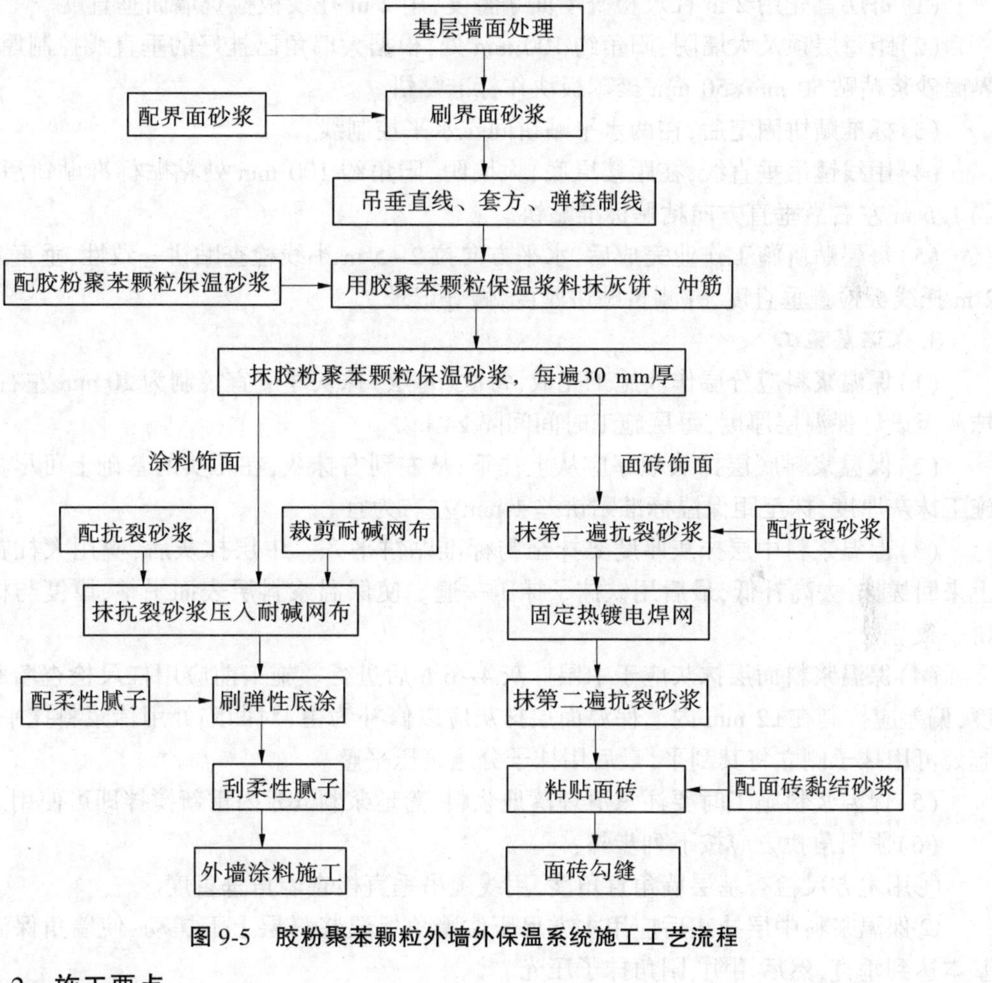

图9-5　胶粉聚苯颗粒外墙外保温系统施工工艺流程

9.3.3.2　施工要点

1. 基层准备

基层墙面结构应验收合格,外墙面基层垂直度和平整度应符合现行规范标准要求。保温层隐蔽施工前应检查确认墙体平整度、垂直度允许偏差在验收标准规定范围内。

(1)外墙面阳台栏杆、雨落管托架、外挂消防梯等应安装完毕且验收合格,墙面暗埋管线、线盒、预埋件、空调孔等提前安装完毕且验收合格。

(2)外窗辅框应安装完毕并验收合格。

(3)墙面脚手架孔、模板穿墙孔及墙面缺损处用水泥砂浆修补完毕并验收合格。

(4)主体结构变形缝、伸缩缝应提前做好处理。

(5)彻底清除基层墙面浮尘、油污、隔离剂、空鼓、风化物等影响墙面施工的物质,墙体表面凸起物≥10 mm 时应剔除。

(6)各材料的基层墙面均应满涂界面砂浆涂料,界面层不宜过厚。

2. 吊垂直线、弹控制线、贴饼

保温浆料施工前应在墙面设置施工厚度标志,步骤如下:

(1)每层首先用 2 m 杠尺检查墙面平整度,用 2 m 托线板检查墙面垂直度。

(2)距每层顶及大墙阴、阳角约 100 mm 处,根据大墙角已挂好的垂直线控制厚度,用界面砂浆粘贴 50 mm×50 mm 聚苯板块作标准贴饼。

(3)标准贴饼固定后,在两水平贴饼间拉水平控制线。

(4)用线锤吊垂直线,在距楼层底,大墙阴、阳角约 100 mm 处粘贴标准贴饼后,按间隔 1.5 m 左右沿垂直方向粘贴标准贴饼。

(5)每层贴饼施工作业完成后,水平方向拉 2~5 m 小线检查贴饼一致性,垂直方向用 2 m 托线板检查垂直度,并测量贴饼厚度,做好记录。

3. 保温层施工

(1)保温浆料应分层作业施工完成,每次(每层)抹灰厚度宜控制为 20 mm 左右,分层抹灰至设计保温层厚度,每层施工时间间隔 24 h。

(2)保温浆料底层抹灰顺序应从上往下、从左到右抹灰,在压实的基础上可尽量加大施工抹灰厚度,抹至距保温标准贴饼差 1 mm 左右为宜。

(3)保温浆料中层抹灰厚度要抹至与标准贴饼平齐。中层抹灰后,应用大杠在墙面上来回搓抹,去高补低,最后用铁抹子抹压一遍。使保温浆料层表面平整,厚度与标准贴饼一致。

(4)保温浆料面层抹灰应于中层抹灰 4~6 h 后进行。施工前应用杠尺检查墙面平整度,偏差应控制在±2 mm 内。保温面层抹灰应以修补为主,对凹陷处用稀浆料抹平,对凸起处可用抹子侧立将其刮平,最后用抹子分遍赶压平整。

(5)保温浆料施工时要注意清理落地浆料,落地浆料 4 h 内重新搅拌即可使用。

(6)阴阳角找方应按下列步骤:

①用木方尺检查基层墙角直角度,用线锤吊垂直检查墙角垂直度。

②保温浆料中层抹灰后应用木方尺压住墙角保温浆料层上下搓动,使墙角保温浆料基本达到垂直,然后用阴、阳角抹子压光。

③保温浆料面层大角抹灰时要用方尺、抹子反复测量抹压修补操作,确保垂直度偏差±2 mm,直角度偏差±2 mm。

(7)门窗侧口墙体与门窗边框连接处应预留出相应保温层厚度,并对已做好门窗边框表面成品妥善保护。

(8)门窗辅框安装验收合格后方可进行门窗口部位保温抹灰施工,门窗口施工时应先抹门窗侧口、窗上口部分保温层,再抹大墙面保温层。窗台口部分应先抹大墙保温层,再抹窗台口部分保温层。

(9)门、窗口滴水槽施工应在保温浆料施工完成后,在保温层上用壁纸刀沿线划开设定宽度的凹槽(槽深15 mm左右),先用抗裂砂浆填满凹槽,然后将滴水槽嵌入,并保证与抗裂砂浆黏牢,收去滴水槽两侧檐口浮浆,滴水槽应镶嵌牢固、水平。

(10)保温浆料施工完成后应按检验批要求做全面质量检验,自检合格的基础上,整理好施工质量记录和隐蔽工程检查验收记录。

4.抗裂防护层和饰面层施工

1)涂料饰面施工要点

保温层完工3~7 d后(强度达到以手掌按不动墙面为判断标准),且保温层厚度、平整度隐蔽验收合格后,进行抗裂层施工。

(1)抗裂层施工前应先将耐碱涂塑玻纤网格布按楼层高度分段裁好,将网格布裁成长度3 m左右的布块,网格布包边应剪掉。

(2)按施工配合比要求配制搅拌抗裂砂浆,注意砂浆应随拌随用。抹抗裂砂浆时,厚度应控制为3~5 mm,抹完宽度、长度相当于网格布面积的抗裂砂浆后,应立即用铁抹子将网格布压入新抹的抗裂砂浆中。最后沿网格布纵向用铁抹子再压一遍收光,消除面层抹子印。网格布压入程度以可见暗露网眼,但表面看不到裸露网格布为宜。

(3)阴角处耐碱网格布要单面压槎,其宽度不小于150 mm;阳角处应双向包角压槎搭接,其宽度不小于200 mm。网格布施工时要注意顺槎顺水搭接,严禁逆槎、逆水搭接。网格布铺贴要紧贴墙面保证平整、无褶皱,砂浆饱满度应达100%,不应出现大面积露布之处,大墙面要抹平、找直,阴阳角处要保证方正和垂直度。

(4)首层墙面应铺贴双层耐碱网格布。网格布之间应用对接方法铺贴,第一层铺贴施工完成后,再铺贴第二层网格布,方法同前,两层网格布之间的抗裂砂浆应饱满,严禁干贴。

(5)建筑物首层外保温应在阳角处双层网格布之间设专用金属护角,护角高度一般为2 m。第一层网格布铺贴好后,应放好金属护角,用抹子在护角孔处拍压出抗裂砂浆,抹第二遍抗裂砂浆压网格布时,用网格布覆盖住护角,保证护角部位坚实牢固、抗冲击。大面积铺贴网格布之前,应在门窗洞口处沿45°方向先粘贴一道网格布,尺寸宜为300 mm×400 mm。

(6)抗裂砂浆抹完后,严禁在面层上抹普通水泥砂浆腰线、套口线或刮涂刚性腻子等达不到柔性指标的外装饰材料;抗裂砂浆施工2 h后刷弹性底涂料,使其表面形成防水透气层;待抗裂砂浆基层干燥后,保温抗裂层验收合格后开始饰面层施工,对平整度达不到装饰要求的部位应刮涂柔性耐水腻子找补。刮涂柔性耐水腻子找平施工时,用靠尺对墙面及找平部位检验,对局部不平整处,先用0号粗砂纸于柔性耐水腻子未干前打磨、刮涂、修复。大面积刮涂腻子应在局部修补后,分两遍进行,两遍刮涂方向应相互垂直。

(7)浮雕涂料可直接在弹性底涂上喷涂,其他涂料待腻子层干燥后施涂。若干挂石材,则根据设计要求直接干挂于保温层。

2)面砖饰面施工要点

面砖饰面应待保温层施工结束3~7 d,且保温层厚度、平整度隐蔽验收合格后,方可进行抗裂层施工。

(1)抗裂层施工前应先将热镀锌四角焊网按楼层高度用克丝钳子分段裁好,将热镀锌四角焊网裁成长度约 3 m 的网片,并尽量将网片整平。

(2)抹第一遍抗裂砂浆时,厚度控制为 3 mm 左右,要求满涂,不得有漏涂处。按楼层分层施工,第一层抗裂砂浆固化后,开始铺钉热镀锌四角焊网,要求第一层抗裂层平整度不低于保温浆料层平整度。

(3)铺钉热镀锌四角焊网应按从上往下、从左到右的顺序,首先将热镀锌四角焊网在墙面就位,弯曲面朝向墙面,用 50~60 mm 长、弯成 U 形的 12 号钢丝插入保温层将热镀锌四角焊网临时固定,将热镀锌四角焊网固定于保温墙面上,后用冲击钻在临时固定的焊网上部打孔,孔中插入塑料膨胀螺栓,用手锤将胀钉钉牢。注意控制膨胀螺栓密度为每平方米 5~6 个,锚固膨胀螺栓要钉入结构墙体,深度不小于 25 mm。铺钉热镀锌四角焊网要紧贴墙面确保平整度达到±2 mm 的要求。

(4)热镀锌四角焊网平整度检验合格后方可进行第二层抗裂砂浆罩面施工,第二层抗裂砂浆抹灰层控制厚度 5~7 mm,热镀锌四角焊网要求 100%被抗裂砂浆覆盖,抗裂砂浆面层平整度、垂直度应控制于±2 mm 内。

(5)抗裂砂浆抹灰 2~3 h 后,可用木抹子在热镀锌四角焊网格上将抗裂砂浆面层搓毛,为下一层连接提供界面。

(6)抗裂砂浆施工完成后,应按要求对施工质量全面检查,在自检合格的基础上,整理施工质量记录和进行隐蔽检查验收。

(7)抗裂砂浆抹完后,严禁在面层上涂抹普通水泥砂浆腰线及设置水泥砂浆套口等。

(8)粘贴面砖按一般面砖粘贴施工工艺,应用保温层专用面砖粘贴砂浆。其程序为弹线分格、排面砖、浸面砖、贴面砖、面砖勾缝等。

任务 4　EPS 板现浇混凝土外墙外保温施工

任务导航

本任务要求掌握 EPS 板现浇混凝土外墙外保温构造、施工工艺和施工要点。

9.4.1　EPS 板现浇混凝土外墙外保温构造

EPS 板现浇混凝土外墙外保温以现浇混凝土外墙作基层,以阻燃型聚苯乙烯泡沫塑料板(EPS 板)为保温层。EPS 板内表面(与现浇混凝土接触面)沿水平方向开有矩形齿槽,内、外表均满涂界面砂浆。施工时将 EPS 板置于外模板内侧,并安装锚栓作辅助固定件。浇筑混凝土后,墙体与 EPS 板及锚栓结合为一体,拆模后外保温与墙体同时完成。EPS 板表面抹抗裂砂浆薄抹面层,外表以涂料为饰面层(见图 9-6)。

EPS 板现浇混凝土外墙外保温具有施工简单、安全、省工、省力、经济、与墙体结合紧密、可冬期施工等特点,并摆脱了人贴手抹的手工操作安装方式,实现了外保温安装工业化,减轻了劳动强度,有很好的经济效益和社会效益,适用于现浇混凝土剪力墙结构的外保温工程。

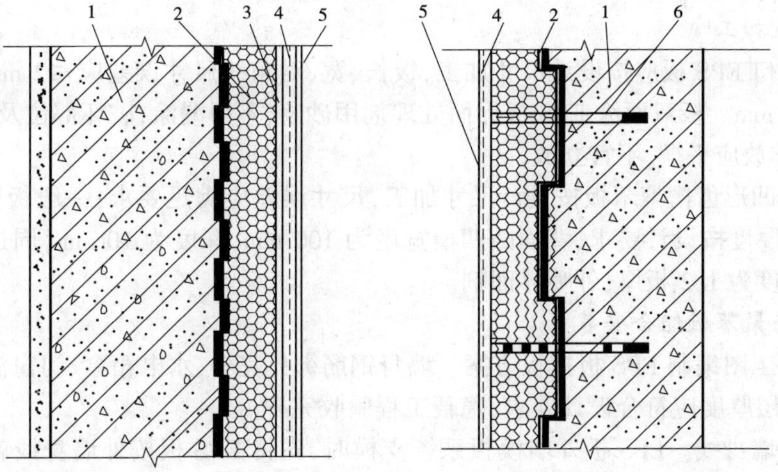

(a)带胶粉聚苯颗粒保温浆料找平　(b)不带胶粉聚苯颗粒保温浆料找平

1—基层墙体；2—带槽聚苯保温板；3—胶粉聚苯颗粒找平层；4—抗裂砂浆复合耐碱网布；
5—弹性底涂、柔性腻子及涂料面层；6—锚栓。

图 9-6　EPS 板现浇混凝土外墙外保温基本构造

9.4.2　施工准备

9.4.2.1　材料性能要求

(1)膨胀聚苯板(EPS 板)的主要性能。

膨胀聚苯板应为阻燃型。其性能指标除应满足设计要求外，还应符合《绝热用模塑聚苯乙烯泡沫塑料(EPS)》(GB/T 10801.1—2021)第Ⅱ类的其他要求，膨胀聚苯板出厂前应自然条件下陈化 42 d 或在 60 ℃蒸气中陈化 5 d。

(2)聚苯板界面砂浆性能指标应符合设计要求。

(3)尼龙锚栓技术性能指标应符合设计要求。

9.4.2.2　施工机具准备

应提前准备好安全、工况良好的施工机具，主要有切割聚苯板操作平台、电热丝、接触式调压器、电烙铁、强制式搅拌机、垂直运输机械、水平运输机械、手提式搅拌器、喷枪、手提式电动打磨机；常用抹灰工具及抹灰专用检测工具、水桶、剪刀、滚刷、铁锹、手锤、方尺、靠尺等。

9.4.3　施工要点

9.4.3.1　EPS 板现浇混凝土外墙外保温施工工艺

绑扎垫块、EPS 板加工→安装 EPS 板→立内侧模板、穿穿墙螺栓→立外侧模板、紧固螺栓、调垂直→混凝土浇筑→拆除模扳→EPS 板面清理、配胶粉聚苯颗粒保温浆料→抹胶粉聚苯颗粒、找平→配抗裂砂浆、裁剪耐碱网格布、抹抗裂砂浆压入耐碱网布→配弹性底涂、涂弹性底涂→配柔性腻子、刮涂柔性腻子→外墙饰面施工。

9.4.3.2 施工要点

1. 聚苯板加工

(1)带企口 EPS 板应按设计尺寸加工,板长、宽、对角线尺寸误差应≤2 mm,厚度、企口误差应≤1 mm。板双面涂 EPS 板界面处理剂用砂浆,不得漏涂,破坏部位及时修补;聚苯板运输及堆放应平摆,不宜立放。

(2)带凸凹形齿槽聚苯板按设计尺寸加工,尺寸误差应满足要求;一般板宽 1.22 m,板高按楼层,厚度按设计要求,背面凸凹槽宽度为 100 mm,深度为 10 mm,周边高低槽槽宽 25 mm,深度为 1/2 板厚,外喷界面剂。

2. 模板与聚苯板组合安装

(1)按施工图编制 EPS 板排板方案。墙身钢筋绑扎完毕,水电箱盒、门窗洞口预埋完毕,检查保护层厚度应符合设计要求,隐蔽工程验收完毕。

(2)弹好墙身线。EPS 板外墙模板系统支模时,先将 EPS 板按外墙身线就位于外墙钢筋外侧,先根据建筑物平面图及其形状排列 EPS 板,安装时首先安装阴阳角处 EPS 板,然后安装大墙面 EPS 板,并根据其特殊节点形状预先将 EPS 板裁好,将 EPS 板接缝处涂黏结胶,板与板间企口缝安装前涂刷 EPS 板黏结胶,随即安装。然后将 EPS 板黏接上,黏接完成的 EPS 板不能再移动,以竖缝专用塑料夹将两块 EPS 板初步连接,基本拉住 EPS 板。用工程塑料卡穿透 EPS 板,就位时可用绑扎钢丝把卡子与墙体钢筋绑扎固定,绑扎时注意 EPS 板底部应绑更紧,使底部内收 3~5 mm,以保证拆模后 EPS 板底部与上口平齐。

(3)外墙钢筋验收合格后,绑扎按混凝土保护层厚度要求制好的水泥砂浆垫块。每平方米不少于 4 个,首层聚苯板须严格控制于同一水平上,保证以后上面聚苯板的缝隙严密和垂直。板缝处用聚苯板胶填塞。

(4)外侧 EPS 板安装完毕后,安装门窗洞口模板,安装内模板之前要检查钢筋,各种水电预埋件位置是否正确,并清除模内杂物。

(5)内模板按内墙身位置线找正后,将外墙内侧向的大模板正确就位,调整好垂直度,立模精度要符合标准要求,并固定牢固,使该模板成为基准模板。

(6)从内模板穿墙孔处插穿墙拉杆及塑料套管和管堵,并在穿墙拉杆端部,套上一节镀锌铁皮圆桶。插入 EPS 板,但此时暂不穿透 EPS 板模板。

(7)组合外模板时首先将外模板置三脚架上,按照大模板穿墙螺栓间距,用电烙铁给 EPS 板开孔,使模板与 EPS 板孔洞吻合,孔洞不宜太大以免漏浆。此时二次插穿墙螺栓利用镀锌圆铁皮筒,将 EPS 板切出圆孔,使穿墙螺栓完全穿透墙体外模,用穿墙螺栓将外墙外侧组合模板就位。

(8)穿墙螺栓穿透墙体后,将端头套的镀锌铁皮圆筒摘掉,然后完成相应外模板调整和紧固作业。

(9)EPS 板开孔或裁小块时,注意防止碎块掉入墙体内。

3. 混凝土浇筑

(1)外墙外侧安装聚苯板时,将企口缝对齐,墙宽不合模数的用小块保温板补齐,门窗洞口处保温板可不开洞,待墙体拆模后再开洞。门窗洞口及外墙阳角处聚苯板外侧缝隙,用楔形聚苯板条塞堵,深度10~30 mm。

(2)浇筑混凝土时,插、拔振动棒不得损坏保温层。

(3)整理下层的伸出钢筋,须保护下层保温板边槽口,防止受损。

(4)墙体混凝土浇筑完毕后,槽口处如有砂浆应立即清除。

(5)穿墙螺栓孔,应以干硬性砂浆捻实填补(厚度小于墙厚),随即用保温浆料填补至保温层表面。

(6)常温条件下墙体混凝土浇筑完成,间隔12 h后且混凝土强度不低于1 MPa即可拆除墙体内、外侧面大模板。

4. 找平层、抗裂防护层和饰面层施工

需找平时,用胶粉聚苯颗粒保温浆料找平,并用胶粉聚苯颗粒对浇筑缺陷修补处理。胶粉聚苯颗粒保温浆料的施工方法,抗裂防护层和饰面层的施工可参考本教学项目任务3及相关规范标准。

任务5 EPS钢丝网架板现浇混凝土外墙外保温施工

任务导航

本任务要求掌握EPS钢丝网架板现浇混凝土外墙外保温构造、施工工艺和施工要点。

9.5.1 EPS钢丝网架板现浇混凝土外墙外保温构造

EPS钢丝网架板现浇混凝土外墙外保温是以EPS单面钢丝网架板为保温材料,现场浇筑混凝土时将EPS单面钢丝网架板置于外模板内侧,保温材料与混凝土基层一次浇筑成型,钢丝网架板表面抹水泥抗裂砂浆并可粘贴面砖材料的外墙外保温系统(见图9-7)。

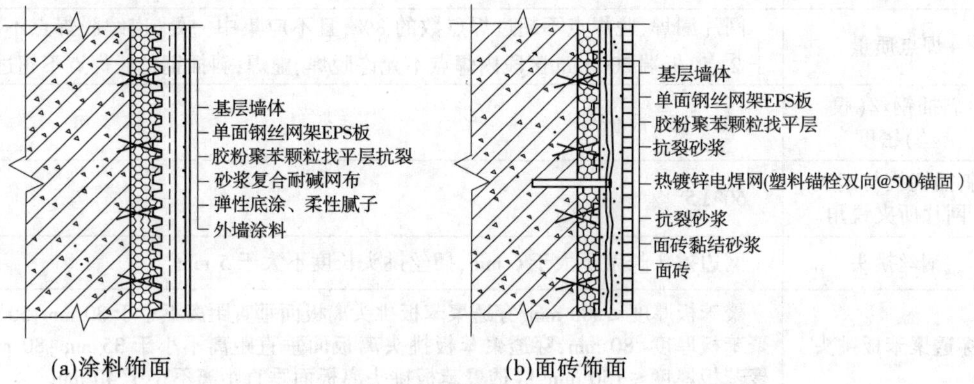

图9-7 EPS钢丝网架板现浇混凝土外墙外保温基本构造

EPS钢丝网架板现浇混凝土外墙外保温是在外墙钢筋绑扎完毕后,将工厂预制的聚苯保温板置放于墙体钢筋外侧(聚苯板外表面有横向齿槽,中间斜插若干$\phi 2.5$穿过板材的镀锌钢丝,并与板材外的一层钢丝网片焊接,构件表面喷有界面剂)并与墙体钢筋固定,再支设墙体内、外模板(此时保温板位于外钢模板内侧),然后浇筑混凝土墙,拆模后保温板和混凝土墙体结合为一体,牢固可靠。为确保保温板与墙体可靠结合,聚苯板保温构件上的镀锌斜插钢丝伸入混凝土墙内,并通过聚苯板插入经防锈处理的ϕ6的L形钢筋,每平方米3~4个,然后在钢丝网架上抹抗裂水泥砂浆找平层或胶粉聚苯颗粒保温浆料找平层复合抗裂防护面层,最后用弹性胶黏剂粘贴面砖。如在表面施工涂料面层,则在抗裂水泥砂浆找平层或胶粉聚苯颗粒保温浆料找平层上抹厚4~5 mm聚合物水泥砂浆玻璃纤维网格布防护层和弹性腻子防裂层,最后在表面施工有机弹性涂料。

EPS钢丝网架板现浇混凝土外保温优点有:施工速度快,可大大缩短工期;与主体结构连接可靠,施工安全;能冬期施工(因保温板置于钢模板内侧,相当于保温模板),不受气候影响;造价低等。其适用于现浇混凝土剪力墙体系面层粘贴面砖的外墙外保温系统。

9.5.2 施工准备

9.5.2.1 材料性能要求

斜嵌入式钢丝网架聚苯板质量应符合表9-4的要求。

表9-4 斜嵌入式钢丝网架聚苯板质量要求

项目	质量要求
凹槽	钢丝网片一侧的聚苯板面上凹槽宽20~30 mm,凹槽深(12±2)mm,并且间距均匀
企口	聚苯板两长边设高低槽,宽20~25 mm,深1/2板厚,要求尺寸准确
界面处理	聚苯板两面及钢丝网架上均匀喷涂聚苯板界面砂浆,聚苯板界面砂浆与聚苯板须黏牢,涂层均匀一致,不得露底,干擦不掉粉
镀锌低碳钢丝	用于钢丝网片的镀锌低碳钢丝直径为2.00 mm、2.20 mm,用于斜插丝的镀锌低碳钢丝直径为2.20 mm、2.50 mm,误差为±0.05 mm,其性能指标应符合《钢丝网架夹芯板用钢丝》(YB/T 126-1997)的要求
焊点强度	抗拉力不小于330 N,无过烧现象
焊点质量	网片漏焊、脱焊点不超过焊点数的8%,且不应集中一处,连续脱焊点不应多于2点,板端200 mm区段内焊点不允许脱焊、虚焊,斜插钢丝脱焊点不超过2%
斜插钢丝(腹丝)密度	100~150根/m^2
斜插钢线与钢丝网片所夹锐角	60°±5°
钢丝挑头	网边挑头长度不大于6 mm,插丝挑头长度不大于5 mm
穿透聚苯板挑头	聚苯板厚度≤500 mm,穿透聚苯板挑头离板面垂直距离不小于30 mm;50 mm<聚苯板厚度<80 mm,穿透聚苯板挑头离板面垂直距离不小于35 mm;80 mm≤聚苯板厚度≤150 mm,穿透聚苯板挑头离板面垂直距离不小于40 mm
聚苯板对接	不大于3 000 mm长板中聚苯板对接不得多于2处,且对接处须用聚氨酯胶黏牢
钢丝钢片与聚苯板最短距离	(5±1)mm

注:横向钢丝应对准凹槽中心。

9.5.2.2　材料准备

(1)斜嵌入式钢丝网架聚苯板厚度应满足设计要求,其表观密度应为 18~22 kg/m^3,表面应喷涂界面剂。

(2)保温板与墙体连接应用经防锈处理的 L 形ϕ6 钢筋或尼龙胀栓。

(3)抗裂抹灰砂浆材料一般用 32.5 级普通硅酸盐水泥,砂应用干净中砂,干粉料或聚合物乳液、防裂外加剂、耐碱涂塑型玻纤网格布及聚苯颗粒保温浆料、泡沫塑料棒、塑料滴水线槽、分格条和嵌缝油膏等性能应满足要求。

(4)饰面层面砖或弹性有机涂料应满足设计要求。

9.5.2.3　技术准备

施工前应熟悉相关图纸资料,参阅有关施工工艺,做好技术准备工作;同时应了解材料性能,掌握施工要领,明确施工顺序;做好工人技术培训和技术交底工作。

9.5.2.4　机具设备

施工机具主要需准备切割聚苯板操作平台、电热丝、接触式调压器、电烙铁、强制式搅拌机、垂直运输机械、水平运输机械、手提式搅拌器、喷枪、瓷砖切割器、手提式电动打磨机、冲击钻;常用抹灰工具及抹灰专用检测工具、水桶、剪刀、滚刷、铁锹、手锤、线锤、方尺和靠尺等。

9.5.3　施工要点

9.5.3.1　EPS 钢丝网架板现浇混凝土外墙外保温系统施工工艺流程

支模浇筑单面钢丝网架聚苯板→拆除模板→配制抗裂砂浆或胶粉聚苯颗粒→抹抗裂砂浆或胶粉聚苯颗粒找平→裁剪耐碱网布、配制抗裂砂浆→抹抗裂砂浆压入耐碱网布(抹第一遍抗裂砂浆)→刷弹性底涂、配柔性腻子(固定热镀锌钢丝网)→刮柔性腻子(抹第二遍抗裂砂浆、配制面砖黏结砂浆)→外墙涂料施工(粘贴面砖并勾缝)(注:括号内为面砖饰面施工)。

9.5.3.2　施工要点

1. 安装外墙保温构件

(1)单面钢丝网架聚苯板在工厂加工成型,板面及钢丝网架均匀喷涂聚苯板界面砂浆,不得有漏喷处,厚度不小于 1 mm,漏喷部位应及时补涂;聚苯板在运输及现场堆放过程中应平放,不宜立摆,轻拿轻放。

(2)内、外墙钢筋绑扎验收合格后,方可进行保温构件安装。

(3)按设计要求的墙体厚度弹水平线及垂直线,以确定外墙厚度尺寸,为确保钢筋与保温层构件之间的保护层厚度,应在外墙钢筋外侧绑扎砂浆垫块,每块 EPS 板内不少于 6 个。

(4)安装保温构件时,保温构件就位后,板之间用火烧丝绑扎,间距不大于 150 mm,用电烙铁在聚苯板上烫孔,将 L 筋按位置穿过保温板,用火烧丝将其与墙体钢筋绑扎牢固。L 筋长 150 mm,弯钩 30 mm,外表刷防锈漆两道或做其他防锈处理。

(5)保温板外侧低碳钢丝网片均按楼层层高断开,互不连接。

2. 模板安装

宜用大模板。按保温板厚度确定模板配置尺寸、数量。

(1)按弹出墙线位置安装模板。底层混凝土强度不低于 7.5 MPa 时开始安装,安装上一层模板时,利用下一层外墙螺栓孔挂三角平台架(安全防护架)。

(2)安装外墙外侧模板前,须在现浇混凝土墙体根部或保温板外侧采取可靠定位措施,以防模板挤靠保温板。模板放于三角平台架上,将模板就位,穿螺栓紧固校正,连接须严密、牢固,防止错台和漏浆。

3. 混凝土浇筑

混凝土坍落度应不小于 180 mm。

(1)墙体混凝土浇筑前,保温板上面须采取遮挡措施,应安装槽口保护套,宽度为保温板厚度加模板厚度。新旧混凝土接槎处应均匀浇筑 30~50 mm 同强度等级细石混凝土。混凝土分层浇筑厚度≤500 mm,一次浇筑高度≤1 m,混凝土下料点应分散布置,连续进行,间隔时间不超 2 h。

(2)振捣棒振动间距一般应小于 500 mm,每一振动点延续时间以表面泛浆和不再下沉为止。

(3)洞口处浇筑混凝土时,应沿洞口两边同时下料,使两侧浇筑高度大体一致,振捣棒应距洞边 300 mm 以上,以保证洞口下部混凝土密实。

(4)施工缝留于门洞口过梁跨度 1/3 范围内,或纵横墙交接处。

(5)墙体混凝土浇筑完毕后,须整理上口甩出的钢筋,并用木抹子抹平混凝土表面。

4. 模板拆除

(1)常温下,墙体混凝土强度≥1.0 MPa,冬期施工墙体混凝土强度≥7.5 MPa,方可拆除模板,拆模时应以同条件养护试块抗压强度为准。

(2)先拆除外墙外侧模板,再拆除外墙内侧模板。

(3)穿墙套管拆除后,混凝土墙部分孔洞应用干硬性砂浆捻塞密实,保温板部分孔洞应用保温材料补齐。

(4)拆模后保温板上横向钢丝须对准凹槽,钢丝距槽底≥8 mm。

5. 混凝土养护

常温施工时,模板拆除后 12 h 内喷水或养护剂养护,不少于 7 d,次数以保持混凝土湿润为准。冬期施工时应有专人定点、定时测定混凝土养护温度,并做好记录。

6. 板面抹灰

(1)抹灰前准备工作。

①若保温板表面有余浆、疏松、空鼓等,均应清除干净,确保保温板表面干净、无尘、无油渍和污垢。

②绑扎阴阳角、窗口四角角网,角网尺寸应为 400 mm×1 200 mm、200 mm×1 200 mm,钢丝网架板拼缝处应用火烧丝绑扎,间距应不大于 150 mm,窗口四角八字网尺寸应为 400 mm×200 mm,成 45°。

③保温板两层之间应断开,不得相连。

(2)抹灰:钢丝网架可用胶粉聚苯颗粒保温浆料找平,并用胶粉聚苯颗粒对浇筑中出现的缺陷处理。

①板面上界面剂如有缺损，应在表面上补界面处理剂，要求均匀一致，不得露底（包括钢丝网架）。

②抹灰层之间、抹灰层与保温板之间须黏牢，无脱层、空鼓。表面应光滑洁净，接槎平整，线角须垂直、清晰。

③抹灰分为底层和面层，底层抹灰凝结后可进行面层抹灰，每层抹完后均须洒水养护或喷养护剂。

④分格条宽、深要均匀一致，平整光滑，横平竖直，棱角整齐，滴水线槽流水坡度要准确，槽宽和深度不小于 10 mm。

⑤抹灰完成后，常温下 24 h 后表面平整无裂纹即可在面层抹厚 4~5 mm 的聚合物水泥砂浆玻纤网格布防护层，然后在表面施工面砖装饰层。如选择涂料，宜用弹性腻子或有机弹性涂料。

⑥施工时应避免大风天气，气温低于 5 ℃时，应停止施工。

7. 成品保护措施

（1）抹完水泥砂浆面层后的保温墙体，不得随意开凿孔洞，如确需开洞，应在水泥砂浆达设计强度后方可进行，并应及时修补完工后的洞口。

（2）拆除架子时应防止撞击已装修好的墙面，门窗洞口、边、角、垛处应采取保护措施，其他作业不得污染墙面，严禁踩踏窗台。

任务 6　机械固定 EPS 钢丝网架板外墙外保温施工

任务导航

本任务要求掌握机械固定 EPS 钢丝网架板外墙外保温构造、施工工艺和施工要点。

9.6.1　机械固定 EPS 钢丝网架板外墙外保温构造

机械固定 EPS 钢丝网架板外墙外保温（简称机械固定系统）由机械固定装置、腹丝非穿透型 EPS 钢丝网架板、掺外加剂水泥砂浆厚抹面层和饰面层构成（见图 9-8）。以涂料做饰面层时，应加抹玻纤网抗裂砂浆薄抹面层。

外墙外保温用 EPS 钢丝网架板（简称 SB 板），是以阻燃型聚苯乙烯板为保温芯材，配有双向斜插入的高强度钢丝，并与单面覆以网目 50 mm×50 mm 的ϕ 2 钢丝网片焊接，成为带整体焊接钢丝网架的保温板材，根据保温需要斜插丝不穿透 EPS 板。按照国家建材行业标准《钢丝网架水泥聚苯乙烯夹芯板》（JC/T 623—1996）的要求，SB 板须机械连续自动焊接而成，严禁手工焊接钢丝网。

机械固定 EPS 钢丝网架板外墙外保温符合建筑节能需要。适用于砌体、框架填充墙和现浇剪力墙建筑，施工简单，易于操作，钢丝网抹灰层 25 mm 厚，耐火性能超过 1. 2 h；钢丝网抹灰基层可靠，适合粘贴面砖饰面。该系统适用于寒冷地区，不适用于夏热冬冷地区及夏热冬暖地区，严寒地区使用会受一定限制。不适用于用加气混凝土和轻骨料混凝土基层。

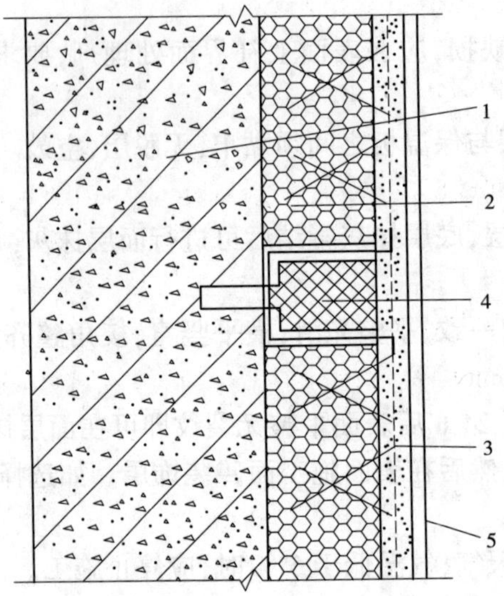

1—基层；2—EPS 钢丝网架板；3—掺外加剂水泥砂浆抹面层；
4—机械固定装置；5—饰面层。

图 9-8　机械固定 EPS 钢丝网架板外墙外保温系统基本构造

9.6.2　施工准备

9.6.2.1　材料要求

1. 钢丝

SB 板板面网片冷拔钢丝为 $\phi 2 \pm 0.05$ mm，用于斜插的镀锌冷拔钢丝为 $\phi 2$（或 $\phi 2.2$）± 0.05 mm，其抗拉强度不小于 550 N/mm²，钢网脱焊、漏焊点不得超过 2%，连续脱焊点不应多于 2 个，斜插丝脱焊点不得超过 2%。

2. 芯板

阻燃型聚苯乙烯芯板密度为 15~20 kg/m³，其余应符合《绝热用模塑聚苯乙烯泡沫塑料(EPS)》(GB/T 10801.1—2021)的规定。

3. 抹灰砂浆

用于 SB 板砂浆面层宜用不低于 M10 抗裂水泥砂浆；如饰面层为弹性涂料，为避免墙体开裂，山墙中层抹灰后应压入耐碱玻纤网格布，网格布应符合《耐碱玻璃纤维网布》(JC/T 841—2007)的规定。

9.6.2.2　材料准备

SB 板、各种宽度的冷拔镀锌钢丝网片（平网、角网、U 形网等）、$\phi 6$ 钢筋、锚固铁件、膨胀螺栓和 22 号镀锌钢丝、承托角钢、预埋件。

9.6.2.3　工具准备

需准备工具有冲击钻、锤、扳手、断丝剪、钢尺、钢锯等。

9.6.2.4　作业条件

施工前检查 SB 板质量，运输、堆放时造成的变形须校正，脱焊点须补焊或用钢丝扎紧;清除墙面灰渣,修整墙面不平整处至平齐。

9.6.3 施工要点

9.6.3.1 施工操作要点

(1)实心墙体预先内埋ϕ6拉结筋,筋长320 mm,预埋端设20 mm弯钩,外露160 mm,拉结筋双向中距不应大于500 mm,多孔砖墙体预埋拉结筋构造同实心墙体;混凝土墙体用ϕ6胀管螺钉固定,每平方米不少于7个固定胀管螺钉。拉结筋或胀管螺钉呈梅花形布置,外露拉结筋预刷两道防锈漆,沿门窗洞的拉结筋距洞边宜为75 mm。

(2)在圈梁或框架梁上预埋连接件,其中距不大于1 200 mm,SB板承托角钢与预埋连接件焊接。

(3)SB板按设计裁板,拼装后安装就位。砌体墙体拉结筋穿透SB板后扳倒,把钢丝网片压紧,并用钢丝绑牢。

(4)门窗洞口四角应铺L形SB板,不应用直缝拼板,并在门窗洞口四角SB板上附加45°斜铺40 mm×200 mm钢丝网。

(5)板与板之间挤紧,要保证保温层塞实严密。

(6)外墙阴阳角及门窗口、阳台底边处等须附加钢丝网(平网、角网、U形网)。

(7)钢筋混凝土墙上复合SB板,可用ϕ6膨胀螺栓通过锚固件固定于墙体。锚固件为镀锌薄钢板,槽深根据保温板厚度确定。

(8)大墙面超过15 m^2时,宜设置水平变形缝和垂直变形缝,变形缝净宽20 mm,内填聚乙烯棒形背衬,外嵌填弹性密封膏。变形缝两侧SB板应用U形钢丝网包边,砂浆抹平后缝宽20 mm。

9.6.3.2 外墙面抹灰

1. 抹灰前准备

(1)抹灰前要认真清除板面灰尘、污垢、油渍等。

(2)检查加固阴阳角及拼缝网片,应顺直、平整、牢固。

2. 原材料

(1)采用P·O 32.5级普通硅酸盐水泥。砂用中砂,要求含泥量≤3%。底层和中层水泥砂浆按1:4配合比配制。

(2)界面剂用聚合物水泥浆内掺4%抗裂剂和适量熟石灰粉,28 d抗压强度应达10 MPa。面层用细砂水泥砂浆内掺8%抗裂剂和1%甲基纤维素。

(3)采用耐碱玻纤网格布。

3. 抹灰

(1)抹灰前,SB板面未涂刷界面剂部分,均匀喷涂或刷涂一层界面处理剂,不得漏涂。

(2)抹灰分底层、中层和罩面层。底层厚12~15 mm,中层厚8~10 mm,罩面层厚3~5 mm,总厚度不小于25 mm。山墙中层抹灰后,应压入一层玻纤网格布,再抹罩面层灰。

(3)涂料饰面时,罩面层先刮一层专用罩面腻子,不平处用砂纸磨平。面砖饰面时,罩面层上用专用粘结砂浆粘贴面砖,专用胶粉勾缝。

任务 7　外墙保温施工质量要求

任务导航

本任务要求掌握建筑节能工程验收基本规定和一般规定，掌握墙体节能施工质量验收主控项目和一般项目验收要求。

9.7.1　建筑节能工程验收基本规定

(1)建筑节能应作为一个分部工程。

(2)工程设计变更不得降低建筑节能效果。设计变更涉及建筑节能效果时，应经原施工图设计审查机构审查，实施前应办理设计变更，经监理单位或建设单位确认。

(3)单位工程施工组织设计应包括建筑节能施工内容。施工单位应编制建筑节能施工方案并经监理单位或建设单位审批。施工单位应对从事建筑节能施工作业人员进行技术交底和必要的实际操作培训。

(4)建筑节能工程使用的材料、设备等，须符合设计要求及国家有关标准规定。严禁使用国家明令禁止与淘汰的材料和设备。

(5)材料和设备进场验收。对材料和设备品种、规格、包装、外观和尺寸等检查验收，并应经监理工程师(建设单位代表)确认，形成验收记录。对材料和设备质量证明文件核查，并应经监理工程师(建设单位代表)确认，纳入工程技术档案。进入施工现场用于节能工程的材料和设备均应有出厂合格证、中文说明书及相关性能检测报告；定型产品和成套技术应有型式检验报告，进口材料和设备应按规定进行出入境商品检验。材料和设备应按照规范规定进行施工现场见证取样送检(复检)。

(6)现场配制材料如保温浆料、聚合物砂浆等，应按设计要求或实验室配合比配制。设计无具体要求时，应按照施工方案和产品说明书配制。

(7)建筑节能工程应按审查合格的设计文件和审批的施工方案施工。

(8)建筑节能施工前，对采用相同建筑节能设计的房间和构造做法，应现场用同材料、同工艺制作样板间或样板件，经相关方确认后才施工。

9.7.2　墙体节能施工质量验收一般规定

(1)除采用 EPS 聚苯板现浇混凝土外墙保温外，主体结构完成后施工的墙体节能工程，应在基层质量验收合格后施工，施工中应及时进行质量检查、隐蔽工程验收和检验批验收，施工完成后应进行墙体节能分项工程验收。与主体结构同时施工的墙体节能工程，应与主体结构一同验收。

(2)墙体节能工程应对下列部位或内容进行隐蔽工程验收，并应有详细的文字记录和必要的声像资料：①保温层附着的基层及其表面处理；②保温板黏结或固定；③锚固件；④增强网铺设；⑤墙体热桥部位处理；⑥预置保温板或预制保温墙板板缝及构造节点；⑦现场喷涂或浇筑有机类保温材料界面；⑧被封闭的保温材料厚度；⑨保温隔热砌块填充墙体。

(3)墙体节能工程验收检验批划分应符合下列规定:相同材料、工艺和施工做法的墙面,每500~1 000 m^2 面积划分为一个检验批,不足500 m^2 也为一个检验批;检验批划分也可根据与施工流程相一致且方便施工与验收原则,由施工单位与监理(建设)单位共同商定。

(4)外墙饰面层施工质量应符合《建筑装饰装修工程质量验收标准》(GB 50210—2018)、《外墙外保温工程技术标准》(JGJ 144—2019)的相关规定。

9.7.3　墙体节能施工质量验收标准

墙体节能施工质量检查验收按主控项目和一般项目验收,检查验收内容及方法如下。

9.7.3.1　主控项目

(1)用于墙体节能工程的材料、构件等,其品种、规格应符合设计和相关标准规定。

检验方法:观察、尺量检查,核查质量证明文件。

检查数量:按进场批次,每批随机抽取3个试样检查;质量证明文件应按照其出厂检验批核查。

(2)墙体节能工程使用的保温隔热材料,其导热系数、密度、抗压强度或压缩强度、燃烧性能应满足设计要求。

检验方法:核查质量证明文件及进场复验报告。

检查数量:全数检查。

(3)墙体节能工程采用的保温材料和黏结材料等,进场时应对其下列性能复验,复验应为见证取样送检:①保温材料导热系数、密度、抗压强度或压缩强度;②黏结材料的黏结强度;③增强网力学性能、抗腐蚀性能。

检验方法:随机抽样送检,核查复验报告。

检查数量:同一厂家同一品种的产品,单位工程建筑面积≤20 000 m^2 时,各抽查≥3次;单位工程建筑面积>20 000 m^2 时,各抽查≥6次。

(4)严寒和寒冷地区外保温用黏结材料,冻融试验结果应符合该地区最低气温环境使用要求。

检验方法:核查质量证明文件。

检查数量:全数检查。

(5)墙体节能施工前应按照设计和施工方案要求进行基层处理,处理后的基层应符合保温层施工方案要求。

检验方法:对照设计和施工方案观察检查,核查隐蔽工程验收记录。

检查数量:全数检查。

(6)墙体节能工程各层构造做法应符合设计,并应按经审批的施工方案施工。

检验方法:对照设计和施工方案观察检查,核查隐蔽工程验收记录。

检查数量:全数检查。

(7)墙体节能工程的施工,应符合下列规定:

①保温隔热材料厚度须符合设计要求。

②保温板材与基层,各构造层之间的黏结或连接须牢固。黏结强度和连接方式应符合设计要求。保温板材与基层的黏结强度应进行现场拉拔试验。

③保温浆料应分层施工。采用保温浆料做外保温时,保温层与基层之间,各层之间的黏结须牢固,不应脱层、空鼓和开裂。

④墙体节能工程保温层采用预埋或后置锚固件固定时,锚固件数量、位置、锚固深度和拉拔力应满足设计要求。后置锚固件应进行锚固力现场拉拔试验。

检验方法:观察,手板检查,保温材料厚度用钢针插入或剖开尺量检查;黏结强度和锚固力核查试验报告,核查隐蔽工程验收记录。

检查数量:每个检验批抽查不少于 3 处。

(8)外墙采用预置保温板现场浇筑混凝土墙体时,保温板验收应符合相关规范规定;保温板安装应位置正确、接缝严密;保温板在浇筑混凝土过程中不得移位、变形;保温板表面应采取界面处理措施,与混凝土黏结应牢固。

混凝土和模板验收,应按《混凝土结构工程施工质量验收规范》(GB 50204—2015)的规定。

检验方法:观察检查,核查隐蔽工程验收记录。

检查数量:全数检查。

(9)外墙采用保温浆料做保温层时,施工中应制作同条件养护试件,检测其导热系数、干密度和压缩强度。保温浆料同条件养护试件应见证取样送检。

检验方法:核查试验报告。

检查数量:每个检验批应抽样制作同条件养护试块≥3 组。

(10)墙体节能工程各类饰面层的基层及面层施工,应符合设计和《建筑装饰装修工程质量验收标准》(GB 50210—2018)的要求,并应符合以下规定:

①饰面层施工基层应无脱层、空鼓和裂缝,基层应平整、洁净,含水量应符合饰面层施工要求。

②外墙外保温工程不宜用粘贴饰面砖做饰面层;采用时,其安全性与耐久性须符合设计要求。饰面砖应进行黏结强度拉拔试验,试验结果应符合设计和相关标准规定。

③外墙外保温工程饰面层不得渗漏。外墙外保温工程饰面层用饰面板开缝安装时,保温层表面应具有防水功能或采取其他防水措施。

④外墙外保温层及饰面层与其他部位交接的收口处,应密封。

检验方法:观察检查,核查试验报告和隐蔽工程验收记录。

检查数量:全数检查。

(11)保温砌块砌筑的墙体,应用具有保温功能的砂浆砌筑。砌筑砂浆强度等级应符合设计要求。砌体水平灰缝饱满度不应低于 90%,竖直灰缝饱满度不应低于 80%。

检验方法:对照设计核查施工方案和砌筑砂浆强度试验报告。用百格网检查灰缝砂浆饱满度。

检查数量:每楼层每个施工段至少抽查一次,每次抽查 5 处,每处不少于 3 个砌块。

(12)用预制保温墙板现场安装的墙体,应符合以下规定:

①保温墙板应有型式检验报告,其中应包含安装性能的检验。

②保温墙板结构性能、热工性能及与主体结构连接方法应符合设计要求,与主体结构连接须牢固。

③保温墙板板缝处理、构造节点及嵌缝做法应符合设计要求。

④保温墙板板缝不得渗漏。

检验方法:核查型式检验报告、出厂检验报告,对照设计观察,对照淋水试验检查;核查隐蔽工程验收记录。

检查数量:型式检验报告、出厂检验报告全数核查;其他项目每个检验批抽查5%,并不少于3块(处)。

(13)设计要求墙体内设置隔汽层时,隔汽层位置、使用材料及构造做法应符合设计要求和相关标准规定。隔汽层应完整、严密,穿透隔汽层处应采取密封措施。隔汽层冷凝水排水构造应符合设计要求。

检验方法:对照设计观察检查,核查质量证明文件和隐蔽验收记录。

检查数量:每个检验批抽查5%,并不少于3处。

(14)外墙或毗邻不采暖空间墙体上门窗洞口四周侧面,墙体上凸窗四周侧面,应按设计要求采取节能保温措施。

检验方法:对照设计观察检查,必要时抽样剖开检查;核查隐蔽工程验收记录。

检查数量:每个检验批抽查5%,并不少于5个洞口。

(15)严寒和寒冷地区外墙热桥部位,应按设计要求采取节能保温等隔断热桥措施。

检验方法:对照设计和施工方案观察检查,核查隐蔽工程验收记录。

检查数量:按不同热桥种类,每种抽查20%,并不少于5处。

9.7.3.2　**一般项目**

(1)进场时节能保温材料与构件外观和包装应完整无损,符合设计和产品标准规定。

检验方法:观察检查。

检查数量:全数检查。

(2)用加强网作防开裂措施时,加强网铺贴和搭接应符合设计和施工方案要求。砂浆抹压应密实,无空鼓,加强网不得皱折、外露。

检验方法:观察检查,核查隐蔽工程验收记录。

检查数量:每个检验批抽查不少于5处,每处不少于2 m^2。

(3)设置空调房间,其外墙热桥部位应按设计采取隔断热桥措施。

检验方法:对照设计和施工方案观察检查,核查隐蔽工程验收记录。

检查数量:按不同热桥种类,每种抽查10%,并不少于5处。

(4)施工产生的墙体缺陷,如穿墙套管、脚手眼、孔洞等,应按照施工方案采取隔断热桥措施,不得影响墙体热工性能。

检验方法:对照施工方案观察检查。

检查数量:全数检查。

(5)墙体保温板材接缝方法应符合施工方案要求,接缝应平整严密。

检验方法:观察检查。

检查数量:每个检验批抽查10%,并不少于5处。

(6)墙体采用保温浆料时,保温浆料层宜连续施工;保温浆料厚度应均匀,接槎应平顺密实。

检验方法:观察,尺量检查。

检查数量:每个检验批抽查10%,并不少于10处。

(7)墙体上容易碰撞的阳角、门窗及不同材料基体交接处等特殊部位,其保温层应采取防开裂和破损的加强措施。

检验方法:观察检查,核查隐蔽工程验收记录。

检查数量:按不同部位,每类抽查10%,并不少于5处。

(8)采用现场喷涂或模板浇筑的有机类保温材料做外保温时,有机类保温材料应达到陈化时间后方可进入下道工序。

检查方法:对照施工方案和产品说明书检查。

检查数量:全数检查。

【课后练习】

请扫描下方二维码,做课后练习。

教学项目9　课后练习

教学项目 10　绿色施工

【能力目标】

通过本教学项目学习，使学生能认识环境保护、节能、节地、节水、节材等绿色施工技术的重要性，能编写绿色施工方案，能结合工程实际施工现场提出绿色施工的合理化建议。

任务1　概　述

任务导航

本任务要求学生认识绿色施工的定义、现状和原则。

绿色施工指工程建设中，在保证质量、安全等基本要求的前提下，通过科学管理和技术进步，最大限度地节约资源并减少对环境负面影响的施工活动，实现"四节一环保"，即节能、节地、节水、节材和环境保护。绿色施工是建筑全寿命周期的一个重要阶段，是实现建筑领域资源节约和节能减排的关键环节。

绿色施工是可持续发展思想在工程施工中的具体应用和体现，是绿色施工技术的综合应用。绿色施工技术并非独立于传统施工技术的全新技术，是施工技术领域实现可持续发展的理念之一。绿色施工涉及可持续发展的各方面，如生态与环境保护、资源与能源利用、社会与经济发展等。

绿色施工是实现节能型社会，实现可持续发展，实现现代化不可或缺的重要内容。社会建设及运行既要减排节能，又要求有竞争力，绿色施工就成为其中不可或缺的一个重要组成部分。"双碳"即为促进减排，在全社会提倡低碳、环保绿色的社会运行机制，其倡导、实施和实现给降低总排碳量步伐提供了加速度，这也引导了绿色技术与创新；生产力方面，则需要增强产业和产品提升力，提高其经济竞争力。另外，可靠、安全、环保、绿色的工程技术是建筑抗灾、防灾、减灾能力提升的必要条件。众所周知，在建筑安全方面我国对抵御灾害能力普遍不足，这对显性的（如已知的或已发生的灾害）和隐性的（时间或空间未知或不确定的灾害）社会资源耗损无法估量，即这种灾害发生时的衍生灾害、生命、直接财产、间接财产、通信、交通、能源、地下城市组成部分（如管网或设备设施等），尤其是现在得到加倍关注的社会经济及竞争力，城市灾害因涉及面太多、太广，导致损失过于巨重，应该以预防为主。预防的方式才是最经济的方式。

随着电子计算机、互联网、GPS 定位、BIM、人工智能、航天、下海、入地及基础学科研究及开发技术不断发展，如能无缝对接赋能绿色施工，则在材料、勘察、设计、施工、监理、监测、检测、运维、抢险救灾应急、恢复重建等方面都将大有可为。

目前，即使新建筑也存在一些抗震、减震和隔震等因设计、材料、施工尤其质量管理能力等原因导致的韧性不足,绿色施工提出了新的要求:设计时应充分考虑土-结构动力相互作用分析方法,加强软件开发与应用能力,建造过程中保证质量,城市运维过程中加强地下管网病害诊治,增加既有建筑的防灾能力,提升城市大灾、巨灾韧性。

10.1.1　绿色施工技术现状

绿色施工并不是崭新思维途径,承包商和建设单位为满足政府及民众对减少噪声、文明施工及环境保护的要求,为提高企业自身形象,一般会在降低施工噪声、减少施工扰民、减少环境污染等方面采取一定技术措施,尤其在政府要求严、民众环保意识强的大中城市施工中,这些措施一般会比较有效。但是,一些承包商采取这些绿色施工措施时是比较被动、消极的,对绿色施工的理解也较片面单一,还不能积极主动地运用适当技术、科学管理、系统思维、规范操作,因此绿色施工还任重道远。我国尚处于经济快速发展阶段,建筑业耗能、费资源、影响环境,施工企业应全面实施绿色施工,主动承担起可持续发展的社会责任。

10.1.2　绿色施工原则

绿色施工应遵循如下原则:

(1)实施绿色施工,应规划和设计总体方案,并不断进行总体方案优化。在规划、设计阶段,应充分考虑绿色施工的总体要求,为绿色施工提供基础条件。

(2)实施绿色施工,应对施工策划、材料采购、现场施工、工程验收等各阶段控制,加强对整个施工过程的管理和监督。

(3)绿色施工应符合国家法律、法规及相关标准规范,实现经济效益、社会效益和环境效益的统一。

(4)实施绿色施工,应根据因地制宜原则,贯彻执行国家、行业和地方相关技术经济政策。

(5)运用 ISO 14000 和 ISO 18000 管理体系,将绿色施工的有关内容分解到管理体系目标中去,使绿色施工规范化、标准化和细则化。

任务 2　绿色施工管理

任务导航

本任务要求认识绿色施工管理的组织管理、规划管理、实施管理、评价管理、人员安全与健康管理五个方面的内容。

绿色施工管理主要包括组织管理、规划管理、实施管理、评价管理和人员安全与健康管理五个方面。

10.2.1　组织管理

(1)建立绿色施工管理体系,并制定相应管理制度与目标。

(2)项目经理为绿色施工第一责任人,负责绿色施工组织实施及目标实现,并指定绿色施工管理人员和监督人员。

10.2.2　规划管理

(1)编制绿色施工方案。绿色施工方案应在施工组织设计中独立成章,并按有关规定审批。

(2)绿色施工方案应包括以下内容:

①环境保护措施。制订环境管理计划及应急救援预案,采取有效措施,降低环境负荷,保护地下设施和文物等资源。

②节材措施。在保证工程质量和安全的前提下,制订节材措施,如施工方案节材优化、建筑垃圾减量化、尽量利用可循环材料等。

③节水措施。根据工程所在地水资源状况,制订节水措施。

④节能措施。进行施工节能策划,确定目标,制订节能措施。

⑤节地与施工用地保护措施。制订临时用地指标、施工总平面布置规划及临时用地、节地措施等。

10.2.3　实施管理

(1)绿色施工应对整个施工过程实施动态管理,加强对施工策划、施工准备、材料采购、现场施工、工程验收等各阶段的管理和监督。

(2)应结合工程项目特点,有针对性地对绿色施工做相应宣传,通过宣传营造绿色施工氛围。

(3)定期对职工进行绿色施工知识培训,增强职工绿色施工意识。

10.2.4　评价管理

(1)对照《绿色施工导则》指标体系,结合工程特点,对绿色施工效果及采用的新技术、新设备、新材料与新工艺进行自评估。

(2)成立专家评估小组,对绿色施工方案、实施过程至项目竣工,进行综合评估。

10.2.5　人员安全与健康管理

(1)制订施工防尘、防毒、防辐射等方案和保证措施,保障施工人员长期职业健康。

(2)合理布置施工场地,保护生活区、办公区等不受施工活动有害影响。建立卫生急救、保健防疫制度,以保障出现安全事故或疾病疫情时能及时提供救助。

(3)提供卫生、健康的工作与生活环境,加强对施工人员住宿、膳食、饮用水等生活与环境卫生方面的管理,改善施工人员生活条件。

任务3　绿色施工技术要点

任务导航

本任务要求认识环境保护、节能、节地、节水、节材等绿色施工技术要点。

绿色施工不仅指工程封闭施工、无尘土飞扬、无噪声扰民、在工地四周栽花种草和定时喷洒湿润等内容,还包括其他内容。绿色施工同绿色设计一样,涉及可持续发展各个方面,如生态与环境保护、资源与能源利用、社会与经济发展等。事实上,真正的绿色施工应当将"绿色方式"作为一个整体运用到施工中去,将整个施工过程视为一个微观系统,进行科学绿色施工组织设计。绿色施工技术除文明施工、封闭施工、减少噪声扰民、减少环境污染、清洁运输等外,还包括减少场地干扰,尊重基地环境,结合气候施工,节约水电材料等资源或能源,采取环保健康的施工工艺,减少填埋废弃物数量,以及实施科学管理,保证施工质量等。

10.3.1　环境保护技术要点

绿色施工要求减少环境污染。工程施工中产生大量灰尘、噪声、有毒有害气体、废弃物等会对环境造成严重影响,同时也会损害现场工作人员、使用者及公众身体健康。施工中,扰动建筑材料和系统所产生的灰尘,从材料、产品、施工设备或施工中散发出来的挥发性有机化合物或微粒均会引起室内外空气品质问题。许多挥发性有机化合物或微粒会对健康构成潜在威胁和损害。这些威胁和损伤有些是长期的,甚至是致命的。建造过程中,这些空气污染物还可能渗入邻近建筑物,且施工结束后继续留存建筑物内。此类影响,尤对需房屋使用者在场情况下施工的改建项目,更需引起重视。

10.3.1.1　扬尘控制

(1)运送土方、垃圾、建筑材料等,不得污损场外道路。运输容易散落、飞扬、流漏等物料车辆,须采取严密封闭措施,保证车辆清洁。施工现场出口应设置洗车槽。

(2)土方作业时,应采取洒水、覆盖等措施,达到作业区目测扬尘高度小于1.5 m,不扩散到场区外。

(3)结构施工、安装、装饰装修时,作业区目测扬尘高度应低于0.5 m。易产生扬尘的堆放材料应覆盖;粉末状材料应封闭存放;场区内可能引起扬尘的材料和建筑垃圾搬运时,应有覆盖、洒水等降尘措施;浇筑混凝土前清理灰尘和垃圾时尽量使用吸尘器,不使用吹风器等易产生扬尘的设备;机械剔凿作业时可采取局部遮挡、掩盖、水淋等防护措施;高层或多层建筑清理垃圾时应搭设封闭性临时专用道或用容器吊运。

(4)施工现场非作业区应目测无扬尘。对现场易飞扬物质应采取洒水、地面硬化、围挡、密网覆盖、封闭等有效措施,防止扬尘产生。

(5)构筑物机械拆除或爆破拆除前,均应做好扬尘控制计划。选择风力小的天气进行爆破作业。

(6)在施工场地四周隔挡高度位置测得大气总悬浮颗粒物(TSP)月平均浓度与城市

背景值差值应不大于0.08 mg/m³。

10.3.1.2　**噪声与振动控制**

(1)现场噪声排放应符合《建筑施工场界环境噪声排放标准》(GB 12523—2011)的规定。

(2)在施工场界对噪声实时监测与控制。监测方法执行国家标准《建筑施工场界环境噪声排放标准》(GB 12523—2011)。

(3)使用低噪声、低振动机具,并采取隔音与隔振措施,避免或减少施工噪声和振动。

10.3.1.3　**光污染控制**

(1)尽量避免或减少施工光污染。夜间室外照明灯加设灯罩,使透光方向集中在施工范围内。

(2)电焊作业时采取遮挡措施,避免电焊弧光外泄。

10.3.1.4　**水污染控制**

(1)施工现场污水排放应达到《污水综合排放标准》(GB 8978—1996)的要求。

(2)施工现场应针对不同污水设置相应处理设施,如沉淀池、隔油池、化粪池等。

(3)污水排放应委托有资质的单位进行废水水质检测,并提供相应污水检测报告。

(4)保护地下水环境。用隔水性能好的边坡支护技术。缺水地区或地下水位持续下降地区,基坑降水尽可能少抽取地下水;基坑开挖抽水量大于50万 m^3 时,应进行地下水回灌,避免地下水被污染。

(5)对化学品等有毒材料、油料储存地,应有严格隔水层设计,做好渗漏液收集和处理措施。

10.3.1.5　**土壤保护**

(1)保护地表环境,防止土壤侵蚀、流失。因施工造成的裸土,应及时覆盖砂石或种植速生草种,以减少土壤侵蚀;因施工造成容易发生地表径流土壤流失情况时,应采取设置地表排水系统、稳定斜坡、覆盖植被等措施,减少土壤流失。

(2)沉淀池、隔油池、化粪池等不应发生堵塞、渗漏、溢出等现象。一旦发生,应及时清掏池内沉淀物,并委托有资质单位清运。

(3)对电池、墨盒、油漆、涂料等有毒有害废弃物,应回收后交有资质单位处理,不能作为建筑垃圾外运,避免污染土壤和地下水。

(4)施工后应恢复施工活动破坏的植被(通常指临时占地内)。可与当地园林、环保部门或当地植物研究机构合作,在先前开发地区种植当地或其他合适植物,以恢复剩余空地地貌或科学绿化,补救施工活动中人为破坏植被和地貌造成的土壤侵蚀。

10.3.1.6　**建筑垃圾控制**

(1)制订建筑垃圾减量化计划,如住宅建筑垃圾不宜超400 t/万 m^2。

(2)加强建筑垃圾回收再利用,力争建筑垃圾回收再利用率达30%,建筑拆除产生废弃物的回收再利用率大于40%。碎石类、土石方类建筑垃圾,可用地基填埋、铺路等方式提高再利用率,力争再利用率大于50%。

(3)施工生活区宜设封闭式垃圾容器,施工场地生活垃圾应袋装化并及时清运。建筑垃圾应分类,并收集到现场封闭式垃圾站,集中运出。

10.3.1.7　地下设施、文物和资源保护

(1)施工前应调查清楚地下各种设施情况,做好保护计划,保证施工场地周边各类管道、管线、建筑物、构筑物安全运行。

(2)施工中一旦发现文物,应立即停止施工,保护现场,通报文物部门并协助做好工作。

(3)避让、保护施工场区及周边古树名木。

(4)逐步开展统计分析施工项目 CO_2 排放量,以及各种不同植被和树种 CO_2 固定量工作。

10.3.2　节能与能源利用技术要点

10.3.2.1　节能措施

(1)制订合理的施工能耗指标,提高施工能源利用率。

(2)优先使用国家、行业推荐的节能、高效、环保施工设备和机具,如选用变频技术节能施工设备等。

(3)施工现场分别设定生产、生活、办公和施工设备用电控制指标,定期进行计量、核算、对比分析,并有预防和纠正措施。

(4)施工组织设计中,合理安排施工顺序、工作面,以减少作业区域机具数量,相邻作业区充分利用共有机具资源。安排施工工艺时,应优先考虑耗用电能或其他能耗较少的施工工艺。避免设备额定功率远大于使用功率或超负荷使用设备。

(5)利用当地气候和自然资源,如太阳能、地热等可再生能源。

10.3.2.2　机械设备与机具

(1)建立施工机械设备管理制度,开展用电、用油计量,完善设备档案,及时做好维修保养工作,使机械设备保持低耗、高效状态。

(2)选择功率与负载相匹配的施工机械设备,避免大功率施工机械设备低负载长时间运行。机电安装可用节电型机械设备,如逆变式电焊机和能耗低、效率高的手持电动工具等,以利于节电。机械设备宜使用节能型油料添加剂,可能情况下,考虑回收利用,节约油量。

(3)合理安排工序,提高机械使用率和满载率,降低设备耗能。

10.3.2.3　生产、生活及办公临时设施

(1)利用场地自然条件,合理设计生产、生活和办公临时设施的体形、朝向、间距和窗墙面积比,使其获得良好日照、通风和采光。阳光强烈地区可根据需要在外墙窗设遮阳设施。

(2)临时设施宜用节能材料,墙体、屋面使用隔热性能好的材料,减少夏天空调、冬天取暖设备使用时间及耗能量。

(3)合理配置采暖、空调、风扇数量,规定使用时间,实行分时分段使用,节约用电。

10.3.2.4　施工用电及照明

(1)临时用电优选节能电线和节能灯具;临时用电线路应合理设计和布置;临时用电设备宜用自动控制装置,采用声控、光控等节能照明灯具。

(2)照明设计原则为满足最低照度,照度不应超过最低照度的20%。

10.3.3　节地与施工用地保护技术要点

工程施工过程会严重扰乱场地环境,这一点对未开发区域新建项目尤其严重。场地平整、土方开挖、施工降水、永久及临时设施建造、场地废物处理等均会对场地上现存动植物资源、地形地貌、地下水位等造成影响;还会对场地内现存文物、地方特色资源等带来破坏,影响当地文化继承和发扬。因此,施工中减少场地干扰、尊重基地环境对保护生态环境、维持地方文化传承具有重要意义。业主、设计单位和承包商应当识别场地内现有自然、文化和构筑物特征,并通过合理设计、施工和管理工作将这些特征保存下来。可持续场地设计对减少这种干扰具有重要作用。就工程施工而言,承包商应结合业主、设计单位对使用场地要求,制订满足这些要求,又能减少场地干扰的场地使用计划。

10.3.3.1　临时用地指标

(1)根据施工规模及现场条件等因素合理确定临时设施,如临时加工厂、现场作业棚及材料堆场、办公生活设施等占地指标。临时设施占地面积应按用地指标所需最低面积设计。

(2)要求平面布置合理、紧凑,在满足环境、职业健康与安全文明施工前提下,减少废弃地和死角,临时设施占地面积有效利用率大于90%。

10.3.3.2　临时用地保护

(1)应对深基坑施工方案优化,减少土方开挖和回填量,最大限度减少土地扰动,保护周边自然生态环境。

(2)红线外临时占地应尽量使用荒地、废地,少占用农田和耕地。工程完工后,及时对红线外占地恢复原地形、地貌,使施工活动对周边环境影响降至最低。

(3)利用和保护施工用地范围内原有绿色植被。施工周期较长现场,可按建筑永久绿化要求,安排场地新建绿化。

10.3.3.3　施工总平面布置

(1)施工总平面布置应做到科学、合理,充分利用原有建筑物、构筑物、道路、管线为施工服务。

(2)施工现场搅拌站、仓库、加工厂、作业棚、材料堆场等布置应尽量靠近已有交通线路或即将修建的正式或临时交通线路,缩短运输距离。

(3)临时办公和生活用房应经济、美观、占地面积小、对周边地貌环境影响较小,且适用于施工平面布置动态调整的多层轻钢活动板房、钢骨架水泥活动板房等标准化装配式结构。生活区与生产区应分开布置,并设置标准分隔设施。

(4)施工现场围墙可用连续封闭的轻钢结构预制装配式活动围挡,减少建筑垃圾,保护土地。

(5)施工现场道路按照永久道路和临时道路结合原则布置。施工现场内宜形成环形通路,减少道路占用土地。

(6)临时设施布置应注意远近结合(本期工程与下期工程),努力减少和避免大量临时建筑拆迁和场地搬迁。

10.3.4 节水与水资源利用技术要点

10.3.4.1 提高用水效率

(1)施工采用先进节水施工工艺。

(2)施工现场喷洒路面、绿化浇灌不宜使用市政自来水。现场搅拌用水、养护用水应采取有效节水措施,严禁无措施浇水养护混凝土。

(3)施工现场供水管网应根据用水量设计布置,管径合理、管路简捷,采取有效措施减少管网和用水器具漏损。

(4)现场机具、设备、车辆冲洗用水须设循环用水装置。办公区、生活区用水应用节水系统和节水器具,提高节水器具配置比率。项目临时用水应用节水型产品,安装计量装置,采取针对性节水措施。

(5)施工现场建立可再利用水收集处理系统,使水资源得到梯级循环利用。

(6)施工现场分别对生活用水和工程用水确定用水定额指标,并分别计量管理。

(7)大型工程不同单项工程、不同标段、不同分包生活区,凡具备条件均应分别计量用水量。签订不同标段分包或劳务合同时,将节水定额指标纳入合同条款,计量考核。

(8)对混凝土搅拌站点等用水集中区域和工艺点进行专项计量考核。施工现场建立雨水、中水或可再利用水收集利用系统。

10.3.4.2 非传统水源利用

(1)优选中水搅拌与养护,有条件地区和工程应收集雨水养护。

(2)处于基坑降水阶段工地,宜优先选用地下水作为混凝土搅拌用水、养护用水、冲洗用水和部分生活用水。

(3)现场机具、设备、车辆冲洗、喷洒路面、绿化浇灌等用水,宜优先用非传统水源,尽量不使用市政自来水。

(4)大型施工现场,尤其雨量充沛地区大型施工现场应建立雨水收集利用系统,充分收集自然降水用于施工和生活中适宜部位。

(5)力争施工中非传统水源和循环水再利用量大于30%。

10.3.4.3 用水安全

非传统水源和现场循环再利用水使用过程中,应制订有效的水质检测与卫生保障措施,避免对人体健康、工程质量及周围环境产生不良影响。

10.3.5 节材与材料资源利用技术要点

10.3.5.1 节材措施

(1)图纸会审时,应审核节材与材料资源利用相关内容,达到材料损耗率比定额损耗率降低30%。

(2)根据施工进度、库存情况等合理安排材料采购、进场时间和批次,减少库存。

(3)现场材料应堆放有序。储存环境适宜,措施得当;保管制度健全,责任落实到人。

(4)材料运输工具适宜,装卸方法得当,防止损坏或遗撒。根据现场平面布置情况就近装卸,避免或减少二次搬运。

(5)采取技术和管理措施提高模板、脚手架等周转频率。

(6)优化安装工程的预留、预埋、管线路径等方案。

(7)应就地取材,施工现场500 km内生产的建材用量应占建材总量70%以上(质量比)。

10.3.5.2　**结构材料**

(1)推广使用预拌混凝土和商品砂浆。准确计算采购数量、供应频率、施工速度等,施工中动态控制。

(2)推广使用高强钢筋和高性能混凝土,减少资源消耗。

(3)推广钢筋专业化加工和配送。

(4)优化钢筋配料和钢构件下料方案。钢筋及钢结构制作前应对下料单及样品复核,无误后方可批量下料。

(5)优化钢结构制作和安装方法。大型钢结构宜工厂制作,现场拼装;宜用分段吊装、整体提升、滑移、顶升等方法安装,减少措施用材量。

(6)以数字化技术优化大体积混凝土、大跨度结构等专项施工方案。

10.3.5.3　**围护材料**

(1)门窗、屋面、外墙等围护结构应用耐候性及耐久性良好的材料,施工时确保密封性、防水性和保温隔热性。

(2)门窗型材和玻璃等材料应密封性、保温隔热性、隔音性好。

(3)屋面材料、外墙材料应具有良好的防水性能和保温隔热性能。

(4)屋面或墙体等部位用基层加设保温隔热系统方式施工时,应选高效节能、耐久性好的保温隔热材料,以减小保温隔热层厚度及材料用量。

(5)屋面或墙体等部位保温隔热系统应用专用配套材料,以加强各层次之间的黏结强度或连接强度,确保系统的安全性和耐久性。

(6)根据建筑物的特点,优选屋面或外墙保温隔热材料系统和施工方式,例如保温板粘贴、保温板干挂、聚氨酯硬泡喷涂、保温浆料抹涂等,以保证保温隔热效果,并减少材料浪费。

(7)加强保温隔热系统与围护结构节点处理,尽量降低热桥效应。针对建筑物不同部位保温隔热特点,选用不同保温隔热材料及系统,达到经济适用的目的。

10.3.5.4　**装饰装修材料**

(1)贴面类材料,施工前应进行总体排版策划,减少非整块材数量。

(2)用非木质新材料或人造板材代替木质板材。

(3)防水卷材、壁纸、油漆及各类涂料基层须满足要求,避免起皮、脱落。各类油漆及黏结剂应随用随开启,不用时及时封闭。

(4)幕墙及各类预留、预埋应与结构同步施工。

(5)木制品及木装饰用料、玻璃等各类板材等宜向工厂采购或定制。

(6)用自黏类片材,减少现场液态黏结剂使用量。

10.3.5.5　**周转材料**

(1)应用耐用、维护、拆卸方便的周转材料和机具。

(2)优先选用制作、安装、拆除一体化专业队伍进行模板工程施工。

(3)模板应以节约自然资源为原则,推广使用定型钢模、钢框竹模、竹胶板。

（4）施工前应对模板工程方案优化。多层、高层建筑使用可重复利用的模板体系，模板支撑宜用工具式支撑。

（5）优化高层建筑外脚手架方案，采用整体提升、分段悬挑等方案。

（6）推广使用外墙保温板替代混凝土施工模板技术。

（7）现场办公和生活用房采用周转式活动房。现场围挡应最大限度利用已有围墙，或用装配式可重复使用围挡。力争工地临房、临时围挡材料可重复使用率达70%。

任务4 绿色施工技术

任务导航

本任务要求掌握基坑施工封闭降水技术、施工过程水回收综合利用技术、预拌砂浆技术、墙体自保温体系施工技术、太阳能与建筑一体化应用技术等内容。

10.4.1 基坑施工封闭降水技术

基坑施工封闭降水技术指在坑底和基坑侧壁设截水措施，在基坑周边形成止水帷幕，阻截基坑侧壁及基坑底面地下水进入基坑，同时采用降水措施抽取或引渗基坑开挖范围内现存地下水的降水方法。

地下水封闭措施：我国南方沿海区宜用地下连续墙或护坡桩加搅拌桩止水帷幕；北方内陆区宜用护坡桩加旋喷桩止水帷幕（见图10-1）；河流阶地地区宜用双排或三排搅拌桩封闭基坑，兼支护。

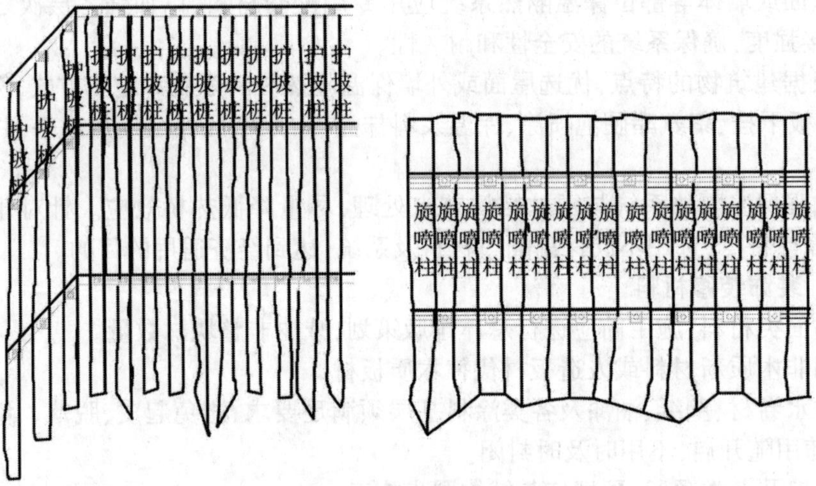

图10-1 护坡桩加旋喷桩止水帷幕

10.4.1.1 技术指标

（1）封闭深度。宜用悬挂式竖向截水和水平封底相结合，没有水平封底措施情况下要求侧壁帷幕（连续墙、搅拌桩、旋喷桩等）插入基坑下卧不透水土层一定深度。深度情况应满足下式（12-1）计算：

$$L = 0.2h_w - 0.5b \tag{10-1}$$

式中　L——帷幕插入不透水层深度；

h_w——作用水头；

b——帷幕厚度。

(2)止水帷幕厚度。满足抗渗要求,渗透系数宜小于 1.0×10^{-6} cm/s。

(3)基坑内井深度。可用降水井和疏干井。若采用降水井,井深不宜超过止水帷幕深度;若用疏干井,井深应插入下层强透水层。

(4)结构安全性。止水帷幕在基坑已安全支护情况下配合使用(如注浆法),或帷幕本身经计算能同时满足基坑支护要求(如地下连续墙)。

10.4.1.2　适用范围

基坑施工封闭降水技术适用于含地下水的所有非岩质地层。

10.4.2　施工过程水回收综合利用技术

10.4.2.1　基坑施工降水回收利用技术

基坑施工降水回收利用技术一般包含两种技术:一是利用自渗效果将上层滞水引渗至下层潜水层中,可使大部分水资源重新回灌至地下的回收利用技术;二是将降水所抽水体集中存放,以供施工时再利用。

1.技术指标

(1)基坑涌水量:

$$Q_0 = \frac{1.336K_1(2H - S)}{\lg R_0 / r_0} \tag{10-2}$$

$$R_0 = 2S\sqrt{HK_1} \tag{10-3}$$

式中　Q_0——基坑涌水量,m^3/d,按照最不利条件计算的最大流量;

K_1——含水层渗透系数,m/d;

H——含水层厚度,m;

S——降深,m;

R_0——影响半径,m;

r_0——基坑换算半径,m。

(2)降水井出水能力:

$$q_0 = \frac{l_1 d}{\alpha'} \times 24 \tag{10-4}$$

式中　q_0——单井渗水量,m^3/d;

l_1——进水管高度,m;

d——进水管直径,m;

α'——与含水层渗透系数有关的经验系数(经验系数取值范围为30~130)。

(3)现场生活用水量:

$$q_1 = P_1 N_1 K_2 \tag{10-5}$$

式中　q_1——现场生活用水量,m^3/d;

P_1——生活区居民人数,人;

N_1——生活区昼夜生活用水定额，$m^3/(人 \cdot d)$；

K_2——生活区用水不均衡系数，取2.5。

(4)现场洒水控制扬尘用水量：

$$q_2 = K_3 St \tag{10-6}$$

式中　q_2——现场洒水控制扬尘用水量，m^3/d；

K_3——用水定量，取0.15 m^3/km^2；

S——施工现场洒水控制扬尘面积，km^2；

t——每天洒水次数。

(5)施工砌筑抹灰用水量：

$$q_3 = K_4 \sum \frac{Q_i N_i}{T_i t} K_5 \tag{10-7}$$

式中　q_3——施工砌筑抹灰用水量，m^3/d；

K_4——未预计的施工用水系数，取1.15；

K_5——用水不均衡系数，取1.5；

Q_i——每天施工工程量；

N_i——每立方米砖砌体耗水量，0.2~0.22 m^3；

T_i——有效工作日，按天计算；

t——每天工作班数。

(6)基坑降水回收利用率：

$$R = K_6 \frac{Q_1 + q_1 + q_2 + q_3}{Q_0} \times 100\% \tag{10-8}$$

式中　Q_1——回灌至地下的水量，根据地质情况及试验确定；

K_6——损失系数，取0.85~0.95。

2. 适用范围

基坑施工降水回收利用技术适用于地下水面埋藏较浅地区。

10.4.2.2　雨水回收利用技术

雨水回收利用技术指施工中将雨水收集，经沉淀和过滤等处理，集中存放再利用。回收水可直接用于冲厕、降尘、绿化、洗车，经处理后还可用于结构养护和基坑支护用水等。

1. 技术指标

施工现场用水应有20%来源于雨水和生产废水等回收。

2. 适用范围

雨水回收利用技术适用于各类施工工程。

10.4.2.3　现场生产和生活废水利用技术

现场生产和生活废水利用技术指将施工生产和生活废水经沉淀、过滤净化等处理达标后再循环利用的技术。

1. 技术指标

污水排放应达《污水综合排放标准》(GB 8978—1996)的要求。

2. 适用范围

现场生产和生活废水利用技术同样适用于各类施工工程。

10.4.3　预拌砂浆技术

随着建筑业技术的进步和文明施工要求的提高,现场拌制砂浆缺陷日益显现,如砂浆质量不稳定、材料浪费大、砂浆品种单一、文明施工程度低、污染环境等。因此,取消现场拌制砂浆,采用工业化生产的预拌砂浆势在必行,它是保证建筑工程质量、提高建筑施工现代化水平、实现资源综合利用、减少城市污染、改善大气环境、发展散装水泥、实现可持续发展的一项重要举措。

10.4.3.1　主要技术内容

预拌砂浆指由专业生产厂生产,用于建设工程中的各类砂浆拌和物。预拌砂浆分干混砂浆和湿拌砂浆两种。

干混砂浆指由水泥、干燥骨料或粉料、添加剂及根据性能确定的其他组分,按一定比例,在专业生产厂经计量、混合而成的混合物,在使用地点按规定比例加水或配套组分拌和使用。

湿拌砂浆指由水泥、细骨料、矿物掺和料、外加剂和水及根据性能确定的其他组分,按一定比例,在搅拌站经计量、拌制后,运至使用地点,并在规定时间内使用完的拌和物。

10.4.3.2　技术指标

预拌砂浆应符合《预拌砂浆》(GB/T 25181—2019)等国家现行相关标准和应用技术规程规定。

10.4.4　墙体自保温体系施工技术

墙体自保温体系指以蒸压加气混凝土、陶粒增强加气砌块和硅藻土保温砌块(砖)等制成的蒸压粉煤灰砖、蒸压加气混凝土砌块和陶粒砌块等为墙体材料,辅以节点保温构造措施的自保温体系,可满足夏热冬冷地区和夏热冬暖地区节能50%的设计标准。

10.4.4.1　技术指标

轻质保温墙体材料自保温体系主要技术性能参见表10-1,其他技术性能可参考《蒸压加气混凝土砌块》(GB/T 11968—2020)和《蒸压加气混凝土制品应用技术标准》(JGJ/T 17—2020)。

表10-1　轻质保温墙体材料自保温体系技术要求

项目		指标
干体积密度/(kg/m³)		475~825
抗压强度/MPa	B05级	3.5
	B06级	5.0
	B07级	5.0
	B08级	7.5
导热系数/[W/(m·K)]		0.12~0.2
体积吸水率/%		15~25

10.4.4.2　**适用范围**

墙体自保温体系适用范围为夏热冬冷地区和夏热冬暖地区外墙、内隔墙和分户墙；适用于高层建筑填充墙和低层建筑承重墙。

10.4.5　太阳能与建筑一体化应用技术

太阳是一个巨大的能量源，每秒辐射到地球上的能量相当于500万t标准煤，与人类存在的时间相比，太阳能可以说是一种久远和无尽的能源。

太阳能与建筑一体化指在建筑规划设计之初，利用屋面构架、建筑屋面、阳台、外墙及遮阳等，将太阳能利用纳入设计内容，使之成为建筑的一个有机组成部分。

太阳能与建筑一体化分为太阳能与建筑光热一体化和光电一体化。太阳能与建筑光热一体化是利用太阳能转化为热能的技术，建筑上直接利用的方式有：

(1)利用太阳能空气集热器供暖。

(2)利用太阳能热水器提供生活热水。

(3)基于集热-储热原理的间接加热式被动太阳房。

(4)利用太阳能加热空气产生的热压增强建筑通风，如图10-2所示。

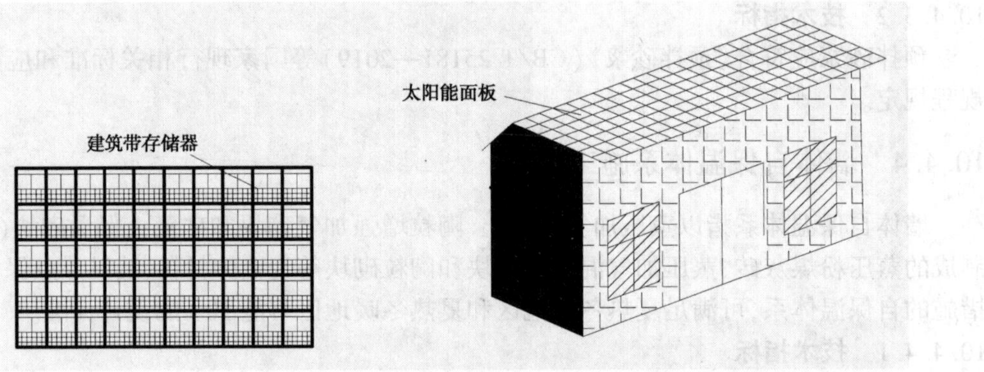

图10-2　太阳能与建筑光热一体化建筑

光电池组件由多个单晶硅或多晶硅单体电池串并联组成，主要作用是把白天的光能转化为电能，储存于蓄电池中，晚上在放电控制器控制下释放，供建筑使用。此即太阳能与建筑光电一体化。

10.4.5.1　**技术指标**

(1)太阳能与建筑光热一体化按《民用建筑太阳能热水系统应用技术标准》(GB 50364—2018)和《太阳能供热采暖工程技术标准》(GB 50495—2019)的要求进行设计与施工。

(2)太阳能与建筑光电一体化按《建筑光伏系统应用技术标准》(GB/T 51368—2019)的要求进行设计与施工。

10.4.5.2　**适用范围**

本技术适用于太阳辐射总量达5 000 MJ/m^{2}的青藏高原、西北地区、华北地区、东北大部，以及云南、广东、海南部分低纬度地区。太阳能与建筑光电一体化宜建小区式发电厂。

【课后练习】

请扫描下方二维码,做课后练习。

教学项目 10　课后练习

参考文献

[1] 姚谨英. 建筑施工技术[M]. 6 版. 北京:中国建筑工业出版社,2017.
[2] 陈守兰. 建筑施工技术[M]. 5 版. 北京:科学出版社,2016.
[3] 陈守兰. 土木工程施工技术[M]. 北京:科学出版社,2010.
[4] 杜运兴. 土木建筑工程绿色施工技术[M]. 北京:中国建筑工业出版社,2010.
[5] 刘宗仁. 土木工程施工[M]. 北京:高等教育出版社,2009.
[6] 申琪玉. 土木工程施工[M]. 北京:科学出版社,2015.
[7] 吴贤国,曾文杰. 建筑装饰工程施工技术[M]. 北京:机械工业出版社,2005.
[8] 应惠清. 土木工程施工[M]. 2 版. 北京:高等教育出版社,2009.
[9] 余胜光,郭晓霞. 建筑施工技术[M]. 武汉:武汉理工大学出版社,2004.
[10] 张文福. 空间结构[M]. 北京:科学出版社,2005.
[11] 钟晖. 土木工程施工[M]. 重庆:重庆大学出版社,2006.
[12] 姚永仲. 建筑施工技术[M] . 北京:中国建材工业出版社,2012.

JIANZHU SHIGONG JISHU

策划编辑　陶金志
责任编辑　陈彦霞
封面设计　黄瑞宁
责任校对　鲁　宁
责任监制　常红昕

本书立体化资源

ISBN 978-7-5509-3579-2
9 787550 935792 >
定价：65.00元